당신 지식의 한계

세계관

과학적 생각의 탄생,
경쟁, 충돌의 역사

당신 지식의 한계

세
계
관

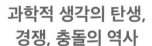

WORLDVIEWS 3rd Edition

리처드 드위트 지음 | 김희주 옮김

세종

추천사

과학은 지식의 단순 합이 아니라 세상을 보는 정합적 세계관이다. 이 책은 과학의 토대를 이루는 철학적 개념을 과학의 역사와 함께 생생히 서술한 놀라운 책이다. 과학사, 과학철학, 그리고 과학에 관심 있는 모든 이에게 '과학에 대한 과학'이 담긴 이 책을 권한다.

김범준(성균관대 물리학과 교수, 《관계의 과학》 저자)

한마디로 이 책은 20년 넘게 강단에 선 내가 보기에 가장 이해하기 쉽고 가르치기 쉬운 과학사와 과학철학 입문서이다. 저자는 아주 오랫동안 학생들을 가르친 경험을 바탕으로 대단히 명쾌한 설명과 논의를 제시하며, 저자가 이해를 돕기 위해 덧붙인 도해들도 더할 나위 없이 훌륭하다. 저자는 특히 과학사와 과학철학을 처음 접하는 사람이나 학생들이 이해하기 쉽도록 복잡한 개념과 발전 과정을 간단하고 설득력 있게 정리했다.

찰스 에스 Charles Ess**, 드루어리대학교**

이 책은 학생들이 접근하기 쉽도록 과학 전통과 과학 전통의 전복이라는 주제를 중심으로 정리된 훌륭한 입문서이다. 정확한 역사적 정보와 철학적 이해를 바탕으로 삼은 이 책에서 저자는 특히 자연과학에서 엄선한 수많은 사례를 비전문가들도 이해할 수 있도록 쉽게 설명한다. 이 책을 통해 학생들은 과학철학의 대상이 뉴턴 과학과 아인슈타인 과학, 코페르니쿠스 과학, 아리스토텔레스 과학 같은 실재적인 과학이지, 철학의 도구로 과학을 굴복시키려고 철학자들이 변질시켜 날조한 대리 과학이 아님을 깨닫게 될 것이다.

로라 루이치 Laura Ruetsche**, 피츠버그대학교**

세계관이 무엇이며, 세계관을 구성하는 요소는 무엇인가라는 관점에서 과학사와 과학철학을 쉽고 자세히 설명하고, 새로운 각도에서 조망한 입문서다. 대단히 정확한 과학 지식에 철학 지식까지 담고 있는 이 책을 강력히 추천한다.

사이언티픽 앤 메디컬 네트워크 Scientific and Medical network

한눈에 들어오는 도판과 사례로 과학사와 과학철학을 분명하게 설명한 입문서다. 저자는 전문적인 과학 개념을 쉽게 설명하는 특출한 재능을 유감없이 발휘해, 부족하지도 넘치지도 않는 과학 도서를 완성했다.

히스토리 앤 필로소피 오브 더 라이프 사이언시스 History and Philosophy of the Life Sciences

확고한 진리였고 경험적 사실로 인정되던 천동설은 지동설로 바뀌었다. 또한 망원경의 발명은 기존의 철학적/개념적 사실을 뒤엎었다. 우리가 현재 믿는 과학적 사실도 미래에는 사실이 아닐 수 있다. 바로 이 책이 우리에게 주는 메시지다. 저자는 방대한 철학, 과학 이론 전반을 그 자체로 이해시키지 않고, 세계와 우주를 바라보는 인간의 관점과 연결시켜 설명한다. 옮긴이로서 과학사, 과학철학에 관심이 있는 이에게 필독서로 추천한다.

김희주(옮긴이)

서문

미래의 세계가 보이는
'과학의 렌즈'를 위하여

이 책은 주로 과학사와 과학철학을 처음 접하는 사람들을 위한 책이다. 여러분이 마침 이런 사람이라면 흥미진진한 탐구 영역에 첫발을 디딘 것이다. 환영한다. 이 분야는 아주 심오하고 난해하고 근본적인 질문들을 이른바 '과학의 렌즈'를 통해 그 무엇보다 자세하게 파고든다. 여러분도 나처럼 이 분야에서 즐거움을 얻길 바라며, 특히 나는 이 책을 읽고 나서 여러분이 이런 주제를 더 깊이 파고들고 싶은 마음이 들길 바란다.

이런 종류의 입문서를 쓸 때 특별히 감안해야 하는 어려움이 있다. 한편으로는 역사와 철학 그리고 이 둘의 연결을 정밀하게 다루고 싶지만, 또 한편으로는 지나치게 상세하고 세부적인 내용으로 이런 주제를 처음 접하는 사람들을 궁지로 모는 일도 피하고 싶기 때문이다. 대부분 학자인 우리처럼 과학사와 과학철학을 전문적으로 연구하는 사람들은 세부적인 내용을 파고드는 경향이 있다. 그래서 그런 세부 사항이 입문자들에게 어떻게 보일지 간과할 때가 많다. 입문자는 흔히 너무 상세한 내용을 접하면 '이런 것에 신경 쓸 이유가 있을까?' 고개를 갸웃하며 발길을 돌린다.

이런 의문이 드는 것도 당연하다. 상세하고 세부적인 내용이 중요하긴 하지만, 더 큰 그림을 파악해야만 그 중요성을 이해할 수 있기 때문이다. 나는 이 책에서 그런 큰 그림을 그리고 싶다. 아주 굵은 붓으로 그려 세부 사항이 상당히 생략된 것은 인정하지만, 내가 아는 한 정확한 그림이다.

역사와 과학, 철학의 관계는 무한히 복잡하고 매혹적이다. 앞서 이야기 했듯, 여러분이 이런 문제들을 더 자세히 탐구해 세부 사항을 감상하고 즐길 마음이 들길 바란다.

책의 구성

아주 간단히 설명해서 이 책의 목적은 ① 과학사와 과학철학의 기본적인 쟁점을 소개하고 ② 아리스토텔레스 세계관에서 뉴턴 세계관으로의 전환을 탐구하고 ③ 특히 상대성이론과 양자론, 진화론 등 최근의 과학 발전에 따라 서구 세계관이 직면한 도전을 탐구하는 것이다.

이런 의도에 맞춰 책도 3부로 구성했다. 1부에서는 과학사와 과학철학의 기본적인 쟁점을 소개한다. 세계관의 개념, 과학적 방법과 추론, 진리, 증거, 경험적 사실과 철학적/개념적 사실의 대비, 반증 가능성, 도구주의와 실재론 등에 관한 쟁점이다. 2부와 3부에서는 이런 주제들이 서로 어떻게 연결되고 어떤 관련이 있는지 살펴본다.

2부에서는 아리스토텔레스 세계관에서 뉴턴 세계관으로 전환한 과정을 탐구하며, 세계관의 변화와 연관된 철학적/개념적 쟁점들의 역할을 설명한다. 특히 중요하게 살펴볼 것이 아리스토텔레스 세계관의 중심인 철학적/개념적 '사실'의 역할이다. 철학적/개념적 믿음에 대한 논의는 1부에서 다루는 여러 가지 쟁점을 분명히 설명하는 동시에, 3부에서 최근의 발견에 따라 기각할 수밖에 없는 철학적/개념적 '사실'을 논의할 토대가 된다.

3부는 상대성이론과 양자론, 진화론 위주로 최근의 발견과 발전을 소개한다. 이런 내용을 탐구하다 보면, 이 새로운 발견과 발전으로 서구인 대부분이 믿고 있는 중요한 믿음을 상당 부분 바꿀 수밖에 없었다는 사실을 알게 될 것이다. 2부에서 아리스토텔레스 세계관의 철학적/개념적 믿음의 역할을 강조했지만, 최근의 발견에 따라 우리가 오랫동안 명백한 경험적 사실로 인정해온 믿음 중 일부가 잘못된 철학적/개념적 '사실'로 밝혀지고 있다.

현재 이처럼 잘못된 철학적/개념적 믿음에 대한 인식이 점점 확산함에 따라 우리의 전반적인 세계관에 변화가 필요하다는 것이 분명해지고 있다. 과연 앞으로 어떻게 변할지 예측하기는 어렵지만, 우리 다음 세대가 우리 때와 상당히 다른 세계관을 물려받을 가능성이 커지고 있다. 여러분이 과거에 일어난 변화뿐 아니라 현재 우리 주변에서 일어나고 있는 변화도 고민하고 탐구하는 즐거움을 누리길 바란다.

끝에 붙인 주와 추천 도서에서는 이 책에서 논의하는 주제와 관련된 추가 정보를 싣고, 관련 자료도 소개했다. 이미 밝혔듯, 여러분이 이 책을 읽고 난 후 이런 주제들을 더 깊이 탐구할 흥미를 느낀다면 그보다 더 기쁜 일은 없을 것이다.

책의 구성과 관련해 마지막으로 당부하고 싶은 말이 있다. 이 책은 처음부터 끝까지 통독하는 것을 염두에 두고 앞에서 설명한 방식으로 구성했지만 1부와 2부, 3부를 따로따로 읽는 것도 상관없다. 예를 들어, 1600

년대 과학혁명과 뉴턴 과학, 뉴턴 세계관에 관한 관심은 많아도 과학철학의 쟁점에 관한 관심이 다소 떨어지는 사람은 1부를 건너뛰어 2부가 시작되는 9장부터 읽어도 좋다. 그래도 최소한 1장과 3장, 4장, 8장은 빠르게 살펴보길 바란다. 마찬가지로 특히 상대성이론과 양자론, 진화론 등 최근 과학의 발전에 주로 관심이 있는 사람은 3부가 시작하는 23장부터 읽으면 되지만, 이때도 최소한 3장과 8장을 빠르게 살펴보는 것이 좋다.

3판에 붙이는 글

개정된 3판에 새로운 자료를 상당히 추가했으므로 그 내용을 간단하게 짚고 넘어가자. 이 책의 주제는 변함없이 (아리스토텔레스 과학, 뉴턴 과학, 현재 과학 등) 여러 가지 과학 전통이다. 따라서 2판까지 이런 과학 전통들의 잠재적인 '공약 불가능성에 관한 의문'(간단히 말해, 한 과학 전통을 다른 과학 전통의 관점에서 제대로 이해할 수 있을까 하는 의문)이 배후에 도사리고 있었다. 많은 독자의 제안에 따라 3판에서는 공약 불가능성(패러다임과 함께 판단 기준이 바뀐다 — 옮긴이)을 둘러싼 문제를 자세히 논의한 장(25장)을 추가했다. 책의 앞부분에서 다룬 여러 가지 과학 전통을 사례로 삼아 논의할 수 있도록 책의 뒷부분에 배치했다.

양자론의 측정 문제를 다룬 장도 추가했다. 측정 문제는 양자론에 일반적으로 접근할 때 (적어도 양자론을 실재론적으로 받아들일 때) 발생하는 중요한 (어쩌면 가장 큰) 쟁점이다. 측정 문제에 관한 논의는 나에게는 익숙하지만 이런 주제를 처음 접하는 사람에게는 낯선 내용이 대부분이거나 거의 전부일 것이다. 그래서 측정 문제, 특히 이것이 왜 문제가 되는지를 설명할 때, 처음 접하는 사람도 쉽게 이해할 수 있도록 설명하려고 노력했다.

진화론과 관련해서는 2판을 출간한 이후 진화론의 기본 사항을 제시한 방식이 늘 마음에 걸렸다. 내용이 잘못된 것은 아니지만 지나치게 단순화했다는 생각이 들었다. 3판에서는 이전의 자료를 완전히 무시하고 처음부터 다시 작업했다. 장 제목은 변함이 없지만 진화론의 기본과 관련한 자료는 2판보다 훨씬 더 폭넓고 완전히 새로운 내용이다. 훨씬 더 나은 것 같다(29장 끝부분에 나오는, 찰스 다윈과 러셀 월리스가 자연선택을 발견하기까지의 과정과 관련한 역사적 자료는 다듬고 압축하긴 했지만, 기본적으로는 이전과 같은 내용이다).

3판 이후로는 개정판을 내지 않을 듯싶다. 우선, 3판에 또 다른 자료를 추가하면 입문서가 반드시 갖춰야 하는 실용성을 상실하는 두께가 되기 때문이고, 둘째, 판매량을 늘릴 목적으로 약간만 수정해 새로운 판본을 출간하는 것은 옳지 않다고 생각하기 때문이다. 이런 이유에서 3판은 많은 시간을 들여 처음부터 끝까지 모든 장을 신중하게 검토했다. 문장을 더 명확하게 가다듬는 등 내용을 사소하게 변경한 장도 있고, 상당히 많은 내용을 수정한 장도 있다. 끝으로 최근 동향을 다룬 3부에서는 2판 출간 이후에 벌어진 흥미로운 실험들과 관련한 내용을 추가했다. 대부분이 (아인슈타인이 일반상대성이론에서 예측한 중력파의 최근 발견 등) 상대성이론과 (벨의 정리 관련 실험 등) 양자론과 관련한 내용이다.

1부

세계관의 탄생

과학사와 과학철학의 충돌점들

1부에서는 과학사와 과학철학의 예비적이고 기본적인 쟁점들을 탐구한다. 특히 세계관의 개념과 진리, 증거, 경험적 사실 대 철학적/개념적 사실, 일반적인 추론 유형, 반증 가능성, 도구주의와 실재론을 중점적으로 살펴본다. 이런 주제는 2부에서 아리스토텔레스 세계관에서 뉴턴 세계관으로 전환한 과정을 탐구하고, 3부에서 우리의 세계관에 도전하는 최근의 진전을 탐구하기 위해 꼭 필요한 내용이다.

세계관이란?

세계관**Worldview**이라는 개념을 소개하는 것이 1장의 목표다. 이 책에서 다룰 대부분 주제와 마찬가지로 세계관이라는 개념도 처음에 생각한 것보다 훨씬 더 복잡해지겠지만, 우선 비교적 간단한 설명부터 시작하자. 그런 다음 책을 읽으며 아리스토텔레스 세계관과 우리의 세계관에 대해 더 많은 내용을 파악하다 보면, 세계관이라는 개념에 포함된 복잡성을 더 잘 인식하게 될 것이다.

'세계관'이란 용어는 100여 년 전부터 상당히 광범위하게 사용되어왔지만, 표준적인 정의가 없는 말이다. 따라서 앞으로 내가 이 용어를 어떻게 사용할 것인지 분명히 밝히는 게 좋을 듯하다. 간단히 설명하면, 내가 사용할 '세계관'이란 용어는 퍼즐 조각이 맞물리듯 서로 연결된 믿음 체계를 뜻한다. 세계관은 개별적이고 독립적이며 서로 아무 연관도 없는 믿음들의 집합이 아니라 서로 밀접한 관계로 엮이고 연결된 믿음 체계다.

새로운 개념은 예를 들어 설명할 때 쉽게 이해되는 경우가 많다. 이 점을 염두에 두고 아리스토텔레스 세계관부터 살펴보자.

아리스토텔레스의 믿음과 아리스토텔레스 세계관

내가 아리스토텔레스 세계관이라고 부르는 것은 기원전 300년 무렵부터 1600년 무렵까지 서구를 지배한 믿음 체계다. 이 세계관의 기초는 아리스토텔레스(기원전 384~322)가 분명하고 치밀하게 설명한 일련의 믿음이다. '아리스토텔레스 세계관'이란 용어가 가리키는 것은 아리스토텔레스의 개인적 믿음의 집합이 아니라, 아리스토텔레스 사후 대부분 서구 문화권에서 주로 그의 믿음에 기초해 공유한 일련의 믿음이다.

아리스토텔레스 세계관을 이해하려면 먼저 아리스토텔레스의 믿음부터 알아야 한다. 그다음에 아리스토텔레스가 죽은 뒤 수세기에 걸쳐 그의 믿음이 어떻게 발전했는지 살펴보자.

아리스토텔레스의 믿음

아리스토텔레스의 믿음은 다음에 예시한 것처럼 우리의 믿음과 완전히 다른 내용이 많다.

① 지구는 우주의 중심에 있다.

② 지구는 정지해 있다. 즉 태양 등 다른 천체의 주위를 돌지 않으며, 축을 중심으로 회전하지도 않는다.

③ 달과 행성, 태양은 대략 24시간의 공전주기로 지구 주위를 돈다.

④ 달 아래 영역, 즉 (지구를 포함한) 지구와 달 사이 영역에 네 가지 원소가 있으며, 그것은 흙과 물, 공기, 불이다.

⑤ 달과 태양, 행성, 별을 포함해 달 위 영역, 즉 달 너머 영역에 있는 물체들은 제

5원소인 에테르로 구성된다.

⑥ 원소마다 본질적 성질이 있고, 그 본질적 성질이 원소가 나름의 방식으로 행동하는 이유다.

⑦ 원소의 본질적 성질은 흔히 원소가 움직이는 방식으로 나타난다.

⑧ 흙 원소는 자연적으로 우주의 중심을 향하는 성향이 있다(돌이 곧장 아래로 떨어지는 것도 지구의 중심이 우주의 중심이기 때문이다).

⑨ 물 원소도 자연적으로 우주의 중심을 향하는 성향이 있지만, 그 성향이 흙 원소만큼 강하지는 않다(이런 이유에서 먼지와 물이 섞이면 둘 다 아래로 움직이지만, 결국 물이 먼지 위로 떠오른다).

⑩ 공기 원소는 자연적으로 흙과 물 위, 불 아래 영역을 향해 움직인다(그래서 물속에 공기를 넣으면 거품이 인다).

⑪ 불 원소는 자연적으로 우주의 중심에서 멀어지는 성향이 있다(이런 이유에서 불이 공기를 뚫고 위로 솟구친다).

⑫ 행성과 별 같은 물체를 구성하는 에테르 원소는 자연적으로 완벽한 원형으로 움직이는 성향이 있다(이 때문에 행성과 별이 우주의 중심인 지구 둘레를 끊임없이 원형으로 돈다).

⑬ 달 아래 영역에서는 움직이는 물체가 자연적으로 멈추려는 성향을 보인다. 그 물체를 구성한 원소가 우주 안에서 자연적인 제자리에 도착했기 때문일 수도 있지만, 그보다 더 큰 이유는 (예를 들어, 지구의 표면 같은) 어떤 것이 그 물체가 자연적인 제자리로 계속 움직이는 것을 막기 때문이다.

⑭ 정지한 물체는 (우주 안에서 자연적인 제자리를 향해 움직이는 자발적인 운동 원인이나 내가 책상 위 펜을 굴리는 외부적인 운동 원인처럼) 운동 원인이 발생하지 않는 한 계속 정지 상태를 유지한다.

앞에 예시한 믿음들은 아리스토텔레스가 지닌 견해의 극히 일부분이다. 아리스토텔레스는 윤리와 정치, 생물, 심리, 올바른 과학 탐구법 등에 관해 폭넓은 의견을 제시했다. 그도 대다수 현대인과 마찬가지로 수많은 믿음을 지니고 있었지만, 그의 믿음 대부분은 지금 우리의 믿음과 상당히 다르다.

그러나 아리스토텔레스의 믿음들은 절대 무작위로 모인 것이 아니다. 무작위로 모인 믿음이 아니라는 말은 우선 아리스토텔레스가 대체로 그렇게 믿을 만한 근거가 있고, 순진함과 거리가 먼 믿음이라는 의미다. 앞에 예시한 믿음은 모두 틀린 것으로 밝혀졌지만, 당시 이용할 수 있던 데이터를 고려하면 하나같이 아주 정당한 믿음이었다. 하나만 예를 들면, 아리스토텔레스 시절 최고의 과학 데이터는 지구가 우주의 중심이라고 강력히 시사했다. 비록 나중에 틀린 것으로 드러났지만, 지구가 우주의 중심이라는 믿음은 순진한 믿음이 아니었다.

무작위로 모인 믿음이 아니라는 말은 또한 그 믿음들이 밀접한 관계로 맞물린 믿음 체계임을 뜻한다. 아리스토텔레스의 믿음들이 서로 밀접하게 맞물린 것을 설명하는 잘못된 그림과 올바른 그림을 예로 들어보자.

먼저, 잘못된 그림이다. 쇼핑 목록에 비교해 설명하는 방법이다. 흔히 작성하는 쇼핑 목록은 대체로 우리가 식료품점에서 찾으려 하고 찾을 수 있다는 사실로만 연결된 마구잡이 상품 집합이다. 유제품과 빵 제품을 따로 모으는 식으로 쇼핑 목록을 정리할 수도 있지만, 대부분은 굳이 그렇게 정리하지 않는다. 그 결과 아무런 연관성도 없는 마구잡이 쇼핑 목록이 작성된다.

아리스토텔레스의 믿음을 아무 연관도 없는 상품들을 모은 쇼핑 목록처럼 생각하면 안 된다. [도표 1-1]의 마구잡이 목록처럼 믿음들이 집합한 그림을 떠올리면 안 된다. 이제 올바른 그림을 살펴보자. 믿음들이 그림 퍼즐처럼 모였다고 설명하는 방법이다. 퍼즐 조각 하나하나가 특정한 믿음이며, 조각들을 끼워 맞춰 그림 퍼즐이 완성되듯 믿음들이 조리 있고 일관된 방식으로 긴밀하게 맞물리는 것이다. 즉 아리스토텔레스의 믿음 체계를 생각할 때는 [도표 1-2]와 같은 모습을 떠올려야 한다.

내가 사용하는 세계관 개념의 핵심이 이 그림 퍼즐 비유에서 분명히 드러난다. 우선, 퍼즐 조각들이 별개로 떨어지지 않고 서로 연결된다. 퍼즐 조각 하나하나가 다음 조각에 들어맞고, 다음 조각이 다시 그다음 조각과 들어맞는다. 모든 조각을 긴밀하게 연결하면, 종합적인 결과는 개별적인 조각들이 서로 연결되고 맞물려 조리 있고 일관된 전체로 맞춰진 체계다.

① 지구는 우주의 중심에 있다.
② 지구는 정지해 있다.
③ 달과 행성, 태양은 24시간 주기로 지구 둘레를 돈다.
④ 달 아래 영역에 있는 물체는 흙과 물, 공기, 불이라는 네 가지 원소로 구성되어 있다.
⑤ 달 위 영역에 있는 물체는 에테르 원소로 구성되어 있다.
⑥ 각각의 원소가 나름대로 행동하는 것은 본질적 성질 때문이다.
⑦ 원소의 본질적 성질은 원소가 움직이는 방식으로 나타난다.
⑧ 흙 원소는 자연적으로 우주의 중심을 향해 직선으로 움직이는 성향이 있다.
⑨ .....
⑩ .....

[도표 1-1] 아리스토텔레스 믿음의 '쇼핑 목록'

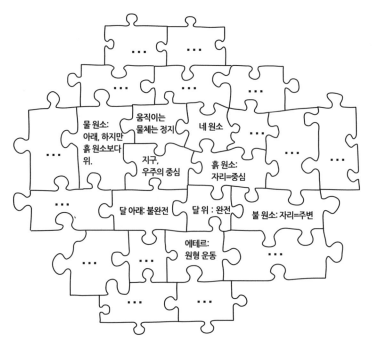

[도표 1-2] 아리스토텔레스 믿음의 '그림 퍼즐'

마찬가지로 아리스토텔레스의 믿음들도 서로 맞물려 일관된 체계로 맞춰진다. 각각의 믿음이 주위에 있는 믿음과 긴밀히 연결되고, 그 믿음이 다시 그 주위에 있는 믿음과 긴밀히 연결된다.

아리스토텔레스의 믿음들이 어떻게 맞물리는지 예를 들어보자. 지구가 우주의 중심이라는 믿음을 보자. 이 믿음은 흙 원소가 자연적으로 우주의 중심을 향해 움직이는 성향이 있다는 믿음과 밀접하게 연결된다. 지구 자체는 주로 흙 원소로 구성된다. 따라서 흙 원소가 자연적으로 우주의 중심을 향한다는 믿음과 지구가 우주의 중심이라는 믿음이 잘 들어맞는다. 마찬가지로 이 두 믿음은 운동 원인이 있을 때만 물체가 움직인다는 믿음과 긴밀하게 연결된다.

무언가가 움직이게 만들기 전까지 연필이 계속 정지해 있는 것처럼 지구도 정지해 있을 것이다. 지구가 이미 오래전에 우주의 중심 혹은 되도록 중심에 가깝게 이동했으므로, 무거운 원소들로 구성된 지구는 정지해 있을 것이다. 지구처럼 육중한 물체를 움직일 만큼 강력한 힘이 없기 때문이다. 이 모든 믿음은 다시 원소에 본질적 성질이 있다는 믿음, 물체의 행동은 대체로 그 본질적 성질을 따른다는 믿음과 긴밀히 연결된다. 결국 아리스토텔레스의 믿음들은 그림 퍼즐 조각처럼 서로 맞물린다.

이제 그림 퍼즐의 중심 조각과 주변 조각의 차이점에 주목하자. 서로 연결되어 있으므로 거의 퍼즐 전체를 교체하지 않는 한 가운데 중심 조각은 다른 모양의 조각으로 대체할 수 없다. 하지만 주변부의 조각은 다른 조각으로 대체해도 나머지 퍼즐 그림은 거의 변하지 않는다.

비슷한 맥락으로 아리스토텔레스의 믿음들도 중심 믿음과 주변 믿음으로 구분할 수 있다. 주변 믿음은 다른 것으로 대체해도 전체적인 세계관에 큰 변화를 일으키지 않는다. 예를 들어 아리스토텔레스는 (태양과 달, 지구 외에) 다섯 개의 행성이 있다고 믿었다. 다섯 행성이 모두 현대적인 기술의 도움을 받지 않아도 식별할 수 있는 행성이다. 그런데 여섯 번째 행성이 존재한다는 증거가 나왔다 치자. 아리스토텔레스는 자신의 전체적인 믿음 체계를 크게 바꾸지 않은 채 이 새로운 믿음을 편안하게 수용했을 것이다. 전체 믿음 체계를 중대하게 변화시키지 않으며 바뀔 수 있는 것이 전형적인 주변 믿음의 특징이다.

반면에, 지구가 정지해 있으며 우주의 중심이라는 믿음을 보자. 이 믿음은 아리스토텔레스 믿음 체계의 핵심이다. 중요한 것은 이 믿음이 핵심이 된 이유다. 이 믿음에 대한 아리스토텔레스의 확신이 깊어서가 아니다. 가운데 부분에 있는 퍼즐 조각처럼 이 믿음을 제거하거나 대체하면 그것과 연결된 믿음들이 완전히 변하고, 그 변화가 다시 아리스토텔레스 믿음 체계에서 거의 전체적인 변화를 요구하기 때문이다.

쉽게 설명해보자. 아리스토텔레스가, 지구가 우주의 중심이라는 믿음을 태양이 우주의 중심이라는 믿음으로 대체하려는 상황을 가정하자. 이 퍼즐 조각, 즉 이 믿음을 간단히 제거하고 태양이 우주의 중심이라는 새로운 믿음으로 대체할 수 있었을까? 나머지 퍼즐의 그림을 거의 온전히 유지한 채 대체할 수 있었을까?

그럴 수 없었을 것이다. 태양이 우주의 중심이라는 새로운 믿음이 나머지 그림 퍼즐과 잘 들어맞지 않기 때문이다. 예를 들어, 무거운 물체는 분명히 지구 중심을 향해 떨어진다. 지구의 중심이 우주의 중심이 아니라면(주로 무거운 흙과 물 원소로 구성된), 무거운 물체가 자연적으로 우주의 중심을 향해 움직이는 성향이 있다는 아리스토텔레스의 믿음도 대체될 수밖에 없다. 그러면 다시 물체가 본질적 성질 때문에 나름의 방식으로 행동한다는 믿음을 비롯해 이와 연결된 다른 많은 믿음도 대체될 수밖에 없다. 요컨대, 겨우 믿음 하나를 교체하려 해도 그것과 연결된 모든 믿음을 교체하고, 대체로 완전히 새로운 믿음으로 이루어진 그림 퍼즐을 구성해야 한다.

다시 한 번 강조하지만, 아리스토텔레스의 믿음은 여러 믿음을 마구잡이로 모은 것이 아니라 그림 퍼즐처럼 긴밀하게 맞물린 믿음 체계다. 각각의 믿음이 일관되게 맞물린 믿음 체계를 이룬다는 생각이 내가 사용할 세계관 개념의 핵심이다. 내가 세계관을 이야기할 때 여러분은 그림 퍼즐 비유를 떠올리면 된다.

아리스토텔레스 세계관

지금까지 주로 아리스토텔레스의 믿음을 논의해왔는데, 이 과정에서 혹자는 세계관이 특정한 개인의 믿음들로 이루어진 그림 퍼즐이라는 인상을 받을 수도 있다. 물론 이렇게 말하는 사람들도 있다. 우리 각자의 믿음 체계와 세계관이 저마다 조금씩 다르다는 것도 일리가 있고, 개인적인 믿음 체계가 우리를 저마다 다른 개인으로 만드는 한 요소인 것도 당연하다.

하지만 내가 이야기하는 '세계관'에서 중요한 것은 더 일반적인 개념이다. 예를 들어, 아리스토텔레스 사후부터 1600년대까지 서구 사람들은 대부분 아리스토텔레스와 거의 같은 방식으로 세상을 보았다. 그렇다고 해서 모든 사람이 아리스토텔레스와 정확히 같은 믿음을 지녔다거나 이 시기에 믿음 체계가 수정되지 않았다거나 새로운 내용이 추가되지 않았다는 의미는 분명 아니다.

이 시기 여러 차례에 걸쳐 유대교와 그리스도교, 이슬람의 철학자와 신학자들이 아리스토텔레스의 믿음에 종교적 믿음을 섞었다. 이러한 혼합은 아리스토텔레스 사후 수 세기에 걸쳐 그의 믿음이 수정되었음을 분명히 보여주는 사례다. 아리스토텔레스와 확연히 다른 우주관을 견지한 집단도 있었다. 아리스토텔레스보다는 플라톤(기원전 428~348)의 사상에 더 가까운 믿음을 구축한 사람들이 그런 경우다. 이처럼 플라톤 철학에 기초한 믿음 체계가 아리스토텔레스 세계관의 대안으로 자리 잡았다(공교롭게도 아리스토텔레스는 플라톤의 제자였지만, 아리스토텔레스의 견해는 결국 플라톤의 견해와 상당히 달라졌다).

아리스토텔레스의 믿음이 이처럼 변형되고 아리스토텔레스와 다른 세계관을 지닌 집단이 존재했지만, 기원전 300년경부터 1600년 무렵까지 서구 대부분 지역의 믿음 체계는 아리스토텔레스의 취지에서 별로 벗어나지 못했다. 지구가 우주의 중심이고, 물체는 본질적 성질과 자연적 성향이 있고, 달 아래 영역은 불완전한 장소이고, 달 위 영역은 완전한 장소라는 등의 믿음이 서구 대부분의 일치된 의견이었다. 그리고 이런 집단적 믿음들이 개인적 믿음들과 마찬가지로 서로 맞물려 조리 있고 일관된 믿음 체계를 이루었다. 내가 아리스토텔레스 세계관을 이야기할 때 염두에 두는 것이 이처럼 아리스토텔레스의 믿음에 심취한 집단적 믿음의 그림 퍼즐이다.

뉴턴 세계관

아리스토텔레스 세계관과 대비되는 또 다른 믿음 체계를 잠시 살펴보자. 1600년대 초 지구가 태양 둘레를 돈다는 사실을 보여주는 새로운 증거가 (새롭게 발명된 망원경 덕분에) 밝혀졌다. 앞서 이야기한 대로 아리스토텔레스 그림 퍼즐에서 지구가 중심이라는 퍼즐 조각을 교체하면 사실상 퍼즐의 모든 조각을 교체할 수밖에 없었다. 따라서 이 새로운 증거가 등장하자 아리스토텔레스 세계관은 더는 살아남을 수 없었다. 아주 흥미롭고 복잡한 이야기지만 나중에 자세히 다루기로 하자. 지금은 마침내 새로운 믿음 체계가 등장했고, 특히 이 새로운 믿음 체계에 지구가 움직인다는 믿음이 포함되었다는 정도만 알고 넘어가자.

마침내 아리스토텔레스 세계관을 새롭게 대체한 세계관을 뉴턴 세계관이라 부르자. 이 세계관은 아이작 뉴턴Isaac Newton(1642~1727)과 동시대인들의 연구를 토대로 삼았지만, 그 뒤 수년간 상당히 많은 내용이 추가 되었다. 아리스토텔레스 세계관과 마찬가지로 뉴턴 세계관도 수많은 믿음과 연관되어 있었다. 예를 들어 이런 믿음이다.

① 지구는 축을 중심으로 24시간 주기로 회전한다.

② 지구와 행성은 타원형 궤도를 따라 태양 주위를 돈다.

③ 지구에는 100가지가 조금 넘는 원소가 있다.

④ 물체의 고유한 행동은 대체로 외력의 영향 때문이다(예컨대 돌이 떨어지는 것은 중력 때문이다).

⑤ 행성과 별 같은 물체도 지구상 물체를 구성한 것과 같은 원소로 구성되었다.

⑥ (움직이는 물체는 계속 움직이려는 성향이 있다는 식으로) 지구상 물체의 행동을 설명하는 법칙이 행성과 별 같은 물체에도 똑같이 적용된다.

이 밖에도 뉴턴 세계관을 구성하는 믿음은 수없이 많다. 서구인 대부분이 자라면서 배운 것이 바로 이 세계관이다. 그리고 뉴턴 세계관을 구성한 믿음들에 대해서도 아리스토텔레스 세계관에 적용한 것과 완전히 똑같은 이야기를 적용할 수 있다. 무엇보다 뉴턴 세계관은 그림 퍼즐 조각처럼 연결되어 일관되고 조리 있게 맞물리는 믿음 체계로 구성된다. 아리스토텔레스와 뉴턴의 믿음 체계는 모두 조리 있고 일관성이 있지만 아주 다른 그림 퍼즐이다. 중심 믿음이 사뭇 다르기 때문이다.

아리스토텔레스 세계관에서 뉴턴 세계관으로의 전환은 극적인 변화였으며, 이 책 2부의 상당 부분이 그 과정에 관한 이야기다. 2부에서 이야기하겠지만, 대체로 1600년대 초에 이루어진 새로운 발견이 그런 변화에 박차를 가했다. 3부에서는 다소 놀라운 최근 발견들도 살펴볼 것이다. 1600년대 초에 이루어진 새로운 발견이 기존 믿음 퍼즐의 변화를 요구했던 것처럼, 최근 수십 년 동안에 이루어진 발견도 우리 믿음 퍼즐의 변화를 요구하고 있다.

세계관 개념에 대한 설명을 마치기 전에 두 가지만 간단히 살펴보자. 첫째, 세계관을 구성하는 믿음들을 뒷받침하는 증거에 관한 내용, 둘째, 세계관을 구성하는 많은 믿음에서 나타나는 상식의 본질에 관한 내용이다.

증거

우리는 믿음에 대해 많은 이야기를 한다. 그리고 우리가 지닌 믿음의 근거도 있는 것 같다. 말하자면 우리의 믿음을 뒷받침하는 증거가 있는 것처럼 생각한다.

여러분은 아리스토텔레스가 틀렸고, 지구가 우주의 중심이 아니라고 믿을 것이다. 태양계의 중심은 태양이고, 지구와 행성들이 태양 주위를 돈다고 분명히 믿을 것이다. 나는 여러분이 이렇게 믿게 된 확실한 증거가 있을 것이라 짐작한다. 하지만 그 증거가 혹시 여러분의 생각은 아닌지 의심스럽다. 잠깐 이렇게 자문해보자. "지구가 태양 주위를 돈다고 내가 믿는 이유가 뭐지? 내가 지닌 증거가 뭐지?" 농담이 아니다. 잠시 책을 내려놓고 이 질문을 곰곰이 생각해보라.

어떤가? 우선, 여러분에게 지구가 태양 주위를 돈다는 믿음을 뒷받침하는 직접적인 증거가 있는지 생각해보라. 내가 말하는 '직접적인 증거'란 다음과 같은 것을 뜻한다. 자전거를 탈 때, 내가 움직이고 있다는 직접적인 증거가 있다. 자전거의 움직임을 느끼고, 얼굴을 스치는 바람도 느끼고, 내가 다른 사물을 지나치는 것도 보인다. 여러분은 지구가 태양 주위를 돈다는 믿음과 관련하여 이런 직접적인 증거가 있는가? 없을 것이다. 우리는 우리가 움직이고 있는 것을 느끼지 못하고, 줄곧 얼굴을 스치는 세찬 바람도 느끼지 못한다. 사실 창밖의 세상을 보면 지구가 온통 멈춘 것처럼 보인다.

여러분이 지구가 움직인다고 믿는 근거를 생각해보면, 지구가 태양 주위를 돈다는 직접적인 증거를 찾지 못할 것이다. 하나도 없을 것이다. 하지만 여러분의 믿음은 합리적인 믿음이고, 그 믿음을 뒷받침하는 증거도 분명히 있을 것이다. 다만 그 증거가 직접적인 증거라기보다는 이런 식의 증거일 것이다. 잠시, 지구가 태양 주위를 돌지 않는다고 믿어보자. 이 믿음이 여러분의 다른 믿음들과 들어맞지 않는 것이 보이는가? 이 믿음은 여러분이 대체로 학교에서 진리로 배운 믿음들과 들어맞지 않는다. 여러분이 대체로 권위 있는 책에서 정확하다고 읽은 믿음들과 맞지 않는다. 우리 사회의 전문가들이 이처럼 기초적인 사항을 틀릴 리가 없다는 믿음 등 여러분의 많은 믿음과 들어맞지 않는다.

여러분이 지구가 태양 주위를 돈다고 믿는 것은 주로 그 믿음이 여러분 믿음의 그림 퍼즐에서 다른 퍼즐 조각과 들어맞고 그와 상반된 믿음은 그 퍼즐에 들어맞지 않기 때문이다. 여러분이 지구가 태양 주위를 돈다고 믿는 증거는 여러분 믿음의 그림 퍼즐, 즉 여러분의 세계관과 긴밀히 묶인 것이다.

우리에게 지구가 태양 주위를 돈다는 직접적인 증거는 없지만, 천문학과 관련 분야 전문가들에게는 분명히 직접적인 증거가 있을 것이라 생각하는 것도 무리는 아닐 것이다. 그런데 나중에 살펴보겠지만, 전문가들에게도 그런 직접적인 증거는 없다. 지구가 태양 주위를 돈다는 확실한 증거가 없다는 뜻은 절대 아니다. 확실한 증거가 있다. 하지만 그 증거는 우리가 흔히 짐작하는 것보다 훨씬 더 간접적이다. 우리의 많은 (어쩌면 거의 모든) 믿음이 이런 식이다.

정리하면, 우리가 지닌 믿음 중 직접적인 증거가 있는 믿음은 놀랄 만큼 적다. 대체로 서로 연결된 커다란 믿음 집합에 어울린다는 이유로 믿는 믿음이 대부분이다(거의 모든 믿음이 그런지도 모른다). 우리는 주로 우리의 세계관과 들어맞는 믿음들을 믿는다.

상식

우리는 대부분 뉴턴 세계관을 배우며 자랐고, 뉴턴 세계관과 연관된 믿음은 대부분 거의 상식처럼 들린다. 하지만 잠시 생각해보면 그런 믿음은 결코 상식이 아니다. 예를 들어, 지구는 태양 주위를 도는 것처럼 보이지 않는다. 앞서 이야기했듯, 여러분이 창밖을 보면 지구가 완전히 멈춘 것처럼 보일 것이다. 태양과 행성, 별이 대략 24시간 주기로 지구 둘레를 도는 것처럼 보인다. 여러분이 초기 교육 단계에서 배웠을 믿음, 즉 움직이는 물체는 계속 움직이는 성향이 있다는 믿음도 마찬가지다. 내가 아는 사람은 대부분 이 믿음을 명백한 진리로 받아들인다. 하지만 우리가 일상에서 보는 움직이는 물체는 전혀 그렇지 않다. 원반을 던지면 계속 움직이지 않는다. 곧 땅에 떨어져 멈춘다. 야구공을 던져도 계속 움직이지 않는다. 누군가 잡지 않아도 야구공은 굴러가다 이내 멈춘다. 우리의 일상 경험에서 계속 움직이는 것은 전혀 없다.

요점은 이것이다. 앞서 뉴턴 세계관의 일부로 언급한 믿음들은 대체로 우리 대부분이 공유하는 것이지만 상식이나 공통 경험에 따라 믿는 믿음이 아니다. 하지만 우리 대부분이 뉴턴 세계관과 함께 자랐고, 아주 어린 시절부터 이런 믿음들을 배웠기에 지금 우리는 그 믿음들을 분명히 옳은 믿음으로 받아들인다. 하지만 생각해보자. 만일 우리가 아리스토텔레스 세계관을 배우며 자랐다면? 그랬다면 아리스토텔레스 세계관도 마찬가지로 상식처럼 여겨졌을 것이다.

간단히 말해서 어떤 세계관이건 그 관점에서 보면 그 세계관의 믿음은 분명히 옳은 믿음으로 보인다. 우리의 기본 믿음이 옳은 것으로, 상식으로, 분명히 올바른 것으로 보인다는 사실이 그 믿음이 옳다는 특별히 확실한 증거는 아닌 셈이다.

이제 아주 흥미로운 질문이 제기된다. 아리스토텔레스 세계관이 완전히 틀린 것은 의심할 여지가 없다. 지구는 우주의 중심이 아니며, 물체가 나름의 방식으로 행동하는 이유도 내재하는 '본질적 성질' 때문이 아니다. 하지만 핵심은 개별적인 믿음들이 틀렸다는 것이 아니다. 그보다는 그 믿음 체계로 구성된 그림 퍼즐이 잘못된 종류의 그림 퍼즐로 밝혀졌다는 것이 중요하다. 지금 우리는 아리스토텔레스 세계관이 개념화한 방식과 전혀 다르게 우주를 생각한다. 그렇지만 틀렸음에도 아리스토텔레스의 믿음들은 일관된 믿음 체계, 거의 2,000년간 분명히 올바르고 상식적인 것으로 인정된 믿음 체계를 이뤘다.

우리의 믿음 체계는 일관되며 분명히 올바르고 상식적인 것으로 보이지만 우리의 그림 퍼즐, 즉 우리의 세계관도 마찬가지로 틀린 것으로 밝혀질까? 물론 우리의 개별적인 믿음 중 일부는 틀린 것으로 밝혀질 수 있다. 내가 묻는 것은 아리스토텔레스 세계관이 잘못된 종류의 그림 퍼즐로 밝혀진 것처럼 우리가 세상을 바라보는 방식 전체도 틀린 것으로 밝혀질 수 있느냐는 것이다.

질문을 이렇게 바꿔보자. 우리가 아리스토텔레스 세계관을 보면 그 세계관을 이루는 믿음 중에 별나고 기이한 내용이 많다. 앞으로 수백 년 뒤 우리의 후손, 즉 우리 손자나 증손자들이 지금 여러분과 내가 분명히 올바르고 상식이라고 생각하는 믿음들을 마찬가지로 별나고 기이하다고 볼까?

흥미로운 질문이다. 우리의 세계관 일부가 사실 세상을 바라보는 잘못된 방식으로 밝혀질 수도 있음을 암시하는 최근의 발견은 이 책 마지막 부분에서 살펴볼 것이다. 우선은 이 질문을 곰곰이 생각할 문제로 남겨두고, 다음 주제로 넘어가자.

'진리'를 대하는 시선

2장과 3장에서는 서로 연관된 두 가지 주제에 집중한다. 하나는 진리이고, 다른 하나는 사실이다. 이 두 가지는 일반적으로 과학사와 과학철학에 관한 책에서 다루는 주제는 아니지만, 흔한 오해와 지나친 단순화를 막기 위해 일찌감치 살펴보는 편이 좋을 것 같다.

흔히 사실을 축적하는 과정이 비교적 간단하고, 최소한 과학은 대부분 그 사실을 설명하는 참된 이론을 만드는 데 적합하다고 믿는 것 같다. 하지만 이러한 믿음은 모두 사실과 진리 그리고 이 둘과 과학의 관계에 대한 커다란 오해에서 비롯된 것이다. 이런 쟁점은 흔히 우리가 생각하는 것보다 훨씬 더 복잡하다. 그 복잡성을 보여주는 것도 2장과 3장의 목표다. 2장과 3장에서 시작해 논의를 계속 진행하며 내용이 점점 더 분명해질수록 사실과 진리, 과학의 관계가 복잡하고 논란의 여지가 많다는 것이 밝혀질 것이다.

예비 쟁점

우리 세계관의 일부인 믿음, 즉 지구가 태양 주위를 돈다는 믿음은 참이고, 아리스토텔레스 세계관에서 일반적인 믿음, 즉 지구는 정지하고 태양이 지구 둘레를 돈다는 믿음은 거짓이다. 우리의 믿음 체계에서는 지구가 태양 주위를 돈다는 것이 명백한 참이며, 이 믿음이 참임을 입증하는 사실은 수없이 많아 보인다. 하지만 아리스토텔레스 세계관에서는 지구가 정지해 있는 것이 분명해 보였고, 그 믿음 체계에서는 지구가 움직이지 않음을 입증하는 사실도 많아 보였다. 이 두 가지 믿음의 차이는 무엇인가? 지구에 관한 우리의 믿음이 진정 참이고 아리스토텔레스 세계관의 믿음이 진정 거짓이라면, 한 믿음은 참으로, 다른 믿음은 거짓으로 만드는 것은 무엇인가? 더 일반적으로 물어보자. 진리가 무엇인가?

보통 이런 질문을 받으면 "사실이 믿음을 참으로 만든다"고 대답한다. 예를 들어, 지구가 태양 주위를 도는 것을 입증하는 사실이 있고, 이 사실이 그 믿음을 참으로 만든다고 흔히들 이야기한다. 그런데 흥미롭게도 사실과 진리는 서로에 의해 규정될 때가 많다. "진리가 무엇인가?"라고 물으면 흔히 사실이 뒷받침하는 믿음이 참된 믿음이라고 대답한다. 그리고 "사실이 무엇인가?"라고 물으면 흔히 참인 것이 사실이라고 대답한다. (말장난이 아니라) 실제 사전에서 진리의 정의를 찾아보면 "확인되거나 반론의 여지가 없는 사실"이고, 다시 사실의 정의를 찾아보면 "참으로 알려진 것"이다.

사실로 진리를 규정하고 진리로 사실을 규정하는 이런 순환성에 의지해서는 우리의 질문에 대답할 어떤 실마리도 찾을 수 없다. 진리가 무엇인가? 사실이 무엇인가? 참되고 사실적인 믿음과 거짓되고 비사실적인 믿음의 차이는 무엇인가? 어떤 믿음을 참되고 사실적인 믿음으로, 다른 믿음을 거짓되고 비사실적인 믿음으로 만드는 것이 무엇인가?

이런 질문들을 본격적으로 다루기에 앞서, 우리가 진리라는 주제를 얼마나 당연시하는지 잠시 돌아보자. 우리는 모두 아주 많은 믿음을 지니고 있으며 우리의 믿음이 참이라고 생각한다. 도대체 우리가 그렇게 믿는 이유가 무엇인가? 이 책에서 이야기할 내용 대부분이 참이라고 믿지 않는다면 여러분은 이 책을 구매하지 않았을 것이다. 이 책이 대학 강의 교재라면 여러분은 시간과 돈이라는 자원을 엄청나게 투자해 대학을 다니고 있을 것이고, 대학을 다니는 동안 참인 것을 많이 배울 수 있다고 생각하지 않는다면 대학에 다니지 않을 것이다. 역사나 시사를 진리와 관련해 살펴보자. 역사나 시사는 (전쟁과 암살, 종교 갈등 등) 다양한 사건으로 가득하고, 특정한 일련의 믿음은 참이고 다른 일련의 믿음은 거짓이라는 확신이 동기가 되어 발생한 사건이 아주 많다. 따라서 여러분이 지금까지 의식하지 않았다 해도 진리는 여러분이 많은 관심을 쏟는 주제일 것이다. 진리는 우리가 매 순간 당연하게 받아들이는 것이며, 절대 사소하지 않은 중요한 의미를 지닌 경우가 많다.

하지만 우리는 진리라는 주제를 거의 뒤돌아보지 않는다. 앞서 이야기했듯 이 장의 주요 목표 중 하나는 진리라는 주제를 탐구할 실마리를 제공하고, 진리에 포함된 복잡성을 어느 정도 인식하는 것이다. 진리에 관한 질문에 최종적인 답을 제시하려는 것이 아니다. 이런 질문은 적어도 철학과 과학이 시작된 이후부터 계속 논의되고 있는 문제다. 지난 2,000년 동안에도 일치된 의견이 나오지 않았으니, 이 장이 끝날 때쯤 일치된 의견이 나올 리 만무하다. 하지만 지난 수년간 표준적인 진리관이 몇 가지 등장했다. 그 표준적인 진리관들을 최소한 개략적으로라도 살펴보면 그 복잡성을 어느 정도 인식할 수 있을 것이다.

명확한 질문

이런 문제를 탐구할 때는 묻고자 하는 질문을 분명히 밝히고 명심하는 것이 좋을 때가 많다. 그리고 해당 질문을 그와 연관될 법한 다른 질문과 확실히 구분할 필요도 있다.

내가 "진리가 무엇인가?"라고 물을 때 염두에 둔 핵심은 이것이다. 참인 진술 혹은 참인 믿음을 참으로 만드는 것은 무엇인가? 거짓 진술 (혹은 거짓 믿음을) 거짓으로 만드는 것은 무엇인가? 표현을 조금 바꾸어서, 참인 진술들을 (혹은 참인 믿음들을) 참으로 만드는 공통점이 무엇이며, 거짓 진술들을 (혹은 거짓 믿음들을) 거짓으로 만드는 공통점이 무엇인가?

진리에 관한 이 핵심 질문은 종종 진리에 관한 인식론적 질문과 혼동된다. 일반적으로 인식론은 지식을 탐구하며, 철학의 중요한 분야다. 진리에 관한 인식론의 핵심 질문은 이것이다. 어떤 진술이나 믿음이 참이라는 것은 어떻게 알 수 있을까? 중요한 질문이다. 하지만 우리가 지금 관심을 두는 핵심 질문은 이것이 아니다.

비유를 들어보자. 우리가 삼림 지역에 있고, 그 지역에서 떡갈나무를 찾는 데 관심이 있다고 가정하자. 이때 중요한 질문은 인식론적인 질문이다. 어떤 나무가 떡갈나무인지 어떻게 알 수 있을까? 산림 전문가를 고용하자는 것이 이 질문에 대한 최고의 대답일 것이다. 산림 전문가의 설명에 귀를 기울이면 어떤 나무가 떡갈나무인지 알 수 있기 때문이다. 하지만 산림 전문가가 어떤 나무를 떡갈나무로 식별한다는 사실이 그 나무를 떡갈나무로 만드는 것은 아니다. "어떤 나무가 떡갈나무인지 어떻게 알 수 있을까?"라는 것은 "어떤 나무를 떡갈나무로 만드는 것은 무엇인가?"라는 것과 다른 질문이다.

어떤 나무를 떡갈나무로 만드는 떡갈나무의 공통점이 있을 것이다. 마찬가지로 참인 진술들을 (혹은 참인 믿음들을) 참으로 만드는 공통점이 있을 것이다. 따라서 우리가 관심을 두는 핵심 질문은 이것이다. 참인 진술들을 (혹은 참인 믿음들을) 참으로 만드는 공통점이 무엇인가?

지난 수년간 수많은 진리론이 이 질문에 잠재적인 답을 제시했다. 대부분 진리론은 두 가지 범주로 나뉜다. 첫 번째 범주를 진리대응론이라고 부르고, 두 번째 범주를 진리정합론이라고 부르자. 지금까지 제기된 진리론이 이 두 유형만 있는 것은 아니지만, 대부분 진리론을 포괄하는 이 두 범주만 살펴보면 진리를 둘러싼 많은 복잡성이 드러난다. 여기서 진리대응론과 진리정합론의 여러 가지 변형을 모두 개별적으로 검토하지는 않는다. 주목할 만한 변형 이론 몇 가지만 살펴본다. 진리대응론부터 시작하자.

진리대응론

간단히 말해서, 진리대응론에서 참된 믿음을 참으로 만드는 것은 그 믿음이 실재에 대응하는 것이다. 거짓된 믿음을 거짓으로 만드는 것은 그 믿음이 실재에 대응하지 못하는 것이다.

예를 들어 "지구가 태양 주위를 돈다"는 것이 (우리 대부분이 생각하는 대로) 참이라면, 이것을 참으로 만드는 것은 현실에서 지구가 실제 태양 둘레를 도는 것이다. 즉 이 믿음을 참으로 만드는 것은 그 믿음이 실제 상황과 대응하는 것이다. 마찬가지로 "지구는 정지해 있고 태양이 지구 둘레를 돈다"는 것이 거짓이라면, 이 믿음이 거짓인 이유는 실재에 대응하지 못하기 때문이다.

'실재'는 다양하게 사용되는 용어다. 따라서 진리대응론을 이해하려면, 실재라는 용어가 어떻게 사용되는지 아는 것이 대단히 중요하다. 진리대응론의 맥락에서 '실재'는 여러분이나 내가 그렇다고 믿는 실재를 가리키는 말이 절대 아니다. 일반적으로 이야기해서, 여러분과 내가 그렇다고 믿는 실재는 실재의 실제 모습에 아무런 영향을 미치지 않는다. 최고의 과학자가 믿는 실재나 대다수가 믿는 실재, 깨달음을 얻은 스님이 깨어 있는 정신 상태에서 믿는 실재도 역시 실재의 실제 모습에 거의 영향을 미치지 못한다. 진리대응론에서 사용하는 '실재'는 '여러분의 실재'나 '나의 실재'도 아니고, '티머시 리어리Timothy Leary(인간의 행동을 변화시킬 수 있는 심리치료법을 고민하며 환각 약물의 효과를 주장한 미국 심리학자 — 옮긴이)의 실재'처럼 강한 환각제 같은 약물에 취해 알게 되는 실재도 아니다. 진리대응론에서 말하는 '실재'는 실제 '실재'로, 전반적으로 우리와 분리된 실재, 완전히 객관적인 실재, 일반적으로 사람들이 믿는 실재에 절대 의존하지 않는 실재다.

물론 우리의 일부 믿음이 시시하게나마 실재의 특정한 측면에 영향을 주기도 한다. 거실이 너무 덥다고 믿어 실내 온도를 낮추는 경우를 예로 들 수 있다. 이런 식으로 내 어떤 믿음이 거실의 실내 온도처럼 실재의 어떤 측면을 변화시키기도 한다. 하지만 대체로 진리대응론 지지자들은 우리의 믿음이 실재에 영향을 주지 못한다는 주장을 굽히지 않는다.

요약하면 진리대응론에서 참된 믿음을 참으로 만드는 것은 그 믿음이 독립적이고 객관적인 실재와 대응하는 것이다. 거짓된 믿음을 거짓으로 만드는 것은 그 믿음이 독립적이고 객관적인 실재에 대응하지 못하는 것이다.

진리정합론

진리정합론에 따르면, 어떤 믿음을 참으로 만드는 것은 그 믿음이 다른 믿음과 정합하거나 일치하는 것이다. 지구가 태양 둘레를 돈다는 내 믿음을 예로 들어보자. 나는 권위 있는 천문학 서적에 실린 내용을 믿는 편인데, 그 책이 내게 지구가 실제 태양 둘레를 돈다는 확신을 주었다. 나는 또한 그 분야 전문가의 말을 믿는 편인데, 그 전문가들도 지구가 태양 둘레를 돈다고 말한다. 지구가 태양 둘레를 돈다는 내 믿음은 대체로 다른 믿음과 정합하고, 진리정합론에 따르면 이런 정합성이 참된 믿음을 참으로 만든다.

1장에서 세계관을 설명하며 비유로 든 그림 퍼즐을 다시 떠올려보자. 세계관은 그림 퍼즐 조각이 맞물리듯 긴밀히 연결된 믿음 체계라는 말이 기억나는가? 진리정합론도 똑같은 비유로 설명할 수 있다. 진리정합론에서 볼 때, 어떤 믿음을 참으로 만드는 것은 그 믿음이 전체적인 믿음의 그림 퍼즐에 잘 들어맞는 것이다. 거짓된 믿음은 엉뚱한 퍼즐 조각처럼 들어맞지 않는다.

요컨대, 진리정합론에서 어떤 믿음을 참으로 만드는 것은 그 믿음이 전체 믿음 집합과 정합(딱 들어맞는)하는 것이다. 그리고 어떤 믿음을 거짓으로 만드는 것은 그 믿음이 전체 믿음 집합과 정합하지 않는 것이다.

다양한 변형 정합론

지금까지 정합론을 아주 포괄적으로만 설명했지만, 정합론이 얼마나 다양하게 변형될 수 있는지 잠시 살펴볼 필요가 있다. 포드가 자동차의 한 유형이지만 포드 자동차의 변형이 아주 다양한 것과 마찬가지로, 정합론도 하나의 이론이지만 변형이 아주 다양하다.

다양한 변형 정합론은 주로 믿음의 그림 퍼즐 안에 누구의 믿음을 포함하느냐에 따라 구분된다. 개인의 믿음에만 관심이 있는가? 그래서 "지구가 태양 주위를 돈다"는 것이 어떤 개인의 다른 믿음과 정합하기만 하면 그것이 그 특정 개인에게 참인가? 혹은 집단의 믿음을 이야기하는가? 그래서 "지구가 태양 주위를 돈다"는 것이 그 집단의 믿음 집합과 정합하기만 하면 참인가? 그리고 집단의 믿음에 관해 이야기할 때, 그 집단의 구성원으로 포함되는 사람은 누구인가? 특정 지역에 거주하는 사람 전체인가? 아니면 특정한 세계관을 공유한 사람들인가? 과학자 공동체 혹은 다른 전문가 공동체인가?

이런 질문에 대한 답변에 따라 변형론이 더 구체적으로 갈라진다. 예를 들어 당사자 개인의 믿음에 관심을 두면, 개인주의적 정합론이라고 할 수 있다. 이 이론에서는 어떤 믿음이 사라의 다른 믿음과 정합하면 그 믿음은 사라에게 참이고, 어떤 믿음이 프레드의 다른 믿음과 정합하면 그 믿음은 프레드에게 참이고, 이런 식이다. 여기서 분명히 알아둘 내용이 있다. 개인주의적 정합론에서는 진리가 당사자 개인에 따라 상대적이라는 것이다. 즉 사라에게 참인 것이 프레드에게는 참이 아닐 수 있다.

개인 대신에 특정 집단의 믿음을 믿음 집합으로 삼으면 정합론이 상당히 다르게 변형된다. 집단 변형 정합론이라고 할 수 있다. 이해하기 쉽게, 우리가 과학에 관한 어떤 믿음이 서구 과학자 집단의 믿음 집합과 들어맞으면 그 믿음을 참으로 본다고 가정하자. 그리고 편의상 이런 생각을 과학 기초 변형 정합론이라고 부르자.

개인주의적 정합론과 과학 기초 변형 정합론은 모두 진리정합론의 한 유형이지만 완전히 다른 이론이다. 내가 아는 스티브라는 사람을 예로 들어 그 차이를 보자. 스티브는 지구와 달의 거리가 지구와 태양의 거리보다 더 멀고, 달에 사람이 살고 있으며 달에서 파티나 축제가 자주 열린다고 진지하게 믿고 깊이 확신한다(스티브의 믿음은 대부분 특정 종교의 경전을 글자 그대로 해석한 데서 나온 것이다. 스티브의 믿음이 다른 종교의 경전을 글자 그대로 해석한 데서 유래한 믿음보다 더 합리적인지 아닌지는 이 장에서 논의할 주제의 범위를 벗어난다. 그래도 종교 경전을 글자 그대로 해석하면 색다른 믿음 집합으로 이어질 때가 많다는 이야기는 해야 할 것 같다. '평평한 지구 학회Flat Earth Society'나 지구가 우주의 중심이라고 믿는 '지구 중심 학회Geocentric Society'가 그런 사례다).

스티브가 지닌 믿음의 그림 퍼즐은 내 그림 퍼즐과 상당히 다르고 여러분의 그림 퍼즐과도 상당히 다르겠지만, 서로 완벽하게 들어맞는 믿음 체계를 이루고 있다. 특히 달에 지능을 갖춘 존재가 살고 있다는 믿음은 스티브의 다른 믿음과 정합한다. 따라서 개인주의적 변형 정합론에 따르면 달에 관한 스티브의 믿음은 참이다. 여러분의 믿음이 여러분에게 참인 것이나 내 믿음이 나에게 참인 것과 마찬가지로 스티브의 믿음이 그에게 참이라는 것이 중요하다.

반면에 과학 기초 변형 정합론에 따르면 달에 관한 스티브의 믿음은 거짓이다. 그의 믿음들이 서구 과학자들의 전체적인 믿음과 정합하지 않기 때문이다. 요컨대 개인주의적 변형 정합론과 과학 기초 변형 정합론은 모두 정합론의 한 유형이지만 서로 다른 진리론이다.

정합론의 다양한 변형 가능성을 설명할 때 주로 거론되는 것이 개인주의적 변형 정합론과 과학 기초 변형 정합론이다. 다양한 변형 정합론이 주로 누구의 믿음을 '포함'하느냐에 따라 달라지고, 누구의 믿음을 포함할지 지정하는 방법이 아주 다양하기에, 사뭇 다른 정합론이 아주 다양하게 나올 수 있다는 사실을 분명히 기억해야 한다.

진리대응론이 지닌 문제 혹은 수수께끼

언뜻 보면 진리대응론은 올바른 생각처럼 보인다. 결국 참된 믿음은 실제 상황을 반영한다는 말보다 더 자연스러운 말이 뭐가 있겠는가? 하지만 조금 더 생각해보면, 진리대응론에 커다란 수수께끼들이 있음을 알 수 있다.

가장 큰 수수께끼는 실재에 의지하는 것이다. 이 수수께끼를 설명하기 위해 잠시 본론에서 벗어나 우리가 일반적으로 표상적 지각 이론이라고 일컫는 것을 살펴보자. 대부분 사람이 상식적으로 생각하는 지각 작동 원리에 관한 내용이므로 '지각 이론'이란 이름이 다소 거창할 수 있다. 그래도

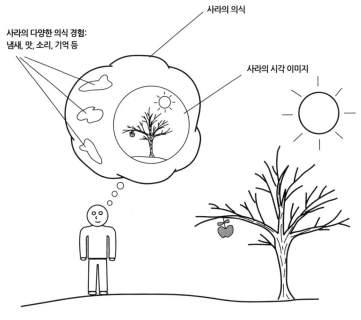

사라의 다양한 의식 경험:
냄새, 맛, 소리, 기억 등

사라의 의식

사라의 시각 이미지

[도표 2-1] 슬쩍 엿본 사라의 의식

어쨌든 '표상적 지각 이론'이라고 불리니 여기서도 그렇게 부르기로 하자.

표상적 지각 이론을 이해하는 데 다음 그림이 도움이 될 것이다. 우리가 아는 사람 중에 사라가 있고, 사라의 의식을 들여다본다고 가정하자. 만화가가 등장인물의 머릿속을 보여줄 때 흔히 사용하는 기법을 빌리면, 사라의 의식은 [도표 2-1]과 같은 모습일 것이다.

표상적 지각 이론은 시각과 청각, 미각 등 우리의 모든 감각을 포함한 지각을 다루는 일반 이론이다. 감각 중 시각을 설명하기가 가장 쉬우니, 앞으로 시지각 사례를 집중적으로 살펴보겠지만, 다른 감각들도 비슷하게 설명할 수 있다.

[도표 2-2] 사라의 의식 경험

간단히 말해서 사라는 나무를 볼 때 나무와 태양, 사과 등의 시각 이미지를 받아들인다. 이 시각 이미지들이 나무의 표상이다. 여러분이나 내가 나무를 볼 때도 비슷하게 나무와 태양 등의 시각 표상을 받아들일 것이다.

표상적 지각 이론의 바탕은 우리의 감각이 외부 세계에 있는 사물의 표상을 제공한다는 것이다(시각이 제공하는 표상은 대충 그림과 비슷하다). 이는 거의 모든 이들이 당연하게 받아들이는 견해다. 하지만 이 견해에는 흥미로운 암시들이 숨어 있고, 일부 암시가 진리대응론에 직접 영향을 미친다.

그중 가장 중요한 암시는 우리가 모두 어떤 의미에서는 세상과 유리되었음을 시사한다. 말하자면, 우리는 감각이 제공하는 표상이 정확한지 아닌지 확인할 방법이 전혀 없다는 것이다. 우리의 표상이 정확한지 아닌지 알 수 없다는 것은 강력한 주장이므로, 조금 시간이 걸리더라도 짚고 넘어가자.

표상적 지각 이론이 옳다면 우리는 왜 감각이 제공하는 표상이 정확한지 아닌지 알 수 없을까? 나는 그 이유를 밝히는 두 가지 설명을 제시하려 한다. 첫 번째 설명은 표상의 정확성을 평가하는 방법에 관한 것이고, 두 번째는 내가 '토털 리콜Total Recall 시나리오'라고 부르는 것을 중심으로 한 설명이다.

표상의 정확성 평가

사진이나 도로 지도 등 일상적인 표상의 정확성을 평가하는 방법을 생각해보자. 일상적인 표상의 예로 악마의 탑Devil's Tower 사진을 본다고 가정하자(악마의 탑은 와이오밍주 북서부에 있는 지질학적으로 흥미로운 지형이다. 아주 큰 원통이 땅에서 솟은 모양이다). 이 사진의 정확성을 평가하는 확실한 방법은 와이오밍으로 가서 실제 악마의 탑과 사진을 비교하는 것이다. 마찬가지로 뉴욕시 도로 지도의 정확성을 평가하려면 뉴욕시의 도로와 지도를 비교해야 할 것이다. 지형도의 정확성을 평가하려면 지도에 담긴 실제 지세와 지도에 표시된 지형을 비교해야 할 것이다.

결론적으로 표상의 정확성을 평가하려면 ① 악마의 탑 사진, 즉 표상을 ② 실제 악마의 탑, 즉 표상된 대상과 비교해야 한다. 감각이 우리에게 외부 세계의 표상을 제공한다면, 그 표상이 정확한지 아닌지 묻는 것이 합리적인 질문이다. 그리고 우리 감각이 제공한 표상의 정확성을 평가하

[도표 2-3] 악마의 탑

려면 그 표상과 표상된 대상을 비교해야 할 것이다.

하지만 [도표 2-1]의 사라를 다시 보자. 사라가 사과에 대한 자신의 시각적 표상의 정확성을 평가한다 치자. 그러려면 사라는 사과의 시각적 표상과 사과를 비교해야 할 것이다. 하지만 사라는 비교할 방법이 없다. 사라가 자신의 의식 밖으로 나올 수 없기 때문이다. 사라의 관점에서 보면, 사라가 이용할 수 있는 것은 모두 의식 속에 있다. 사라의 관점을 그린 [도표 2-2]를 보라. 이것이 사라가 가진 전부다. 사라는 자신의 의식 경험 밖으로 걸어 나와 그 의식 경험 속에 있는 것과 그 의식 경험을 유발했을 법한 것을 비교할 수 없다. 요컨대 사라가 사과의 시각적 표상과 사과 자체를 비교할 방법이 없고, 따라서 사과의 시각적 표상이 정확한지 평가할 방법이 없는 것 같다.

사라는 사과의 시각 이미지를 예컨대 사과를 만질 때의 촉감이나 사과 냄새와 비교하고, 그를 통해 사과의 시각적 표상이 정확하다는 결론을 내릴 수 있을까? 사라는 분명히 자신의 시각 이미지를 촉각적 느낌은 물론 사과 냄새를 맡을 때 받는 후각적 느낌과도 비교할 수 있을 것이다. 하지만 촉감과 냄새도 또 하나의 표상이다. 따라서 사라가 사과의 시각 이미지를 사과를 만지는 촉감이나 사과를 후각으로 느낀 냄새와 비교하는 것은 표상을 다른 표상과 비교하는 것이다. 사라가 시각 표상의 정확성을 평가하려면 표상을 다른 표상이 아닌 표상된 대상과 비교해야만 하는데 말이다.

이런 상황은 악마의 탑 사진의 정확성을 평가한다면서 그 사진을 예컨대 악마의 탑 지형도나 악마의 탑 주변 도로 지도와 비교하는 것과 아주 흡사하다. 이때 비교되는 것은 하나의 표상과 또 다른 표상이다. 필요한 비교, 즉 표상과 표상된 대상의 비교는 이루어지지 않는다.

여기에 담긴 의미는 감각이 우리에게 제공한 표상의 정확성을 평가할 방법이 없다는 것이다. 달리 말하면 실재의 실제 모습이 어떤지 우리가 확인할 방법이 없다는 의미다.

토털 리콜 시나리오

표상적 지각 이론이 옳다면 우리는 왜 세상의 표상이 정확한지 아닌지 알 수 없을까? 그 이유를 설명하기 위해 두 번째로 살펴볼 것이 토털 리콜 시나리오다. 〈토털 리콜〉은 공상과학영화다. 영화의 배경은 24세기 후반 미래이며, 이 시기에는 휴가를 가고 싶지만 그럴 여유가 없는 사람이 돈이 덜 드는 방법으로 휴가 경험을 머릿속에 이식할 수 있다. 그런 가상 휴가를 전문적으로 제공하는 회사들이 있어, 돈만 내면 그 회사가 장치를 연결해 여러분이 선택한 휴가의 완전히 현실적인 경험을 머릿속에 이식한다. 가상현실을 통해 겪는 경험은 워낙 사실적이어서 실재와 구분할 수 없다 (우리 논의에서 아주 중요한 사항은 아니지만, 영화를 보면 주인공이 자신의 의식 경험이 실재 경험인지 아니면 사실적이지만 머릿속에 이식된 비실재적인 이미지인지 구분하지 못하는 내용이 줄거리에 포함되었다. 이와 비슷한 내용을 다룬 또 하나 유명한 영화가 〈매트릭스The Matrix〉다. 매트릭스도 할리우드에서 고안한 개념이 아니다. 곧 이야기하겠지만, 매트릭스는 1600년대에 데카르트가 상세히 고찰한 개념이다).

이런 내용에 유념해 [도표 2-1]을 다시 보며 사라의 의식 경험을 살펴보자. 사라는 사과의 시각 이미지, 사과의 감촉, 사과의 맛과 냄새 등이 실제로 존재하는 나무와 사과 등에서 기인했다고 믿는다. 하지만 사라가 토털 리콜 시나리오 속에 있어 이러한 감각들이 머릿속에 이식된 것이라

해도, 사라의 의식 경험은 여전히 똑같을 것이다. 그림으로 설명하면, [도표 2-4]와 같은 상황이다. [도표 2-1]에서 묘사한 '정상적인' 상황 속의 사라의 의식 경험과 [도표 2-4]에서 묘사한 토털 리콜 시나리오 속의 사라의 의식 경험이 정확히 같다. 사라는 자신이 토털 리콜 시나리오 속에 있지 않다고 확실히 알 방법이 없다. 사라는 자신의 의식 경험이 [도표 2-1]에서 묘사한 외부 세상에서 기인했는지 아니면 [도표 2-4]에서 묘사한 외부 세상에서 기인했는지 확실히 알 방법이 없다. 요컨대 사라는 실재의 실제 모습이 어떤지 확실히 알 방법이 없다.

물론 사라가 처한 상황은 여러분에게도 똑같이 적용된다. 여러분이 24세기에 살고 있고, 21세기 초반 역사를 전공하는 역사학자라고 가정하자. 그리고 여러분이 토털 리콜 시나리오를 통해 21세기 초반의 삶을 경험했다 치자. 토털 리콜 시나리오에는 21세기에 발표된 과학사와 과학철학에 관한 책을 읽는 것이 (혹은 지금 이 책을 읽는 것 같은 경험이) 포함되어 있을 것이다. 이 문장, 이 페이지, 이 책, 현재 환경 등 여러분의 현재 경험이 토털 리콜 시나리오의 일부일 것이다. 설령 그렇다 해도 여러분은 알 방법이 없다.

결론적으로 우리는 모두 우리의 경험이 '정상적인' 실재에 기인했다고 믿지만, 그 경험이 토털 리콜 시나리오에서 상상한 그런 실재에 기인하지 않았음을 확실히 알 방법이 없다. 실재의 실제 모습이 어떤지 확실하게 알 방법이 없다.

주의 사항

앞에서 논의한 내용의 요지를 오해하지 않도록 주의하자. 여러분이 합당하게 내릴 결론은 실재가 우리의 믿음과 완전히 다른 모습이라는 것이

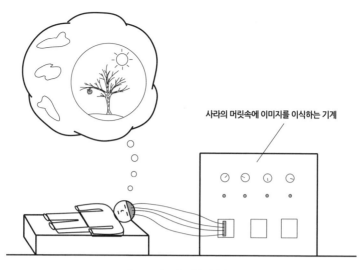

사라의 머릿속에 이미지를 이식하는 기계

[도표 2-4] 토털 리콜 시나리오

아니다. 그보다는 우리가 실재의 실제 모습이 어떤지 확실히 알 수 없다는 것이 합당한 결론이다. 그리고 실재가 어떤지 확실히 알 수 없다면, 결과적으로 진리대응론이 옳다면 우리는 어떤 믿음 혹은 최소한 외부 세계에 대한 어떤 믿음이 참인지 아닌지 절대 확실히 알 수 없다는 것이 합당한 결론이다.

이런 결론은 진리대응론이 틀렸다거나 인정할 수 없다거나 모순되었다는 것을 증명하는 것이 아니다. 진리대응론은 어떤 믿음을 참이나 거짓으로 만드는 것에 관한 이론이지만, 표상의 정확성 논의와 토털 리콜 논의는 우리가 알 수 있는 것에 관한 인식론적 설명임을 잊지 말자. 앞에서 이야기했듯, 믿음을 참이나 거짓으로 만드는 것이 무엇인지를 묻는 질문은 지식에 관한 이런 인식론적인 질문과 다른 질문이다. 하지만 정확성 논의와 토털 리콜 시나리오는 진리대응론의 아주 흥미로운 측면을 분명히 보여주며, 많은 사람이 진리대응론에 매력을 느끼지 못하는 주된 이유 중 하나가 바로 이런 측면 때문이다.

진리정합론이 지닌 문제 혹은 수수께끼

개인주의적 변형 정합론부터 살펴보자. 이 변형 이론에서는 어떤 믿음이 개인의 전체 믿음 집합과 들어맞으면 그 개인에게 참이고, 전체 믿음 집합에 들어맞지 않으면 거짓이다. (앞에서 이야기한) 내 지인 스티브에게 참인 것과 나에게 참인 것은 전혀 다르다. 예를 들어, 스티브에게는 달에 사람이 산다는 것이 참이지만, 나에게는 달에 사람이 살지 않는다는 것이 참이다. 지구와 달의 거리가 지구와 태양의 거리보다 멀다는 것이 스티브에게는 참이지만, 나에게는 그 반대가 참이다. 요컨대 독자적인 진리는 하나도 없다. 진리가 개인에 따라 상대적이다.

개인주의적 변형 정합론에서 중요한 점은 '더 좋은' 진리와 '더 나쁜' 진리의 구분이 없다는 것이다. 달에 사람이 산다는 스티브의 믿음은 달에 사람이 살지 않는다는 내 믿음이 (나에게) 참인 만큼 (그에게) 참이다. 모든 믿음이 그 믿음을 지닌 개인에게 동등하게 참이다. 개인주의적 변형 정합론에서는 내 믿음이 스티브의 믿음보다 더 진리에 가깝다고 말할 수 없다.

한마디로 개인주의적 변형 정합론은 '무엇이든 좋다'는 지나친 상대주의다. 상대주의가 개인주의적 변형 정합론이 옳지 않다는 결정적 증거는 아니지만, 대부분 사람이 상대주의를 인정할 수 없는 견해로 받아들인다는 것은 짚고 넘어갈 필요가 있다.

이제 집단 변형 정합론을 살펴보자. 이 변형 이론에서는 어떤 믿음이 집단의 전체 믿음 집합과 들어맞을 때 참이다(어떤 집단을 포함할지는 개별적인 이론에 따라 다르다). 이 이론이 지닌 큰 문제점은 이런 것들이다.

① 집단의 믿음이 오해일 가능성을 인정하지 않는다.
② 해당 집단의 구성원으로 정확히 누구를 포함할지 지정할 방법이 없다.
③ 어떤 집단이건 일관된 일련의 믿음을 공유하지 않는다.

이 문제들을 하나하나 자세히 살펴보자. 문제 ①과 관련해, 사라가 저지르지도 않은 범죄에 대해 꼼짝없이 누명을 썼다고 가정하자. 꼼짝없이 누명을 썼다는 것은 (이를테면 미국 사회 같은) 해당 집단의 구성원들이 실제 사라가 유죄라고 확신한다는 뜻이다. 이때 "사라가 유죄다"라는 것은 그 집단의 다른 믿음과 들어맞을 테고, 집단 변형 정합론에 따라 "사라가 유죄다"는 참이다. 하지만 사라는 누명을 썼으니, 우리는 사라가 유죄라는 믿음이 집단의 오해에 지나지 않는다고 말하고 싶다.

하지만 여기서 주목할 점은 집단 변형 정합론에서 집단은 오해하지 않는다는 것이다. "사라가 유죄다"가 참인 것이다. 사실, 거짓 믿음을 지닌 사람은 사라다. 집단 변형 정합론에서는 사라가 '나는 무죄다'라고 생각할 때, 사라의 믿음은 그 집단의 전체 믿음 집합과 들어맞지 않기 때문에 거짓이다. 이 변형 정합론은 사건을 정반대로 뒤집는 것처럼 보인다. 일반적으로 집단 변형 정합론에서는 집단 구성원들의 믿음이 오해일 수 있다는 것을 알기가 어렵다. 이것이 집단 변형 정합론의 아주 묘한 결과다.

문제 ②와 관련해, 집단은 명확한 집합이 아니다. 예를 들어 서구 과학자 집단을 해당 집단으로 삼는 집단 변형 정합론을 살펴보자. 이 이론에 따르면 어떤 믿음을 참으로 만드는 것은 그 믿음이 서구 과학자 집단의 전체 믿음 집합과 들어맞는 것이다. 그런데 서구 과학자에 포함된 사람은 누구인가? 내 지인 중에 색다른 믿음을 지닌 짐이라는 사람이 있다. 짐은 지구가 우주의 중심이라고 상당히 진지하게 믿는다(나를 비롯해 내가 아는 사람들은 대부분 대세에 따르는 믿음을 지니고 있지만, 공교롭게도 나는 대세에서 벗어난 사람들을 많이 접촉했으며 이것이 내게 도움이 된다고 생각한다). 놀랍게도 짐은 현역 물리학자다. 저명한 기관에서 물리학 박사 학위를 받았고, 주류 물리학 학회지에 논문도 발표한다.

하지만 짐은 우주의 구조에 관해 상당히 색다른 믿음을 지니고 있다. 과연 그를 서구 과학자 집단의 구성원으로 인정해야 할까? 이런 의문이 드는 사람은 얼마든지 있다. 그리고 일반적으로 수많은 개인을 해당 집단의 구성원으로 포함할지 말지 분명히 결정하기가 그리 쉽지 않다. 집단은 경계선이 아주 모호하기에 어떤 집단의 구성원을 정확히 지정하는 것은 불가능하지는 않아도 쉽지 않은 일이다.

다시 생각해보자. 집단 변형 정합론에서는 어떤 믿음이 그 집단의 전체 믿음과 들어맞을 때 참이다. 하지만 집단 자체가 명확하지 않다면 그 이론도 명확하지 않을 것이다. 결국 집단 변형 정합론이 정합한 이론인지 분명하지 않은 것이다.

끝으로 문제 ③과 관련해 해당 집단의 구성원을 지정하는 문제를 해결할 수 있다 해도 집단에는 일관된 믿음 집합이 없다는 것에 유념하자. 어떤 구성원은 이러저러하게 믿지만 다른 구성원은 정반대로 믿을 수 있다. 그 어떤 사람들의 모임이건 그 어떤 집단이건 마찬가지일 것이다. 해당 집단 구성원 사이에 일관된 믿음이 없다면, 그 집단엔 일관된 믿음의 그림 퍼즐이 없는 것이다. 그리고 만일 일관된 믿음의 그림 퍼즐이 없다면, 일관된 믿음의 그림 퍼즐이 있다고 가정하는 집단 변형 정합론이 명확하지 않은 것이다.

요약하면, 개인주의적 변형 정합론은 받아들이기 힘든 상대주의로 흐르는 것 같다. 반면 집단 변형 정합론은 상대주의 문제를 해결한 것처럼 보이지만, 그 과정에서 새로운 중요한 문제들을 제기한다. 따라서 진리정합론과 진리대응론 모두 진리에 관한 우리의 핵심 질문에 충분히 만족할 만한 답변을 제시하지 못한다.

철학적 성찰: 데카르트와 코기토

이 장을 마치기 전에 조금 더 일반적인 철학적 의문을 검토하는 것이 좋을 것 같다. 우리가 지금까지 논의한 쟁점들과 관련한 의문이다. 앞에서 이야기한 대로 지각에 관한 일반적인 견해가 옳다면, 즉 표상적 지각 이론이 옳다면 그것은 실재의 실제 모습이 어떤지 확신할 수 없다는 중요한 의미를 지닌다. 대단히 광범위한 영향을 미치는 주장이고, 이런 결론을 받아들이면 과연 우리가 확신할 수 있는 것이 있는지 당연히 의문이 들 것이다.

이런 의문을 탐구한 사람 중에 가장 유명한 인물이 르네 데카르트 René Descartes(1596~1650)일 것이다. 데카르트는 여러 가지 맥락에서 이 문제를 논의했지만, 가장 널리 알려진 것이 (흔히 《성찰》이라고 부르는) 《제1철학에 관한 성찰 Meditations on First Philosophy》에 나오는 내용이다. 《성찰》을 보면, 데카르트가 처음에 세운 목표 중 하나가 지식을 쌓아 올릴 절대적으로 확실한 토대를 찾는 것이다. 데카르트는 절대적으로 확신할 수 있는 믿음을 하나 이상 찾고, 그 확실한 토대 위에 나머지 지식을 신중하고 논리적으로 쌓아 올리려고 했다.

데카르트는 우리가 앞서 논의한 토털 리콜 시나리오와 아주 유사한 시나리오를 믿음의 확실성을 판정하는 일종의 기준으로 활용했다. 토털 리콜 시나리오처럼 실재가 자신의 의식 경험 속에 나타나는 모습과 전혀 다를 가능성을 고찰한 데카르트는 생각과 지각을 머릿속에 직접 이식할 수 있는 강력하고 '교활한 악마'라는 개념을 이용했다. 교활한 악마가 있음에도 자신이 확신할 수 있는 믿음을 찾아낸다면, 그 믿음이 데카르트가 토대로 삼고자 하는 확실한 믿음이 될 것이다(데카르트의 교활한 악마가 하는 역할은 [도표 2-4]에서 사라의 머릿속에 생각과 지각을 이식하는 기계와 아주 흡사하고, 앞에서 이야기한 영화 〈토털 리콜〉이나 〈매트릭스〉에서 가상현실을 창조하는 장치와 흡사하다).

데카르트가 찾는 것은 교활한 악마의 시험을 통과할 수 있는 믿음이었다. 즉 교활한 악마가 있음에도 자신이 확신할 수 있는 믿음이었다. 분명히 우리의 믿음은 대부분 악마의 시험을 통과하지 못할 것이다. 내 앞에 책상이 있다는 믿음도 그 시험을 통과하지 못할 것이다. 교활한 악마가 있다면, 그 악마가 나를 쉽게 속여 실제 아무것도 없는데 책상을 보고 있다고 생각하도록 만들 수 있기 때문이다. 나에게 육체가 있다는 믿음도 그 시험을 통과하지 못할 것이다. 그 악마가 육체에서 분리된 내 뇌나 머릿속에 이미지를 이식할 수 있기 때문이다.

이런 시험을 통과할 믿음, 즉 우리가 절대적으로 확신할 수 있는 믿음이 있을까? 데카르트는 적어도 그런 믿음 하나는 찾아냈다고 생각했다. 그 믿음이 유명한 "코기토 에르고 줌Cogito, ergo sum", 즉 "나는 생각한다, 고로 나는 존재한다"이다. 데카르트는 이 믿음이 자신이 절대적으로 확신할 수 있는 믿음이라고 주장했다.

군이 엄밀히 따지면 "나는 생각한다, 고로 나는 존재한다"라는 말은 《성찰》에 나오는 표현이 아니다(데카르트의 다른 책에 등장하는 표현이다). 데카르트는 《성찰》에서 이렇게 말했다. "내가 '나는 있다, 나는 현존한다'고 생각할 때마다 그러한 생각은 필연적으로 참이다."

즉 자신이 적어도 생각하는 것으로 현존한다는 믿음은 절대적으로 확신할 수 있는 믿음이라는 것이다. 분명히 데카르트는 자신의 육체가 필연적으로 현존한다고 말하지 않는다(토털 리콜 시나리오의 기계나 데카르트의 교활한 악마가 우리를 속여 육체가 있다고 오해하게 만들 수 있기 때문이다). 그보다 데카르트가 확신할 수 있는 것은 자신이 "나는 있다, 나는 현존한다"고 생각할 때마다 적어도 생각하는 것으로 분명히 현존한다는 것이다. "나는 있다, 나는 현존한다"고 생각할 때 데카르트는 틀림없이 그런 생각이 들도록 생각했을 것이고, 바로 이것이 그가 적어도 생각하는 것으로 분명히 현존하는 이유일 것이다. 인정할 것은 인정하는 차원에서 덧붙이자면, 현재 데카르트와 더 흔히 연결되긴 하지만 성 아우구스티누스St. Augustine(354~430)가 그 전에 이미 이와 비슷한 견해를 밝혔다.

데카르트의 "나는 있다, 나는 현존한다"가 실제 우리가 절대적으로 확신할 수 있는 믿음이라는 주장은 합리적이다. 그렇다면 우리는 적어도 자신의 존재를 확신할 수 있을 것이다. 처음에 생각한 것과 달리, 최소한 우리가 절대적으로 확신할 수 있는 것이 있을 것이다.

이제 데카르트의 기본 계획을 다시 생각해보자. 데카르트는 다른 믿음들을 신중하게 추론할 수 있는 확실한 믿음을 찾고, 절대적으로 확실한 토대 위에 지식의 구조물을 세울 생각이었다. 이제 여러분도 데카르트가 직면할 일반적인 문제를 짐작할 수 있을 것이다. 토대가 너무 작다는 문제다. 우리는 자신의 존재를 (적어도 생각하는 것으로 자신의 존재를) 확신할 수 있다고 주장할 수 있고, 많진 않지만 다른 믿음들도 확신할 수 있다고 (예컨대, 내 앞에 책상이 있는 것 같다는 믿음처럼 대단히 제한적인 믿음들을 확신할 수 있다고) 주장할 수 있다. 하지만 데카르트는 자신이 절대적으로 확신할 수 있는 믿음을 아주 조금 (혹은 겨우 하나) 발견했다고 해도 과언이 아니다. 그리고 차차 밝혀지겠지만, 그 토대가 그 위에 뭔가를 세우기에는 너무 작다고 해도 지나친 말이 아니다.

데카르트의 기본 계획은 분명히 시도할 가치가 있는 일이었다. 비록 전체 계획이 성공한 것은 아니지만, 데카르트가 적어도 우리가 확신할 수 있는 믿음 하나를 찾아낸 것은 주목할 만하다.

잠시 본론에서 벗어나 우리가 확신할 수 있는 믿음이 있는지 없는지를 논의했지만, 이 장의 주제는 진리다. 지금까지 살펴본 대로 진리는 난해한 개념이다. 이 장 첫머리에서도 이야기했듯, 지난 2,000년간 여러 가지 이론이 진리를 탐구했지만 일치된 의견은 나오지 않았다. 이 장의 목표는 주요한 진리론을 개략적으로 소개하고, 일반적으로 진리를 둘러싼 문제와 더불어 왜 이 이론들이 난해하고 의문의 여지가 있는지 그 이유를 설명하는 것이었다.

앞서 언급했지만, 과학은 상당히 간단한 사실들을 설명하는 참된 이론을 만드는 데 적합하다는 의견이 꽤 널리 퍼진 것 같다. 그러나 이 시점에서 분명히 해야 할 것이 있다. 과학 자체나 과학사와 과학철학을 과학이 참된 믿음과 참된 이론의 집합을 훨씬 더 크게 만들어가는 과정을 서술하는 단순한 이야기로 보아서는 안 된다는 것이다.

이 장에서 살펴본 대로 그리고 2부에서 다룰 과학의 역사에서 발생한 사건을 더 자세히 살펴볼수록 쟁점이 훨씬 더 복잡해질 것이다. 다음 장에서는 이와 연관해 또 다른 복잡한 주제를 탐구한다. 사실이라는 개념을 둘러싼 쟁점들이다.

경험적 사실과
철학적/개념적 사실

2장에서 우리는 진리를 둘러싼 문제가 일반적으로 생각하는 것보다 훨씬 더 복잡하다는 것을 확인했다. 3장에서는 그와 관련해 사실이라는 주제를 탐구한다.

사실과 과학이 서로 긴밀히 묶인 것은 의심할 여지가 없다. 우리가 과학 이론에 요구하는 것이 무엇이든 과학 이론은 관련 사실을 설명해야 한다는 것이 일반적으로 일치된 의견이다. 하지만 진리와 마찬가지로 사실이라는 개념을 둘러싼 쟁점도 복잡하다. 3장에서 그 복잡성을 탐구한다.

예비 관찰

연필과 책상, 서랍이 등장하는 사례를 차근차근 이야기할 것이다. 얼핏 사소한 사례처럼 보이겠지만 집중하기 바란다. 미묘한 내용이고, 과학사와 과학철학에 포함된 쟁점들을 제대로 인식하는 데 중요한 내용이다.

가장 간단한 사실을 찾을 수 있을 법한 상황을 생각해보자. 여러분이 책상 앞에 앉아 연필 한 자루를 올려놓는다고 가정하자. 여러분 앞 책상 위에 연필이 있다는 것은 여러분이 찾을 수 있는 분명한 사실이다. 여러분은 연필을 보고 만질 수 있으며, 연필로 책상을 두드리면 소리도 들리고, 원한다면 연필의 냄새도 맡고 맛도 볼 수 있다. 책상 위에 연필이 있다는 간단하고 직접적인 관찰 증거가 있는 셈이다.

관찰에 기초한 이런 사실을 흔히 경험적 사실이라고 한다. 곧 이야기하겠지만 경험적 사실이라는 것은 처음에 보이는 것만큼 명백하지 않다. 게다가 앞 장에서 논의한 대로, 어떻게 보면 실재가 여러분이 인지하는 것과 같다고 절대적으로 확신할 수 없다. 그렇다면 여러분은 책상 위에 연필이 있다고 절대적으로 확신할 수 없다. 하지만 지금은 여러분이 가장 직접적이고 간단하고 '눈앞에서 보는' 관찰 증거를 가진 상황이니, 경험적 사실로 간주할 것을 들라면, 그것은 여러분 앞 책상 위에 연필이 있다는 것이다. 일반적으로 이렇게 직접적이고 간단한 관찰 증거가 뒷받침하는 사실이 가장 분명한 경험적 사실이다.

또 다른 상황을 생각해보자. 책상 위에 연필을 한 자루 더 올려놓는다고 가정하자. 이번에도 여러분은 연필 두 자루를 보고, 만지고, 소리를 듣고, (원한다면) 냄새도 맡고, 맛도 볼 수 있다. 여러분 앞 책상 위에 연필 두 자루가 있다는 것도 역시 여러분이 찾을 수 있는 간단한 경험적 사실이다.

이제 연필 한 자루를 책상 서랍에 넣은 다음, 여러분이 그 연필을 보고 만지거나 다른 방법으로 감지할 수 없도록 서랍을 닫자. 비록 감지할 수는 없지만 여러분은 그 연필이 여전히 존재한다고 믿을 것이다. 즉 여러분은 연필이 서랍 속에 있는 것이 사실이라고 믿을 것이다.

하지만 여러분이 그렇게 믿는 근거를 살펴보자. 특히 서랍 속에 연필이 있다고 믿는 근거가 책상 위에 연필이 있다고 믿는 근거와 같지 않을 수 있다는 것에 주목하라. 책상 위에 연필이 있다는 믿음은 직접적인 관찰 증거에 기초한 믿음이지만, 서랍 속에 연필이 있다는 믿음은 그 어떤 직접적인 관찰 증거에 기초하지 않은 믿음일 수 있다. 서랍 속에 있는 연필을 보거나 만지거나 다른 방법으로 감지할 수 없어서 그 믿음을 뒷받침하는 직접적인 증거가 없기 때문이다. 그렇다면 여러분이 서랍 속에 연필이 있다고 확신하는 이유가 무엇인가?

나는 여러분이 세상을 보는 시각 때문에 그렇게 믿는 것이 아닌가 생각한다. 우리 대부분은 사물이 관찰되지 않을 때 그 사물이 소멸한다고 상상하지 않는다. 우리가 사는 세상에 대한 우리의 확신, 즉 관찰되지 않아도 여전히 존재하는 안정적인 사물들로 세상이 대부분 구성되었다는 우리의 믿음이 서랍 속에 연필이 있다는 믿음의 뿌리다.

책상 위에 연필이 있다는 믿음의 근거와 서랍 속에 연필이 있다는 믿음의 근거 사이에 어떤 중요한 차이가 있는지 주목하자. 한 믿음은 직접적인 관찰 증거에 기초하지만, 다른 믿음은 대체로 우리가 사는 세상을 바라보는 시각에 기인한다. 우리는 책상 위에 연필이 있다는 믿음과 서랍 속에 연필이 있다는 믿음을 모두 똑같은 정도로 확신하지만, 우리가 각각의 믿음을 믿는 근거는 근본적으로 다르다.

이것이 과학사와 과학철학과 무슨 상관이 있을까? 이미 말했듯 과학 이론은 관련 사실을 존중해야 한다. 하지만 과학의 역사에 등장하는 이론들을 살펴보고, 그 이론들이 존중해야 할 사실들을 살펴보면, 사람들이 상당히 분명한 경험적 사실이라고 믿던 사실 중 일부가 실제로는 그 사람들이 사는 세상에 대한 철학적/개념적 확신에 더 근거한 것이었음을 뒤늦게 깨닫는 경우가 있다.

무슨 말인지 예를 들어 보겠다. 고대 그리스부터 1600년대 초까지 행성이(그리고 하늘에 있는 다른 물체들도) 완벽한 원형으로 등속운동을 한다는 믿음이 널리 퍼져 있었다. 예컨대 화성 같은 행성의 움직임이 모두 완벽한 원형이라고 생각했다. 그리고 일정하게 움직인다고 믿었다. 빨라지지도 느려지지도 않고 늘 같은 속도로 움직인다고 믿었다.

그에 반해 (강력한 지지를 받는) 현대 이론에서는 화성 같은 행성이 (원형이 아닌) 타원형 궤도를 따라 태양 주위를 움직이고, 궤도 구간에 따라 다른 속도로 움직인다. 따라서 앞에서 언급한 두 가지 믿음은 모두 잘못된 것으로 밝혀졌다. 이 두 가지 믿음을 '완벽한 원운동 사실'과 '등속운동 사실'이라고 부르자.

완벽한 원운동 사실과 등속운동 사실은 현대인에게 상당히 생경한 말이다. 이런 '사실'에 대한 믿음을 처음 들으면 대다수가 "도대체 그런 것을 왜 믿었을까?"라고 의아해 한다. 하지만 우리는 오랜 역사에 걸쳐 완벽한 원운동 사실과 등속운동 사실이 우리가 사는 세상에 관한 명백한 사실로 여겨졌다는 것을 중요하게 인식해야 한다. 1장에서 설명한 대로, 당시에는 하늘에 있는 물체가 에테르 원소로 구성되고, 에테르 원소의 본질적 성질은 완벽한 원형과 등속으로 움직이는 것이라고 생각했다. 그러므로 태양과 별, 행성의 모든 운동이 틀림없이 완벽한 원형이고 등속이어야 했다. 우리가 살고 우리가 생각하는 우주를 고려하면, 서랍 속에 들어 있어 보이지 않아도 연필이 여전히 존재한다는 것이 우리에게 명백한 사실인 것과 마찬가지로 하늘의 물체가 완벽한 원형과 등속으로 운동하는 것도 우리 조상들에게는 명백한 사실이었다.

이런 종류의 사실, 즉 우리가 사는 세상에 관한 철학적/개념적 견해에 주로 근거한 것으로 밝혀진 굳건한 믿음을 나는 일반적으로 '철학적/개념적 사실'이라 부르고 싶다. 그런데 여기서 우리가 유념할 중요한 사항이 있다. 경험적 사실과 철학적/개념적 사실을 구분하는 것이 절대적인 범주가 아니라는 것이다. 대부분의 믿음은 둘 중 어느 하나로 분명하게 나뉘지 않는다. 오히려 경험에 기초한 관찰 증거와 우리가 사는 세상에 관한 더 일반적인 견해가 뒤섞인 믿음이 대부분이다. 완벽한 원운동 사실과 등속운동 사실을 다시 생각해보자.

이 두 믿음은 에테르 원소의 본질적 성질이나 완벽한 영역인 하늘 등 다른 믿음들과 서로 긴밀히 얽혀 있지만, 이 두 믿음에는 경험적 관찰에 근거한 요소도 있었다. 최소한 역사 기록이 시작된 때로 거슬러 올라가면, 사람들이 하늘에서 관찰한 별의 움직임은 완벽한 원형 등속운동으로 보였다. 이 사실, 즉 우리가 별이라 부르는 점광원點光源이 완벽한 원형 등속운동으로 움직인다는 사실은 주로 경험적 관찰에 근거한 사실이다. 따라서 완벽한 원운동 사실과 등속운동 사실에도 경험적 요소가 일부 섞여 있다.

이런 내용을 고려해, 연속체라는 관점에서 생각하면 좋을 것 같다. 연속체의 한쪽 끝에는 책상 위에 연필이 있다는 사실처럼 가장 간단한 경험적 사실이 있고, 연속체의 반대쪽 끝에는 가장 분명한 철학적/개념적 사실이 있다. 예를 들어, 완벽한 원운동 사실과 등속운동 사실 같은 믿음이다.

우리 믿음은 대부분, 우리가 사실로 인정하는 것은 대부분 그 연속체의 가장 분명한 경험적 사실과 가장 분명한 철학적/개념적 사실 중간 어딘가에 있다. 즉 우리가 지닌 대부분 믿음의 근거 중 일부는 경험에 기초한 관찰 증거와 묶여 있고, 또 일부는 그 믿음이 우리 믿음의 전체적인 그림 퍼즐과 들어맞는 방식과 묶여 있다.

나중에 살펴보겠지만, 완벽한 원운동 사실과 등속운동 사실을 비롯해 어떤 철학적/개념적 사실이 과학사와 과학철학에서 중요한 역할을 하는 경우가 있다. 그리고 3부에서 살펴보겠지만, 우리 대부분이 명백한 경험적 사실로 인정하는 믿음, 서구에서 자란 사람들이 대부분 분명한 경험적 사실로 인정하는 믿음이 최근의 발견에 비추어 보면 잘못된 철학적/개념적 '사실'로 밝혀지기도 한다.

용어 설명

여러분도 이미 눈치챘겠지만, 나는 앞에서 현재 우리가 틀렸다고 확신하는 믿음을 언급할 때 '사실'이라는 용어를 사용했다. 예컨대 천체가 완벽한 등속과 완벽한 원형으로 운동한다는 믿음을 (비록 철학적/개념적 사실이지만) 사실로 기술했다. 일반적으로 '사실'이라는 용어를 이렇게 사용하지 않는다는 것을 고려해, 즉 이전의 믿음이 오해로 밝혀지면 대개 그때부터는 그 믿음을 사실로 부르지 않는다는 것을 고려해, 내가 사용하는 용어를 잠시 설명하고자 한다.

용어상의 어려움이 있다. 천체가 완벽한 등속과 완벽한 원형으로 움직인다는 우리 조상들의 믿음처럼 확고하고 (적어도 당대에는) 정당했지만 훗날 잘못된 것으로 밝혀진 믿음을 딱히 지칭할 용어가 없다. '가정'과 '믿음'이라는 두 가지 용어가 퍼뜩 떠오르지만 둘 다 적당한 용어는 아니다.

'가정'이라는 용어를 살펴보자. 앞에서 언급한 우리 조상들의 견해는 단순한 가정과는 거리가 멀다. 앞에서도 어느 정도 설명했고 나중에 9장에서 더 자세히 탐구하겠지만, 완벽한 원운동과 완벽한 등속운동에 대한 우리 조상들의 믿음은 당대에는 정당한 믿음이었다. 잘못된 것으로 밝혀지긴 했지만, 그 믿음을 단순한 가정으로 기술하면 오해의 소지가 커진다.

'믿음'이란 용어도 마찬가지다. 사실과 믿음을 구분하는 것은 둘 사이에 상당히 분명한 차이가 있음을 암시한다. 사실과 단순한 믿음은 별개라고 말이다. 하지만 둘 사이에는 그처럼 분명한 차이가 없다. 적어도 한 사람의 생애나 한 사람의 세계관 안에서는 차이가 없다(책상 위 연필과 서랍 속 연필의 사례를 생각해보라). 충분히 뒷받침되고 굳건한 믿음은 한 사람의 세계관 안에서는 사실로 보인다.

결국 적절히 사용할 만한 용어가 없다. 내 생각에 최고의 선택은 앞에서 사용한 용어다. 즉 정당하고 굳건한 믿음 중에서 상당히 직접적인 관찰 증거에 더 근거한 믿음은 경험적 사실로 기술하고, 개인의 전체적인 세계관과 더 긴밀히 묶인 믿음은 철학적/개념적 사실로 기술하는 것이다. 그리고 굳건한 믿음이 잘못되었다고 밝혀진 경우에도, 내가 생각하기에는 그런 믿음을 계속해서 철학적/개념적 사실로 지칭하는 편이 좋을 것 같다. 그와 연관된 세계관 안에서는 그것이 단순한 가정이나 믿음, 의견 이상이었음을 기억하도록 말이다.

이 장을 마치기 전에 경험적 사실, 철학적/개념적 사실과 관련해 마지막으로 몇 가지만 더 이야기하자.

　앞에서 언급한 요지를 다시 한 번 강조한다. 경험적 사실과 철학적/개념적 사실을 절대적인 범주로 생각하지 마라. 대부분 믿음은 경험적 증거와 우리가 사는 세상에 관한 좀 더 일반적인 견해에 그 근거를 두고 있다. 이미 말했지만, 경험적 사실과 철학적/개념적 사실의 차이를 연속체라는 관점에서 생각하는 편이 더 낫다(책상 위에 연필이 있다는 믿음처럼). 경험에 기초한 믿음의 가장 분명한 사례가 한쪽 끝에 있고(천체가 완벽한 원형과 등속으로 운동한다는 믿음처럼), 일반 철학적/개념적 견해에 더 긴밀히 묶인 믿음의 가장 분명한 사례가 다른 한쪽 끝에 있는 연속체로 생각하는 것이 좋다.

　철학적/개념적 사실을 낡고 순진한 사고방식에서나 발견될 법한 사실로 치부하는 실수도 저지르지 마라. 완벽한 원형 등속운동 사실에 대한 우리 조상들의 믿음은 잘못된 것으로 밝혀졌지만, 순진한 믿음은 아니었다. 철학적/개념적 사실이 대체로 그렇듯, 완벽한 원형 등속운동 사실도 전체적인 믿음 체계와 잘 들어맞았고 그 세계관 안에서는 정당했다.

　더불어 현대 과학의 시대에 사는 우리는 철학적/개념적 사실을 믿는 함정에 빠지지 않는다고 착각하지도 마라. 오늘날에도 여전히 그런 사실들이 존재하며, 앞에서 언급한 것처럼 이 책 3부의 목표 중 하나가 20세기 과학의 발전을 들여다보는 한편, 우리가 오랫동안 명백한 경험적 사실로 간주했지만 최근 발견에 비추어 본 결과 잘못된 철학적/개념적 사실로 드러난 것들을 식별하는 것이다.

어떤 사실을 철학적/개념적 사실로 부른다고 해서 그 사실이 옳지 않다는 의미는 아니다. 과거의 많은 철학적/개념적 사실이 분명 잘못된 것으로 판명되었다. 현재 우리의 철학적/개념적 사실 중 일부도 분명 장차 틀린 것으로 밝혀질 것이다. 하지만 우리는 그런 사실 대부분이 세월의 시험을 견디고 최소한 거의 옳다고 밝혀지길 바란다. 바꿔 말하면, 경험적 사실과 철학적/개념적 사실을 구분하는 기준은 사실의 옳고 그름이 아니다. 그보다는 우리가 그 사실을 믿는 근거의 유형에 따라 나뉘는 것이다.

끝으로, 우리는 대개 일상생활에서 경험적 사실과 철학적/개념적 사실을 굳이 구분하지 않는다. 뒤늦게나마 깨닫고 특히 과거 문화를 뒤돌아보며 어떤 믿음이 더 경험적이고 어떤 믿음이 더 철학적/개념적이었는지 파악하는 것은 비교적 어렵지 않다. 하지만 우리 자신의 시간이라는 틀 속에서는 사실이 정말 사실처럼 보이고, 경험적 사실이나 철학적/개념적 사실이나 모두 엇비슷해 보인다. 우리가 지닌 믿음 중 어느 것이 더 경험에 기초한 믿음이고 어느 것이 더 철학적/개념적 믿음인지 구분하려면 신중하고 종종 대단히 힘겨운 심사숙고가 필요하다.

확증/반확증 증거, 확증/반확증 추론

4장의 주요 목표는 과학에서 가장 흔한 추론 유형에 관한 쟁점을 탐구하는 것이다. 이론을 뒷받침하기 위해 사용하는 증거와 추론, 이론이 옳지 않음을 증명하기 위해 사용하는 증거와 추론을 살펴본다. 이 책의 주제음악처럼 자주 등장하는 말이지만, 이와 관련한 쟁점들도 처음에 보는 것보다 더 복잡해질 것이다.

과학에서 (그리고 일상생활에서도) 발견, 증거, 추론은 상당히 복잡할 때가 많다. 그래서 우선 간단한 두 가지 유형의 추론과 증거부터 살펴보기로 계획을 세웠다. 편의상 확증 추론과 반확증 추론이라고 부르기로 하자. 먼저 이 두 가지 추론을 개략적으로 설명한 다음, 여기에 포함된 미묘한 사항을 탐구하자.

확증 추론

100여 년 전 아인슈타인이 일반상대성이론을 발표했다. 논란의 소지가 많은 이론이었고, 이미 인정받던 이론들과 여러모로 충돌했다. 특히, 상대성이론을 적용하면 색다른 예측이 가능했다. 다른 이론들은 똑같은 예측을 할 수 없다는 의미에서 색다른 예측이었다.

예를 들어 아인슈타인은 상대성이론을 바탕으로 태양처럼 거대한 물체의 중력 효과로 인해 별빛이 휘어질 것으로 예측했다. 별빛이 휘어지는 것은 개기일식이 일어나는 동안 관찰할 수 있었고, 1919년 5월에 일어날 개기일식이 상대성이론의 예측을 검증할 기회였다.

결국 그 예측이 옳은 것으로 밝혀졌고, 이것이 아인슈타인의 상대성이론을 뒷받침하는 (확증을 돕는) 증거로 인정되었다. 아인슈타인의 이론이 올바른 예측, 특히 경쟁 이론들은 하지 못한 예측을 했다는 사실이 그 이론이 옳다는 증거로 받아들여졌다.

과학에서는 이런 식의 추론이 특별하지 않다. 늘 이런 식의 추론을 사용한다. 일반적으로 우리가 어떤 이론에 근거해 예측하고, 그 예측이 옳다고 밝혀지면, 그것이 최소한 어느 정도는 그 이론이 옳다는 증거를 제공한다. 이론을 T로 표기하고, 이론 T가 예측한 하나나 그 이상의 관찰을 O로 표기하면, 이런 추론을 다음과 같은 도식으로 표현할 수 있다.

- 만일 T가 옳다면, 그러면 O가 관찰될 것이다.
- O가 관찰되었다.
- 고로 (아마도) T가 옳다.

앞서 언급한 아인슈타인 사례와 위의 개략적인 도식은 확증 추론을 상당히 단순화한 설명이다. 다시 말하지만, 지금 우리의 관심은 이런 유형의 추론을 간단히 소개하는 것이다. 이제 반확증 추론을 간단히 설명한 다음 이런 추론들이 처음에 보기보다 더 복잡해지는 요인들을 살펴보자.

반확증 추론

반확증 추론도 예를 들어 설명하는 것이 가장 이해하기 쉽다. 1980년대 후반 저명한 과학자 두 명이 낮은 온도에서 핵융합을(이른바 저온 핵융합을) 일으키는 방법을 발견했다고 주장했다. 대단히 흥분되는 동시에 논란의 소지가 큰 주장이었다. 핵융합엔 지극히 높은 온도가 필요하다는 것이 일반적으로 일치된 의견이었기 때문이다. (낮은 온도에서도 핵융합이 일어나고, 그런 핵융합을 일으키는 방법의 핵심 개념을 발견했다는) 두 과학자의 주장을 '저온 핵융합 이론'이라 부르기로 하자.

여느 때처럼 저온 핵융합 이론에 기초한 예측들이 나올 수 있다. 이를테면 이런 예측이다. 저온 핵융합 이론이 옳다면 융합 과정에서 아주 많은 중성자가 방출된다고 예상할 수 있다. 하지만 예상한 수치만큼 중성자가 발견되지 않았고, 이것이 저온 핵융합 이론에 반대되는 증거가 되었다. 이런 유형의 추론도 전혀 색다른 것이 아니다. 일반적으로 우리가 특정 이론에 기초해 예측하고, 그 예측이 옳지 않은 것으로 밝혀지면, 그것을 그 이론에 반대되는 증거로 인정한다. 이번에도 이론을 T로 표기하고, 이론 T가 예측한 하나나 그 이상의 관찰을 O로 표기하면, 다음과 같은 도식으로 추론을 표현할 수 있다.

- 만일 T가 옳다면 O가 관찰될 것이다.
- O가 관찰되지 않았다.
- 고로 T는 옳지 않다.

이 추론 도식도 마찬가지로 아주 단순화한 것이며, 반확증 추론에 다가서는 첫걸음으로 보아야 한다. 이제 확증 추론과 반확증 추론에 포함된 복잡한 요인들을 살펴보자. 먼저 귀납적 추론과 연역적 추론의 차이부터 시작하자.

귀납적 추론과 연역적 추론

확증 추론은 귀납적 추론 유형이고, 반확증 추론은 연역적 추론 유형이다. 확증 추론의 귀납적 특성과 반확증 추론의 연역적 특성에 중요한 의미가 담겨 있다. 그 의미를 이해하려면 먼저 귀납적 추론과 연역적 추론의 차이를 정확히 알아야 한다.

여러분도 귀납적 추론은 특정한 것에서 일반적인 것을 끌어내지만, 연역적 추론은 일반적인 것에서 특정한 것을 끌어낸다는 설명을 들어보았을 것이다. 이 설명이 들어맞을 때도 있지만 전체적으로 정확한 설명은 아니며, 따라서 귀납적 추론과 연역적 추론의 특성을 기술하는 좋은 설명이 아니다.

귀납적 추론과 연역적 추론의 특성을 더 간단하고 정확하며 통찰력 있게 설명하는 방법이 있다. 귀납적 추론의 전형적인 사례로 다음 글을 보자.

그 지방 대학 남자 농구팀은 NCAA 농구대회에서 우승한 적이 없다. 지금까지 NCAA 농구대회에 몇 차례 출전했지만, 한 번도 1회전을 통과하지 못했다. 올해 팀도 과거 팀들과 별반 다르지 않고, 남자 농구 경기 방식도 별로 바뀐 것이 없다. 이 모든 요인을 고려하면, 이 지방 대학 남자 농구팀이 올해 NCAA 농구 대회에서 우승할 가능성은 극히 희박하다.

설득력 있는 귀납적 논증의 좋은 사례다. 논증의 전제를 고려할 때, 상당히 그럴듯한 결론이다. 하지만 모든 전제와 증거가 옳다 해도 결론이 틀릴 가능성이 여전히 남는다. 이것이 귀납적 추론의 결정적 특성이다. 아무리 희박해도, 이 남자 농구팀이 올해 NCAA 농구대회에서 우승할 가능성이 남아 있는 것이다. 즉 귀납적 추론의 특성은 이것이다. 훌륭한 귀납적 논증에서는 비록 모든 전제가 참이라 해도 결론이 틀릴 가능성이 여전히 남는다.

그 반면, 훌륭한 연역적 논증에서는 참인 전제는 참인 결론을 보증한다. 훌륭한 연역적 논증에서는 만일 모든 전제가 참이면 결론 역시 참일 수밖에 없다. 영화 〈노 웨이 아웃No Way Out〉에서 빌린 다음 장면을 예로 들어보자.

그날 밤 린다의 아파트에 있던 남자가 린다를 살해했다. 린다를 죽인 사람이 누구건 그는 유리다. 그날 밤 린다의 아파트에 있던 남자는 패럴 중령이다. 따라서 패럴 중령이 유리다.

이 논증은 귀납적 논증 사례와 흥미로운 차이를 보인다. 특히 이 논증의 전제는 만일 그것이 참이라면 결론이 참인 것을 보증한다. 이것이 연역적 논증의 특성이다. 훌륭한 연역적 논증에서는 참인 전제가 참인 결론을 보증한다.

이런 내용을 염두에 두고, 확증 추론과 반확증 추론의 논의로 돌아가자. 확증 추론이 귀납적 추론 유형임을 기억하자. 확증 추론은 귀납적이므로 확증 추론 사례는 결론을 보증하지 않는다. 확증 추론은 기껏해야 이론을 뒷받침할 뿐이라서 예측이 확인된 사례가 아무리 많아도 그 이론이 사실 오해일 가능성이 여전히 남는다. 순전히 확증 추론의 귀납적 특성 때문이다.

가끔 과학 이론은 절대 증명될 수 없다는 (적어도 엄밀한 의미에서 '증명'될 수 없다는) 주장이 들리는 이유도 일부 이런 확증 추론의 귀납적 특성 때문이다. 대부분의 과학 이론을 뒷받침하는 것은 대체로 귀납적인 증거다. 따라서 이론을 뒷받침하는 확증 증거가 아무리 많아도, 단지 해당 추론의 귀납적인 특성 때문에 그 이론이 잘못된 것으로 밝혀질 가능성이 항상 있다. 과학에서 이론이 의심할 여지 없이 옳다고 증명될 수 없다는 사실은 그 이론의 흠이 아니고 과학 자체의 결함도 아니다. 그보다는 확증 추론이 이론을 뒷받침하는 추론의 유형으로 널리 사용되고, 확증 추론이 귀납적 추론 형태라는 사실에서 비롯된 결과일 뿐이다.

한 가지 더 강조할 사항은 현실 과학에 포함된 요인과 추론이 대체로 지금까지 논의한 내용을 바탕으로 짐작할 만한 정도보다 훨씬 더 복잡하게 뒤엉킨다는 것이다. 한 가지 예를 들어 설명하면, 아인슈타인의 이론이 예측한 별빛의 굴절 사례를 다시 보자. 아주 간단한 예측과 관찰처럼 보일 것이다. 아인슈타인의 이론이 별빛의 굴절을 예측하고, 개기일식이 별빛의 굴절을 관찰할 기회를 제공할 것이다. 이것은 모두가 동의하는 내용이다. 그러면 여러분도 다음 개기일식 때 밖에 나가 별빛이 휘는지 휘지 않는지 관찰해보라. 시시할 정도는 아니어도 상당히 간단한 관찰처럼 생각될 것이다.

하지만 실제 과학의 사례 대부분이 그렇듯, 별빛의 굴절도 아주 복잡한 사례다. 예컨대 아인슈타인의 일반상대성이론에 포함된 수학만 해도 상당히 복잡하다. 워낙 복잡해서 가설을 단순화하지 않으면 굴절한 별빛 대 굴절하지 않은 별빛의 위치를 예측하는 데 필요한 계산을 할 수 없을 정도였다. 그래서 가설을 단순화하는 작업과 틀렸다고 밝혀진 가설을 단순화하는 작업을 반복할 수밖에 없었다. 실제로 별빛의 굴절을 관찰한 1919년 5월에도 그 계산을 하기 위해 태양은 회전하지 않는 완전한 구체이며(지구나 달, 다른 행성 등의 중력과 같은), 외부의 영향을 전혀 받지 않는 것으로 가정했다. 물론 태양은 구체가 아니고 회전하며 외부에서 수많은 영향을 받는 것이 사실이다. 요컨대 모든 이들이 이런 가설이 틀렸다는 것을 알지만, 그렇게 가설을 단순화하지 않으면 필요한 계산을 할 수 없다는 것도 모두 아는 내용이다.

1919년 별빛 굴절 관찰 사례를 잘 아는 사람 (전부는 아니지만) 대부분이 그러한 가설 단순화가 관찰의 전반적인 의미를 바꾸지 않는다는 데 동의한다. 즉 그 관찰이 아인슈타인 이론의 확증 증거를 제공한다는 데 동의한다. 하지만 내가 이야기하고 싶은 요지는 실제 확증 증거 사례가 흔히 일반적으로 생각하는 것보다 훨씬 더 복잡한 요인들을 포함한다는 것이다(별빛의 굴절 사례에서도 복잡한 요인 중 겨우 몇 가지만 언급했을 뿐, 이 밖에도 복잡한 요인이 많다. 혹시 별빛 굴절 사례에 관심이 있는 사람은 주와 추천 도서에 소개한 참고 자료를 추가로 살펴보기 바란다).

이런 사례가 드물지 않다. 어떤 예측이 관찰되는지 관찰되지 않는지 확인하는 작업에 중요한 이론들과 데이터가 중첩되는 일이 자주 있다. 한마디로 실제 확증 증거 사례는 대체로 아주 복잡하다. 따라서 확증 추론의 귀납적 특성은 그런 추론이 어떤 이론이 옳다는 것을 증명할 수 없다는 (엄밀한 의미에서 '증명'할 수 없다는) 점을 의미할 뿐만 아니라, 실제 증거와 추론이 복잡하게 뒤엉켜 그런 확증 증거 사례가 대체로 처음에 생각한 것보다 훨씬 더 복잡하다는 점을 의미한다.

어떤 이론이 옳다는 것을 (역시 엄밀한 의미에서) 증명할 수 없다면, 최소한 어떤 이론이 옳지 않다는 것은 증명할 수 있을까? 얼핏 생각하면 그렇다는 대답이 나올 것이다. 어쨌든 반확증 추론은 연역적 추론 유형이고, 앞에서 언급한 대로 훌륭한 연역적 추론에서는 전제가 결론을 보증하기 때문이다. 그래서 언뜻 반확증 추론은 어떤 이론이 옳지 않다는 증명에 사용할 수 있다고 생각하기 쉽다. 하지만 모든 일이 그렇듯 첫인상엔 오해의 소지가 있다.

반확증 추론이 보기보다 간단치 않은 이유를 설명하기 위한 예를 들어보자. (화학이건 생물학이건) 실험실 과정을 거치는 사람은 누구나 다음과 같은 경험을 하게 될 것이다. 화학 실험실에서 교수가 에탄올이 담긴 비커를 건네며 에탄올의 비등점을 확인하는 과제를 냈다 치자. 그리고 여러분이 (당연히 교수가 보지 않는 틈을 타) 슬쩍 표준 참고서를 훔쳐본 결과 에탄올의 비등점이 78.5℃임을 확인했다고 가정하자. 이제 여러분은 비등점이 78.5℃로 밝혀질 것을 확신하고 실험을 진행한다. 그런데 불행히도 시료의 비등점이 78.5℃가 아닌 결과가 나타났다. 여러분은 어떻게 하겠는가?

이런 경우에 반확증 추론을 적용할 수 있을 것 같다. 여러분이 반확증 추론에 따라 추론하는 과정을 도식으로 표현하면 다음과 같다.

- 만일 비커 안의 시료가 에탄올이면, 시료가 78.5℃에서 끓는 것이 관찰될 것이다.
- 시료가 78.5℃에서 끓는 것이 관찰되지 않는다.
- 고로 비커 안의 시료는 에탄올이 아니다.

이때 여러분은 교수가 실수했고 비커 안에 에탄올이 담기지 않았다는 결론을 내리겠는가? 대부분은 이런 결론을 내리지 않을 것이다. 대신 여러분은 비등점이 78.5℃로 나타나지 않는 다른 이유를 궁리할 것이다. 온도계가 망가졌다거나, 비커가 더럽다거나, 시료가 오염되었다거나, 실험실의 기압이 이상하다는 등 수많은 다른 이유를 궁리할 것이다. 요컨대 확인된 아주 적은 증거에 기초해 바로 결론을 내리는 것은 잘못된 행동일 것이다.

이 경우 다음과 같이 추론하는 것이 더 정확하다.

- 만일 비커 안의 시료가 에탄올이고, 온도계가 정상적으로 작동하고, 비커가 깨끗하고, 시료가 오염되지 않고, 실험실 기압이 정상이라면(그리고 여러 가지 다른 선택 조건들이 정상이라면), 그러면 시료가 78.5℃에서 끓는 것이 관찰될 것이다.
- 시료가 78.5℃에서 끓는 것이 관찰되지 않는다.
- 고로 비커 안의 시료가 에탄올이 아니든지, 온도계가 제대로 작동하지 않든

지, 비커가 깨끗하지 않든지, 시료가 오염되었든지, 실험실 기압이 비정상이다(혹은 여러 가지 다른 선택 조건들이 정상이 아니다).

앞의 도식은 반확증 추론을 아주 단순하게 표현한 것이다. 반확증 추론을 더 정확히 표현하면 다음과 같다.

- 만일 T가 옳다면, 그리고 A1, A2, A3, …, An이 맞는다면, 그러면 O가 관찰될 것이다.
- O가 관찰되지 않는다.
- 고로 T가 옳지 않거나, A1이 맞지 않거나 A2가 맞지 않거나 A3가 맞지 않거나… An이 맞지 않는다.

이것이 더 정확한 표현이며, 앞으로 내가 반확증 추론을 언급할 때 염두에 둘 도식이다.

위 도식에서 A1, A2 등은 우리가 일반적으로 이야기하는 보조 가설을 나타낸다. 보조 가설은 대개 언급되지 않지만 모든 반확증 추론에서 중요한 부분이다. 보조 가설이 중요한 이유는 이것이다. 보조 가설이 없으면 해당 관찰을 기대할 수 없기 때문이다. 조금 바꿔 말하면, 어떤 의미에서 보조 가설은 위 문장의 '만일'로 시작하는 부분에서 '그러면'으로 시작하는 부분을 끌어내는 데 필요한 것이다. 즉 '만일' 이러이러한 경우에 '그리고' 모든 보조 가설이 맞는다면, '그러면' 이러이러한 관찰을 할 것으로 예상한다.

비커에 담긴 에탄올 사례처럼, 예측하기 위해 사용한 이론이 옳지 않은 것으로 밝혀질 경우 그 이론은 문제가 없고 보조 가설 중 하나 혹은 그 이상이 잘못될 가능성이 상존한다(실제 이런 경우가 많다).

저온 핵융합 사례에서도 보조 가설과 관련해 똑같은 상황이 발생했다(지금도 마찬가지다). 저온 핵융합에서 관찰될 것으로 예상한 많은 중성자가 실제로 관찰되지 않았다. 하지만 이때 예상한 많은 중성자는 저온 핵융합 과정이 일반적인 (고온) 핵융합 과정과 거의 비슷하다는 보조 가설에 따른 것이다. 그 이론을 제안한 사람들은 저온에서도 핵융합이 가능하다는 믿음을 지키면서 그 대신 저온 핵융합이 일반적인 핵융합과 비슷하다는 보조 가설을 기각하는 선택지가 있었다. 그리고 실제 그 선택지를 골랐다.

저온 핵융합 사례는 결국 반확증 증거의 양이 계속 늘어나 이제 저온 핵융합 이론을 받아들이는 사람은 비교적 적다(그렇지만 지금도 여전히 저온 핵융합 이론을 고수하며 언제든 이용 가능한 보조 가설을 기각하는 사람들도 있다). 하지만 일반적으로 반확증 증거에 직면해 어떤 이론을 기각하는 것이 더 합리적일 때는 언제이고, 이론 대신 하나 혹은 그 이상의 보조 가설을 기각하는 것이 더 합리적일 때는 언제인지를 묻는 질문에 답하는 것은 엄청나게 어려운 일이다. 중요한 것은 그 질문에 대답할 방법이 없다는 사실이다.

반확증 증거와 추론의 가장 중요한 요점은 두 가지다. 첫째, 어떤 이론을 반확증하는 것처럼 보이는 증거에 직면할 때 그 이론에 대한 믿음을 지키는 대신 보조 가설 하나를 기각하는 것은 하나의 선택지일 뿐 아니라 사실 더 합리적일 때가 많다. 둘째, 어떤 이론을 기각하는 것이 더 합리적일 때는 언제이고, 이론 대신 하나나 그 이상의 보조 가설을 기각하는 것이 더 합리적일 때가 언제인지에 관한 질문은 미리 결정된 지침에 따라 대답할 수 있는 질문이 아니다.

이 장의 요지를 정리하자. 확증 추론과 반확증 추론은 과학계 안팎에서 흔히 사용하는 추론 유형이다. 귀납적 추론 형태라는 사실로만 비추어 보아도 확증 추론은 절대 어떤 이론이 옳다는 것을 의심의 여지 없이 입증할 수 없다. 따라서 어떤 과학 이론을 뒷받침하는 확증 증거가 아무리 많아도 그 이론이 틀릴 가능성은 상존한다. 게다가 실제 사례에 적용하는 귀납적 증거와 추론은 일반적으로 복잡하게 뒤엉킨다. 확증 증거와 추론은 흔히 처음에 보는 것보다 훨씬 더 복잡하다.

그 반면 반확증 추론은 연역적 추론 형태다. 하지만 반확증 증거도 실제 적용할 경우 복잡해지는 경향이 있다. 특히 반확증 추론에는 대체로 상당히 많은 보조 가설이 포함된다. 따라서 반확증 증거는 해당 이론 혹은 (대부분 사례에서 그렇지만) 하나나 그 이상의 보조 가설이 틀렸다는 것만 증명할 뿐이다. 결국 반확증 증거와 추론도 마찬가지로 처음에 보는 것보다 훨씬 더 복잡하다.

확증 추론과 반확증 추론은 과학계 안팎에서 매일 사용되지만, 지금까지 살펴본 대로 이런 추론과 연관된 쟁점은 복잡하다. 앞에서 논의한 사항들이 지금까지 과학의 역사에서 얼마나 중요한 역할을 했는지 그리고 지금도 얼마나 중요한 역할을 하는지 2부와 3부에서 살펴볼 것이다.

하지만 그 전에 먼저 우리가 지금까지 논의한 주제들과 긴밀히 연관된 또 다른 쟁점을 다음 장에서 살펴보자. 콰인-뒤앙Quine-Duhem 명제와 과학적 방법을 둘러싼 쟁점이다.

콰인-뒤앙 명제와
과학적 방법

지금까지 세계관과 진리, 사실, 추론과 더불어 이런 주제와 연관된 쟁점들을 살펴보았다. 5장에서는 이런 쟁점들과 긴밀하게 연관된, 이른바 콰인-뒤앙 명제를 살펴본다(뒤앙이 콰인보다 연장자임을 고려해 뒤앙 콰인 명제로 부르기도 한다). 콰인-뒤앙 명제는 현대 과학철학에서 유명한 명제이지만, 이 명제를 다루는 이유가 단순히 유명하기 때문만은 아니다. 이 명제가 지금까지 우리가 논의한 쟁점들이 서로 어떻게 얽히는지 분명하게 보여주기 때문이다. 더불어 이 책 후반부에서 이렇게 뒤얽힌 쟁점들이 과학의 역사에서 어떤 역할을 했는지 살펴보는 배경이 되기 때문이다.

이런 쟁점들은 과학적 방법에 관한 다양한 견해에도 큰 영향을 미친다. 과학적 방법과 관련한 여러 가지 제안은 이 장 끝부분에서 살펴본다. 과학적 방법과 관련해 이 장의 목표는 두 가지다. 첫째, 과학을 수행하는 적절한 방법으로 제시된 여러 가지 견해를 역사적으로 살펴보는 것이다. 가령 아리스토텔레스의 과학 접근법이 현재 일반적으로 적절하다고 인정하는 접근법과 근본적으로 무엇이 다른지 살펴본다. 둘째, 과학적 방법을 논의함으로써 과학에서 방법론을 둘러싼 문제를 살펴보는 것이다. 이것이 나중에 과학의 역사에 등장하는 사례에 사용된 (대체로 놀라운) 방법들을 살펴볼 때 도움이 될 것이다.

콰인-뒤앙 명제

과학철학에서 유명한 콰인-뒤앙 명제는 논란의 소지가 큰 문제가 많이 뒤엉켜 있다. 이 명제의 주역을 설명하면, 피에르 뒤앙Pierre Duhem(1861~1916)은 저명한 프랑스 물리학자로 과학 가설과 이론 검증에 관한 의문을 비롯해 관심사가 매우 폭넓었다. 윌러드 콰인Willard Quine(1908~2000)은 20세기 가장 영향력이 큰 철학자 중 한 사람이며, 평생에 걸쳐 과학철학과 관련된 쟁점들을 탐구했다.

이 장에서 우리가 살펴볼 콰인-뒤앙 명제의 핵심은 세 가지다. 첫째, (콰인의 표현을 빌리면) 우리의 믿음들이 개별적이 아닌 한 무리로 '경험의 법정'에 출두한다는 생각이다. 둘째, 일반적으로 경쟁하는 두 이론 중 어느 것이 옳은지 가리는 '결정적 실험'은 있을 수 없다는 주장이다. 셋째, 미결정성 개념, 즉 이용 가능한 데이터는 대체로 어떤 이론을 유일하게 옳은 이론으로 가려내지 못한다는 생각이다.

믿음의 무리와 경험의 법정

앞 장에서 논의한 내용을 되살리면, 반확증 증거는 거의 언제나 (보통 언급되지는 않지만) 중요한 보조 가설들을 포함한다. 그리고 주된 견해를 기각하기보다 보조 가설을 기각할 가능성이 항상 열려 있다.

보조 가설의 역할을 고려하면, 우리가 실험을 시행하는 목적은 특정한 가설을 검증하는 것이겠지만, 사실 그 가설 하나만 검증하는 것은 아니다. 정확히 말하면, 주된 가설과 더불어 그에 따른 보조 가설들을 검증하는 것이다. 따라서 사실 우리는 일반적으로 한 무리의 주장을 검증하는 것이며, 반확증 증거가 나타날 때 그중 어느 주장을 기각하거나 수정할지 시험하는 것이다. 이것이, 즉 일반적으로 하나의 가설만 별개로 검증할 수 없다는 생각이 콰인-뒤앙 명제의 한 가지 핵심 요소다. 오히려 한 무리의 주장 전체를 검증하고, 실험 결과가 예상한 대로 나오지 않으면 그중 어느 주장이든 기각하거나 수정할 수 있다는 것이다. 이것이 바로 앞에서 언급한, 우리의 믿음들이 개별적이 아닌 한 무리로 '경험의 법정'에 출두한다는 콰인의 표현에 숨은 핵심 개념이다.

여기서 강조하는 한 무리의 주장이라는 개념은 1장에서 논의한 세계관을 떠올리게 한다. 사실 콰인-뒤앙 명제의 이런 측면은 세계관 개념과 긴밀히 연결된다. 1장에서 이야기한 서로 연결된 믿음 체계를 다시 생각해보자. 1장에서 우리는 그런 믿음 집합을 그림 퍼즐에 비유해 설명했다. 콰인은 그런 믿음 집합을 흔히 거미줄에 비유해 '믿음의 거미줄'로 표현했다. 거미줄에서는 바깥 부분의 변화가 거미줄 중심부에 미치는 영향이 아주 미미하다. 마찬가지로 '믿음의 거미줄'에서도 바깥쪽에 있는 믿음을 수정할 때 중심부의 믿음에 나타나는 변화는 미미하다(이런 믿음이 1장에서 이야기한 주변 믿음일 것이다). 반면에 거미줄 중심부의 변화는 거미줄 전체에 변화를 일으키고, 마찬가지로 중심 (핵심) 믿음의 수정도 믿음의 거미줄 전체에 변화를 일으킨다.

콰인-뒤앙 명제에 따르면, 어떤 가설을 검증하는 것은 일반적으로 개별적인 가설을 검증하는 것이 아니라 믿음 집단 혹은 믿음 무리를 검증하는 것이라고 앞에서 이야기했다. 이때 믿음의 무리는 크기가 얼마나 될까? 만일 우리가 어떤 가설을 검증하는 실험을 계획한다면, 실제 검증하는 믿음의 집합은 크기가 얼마나 될까? 전체 믿음 집합의 (혹은 전체 그림 퍼즐의) 비교적 작은 부분집합만을 시험하는 것일까? 아니면 훨씬 더 과감하게, 우리가 수행하는 실험과 검증 하나하나가 모두 어떤 의미에서는 전체 그림 퍼즐, 전체 세계관을 검증하는 것일까?

이 질문에 대해 의견이 일치된 답변은 없다. 콰인은 이따금 더 과감한 견해를 옹호하며 우리 믿음의 거미줄 전체, 즉 서로 연결된 믿음의 집합 전체가 총체적으로 경험의 법정에 출두한다고 주장했다. 그리고 우리의 견해에 반하는 증거가 나타나면, 아무리 핵심 믿음이라도 수정을 피할 수 없다고 주장했다. 물론 우리는 일반적으로 주변부에 더 가까운 믿음들을 수정하고 싶겠지만, 원칙적으로는 그 어떤 믿음이든 모두 수정될 수 있다는 것이 콰인의 요지다. 모든 믿음이 검증 대상인 것이다. 그 반면 뒤앙은 조금 더 조심스러운 입장이었다. 뒤앙의 의견에 따르면 검증이 커다란 믿음 집합을 포함하겠지만, 검증하는 대상이 일반적으로 우리의 믿음 집합 전체, 우리의 세계관 전체는 아니다.

콰인의 견해와 뒤앙의 견해가 세부적인 부분에서는 차이가 나지만, 두 사람의 전체적인 요지는 옳다는 것이 대체로 일치된 생각이다. 즉 검증은 일반적으로 어떤 가설을 개별적으로 검증하는 일이 아니라 커다란 믿음 무리를 검증하는 일이라는 것이다. 그리고 이것이 앞서 이야기한 대로 대체로 인정하는 콰인-뒤앙 명제의 핵심 요소다.

결정적 실험

콰인-뒤앙 명제의 또 다른 측면은 방금 논의한 내용과 긴밀히 연결되며, 과학의 결정적 실험이라는 개념과 연관된 것이다. 결정적 실험은 적어도 프랜시스 베이컨Francis Bacon(1561~1626)까지 거슬러 올라가는 개념으로, 두 이론이 경쟁할 땐 두 이론이 각각 상반된 예측을 제시하는 결정적 실험을 계획할 수 있어야 한다는 것이다. 이상적으로 보면, 경쟁 이론에서 제시하는 예측이 서로 충돌하므로 이런 실험에서 최소한 한 이론은 틀렸다고 증명되어야 할 것이다. 그런데 앞 장에서 논의한 확증 추론의 문제들 (특히 확증 증거는 기껏해야 어떤 이론을 뒷받침할 뿐 그 이론이 옳다는 것을 절대적으로 증명하지 못하는 문제) 때문에, 이런 실험은 옳은 예측을 한 이론이 절대적으로 옳은 이론이라고 입증하지 못할 것이다. 그렇더라도 결정적 실험의 핵심은 비록 경쟁하는 이론 중 하나가 절대적으로 옳다고 증명하지는 못하지만 적어도 경쟁 이론 중 하나를 기각할 수 있으리라는 것이다.

하지만 검증이 일반적으로 믿음 집합에 대한 검증이고, 반확증 증거에 직면할 때 주된 이론보다는 보조 가설을 기각할 선택지가 항상 있다면, 결정적 실험은 일반적으로 불가능한 것처럼 보인다. 이유는 간단하다. 적어도 두 경쟁 이론 중 하나가 제시하는 예측이 잘못되었음을 증명하고자 그런 실험을 계획했지만, 예측이 잘못된 것 같은 이론도 보조 가설 하나만 기각하면 계속 살아남을 수 있기 때문이다. 더군다나 앞 장에서 이야기한 대로, 주된 이론보다 보조 가설을 기각하는 것이 지극히 합리적일 때가 많기 때문이다.

결정적 실험이 과연 가능한지를 둘러싼 이런 회의론은 다양한 방식으로 이해되며, 다른 무엇보다 훨씬 더 강력하고 논란의 소지가 큰 주장이 될 수 있다. 경우에 따라선 경쟁 이론들이 상반되게 예측한 실험 결과를 상반된 두 가지 이론에서 모두 수용할 수 있다는 것도 거의 의심할 여지가 없다. 예를 들어, 초창기 저온 핵융합 실험 당시 중성자가 관찰되지 않은 결과는 분명히 일반적인 융합 이론과 일치했지만, 앞 장에서 살펴본 대로 관련된 보조 가설 하나를 기각함으로써 저온 핵융합 이론에서도 그 결과를 수용할 수 있었다. 만일 우리가 결정적 실험에 대한 콰인-뒤앙 명제의 회의론을 비교적 약한 의미로 이해해, 경쟁 이론들이 모두 결정적 실험의 결과를 수용할 수 있다는 주장으로만 받아들이면 논란의 소지가 크지 않다. 이처럼 약한 의미로 이해한 주장을 지지하는 사례는 과학의 역사에 수없이 많다(앞에서 언급한 저온 핵융합은 그중 하나에 불과하다).

결정적 실험에 대한 콰인-뒤앙 명제의 회의론을 이해하는 또 다른 방법 중에 훨씬 더 강력하고 논란의 소지도 더 큰 방법이 있다. 그 어떤 실험 결과건 그 어떤 이론에서도 수용할 수 있다는 주장으로 해석하는 방법이다. 과학의 역사에서 이처럼 강력한 주장을 지지하는 분명한 사례를 찾기란 무척 어렵다. 콰인도 이따금 이런 주장을 펼친 적이 있지만 당연히 이 강력한 주장에 공감하는 사람은 훨씬 적다.

간략하게 정리하면 이렇다. 콰인-뒤앙 명제는 결정적 실험에 대한 모종의 회의론을 포함한다. 그리고 어떤 의미에서는 이 회의론이 옳다는, 즉 결정적인 실험을 계획하는 것이 불가능해 보이는 경쟁 이론 사례들이 있다는 것이 일반적으로 일치된 의견이다. 하지만 더 강력한 해석, 즉 그 어떤 실험 결과건 그 어떤 이론에서도 수용될 수 있다는 의견에는 공감하는 사람이 훨씬 적다.

이론의 미결정성

과학철학에서 자주 거론되는 또 다른 쟁점은 흔히 이론의 미결정성이라고 일컫는 것이다. 앞에서 논의한 내용 중 일반적으로 반확증 증거에 직면해도 이론이 유지되고, 경쟁 이론들 사이에 결정적 실험을 계획하는 것이 불가능하진 않아도 일반적으로 무척 어렵다는 내용을 다시 생각해 보자. 덧붙여 앞 장에서 논의한 확증 증거에 관한 내용도 떠올리자. 특히 확증 증거의 귀납적 특성을 고려하면, 확증 증거는 기껏해야 어떤 이론을 뒷받침할 뿐 어떤 이론이 옳다는 것을 결정적으로 증명하지 못한다는 내용을 기억하자.

이 모든 요인을 종합하면, 관련된 모든 실험 결과를 비롯한 이용 가능한 데이터를 통해 특정한 이론이 옳다는 완전한 결정을 절대 내릴 수 없다는 견해에 도달한다. 또 모든 데이터와 실험 결과가 경쟁 이론이 틀렸다는 것도 확실히 증명하지 못한다는 견해에 도달한다. 요컨대 다양한 경쟁 이론이 이용 가능한 온갖 증거와 양립하는 경우가 많다. 이를 흔히 하는 말로 요약하면, 이론은 이용 가능한 데이터에 의해 미결정된다.

앞에서 논의한 콰인-뒤앙 명제의 핵심들과 마찬가지로 미결정성이라는 개념도 다양한 방식으로 이해되며, 무엇보다 더 강력하고 논란의 소지가 더 클 수 있다. 이용 가능한 데이터가 이따금 둘 이상의 경쟁 이론 중 하나를 지목해내지 못하는 것은 의심의 여지가 없다. 1980년 후반의 저온 핵융합 사례를 다시 보자. 당시 데이터는 저온 핵융합 이론과 기존의 고온 핵융합 이론 (즉 핵융합을 위해서는 지극히 높은 온도가 필요하다는 일반적인 견해) 중 하나를 명확히 지목하지 못했다. 저온 핵융합 이론과 고온 핵융합 이론이 모두 이용 가능한 데이터와 양립했다. 이렇게 비교적 부드럽게 이해하면, 이론이 이런 의미에서 미결정된다는 것은 의심의 여지가 없다.

그런데 이처럼 부드럽게 이해하는 것과는 대조적으로, 미결정성이라는 스펙트럼의 다른 쪽 끝에서는 훨씬 더 과격한 개념을 포함한 논의가 드물지 않게 일어난다. 훨씬 더 과격한 미결정성 관점에서는 과학 이론과 과학 지식이 '사회적 산물', 해당 공동체의 발명품과 다름없다. 이런 관점에 따르면, 과학 이론은 물질적 세상과 연결되어 물질적 세상을 반영하기보다는 사회적 조건에 더 긴밀히 연결되어 사회적 조건을 반영한다. 이처럼 훨씬 더 과격하고 논란의 소지가 큰 미결정성 개념에서는 객관적으로 옳다고 유일하게 결정된 식사 예절이 없는 것과 마찬가지로 객관적으로 옳다고 유일하게 결정된 과학 이론도 없다. 이런 관점에서는 식사 예절이나 과학 이론이 모두 사회의 반영이며, '옳다'는 단어의 깊은 의미 혹은 객관적인 의미에 부합하는 유일하게 옳은 이론이 있을 수 없다.

요컨대 이론의 미결정성이 콰인-뒤앙 명제의 핵심이라는 것은 모두가 동의하지만, 미결정성이라는 개념은 다양하게 해석된다. 그리고 이미 밝힌 대로 그중에서도 다른 무엇보다 훨씬 더 강력하고 논란의 소지가 더 큰 해석들이 있다.

콰인-뒤앙 명제와 관련한 핵심 쟁점들을 다시 정리하자. 이론의 미결정성, 일반적으로 가설은 개별적으로 검증할 수 없다는 주장, 결정적 실험은 일반적으로 불가능하다는 주장이다. 이 모든 주장은 다소 부드럽게 해석하면 논란의 소지가 크지 않다. 이러한 주장들을 얼마나 넓게 해석하느냐, 그처럼 폭넓은 해석들을 뒷받침하는 실제 사례가 있느냐 없느냐가 훨씬 더 큰 논란을 불러일으킨다. 이런 문제에 주목해 2부에서 지구 중심 우주관과 태양 중심 우주관에 관한 논쟁을 포함한 역사적 사례들을 논의한다. 앞으로 이야기하겠지만, 이런 논쟁에는 콰인-뒤앙 명제의 핵심 쟁점들을 비롯해 놀랄 만큼 다양한 쟁점이 포함된다.

과학적 방법에 미치는 영향

이미 이야기했듯, 우리가 지금 논의하는 쟁점들은 과학적 방법에 관한 견해에 흥미로운 영향을 미친다. 그래서 이 장을 마치기 전에 과학을 수행하는 적절한 방법에 관한 다양한 제안을 간단히 살펴보기로 한다. 이를 통해 여러분은 아리스토텔레스 세계관에서 과학적 방법을 어떻게 보았는지 파악할 수 있을 것이다(특히 오늘날 일반적으로 과학적 방법을 생각하는 방식과 얼마나 다른지에 주목해서 보기 바란다). 이런 논의는 2부에서 과학의 역사에 등장하는 사례들을 살피는 배경이 될 것이다.

여러분도 지금까지 교육을 받으며 흔히 '과학적 방법'이라고 불리는 것을 배운 적이 있을 것이다. 과학적 방법에 관한 정확한 설명은 책마다 학교마다 다르겠지만, 일반적인 의미에서 이야기하는 과학적 방법은 대체로 ① 관련 사실 수집 ② 그 사실들을 설명하는 가설 수립 ③ 일반적으로 (앞에서 논의한 확증 추론이나 반확증 추론의 유형과 비슷한 방법을 이용해) 가설을 확증하거나 반확증하는 실험을 통한 가설 검증을 포함한다.

지금까지 논의한 내용, 특히 3장에서 다룬 사실의 특성과 4장에서 논의한 확증 추론과 반확증 추론, 앞에서 논의한 콰인-뒤앙 명제와 관련한 문제를 고려하면, 방금 개략적으로 설명한 과학적 방법이 과연 흔히 이야기하는 만큼 간단할지 당연히 의심이 들 것이다. 이제부터 과학 수행 방법으로 제안된 것들을 몇 가지 살펴보고, 그런 방법들을 둘러싼 쟁점을 탐구하자. 지금까지 제안된 모든 과학적 방법을 살펴보지는 못하지만, 단 하나 확실한 과학 수행 방법을 제시하려는 시도를 복잡하게 만드는 요인은 충분히 이해할 수 있을 것이다. 과학적 방법에 관한 아리스토텔레스의 견해부터 시작하자.

아리스토텔레스의 공리적 접근법

아리스토텔레스 세계관은 일반적으로 과학이 확실한 지식을 생성하는 데 적합하다고 보았다. 과학 지식은 단지 개연성이 있는 것이 아니라 필연적으로 참일 수밖에 없다는 것이 일반적인 생각이었다. 이처럼 필연적으로 참인 지식에 도달하는 방법이 무엇인지 물으면 접근법은 오직 하나인 것처럼 보인다. 필연적으로 참인 기본 원리에 기초해 연역적으로 추론하는 방법이다. 이처럼 필연적으로 참인 기본 원리를 찾고, 연역적으로 추론할 수 있다면, 그 결론은 (즉 과학 지식은) 기본 원리의 확실성을 '물려받을' 것이고, 그에 따라 우리도 필연적으로 참인 과학 지식에 도달할 것이다.

이런 접근법은 흔히 공리적公理的 접근법이라고 부른다. 어떤 의미에서 확실한 혹은 필연적으로 참인 기본 원리에서 출발해 연역적으로 추론하는 접근법이다. 아리스토텔레스가 이런 접근법을 주창했고, 아리스토텔레스 세계관이 우세한 시기에는 과학 지식에 대한 아리스토텔레스의 접근법이 일반적으로 올바른 접근법으로 간주되었다. 아리스토텔레스의 접근법을 들여다보면, 서구 역사(최소한 기록된 역사)에서 대부분 시간을 지배한 과학적 방법이 어떤 종류였는지 알 수 있고, 필연적으로 참인 과학 지식을 만들려고 노력할 때 직면하는 근본적인 문제가 무엇인지 이해할 수 있다.

아리스토텔레스는 논리학을 과학적 탐구를 비롯해 (거기에 그치지 않고) 여러 가지 탐구에 사용할 도구로 보았다. 사실 아리스토텔레스가 생각한 과학적 설명은 기본적으로 확실한 논리적 주장을 제공하는 것이었다. 대체로 우리는 과학적 설명과 논리적 주장을 상당히 비슷한 것으로 보지 않지만, 사실 과학적 설명과 논리적 주장은 서로 긴밀히 연결되어 있다. 예를 들어보자(다음에 나오는 예는 내가 쉽게 설명하기 위해 선택한 것이고, 아리스토텔레스 시대가 한참 지난 뒤에 발견된 개념들을 사용하므로, 아리스토텔레스가 직접 거론했을 법한 예는 아니다).

구리가 전기를 전도하는 이유를 탐구한다고 가정하자. 누군가가 구리는 자유전자(진공이나 물질 속에서 외부의 힘을 받는 일 없이 자유롭게 떠돌아다니는 전자 – 옮긴이)를 포함하고, 자유전자를 포함한 물체는 전기를 전도하며, 그것이 구리가 전기를 전도하는 이유라고 설명한다 치자. 이 설명이 다음의 논증과 얼마나 긴밀히 연결되는지 주목하자.

- 모든 구리는 자유전자를 포함한다.
- 자유전자를 포함한 모든 물체는 전기를 전도한다.
- 고로 모든 구리는 전기를 전도한다.

실제로 표현 방식을 내버려 둔다면, 위에서 언급한 설명과 논증은 거의 차이가 없다.

이렇게 두 가지 전제와 하나의 결론으로 구성된 논증을 일컫는 말이 삼단논법이다. 아리스토텔레스는 타당한 과학적 설명이 논증으로 구성되고, 기본적으로 논증은 일련의 삼단논법이며 마지막 삼단논법의 결론이 설명 항목이라고 생각했다(엄밀히 말하면, 아리스토텔레스의 삼단논법은 관련 진술의 형식과 순서에서 일정한 조건을 충족하는 '전제가 둘인 논증'이다. 마찬가지로 엄밀하게 말하면, 논증에는 방금 이야기한 것보다 많은 조건이 따른다. 하지만 여기서는 세부 사항을 추가로 논의할 필요가 없다).

앞서 언급한 대로, 아리스토텔레스에게 과학적 지식은 반드시 확실한 지식이었다. 바꿔 말하면, 일련의 삼단논법에서 마지막 삼단논법의 결론은 반드시 필연적인 참이었다. 과학 지식에 관한 아리스토텔레스의 개념과 현대적 개념의 중요한 차이에 주목하자. 현재 우리는 일반적으로 과학이 잠재적으로 옳은 이론을 생성한다고 생각하지만, 이론이 옳다는 것을 과학이 보증하리라고 기대하지는 않는다(이런 일이 가능하다고 생각하지도 않는다). 하지만 아리스토텔레스는 생각이 달랐고, 1600년대까지 과학 지식에 대한 일반적인 견해도 마찬가지였다. 과학 지식은 확실한 지식이었고, 그 확실성은 연역적 추론과 중요하게 연결되었다.

하지만 연역적 추론이 이처럼 그저 참이 아니라 필연적으로 참인 결론을 보증하는 방법은 무엇일까? 이미 이야기했듯 방법은 하나뿐이다. 그 자체로 필연적 참인 전제를 이용하는 방법뿐이다. 그래야만 결론이 전제의 확실성을 물려받기 때문이다.

하지만 여기서 제기되는 의문이 있다. 필연적으로 참인 전제가 어디에서 나오느냐는 의문이다. 일련의 삼단논법에서 점점 더 높은 삼단논법을 통해 그 자체로 필연적 참인 다른 전제들에서 그런 전제를 끌어내는 것이 한 가지 해결책일 것이다. 사실 아리스토텔레스는 완전한 과학적 설명을 이런 식의 과정으로 상상했다. 다시 말해 일련의 삼단논법에서 마지막 삼단논법을 구성한 결론은 필연적으로 참일 것이다. 필연적으로 참인 전제에서 끌어냈기 때문이다. 그리고 이 전제들도 대체로 일련의 삼단논법에 포함된 전 단계의 삼단논법에서 도출한 결론이고, 전 단계 삼단논법의 전제들도 필연적으로 참일 것이다.

물론 일련의 삼단논법이 영원히 이어질 수는 없다. 따라서 필연적으로 참이지만 이전 삼단논법에서 결론으로 도출되지 않은 전제들이 있을 수밖에 없다. 이런 출발점, 즉 본래 그 자체로서 필연적으로 참인 전제를 일반적으로 일컫는 말이 제1원리다. 제1원리는 세상에 관한 기본적인 사실이자 필연적으로 참인 사실로 간주된다. 하지만 우리는 제1원리를 어떻게 인식할까? 특히 제1원리가 필연적으로 참이라는 것을 어떻게 알까? 기하학을 비유로 들어 설명하면 도움이 된다.

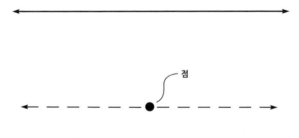

[도표 5-1] 유클리드의 공리 예시

한 면에 직선을 하나 긋고 그 직선 바깥쪽에 점을 찍으면 그 점을 통과해 주어진 직선과 평행하게 그을 수 있는 직선은 오직 하나뿐이라는 유클리드의 공리를 생각해보자. 이 공리를 설명하는 그림이 [도표 5-1]이다. 이 도표에서 종이는 면, 위의 직선은 주어진 직선, 점은 면에 찍힌 점,

점선은 주어진 점을 통과해 주어진 직선과 평행하게 그을 수 있는 오직 하나의 선을 나타낸다.

이 공리는 유클리드기하학에서는 증명될 수 없는 것이며, 따라서 이것은 (혹은 지금 설명하는 내용과 동등한 공리는) 유클리드기하학의 증명되지 않은 기본 출발점으로 (즉 공리 혹은 공준으로) 인정된다. 비록 증명될 수 없는 주장이지만, 적절한 교육과 지능을 갖추고 이와 연관된 용어와 개념을 이해할 수 있는 사람이면 이 공리가 반드시 참이라는 것을 바로 알 수 있을 것이다(덧붙여, 1800년대에 비유클리드기하학의 발견은 이런 공리가 중요한 의미에서 '참'이라고 이야기하는 것이 과연 타당한지 심각한 의문을 제기했다).

아리스토텔레스에 따르면, 어쩌면 우리가 앞에서 설명한 대로 공리가 '참'임을 아는 것과 비슷한 방식으로 적당한 교육과 지능, 훈련, 일정한 과학적 상식을 갖춘 사람이면 세상에 관한 어떤 기본 사실이 그저 참이 아니라 필연적으로 참이라는 것을 바로 알 수 있다. 그리고 이것이 우리가 제1원리를 인식하는 개략적인 방법이라는 것이다.

지금쯤 여러분 눈에도 이런 접근법이 간단치 않다는 것이 한결 분명해 보일 것이다. 제1원리에 기본적인 문제가 있기 때문이다. 세계관과 진리, 경험적 사실과 철학적/개념적 사실을 다시 생각해보자. 앞에서 논의한 내용을 고려하면, 필연적으로 참일 수밖에 없는 기본 사실은커녕 기본 사실을 구성하는 것이 무엇인지에 관해서도 의견이 일치될 가능성은 아주 희박하다. 따라서 아리스토텔레스의 과학적 방법에서 상상한 연역적 접근법은 그 접근법의 출발점 자체에 기본적인 문제가 있다.

아리스토텔레스는 과학이 단지 개연성이 있는 것이 아니라 확실한 이론과 주장을 낳는다고 생각했다. 필연적으로 참인 제1원리에 기초한 공리적 접근법이 이처럼 확실한 과학적 지식을 얻는 유일한 방법처럼 보인다. 그런데 여러분도 짐작하다시피 앞에서 언급한 문제, 즉 합의되고 필연적으로 참인 출발점을 찾는 문제가 모든 공리적 접근법의 일반적인 문제가 될 것이다. 현대에 들어 과학적 주장이나 이론이 옳다고 보장할 수 없다는 쪽으로 의견이 대체로 일치된 까닭도 주로 이런 이유 때문이다. 앞장에서 이야기한 대로 이는 과학의 결함이라기보다는 대부분의 과학적 추론이 지닌 귀납적 특성에서 기인한 결과일 따름이다. 또 하나의 공리적 접근법인 데카르트의 접근법을 간단히 설명한 뒤 다른 접근법을 살펴보자.

데카르트의 공리적 접근법

2장 끝부분에서 논의한 대로 데카르트는 확실한 지식 구조물의 기초로 삼을 수 있는 필연적으로 참인 믿음을 찾는 데 관심이 있었다. 과학을 수행하는 적절한 방법에 관한 데카르트의 견해는 여러모로 아리스토텔레스의 견해와 비슷하다. (아리스토텔레스와 달리 순전히 삼단논법적인 방법에 국한하지는 않았지만) 데카르트도 연역적 추론을 이용해 필연적으로 참인 출발점에서 확실한 지식을 끌어내는 데 관심이 있었다.

아리스토텔레스와 마찬가지로 데카르트 역시 합의된 출발점을 찾으려고 할 때 똑같은 문제가 발생했다. 세상사에 관한 출발점을 다룰 때 우리가 확실하게 알 수 있는 세상에 관해 합의된 기본 원리가 없는 것 같았기 때문이다. 따라서 세상에 관한 기본 출발점과 관련해 데카르트의 접근법도 아리스토텔레스의 접근법과 기본적으로 똑같은 문제에 봉착할 것이다.

하지만 2장에서 살펴본 대로 데카르트는 필연적으로 참인 출발점을 찾는 과정에서 한순간 자신의 정신에 주목했다. 그리고 우리가 살펴본 대로 그는 "나는 있다, 나는 현존한다"가 필연적인 참이라고 주장했다. 즉 데카르트는 출발점으로 삼을 만한 최소한 하나의 (일반적으로) 합의되고 필연적으로 참인 믿음을 찾아냈다고 할 수 있다.

하지만 역시 2장 끝부분에서 논의한 대로 이 믿음은 확실한 지식의 토대로 삼기에는 상당히 부족하다는 문제가 있다. 요컨대 세상과 관련해 필연적으로 참인 출발점을 찾을 때 데카르트도 아리스토텔레스와 똑같은 문제에 봉착한다. 즉 합의되고 필연적으로 참인 출발점이 없는 것 같다는 문제에 맞닥트린다. 우리가 자신이 (적어도 생각하는 것으로) 현존한다는 명제를 최소한 어느 정도 확신할 수 있다는 합의는 더 커지겠지만 그 위에 지식의 구조물을 세울 토대로는 너무 빈약한 것이다.

포퍼의 반증주의

카를 포퍼Karl Popper(1902~1994)는 흔히 말하는 반증적 접근법을 옹호한 것으로 아주 유명하지만, 반증주의를 명확한 과학적 방법으로 인정하지는 않았다. 사실 그는 명확한 과학적 방법이 하나뿐이라고 생각하지 않았다. 그래도 포퍼는 반증주의를 과학의 핵심 요소, 과학적 이론과 비과학적 이론을 구분하는 주요한 기준으로 보았다. 포퍼의 견해를 개략적으로 살펴보자.

대체로 포퍼는 과학이 이론을 확증하는 것을 강조하기보다 이론을 반박하려는 시도를 강조해야 한다고 주장했다. 포퍼는 너무나도 쉽게 확증 증거를 찾을 수 있는 이론이 많다고 주장했다. 포퍼가 언급한 사례 가운데 하나인 지크문트 프로이트Sigmund Freud의 정신분석 이론을 예로 들어보자. 포퍼에 따르면 프로이트의 정신분석 이론에서 제시한 '예측'은 거의 모든 사건이 확증 사례로 해석될 수 있을 정도로 보편적이다. 따라서 포퍼가 생각하기에 그런 이론을 지지하는 확증 증거는 그다지 관심을 기울일 대상이 아니다.

그 반면 아인슈타인의 상대성이론을 보자. 4장에서 이미 이야기했듯, 아인슈타인의 상대성이론에서는 별빛이 태양처럼 육중한 물체 근처를 지날 때 굴절한다고 예측했다. 그리고 별빛이 실제로 굴절한다면 개기일식 동안에 관찰할 수 있으므로 아인슈타인의 이론이 제시한 예측은 다른 경쟁 이론이 제시할 수 없는 독특하고 극적인 예측이었다. 이처럼 극적인 예측, 틀렸다는 것이 아주 쉽게 증명될 수 있는 예측을 제시함으로써 아인슈타인의 이론은 상당한 위험을 감수했다.

어떤 의미에서 포퍼는 이론이 위험할수록 더 과학적이라고 생각했다. 말하자면, 아인슈타인의 이론이 방금 언급한 이유 (즉 아인슈타인의 이론이 독특하고 극적인 예측을 하고, 따라서 틀렸다는 것이 쉽게 증명될 수 있는 위험을 감수했다는 이유) 때문에 프로이트의 정신분석 이론보다 훨씬 더 나은 과학적 이론의 사례였다. 그리고 대체로 포퍼에게는 이것이 좋은 과학임을 입증하는 보증서였다. 즉 포퍼는 과학이 확증보다 반증을 강조하고, 위험을 무릅쓰는 이론을 세우기 위해 노력해야 한다고 생각했다.

이미 언급한 대로 포퍼는 확증 증거를 중시하지 않았다. 포퍼가 생각하기에 성공적인 과학 이론을 특징짓는 것은 대량의 확증 증거가 아니었다. 독특하고 극적인 예측을 검증해 반박하려는 시도를 끊임없이 견디고 살아남는 것이 성공적인 과학 이론의 특징이었다. 그리고 이런 식의 반증적 접근법, 즉 이론을 확증하기보다 반박하려는 시도를 강조하는 것이 포퍼가 생각한 과학의 핵심이다.

포퍼의 견해를 아주 간략하게 소개했지만, 포퍼가 선호한 접근법을 이해하기에는 충분할 것이다. 여러분도 짐작하겠지만, 여기서도 우리가 앞에서 논의한 반확증 추론과 관련된 쟁점을 비롯해 콰인-뒤앙 명제를 논의하며 언급한 쟁점이 중요하게 대두된다. 앞에서 이야기한 대로 반확증은 간단해 보이지만 반확증 사례라고 할 만한 것은 드물다. 어떤 이론이 제시한 예측 결과가 예상과 다르게 나올 때 주된 이론보다 보조 가설을 기각할 선택지가 항상 있고, 그렇게 하는 것이 더 합리적인 경우가 많기 때문이다. 요컨대 반확증 증거 사례가 과학에서 중요한 역할을 하는 것은 분명하지만, 반확증 증거를 둘러싼 쟁점이 워낙 복잡해서 반확증, 즉 반증이 과학의 핵심 요소가 될 가능성은 높지 않다.

가설연역법

이른바 가설연역법이 최근에 자주 거론되며 주목을 받고 있으니 검토할 필요가 있다. 하지만 가설연역법도 기본적으로 우리가 이미 논의한 쟁점들의 범위를 크게 벗어나지 않으므로 간단히 살펴보자.

가설연역법의 기본 개념은 하나의 가설 혹은 일련의 가설에서 (또는 넓은 의미로 일련의 이론에서) 관찰 결과를 연역한 뒤 검증을 통해 그 관찰 결과가 실제로 관측되는지 확인하는 것이다. 관찰 결과가 실제로 관측되면, 우리가 앞서 확증 추론을 논의하며 살펴본 이유에 따라 그 관찰 결과를 가설을 지지하는 증거로 인정한다. 만일 관찰 결과가 실제로 관측되지 않으면, 이번에도 우리가 앞서 반확증 추론과 관련해 언급한 이유에 따라 그 관찰 결과를 가설을 반대하는 증거로 인정한다.

간단히 말해서 가설연역법에서는 대체로 가설이 어떻게 생성되었는지보다는 가설을 정당화하거나 확증하는 데 관심을 쏟는다. (가설이 어떻게 생성되었는지와 가설이 어떻게 정당화 혹은 확증되는지를 구분하는) 이런 차이를 과학철학에서 흔히 발견의 맥락과 정당화의 맥락 차이라고 표현한다. 발견의 맥락이 더 복잡하다는 것이 일반적인 의견이며, 나중에 살펴보겠지만 실제 가설이나 이론을 개발하는 방법은 놀랄 만큼 다양하고 복잡하다. 하지만 우리가 논의하는 것처럼 정당화의 맥락, 간단히 말해서 가설이나 이론을 정당화하거나 확증하는 방법도 아주 복잡하다.

확증 추론과 반확증 추론이 과학에서 중요한 역할을 하는 것은 의심의 여지가 없다. 이 두 가지 유형의 추론과 가설연역법의 긴밀한 관계를 고려하면 이 방법이 과학에서 중요한 역할을 한다 해도 과언이 아니다. 하지만 우리가 지금까지 논의한 쟁점들을 다시 생각해보자. 확증 추론의 귀납적 특성, 반확증 증거에 직면해 보조 가설을 기각할 가능성, 이론의 미결정성, 결정적 실험을 계획하는 것이 불가능하지는 않아도 어렵다는 의견, 가설들은 개별적이 아니라 무리로 검증된다는 의견 등 지금까지 우리가 논의한 내용을 고려하면, 과학이 비교적 간단한 과정을 거쳐 가설에서 예측을 끌어낸 뒤 어떤 예측이 관찰되느냐에 따라 가설을 수용하거나 기각한다는 의견은 과학을 지나치게 단순화한 설명에 지나지 않는다.

다시 말하지만, 기본적으로 확증 추론이고 반확증 추론인 가설연역법이 과학에서 중요한 역할을 하는 것은 분명하다. 하지만 앞에서 논의한 쟁점들을 고려할 때, 가설연역법은 과학에서 사용하는 방법이긴 해도 이것을 과학적 방법이라고 부르는 것은 오해의 소지가 있다.

콰인–뒤앙 명제 그리고 과학적 방법이라는 주제와 관련한 쟁점들은 과학과 과학철학의 쟁점들이 복잡하게 뒤엉키는 모습을 분명히 보여준다. 처음에 밝힌 대로 이 장의 주요 목표는 이런 쟁점들을 검토하는 것이었다. 그래야 나중에 과학의 역사에 등장하는 사례를 살필 때 이런 쟁점들이 수행한 역할을 제대로 인식할 수 있기 때문이다. 그런 사례들은 2부에서 살피기로 하고, 그 전에 검토해야 할 기본적인 쟁점이 몇 가지 더 있다. 귀납적 추론에 관한 난해한 쟁점들이다.

철학적 간주곡
귀납법의 문제와 수수께끼

1부에서 논의하는 쟁점들은 대체로 과학사와 과학철학의 기본적인 주제와 관련한 것이며, 2부와 3부에서 탐구할 주제의 배경이 되는 내용이다. 6장은 일종의 철학적 간주곡이다. 6장에서 탐구할 문제와 수수께끼는 주로 철학자들이 제기하고 논의한다는 의미에서 다분히 철학적인 문제이며, 일상적으로 과학을 수행하는 데 실질적으로 영향을 미치는 문제는 아니다. 6장에서 탐구할 주제가 1부에서 다루는 다른 주제들과 달리 간주곡의 성격을 띠는 것은 나중에 논의할 주제의 배경으로 꼭 필요한 내용은 아니기 때문이다. 그렇지만 우리가 논의할 문제와 수수께끼는 일반적으로 관심을 가져야 할 사항이다. 과학에서 가장 기본적인 추론의 지극히 난해한 측면을 분명히 보여주기 때문이다.

이런 문제를 처음 접하는 사람들은 대부분 심각하거나 난해하거나 심오한 문제라는 인상을 받지 못한다. 나도 몇 년 전에 처음 접했을 때는 철학적 헛소리에 지나지 않는다는 느낌이 들었다. 처음에는 심각하거나 어렵다는 생각이 전혀 들지 않았다. 힘들게 심사숙고하지 않아도 모두 해결될 것 같았다.

하지만 조금 지나면, 쉽게 해결할 수 없는 문제이고 지극히 난해한 또 다른 문제를 제기한다는 것을 깨닫게 된다. 이 장의 주요 목표는 이런 철학적 문제들을 소개하는 것이다. 모두 귀납적 추론과 관련한 문제다. 여러분이 잠시 심사숙고함으로써 이런 문제들이 얼마나 난해한지 제대로 인식하길 (바라고) 권유한다. 특히 우리가 검토할 것은 흄의 귀납법 문제, 헴펠의 까마귀 역설, 굿맨의 새로운 귀납법 수수께끼다. 흄의 귀납법 문제부터 살펴보자.

흄의 귀납법 문제

데이비드 흄-David Hume(1711~1776)이 귀납적 추론의 난해한 측면에 최초로 주목한 인물로 보이며, 그의 의견은 현재 일반적으로 '흄의 귀납법 문제'라고 불린다. 흄의 요지를 이해하려면 이전에는 미처 생각하지 못했던 것을 깨달아야 한다. 여러분이 흄의 요지를 제대로 이해하면 우리가 일상적으로 가장 흔하게 사용하는 추론, 특히 미래에 대한 귀납적 추론의 지극히 난해한 내용을 파악할 수 있을 것이다. 일반적인 추론부터 간단히 살펴보자.

우리가 추론할 때, 예컨대 논증을 제시하거나 검토할 때 그 논증은 거의 언제나 함축된 전제를 포함한다. 함축된 전제란 그 명칭 그대로, 추론이 타당해지려면 필요하지만 분명히 언급되지 않고 함축된 전제를 말한다. 예를 들어 이번 주 일요일 시내에서 친구를 만나 점심을 함께 먹자고 약속하는데, 여러분의 차는 정비소에 들어가 있고 여러분은 식당으로 가는 방법을 모른다 치자. 그리고 내가 여러분의 집에서 식당까지 운행하는 버스가 있으니 그 버스를 타면 점심 약속 장소로 올 수 있다고 알려주는 상황을 가정하자. 다소 일상적인 이 추론에는 명백히 언급되지는 않아도 그 버스가 일요일에 운행한다는 전제가 함축되어 있다. 함축된 전제를 괄호를 쳐서 표기하면, 다음과 같이 추론을 정리할 수 있다.

- 여러분의 집에서 식당까지 운행하는 버스가 있다.
   (그 버스는 일요일에 운행한다.)
- 고로 여러분은 이번 주 일요일에 그 버스를 타고 점심 약속 장소로 올 수 있다.

다시 말하지만, 거의 모든 추론이 함축된 전제를 포함하며, 이런 사실은 특별히 놀랍거나 유별난 것이 아니다.

앞서 이야기했듯, 흄의 귀납법 문제는 미래에 대한 추론과 연관되어 있으니 미래에 대한 전형적인 추론을 살펴보자. 지극히 평범한 귀납적 추론 사례다.

- 우리의 과거 경험상 태양은 항상 동쪽에서 솟아올랐다.
- 고로 미래에 태양은 계속해서 동쪽에서 솟아오를 것이다.

이 추론의 논리적 형식은 다음과 같다.

- 우리의 과거 경험상 ○○가 항상 (혹은 자주) 발생했다.
- 고로 미래에 ○○가 계속해서 발생할 것이다.

여기까지는 별다른 것이 전혀 없는 추론이다. 우리가 늘 사용하는 상당히 흔한 논리적 형식의 전형적인 귀납적 추론이다. 하지만 흄이 이런 추론에서 흥미로운 내용을 최초로 포착했다. 특히 흄은 이런 추론이 다음과 같이 결정적이지만 함축된 전제를 포함한다는 것에 주목했다.

- 미래는 계속해서 과거와 비슷할 것이다.

이를 반영해, 함축된 전제를 다시 괄호로 표기하고 추론을 더 정확하게 정리하면 다음과 같다.

- 우리의 과거 경험상 태양은 항상 동쪽에서 솟아올랐다.
  (미래는 계속해서 과거와 비슷할 것이다.)
- 고로 미래에 태양은 계속해서 동쪽에서 솟아오를 것이다.

그리고 이 추론의 형식을 더 일반적으로 표현하면 다음과 같다.

- 우리의 과거 경험상 ○○가 항상 (혹은 자주) 발생했다.
  (미래는 계속해서 과거와 비슷할 것이다.)
- 고로 미래에 ○○가 계속해서 발생할 것이다.

여기서 우리가 제일 먼저 주목할 점은 함축된 전제가 논증에 얼마나 중요하냐는 것이다. 이 함축된 전제는 미래에 대한 모든 추론에 필요하다. 만일 미래가 계속해서 과거와 비슷하지 않으면, 과거 경험이 미래 경험을 추리하는 지침이 된다고 생각할 근거가 없어지기 때문이다. 바꿔 말하면, 앞에서 '미래는 계속해서 과거와 비슷할 것'이라는 진술이 옳지 않다면, 그러면 과거 경험이 미래에 대한 지침이 되지 않는다. 따라서 미래에 대한 추론도 신뢰할 수 없을 것이다.

로버트 하인라인Robert Heinlein의 소설 《욥Job》을 보면 이 함축된 전제의 중요성이 더 분명히 드러난다. 이 소설에서는 주인공들이 아침에 일어날 때마다 세상이 전날과 조금씩 달라진 것을 발견한다. 가령 어느 날 아침에 일어나면 통화제도가 전날과 조금 달라져 있다(따라서 전날부터 지니고 있던 돈이 가치가 없어진다). 어느 날은 모든 사람이 교통법규를 준수하는 세상이었지만, 다음 날 눈을 뜨면 교통법규를 어기는 것이 규범인 세상이다. 주인공들이 사는 세상은 대체로 매일 전날과 다른 세상이다. 자신들이 사는 세상이 계속 변하므로 소설의 주인공들은 하루하루가 어떻게 될지 예상하지 못한다. 이들에게는 미래가 과거와 비슷하지 않은 것이다. 결과적으로 이들은 우리가 당연하게 받아들이는 미래에 대한 귀납적 추론을 할 수 없다(미래가 계속해서 과거와 비슷하지 않으리라는 것이 이들이 미래에 대해 할 수 있는 거의 유일한 귀납적 추론이며, 당연히 이런 추론은 특별히 유용한 추론이 아니다).

흄의 귀납법 문제를 이해하는 첫 번째 핵심은 이것이다. 위에서 "미래는 계속해서 과거와 비슷할 것이다"라는 진술은 일반적으로 인식되지는 않지만, 미래에 대한 우리의 모든 추론에 필요한 함축된 전제다.

그런데 "미래는 계속해서 과거와 비슷할 것이다"라는 진술이 미래에 대한 모든 추론에 필요한 함축된 전제라면, 우리가 미래에 대한 추론을 확신하는 정도는 우리가 이 진술을 확신하는 정도에 따라 결정되는 것이 분명하다. 이때 당연히 제기되는 의문이 있다. 미래가 계속해서 과거와 비슷할 것으로 생각하는 근거가 무엇인가?

우리가 미래는 계속해서 과거와 비슷할 것이라고 믿는 주된 (어쩌면 유일한) 근거의 핵심은 (무거운 물체가 오늘도 여전히 밑으로 떨어졌고, 태양이 다시 동쪽에서 솟아올랐고, 낮에 이어 밤이 찾아오는 등) 오늘이 어제와 상당히 흡사했다는 사실일 것이다. 어제는 그저께와 상당히 비슷했고, 그저께는 그 전날과 상당히 비슷했다. 한마디로 우리의 과거 경험상 하루하루는 대체로 그 전날과 거의 비슷했다. 이런 사실이 우리가 미래의 상황이 지금까지 늘 그랬던 것과 거의 비슷할 것이라고 믿는 토대가 된 것 같다. 요컨대 "왜 미래는 계속해서 과거와 비슷할 것이라고 믿는가?"라는 질문에 대해 우리가 제시할 수 있는 최고의 근거를 추론으로 정리하면 다음과 같다.

- 우리의 과거 경험상 미래는 과거와 비슷했다.
- 고로 미래는 계속해서 과거와 비슷할 것이다.

하지만 이 추론이 미래에 대한 추론이라는 것에 주목하자. 그리고 다시 말하지만, 이 추론을 비롯해 미래에 대한 모든 추론은 미래가 계속해서 과거와 비슷할 것이라는 함축된 전제를 바탕으로 하고 있다. 이 함축된 전제를 분명히 밝혀 추론을 더 정확히 정리하면 다음과 같다.

- 우리의 과거 경험상 미래는 과거와 비슷했다.
  (미래는 계속해서 과거와 비슷할 것이다.)
- 고로 미래는 계속해서 과거와 비슷할 것이다.

하지만 이 추론은 노골적인 순환 추론이다. 즉 이 추론은 입증하고자 하는 결론 자체를 전제로 가정한다. 앞에서 정리한 추론은 결론 자체가 참이라는 가정에 의존한다. 순환 추론이 분명하고, 따라서 이 추론은 결론을 받아들일 정당성을 제공하지 못한다.

흄의 요지를 요약하면 이렇다. 모든 귀납적 추론 사례는 미래가 계속해서 과거와 비슷할 것이라는 함축된 전제에 의존한다. 하지만 이 함축된 전제를 정당화하는 주된 (어쩌면 유일한) 방법은 순환논증이며, 따라서 이 함축된 전제는 정당화될 수 없는 것으로 보인다. 결국 미래에 대한 어떤 추론도 논리적으로 정당화될 수 없으며, 따라서 미래에 대한 그 어떤 추론도 결론을 믿을 만한 논리적 근거를 제공하지 못한다.

끝으로 언급할 사항이 몇 가지 있다. 첫째, 흄의 요지는 보편적이다. 흄의 요지는 (태양이 동쪽에서 솟아오른다는 것처럼) 지극히 평범한 추론이건, 미래에 변함없이 견지할 과학 법칙에 관한 추론이건, 수학이 과거나 미래나 같을 것이라는 믿음에 관한 추론이건, 미래에 대한 모든 추론에 적용된다.

둘째, 흄은 우리에게 미래에 대해 추론하지 말라고 설득하려는 것이 아니다. 이것이 흄을 이해하는 데 중요한 요소다. 흄은 미래에 대해 추론하는 것이 우리의 본성이라고 생각했다. 우리가 자발적으로 호흡을 멈출 수 없는 것과 마찬가지로 미래에 대한 추론을 멈출 수 없다고 생각했다. 그의 의문은 우리가 미래에 대한 추론을 논리적으로 정당화할 수 있느냐는 것이고, 그의 대답은 정당화할 수 없다는 것이다.

헴펠의 까마귀 역설

카를 헴펠Carl Hempel(1905~1997)은 20세기 영향력 있는 철학자로 과학철학을 주로 연구했다. 그의 까마귀 역설('모든 까마귀는 검다'는 명제와 '검지 않은 것은 모두 까마귀가 아니다'는 명제는 서로 대우 관계인 논리적 동치이다. 어떤 사례가 한 명제를 입증하는 증거라면 그 사례는 논리적으로 동치인 대우 명제도 입증하는 증거가 되어야 한다. 흰 구두는 '검지 않은 것은 모두 까마귀가 아니다'는 명제를 입증하는 증거이다. 따라서 흰 구두는 앞의 명제와 논리적으로 동치인 '모든 까마귀는 검다'는 대우 명제도 입증하는 증거이다. 이것이 헴펠의 까마귀 역설이다 — 옮긴이)에서는 본래 까마귀를 예로 들었지만, 다른 예를 들어 설명하는 편이 역설의 타당성을 이해하기가 더 쉬울 것 같다.

여러분과 내가 천문학자이고, 우리의 주요 과제 중 하나가 퀘이사Quasar에 관한 정보 수집이라고 가정하자. 잠깐 배경을 설명하면, 퀘이사는 비교적 최근인 20세기 중반에 처음으로 발견되었다. 50년 넘게 연구했지만 퀘이사에 관해 알려진 내용은 그리 많지 않다(그래도 최근 퀘이사에 관해 흥미롭고 상당히 신빙성 있는 이론들이 발표되었다). 아무튼 퀘이사에 관해 알려진 기본 사실은 퀘이사가 엄청난 에너지를 방출하고 모두 지구에서 대단히 멀리 떨어진 것 같다는 것이다.

이제, 우리가 퀘이사 연구 초기에 활동한 천문학자이고, 처음에 발견된 소수의 퀘이사가 모두 지구에서 대단히 멀리 떨어져 있다는 것을 알고 있으며, 과연 모든 퀘이사가 지구에서 대단히 멀리 떨어져 있느냐 아니냐가 우리의 관심사라고 가정하자. 시간이 지남에 따라 우리는 (그리고 다른 천문학자들도) 계속해서 더 많은 퀘이사를 관찰하고, 계속해서 관찰되는 퀘이사도 모두 지구에서 아주 멀리 떨어져 있다. 여기까지는 아무 문제가 없다. 우리의 관찰이 "모든 퀘이사는 지구에서 대단히 멀리 떨어져 있다"는 진술을 귀납적으로 지지하는 상당히 평범한 상황이다.

지금까지는 특별히 난해할 것이 전혀 없는 상황이다. 보편 진술(어떤 종류의 대상이 모두 이러이러하다는 진술 – 옮긴이)을 검토할 때, 그 진술과 일치하는 사례가 많이 관찰되고, 그 진술에 반하는 사례가 하나도 관찰되지 않으면, 우리는 이것이 그 진술을 귀납적으로 지지한다고 생각하는 경향이 있다.

그런데 헴펠이 주장한 대로 우리가 "모든 퀘이사는 지구에서 대단히 멀리 떨어져 있다"라는 식의 보편 진술의 논리적 구조를 검토할 때 수수께끼가 등장한다. 이와 같은 보편 진술은 그 대우對偶와 논리적으로 동치이며, 이 경우에는 "지구에서 대단히 멀리 떨어지지 않은 모든 물체는 퀘이사가 아니다"라는 진술과 동치다. 즉 다음의 진술 ①과 진술 ②가 논리적으로 동치인 것이다.

진술 ① 모든 퀘이사는 지구에서 대단히 멀리 떨어져 있다.
진술 ② 지구에서 대단히 멀리 떨어지지 않은 모든 물체는 퀘이사가 아니다.

앞에서 언급한 대로 우리가 관찰한 퀘이사는 모두 지구에서 대단히 멀리 떨어져 있었고(진술에 반하는 사례는 하나도 관찰되지 않았다고 가정하면), 모든 관찰이 퀘이사는 모두 지구에서 대단히 멀리 떨어져 있다는 진술을 지지한다. 게다가 일관되게, 우리가 지구에서 대단히 멀리 떨어지지 않은 물체를 관찰할 때마다 그 물체는 퀘이사가 아니므로, 우리는 이 관찰이 지구에서 대단히 멀리 떨어지지 않은 모든 물체는 퀘이사가 아니라는 진술 ②를 지지한다고 인정할 수밖에 없다.

이 또한 그 자체로는 문제라거나 수수께끼라고 할 수 없다. 하지만 이제 앞에서 언급한 진술 ①과 진술 ②가 동치라는 내용을 생각해보자. 만일 ①과 ②가 동치라면 ①을 지지하는 것은 ② 역시 지지하는 것이라고 볼 수밖에 없으며, 마찬가지로 ②를 지지하는 것은 ① 역시 지지하는 것이라고 볼 수밖에 없다. 이것이 수수께끼의 핵심이다. 우리가 ②를 지지하는 관찰을 할 때마다 그 관찰이 ①도 역시 지지해야 할 것 같기 때문이다.

예를 들어보자. 여러분이 지금 손에 들고 있는 책은 지구에서 대단히 멀리 떨어지지 않은 물체이며 퀘이사도 아니다. 따라서 이 책을 관찰하는 것은 ②를 지지한다. 그리고 방금 언급한 이유에 따라 이 관찰은 마찬가지로 ①도 지지해야 한다. 하지만 말도 안 되는 소리 같다. 손에 든 책을 들여다보는 것처럼 사소한 관찰이 퀘이사에 관한 중대한 과학적 주장을 확증하는 데 도움이 될 수 없는 것이 분명하기 때문이다.

흄의 귀납법 문제와 마찬가지로 헴펠의 요지도 잘못 해석하면 안 된다. 그는 분명히 여러분 앞에 있는 책을 들여다보는 것처럼 사소한 관찰이 실제 퀘이사에 관한 중대한 과학적 주장을 지지한다고 말하는 것이 아니다. 그가 지적한 것은 아주 기본적으로 보이는 귀납적 추론에 묘한 내용이 있다는 것이다. 이미 언급한 대로 헴펠의 까마귀 역설은 대체로 실제 과학을 수행하는 데 영향을 미치는 문제가 아니라는 의미에서 실질적인 문제는 아니다. 하지만 모든 퀘이사는 지구에서 대단히 멀리 떨어져 있다는 식의 보편 진술을 지지하는 귀납적 추론이 과학의 중요한 요소인 것은 분명하고, 헴펠의 까마귀 역설은 귀납적 추론에 대단히 난해한 특징이 있음을 암시한다.

굿맨의 초란색 문제

앞에서 논의한 흄의 귀납법 문제는 귀납법의 '예전' 수수께끼라고도 불리는데, 넬슨 굿맨Nelson Goodman(1906~1998)이 제기한 귀납법의 '새로운' 수수께끼에 대비한 표현이다. 굿맨은 다방면에 걸친 철학자로 논리학과 인식론, 예술을 비롯한 많은 분야에 크게 공헌했다. 그가 특정한 유형의 귀납적 추론에서 또 다른 묘한 특징에 처음으로 주목했고, 그것이 이제 우리가 집중할 문제다.

"모든 에메랄드는 초록색이다"라는 진술을 보자. 이 진술은 경험의 강력한 지지를 받는 것 같다. 우리가 지금까지 관찰한 모든 에메랄드는 초록색이고, 게다가 우리는 초록색이 아닌 에메랄드를 한 번도 관찰하지 못했기 때문이다. 에메랄드와 관련해 '초록색'이라는 술어는 굿맨이 말한 '투사 가능한 술어'일 것이다. 지금까지 관찰된 모든 에메랄드가 초록색이었던 과거 경험에 기초해 미래에 관찰될 에메랄드도 모두 초록색일 것이라고 투사할 수 있는 술어다.

이제 굿맨이 새롭게 명명한 초란색grue이라는 술어를 규정해보자. 초란색을 규정하는 방법은 여러 가지가 있지만, 우리의 목적에 맞게 (그리고 굿맨의 설명과 비슷하게) 2050년 1월 1일 이전에 처음 관찰된 초록색green 물체 혹은 2050년 1월 1일 이후에 관찰된 파란색blue 물체에 초란색이라는 술어를 붙인다고 가정하자. 이미 말한 대로, 지금까지 관찰된 모든 에메랄드는 초록색이고, 초록색이 아닌 에메랄드는 하나도 없었다. 그리고 이것이 미래에 관찰될 모든 에메랄드도 초록색일 것으로 생각하는 근거인 것 같다.

하지만 지금까지 관찰한 모든 에메랄드가 초록색이고 2050년 1월 1일 이전에 처음 관찰되었다는 것에 주목하자. 말하자면 지금까지 관찰된 모든 에메랄드가 초란색이고, 초란색이 아닌 에메랄드는 하나도 없었다. 따라서 최소한 지금까지 관찰된 에메랄드와 관련해, 미래에 관찰될 모든 에메랄드가 초록색일 것이라는 진술을 귀납적으로 지지하는 것은 미래에 관찰될 모든 에메랄드가 초란색일 것이라는 진술을 귀납적으로 지지하는 것과 정확히 같다.

당연히 우리는 미래에 관찰될 모든 에메랄드가 초란색일 것이라고는 절대 추론하지 않을 것이다. 즉 우리는 미래에 관찰될 모든 에메랄드가 계속해서 초록색일 것으로 생각하는 것은 타당하다고 느끼지만, 미래에 관찰될 에메랄드가 (특히 2050년 1월 1일 이후 처음 발견될 에메랄드가) 초란색이 아닐 것으로 확신한다.

하지만 만일 2050년 1월 1일 이후에 관찰될 에메랄드가 초란색이 아니고 초록색일 것이 그처럼 분명하다면, '초록색'이라는 술어와 '초란색'이라는 술어 사이에 반드시 어떤 차이가 있어야 한다. 앞에서 언급한 용어를 사용하면, '초록색'은 굿맨이 말한 투사 가능한 술어이지만(다시 설명하면, 에메랄드에 적용해 미래에 투사해도 정당한 술어이지만), '초란색'은 투사 가능한 술어가 아니다. 그런데 일반적으로 투사 가능한 술어와 투사 불가능한 술어의 차이는 무엇일까?

언뜻 아주 쉽게 대답할 수 있을 질문처럼 보이지만, 지금까지 확인된 바에 따르면 어려운 질문이다. '초란색' 같은 술어는 '자연적인' 술어가 아니라 구성된 술어라든가 혹은 투사 가능한 술어는 평범한 술어와 달리 시간이 관련되었다는 등 여러 가지 대답이 바로 머릿속에 떠오르지만 면밀한 검토를 통과한 대답은 하나도 없었다. 투사 가능한 술어와 투사 불가능한 술어를 구분하기 위한 제안은 수없이 많지만, 일치된 견해로 볼만한 제안은 하나도 없다.

흄의 귀납법 문제나 헴펠의 까마귀 역설과 마찬가지로 굿맨의 요지도 오해하지 않는 것이 중요하다. 굿맨은 우리에게 미래에 관찰될 모든 에메랄드가 계속해서 초란색일 것으로 믿으라고 이야기하는 것이 절대 아니다. 분명히 초란색이 아닐 것이다. 하지만 '초록색' 같은 술어와 '초란색' 같은 술어의 명백한 차이를 고려하면, 투사 가능한 술어와 투사 불가능한 술어의 차이를 포착해 그럴듯하게 설명하는 일이 어렵지 않을 것이라는 생각이 들 법하다.

굿맨의 주요 의문이 바로 그 차이였다. 앞서 언급한 대로, 언뜻 보면 대답하기 쉬운 의문처럼 보이고, 수십 년 동안 여러 가지 해법이 제시되었지만 그 어떤 제안도 적절한 해답을 내놓지 못한다는 것이 일치된 의견이다. 한 번 더 이야기하면 굿맨의 새로운 귀납법 수수께끼는 일상적인 과학을 수행하는 데 영향을 미치지 않는다는 점에서 분명히 실질적인 문제는 아니지만, 귀납적 추론과 관련해 난해한 의문을 제기한다.

처음에 밝힌 대로 이 장에서 논의한 쟁점들은 실제 과학자들에게 영향을 미치는 문제라기보다는 분명히 철학적인 문제다. 그리고 얼핏 보면 쉽게 해결할 수 있는 문제처럼 보인다. 하지만 수십 년 넘도록 폭넓게 논의했음에도 해결책이 나오지 않는다는 사실은 가장 기본적인 유형의 추론에 대단히 난해한 내용이 있음을 시사한다.

게다가 이 장 첫머리에서 이야기한 것처럼 대체로 이런 문제를 완전히 이해하려면 시간이 걸린다. 그러니 여러분도 이런 문제를 염두에 두고 한동안 심사숙고하길 바라며, 과학사의 사례에서 거듭 제기되는 쟁점을 논의하자. 반증 가능성 개념을 둘러싼 쟁점이다.

반증 가능성
'틀릴 수 있음' 인정하기

7장에서는 반증 가능성 개념을 소개한다. 반증 가능성을 둘러싼 쟁점은 언뜻 보면 더없이 단순하거나 간단해 보인다. 하지만 사실 상당히 복잡해질 수 있는 문제다. 현실 사례에 적용할 때 특히 그렇다. 반증 가능성을 단순화해서 설명한 다음 복잡한 요소들을 살펴보자. 나중에 과학사의 사례를 논의할 때 반증 가능성과 관련해 한결 복잡한 사례가 등장할 것이다.

기본 개념

어떻게 보면 반증 가능성은 지극히 단순하다. 이론을 대하는 태도다. 특히 어떤 이론이 틀릴 수도 있다는 가능성을 인정하는 태도다. 예를 들어 사라가 물리학자이고, 우주의 기원과 관련해 빅뱅 이론이 옳을 것이라 믿는다고 가정하자. 그리고 대부분 물리학자처럼 사라도 자신의 믿음을 독단적으로 신뢰하지 않는다 치자. 즉 빅뱅 이론이 틀렸다고 볼 만큼 타당한 근거를 제시하는 새로운 증거들이 충분히 쌓이면, 사라는 빅뱅 이론에 대한 믿음을 포기할 것이다. 요컨대 사라는 빅뱅 이론이 옳다고 믿지만 그 이론이 틀릴 수 있음을 기꺼이 인정한다. 사라는 이론을 반증 가능하다고 보는 것이다.

그에 반해, 조는 평평한 지구 학회 회원이라고 가정하자. 평평한 지구 학회의 회원들은 지구가 평평하다고 아주 진지하게 믿는다. 조도 마찬가지다. 게다가 조는 그 이론이 틀렸음을 입증하는 증거가 나와도 어떻게든 그 증거를 외면한다. 가령 거의 모든 사람이 지구를 구체로 믿는다고 지적하면, 조는 다수의 의견이 진리의 지침은 아니라고 (불합리하지 않게) 대답한다. 그래서 우리가 국제우주정거장에서 촬영한 지구 사진을 보여주면, 조는 우주 계획이 완벽한 사기이고 사진이나 TV 방송도 가짜로 볼 충분한 근거가 있다고 대답하며, 그런 허위 보도를 철석같이 믿는 우리를 딱하게 본다. 우리가 지구를 일주한 탐험가들의 이야기가 역사책에 가득하고 지구가 구체일 때만 일주가 가능하다고 주장하면, 조는 최근에 읽은 글을 언급하며 이렇게 반박한다. 평평한 지구에서는 지구 가장자리에 접근하면 나침반 방위가 왜곡되고, 그렇게 왜곡된 나침반 방위 때문에 페르디난드 마젤란Ferdinand Magellan 같은 탐험가들이 평평한 지구의 가장자리를 따라 항해하면서도 지구의 둘레를 따라 직선으로 항해한다고 착각했다는 것이다.

이내 우리는 지구가 평평하다는 이론이 틀렸음을 입증하는 증거가 아무리 많아도 조는 그 이론을 포기하지 않으리라는 것을 깨닫는다. 사라와 달리 조는 자신의 이론이 틀릴 수 있다고 인정할 마음이 없다. 이론을 반증 불가능하다고 보는 것이다.

사람들은 반증 가능성에 관해 글을 쓰거나 이야기할 때 마치 반증 가능성이 이론의 특징인 것처럼 말하는 경향이 있다. 이런저런 이론이 반증 가능하거나 반증 불가능하다고 말하는 나쁜 습관이 널리 퍼진 것이다. 하지만 조금만 깊이 생각하면 이렇게 말하는 습관이 최선이 아니라는 것을 분명히 알게 될 것이다. 일반적으로 반증 가능성은 이론 자체의 특징이라기보다는 특정 이론을 대하는 태도다. 평평한 지구 이론을 다시 예로 들어보자. 평평한 지구 이론은 기본적으로 반증 불가능한 이론으로 볼 수 없다. 평평한 지구 이론을 믿는 두 사람 중 한 명은 (앞의 조처럼) 아무리 많은 증거가 나와도 그 이론을 포기하지 않지만, 다른 한 명은 그 이론이 틀렸음을 확신하는 상황을 충분히 상상할 수 있다. 두 사람의 이론은 똑같다. 다른 것은 두 사람이 각자 이론을 대하는 태도다. 따라서 어떤 이론 자체가 반증 불가능하다고 말하는 것은 대체로 정확한 말이 아니다. 결정적인 요소는 이론을 대하는 태도다. 누군가가 어떤 이론을 반증 가능하다고 보는지 아니면 반증 불가능하다고 보는지는 그의 태도에 따라 결정된다.

복잡한 요인

반증 가능성이 상당히 간단한 개념처럼 보일 것이다. 누가 어떤 이론을 반증 가능하다고 보는지 아닌지 구분하는 것이 단순한 문제처럼 보일 것이다. 하지만 많은 경우, 특히 (지구중심설에서 태양중심설로 변화할 때처럼)

과학의 역사에서 이론의 중대한 변화가 수반되는 경우 이론을 반증 불가능한 것으로 판정하기가 절대 쉽지 않다. 왜 어려운지 몇 가지 이유를 살펴보자.

사라는 만일 빅뱅 이론이 틀렸다는 '확실한 근거'를 제시하는 새로운 증거가 '충분히' 쌓이면 그 이론을 기꺼이 포기할 마음이 있다. 4장에서 논의한 내용을 다시 생각해보자. 이론에 반하는 증거는 틀렸다고 밝혀진 예측에서 나오는 경우가 많다. 즉 어떤 이론을 이용한 예측이 틀린 것으로 밝혀지면 그 이론에 대한 의문이 제기된다. 하지만 틀린 예측은 틀린 이론보다는 틀린 보조 가설 때문인 경우가 많다. 따라서 예측이 틀린 것으로 밝혀지면 이론 자체보다는 하나나 그 이상의 보조 가설을 기각하는 편이 더 합리적일 때가 많다.

그런데 하나나 그 이상의 보조 가설을 기각할 수 있으므로 (그리고 그래야만 할 경우가 많으므로) 지극히 어려운 의문이 제기된다. 어떤 이론을 기각할 만큼 증거가 '충분히' 쌓인 때는 언제일까? (하나나 그 이상의 보조 가설이 아니라) 이론이 틀렸다는 '확실한 근거'가 제시되는 때는 언제일까?

이런 의문에 대한 정확한 답은 없다. 문제가 처음 발생하자마자 이론을 기각하는 것은 분명히 불합리한 결정이지만, 한편으로는 어떤 이론을 계속해서 고수하는 것이 불합리할 만큼 그 이론에 반하는 증거가 쌓이는 때도 있다.

4장에서 논의한 저온 핵융합 이론이 좋은 사례다. 1980년대 후반 저온 핵융합 이론이 처음 소개될 당시에는 낮은 온도에서 실제로 융합이 일어남을 암시하는 흥미로운 실험 결과들이 보고되었다. 게다가 이런 결과를 보고한 두 과학자는 별종이거나 '비주류' 과학자가 아니었다. 존경받고 유명하고 인정받는 과학자들이 (비록 주류 과학 학회지가 아닌 언론을 통해서지만) 상당히 흥미로운 실험 결과들을 보고한 것이다. 하지만 몇 개월이 지나자 저온 핵융합 이론에 문제가 발생했다. 저온 핵융합 이론을 이용한 예측 중 다수가 실제로 관찰되지 않는 것이 특히 문제였다. 저온 핵융합 이론을 지지한 사람들이 처음에 문제를 해결한 방법은 저온 핵융합 장치를 만드는 데 사용한 재료가 잘못되었다거나 실험자들이 저온 핵융합 장치를 '충전'한 시간이 부족했다는 등 여러 가지 보조 가설을 기각하는 방법이었다. 하지만 시간이 지나면서 반확증 증거가 계속 쌓이기 시작했다. 게다가 초기에 보고된 흥미로운 실험 결과들을 다르게 해석한 신빙성 있는 또 다른 설명들이 발표되었다. 저온 핵융합 이론이 발표되고 10여 년이 지난 1990년대 말이 되자, 얼마 남지 않은 저온 핵융합 이론 지지자들은 점점 더 복잡해지는 보조 가설들에 기댈 수밖에 없었다. 저온 핵융합 이론을 옹호한 사람 중 일부이긴 했지만, 저온 핵융합의 문제는 대형 정유사가 새로운 에너지원을 막으려고 음모를 꾸민 결과라는 가설에 호소한 사람도 있었다.

요점은 이것이다. 초기에는 여러 가지 보조 가설을 기각하는 방법으로 저온 핵융합 이론에 대한 믿음을 지키는 것이 합리적이었다. 하지만 이론을 지키기 위해 음모론에 호소하는 순간, 합리에서 불합리로 선을 넘은 것이다. 중요한 점은 그 선이 분명하지 않다는 것이다. 결과적으로 어떤 이론을 반증 불가능한 것으로 대하는 시점이 언제부터인지 정확히 구분할 수 없다는 것이 문제다.

우리가 앞에서 증거와 세계관에 대해 논의한 내용을 떠올리면 쟁점이 훨씬 더 복잡해진다. 진리를 논의할 때 언급한 내 지인 스티브를 다시 생각해보자. 스티브는《베다》경전의 특정 구절을 그야말로 글자 그대로 받아들이고 그 경전을 신뢰한 결과, 달에 지능 있는 생명체가 살고, 달과 지구의 거리가 태양과 지구의 거리보다 멀며, 아폴로 우주선의 달 착륙이 가짜라고 믿는다. 나와 우리 학생들은 이 사안과 관련해 스티브와 많은 논의를 나누며 그때마다 대체로 그의 믿음이 틀렸다는 증거들을 제시했다. 그는《베다》경전에 나오는 증거를 지지하며 우리가 제시한 모든 증거를 거부했다. 우리가 세상을 보는 방식을 고려할 때, 이 사안에 대한 스티브의 관점이 그가 자신의 견해를 반증 불가능하게 대한다는 것을 분명히 보여주는 사례라는 생각이 든다. 스티브는 우리가 엄청난 증거를 제시했음에도 본인의 견해를 바꾸길 거부했기 때문이다.

하지만 스티브의 관점에서 사안을 보자. 우리와 논의하는 동안 스티브는 자신이 보기에《베다》경전이 정확하다는 확실한 증거를 많이 제시했다.《베다》경전이 옳다면 스티브의 믿음이 정당화되고 우리의 믿음은 틀린 믿음이 된다. 그런데 여기서 주목할 점은 우리가 스티브가 제시한 증거를 받아들이지 않으며, 스티브가 자신의 견해를 지지하는 엄청난 증거를 제시했음에도 우리가 자신의 견해를 바꾸길 거부한다는 것이다. 스티브의 관점에서 보면 분명히 자신의 견해를 반증 불가능하다고 보는 사람은 우리다.

주목할 점이 한 가지 더 있다. 스티브의 관점에서는 자신이 이론을 반증 가능하다고 본다는 것이다. 스티브는 충분한 증거가 제시되면 자신의 견해를 기꺼이 포기할 마음이 있다. 하지만 스티브가 생각하는 적절한 증거는 나나 내 지인 대부분이 생각하는 적절한 증거와 사뭇 다르다. 나나 내 지인 대부분은 물리학이나 천문학, 우주론 등의 증거처럼 경험에 기초했다고 여기는 증거를 가장 중시한다. 하지만 스티브에게 가장 중요한 증거는 (새로 발견된 경전이나 기존 경전을 새롭고 더 낫게 번역한 자료에서 나오는 증거처럼) 경전에서 나오는 증거다. 경전에 기초한 증거가 제시되면 스티브는 자신의 견해를 선뜻 바꿀 마음이 있다. 따라서 스티브의 관점에서 볼 때, 스티브는 사실 충분한 증거가 쌓이면 자신의 견해를 기꺼이 포기할 마음이 있다. 즉 스티브의 관점에서 보면 스티브는 자신의 이론을 반증 가능한 것으로 대하고 있다.

이때 제기되는 어렵고 중요한 의문이 있다. 적절한 증거가 무엇이냐는 의문이다. 난해하지만 중요한 의문이며, 과학사와 과학철학에서 끊임없이 제기되는 의문이다. 그 중요성을 고려해 한 번 더 말하자면 거의 모든 현실 사례에서 의견 충돌의 핵심은 어떤 한쪽이 충분한 증거에 직면해 자신들의 이론을 기꺼이 포기하느냐 마느냐가 아니다. 그보다는 가장 적절하고 가장 중요한 증거로 보는 것이 무엇이냐가 의견 충돌의 핵심이다.

어떤 사람이 가장 적절하고 중요하게 인정하는 증거가 그 사람의 전체적인 세계관과 긴밀히 연결되었다는 것이 요점이다. 경전에 대한 스티브의 신뢰는 그의 그림 퍼즐의 핵심 조각이다. 스티브는 자신의 전체 그림 퍼즐 대부분을 철저히 수정하거나 실질적으로 다른 그림 퍼즐로 대체하지 않는 한 경전에 대한 신뢰를 포기하지 못할 것이다. 솔직히 고백하면 내가 경험에 기초해 적절하다고 인정하는 증거를 중시하는 것도 내 그림 퍼즐의 핵심 조각이다. 우리 각자의 믿음 체계가 각자가 인정하는 적절한 증거에 큰 영향을 미치고, 적절한 증거는 다시 누가 자신의 이론을 반증 불가능하다고 대하는지 구분하는 우리 각자의 관점에 큰 영향을 미친다.

이 장을 마치기 전에 강조하고픈 (아주 강하게 강조하고픈) 결정적인 내용이 있다. 앞에서 논의하는 동안 나는 상대주의가 옳다고 말하지 않았고, 모든 증거와 세계관이 똑같이 합리적이라고 말하지도 않았다. 분명히 스티브의 견해가 합리적이라고 말하지도 않았다. 나는 스티브의 견해가 완전히 비합리적이라고 생각한다. 지난 400년간 주로 경험에 기초한 과학 덕분에 이룬 엄청난 발전을 고려하면, 나는 종교 경전의 자구적 해석에서 증거를 찾는 것은 분명히 진부하고 좋지 못한 생각이라고 본다. 그리고 스티브와 같은 사례가 자신의 견해를 반증 불가능하다고 대하는 사람의 가장 분명한 사례다.

스티브의 사례에서 내가 말하고 싶은 요지는 이것이다. 누군가 어떤 이론을 반증 불가능하다고 대하는지, 그렇다면 그 이유가 무엇인지는 우리가 흔히 생각하는 것보다 훨씬 더 난해하고 복잡한 문제라는 것이다.

스티브의 사례에서 분명히 알 수 있듯, 우리는 단순히 스티브가 우리의 증거를 받아들이길 거부한다고 주장하며 그에 따라 스티브가 자신의 이론을 반증 불가능한 것으로 대한다고 결론 내릴 수 없다. 반대로 스티브도 우리에 대해 똑같이 주장할 수 있다. 우리가 스티브의 증거를 받아들이길 거부한다고 말이다. 따라서 스티브가 자신의 이론을 반증 불가능한 것으로 대한다는 결론을 내리려면, 그가 우리의 증거를 받아들이길 거부한다는 주장으로는 부족하다.

마찬가지로 우리가 선호하는 증거가 올바른 증거라는 독단적인 단언도 불합리한 주장일 것이다. 즉 우리는 우리의 증거가 올바르다는 독단적인 단언을 토대로 스티브가 자신의 이론을 반증 불가능한 것으로 본다고 주장할 수 없다.

스티브가 자신의 이론을 반증 불가능한 것으로 본다고 주장하려면 우리는 고대의 경전에 기대기보다 경험적 증거에 의지하는 편이 더 합리적인지 아닌지 등을 비롯해 서로 연관된 수많은 쟁점을 검토해야 할 것이다. 이런 요인들을 고려한 다음에 우리는 스티브가 실제 자신의 이론을 반증 불가능한 것으로 대한다고 주장할 수 있으며, 그것이 옳은 결론이라는 데 의심의 여지가 없을 것이다. 하지만 요점은 누군가가 이론을 반증 불가능한 것으로 대한다고 확실히 주장하는 일이 복잡하다는 것이다.

이 장 첫머리에서도 말했지만, 반증 가능성은 처음에 보기보다 훨씬 더 난해하고 복잡한 문제다. 나중에 과학사의 중요한 발전을 탐구할 때도 이 문제에 주목하길 바란다.

과학 이론을 대하는 두 가지 태도
도구주의와 실재론

일반적으로 과학 이론을 대하는 두 가지 태도를 소개하는 것이 8장의 목표다. 이 두 가지 태도는 흔히 도구주의(혹은 조작주의)와 실재론으로 구분된다. 도구주의와 실재론을 논의하는 데 배경으로 삼아 과학 이론에서 가장 중요한 두 가지 쟁점을 먼저 살펴보자. 예측과 설명이다.

예측과 설명

"과학 이론에 바라는 것이 무엇인가?"라고 묻는다면, 정확한 예측을 하는 능력이 분명히 우리가 과학 이론에 바라는 특징일 것이다. 4장에서 언급한 대로, 아인슈타인이 1900년대 초 상대성이론을 소개했을 때 그 이론이 특히 관심을 끈 이유 중 하나는 다른 어떤 이론도 하지 못한 예측, 즉 1919년 개기일식 때 관찰될 별빛의 굴절을 정확히 예측했다는 특징 때문이다. 일반적으로 정확한 예측을 하는 능력이 우리가 받아들일 만한 과학 이론에 요구하는 특징이다.

더불어 관련 데이터를 설명하는 능력도 일반적으로 우리가 받아들일 만한 이론에 요구하는 또 하나의 특징이다. 새로운 이론이 소개되면 대체로 그 이론과 관련된 기존의 관찰들과 데이터가 있기 마련이다. 미래에 무엇이 관찰될지 정확히 예측하는 것에 덧붙여 우리는 그 이론이 기존 데이터도 설명할 수 있길 바란다.

어떻게 보면 설명이 우리가 받아들일 만한 이론의 중요한 특징이라는 것은 일치된 의견이지만, 적절한 설명이 정확히 무엇인지에 관해서는 의견이 분분하다. 데이터를 설명할 때 이론은 그 데이터가 관찰되어야 한다고 명시하는 것으로 충분한가? 아니면 해당 사건이 발생한 경위나 이유까지 명시하는 것이 적절한 설명인가? 이런 의문을 비롯해 설명의 본질에 관한 의문들은 어렵고 논란의 소지가 크다. 이런 문제를 명확히 정리하기 위해 과학철학자들은 설명(혹은 '공식적 설명')과 흔히 말하는 이해를 구분하는 경우가 많다.

이런 맥락에서는 '설명'이 최소한의 의미로 사용된다. 더 구체적으로 표현하면 기존의 데이터나 관찰을 어떤 이론에서 예측할 수 있었을 때 우리는 그 이론이 그 데이터나 관찰을 설명한다고 이야기한다. 알기 쉽게 예를 들어보자. 1900년대 초는 수성 궤도의 특이점이 주목받은 지 이미 수십 년이 지난 시점이었다. 아인슈타인의 상대성이론은 수성 궤도를 관찰한 결과들이 보고된 다음에 개발되었다. 하지만 만일 수성 궤도를 관찰하기 전에 개발했다면, 아인슈타인의 상대성이론은 수성 궤도의 특이점이 관찰될 것이라고 예측하는 데 사용할 수 있었을 것이다. 따라서 아인슈타인의 상대성이론은 1900년대 초 개발할 당시 수성 궤도의 특이점을 설명('설명'의 아주 최소한의 의미에서)하는 데 사용할 수 있었다.

반면에 '이해'는 대체로 데이터와 관찰에 대한 한층 더 철저한 평가를 의미한다. 가령 낙하하는 물체는 $10㎧$ 정도씩 낙하 속도가 빨라진다는 관찰 결과를 생각해보자. 물체의 낙하 속도가 대략 이런 정도로 빨라진 다는 것은 뉴턴의 이론과 중력에 관한 방정식을 이용해 증명할 수 있다. 즉 뉴턴의 물리학을 이 데이터를 설명(앞에서 이야기한 '설명'의 최소한의 의미 에서)하는 데 사용할 수 있는 것이다. 그런데 중력을 물체에 작용하는 실제 존재하는 힘으로 받아들이면(즉 뉴턴의 중력 개념에 대해 이른바 실재론적 태도를 지키며 즉시 더 철저하게 탐구한다면), 물체가 $10㎧$ 정도씩 빠르게 낙하하는 것을 알 뿐만 아니라 그렇게 되는 이유, 즉 낙하 속도가 빨라지는 것은 물체가 중력의 영향을 받기 때문임도 알게 될 것이다. 이런 경우에 우리는 그 데이터를 설명하는 동시에 이해한다고 말할 수 있다.

(앞에서 이야기한 대로 최소한의 의미로 보면) 설명이란 개념은 상당히 간단 하고 논란의 소지가 적은 개념이다. 하지만 이해를 둘러싼 쟁점은 아주 복잡하고 논란의 소지가 크다. 우선은 논의 과정이 복잡하지 않도록 설명이라는 개념을 최소한의 의미로 사용하자. 즉 별도로 언급하지 않는 한 앞으로 이 책에서는 어떤 이론이 기존의 데이터나 관찰을 예측하는 데 사용될 수 있었을 때 그 이론이 그 데이터나 관찰을 설명한다고 이야기 할 것이다.

끝으로 한 가지만 더 간단히 이야기하자. 설명과 예측이 우리가 받아 들일 만한 이론에 요구하는 가장 중요한 특징이지만, 간결성과 정확성, 아름다움 등 다른 특징들도 이론을 지지하거나 반박할 때 흔히 요구된다 는 것을 알아둘 필요가 있다. 앞으로 과학사의 사례들을 살펴볼 때, 대체

로 서로 경쟁하는 이론들이 관련 데이터를 얼마나 잘 예측하고 설명하는
지를 집중적으로 살펴볼 것이다. 하지만 간결성과 정확성, 아름다움 등
또 다른 특징도 주목하기 바란다. 이런 특징들이 어떤 역할을 하는 경우
도 보게 될 것이다.

도구주의와 실재론

앞서 이야기한 대로 과학 이론에 정확한 예측과 설명이 요구된다는 것
은 일반적으로 일치된 의견이다. 하지만 과학 이론은 이 두 가지 핵심 특
징만 갖추면 충분할까? 혹은 (젊은 시절과 달리 나이가 든 후에) 아인슈타인
이 믿었던 것처럼 물리학은 (그리고 기타 과학도) 실재를 다뤄야 한다는 것
이 맞을까? 과학 이론은 실재를 반영하거나 실재를 모델로 보여주는 것
이 중요할까?

이론에 실제 상황을 반영할 것을 요구해야 하느냐 아니냐는 논란의 소
지가 큰 질문이다. 이 질문에 대한 답에 따라 도구주의자와 실재론자가
갈린다. 도구주의자는 예측하고 설명하는 이론이 적절한 이론이라고 생
각하며, 이론이 실재를 반영하거나 실재를 모델로 보여주느냐 아니냐는
중요하게 보지 않는다. 그 반면 실재론자는 적절한 이론은 반드시 예측하
고 설명할 뿐 아니라 실제 상황을 반영해야 한다고 생각한다.

도구주의자와 실재론자의 차이를 쉽게 설명하려면 실제 이론을 살펴보
는 것이 도움이 된다. 프톨레마이오스 천문 체계의 몇 가지 측면을 살펴
보자.

프톨레마이오스 체계는 150년경 클라우디우스 프톨레마이오스Claudius Ptolemaeos가 체계화했다. 프톨레마이오스의 접근법은 태양과 행성, 별이 지구 둘레를 도는 지구중심설이었다. 그는 달과 태양, 행성 등 관련 물체를 차례차례 하나씩 검토하며 그러한 물체가 관찰되는 위치를 예측하고 설명하는 데 필요한 수학적 계산을 명시했다.

프톨레마이오스 체계에서 흥미로운 측면은 주전원이다. 주전원周轉圓(어떤 원의 원주 위를 도는 점을 중심으로 회전하는 작은 원으로, 프톨레마이오스가 천구상에서 행성의 역행과 순행을 설명하기 위해 주장한 행성의 운동 궤도—옮긴이)의 개념을 이해하기 위해 먼저 〔도표 8-1〕을 보자(이 도표는 프톨레마이오스 접근법을 대단히 단순화한 그림이며, 프톨레마이오스 접근법의 상세한 내용은 나중에 살펴보기로 하자). 간단히 설명하면, 화성 같은 행성은 (그림에서 A로 표기한) 점 주위를 원형으로 움직이며, 이 점은 지구 주위를 원형으로 움직인다. A점을 중심으로 화성이 움직이는 원이 주전원이다. 요컨대, 주전원은 행성이 움직이는 작은 원이고, 그 주전원의 중심은 어떤 다른 점 (늘 그런 것은 아니지만 대개 그 체계의 중심) 주위를 돈다.

다른 이론과 마찬가지로 프톨레마이오스의 이론도 반드시 관련 데이터를 예측하고 설명해야 한다. 이 경우 관련 데이터는 주로 밤하늘에서 관찰된 행성의 (그리고 다른 천체들의) 위치다. 예를 들어, 우리가 화성이라고 부르는 점광원을 생각해보자. 이 점광원이

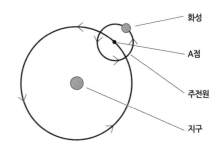

[도표 8-1] 프톨레마이오스 체계의 화성 운동

관찰되는 위치는 매일, 매주, 매년 다르다. 이런 데이터를 예측하고 설명하려면 프톨레마이오스의 이론은 (그리고 모든 지구 중심 접근법은) 주전원혹은 적어도 그만큼 복잡한 것이 필요하다. 지구 중심 체계가 아주 복잡해지는 이유는 나중에 논의하기로 하고, 내가 장담하지만 지구 중심 모델은 주전원이 (혹은 이와 비슷한 것이) 없으면 행성의 움직임을 정확히 예측하고 설명할 수 없다.

하지만 주전원을 이용하면 프톨레마이오스 체계도 상당히 정확한 예측과 설명을 할 수 있다. 사실 프톨레마이오스 체계는 경이로운 수학 모델이며 눈에 보이는 모든 행성과 달, 태양, 별의 움직임을 놀랄 만큼 정확하게 설명하고 예측할 수 있다. 물론 예측과 설명이 완벽하지는 않다(완벽한 이론은 거의 없다). 하지만 상당히 정확하고, 당시에 통용되던 다른 접근법보다 분명히 훨씬 더 뛰어나다.

따라서 기이하게 보이는 주전원을 이용한 프톨레마이오스 체계는 예측과 설명에 관한 한 탁월하다. 그런데 주전원은 실재하는가? 2세기 무렵부터 1600년대 초까지 대부분 시간 동안 프톨레마이오스 체계가 가장 중요한 천문학 이론이었고, "주전원은 실재하는가?"라는 질문은 중요하지 않다는 것이 일반적인 태도였다. 중요한 것은 주전원을 이용한 프톨레마이오스 체계가 예측과 설명에 탁월하다는 것이었다. 화성이 실제로 주전원을 따라 움직이느냐 아니냐는 중요하지 않았다.

이러한 태도, 즉 프톨레마이오스 이론의 주 임무는 관련 데이터를 설명하고 예측하는 것이며 그 이론이 실제 상황을 반영하느냐 아니냐는 전혀 중요하지 않다는 태도가 대표적인 도구주의자의 태도다. 이런 태도는 프톨레마이오스 시절에도 절대 특이한 태도가 아니었을 것이고, 지금도 전혀 유별난 태도가 아니다. 현재 활동하는 과학자와 과학철학자의 상당수가 과학 이론의 주 임무는 관련 데이터를 설명하고 예측하는 것이며 그 이론이 실재를 묘사하거나 실재를 모델로 보여주느냐 아니냐는 중요하지 않다는 접근법을 취하고 있다.

반면에 실재론자는 과학 이론이 관련 데이터를 설명하고 예측해야 한다는 데 동의하지만 그에 덧붙여 좋은 과학 이론은 실재적이어야 한다고, 실제 상황을 반영해야 한다고 주장한다. 따라서 실재론자에게는 "주전원은 실재하는가?"라는 질문이 중요한 질문이다. 만일 화성이 실제로 주전원을 따라 움직이지 않고 주전원이 실재하지 않는다면, 실재론자에게 프톨레마이오스 체계는 받아들일 만한 이론이 아닐 것이다.

덧붙이자면, "주전원은 실재하는가?"라는 질문에 과연 프톨레마이오스가 어떻게 대답했을지 분명치 않다. 최근에 발표된 책들을 보면 프톨레마이오스는 거의 언제나 도구주의자로 그려진다. 하지만 전적으로 정확한 묘사는 아니다. 프톨레마이오스가 대체로 설명과 예측에 관심을 두고 자신의 천문 체계가 실제 상황을 반영하느냐 아니냐에 대해서 거의 논의하지 않은 것은 사실이다. 이렇게 보면 (평생 대부분의 시간 동안 그랬지만) 프톨레마이오스가 도구주의자로 보인다. 하지만 프톨레마이오스가 행성이 주전원을 따라 움직이는 구조 같은 문제를 논의한 대목도 있다. 이런 논의는 오직 실재론적 관점에서만 타당하며, 만일 프톨레마이오스가 순전히 도구주의적 태도만 취했다면 그가 왜 그런 논의를 했는지 그 이유를 설명하기가 어렵다. 나는 오늘날 대부분의 사람들과 마찬가지로 프톨레마이오스도 도구주의적 태도와 실재론적 태도를 병행했다고 보는 편이 가장 정확하다고 생각한다.

때로는 도구주의적 태도를, 때로는 실재론적 태도를 보이는 것은 드문 일이 아니다. 어떤 이론의 특정 부분에 대해서는 실재론적 태도를 지키고 그 이론의 다른 부분에 대해서는 도구주의적 태도를 고수할 수 있으며 결코 모순이 아니다. 가령 1600년대 이전에는 프톨레마이오스 체계의 지구중심설에 대해서는 실재론적 태도를 지키면서도 주전원과 관련된 이론에 대해서는 도구주의적 태도를 보이는 것이 생소하지 않았을 것이다. 1600년대 이전에는 지구가 실제 우주의 중심이라는 것이 널리 퍼지고 상당히 합리적인 믿음이었다. 따라서 사람들은 일반적으로 프톨레마이오스 이론의 지구중심설이 실제 상황을 반영한다고 생각했을 것이다. 그리고 그런 사람 중 많은 이가, 어쩌면 대부분이 프톨레마이오스 체계의 주전원에 대해 도구주의적 태도를 지켰을 것이다.

한 분야의 과학 이론에 대해서는 실재론적 태도를 지키고 다른 분야의 과학 이론에 대해서는 도구주의적 태도를 보이는 것도 흔한 일이다. 내가 아는 사람은 실제 거의 모두가 현재 태양 중심의 태양계 모델에 대해 실재론적 태도를 보인다. 하지만 그중 많은 이가 현대 양자론의 많은 부분에 대해서는 도구주의적 태도를 보인다.

한 이론에 대해서는 도구주의적 태도를 지키고 다른 이론에 대해서는 실재론적 태도를 지킴으로써 서로 경쟁하는 두 이론을 모두 '받아들일' 수도 있다. 1550년대에 (태양중심설인) 코페르니쿠스 체계가 발표되고 나서 1550년대 후반에 들어서자 프톨레마이오스 체계와 코페르니쿠스 체계를 모두 가르치는 유럽의 대학이 드물지 않았다. 망원경이 발명되기 전(1600년경)까지는 사실 지구가 우주의 중심이라고 생각하는 것이 타당했다. 따라서 앞서 이야기한 대로 당시 사람들은 대체로 프톨레마이오스 체계의 지구중심설에 대해 실재론적 태도를 지켰다.

한편, 어떤 면에서는 코페르니쿠스 체계가 이용하기 쉬웠기에 이 체계에 대해서는 도구주의적 태도를 보였다. 즉 코페르니쿠스 체계가 실제 상황을 반영한다고 보지는 않았지만, 예측과 설명에 편리한 이론으로 받아들이고 널리 이용한 것이다. 한마디로 1550년 무렵부터 1600년 사이에는 프톨레마이오스 체계와 코페르니쿠스 체계가 평화롭게 공존했다. 대체로 당시에는 프톨레마이오스 체계에 대해서는 실재론적 태도를 보이고 코페르니쿠스 체계에 대해서는 도구주의적 태도를 보였다. 비교적 평화롭던 공존은 망원경이 발명되고 지구중심설이 틀렸음을 지적하는 증거들이 발견되며 극적인 변화를 겪는다. 이 이야기는 나중에 하자.

정리하면 도구주의와 실재론은 이론을 대하는 태도다. 이 두 가지 태도는 적절한 이론이 반드시 관련 데이터를 정확히 예측하고 설명해야 한다는 측면에서는 의견이 일치한다. 하지만 실재론자는 여기서 한 걸음 더 나아가 적절한 이론이 실제 상황을 묘사하거나 실제 상황의 모델을 보여줘야 한다고 주장한다. 끝으로 도구주의적 태도와 실재론적 태도의 혼합, 개인이 어떤 이론에 대해서는 실재론적 태도를 지키고 다른 이론에 대해서는 도구주의적 태도를 보이는 것은 특이한 일도 아니고 모순도 아니다.

두 가지만 간단히 언급하고 이 장을 마치자. 앞에서 논의한 반증 가능성 개념과 마찬가지로 도구주의와 실재론을 거론하는 사람들도 이 두 가지가 과학 이론의 특징인 것처럼 이야기하는 경우가 많다. 하지만 도구주의와 실재론은 이론 자체의 특징이라기보다는 과학 이론을 대하는 태도로 봐야 한다. 대체로 이론은 기본적으로 반증 가능하거나 반증 불가능하지 않은 것과 마찬가지로 기본적으로 도구주의적이거나 실재론적인 것도 아니다. 도구주의자와 실재론자를 정확히 구분하는 것은 이론을 대하는 태도다.

2장에서 논의한 진리대응론과 진리정합론을 다시 생각해보자. 대응론을 주장하는 사람은 진리를 어떤 실재에 대응하는 문제로 보지만, 정합론을 옹호하는 사람은 진리를 어떤 믿음이 전체 믿음 체계와 들어맞거나 정합하는 문제로 본다. 대응론과 정합론이 실재론과 도구주의와 밀접한 연관이 있는 것 아닌가 하는 생각이 들 것이다.

두 가지 진리론과 도구주의, 실재론이 필연적으로 연결되는 것은 아니다. 하지만 도구주의적 태도와 실재론적 태도, 정합론과 대응론이 서로 연관되는 것은 당연한 일이다. 2장에서 논의한 내용을 생각해보자. 진리정합론을 옹호하는 사람은 실재에 대한 불안, 정확히 말해서 실재에 관한 우리 지식에 대한 불안에서 동기를 부여받는 경우가 많다. 진리론과 관련해 실재를 불안하게 보는 사람이 도구주의와 실재론의 맥락에서는 이론이 실제 상황을 반영하거나 실제 상황의 모델을 보여줘야 한다고 주장하면 (엄밀한 의미에서 모순된 것은 아니지만) 아주 이상할 것이다. 따라서 진리정합론을 주장하는 사람은 당연히 도구주의적 태도를 지킬 가능성이 높다.

마찬가지로 진리대응론을 주장하는 사람은 당연히 이론에 대해 실재론적 태도를 보일 가능성이 높다. 그 이유는 기본적으로 같다. 진리를 실제 상황에 대응하는 문제로 보는 사람은 자연히 과학 이론이 실제 상황을 반영하거나 실제 상황의 모델을 보여줘야 한다고 주장할 것이기 때문이다.

과학사와 과학철학의 예비적이고 기본적인 쟁점 탐구는 이것으로 마치자. 이런 문제들을 이해했으니 이제 우리는 2부에서 제기될 쟁점을 자세히 탐구할 준비가 끝났다. 아리스토텔레스 세계관에서 뉴턴 세계관으로 전환한 과정을 2부에서 살펴보자.

2부
아리스토텔레스 세계관에서 뉴턴 세계관으로

2부에서는 아리스토텔레스 세계관에서 뉴턴 세계관으로 전환한 과정을 탐구한다. 세계관의 전환을 촉발한 것은 주로 1600년대 초에 이루어진 새로운 발견들이었다. 1부에서 탐구한 쟁점들, 즉 세계관, 경험적 사실과 철학적/개념적 사실, 확증 증거와 반확증 증거, 보조 가설, 반증 가능성, 도구주의와 실재론 등이 이 전환 과정에서 흥미롭고 복잡한 방식으로 서로 뒤얽힌다. 세계관의 전환 과정과 그와 연관된 쟁점들에 관한 논의가 나중에 3부에서 최근 발견이 우리의 세계관에 제기한 도전을 탐구하는 배경이 된다.

아리스토텔레스 세계관 속 우주

이제 아리스토텔레스 세계관에서 뉴턴 세계관으로 전환한 과정을 탐구한다. 9장의 주요 목표는 대략 기원전 300년부터 1600년 무렵까지 사람들이 대체로 우주를 어떻게 보았는지 전체적으로 이해하는 것이다. 우주의 물리적 구조에 대한 견해와 더불어 우리가 사는 우주에 대한 개념적 믿음을 살펴본다. 먼저 우주의 물리적 구조부터 간단히 살펴보자.

우주의 물리적 구조

앞서 언급한 대로 아리스토텔레스 세계관은 대략 기원전 300년부터 1600년 무렵까지 서구의 지배적인 세계관이었다. 지배적인 세계관이라는 표현은 (비록 아리스토텔레스의 생각과 반드시 일치한 것은 아니지만) 아리스토텔레스의 견해에 확고하게 뿌리내린 믿음 체계가 서구의 주된 믿음 체계였다는 의미다. 아리스토텔레스 세계관은 분명히 그 시기의 유일한 믿음 체계는 아니었다. 어느 시대나 그렇듯 다양한 세계관이 서로 경쟁했다. 하지만 아리스토텔레스의 믿음 체계가 가장 보편적인 믿음 체계였다.

아리스토텔레스 세계관에서는 지구가 우주의 중심이었다. 흔히 짐작하는 것과 달리 당시 사람들이 지구중심설을 믿은 것은 이기적인 이유 때문이 아니다. 즉 지구중심설은 적어도 처음에는 인간이 특별하고 따라서 만물의 중심이 되어야 한다는 생각에 토대를 두지 않았다. 인간이 특별하다는 생각이 지구중심설과 잘 들어맞는 것은 분명한 사실이지만, 본래 지구중심설의 근거는 경험에 기초한 확고한 추론의 결과였다. 그 근거는 다음 장에서 살펴보기로 하자.

흔히 짐작하는 것과 달리 아리스토텔레스 세계관이 지배하는 동안에도 사람들은 지구가 평평하지 않고 구체라고 생각했다. 아리스토텔레스 시대 이전부터 우리 조상들은 지구는 구체임이 틀림없다고 믿은 것이 분명하다. 이렇게 믿은 근거도 다음 장에서 살펴보겠지만, 대체로 오늘날 우리가 제시하는 근거와 일치한다.

달과 태양, 별, 행성에 대해서는 다음과 같이 생각했다. 지구에서 가장 가까운 천체는 당연히 달이었다. 달과 지구 사이의 영역, 즉 달 아래 영역은 달 바깥 영역, 즉 달 위 영역과 중요한 차이점이 있다고 생각했다. 이렇게 생각한 근거는 잠시 뒤에 설명하겠다.

달 너머 행성과 태양의 순서에 관해 일반적으로 일치된 의견은 수성부터 시작해 금성, 태양, 화성, 목성, 토성 그리고 이른바 항성천恒星天(천체가 지구를 중심으로 움직인다는 프톨레마이오스의 우주체계에서 항성이 고착되어 있다는 가장 바깥쪽의 천구 — 옮긴이)으로 이어진다는 것이었다. 이중행성과 별에 관한 내용을 살펴보자.

화성을 예로 들어보자. 오늘날 우리는 화성을 생각하면 지구와 비슷하게 암석으로 이루어지고 지구보다 더 붉은 흙으로 뒤덮인 척박한 풍경의 물체를 떠올린다. 하지만 전체적으로 볼 때 우리가 흔히 생각하는 화성은 기본적으로 지구와 비슷하다. 암석으로 이루어져 우주 속을 움직이는 커다란 물체다.

우리가 생각하는 화성의 모습은 주로 현재 이용 가능한 기술의 영향을 받은 것이다. 화성의 지표면을 촬영한 사진을 보고, 화성을 탐사한 우주선과 탐사 로봇이 수집한 데이터를 확인하고, 망원경을 통해 화성을 직접 관찰하기도 했을 것이다. 한마디로 화성에 대한 우리의 생각은 기술에 많은 영향을 받은 것이다.

아리스토텔레스 세계관이 지배하던 시절에는 이런 기술을 이용할 수 없었다. 별과 행성에 대한 믿음은 주로 맨눈 관찰에 기초할 수밖에 없었다. 맨눈으로 별과 행성을 보아 무엇을 관찰할 수 있을까? 관찰할 수 있는 것이 많지 않다. 사실 현대적인 기술을 사용하지 않으면 별이나 행성이나 모두 엇비슷해 보인다. 기본적으로 별과 행성은 모두 밤하늘의 점광원으로 나타난다. 우리가 행성이라 부르는 (적어도 맨눈으로 보이는 다섯 행성의) 다섯 개 점광원과 별을 관찰할 때 보이는 큰 차이점은 행성과 별이 밤하늘을 가로질러 이동하는 모습이 서로 다르다는 것이다. 행성과 별의 서로 다른 움직임이 행성과 별을 구분하는 주요 요소다.

이처럼 아리스토텔레스 세계관이 통용될 당시에는 행성이 지구와 비슷하다고 생각할 근거가 아무것도 없었다. 사실 당시에는 태양과 별, 행성이 모두 비슷하게 지구에서 발견되는 것과 사뭇 다른 물질로 구성되었다고 생각했다. 이 물질, 즉 에테르는 달 위 영역에서만 발견되고, 하늘에 있는 물체들이 고유하게 움직이는 이유가 에테르의 특성 때문이라고 생각했다.

우주의 가장자리에는 항성천이 있었다. 모든 별이 지구에서 똑같은 거리를 두고 한 천구에 박혀 있다고 생각한 것이다. 이 천구는 중심축을 따라 24시간 주기로 회전했다. 이 천구가 회전하므로 거기에 붙은 별들도 따라 움직이고, 이로써 별들이 24시간 주기로 지구 주위를 원형으로 도는 것처럼 보이는 관측 사실도 설명되었다.

마지막으로 주목할 것은 우주의 크기다. 당시에는 우주가 얼마나 크다고 생각했을까? 항성천까지의 거리가 얼마라고 생각했을까? 여기서 조심해야 한다. 당시 기준으로 볼 때 우주는 상당히 큰 것으로 여겨졌다. 하지만 지금 우리가 생각하는 우주는 당시에 생각한 우주보다 상상할 수 없을 만큼 더 크고, 어쩌면 무한하다. 따라서 당시의 우주관을 현대의 기준으로 보면 상대적으로 우주의 개념이 놀랄 만큼 작다. 요컨대 당시에도 우주가 크다고 생각했지만, 우주가 이토록 엄청나게 크다고 밝혀질 줄은 짐작도 하지 못했다.

우주에 대한 개념적 믿음

우주의 물리적 구조에 대한 믿음에서 벗어나 그 대신 우주에 대한 한층 개념적인 믿음을 검토할 때, 가장 중요한 이 두 가지 믿음은 목적론 및 본질론과 연관된다. 말하자면, 우주를 목적론적이고 본질론적인 것으로 여긴 것이다. 그런데 목적론과 본질론은 동전의 양면으로 보일 만큼 서로 긴밀히 연결되었다. 목적론과 본질론이라는 개념부터 간단히 살펴보자.

목적론을 이해하기 위해 '목적론적 설명'이라는 개념부터 살펴보자. "유실수는 왜 열매를 맺는가? 예를 들어 사과나무에 사과가 열리는 이유가 무엇인가?"라고 묻는다 치면, 분명히 번식과 관련한 대답이 나올 것이다. 즉 사과에 씨앗이 있고, 씨앗은 사과나무가 번식하는 수단이므로 사과는 분명히 번식과 관련이 있다고 대답할 것이다. 하지만 대부분 식물은 열매 속에 씨앗을 담지 않는데, 유실수는 씨앗을 열매에 담는 이유가 무엇일까? 흔히 생각하는 것과 달리 열매는 씨앗에 어떤 영양분도 공급하지 않는다는 사실을 고려하면 좋은 질문이다. 사과나무는 많은 자원을 투입해 사과를 키우고 그 사과 속에 씨앗을 담는데, 정작 사과는 씨앗에 직접 영양분을 공급하지 않기 때문이다. 그렇다면 이 세상의 사과나무들이 그토록 많은 자원과 수고를 들여 사과 속에 씨앗을 담는 이유가 무엇일까?

한 가지 좋은 대답은 사과가 씨앗을 퍼트리는 수단이라는 대답이다. 잠시 의인법을 활용해 사과나무의 관점에서 상황을 바라보자. 식물은 움직이지 않는다는 것을 염두에 두고, 여러분이 사과나무라고 가정하자. 여러분이 씨앗을 곧장 아래로 떨어트리면, 씨앗은 여러분이 이미 점령한 땅 위에 떨어질 것이다. 씨앗을 여러분에게서 멀리 떨어진 곳으로 보낼 방법이 필요하다. 대부분 식물이 이런 문제에 봉착하고, 다양한 방법으로 문제를 해결한다. 바람에 실려 멀리 날아가도록 가볍고 솜털로 뒤덮인 구조에 씨앗을 담는 식물도 있고, 지나가는 동물의 털에 달라붙어 멀리 이동하도록 가시가 돋친 구조에 씨앗을 담는 식물도 있고, 나무에서 떨어질 때 빙글빙글 돌며 멀리 날아가도록 헬리콥터 날개처럼 생긴 구조에 씨앗을 담는 식물도 있다. 유실수는 동물의 좋은 먹잇감이 되는 구조에 씨앗을 담는다. 동물이 열매를 먹을 때 씨앗까지 삼키고, 하루나 이틀 뒤 부모 식물에서 어느 정도 멀리 떨어진 지점에 씨앗을 (굳이 말하면, 요긴한 비료와 함께) 배출한다.

한마디로 "사과나무에 사과가 열리는 이유가 무엇인가?"라고 물으면, 씨앗을 퍼트리기 위해 사과를 맺는다는 것이 좋은 대답이다. 이렇게 설명하는 것이 전형적인 목적론적 설명이다. 또 다른 예를 들어보자. 심장은 왜 뛰는가? 피를 내보내기 위해서. 여러분은 이 책을 왜 읽는가? 과학사와 과학철학을 배우기 위해서. 스테고사우루스 등에는 왜 골판이 달려 있는가? 체온을 조절하기 위해서.

일반적으로 목적론적 설명은 완수해야 할 목적이나 의도, 기능과 연관해 설명하는 것이다. 앞에서 언급한 사례는 모두 목적이나 의도, 기능이 명확하다. 씨앗을 퍼트리는 것, 피를 돌게 하는 것, 배우는 것, 체온을 조절하는 것 등은 모두 목적이나 의도, 기능이다.

이제 목적론적 설명과 대비되는 기계론적 설명을 살펴보자. 기계론적 설명은 목적이나 의도, 기능과 연관시키지 않고 설명하는 것이다. 돌을 하나 떨어트린다고 가정하자. "돌이 왜 떨어지는가?"라고 물을 때, 1600년대 후반 이후에는 중력 때문에 돌이 떨어진다는 것이 표준적인 설명이다. 이 설명에서는 그 어떤 목적이나 의도, 기능이 보이지 않는다. 그런 기미가 전혀 없다. 돌은 목적이나 의도를 갖고 떨어지는 것이 아니며 어떤 기능도 없다. 돌은 외적인 힘에 영향을 받는 물체일 뿐이다. 이처럼 목적과 의도, 기능을 배제한 설명이 기계론적 설명이다. 대체로 목적론적 설명은 목적이나 의도, 기능과 연관된 설명이고, 그에 반해 기계론적 설명은 목적이나 의도, 기능을 이용하지 않는 설명이다.

우리가 유념할 점은 목적론적 설명과 기계론적 설명이 모두 허용되는 질문이 많다는 것이다. 사과나무가 씨앗을 퍼트리기 위해 사과를 맺는다는 설명은 목적론적 설명이다. 하지만 똑같은 질문에 다음과 같이 완벽한 기계론적 설명으로 답하는 것도 가능하다. 사과나무의 진화 역사로 볼 때, 사과를 맺는 현대 사과나무의 조상들이 (혹은 사과의 조상들이) 열매를 맺지 않은 사과나무보다 더 성공적으로 살아남아 번식했고, 따라서 사과가 달리는 사과나무의 (혹은 사과가 달리는 사과나무 조상의) 개체 수가 더 증가했다. 즉 그저 생존율과 번식률의 차이에 관한 진화론적 설명이 사과나무에 사과가 열리는 이유에 대한 대답이 되는 것이다.

이런 진화론적 설명은 목적이나 의도, 기능을 사용하지 않는다. 그러면서도 사과나무에 사과가 열리는 이유를 지극히 정확하게 설명한다. 이처럼 대체로 목적론적 설명과 기계론적 설명이 모두 허용되는 질문이 많다.

지금까지 목적론적 설명에 대해 상당히 길게 이야기했다. 목적론적 설명이 현재 우리가 지닌 우주 개념과 우리 조상들이 지녔던 우주 개념 사이의 중요한 차이를 분명히 보여주기 때문이다. 아리스토텔레스 세계관에서는 목적론적 설명이 타당한 과학적 설명이었다. 기계론적 설명이 우세한 현대 과학과 뚜렷이 대비되는 생각이다. 목적론적 설명을 타당한 과학적 설명으로 생각한 이유는 간단하다. 아리스토텔레스 세계관은 실제 우주를 목적론적인 것으로 보았기 때문이다. 목적론을 단지 설명의 특징으로 여기는 데 그치지 않고 우주의 특징으로 생각했다.

알기 쉽게 예를 들어보자. 돌을 떨어트리는 상황을 다시 생각해보자. 현대에는 돌이 떨어지는 이유를 중력과 연관해 설명한다. 하지만 (현대적 의미의) 중력이란 개념은 1600년대 이후에 나온 개념이므로, 아리스토텔레스 세계관에서 돌이 떨어지는 이유를 어떻게 설명하건 그 설명은 우리가 아는 중력의 개념과 연관될 수 없다(1600년대 이전의 저작에도 '중력'이란 용어가 자주 등장했지만, 우리가 일반적으로 이해하는 중력, 즉 끌어당기는 힘과 다른 의미였다. 정확히 말하면, 대체로 1600년대 이전의 '중력'은 그저 무거운 물체가 아래로 떨어지는 성향을 의미했다). 아리스토텔레스 세계관에서 돌이 밑으로 떨어지는 이유는 돌이 주로 무거운 흙 원소로 구성되고, 1장에서 논의한 대로 흙 원소는 자연적으로 우주의 중심을 향해 움직이는 성향이 있기 때문이다. 조금 다르게 표현하면 흙 원소는 자연적으로 특정한 목적, 즉 우주의 중심에 위치하는 목적을 완수하려는 성향이 있기 때문이다.

기본 원소 하나하나가 우주의 자연적인 위치에 도달하려는 자연적인 목적이 있고, 그 자연적인 목적이 물체가 자연적으로 고유하게 움직이는 이유를 설명한다. 불이 위로 타오르는 것은 중심에서 벗어나 주변을 향해 움직이는 것이 불 원소의 자연적인 목적이기 때문이다. 자연적인 움직임을 모두 이런 식으로 설명한다(가령 내가 돌을 위로 던지는 것처럼 강제적인 움직임은 이야기가 다르지만, 여기서 직접 중요하게 다룰 내용은 아니다). 달 위 영역에 대한 설명도 비슷하다. 에테르 원소는 완벽한 원형으로 움직이는 것이 자연적인 목적이고, 이것이 태양과 별, 행성 같은 천체들이 원형으로 움직이는 까닭을 설명한다. 우주는 자연적인 목적과 의도가 충만한 목적론적 우주라는 것이 당시 일반적인 견해였다.

목적론과 긴밀히 연결된 것이 앞서 언급한 또 하나의 핵심 개념, 즉 본질론이다. 자연적인 물체는 본질적 성질이 있다고 여겨졌고, 본질적 성질이 물체가 그 나름대로 움직이는 이유였다. 모든 물체는 특정하게 조직된 물질로 구성되고, 물체를 구성한 물질과 그 물질이 조직된 방식을 고려하면, 물체는 특정한 자연적 능력과 자연적 성향을 지니기 마련이며 이것을 요약해 물체가 본질적 성질을 지닌다고 말할 수 있는 것이다. 가장 간단한 물체, 즉 기본 원소는 당연히 가장 간단한 본질적 성질을 지니고, 그 본질적 성질이 바로 자연적인 위치를 향해 움직이는 성향으로 이루어진 것이다.

여기서 중요한 점은 목적론과 본질론이 아주 긴밀하게 연결되었다는 것이다. 물체의 본질적 성질은 목적론적 성질이다. 목적론과 본질론은 동전의 양면과 같다.

더 복잡한 물체는 더 복잡한 본질적 성질을 지니지만, 전체적인 이야기는 다르지 않다. 도토리를 예로 들어보자. 여느 물체와 마찬가지로 도토리는 특정하게 조직된 특정한 물질들로 구성되고, 앞에서 언급한 대로 구성 물질과 그 물질이 조직된 방식 때문에 도토리는 특정한 자연적 능력과 성향을 지닌다. 특히 도토리는 참나무로 성장하는 것이 자연적인 목적이고, 조건만 맞으면 도토리는 참나무로 자라 마침내 계속 도토리를 열매 맺으며 번식할 것이다. 이 모든 것이 도토리의 본질적 성질 때문이며, 본질적 성질은 물질과 물질의 조직에서 기인한다.

도토리의 본질적 성질과 도토리가 목표를 지향하는 목적론적 행동 사이의 긴밀한 연결에 다시 주목하자. 도토리의 본질적 성질은 도토리의 성장과 성숙, 최종적인 번식과 밀접하게 연결된다. 도토리의 본질적 성질은 목적론적 성질이다. 자라고 번식하는 것이다.

아리스토텔레스 세계관에서 대체로 자연과학자의 임무는 범주별로 물체의 목적론적이고 본질적인 성질을 파악하는 것이다. 예를 들어, 생물학자는 종별로 동물의 본질적인 성질을 파악하려 한다. 쉽고 평범한 임무는 아니지만 임무의 윤곽은 분명하다. 물체를 구성한 물질, 그 물질의 조직, 그 물질이 특정하게 조직된 경위, 그 물체에 적합한 자연적 목적이나 기능의 종류를 파악하면, 그 물체의 목적론적이고 본질적인 성질을 파악할 수 있을 것이다.

9장의 요지를 정리하자. 모든 자연적 물체에는 본질적인 성질이 있다. 본질적인 성질은 목적론적인 성질이다. 그리고 본질적인 성질이 물체가 나름대로 움직이는 이유다. 요컨대, 아리스토텔레스 세계관의 우주는 목적론적인 우주, 본질론적인 우주였다.

우주의 물리적 구조와 관련해, 당시에는 우주의 중심에 지구가 있고, 달과 태양, 별, 행성이 지구 주위를 돈다고 믿었다. 다음 장에서 살펴보겠지만, 당시 이용 가능한 증거가 이런 믿음을 철석같이 지지했다.

더 개념적인 측면에서 보면 아리스토텔레스 세계관은 우주를 목적론적이고 본질론적인 장소로 생각했다. 우주는 자연적인 목적과 의도로 충만했고, 그런 목적과 의도를 파악하는 것이 우주를 이해하려고 애쓰는 자연과학자의 핵심 임무였다.

이것이 아주 오랫동안, 거의 2,000년간 서구의 일반적이고 표준적인 우주관이었다. 그 긴 세월 동안 아리스토텔레스 세계관이 수정되고 다양한 내용이 추가된 것은 두말할 필요가 없다. 유대교와 그리스도교, 이슬람 등 서구의 주요 종교들도 세계관을 수정하는 데 공헌했다. 하지만 그런 공헌도 일반적인 아리스토텔레스 철학의 틀, 즉 지구 중심의 본질론적이고 목적론적인 우주의 틀 안에서 이루어졌다.

우주 중심에 정지한 둥근 지구?

9장에서 우주의 일반적 구조에 대한 아리스토텔레스 세계관의 믿음을 살펴보았다. 10장에서는 이 믿음의 근거를 탐구한다. 특히 지구가 둥글고 정지해 있으며 우주의 중심이라는 믿음을 뒷받침한 논증을 살펴본다.

10장의 목표 중 하나는 아리스토텔레스 세계관의 믿음이 우리의 믿음과 사뭇 다르긴 해도 충분히 뒷받침된 믿음임을 설명하는 것이다. 유감스럽게도 우리 조상들의 믿음을 어쩐지 유치하고 순진한 믿음으로 보는 경향이 있지만 전혀 그렇지 않음을 알게 될 것이다. 이 장에서 제시하는 논증들을 살필 때 그 논증들이 대체로 상당히 훌륭하다는 것을 눈여겨보기 바란다. (지구가 둥글다는 것 외에) 대부분 논증이 오해로 밝혀졌지만, 분명하지 않은 이유에서 비롯된 미묘한 오해였다. 사실 이런 논증들이 지닌 결함의 근원이 드러난 것은 (갈릴레오 갈릴레이와 데카르트, 뉴턴을 비롯해) 과학의 역사에서 아주 유명한 인물들의 노력 덕분이다.

우리가 살펴볼 논증은 대부분 아리스토텔레스의 《천체에 관하여On the Heavens》와 프톨레마이오스의 《알마게스트Almagest》 첫 부분에도 나오는 내용이다. 두 책에 등장하는 논증은 대부분 비슷하지만, 프톨레마이오스의 글이 대체로 더 이해하기 쉬우므로 10장에서는 프톨레마이오스의 책에 등장한 논증을 주로 살펴볼 것이다.

여러분에게 미리 일러둘 것은 우리가 집중적으로 살필 내용이 아리스토텔레스 세계관의 논증 중 아주 일부에 불과하다는 것이다. 지구가 둥글고 정지해 있으며 우주의 중심이라는 믿음을 뒷받침하는 프톨레마이오스의 논증만 살피기 때문이다. 아리스토텔레스 세계관의 나머지 믿음 대부분을 대하는 기본 태도는 변함이 없다. 우리의 믿음과 다르고 대부분 틀린 것으로 밝혀진 믿음이지만, 이런 믿음을 지닌 사람들은 대체로 타당한 근거가 있었다는 것이다. 프톨레마이오스의 《알마게스트》에 대해 기본적인 사항부터 살펴보자.

《알마게스트》는 150년 무렵에 발표되었다. 본문에 각종 도해를 덧붙인 아주 전문적인 책이며, 현대적인 인쇄본도 대략 700쪽이 넘는다. 방대하고 어려운 책이다.

우리가 살펴볼 논증들은 《알마게스트》 서문에 나오는 내용이다. 책에서 가장 전문적이지 않은 부분이 서문이다(사실 전혀 전문적이지 않다). 서문에서 프톨레마이오스는 우주의 일반적인 구조와 작동에 관해 많은 논증을 제시한다. 10장에서는 우주의 구조에 대한 믿음을 뒷받침하는 논증만 집중적으로 살피고(태양과 별, 행성을 계속 움직이게 만드는 것에 대한 믿음을 뒷받침하는 논증 등), 우주의 작동 방식에 관한 프톨레마이오스의 논증은 나중에 살펴보자. 지구가 둥글다는 믿음을 지지하는 논증부터 살펴보자.

둥근 지구

우리는 흔히 1500년대 이전에는 사람들이 대체로 지구가 평평하다고 믿었다고 생각하지만 오해다. 사실 적어도 고대 그리스 시대 이후부터는 (기원전 400년 무렵 플라톤과 아리스토텔레스처럼) 교육받은 사람 중에 지구가 평평하다고 믿은 사람은 아주 드물었다. 조상에 대한 오해가 이렇게 널리 퍼진 이유를 파고드는 것은 흥미로운 일이지만, 우리가 논의할 주제에서 너무 벗어난다. 그러니 적어도 기원전 400년 무렵에는 우리 조상들도 지구가 둥글다고 믿을 충분한 근거가 있었다는 정도만 이야기하자. 예를 들어 프톨레마이오스의 《알마게스트》 서문에서 인용한 다음 구절을 보자 (이제부터 따로 언급하지 않는 한, 인용문은 모두 프톨레마이오스의 《알마게스트》 서문에 나오는 내용이다. 인용문 중에 등장하는 ①, ② 등의 번호는 구절을 구분하기 위해 내가 붙인 것이다).

4절. 전체적으로 볼 때 지구가 현저히 둥글다는 것에 대하여

전체적으로 볼 때 지구가 현저히 둥글다는 것에 대해서도 이렇게 생각할 수 있을 것이다. ① 지구에서 관찰하는 모든 사람에게 태양과 달, 별들이 뜨고 지는 시간이 같지 않고, 동방에(동쪽에) 가깝게 사는 사람들이 항상 먼저, 서방에(서쪽에) 가깝게 사는 사람들이 나중에 뜨고 지는 것을 볼 수 있기 때문이다. ② 월식이 특히 그렇지만, 같은 시각에 발생하는 개기식 현상을 관찰한 사람들이 기록한 시각이 모두 같지 않기 때문이다. 12시를 기점으로 비교적 같은 시간 간격에 맞춰 기록되지 않고, 동방에 가깝게 사는 관찰자가 기록한 시각이 서방에 가깝게 사는 관찰자가 기록한 시각보다 항상 늦기 때문이다. ③ 그리고 기록된 시각의 차이가 관찰 장소들 사이의 거리에 비례하므로, 지구의 표면이 둥글고 전반적으로 균일한 지표면의 만곡 때문에 각각의 지역에서 거리에 비례한 시간 간격을 두고 천체를 관찰하는 결과가 발생한다고 생각하는 것이 합리적일 것이다. 만일 지구가 다른 모양이라면 이런 결과가 발생하지 않을 것이다. 다음과 같이 생각해보면 알 수 있다.

④ 만일 (지구가) 오목하다면, 서방에 가깝게 사는 사람이 별이 뜨고 지는 것을 먼저 관찰할 것이다. 만일 평평하다면 모든 사람이 동시에 별이 뜨고 지는 것을 관찰할 것이다. 그리고 만일 피라미드나 정육면체 혹은 기타 다각형이라면 같은 평면에 있는 모든 사람이 동시에 별이 뜨고 지는 것을 관찰할 것이다. 하지만 이런 일은 일어나지 않는 것 같다. ⑤ 원통형일 리 없다는 것은 더욱 분명하다……. (왜냐하면) 북극에 다가갈수록 남쪽에 있는 별이 점점 사라지고 북쪽에 있는 별이 점점 더 많이 보인다. 따라서 여기서도 지구의 만곡 때문에 천체가 비스듬히 균등하게 관찰되고, 지구의 모든 면이 둥근 모양임을 입증하는 것이 분명하다. ⑥ 또한 우리가 배를 타고 산이나 높은 장소에 접근할 때 각도와 방향에 상관없이 그 크기가 조금씩 커지는 것을 볼 수 있다. 산이나 높은 장소가 마치 바닷물 속에 잠겼다가 솟아오르는 것처럼 보이는 것은 수면의 만곡 때문이다[프톨레마이오스의 《알마게스트》(Munitz 1957, 108~109쪽)].

프톨레마이오스는 ① 구절에서 태양과 달, 별이 뜨고 지는 시간이 지구에서 관찰자의 위치에 따라 서로 다르다고 지적한다. 오늘 아침에 떠오른 태양을 생각해보자. 여러분이 있는 곳에서 오늘 아침에 해가 솟을 때 여러분에게서 동쪽으로 상당히 멀리 떨어진 곳에 사는 사람들에게는 벌써 해가 솟았고 여러분에게서 서쪽으로 상당히 멀리 떨어진 곳에 사는 사람들에게는 아직 해가 솟지 않았다는 것을 여러분은 분명히 알고 있었을 것이다. 프톨레마이오스와 동시대 사람들도 이런 사실을 알고 있었고, 지구가 둥글다면 아주 간단히 설명되는 사실이었다. ② 구절에서 프톨레마이오스는 개기식(개기일식과 개기월식을 총칭하는 단어 - 옮긴이)이 발생했다고 기록된 시각도 마찬가지로 둥근 지구로 명확히 설명할 수 있다고 이야기하고, ③ 구절에서는 개기식을 기록한 시각의 차이가 관찰자들 사이의 거리에 비례하므로 지구의 만곡이 거의 균일하다고 이야기한다.

여기서 주목할 점은 프톨레마이오스의 추론이 우리가 4장에서 논의한 일반적인 유형의 확증 추론을 함축하고 있다는 것이다. ① 구절에 함축된 프톨레마이오스의 추론은 이렇다. 만일 지구가 둥글다면 태양과 달, 별이 뜨고 지는 것이 동쪽에 사는 사람들에게 먼저, 서쪽에 사는 사람들에게는 나중에 관찰되어야 할 것이고, 이것이 관찰되므로 지구가 둥글다는 견해를 지지한다. ②, ③ 구절도 비슷하다. 즉 이 모든 것이 간단한 확증 추론을 통해 지구가 균일하게 둥글다는 결론을 지지한다.

다음으로 ④ 구절에서 프톨레마이오스는 반확증 추론을 이용해 지구가 구형이 아닌 다른 모양이라면 우리가 실제 관찰하는 것들이 관찰되지 않을 것이라고 주장한다. 가령 프톨레마이오스는 만일 지구가 평평하다면 지구 모든 곳에서 태양과 달, 별이 동시에 뜨고 지는 것이 관찰되어야 하지만, 이것이 관찰되지 않으므로 지구가 평평하다는 것에 대한 반확증 증거라고 주장한다.

여기까지 프톨레마이오스의 논증은 사실 지구가 동서 방향으로 균일하게 휘어졌다는 것만 보여줄 뿐이다. 여기까지 프톨레마이오스가 관찰한 내용은 남북 방향으로 원통형인 지구와도 일치하는 내용이다. 따라서 프톨레마이오스는 서문 4절의 논증을 완결 짓기 위해 지구가 원통형일 리 없음을 입증하는 증거를 고민하고, ⑤ 구절에서 북쪽과 남쪽으로 이동할 때 눈에 보이는 별이 다르다고 지적한다. 예를 들면 북반구에 사는 사람들은 우리가 '폴라리스'라고 부르는 별을 (즉 북극성을) 볼 수 있지만, 남반구에 사는 사람들은 북극성을 볼 수 없다. 거꾸로 남반구에 사는 사람들은 우리가 남십자성이라 부르는 별자리를 볼 수 있지만, 북반구에 사는 사람들은 남십자성을 볼 수 없다. 지구가 둥글다면 누구나 충분히 예상할 수 있는 내용이며, 지구가 원통형 등 다른 모양일 때 예상할 수 있는 것과 반대되는 내용이다.

끝으로 프톨레마이오스는 ⑥ 구절에서 오래전부터 알려진 사실을 언급한다. 배를 타고 육지로 접근할 때, 육지에서 산꼭대기가 맨 처음으로 보이고, 배가 육지에 다가갈수록 산 아랫부분이 점점 더 드러나는 사실이다. 이것도 평평한 지구에 대한 반확증 증거이며, 지구가 둥글 때 누구나 예상할 수 있는 내용이다.

한마디로 지구가 둥근 모양인 것이 확실했다. 다음으로 (확고했지만, 오해로 밝혀진) 지구가 정지해 있다는 논증을 살펴보자.

정지한 지구

1600년대 이전에는 지구가 정지해 있다고, 즉 지구가 (태양 같은) 다른 물체 주위의 궤도를 따라 움직이거나 축을 중심으로 회전하지 않는다고 믿을 만한 분명한 근거가 있었다. 이 논증도 비록 오해로 밝혀졌지만, 미묘한 이유로 오해한 논증이었다.

고대 그리스 시대 사람들은 지구가 태양 주위를 돌거나 혹은 축을 중심으로 회전하는 등 (또는 태양 주위를 도는 동시에 축을 중심으로 회전하며) 움직일 가능성을 고심했다. 프톨레마이오스도 그 가능성을 분명히 검토하고, 서문 7절에 이렇게 기록했다.

> 일부 사람들이…… 더 신빙성 있다고 생각해 동의하는 것이 있다. 예를 들면, 그들은 천체가 움직이지 않고 지구가 일정한 축을 중심으로 하루에 거의 한 바퀴씩 서에서 동으로 회전한다고 가정할 때 그에 반하는 것이 전혀 없다고 생각하는 듯하고……[프톨레마이오스의 《알마게스트》(Munitz 1957, 112쪽)].

프톨레마이오스는 매일 지구 주위를 도는 것처럼 보이는 태양의 움직임을 설명하는 방법으로, 지구가 정지해 있고 태양이 하루에 한 번씩 지구 주위를 돈다고 가정하거나 혹은 태양이 정지해 있고 지구가 축을 중심으로 하루에 한 바퀴씩 회전한다고 가정하는 것 중 하나임을 잘 알고 있었다. 두 가지 가정이 모두 다 매일 지구 주위를 도는 것처럼 보이는 태양의 운동을 설명하지만, 프톨레마이오스는 《알마게스트》에서 두 번째 가정을 분명히 고려했다.

하지만 프톨레마이오스는 축을 중심으로 회전하거나 태양 주위를 도는 등 지구가 움직인다는 생각은 명백한 증거들에 반하는 생각이며, 따라서 지구가 정지해 있다는 생각이 더 큰 지지를 받는다고 결론지었다. 그는 내가 앞으로 상식 논증이라 부를 많은 논증과 더불어 다소 어렵지만 아주 강력한 두 가지 논증을 제시했다. 이 두 가지 논증을 나는 '움직이는 물체 논증'과 '별의 연주시차 논증'이라 부르겠다.

상식 논증

정지한 지구는 우리가 (그리고 우리 조상들도) 상식에 따라 도달한 견해다. 창밖만 내다보아도 분명히 지구가 정지한 것으로 보인다. 우리는 차를 타고 가거나, 기차를 타고 가거나, 자전거를 타고 가는 등 운동 중일 때 자신이 움직이고 있음을 분명히 인식한다. 자전거를 탈 때처럼 비교적 속도가 느린 경우에도 운동에 따른 진동과 얼굴을 스치는 바람 등을 느낀다. 오픈카를 타고 고속도로를 시속 110km로 달리면 운동 중이라는 것이 전혀 의심되지 않는다. 진동과 바람을 느끼는 등 일반적으로 운동 중임을 관찰할 수 있는 결과들이 있기 때문이다.

이제 지구가 움직인다고 생각하자. 먼저 지구가 축을 중심으로 하루에 한 번씩 회전하는 가능성을 살펴보자. 지구의 둘레는 대략 40,000km다(프톨레마이오스 시대는 물론 멀리 고대 그리스 시대 사람들도 지구가 대략 이 정도 크기라고 근사하게 짐작했다). 둘레가 이 정도인 지구가 축을 중심으로 하루에 한 번 회전하면 적도의 지표면은 시속 1,600km가 넘는 속도로 이동한다(24시간에 40,000km를 이동하려면 지표면이 이 속도로 움직여야 한다). 결국 지구가 축을 중심으로 하루에 한 번 회전하면 지표면에 있는 여러분과 내가 지금 대략 시속 1,600km로 움직이는 셈이다.

하지만 이미 말했듯, 자전거를 타거나 오픈카를 타고 고속도로를 달리는 등 상대적으로 느린 속도에서도 우리는 운동의 효과를 분명히 인식한다. 따라서 우리가 현재 시속 1,600km로 움직인다면 분명히 그 효과를 인식해야 할 것이다. 그런데 우리는 (마찬가지로 프톨레마이오스 시대 사람들도) 그런 효과를 관찰하지 못하고, 이것이 지구가 축을 중심으로 회전한다는 것에 대한 반확증 증거를 제공한다.

지구가 태양 주위의 궤도를 따라 1년에 한 바퀴씩 도는 가능성을 검토하면 더 극적인 상황이 연출된다. 우리가 알다시피 지구궤도의 반지름은 대략 150,000,000km에 이른다(프톨레마이오스 시대 사람들은 지구와 태양의 거리를 제대로 추정하지 못했지만, 상당히 먼 거리라고 생각했을 것은 분명하다). 지구와 태양의 거리를 고려할 때 지구가 태양 주위의 궤도를 1년에 한 번씩 돌려면 대략 시속 110,000km로 움직여야 할 것이다.

다시 말하지만, 우리는 오픈카를 타고 시속 110km로 달릴 때도 극적인 효과를 인식한다. 얼굴에 부딪히는 시속 110km의 바람을 느끼고, 움직임에 따른 진동을 느끼고, 혹시 오픈카 안에서 일어서면 뒤로 떨어질 것이다. 하물며 시속 110,000km로 움직이면 우리는 분명히 그 운동에 따른 모종의 효과를 인식할 것이다. 하지만 시속 110,000km의 바람이 느껴지는가? 그처럼 극적인 운동에서 분명히 나타나야 할 진동이 느껴지는가? 시속 110,000km의 속도로 움직이는 지구 위에 우리가 어떻게 서 있을 수 있을까?

만일 지구가 움직인다면 이런 명백한 효과들이 나타난다고 예상할 수 있고, 이런 효과들이 관찰되지 않으므로 지구가 움직이지 않는다고 믿는 것이 타당하다.

상식 논증을 하나 더 살펴보자. 마찬가지로 프톨레마이오스가 제시한 논증이다. 우리 집 앞마당에 바위가 하나 있다. 대략 높이 1.2m, 너비 0.9m로 상당히 큰 바위다. 바위는 제자리에서 움직이지 않는다. 그리고 뭔가가 움직이게 하지 않는 한 앞으로도 그 바위는 움직이지 않을 것이다. 내가 정원 트랙터로 움직이게 한다 해도 그 바위는 내가 계속 미는 동안만 움직일 것이다. 내가 정원 트랙터를 멈추는 순간 곧바로 바위는 정지할 것이다.

이제 지구를 생각해보자. 지구는 우리 집 앞마당에 있는 바위보다 엄청나게 더 크고 무겁지만, 기본적으로 커다란 바위다. 따라서 뭔가가 움직이게 하지 않는 한 우리 집 앞마당의 바위가 움직이지 않는 것과 마찬가지로 지구도 뭔가가 움직이게 하지 않는 한 움직이지 않을 것이다. 그리고 뭔가가 움직이게 하는 동안만 바위가 계속 움직이는 것처럼 지구도 뭔가가 움직이게 하는 동안만 계속 움직일 것이다. 하지만 우선 지구를 들썩거리게 할 만큼 거대한 것이 없는 듯하고, 설령 지구를 들썩거리게 하는 것이 있다 해도 계속해서 지구를 움직이게 할 수는 없다. 따라서 지구가 움직이지 않는다고 믿는 것이 훨씬 더 합리적이다.

요약하면, 이런 기본적인 상식 논증들도 지구가 정지해 있다고 믿을 타당한 이유를 제공한다. 다시 말하지만, 이런 논증들은 흠이 있다. 현재 우리는 지구가 축을 중심으로 회전하고 태양 주위를 돌며 움직인다는 것을 알기 때문이다. 하지만 이런 상식 논증에서도 결함은 명확하지 않다. 그래서 우리 조상들이 우리가 앞에서 언급한 속도로 움직이면서도 기대한 효과를 하나도 관찰하지 못하는 까닭을 파악하기까지 수십 년 심지어 수백 년에 걸친 연구는 말할 것도 없고 많은 재능이 필요했다. 이 이야기는 다음 장에서 다루기로 하자.

움직이는 물체 논증

움직이는 물체 논증은 정지한 지구를 가장 강력하게 지지하는 논증이다. 이 논증을 뒷받침하는 토대도 간단한 관찰이다. 프톨레마이오스는 물체를 떨어뜨리면 지구의 지표면에 수직으로 떨어진다고 이야기했다. 나는 프톨레마이오스의 논증을 다음과 같이 조금 수정하고자 한다. 물체를 공중으로 똑바로 던지면 그 물체는 지표면에서 수직으로 똑바로 위로 올라간 다음 다시 지표면에 수직으로 떨어진다고 이야기하고 싶다. 내가 이야기한 사례나 프톨레마이오스가 이야기한 사례의 기본 개념은 정확히 같지만, 공중으로 던진 물체를 사례로 드는 것이 요지를 설명하기가 더 쉽다. 앞으로 이야기하겠지만, 떨어트린 물체가 지구에 수직으로 떨어지거나 던진 물체가 똑바로 위로 올라간 다음 똑바로 떨어진다는 사실은 지구가 반드시 정지해 있다는 것을 암시한다.

이 논증을 이해하려면 똑바로 위로 던져진 물체처럼 움직이는 물체의 움직임에 대한 일반적인 견해를 검토해야 한다. 던져진 물체를 포함해 두 가지 보기를 제시할 테니, 어떤 보기가 실제 상황에 가까울지 여러분이 신중히 생각해보기 바란다.

두 가지 보기에서 모두 사라가 공을 손에 든 채 스케이트보드를 타고 왼쪽에서 오른쪽으로 움직인다고 가정하자. 스케이트보드를 타고 가는 사라가 공을 공중으로 똑바로 던져 올린다. 그동안에도 사라는 계속 움직인다. 이제 중요한 질문이다. 공이 공중에 있는 동안 (스케이트보드를 타고 움직이는) 사라는 공 밑에서 벗어나고, 결국 공은 사라 뒤쪽에 떨어질까? 아니면 그 대신 공이 포물선을 그리며 이동해 다시 사라의 손안에 (최소한 사라의 손에 가깝게) 떨어질까?

두 가지 보기를 예시한 그림이 [도표 10-1]과 [도표 10-2]다. 공이 [도표 10-1]에서 묘사한 대로 이동할까? 즉 공이 공중에 머무는 사이 사라가 그 밑을 벗어나고 결국 공은 사라 뒤쪽으로 떨어질까? 아니면 [도표 10-2]에서 묘사한 대로 공이 포물선을 그리며 이동해 다시 사라의 손 근

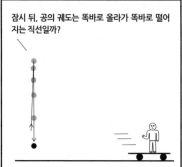

[도표 10-1] 공이 이런 궤도를 그릴까?

[도표 10-2] 아니면 공이 이런 궤도를 그릴까?

처에 떨어질까? 위로 던진 공의 움직임과 관련해 이 두 가지 보기 중 어느 것이 맞는지 자문해보라. 일반적으로 말하면, 우리가 운동 중일 때 물체를 위로 똑바로 던지면 그 물체는 우리 뒤로 떨어질까 아니면 포물선을 그리며 이동해 다시 우리 손안에 혹은 우리 손 근처에 떨어질까?

이 질문에 대해 대다수 사람이 [도표 10-1]의 보기를 선택한다. 사실 이것이 운동에 대한 상식적인 생각처럼 보인다. 여기서 중요한 점은, 만일 여러분이 이런 생각을 운동에 대한 올바른 의견으로 믿는다면 반드시 지구도 정지해 있다고 믿는 것이 논리적으로 일관된 결과라는 것이다.

그 이유를 살펴보자. 앞에 언급한 보기에서 운동의 원인은 상관이 없다. 즉 사라가 운동하는 원인이 롤러스케이트를 타기 때문이건, 달리는 자동차에 타기 때문이건, 자전거 페달을 밟아서건 달라지는 것은 전혀 없다. 사라가 운동하는 원인이 움직이는 지구의 지표면에 서 있기 때문이어도 달라지는 것은 없다. 즉 사라가 움직이는 지구의 지표면에 서 있어서 움직이고, 만일 던져진 물체가 [도표 10-1]처럼 움직인다면, 사라가 앞마당에 서서 공을 똑바로 위로 던질 때 (사라가 움직이는 지구의 지표면에 서 있어서 운동하기 때문에) 사라는 공 밑에서 벗어나고 결국 공은 사라 뒤쪽으로 떨어질 것이다. 하지만 우리가 물체를 똑바로 위로 던지면 (혹은 프톨레마이오스가 언급한 사례대로 우리가 물체를 똑바로 아래로 떨어트리면) 그 물체는 우리 뒤쪽으로 떨어지지 않는다. 이것이 지구가 움직이지 않는다는 강력한 증거다.

이것도 다음과 같은 반확증 추론이다. 만일 지구가 움직인다면 위로 똑바로 던진 물체는 우리 뒤쪽으로 떨어질 것이다. 하지만 위로 던진 물체가 우리 뒤쪽으로 떨어지는 것이 관찰되지 않는다. 고로 지구는 움직이지 않는다.

4장에서 언급한 대로 반확증 추론에는 거의 언제나 보조 가설이 존재한다. 이 경우에는 핵심적인 보조 가설이 운동에 대한 견해와 연관되어 있다. 이 핵심 보조 가설을 포함하면 논증이 이렇게 되어야 한다. 만일 지구가 운동 중이고, 만일 [도표 10-1]에 예시된 운동론이 옳다면, 위로 던진 물체는 우리 뒤쪽으로 떨어질 것이다. 하지만 위로 던진 물체가 뒤쪽으로 떨어지지 않는다. 고로 지구가 운동 중이 아니거나 혹은 [도표

10-1]에 예시된 운동론이 옳지 않다.

밝혀진 대로 지구는 실제 운동 중이고, [도표 10-1]에 예시된 운동론은 옳지 않다. 하지만 [도표 10-1]에 예시된 운동에 대한 견해가 지금도 (잘못되었지만) 일반적인 운동론이며, 아리스토텔레스 세계관이 지배하던 대부분 시간 동안 인정된 운동론이었다. 운동에 대한 올바른 생각을 정립하는 일은 엄청난 재능과 연구, 시간이 필요한 과업이었다. 이 과정도 나중에 주제로 다루겠지만, 지금 다시 한 번 강조하고 싶은 내용이 있다. 프톨레마이오스의 이 논증이 비록 오해로 밝혀졌지만 그 오해의 바탕이 운동과 관련한 미묘하고 (지금도) 어려운 쟁점이었다는 것이다.

별의 연주시차 논증

서문 6절에서 프톨레마이오스는 "별의 각거리(관찰자로부터 멀리 떨어진 두 점 A, B를 관찰자와 연결했을 때 두 선분이 이루는 각―옮긴이)는 어디서나 동등하고 똑같은 것으로 보인다"라고 이야기하고, 7절에서 이런 사실이 지구가 정지해 있다는 견해를 뒷받침한다고 주장한다. 이 논증은 정지한 지구를 한층 더 강력하게 지지하는 논증이지만, 쉽게 이해할 수 있는 내용은 아니다.

프톨레마이오스가 별의 '각거리'가 모든 곳에서 같다고 이야기할 때, 그는 우리가 별의 연주시차(지구가 태양 주위를 1년에 한 번 도는 공전운동으로 생기는 별의 시차視差―옮긴이)라고 부르는 것을 언급한다. 특히 프톨레마이오스는 별의 연주시차를 관찰할 수 없고, 이것이 지구가 정지해 있다는 견해를 지지한다고 지적한다. 그의 논증을 이해하기 위해 시차부터 알아보자.

시차는 (물체가 아닌) 여러분의 운동 때문에 물체의 위치가 변해 보이는 것이다. 예를 들어, 연필을 눈앞에 수직으로 들고 팔을 쭉 펴보자. 연필을 똑바로 들고 고개를 좌우로 움직이면, 연필과 배경 물체가 보이는 위치가 변한다. 물론 연필과 배경 물체의 위치가 변해 보이는 것은 여러분이 고개를 움직이기 때문이며, 연필이나 배경 물체가 움직이기 때문이 아니다. 이것이 바로 여러분의 움직임 때문에 물체의 위치가 변해 보이는 것, 즉 시차다.

이미 말했지만, 프톨레마이오스가 별의 각거리는 지구 모든 곳에서 같다고 이야기할 때 그가 언급하는 것은 별의 연주시차를 관찰할 수 없다는 사실이다. 연주시차는 우리의 움직임 때문에 어떤 별의 겉보기 위치가 변하는 것이다(즉 다른 별들을 기준으로 어떤 별이 보이는 위치가 변하는 것이다). 프톨레마이오스의 요지는 이것이다. 만일 축을 중심으로 회전하거나 태양 주위를 도는 등 지구가 움직이면 별의 연주시차가 관찰되어야 한다. 연주시차가 관찰되지 않으므로 지구는 움직이지 않는 것이 틀림없다.

프톨레마이오스의 논증을 자세히 검토하기 위해 지구가 축을 중심으로 회전한다고 생각해보자. 앞에서 이야기한 대로 지구의 둘레는 대략 40,000km고, 지구가 축을 중심으로 회전한다면 우리가 매시간 대략 1,600km를 이동하는 셈이다. 밤에 밖에 나가 몇몇 별의 위치를 세심히 표시하고 몇 시간 뒤 다시 그 별들의 위치를 세심히 표시한다 치자. (만일 지구가 축을 중심으로 회전한다면) 첫 번째 관찰과 두 번째 관찰 사이에 이미 우리는 수천 km를 이동했을 것이고, 수천 km를 이동했기에 처음에 표시한 별들의 위치가 (즉 다른 별들을 기준으로 별이 보이는 위치가) 변해 보여야 할 것이다. 연주시차가 발견되어야 할 것이다. 하지만 그런 연주시차가 관찰되지 않는다. 고로 지구는 축을 중심으로 회전하지 않는 것이 틀림없다. 이것이 프톨레마이오스 논증의 요지다.

이번에도 지구가 태양 주위 궤도를 따라 도는 가능성을 고려하면 더 극적인 상황이 연출된다. 다시 말하지만 프톨레마이오스 시대에는 지구와 태양의 거리를 제대로 추정하지 못했다. 하지만 지금 우리는 그 거리가 대략 150,000,000km라고 알고 있고, 당시 사람들도 분명히 아주 먼 거리라고 알고 있었다. 우리가 알고 있는 수치를 적용해 살펴보자. 만일 지구가 태양 주위 궤도를 따라 돈다면, 지구가 태양 주위 궤도를 따라 6개월간 돌았을 때 우리는 직선으로 거의 300,000,000km를 이동한 셈이 된다. 이제 연필과 배경 물체로 시차를 설명한 사례를 다시 떠올리자. 이 경우 여러분이 고개를 몇 cm만 움직여도 시차가 확연히 드러났다. 따라서 우리가 300,000,000km를 이동하면, 절대 별의 연주시차를 관찰하지 못할 리가 없을 것이다. 하지만 이번에도 프톨레마이오스가 지적한 대로 그런 연주시차가 관찰되지 않고, 고로 우리는 움직이지 않는 것이 틀림없다.

한마디로 프톨레마이오스의 별의 연주시차 논증은 지구가 운동하지 않는다는 지극히 강력하고 논리적으로 확고하며 경험에 기초한 논증이다. 이것도 분명히 반확증 추론이며, 대개 그렇듯 이 추론의 이면에도 다양한 보조 가설이 숨어 있다. 이 추론에 숨은 핵심 보조 가설이 무엇인지 궁금할 것이다.

이 추론에 숨어 있는 핵심 보조 가설은 거리와 연관되어 있다. 여러분도 눈치챘는지 모르지만, (연필의 시차처럼) 시차 사례를 검토할 때 보이는 변화의 정도를 결정하는 것은 여러분과 물체의 거리다. 물체가 멀리 떨어질수록 보이는 변화는 점점 더 작아진다. 따라서 별이 우리와 믿을 수 없을 만큼 멀리 떨어져 있는 것이 연주시차가 관찰되지 않는 이유일 수 있다. 여기서 여러분이 명심할 사항이 있다. 지금 논의하는 우리 조상들의 추론을 이해하려면 반드시 필요한 핵심 사항이다. 만일 지구가 태양 주위를 돈다면, 지구궤도의 한 지점에서 다른 지점까지 우리가 직선으로 이동하는 가장 먼 거리는 약 300,000,000km다. 따라서 우리가 그처럼 먼 거리를 이동해도 연주시차가 발견되지 않는다는 것은 별이 분명히 엄청나게 멀리 떨어져 있다는 의미일 것이다. 엄청나게, 믿을 수 없을 만큼, 거의 상상할 수 없을 만큼 멀리.

따라서 관련 추론을 더 정확히 표현하면 다음과 같다. 만일 지구가 운동 중이고, 만일 별이 거의 상상할 수 없을 만큼 멀리 떨어져 있지 않다면 연주시차가 발견될 것이다. 하지만 연주시차가 관찰되지 않는다. 고로 지구가 운동 중이 아니거나 혹은 별이 거의 상상할 수 없을 만큼 멀리 떨어져 있다.

마지막으로 한 가지만 더 이야기하자. 앞 장에서 우주의 크기에 대한 조상들의 견해와 관련해 논의한 내용이 기억나는가? 우리 조상들은 나름의 기준에서 우주가 크다고 생각했지만 우리가 생각하는 크기와 전혀 달랐다. 여러분이나 나는 아무런 거리낌 없이 우주가 거의 상상할 수 없을 만큼 크다고 생각하지만, 우리는 거대한 우주에 대한 믿음이 들어맞는 세계관과 함께 성장했다. 하지만 거대한 우주에 대한 믿음은 아리스토텔레스 믿음의 그림 퍼즐과 편안하게 들어맞지 않았을 것이다. 당시 세계관에서는 상상할 수 없을 만큼 거대한 우주 개념이 실제로 적용할 수 있는 선택지가 아니었다. 따라서 별의 연주시차 논증이 정지한 지구를 지지하는 또 하나의 강력한 논거를 제공했다.

정말 마지막으로 하나만 더 이야기하자. 프톨레마이오스가 《알마게스트》를 집필하고 거의 1,700년이 지난 1838년 이후에 처음으로 분명히 측정되긴 했지만 별의 연주시차는 결국 관찰되었다. 그리고 사실 현재 지구가 실제 태양 주위 궤도를 돈다는 가장 강력한 경험적 증거를 제공하는 것이 연주시차다.

우주의 중심인 지구

지구가 둥글고 정지해 있다고 믿으면 지구가 우주의 중심에 위치한다고 믿는 것이 자연스러울 것이다. 사실 지구가 우주의 중심이라는 견해는 그와 관련된 나머지 믿음들과 정확히 들어맞는다. 《알마게스트》 서문 5절은 특히 프톨레마이오스가 지구를 우주의 중심으로 보는 근거에 관한 내용이다. 《천체에 관하여》에 나오는 아리스토텔레스의 논증을 5절에서 자주 언급하는 것을 보면, 프톨레마이오스가 아리스토텔레스의 논증에 찬성하는 것이 분명하다. 이제부터 아리스토텔레스의 논증과 프톨레마이오스의 논증을 섞어서 설명하겠다.

첫 번째 논증과 관련해 우리가 주목할 사항은 지구가 분명히 우주의 중심처럼 보인다는 것이다. 달과 태양, 별, 행성이 모두 지구 주위를 도는 것처럼 보이므로 자연히 이것들이 그 주위를 도는 공통 지점, 즉 지구가 우주의 중심이라는 생각이 들 것이다. 지구중심설이 가장 간단한 선택지일 것이다(달과 태양이 지구 주위를 도는 것처럼 보인다는 것은 많은 사람이 아는 내용이지만, 별과 행성도 지구 주위를 도는 것처럼 보인다는 것을 아는 사람은 왠지

적다. 별과 행성의 운동은 다음 장에서 자세히 논의하자).

아리스토텔레스 세계관에서는 흙 원소가 자연적으로 우주의 중심을 향하는 성향이 있고, 불 원소는 자연적으로 중심에서 벗어나 주변을 향하는 성향이 있다고 믿었다는 것을 기억하는가? 바위처럼 무거운 물체는 밑으로 떨어지고, 불은 위로 타오르는 이유 역시 그런 성향 때문이라고 생각했다. 그런데 지구 자체는 주로 흙 원소로 구성되고 흙 원소의 자연적인 위치는 우주의 중심이므로 지구가 자연적으로 우주의 중심에 위치할 것이다.

운동 중인 물체의 움직임과 관련해 앞에서 논의한 내용을 다시 생각해보자. 우리 집 앞마당에 있는 바위 같은 물체는 뭔가가 움직이게 하지 않는 한 움직이지 않는다고 이야기했다. 주로 흙 원소로 구성된 지구는 자연적으로 우주의 중심에 있을 것이고 (우리 집 앞마당의 바위처럼) 뭔가가 움직이게 하지 않는 한 움직이지 않을 것이고, (앞에서 논의한 대로) 지구를 움직이게 할 만한 것이 없는 듯하므로, 지구가 자연적으로 우주의 중심에 위치하고 그 자리에서 벗어나지 않을 것이라는 결론이 가장 합리적이다.

무거운 물체가 자연적으로 우주의 중심을 향한다는 생각은 지구중심설을 지지하는 또 다른 생각을 낳는다. 지구가 둥글다고 알고 있고, 앞에서 살펴본 대로 떨어트린 물체가 지구의 지표면에 수직으로 떨어지는 관찰 결과를 고려하면, 그 즉시 지구의 중심이 틀림없이 우주의 중심이라는 생각이 떠오른다. 여러 장소에서 지구에 물체를 떨어트리는 상황을 생각하면 이 말이 무슨 의미인지 이해할 수 있다. 여러 장소에서 떨어트린 물체는 우주의 중심을 향해 움직이므로, 물체들이 떨어지는 선은 우주의 중심을 향한다. 그런데 (여러 장소에서 떨어트린 물체의) 선들이 지구의 중심에서 모이므로 지구의 중심이 우주의 중심이라는 생각이 드는 것이다.

정지한 지구 논증과 마찬가지로 이런 논증도 아리스토텔레스 세계관의 다른 믿음들과 어떻게 연관되고 얼마나 잘 들어맞는지 주목하기 바란다. 예를 들어 방금 언급한 논증 중 일부는 물체마다 자연적인 우주의 위치가 있다는 생각과 밀접하게 연결된다. 그리고 이런 내용은 다시 1장의 요지, 즉 믿음의 그림 퍼즐 안에서 개별적인 믿음들이 서로 긴밀하게 연결되고, 그 믿음 다수를 바꾸면 실질적으로 전체적인 그림 퍼즐이 바뀔 수밖에 없음을 강력하게 뒷받침한다.

이 장 첫머리에서 밝힌 대로 우리 조상들은 지구가 둥글고 정지해 있으며 우주의 중심에 위치한다고 믿을 만한 타당한 근거가 있었다. 지구가 둥글다는 논증은 절대적으로 옳다고 밝혀졌다. 반면에 지구가 정지해 있고 우주의 중심에 있다는 논증은 오해로 밝혀졌다. 하지만 미묘하고 전혀 명백하지 않은 오해였다. 앞에서 언급했듯 움직이는 지구와 양립할 수 있는 새로운 믿음 체계를 정립하려면 과학의 역사에서 가장 유명한 인물들이 수십 년 아니 수백 년에 걸쳐 협력해야 할 것이다.

이것으로 지구가 둥글고 정지해 있고 우주의 중심에 위치한다는 견해를 지지하는 주요 논증에 대한 검토가 끝났다. 결국 지구가 정지해 있고 우주의 중심에 있다는 두 가지 믿음이 틀렸음을 시사하는 증거들이 드러나고 아리스토텔레스 세계관에 심각한 문제가 발생할 것이다. 그리고 이미 언급한 대로 아리스토텔레스 세계관이 결국 뉴턴 세계관으로 대체될 것이다. 아리스토텔레스 세계관에서 뉴턴 세계관으로 전환하는 과정에서 우주의 구조에 대한 다양한 이론이 중요하게 연관될 것이다. 따라서 우리가 다음으로 탐구할 영역은 이 다양한 이론이 설명해야 했던 데이터다. 그다음에 다양한 천문학 이론을 살펴보자.

천체에 대한 경험적 사실

앞으로 몇 장에 걸쳐 프톨레마이오스와 코페르니쿠스, 티코, 케플러의 천문학 이론을 살펴볼 것이다. 우주를 바라보는 오래된 아리스토텔레스 관점에서 새로운 뉴턴 우주관으로 전환하는 과정과 연관된 여러 가지 요인과 쟁점을 이해하려는 목적이다. 방금 언급한 이론들이 그 전환 과정에 중요하게 작용했고, 이 이론들을 이해하려면 먼저 그 배경으로 이 이론들이 주로 다루려 한 데이터들을 살펴볼 필요가 있다.

이미 언급한 대로 우리가 이론에 바라는 것이 무엇이건 그 이론은 최소한 관련 데이터를 설명하고 예측할 수 있어야 한다. 일반적으로 말하면 특정 이론에 연관된 일련의 사실이 있기 마련이며, 이론은 당연히 그 사실들을 설명하고 예측할 수 있어야 한다.

더욱이 3장에서 논의한 대로 '사실'이라는 개념은 처음에 생각한 것만큼 단순하지 않다. 사실 중에는 비교적 경험적 사실이 있다. 간단한 경험적 사실의 가장 분명한 사례가 간단한 관찰이다. 우리가 태양이라 부르는 광원체가 내가 사는 곳에서 오늘 아침 6시 33분에 동쪽 지평선 위로 나타났다는 관찰 같은 것이다. 그런가 하면 철학적/개념적 사실도 있다. 즉 일반적으로 강한 신뢰를 받고 흔히 경험적 사실로 보이지만 알고 보면 간단한 경험적 관찰보다는 개인의 세계관에 기초한 믿음으로 드러난 것이다.

11장과 12장의 주요 목표는 중요한 두 가지 사실, 즉 프톨레마이오스와 코페르니쿠스, 티코, 케플러의 이론 등 천문학 이론과 관계된 경험적 사실과 철학적/개념적 사실을 설명하는 것이다. 그중에서 더 중요한 경험적 사실을 11장에서 집중적으로 검토하고, 철학적/개념적 사실은 12장에서 살펴보자.

프톨레마이오스와 코페르니쿠스, 티코, 케플러의 이론은 천문학 이론 이므로 이 이론들이 반드시 설명하고 예측해야 하는 사실은 주로 천문학 사건에 관한 사실이다. 여기서 말하는 '천문학 사건'은 달과 태양, 별, 행성 등 천체와 연관된 사건이다. 이런 사건은 대체로 관찰된 움직임을 포함한다. 우리가 이 모든 천체의 움직임을 빠짐없이 논의할 수는 없지만 다양한 천문학 이론이 설명하고 예측해야 할 경험적 사실의 범위는 파악할 수 있을 것이다.

중요한 점은 11장이 천체에 관한 경험적 사실을 다루는 장이므로 움직임을 설명할 때 태양과 달, 별, 행성의 관찰된 움직임에 방점이 찍힌다는 것이다. 예를 들어, 화성의 움직임을 이야기한다 치면 화성이 움직이는 궤도가 타원형인지 원형인지 아니면 다른 모양인지는 문제가 되지 않는다. 그보다 중요한 것은 관찰된 화성의 움직임이다. 더 자세히 보자. 밤하늘을 보면 우리가 통상 '화성'이라고 부르는 점광원이 보인다. 그 점광원은 (자세한 내용은 다음에 나오지만) 특정하게 움직인다. 따라서 우리가 화성의 움직임을 이야기할 때, 그 점광원이 밤하늘을 가로질러 움직이는 모습과 관련해 우리가 간단하게 경험적으로 직접 관찰한 사실을 이야기하는 것이다.

이런 내용을 염두에 두고 별의 관찰된 움직임부터 살펴보자.

별의 움직임

별은 거의 24시간 주기로 반복하며 일정한 모양으로 움직이는 것으로 보인다. 여러분이 북반구에 살며 밤 9시에 밖에 나가 별을 관찰한다고 가정하자. 그리고 우리가 북두칠성이라 부르는 점광원의 움직임에 주목한다 치자. 밤에 북두칠성이 우리가 북극성이라 부르는 점광원을 중심으로 시계 반대 방향으로 원을 그리며 도는 것이 눈에 띌 것이다. 만일 여러분이 24시간 내내 그 자리에 서 있으면, 낮 동안에는 당연히 북두칠성이 보이지 않겠지만, 밤이 찾아오면 북두칠성이 계속해서 북극성 주위를 원형으로 움직이는 모습이 보일 것이다. 24시간이 지나 다음 날 밤 9시가 되면 북두칠성이 전날 밤 9시와 아주 가까운 위치에 있는 것이 보일 것이다. 요컨대, 북두칠성을 비롯해 북극성 주변의 별들은 원을 그리며 움직이고, 북극성이 그 원의 중심인 것으로 보인다. 더욱이 이 별들은 거의 24시간마다 한 바퀴씩 북극성 주위를 도는 것처럼 보인다.

다음 날 밤에 여러분이 밖에 나가 북극성에서 더 멀리 떨어진 별, 즉 초저녁에 동쪽 지평선 가까이 떠 있는 별을 관찰한다고 가정하자. 밤이 깊어갈수록 그 별이 (태양이 하늘을 가로지르는 모양과 흡사하게) 호를 그리며 움직이다가 마침내 서쪽 지평선 아래로 질 것이다. 이번에도 여러분이 24시간 내내 관찰하면, 똑같은 별이 전날 밤 그 시간에 거의 똑같은 위치에 나타날 것이다.

남쪽 하늘에서 보이는 별들도 남동쪽 지평선 위로 떠서 호를 그리며 하늘을 가로질러 남서쪽 지평선 아래로 진다. 이 별들도 24시간이 지나면 원래 위치와 가까운 곳에서 다시 나타날 것이다.

여기서 요점은 두 가지다. 첫째, 앞에서 설명한 내용은 여러분이 북반구에서 별을 관찰한다고 가정한 상황이다. 만일 여러분이 남반구에 산다면, (북극성이 보이지 않는 등) 다른 별들이 보일 것이다. 그래도 그 별들의 움직임은 앞에서 언급한 내용과 비슷하다.

둘째, (눈에 띌 만큼 움직이지 않는 북극성 외에) 별 하나하나가 하늘을 가로질러 움직이고, 다른 별들을 기준으로 같은 위치에 머무른다. 별들이 한 무리로 밤하늘을 가로지른다. 만일 여러분이 별 하나를 콕 집어 관찰하고 경로를 표시하면 그 별은 하늘에 뜬 다른 별들을 기준으로 언제나 같은 위치에 머무를 것이다. 우리가 별을 통상 '항성'이라고 부르는 이유가 그 때문이다. 사실 별은 제자리에 고정된 것이 아니다. 실제 24시간 주기로 지구 주위를 도는 것으로 보인다. 다만, 별들이 한 무리로 움직이며 서로 상대적으로 고정된 위치에 머무르는 것이다.

요약하면, 우리가 별이라 부르는 점광원은 예측 가능한 형태로 움직이며, 그 형태는 최소한 역사를 기록하기 시작할 때부터 알려졌다. 이제 태양의 움직임을 살펴보자.

태양의 움직임

가장 간단한 태양의 움직임은 매일 하늘을 가로지르는 움직임이다. 태양은 동쪽에서 솟아 호를 그리며 하늘을 가로지른 다음 서쪽으로 지고, 대략 24시간 후에 다시 솟는다.

이에 덧붙여 동쪽 지평선에서 태양이 솟아오르는 지점은 1년이라는 시간 동안 남북으로 움직인다. (12월 22일 즈음으로 겨울의 첫날이자 1년 중 낮이 가장 짧은) 동짓날에 태양이 동쪽 지평선에서 솟는 지점이 남쪽으로 가장 낮은 지점이다. 그 뒤 몇 달 동안 지평선에서 태양이 떠오르는 지점이 북쪽으로 이동해 (춘분으로 봄의 첫날인) 3월 22일 즈음이면 태양이 거의 정동향에서 솟아오르고 낮과 밤의 길이가 비슷해진다(일반적인 믿음과 달리 춘분이나 추분에 낮과 밤의 길이는 같지 않다. 복잡한 이유가 있지만 여기서 다룰 내용은 아니다). 그리고 다음 몇 달 동안 지평선에서 태양이 떠오르는 지점이 계속 북쪽으로 이동해, (6월 21일 즈음으로 여름의 첫날이자 1년 중 낮이 가장 긴) 하짓날에 북쪽으로 가장 높은 지점에 도착한다. 그때부터는 태양이 떠오르는 지점이 다시 남쪽으로 이동해, (9월 22일 즈음으로 가을의 첫날인) 추분에 태양이 거의 정동향에서 솟아오른다. 그다음 몇 달 동안 태양이 솟는 지점이 계속 남쪽으로 이동해, 마침내 12월 22일 즈음이면 남쪽으로 가장 낮은 지점에 도착하고 겨울의 첫날이 시작된다. 우리가 아는 한 아주 오래전부터 이런 순환 과정이 매년 반복되었다(다시 말하지만, 지금 내가 설명하는 내용은 북반구에서 태양을 바라본 상황이다. 남반구에서도 태양이 비슷하게 움직이지만, 앞에서 설명한 내용 중에서 달라지는 부분이 있다. 예를 들면 계절에 관한 내용이다).

지금까지 설명한 태양의 움직임이 전부가 아니다. 하늘의 항성을 기준으로 보면 태양의 위치는 매일 변한다. 일반적으로 태양의 위치를 별들 기준으로 표시하지 않지만 어려운 일은 아니다. 여러분이 해 질 무렵 밖에 나가서 해가 진 직후 서쪽 지평선 위에 나타나는 별들을 관찰하면, 매일 저녁 조금씩 달라지는 별들의 위치가 눈에 띌 것이다. 항성을 기준점으로 보면 태양이 별들로부터 동쪽으로 서서히 이동하는 것으로 보인다. 태양의 위치가 별들로부터 매일 조금씩 더 동쪽으로 이동한다(앞으로 이야기하겠지만 행성도 서서히 이동한다. 점성학에서 태양과 행성이 1년 중 다양한 시기에 다양한 별자리 속에 있다고 이야기하는 이유가 이 때문이다. 태양이 항성을 기준으로 동쪽으로 이동하기 때문에 어느 달에는 태양이 염소자리 근처에 있을 수 있다. 그때 점성학에서 태양이 염소자리에 있다고 하고, 다른 달에는 태양이 물고기자리에 있다고 이야기한다).

분명한 태양의 움직임에 대한 설명은 이것으로 마치고, 달의 움직임을 간단히 살펴보자.

달의 움직임

달의 움직임은 한결 복잡하다. 그중에서 분명한 움직임 몇 가지만 짧게 이야기하자. (매일은 아니지만 대부분) 밤이면 달이 보이고, 달도 태양처럼 동쪽에서 떠서 태양이 하늘을 가로지르는 것과 마찬가지로 호를 그리며 이동해 서쪽으로 진다(달은 반드시 밖이 어두울 때 지는 것은 아니다). 별이나 태양과 달리 달은 24시간 뒤에 다시 떠오르지 않는다. 정확히 말하면 달은 매일 전날 밤보다 늦은 시각에 떠오른다(늦어지는 시간은 연중 다르지만, 평균 1시간이 조금 안 되는 시간만큼씩 늦어진다).

달도 일련의 위상 변화 단계를 거치고, 모든 단계를 한 번 순환하는 데 29일보다 조금 넘는 시간이 걸린다. 초승달일 때도 있고, 반달일 때도 있고, 4분의 3달일 때도 있고, 보름달일 때도 있다. 오늘 밤 달이 어떤 모양이건, 지금부터 29일이 조금 넘는 시간 뒤에는 다시 같은 모양이 될 것이다.

태양과 마찬가지로 달도 항성으로부터 동쪽으로 이동하지만 이동 속도는 태양보다 더 빠르다. 달은 대략 27일 주기에 따라 항성을 기준으로 같은 지점에 돌아온다. 여러분이 오늘 밤 밖에 나가 항성을 기준으로 달의 위치를 표시하면, 27일이 조금 넘는 시간 뒤에 달이 상대적으로 같은 위치로 돌아올 것이다.

이미 언급했듯 이것이 달의 움직임 전부는 아니다. 그중에서 분명한 움직임일 뿐이다. 이제 더 복잡한 행성의 움직임을 살펴보자.

행성의 움직임

행성을 논의할 때는 주의가 필요하다. 여러분과 나는 기술이 놀랍도록 발전한 시대에 살고 있다. 행성을 사진으로 보는 특권을 누리며 자랐다. 허블우주망원경처럼 경이로운 기술로 촬영한 사진도 보고, 어떤 때는 우주선이 행성에 가까이 다가가거나 심지어 행성에 착륙해서 촬영한 사진도 보며 성장했다.

따라서 우리 머릿속에 즉각 떠오르는 행성의 이미지는 현대적인 기술이 개발되기 이전에 살았던 사람들이 머릿속에 떠올렸을 행성의 이미지와 무척 다르다. 여기서 우리는 두 가지 사항에 유념해야 한다. 첫째, 우리가 지금 살피는 내용은 프톨레마이오스와 코페르니쿠스, 티코, 케플러 등의 천문 체계를 논의하기 위한 배경이고, 이들 중에는 우리가 누리는 현대적 기술을 활용한 사람이 아무도 없다. 둘째, 우리는 경험적 사실을 논의하고 있고, 가장 분명한 경험적 사실은 간단한 관찰 데이터로 구성된다.

이제 중요한 질문이다. 여러분은 행성에 대해 어떤 직접적인 관찰 데이터를 갖고 있는가? 다시 물어보자. 아주 간단히 맨눈으로 관찰한 사실로 제한한다면, 우리가 행성에 대해 알고 있는 사실은 무엇인가?

첫 번째 요지는 어느 날 밤이건 우리가 행성이라 부르는 점광원과 우리가 별이라 부르는 점광원을 보면 눈에 띄게 다르지 않다는 것이다. 대체로 별과 행성은 상당히 흡사하다. 별은 반짝이고 행성은 반짝이지 않는다는 말을 들었을 것이다. 어느 정도는 사실이다. 하지만 지금까지 나는 밤하늘에 대한 사전 지식이 없는 사람이 점광원이 반짝이는 여부에 따라 별과 행성을 구분하는 것을 본 적이 없다. 다른 기준에 따라 행성과 별을 구분하는 방법을 배운 뒤에 비로소 점광원이 반짝이는지 반짝이지 않는지가 눈에 들어오기 시작한다.

게다가 어느 날 밤이건 우리가 별이라 부르는 점광원과 우리가 행성이라 부르는 점광원은 비슷하게 움직인다. 즉 별이건 행성이건 모든 점광원은 앞에서 우리가 별의 움직임을 논의할 때 이야기한 형태로 하룻밤 사이에 밤하늘을 가로질러 이동한다.

요컨대 별과 행성을 구별하는 법을 미리 알지 못하면, 어느 날 밤이건

이 둘의 차이를 구분하지 못한다. 하지만 우리 조상들은 최소한 역사를 처음 기록하기 시작한 때부터 밤하늘의 수많은 점광원과 다른 점광원 다섯 개를 구분해냈다. 그 다섯 개의 점광원이 하룻밤이 아니라 여러 날 밤에 걸쳐 움직인다는 것이 가장 기본적인 차이였다(일반적으로 우리는 행성이 여덟 개라고 생각하지만, 18세기에 망원경이 발전하기 전까지 맨눈으로 관찰할 수 있는 행성은 다섯 개, 즉 수성과 금성, 화성, 목성, 토성뿐이었다).

이미 언급한 대로 어느 날 밤이건 행성은 별과 똑같이 움직이는 것처럼 보일 것이다. 가령 목성은 어느 날 밤에 보건 대체로 별과 눈에 띄게 달라 보이지 않을 것이다. 하지만 며칠이나 몇 주 동안 목성의 경로를 유심히 관찰하면, 달과 태양처럼 목성이 항성으로부터 서서히 이동하는 모습이 보일 것이다. 일반적으로 목성은 항성을 기준으로 매일 전날 밤보다 조금씩 더 동쪽으로 움직이며, 수주 혹은 수개월이 지나면 항성을 기준으로 확연히 동쪽으로 이동한 것이 눈에 띈다.

행성은 별과 달리 이따금 밝기가 눈에 띄게 달라진다는 것도 중요하다. 예를 들어, 금성은 볼 때마다 늘 상당히 밝게 보이지만, 여느 때에 비해 더 극적으로 밝아지는 경우가 가끔 있다(가장 밝을 때 금성을 보면 가까이 다가오는 비행기의 착륙 신호등만큼 밝다). 가장 극적인 밝기 차이를 보이는 금성 말고도 맨눈으로 관찰할 수 있는 행성 다섯 개가 모두 눈에 띄게 밝기가 달라진다.

지금까지 설명한 것은 대체로 별과 행성을 맨눈으로 관찰할 때 분명하게 드러나는 차이일 뿐이다. 우리가 별이라 부르는 수많은 점광원은 최소한 역사를 기록하기 시작한 때부터 서로 상대적으로 고정된 위치에 머물렀고, 각각 별의 밝기는 시간이 지나도 거의 비슷한 것으로 보인다. 그 반면, 우리가 (방랑자를 뜻하는 그리스어 planetai를 따라) 행성planet이라 부르는 다섯 개 점광원은 별을 기준으로 동쪽으로 이동하며 때에 따라 더 밝게 보이기도 하고 더 어두워 보이기도 한다.

적절한 천문학 이론이라면 반드시 이런 경험적 관찰을 설명할 수 있어야 한다. 가령 적절한 천문학 이론이라면 반드시 목성의 이동과 밝기 변화를 고려해 지금부터 1년 뒤 밤하늘에서 목성이 나타날 위치를 예측할 수 있어야 한다.

이동하는 특성 때문에 행성의 위치를 예측하기가 별의 위치를 예측하기보다 훨씬 더 어렵다. 하지만 이것으로 끝이 아니다. 가령 목성은 대체로 매일 밤 항성을 기준으로 조금씩 동쪽으로 이동하지만, 1년에 한 번씩 며칠 동안은 이동을 멈춘 다음 '반대' 방향, 즉 서쪽으로 이동하기 시작한다. 그렇게 몇 주 동안 서쪽으로 이동한 다음 며칠 동안 이동을 멈춘 뒤 다시 1년간 평소처럼 동쪽으로 이동하기 시작한다.

이렇게 행성이 묘하게 '거꾸로' 이동하는 것을 가리키는 용어가 역행운동逆行運動이다. 모든 행성이 역행운동을 하지만 그 시간 간격이 모두 같은 것은 아니다. 목성과 토성은 1년에 한 번, 화성은 2년에 한 번, 금성은 1년 6개월에 한 번, 수성은 1년에 세 번 역행운동을 한다.

지금도 설명과 예측에 뛰어난 천문학 이론을 개발할 때 행성이 가장 골치 아픈 항목이 되는 까닭이 행성의 운동, 특히 묘한 역행운동 때문이다. 잠시 뒤에 살펴보겠지만, 그래도 설명과 예측에 탁월한 이론들이 개발되었다.

마지막으로 행성에 대한 몇 가지 경험적 사실을 살펴보고 논의를 마치자. 상당히 사소한 듯 보이고, 어찌 보면 정말 사소한 사실이지만, 나중에

서로 경쟁하는 여러 천문학 이론 중에서 어떤 결정을 내릴 때 중요한 역할을 할 사실들이다. 첫째, 수성과 금성은 절대 태양에게서 멀리 떨어져 보이지 않는다. 태양이 뜨면 그 어디에서나 수성과 금성이 태양 근처에 나타난다. 여러분이 30cm 자를 들고 팔을 뻗어 관찰하면, 태양과 금성이 가장 멀 때도 대략 30cm 자 안에 들어오고, 수성과 태양의 거리는 그보다 훨씬 더 가까울 것이다.

이런 사실의 당연한 결과로 여러분은 수성과 금성을 일출 전이나 일몰 직후에만 볼 수 있다. 가끔 금성이 태양을 느릿느릿 따라갈 때가 있고, 그때 해가 지면 그리 멀리 떨어지지 않은 서쪽 하늘에서 금성이 보일 것이다. 이때도 서쪽 지평선부터 금성까지의 거리가 절대 30cm 자의 범위를 크게 벗어나지 않을 것이고, 일몰 후 몇 시간 안에 금성도 서쪽 지평선 아래로 질 것이다. 1년 중 금성이 태양을 앞서는 시기에는 일출 전 새벽에 금성이 먼저 솟아오르는 것을 볼 수 있다. 그럴 때도 금성은 태양이 솟아오르기 전 기껏해야 몇 시간 동안만 관측되고, 그 시간이 지나면 눈부신 태양 때문에 보이지 않는다.

사소해 보이지만 나중에 서로 경쟁하는 여러 천문학 이론을 두고 찬반을 논의할 때 중요한 역할을 할 또 다른 사실은 화성과 목성, 토성의 겉보기 밝기와 이 행성들이 역행운동을 하는 시기의 상관관계와 관련이 있다. 앞서 언급한 대로 모든 행성의 겉보기 밝기가 변한다. 예를 들어 화성은 2년마다 한 번씩 눈에 띄게 더 밝아진다. 화성이 2년에 한 번씩 역행운동을 한다고 설명한 내용이 기억나는가? 화성이 가장 밝게 보이는 시기와 화성의 역행운동이 서로 밀접하게 연관된 것으로 밝혀졌다. 즉 화성은 언제나 역행운동을 하는 시기 즈음에 가장 밝게 보인다. 목성과 토성도 마찬가지로 역행운동을 하는 시기에 가장 밝다.

이처럼 사소해 보이는 사실들을 다양한 천문 체계가 서로 다른 방식으로 설명한다. 나중에 살펴보겠지만, 어떤 천문 체계들은 이런 사실들을 한층 자연스럽게 설명하고, 이것이 올바른 천문 체계에 대한 논의에 중요한 영향을 미친다.

천문학 이론이 반드시 중요하게 다뤄야 할 경험적 사실들은 절대 단순하지 않지만 비교적 간단하다. 아주 오래전부터 알려진 사실들이다. 수천 년 전으로 거슬러 올라가는 몇몇 고대 문명권에서도 익히 알고 있던 사실들이다. 하지만 이러한 사실들은 결국 천문학 이론이 절대 쉽게 설명할 수 없는 것으로 드러났다.

이런 사실들을 정확하게 예측하고 설명하는 이론을 개발하기가 상당히 어렵다는 것이다. 천문학 이론들을 검토하기에 앞서, 그 이론들이 중요하게 다뤄야 했던 또 다른 사실을 살펴볼 필요가 있다. 특히 달과 태양, 별, 행성의 움직임과 관련한 철학적/개념적 사실이며, 서로 경쟁하는 여러 천문학 이론을 논의할 때 중요한 역할을 하는 사실이다. 다음 장에서는 이런 철학적/개념적 사실을 다룬다.

천체에 대한 철학적/개념적 사실

12장에서는 천문학 이론과 중요하게 연관된 철학적/개념적 사실을 살펴본다. 가장 중요한 역할을 하는 두 가지 철학적/개념적 사실은 우리가 앞에서 이야기한 완벽한 원운동 사실과 등속운동 사실이다. 3장에서 이미 논의했지만, 더 자세히 살펴보자.

완벽한 원운동 사실과 등속운동 사실은 설명하기가 어렵지 않다. 완벽한 원운동 사실은 달과 태양, 별, 행성 같은 천체가 (타원형 등 다른 형태로 운동하지 않고) 완벽한 원형으로 움직인다는 사실이다. 등속운동 사실은 이런 천체의 운동이 등속, 즉 빨라지지도 느려지지도 않고 늘 같은 속도로 이루어진다는 사실이다.

설명하기는 비교적 어렵지 않지만, 이런 사실들이 계속 살아남은 맥락을 먼저 파악하지 않으면 그 사실들을 진정으로 이해할 수 없고, 우리 조상들이 이런 사실들을 얼마나 깊이 믿었는지도 이해할 수 없다. 따라서 이 장의 주요 목표는 완벽한 원운동 사실과 등속운동 사실을 이해하는 것뿐 아니라 이런 사실들이 더 넓은 믿음의 맥락에 어떻게 들어맞았는지도 이해하는 것이다. 이런 주제를 탐구하면 아리스토텔레스 그림 퍼즐의 많은 조각이 어떻게 서로 잘 들어맞았는지 더 분명히 알 수 있을 것이다.

우리 조상들이 직면한 중대한 과학 문제부터 살펴보자. 그런 다음 이 문제의 해결책이 완벽한 원운동 사실, 등속운동 사실과 어떻게 들어맞는 지 살펴보자.

천체 운동에 관한 과학적 문제

우리 대부분이 교육을 받으며 어느 순간 (혹은 대개 그렇듯, 여러 순간) 뉴턴의 운동 제1법칙으로 알려진 관성의 법칙을 외우게 된다. 워낙 효과적으로 암기한 덕분에 내가 아는 사람 대부분이 수년이 지난 뒤에도 그 법칙을 완전무결하게 외운다. 대체로 다음과 같다.

외부의 힘이 작용하지 않는 한, 움직이는 물체는 일직선으로 계속 움직이고, 정
지한 물체는 계속 정지해 있다.

관성의 법칙은 1600년대까지 알려지지 않았고, 상당히 오랜 시간에 걸쳐 상당한 노력을 기울인 끝에 분명하고 정확하게 정리되었다. 갈릴레오가 거의 제대로 파악했고, 데카르트(1596~1650)가 처음으로 관성의 법칙을 분명히 정리했다. 그 뒤 뉴턴(1642~1727)이 데카르트의 설명을 과학에 통합해 운동 제1법칙으로 삼았다.

과학 법칙 중에서 어쩌면 현재 가장 널리 알려진 (혹은 가장 많은 사람이

암기하는) 관성의 법칙을 파악하기까지 그렇게 오랜 시간이 걸린 이유가 무엇일까? 대체로 그 대답은 관성의 법칙이 우리의 모든 경험에 어긋난 다는 것이다. 여러분이 매일 경험하는 움직이는 물체를 생각해보라. 계속 움직이는 사례가 하나라도 있는가? 일상의 경험에서는 움직이는 물체가 절대 계속 움직이지 않는다는 것이 사실이다. 항상 멈추기 마련이다. 던 진 야구공, 날린 원반, 떨어트린 물체, 자전거, 자동차, 비행기, 나무에서 떨어지는 도토리나 사과 등 대체로 우리에게 익숙한 모든 물체는 뭔가가 계속 움직이게 하지 않는 한 멈춘다.

요컨대 우리의 일상 경험에 따르면 전혀 다른 운동 법칙이 나오고, 사실 이것이 아리스토텔레스 시대부터 1600년대까지 분명히 옳다고 생각한 운 동 법칙이다. 편의상 이 운동 법칙을 1600년대 이전 운동 법칙이라 부르자.

뭔가가 계속 움직이게 하지 않는 한, 움직이는 물체는 멈출 것이다.

일상의 경험에 따르면 이 운동 법칙이 옳은 것으로 보이고, 또한 아리 스토텔레스 세계관에서 물체는 자연적으로 우주의 자연적인 위치로 향 하는 경향이 있다는 견해와 잘 들어맞는다. 바위가 떨어지는 것을 보자. 바위는 주로 흙 원소로 구성되고, (아리스토텔레스 세계관에서) 흙 원소는 자연적으로 우주의 중심을 향하는 성향이 있다. 따라서 떨어트린 바위가 떨어지는 동안 그 바위를 계속 움직이게 하는 것은 바위에 내재하는, 자 연적인 위치를 향해 움직이는 성향이다. 하지만 바위는 멈출 것이고, 바 위가 멈추는 이유는 대개 지표면이 가로막기 때문이다. 지표면처럼 바위 를 멈춰 세우는 것이 없다 해도 바위는 우주의 중심이라는 자연적인 위치에 도달하면 마침내 멈출 것이다. 한마디로 뭔가가 계속 움직이게 하지 않는 한, 움직이는 물체는 멈출 것이라는 견해는 일상의 경험이 충분히 뒷받침할 뿐만 아니라 아리스토텔레스 그림 퍼즐의 다른 믿음과도 잘 들어맞는다.

여기까지는 아무 문제가 없다. 그런데 문제가 되는 운동이 하나 있다. 달과 태양, 별, 행성 같은 천체의 움직임이다. 이 천체들은 우리의 일상 경험에서 절대 멈추지 않고 계속 움직이는 유일한 물체다. 그리고 이런 천체들은 최소한 역사를 기록하기 시작한 때부터 지금까지 일정하고 반복적인 형태로 계속 움직이고 있다.

하지만 만일 뭔가가 계속 움직이게 하지 않는 한 움직이는 물체가 멈추고 만일 천체는 계속 운동한다면, 그 천체를 계속 움직이게 하는 것이 있을 수밖에 없다는 생각이 들 것이다. 이런 천체의 운동 원인이 무엇일까? 달과 태양, 별, 행성을 계속 움직이게 하는 것이 무엇일까?

우리가 천체의 운동 원인에 대해 즉시 떠올릴 수 있는 결론이 있다. 그것이 무엇이건 운동 원인 자체가 움직인다면 우리는 운동 원인을 통해 천체의 움직임을 완전히 이해할 수 없다는 결론이다. 이 말이 잘 이해가 되지 않을 테니 책상 위에 있는 연필을 손가락으로 튕겨 굴릴 때처럼 전형적인 운동 원인을 생각해보자. 이때 운동 원인, 즉 손가락 자체가 움직인다. 하지만 손가락의 움직임도 반드시 원인이 있어야 한다. 따라서 연필의 운동을 완전히 이해하려면 우리는 반드시 연필이 손가락에 의해 움직인다는 것을 이해할 뿐 아니라 손가락이 운동하는 원인도 이해해야 한다.

대체로 운동 원인 자체가 움직이면, 반드시 그 운동 원인 자체가 움직이는 운동 원인이 있다. 따라서 완전히 이해하려면 운동 원인이 어떻게 움직이는지 이해할 필요가 있다.

이런 내용을 고려하면, 우리는 그 자체로 움직이는 원인 그 무엇을 제시해도 천체의 운동을 설명할 수 없다. 그렇다면 분명히 천체가 움직이도록 원인을 제공하는 것은 반드시 그 자체는 움직이지 않는 운동 원인이어야 한다. 그 자체는 움직이지 않는 운동 원인은 오직 한 종류다. 이런 운동 원인은 즉시 뇌리에 떠오르는 것이 아니므로, 예를 들어 설명하는 방법이 최선일 것이다.

내가 공원에 있고, 공원 반대쪽에 서 있는 아내가 보인다고 가정하자. 나는 "어, 여보!"라고 소리치며 아내를 향해 움직인다. 아내는 움직이지 않고, 내가 있다는 것을 인식하지 못할 수도 있다. 아내는 움직이지 않고 내 존재도 인식하지 못하지만, 내 운동의 원인이다. 아내는 욕망의 대상이 됨으로써 내가 움직이는 원인을 제공한다. 그러므로 아내가 그 자체는 움직이지 않는 운동 원인이다.

한 가지 예를 더 들어보자. 방 건너편 마루에 떨어진 20달러 지폐가 보이자, 돈이 필요한 여러분이 지폐를 향해 걸어간다고 가정하자. 그 돈을 갖고 싶은 욕망이 여러분의 운동 원인이고, 이런 식으로 돈은 그 자체는 움직이지 않는 운동 원인의 구실을 한다.

물론 별과 행성이 내 아내에 대한 욕망 때문에 움직이는 것은 아니다. 돈에 대한 욕망 때문도 아니다. 하지만 이런 종류의 원인이 우리가 그 자체는 움직이는 않는 운동 원인을 마련하는 유일한 방법인 것 같다. 따라서 천체에 적용되는 운동 원인은 이런 원인, 즉 욕망의 대상이 연관된 원인과 똑같은 종류일 수밖에 없다.

천체의 운동 원인이 될 수 있는 욕망의 대상은 어떤 종류일까? 아리스토텔레스는 그 기원이 언제인지 확신할 수 없을 만큼 오래된 전통을 물려받았다. 하늘을 완벽한 장소로 보는 전통이다. 하늘의 완벽함은 달과 태양, 별, 행성의 위치만 변할 뿐 거의 변하지 않는 하늘의 특성에 뿌리를 두고 있다. 아리스토텔레스가 《천체에 관하여》에서 언급한 것처럼 "수 세대를 거쳐 전해온 기록에 따르면, 모든 과거를 통틀어 가장 먼 하늘 전체에서도, 하늘 고유의 그 어떤 부분에서도 변화의 흔적이 발견되지 않는다."

하늘은 거의 변하지 않는 완벽한 장소이지만 유일한 절대적 완벽함은 신의 완벽함일 것이다. 따라서 내가 아내 곁에 있고 싶은 욕망에서 움직이는 것과 흡사하게 천체는 신의 완벽함을 모방하려는 욕망에서 움직일 수밖에 없다. 천체가 신의 완벽함을 모방하는 최고의 방법은 완벽한 운동일 것이고, 변함없이 균일한 속도의 완벽한 원운동이 가장 완벽한 종류의 운동일 것이다.

요컨대, 신이 달과 태양, 별, 행성의 운동 원인을 제공한다. 그리고 신은 그 자체로 움직이는 것이 아니라 욕망의 대상이 됨으로써 운동 원인을 제공한다. 천체가 신의 완벽함을 모방하려는 욕망에서 균일한 속도와 완벽한 원형으로 움직이는 것이다. 시대적 맥락과 특히 그 자체는 움직이지 않는 운동 원인의 필요성을 고려하면, 이런 설명이 변함없이 영원히 움직이는 천체에 대한 최고의 설명인 것 같다.

세 가지 주의 사항

세 가지 주의 사항만 간단히 이야기하고 천체 운동에 관한 과학적 문제에 대한 논의를 마치자. 첫째, 앞에서 사용한 욕망이라는 개념은 현대인에게 미심쩍게 들리는 개념이다. 그리스인들에게 없던 관념과 개념들을 우리가 사용하는 것과 마찬가지로 그리스인들도 우리에게 없는 관념과 개념들을 사용했다. 그중 하나가 무의식적 욕망이라는 개념, 그러니까 내가 차라리 자연적으로 내재하는 목표를 지향하는 성향으로 생각하고 싶은 개념이다. 이는 우리가 현재 사용하는 그 어떤 것과도 다른 개념이다. 우리가 사용하는 무의식적 욕망이란 주로 프로이트 학설에서 말하는 무의식적 욕망을 뜻한다. 하지만 프로이트 학설에서 무의식적 욕망은 오직 의식하는 주체의 맥락에서만 사용되므로 그리스인들이 사용한 것과 전혀 다른 개념이다. 일반적으로 이야기해서 완벽한 등속운동으로 움직이려는 행성의 '욕망'을 이해할 때 행성이 "아, 나도 반드시 신처럼 되고 싶으니 완벽한 원형으로 움직일 거야"라고 생각하는 것과 연관시키면 안 된다. 오히려 '욕망'은 이런 의식이 없는 욕망, 더 정확히 말해서 자연적으로 내재하는 목표를 지향하는 성향이다.

둘째, 첫 번째 주의 사항과 결부되는 내용이지만, 앞에서 우리는 달 아래 영역에 (즉 지구를 포함해 달 아래 영역에) 네 가지 (흙, 물, 공기, 불) 기본 원소가 있고, 다섯 번째 원소인 에테르는 달 위 영역에서만 (즉 달 바깥 영역인 하늘에서만) 발견된다고 이야기했다. 사실 에테르 원소는 신의 완벽함을 모방하려는 무의식적 욕망 혹은 자연적 성향을 지닌다. 등속의 완벽한 원형으로 움직이는 것이 에테르의 본질적 성질이다. 이렇게 보면 에테르에 관한 일반적인 이야기도 네 가지 기본 원소인 흙과 물, 공기, 불에 관한 일반적인 이야기와 별반 다르지 않다. 흙 원소는 우주의 중심에 도달하려는 자연적인 목표 지향 성향이 (혹은 무의식적 욕망이) 있고, 이것이 흙 원소의 본질적 성질이라는 내용을 생각해보자. 바위가 밑으로 떨어지는 것도 본질적 성질 때문이다. 마찬가지로 에테르도 본질적 성질이 있고, 그 본질적 성질은 등속의 완벽한 원형으로 움직이는 것이다. 그리고 이것이 하늘의 물체가 나름의 방식으로 움직이는 이유다.

마지막으로 아리스토텔레스가 사용한 신이라는 개념을 절대 종교적 의미로 해석하면 안 된다. 아리스토텔레스의 신은 천체의 운동 원인이 되기 위해 반드시 있어야 하는 실재적인 '것'이다. 신은 운동 원인이지만 그 자체는 움직이지 않는다는 의미에서 '부동의 동자Unmoved Movers'다.

신에 관한 아리스토텔레스의 논의는 복잡하고, 신에 관한 그의 글을 어떻게 해석할지 의견이 분분하다. 하지만 그가 신을 일종의 완벽한 지적 존재로 생각한 것이 분명하고, 아리스토텔레스의 신이 절대 종교적 신이 아님은 더욱 분명하다. 아리스토텔레스의 신은 우주의 기원과 아무런 관계가 없고, 지구에서 일어나는 일을 하나도 알지 못하고, 우리의 존재도 모르므로, 신에게 기도하는 것은 무의미하다. 그런데 아리스토텔레스 이후 수세기가 지난 뒤 유대교와 이슬람, 그리스도교의 철학자와 신학자들이 아리스토텔레스 학설과 종교를 뒤섞어, 아리스토텔레스의 비종교적 신이 유대교와 이슬람, 그리스도교의 종교적 신으로 변모했다. 그리고 이 종교적 신이 천체의 끊임없는 운동에 대해 요긴한 설명을 제공했다.

이런 원인이 움직이는 지구도 설명할까?

10장에서 우리는 지구가 둥글고 정지해 있으며 우주의 중심에 있다는 견해의 근거들을 탐구했다. 지구가 우주의 중심에 정지해 있다는 근거 중에서 지구를 계속해서 움직이게 할 만한 것이 없다는 주장이 기억나는가?

천체의 운동 원인과 비슷하게, 혹시 움직이는 지구를 설명하는 데 사용할 만한 원인이 있느냐는 질문을 자주 받는다. 천체의 내적 본질이 완벽한 원형으로 계속 움직이는 것이라는 의견을 근거로 천체의 끊임없는 운동을 설명한다면 지구도 비슷하게 설명할 수 있지 않을까? 왜 우리 조상들은 흙 원소의 본질이 원형으로 움직이는 것, 말하자면 태양 둘레를 원형으로 움직이는 것이라고 말하고, 그것을 움직이는 지구에 대한 설명으로 사용하지 못했을까?

좋은 질문이다. 이 질문의 답을 찾다 보면 아리스토텔레스 믿음의 그림 퍼즐 속에서 믿음들이 서로 연결된 모습이 분명히 드러날 것이다. 흙 원소가 원형으로 (예컨대, 태양 주위의 궤도를 따라) 움직이는 내적 본질을 지닌다고 보는 것은 본질적으로 모순되기 때문일까? 그것은 정답이 아니다. 에테르가 원형으로 움직이는 내적 본질을 지닌다고 보아도 문제가 없다면, 흙 원소에 대해 비슷하게 이야기해도 본질적 모순이라고 할 수는 없기 때문이다.

이 질문의 답은 원형으로 움직이는 흙 원소가 본질적 모순인지 아닌지에 달려 있지 않다. 그보다는 원형으로 움직이는 흙 원소가 전체적인 믿음의 그림 퍼즐에 들어맞는지 아닌지를 검토해야 답이 나온다. 결국 들어맞지 않는 것으로 밝혀질 것이고, 흙 원소가 원형으로 움직이는 내적 본질을 지닌다고 보는 선택지를 사용할 수 없는 이유는 그 때문이다.

이 내용을 이해하기 위해, 흙 원소가 원형으로 움직이는 내적 성향을 지닌다는 견해를 받아들인다고 가정하자. 그 즉시 아주 분명하고 광범위한 일상의 현상들을 설명할 방법이 없어진다. 이제 바위가 떨어지는 이유도 설명할 수 없다. 바위는 주로 흙 원소로 구성되어, 떨어뜨리면 지구를 향해 일직선으로 움직일 것으로 짐작된다. 그런데 만일 흙 원소가 원형으로 움직이는 성향이 있다면 바위는 지구를 향해 일직선으로 움직이지 않아야 한다.

마찬가지로 우리가 지구의 지표면에 서 있는 현상도 설명할 수 없다. 아리스토텔레스의 설명에 따르면 우리는 주로 무거운 흙과 물 원소로 구성되었고, 흙과 물 원소의 자연적 성향은 아래로 움직이는 것이며, 그 때문에 우리가 계속 지구 위에 서 있는 것이다. 그런데 흙 원소가 자연적으로 원형 운동을 한다고 보면, 우리가 지표면에 서 있는 현상을 설명할 수 없다.

게다가 흙 원소가 계속해서 원형으로 움직이는 자연적 성향을 지닌다는 생각은 흙이 가장 무거운 원소라는 단순한 관찰과 충돌한다. 가장 무거운 원소로 구성된 육중한 지구는 단연 우주에서 가장 무거운 물체일 것이다. 반면 에테르는 아주 가벼운 (어쩌면 무게가 없는) 특별한 원소로 여겨졌다. 프톨레마이오스가 《알마게스트》 서문에 밝혔듯, 우주에서 가장 무겁고 가장 움직이기 어려운 물체가 계속해서 움직인다는 것은 터무니없는 생각이다. 오히려 우주에서 가장 무거운 물체는 정지해 있고, 에테르로 구성되어 가장 가벼운 물체가 계속 움직인다는 것이 더 적절한 생각이다.

요컨대, 흙 원소가 원형으로 움직이는 자연적 성향을 지닌 탓에 지구가 움직인다는 생각은 전체적인 믿음의 그림 퍼즐과 양립하지 않기에 선택지로 사용할 수 없다. 더 일반적으로 말해서, 그 어떤 이유에서건 지구가 움직인다는 생각을 채택하려면 완전히 새로운 그림 퍼즐, 새로운 세계관을 구축해야 한다. 결국 새로운 그림 퍼즐이 구성되겠지만, 그것은

1600년대에 새로운 발견들이 이루어진 다음에나 가능할 것이다. 그리고 이미 여러 차례 언급한 대로 새로운 그림 퍼즐을 구성하려면 엄청난 연구와 시간, 재능이 필요할 것이다.

앞서 설명한 대로 그리고 아리스토텔레스가 언급한 대로 하늘이 완벽한 장소라는 생각은 역사를 기록하기 시작할 당시까지 거슬러 올라간다. 특별하고 아름다운 하늘의 물체들이 변함없이 반복적인 양상으로 움직이고 이런 양상이 수없이 긴 세월 동안 변하지 않았다는 측면에서 충분히 이해할 수 있는 생각이다. 아리스토텔레스도 하늘을 완벽한 영역으로 보는 전통을 물려받고, 아리스토텔레스가 과거보다 훨씬 더 완전한 견해를 발전시킬 때 하늘이 완벽하다는 생각도 유지되었다.

앞서 보았듯, 하늘이 완벽한 영역이라는 견해는 천체가 계속해서 움직이는 경위를 이해할 방법을 제공했다. 하지만 이런 설명은 천체가 반드시 등속의 완벽한 원형으로 움직여야 한다는 생각을 수반했다. 완벽한 원운동 사실과 등속운동 사실은 지극히 확고한 사실이 되었다. 이 두 가지 사실이 우리 조상들에게는 더없이 명확한 사실이었다고 해도 과언이 아니다. 행성이 등속의 완벽한 원형으로 움직인다는 것은 그야말로 모두가 아는 상식이었다. 분명한 사실이었고, 우리가 앞 장에서 탐구한 경험적 사실과 별반 달라 보이지 않는 사실이었다.

이제 와서 돌이켜 보면, 우리는 완벽한 원운동 사실과 등속운동 사실이 절대 사실이 아님을 알 수 있다. 이 두 가지 사실은 철학적/개념적 '사실'이었고, 경험적 사실로 보이지만 알고 보니 전체적인 믿음 체계에 더 깊이 뿌리내린 믿음이었다. 다음 장에서는 앞서 논의한 경험적 사실과 더불어 완벽한 원운동 사실과 등속운동 사실이 어떻게 프톨레마이오스와 코페르니쿠스의 체계로 통합되었는지 살펴본다.

미리 귀띔하면, 3부에서는 우리가 명확한 경험적 사실로 간주한 사실들이 어떻게 최근의 발견에 비추어 볼 때 잘못된 철학적/개념적 '사실'로 드러났는지 살펴볼 것이다. 그렇다면 우리도 어떤 의미에서는 1600년대 조상들과 비슷한 상황에 직면했다고 할 수 있다. 새로운 발견으로 인해 1600년대 조상들이 오랫동안 경험적 사실로 간주한 믿음을 재고할 수밖에 없었던 것과 마찬가지로, 우리도 최근의 발견으로 인해 우리가 사는 우주에 대한 기본적인 믿음을 재고할 수밖에 없는 것이다.

프톨레마이오스 체계

아리스토텔레스 세계관에서 뉴턴 세계관으로 전환하는 과정에서 우주의 구조에 관한 여러 가지 경쟁 이론이 중요하게 관여했다. 이 전환 과정에 관여한 중요한 천문학 이론들을 다음 몇 장에 걸쳐 살펴본다. 지구를 중심으로 삼은 이론도 있고, 태양을 중심으로 삼은 이론도 있다. 먼저 살펴볼 것이 프톨레마이오스 체계다.

150년 무렵 발표된 《알마게스트》에 드러난 프톨레마이오스 체계를 전체적으로 간략하게 설명하는 것이 13장의 목표다. 앞에서 설명한 대로 총 13권으로 구성된 《알마게스트》는 700여 쪽에 달하는 방대하고 전문적인 저작이다. 배경 자료부터 검토한 다음 프톨레마이오스 체계를 자세히 살펴보자.

배경 지식

이론이 으레 그렇듯 프톨레마이오스 체계도 관련 사실들을 중요하게 다뤄야 했고, 그 관련 사실들은 주로 11장에서 논의한 경험적 사실과 더불어 12장에서 논의한 등속의 원형 운동이라는 철학적/개념적 사실이었다.

일반적으로 프톨레마이오스 체계는 이런 사실들을 성공적으로 처리했다. 프톨레마이오스가 천체의 운동은 오직 완벽한 원형이라는 생각에 기초해 전체적으로 접근한 것을 보면 그의 체계가 완벽한 원운동 사실을 존중한 것이 분명하다. 앞으로 이야기하겠지만 프톨레마이오스는 등속 운동 사실을 처리하는 데 다소 어려움을 겪었다. 그래도 어쨌든 그는 최소한 그 사실을 중요하게 다루었다.

프톨레마이오스 체계는 특히 경험적 사실을 다루는 데 뛰어나다. 즉 11장에서 논의한 경험적 사실들을 설명하고 예측할 때, 그의 체계가 완벽하지는 않아도 (완벽한 이론도 거의 없지만) 오차 범위가 좁다. 가령 우리가 프톨레마이오스 체계를 이용해 지금부터 1년 뒤 화성이 밤하늘에 나타날 위치를 예측하거나 혹은 화성이 다음에 역행운동을 할 시기와 기간을 예측한다면, 실제 우리가 관찰한 결과와 아주 비슷한 예측이 나올 것이다. 프톨레마이오스 이전의 그 어떤 우주 이론도 그리고 프톨레마이오스 이후 1,400년간 발표된 그 어떤 우주 이론도 예측과 설명에 관한 한 프톨레마이오스 체계에 필적하지 못했다는 사실은 짚고 넘어가야 한다.

우리가 아는 그의 저작 《알마게스트》의 제목은 아랍 번역가들이 붙인 것인데, '가장 위대한 책'을 뜻하는 제목이 안성맞춤이다. 우리 눈에는 다소 고풍스러운 이론으로 보이겠지만, 프톨레마이오스 체계는 눈부시게 인상적인 업적이었다.

여기서 프톨레마이오스가 실제로 성취한 것과 그렇지 않은 것을 분명히 구분할 필요가 있다. 프톨레마이오스 접근법의 기초는 수학이고, 그는 다양한 수학적 장치를 복잡하게 적용했다. 하지만 프톨레마이오스가 적용한 수학적 장치는 대부분 그가 고안한 것이 아니라 이미 수세기 전에 발견된 것이었다.

물론 지구 중심 우주관을 처음으로 개발한 사람도 프톨레마이오스가 아니다. 앞서 보았듯, 지구가 둥글고 정지해 있고 우주의 중심에 있다는 견해는 프톨레마이오스보다 500년 앞선 아리스토텔레스 이전까지 거슬러 올라간다.

즉 프톨레마이오스는 자신이 전반적으로 채택한 지구 중심 접근법을 최초로 고안하지 않았고, 자신이 적용한 수학적 장치들도 최초로 개발하지 않았다. 하지만 다듬어지지 않은 생각들을 채택해 정교한 이론, 역사상 최초로 천문학 사건을 정확히 예측할 수 있는 이론으로 발전시킨 사람은 바로 프톨레마이오스다.

프톨레마이오스 이전에는 기껏해야 어설픈 스케치에 불과한 이론들뿐이었고, 천문학 사건 예측에 적절히 사용할 만한 이론이 없었다. 프톨레마이오스에 이르러 비로소 정교하게 다듬어 눈에 띄게 정확한 예측과 설명을 할 수 있는 이론이 탄생했다.

여러분은 가끔 프톨레마이오스 체계가 사실 진정한 의미에서는 체계가 아니라는 말을 듣게 될 것이다. 프톨레마이오스가 천체들을 하나로 통일시키지 않고 서로 분리해 각각 다룬다는 측면에서는 어느 정도 맞는 말이다. 가령 《알마게스트》 한 책은 오직 화성만 논의하고, 다른 책은 오직 금성만, 또 다른 책은 오직 태양만 논의하는 식으로 전체 우주를 통일된 체계로 다루지 않는다. 그런 의미에서 엄밀히 말하면 프톨레마이오스의 접근법은 우주의 체계가 아니라 오히려 다양한 우주의 구성 요소들을 독립적으로 다룬 모음집이라고 할 수도 있다. 하지만 나는 프톨레마이오스 이론을 설명할 때 '체계'라는 단어를 계속 사용하려 한다. 개별 논의가 모두 모여 우주의 모든 구성 요소를 예측하는 데 사용할 수 있는 접근법을 이루기 때문이다.

이런 배경 지식을 염두에 두고, 프톨레마이오스 체계를 전체적으로 간단히 살펴보자. 이야기가 복잡해지지 않도록 행성 하나만 선택해 화성에 관한 프톨레마이오스의 설명에 집중하자. 프톨레마이오스의 화성 처리에 포함된 구성 요소들을 먼저 살펴보고 그 구성 요소들의 이론적 근거를 검토하자.

프톨레마이오스의 화성 처리에 포함된 구성 요소

프톨레마이오스가 화성을 처리한 핵심 요소들을 예시한 것이 〔도표 13-1〕이다. 이 도표에서 화성은 A라고 표기된 점 주위를 움직인다. 화성이 움직이는 원, 즉 A점을 중심으로 한 원이 주전원이다.

주전원의 중심인 A점은 B점을 중심으로 한 더 큰 원을 따라 움직인다. A점이 움직이는 더 큰 원을 일컫는 용어가 가상의 원 혹은 이심원이다. B점이 체계의 중심에 (이 경우에는 지구의 중심에) 있느냐 아니면 체계의 중심에서 벗어나느냐에 따라 사용하는 용어가 달라진다. 〔도표 13-1〕에서는

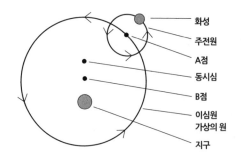

화성
주전원
A점
동시심
B점
이심원
가상의 원
지구

[도표 13-1] 프톨레마이오스 체계의 화성 처리

여러분이 보다시피 주전원 운동의 중심인 B점이 지구의 중심과 일치하지 않으므로 이심원이다.

가상의 원과 이심원의 차이를 확실히 파악하려면 지구가 프톨레마이오스 체계의 중심이라는 것에 주목해야 한다.

즉 프톨레마이오스 체계의 가장 먼 경계선에 (우주의 가장자리인) 항성천이 있고, 지구가 그 항성천의 중심에 위치하므로 지구는 프톨레마이오스 체계의 중심이다. 만일 B점이 지구의 중심과 일치하면 (즉 체계의 중심과 일치하면), B점을 중심으로 한 큰 원을 가상의 원이라 부른다. 하지만 [도표 13-1]에서 예시한 것처럼 B점이 체계의 중심을 벗어나면, B점을 중심으로 한 큰 원을 이심원이라고 부른다.

가상의 원과 이심원은 둘 다 주전원이 따라 움직이는 더 큰 원이라는 측면에서 기본적으로 같다. 중심에서 벗어난 가상의 원이 이심원이라고 생각하면 된다.

동시심equant point은 화성의 주전원이 움직이는 속도와 관련된 점이다. 동시심은 가장 설명하기 어려운 요소이므로, 잠시 뒤에 구성 요소들의 이론적 근거를 검토할 때 자세히 살피기로 하자.

끝으로 이런 구조, 즉 주전원이 더 큰 원을 따라 움직이는 구조를 일컫는 용어가 '주전원과 가상의 원 체계epicycle-deferent system'다. 엄밀히 따지면 가상의 원보다 이심원을 더 많이 적용하지만, 편의상 계속해서 이런 구조를 주전원과 가상의 원 체계로 부르기로 하자.

구성 요소들의 이론적 근거

프톨레마이오스가 화성을 다소 복잡하게 처리한 것은 분명하다. 여러 개의 원이 여러 개의 원을 따라 움직이고, 어떤 원들은 중심을 벗어나고, 게다가 더 이해하기 힘든 동시심까지 가세한다. 이런 구성 요소들이 포함된 이유가 무엇일까?

우선 주전원과 가상의 원 체계가 대단히 유연해서 구성 요소들의 크기와 속도, 운동 방향만 변화시켜도 지극히 다양한 운동이 일어날 수 있기 때문이다. 즉 주전원과 가상의 원 체계에서는 주전원과 가상의 원의 크기를 조절할 수 있는 선택 범위가 넓다. 마찬가지로 행성이 주전원 위에서 움직이는 속도와 주전원이 가상의 원을 (때에 따라 이심원을) 도는 속도를 조절할 수 있는 범위도 넓으며, 주전원이나 가상의 원 위에서 움직이는 방향도 시계 방향이나 시계 반대 방향으로 선택할 수 있다.

이런 유연성 덕분에 선택 사항만 바꾸면 다양한 운동이 생성된다. [도표 13-2]에서 예시한 운동이 모두 가상의 원을 도는 주전원의 운동이다. 점선은 주전원이 지구 주위를 돌 때 화성이 주전원 위에서 움직이는 경로다. 이 모든 운동이 (이 밖에도 아주 다양한 운동이) 단지 주전원의 크기나 가상의 원 (혹은 이심원) 크기, 화성이 주전원 위에서 움직이는 속도, 주전원이 움직이는 속도 등의 요인을 변화시킴으로써 생성될 수 있다.

따라서 주전원과 가상의 원 체계는 대단히 유연하다는 취지에서 유용한 체계다. 게다가 모든 지구 중심 접근법은 주전원이 (혹은 최소한 주전원 만큼 복잡한 장치가) 있어야 행성의 역행운동을 설명할 수 있다. 11장에서 행성이 평소에 운동하는 방향과 '거꾸로' 움직이는 것이 역행운동이라고 설명한 내용이 기억나는가? 화성은 평소에는 매일 밤 항성을 기준으로 조금씩 동쪽으로 이동하지만, 대략 2년에 한 번씩 몇 주간 서쪽으로 이동 한 다음 다시 평소처럼 동쪽으로 2년간 서서히 이동한다.

주전원으로 역행운동을 설명하는 방법을 이해하기 위해 지구와 화성, 항성만 보인다고 가정하자. 지구에서 화성을 거쳐 항성이 보이는 선을 그 으면, 지구에서 볼 때 밤하늘의 항성을 배경으로 화성이 나타날 위치가 그 선에서 드러난다([도표 13-3] 참조).

이제 화성이 주전원 위에서 움직이고 주전원이 지구 주위를 돈다고 상

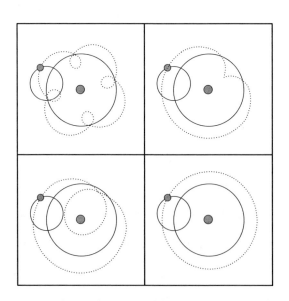

[도표 13-2] 주전원과 가상의 원 체계의 유연성

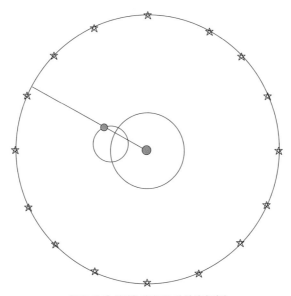

[도표 13-3] 항성을 배경으로 한 화성의 위치

상하자. 지구에서 화성을 거쳐 항성이 보이는 선을 계속 그으면, 시간이 지남에 따라 화성이 밤하늘의 별을 배경으로 나타날 위치가 표시될 것이다([도표 13-4] 참조). [도표 13-4]에 표기된 숫자는 화성의 순차적인 위치를 나타낸다. 도표에 나타나듯, 화성은 대체로 별을 배경으로 한 방향으로 움직이는 것으로 보인다. 즉 1부터 7까지 화성이 항성을 기준으로 꾸준히 동쪽으로 운동한다. 그런데 8에서 화성이 서쪽으로 방향을 틀었다. 화성은 9와 10에서 계속 서쪽으로 이동한 다음 다시 11부터 15까지 평소처럼 동쪽으로 이동한다. 이것이 대체로 주전원과 가상의 원 체계가 역행운동을 설명하는 방식이다. 사실 등속으로 원형 운동을 하는 지구 중심 체계를 확신하는 사람에게는 주전원이 역행운동을 설명하는 가장 좋은 방법이다.

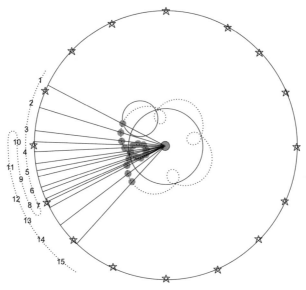

[도표 13-4] 프톨레마이오스 체계의 역행운동 설명

[도표 13-4]에서 예시한 화성의 주전원과 가상의 원의 크기나 속도는 화성에 적합한 크기나 속도가 아니다. 쉽게 설명하려 임의로 선택한 크기와 속도일 뿐이다. 하지만 그 크기와 속도를 조절해 (그리고 다음에 설명하겠지만, 이심원을 사용해) 화성이 '거꾸로' 운동하는 도표를 그리면 화성이 실제 역행운동을 할 때를 정확히 예측하고 설명할 수 있는 모델이 완성된다.

이제 프톨레마이오스가 중심에서 벗어난 가상의 원, 즉 이심원을 사용한 이유를 살펴보자. 이유는 간단하다. 간단한 주전원과 가상의 원을 (지구가 중심인 가상의 원을) 사용하면, 정확하게 예측하고 설명하는 모델이 나올 수 없기 때문이다. 모델이 필요한 기능, 즉 정확한 예측과 설명을 하지 못하는 셈이다. 하지만 주전원과 가상의 원의 간단한 조합을 수정하는 두 가지 선택지 중에서 하나만 고르면 화성의 운동을 상당히 정확하게

예측하고 설명하는 모델을 만
들 수 있다.

첫 번째 선택지는 [도표
13-1]에서 예시한 주전원에 작
은 주전원 하나를 추가하는
방법이다. 그 결과를 예시한
것이 [도표 13-5]다. 작은 주

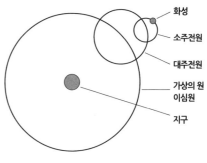

[도표 13-5] 소주전원과 대주전원

전원을 추가함으로써 모델의 유연성이 더욱 증가한다. 그리고 증가한 유
연성을 활용해, 화성에 관해 지극히 정확한 예측과 설명을 하도록 모델을
조정할 수 있다.

이 추가 주전원을 소주전원이라 부르고, [도표 13-1]에 하나로 예시된
주전원과 [도표 13-5]에 더 크게 예시된 주전원을 대주전원이라 부르며
구분하기도 한다. 대주전원과 소주전원의 차이는 대주전원이 역행운동을
설명하는 데 필요하다는 것이다. 대주전원도 유연성을 증가시키긴 하지만
주된 기능은 역행운동을 설명하는 것이다. 그 반면, 소주전원의 목적은 역
행운동을 설명하는 것이 아니라 모델의 유연성을 증가시키는 것이다.

앞서 이야기했듯, 소주전원을 추가하는 방법은 화성에 관한 예측과 설
명을 정확하게 만드는 첫 번째 선택지다. 두 번째 선택지는 가상의 원의
중심을 옮기는 방법, 즉 이심원을 이용하는 방법이다. 이 방법을 예시한
것이 [도표 13-1]이다.

소주전원을 추가하는 방법과 이심원을 이용하는 방법 중 어떤 것을 적
용해도 관찰 데이터와 일치하는 예측과 설명이 나올 것이다. 사실 이 두
가지 방법은 수학적 동치이므로 어떤 방법을 적용하건 같은 효과가 나온

다. 프톨레마이오스는 이심원을 선택했고, 결과적으로 화성에 관한 작도가 [도표 13-1]과 비슷한 모습으로 완성되었다.

마지막으로 설명할 구성 요소는 동시심이다. 동시심 역시 모델이 관찰 데이터를 정확히 설명하고 예측하는 문제와 연관된 것이다. 특히 이 문제는 등속운동이라는 철학적/개념적 사실과 연결된다. 앞서 이야기한 대로 프톨레마이오스 체계가 중요히 다뤄야 했던 두 가지 핵심적인 철학적/개념적 사실은 (천체의 모든 운동이 완벽한 원형이라는) 완벽한 원운동 사실과 (천체의 운동이 빨라지지도 느려지지도 않고 균일하다는) 등속운동 사실이다.

13장의 도표들을 보면, 프톨레마이오스 체계가 완벽한 원운동 사실을 존중했음이 분명히 드러난다. 모든 운동이 완벽한 원형과 연결된다. 이 책에서 우리는 화성을 처리한 방법만 살펴보고 있지만 프톨레마이오스의 모든 작도, 소주전원과 대주전원, 가상의 원, 이심원에서 모두 완벽한 원형이 나타난다. 따라서 프톨레마이오스 체계는 완벽한 원운동 사실을 아무 문제 없이 처리한 것이 분명하다.

등속운동 사실은 상황이 다르다. 프톨레마이오스 체계는 등속운동 사실을 처리하는 데 문제가 있었다. 이해하기 어려운 문제이니 천천히 접근해보자.

우선 뭔가가 움직이는 속도와 방향은 그 운동을 주시하는 사람의 관점에 따라 달라진다는 것에 주목하자. 여러분이 기차를 타고 가며 가방을 발밑에 내려놓았다고 가정하자. 여러분의 관점에서 보면 그 가방은 움직이지 않는다. 여러분과 여러분의 발을 기준으로 같은 위치에 있다.

하지만 기차에 타지 않은 사람의 관점에서 그 가방은 (그리고 여러분을 비롯해 기차에 탄 모든 사람은) 움직이고 있다. 다시 말해 뭔가가 움직이고 있는지 아닌지 그리고 움직인다면 어떤 속도와 방향으로 운동하는지는 관점에 따라 달라진다.

우리가 등속운동 사실을 고찰할 때, 그 운동의 조건이 등속이므로 "어떤 관점을 기준으로 등속인가?"라고 묻는 것은 타당한 질문이다. 그리고 이 질문에 대해 "무엇이건 그 운동의 중심을 기준으로 등속이다"라고 답하는 것은 당연한 대답이다.

주전원 위에서 움직이는 화성의 운동만 보면 문제가 없다. 정말 등속의 운동이다. 화성은 주전원의 중심 주위를 돌 때, 그 중심을 기준으로 등속으로 움직인다.

이제 주전원 중심의 운동을 살펴보자. "주전원 중심의 운동은 무엇을 기준으로 등속이어야 하는가?"라고 묻는다면 두 가지 대답이 나올 것이다. 첫 번째 대답은 주전원 중심은 전체 체계의 중심, 즉 지구의 중심을 기준으로 균일한 속도로 움직여야 한다는 것이다. 두 번째 대답은 주전원 중심은 주전원이 이동하는 이심원의 중심을 기준으로 균일한 속도로 움직여야 한다는 것이다.

둘 중 어느 것을 선택하건, 즉 화성 주전원의 운동을 지구의 중심을 기준으로 등속으로 하건 아니면 화성 이심원의 중심을 기준으로 등속으로 하건 그 체계가 작동하지 않는다는 것이 문제다. 여기서 체계가 작동하지 않는다는 것은 바로 예측과 설명이 정확하지 않다는 의미다. 만일 프톨레마이오스가 등속운동 사실을 아주 단순하게 처리하려 든다면, 그의 체계는 사람들이 받아들일 수 있는 방식으로 관찰 데이터를 처리하지 못할 것이다. 예측과 설명이 정확성을 잃는 것이다.

이 문제를 해결하는 첫 번째 선택지는 등속운동 사실을 기각하는 것이다. 하지만 등속운동은 프톨레마이오스가 활동하기 수 세기 전, 심지어 아리스토텔레스 이전부터 확고하게 정립된 사실이었다. 게다가 앞 장에서 이야기한 대로 등속운동 사실은 천체의 움직임을 이해하는 것과 긴밀히 연결되므로, 등속운동 사실을 기각하는 것은 오래전부터 천체의 운동을 설명하며 이해한 내용을 포기하는 것이나 다름없다. 한마디로 등속운동 사실을 기각하는 것은 실제로 선택할 수 있는 방법이 아니었다.

두 번째 선택지는 화성 주전원의 운동을 지구의 중심이나 이심원의 중심이 아닌 다른 지점을 기준으로 등속이 되도록 만드는 방법이다. 프톨레마이오스는 이 방법을 선택했다. 그리고 화성 주전원이 움직이는 이심원 내부에서 한 점을 계산해내고, 화성 주전원이 그 지점을 기준으로 등속으로 움직이면 모델이 관찰 데이터와 일치하는 것으로 밝혀졌다. 그 지점이 바로 동시심이다.

화성의 동시심은 화성 주전원이 등속으로 움직이는 기준이 되는 지점이다. 하지만 그 지점은 다소 부자연스러운 위치다. 그곳에서 보면 운동이 등속으로 보이겠거니 예상해서 정한 위치가 아니라 예측이 정확하게 나오도록 계산한 위치이기 때문이다.

동시심을 끝으로 화성의 운동을 처리하는 데 필요한 주요 구성 요소들을 간략하게 설명했다. 동시심은 복잡한 장치가 분명하다. 하지만 놀랄 정도로 정확하게 작동하는 장치다.

지금까지 이야기한 내용은 프톨레마이오스 체계에서 화성과 연관된 부분에 불과하지만, 프톨레마이오스 체계의 특징을 보여주기에는 충분할 것이다. 프톨레마이오스는 다섯 행성과 달, 태양, 별을 별도로 다루었다. 그는 다른 행성들을 비롯해 달과 태양도 어느 정도는 화성과 비슷하게 처리했다.

　일반적으로 다른 행성의 운동을 설명하는 작도 역시 (완전히 똑같지는 않지만) 화성을 설명하는 작도와 비슷하다. 행성마다 각각 주전원과 이심원, 동시심이 있다. 수성과 달의 운동을 설명할 때는 화성을 설명할 때보다 더 복잡한 장치가 필요했지만 태양의 운동은 그보다 덜 복잡한 장치로 처리할 수 있었다. 대체로 프톨레마이오스 체계는 태양과 달, 별, 행성을 설명하는 상당히 복잡한 작도 모음집이 분명하다.

　핵심은 프톨레마이오스 체계가 복잡하지만 데이터 처리에서 놀라운 성과를 이루었고, 엄청나게 방대한 천문학 데이터를 역사상 최초로 정확히 설명하고 예측하는 능력을 제공했다는 것이다.

코페르니쿠스 체계

앞 장에서 본 대로 프톨레마이오스 체계는 관련 데이터를 상당히 성공적으로 설명하고 예측했다. 프톨레마이오스 사후 수세기에 걸쳐 그의 이론이 수정되었지만 수정된 내용은 비교적 미미한 정도였고, 기본적으로 프톨레마이오스 이론이 이후 1,400년간 천문학 이론을 주도했다.

그러다 1500년대 들어 니콜라우스 코페르니쿠스Nicolas Copernicus (1473~1543)가 대안이 될 만한 우주론을 개발했다. 코페르니쿠스가 자신의 천문 체계를 개발한 것은 1500년대 초지만, 코페르니쿠스 체계가 발표된 것은 그가 사망하던 해였다.

14장의 목표는 코페르니쿠스 체계가 작동하는 방식을 살피는 것이다. 더불어 코페르니쿠스 체계와 프톨레마이오스 체계를 간략히 비교해 어떤 체계의 우주 모델이 더 신빙성 있는지 살펴본다. 끝으로 코페르니쿠스에게 동기를 부여한 것이 무엇인지 탐구하며, 철학적/개념적 믿음들이 그의 연구에 어떻게 영향을 미쳤는지 주목해서 살펴보자.

배경 지식

코페르니쿠스 체계는 태양 중심 체계다. 현재 우리는 태양을 태양계의 중심으로 보지만, 코페르니쿠스 체계에서 두드러진 내용은 태양을 단지 행성들이 공전하는 중심으로만 보지 않았다는 것이다. 코페르니쿠스는 태양이 전 우주의 중심이라고 생각했다.

코페르니쿠스 체계는 지구와 태양의 위치만 서로 바뀌었을 뿐 여러모로 프톨레마이오스 체계와 비슷하다. 코페르니쿠스도 프톨레마이오스와 마찬가지로 별이 모두 우주의 중심에서 같은 거리를 두고 이른바 항성천에 박혀 있다고 생각했다. 그리고 마찬가지로 이 항성천이 우주의 가장 먼 가장자리라고 생각했다.

코페르니쿠스의 우주는 프톨레마이오스의 우주보다 더 넓었다. 코페르니쿠스의 항성천이 프톨레마이오스 체계를 옹호하는 사람들이 일반적으로 믿던 것보다 더 크고 더 멀리 떨어져 있었다. 하지만 프톨레마이오스의 우주와 마찬가지로 코페르니쿠스의 우주도 현재 우리가 상상하는 우주의 크기에 비하면 작았다. 동시심이 필요 없다는 것이 눈에 띄지만, 코페르니쿠스 체계도 프톨레마이오스 체계처럼 주전원과 가상의 원, 이심원을 이용했다. 대체로 코페르니쿠스 체계는 프톨레마이오스 체계와 상당히 흡사했고, 가장 분명한 차이는 지구와 태양의 위치였다.

코페르니쿠스 체계와 프톨레마이오스 체계가 기본적으로 같은 경험적 사실들을 (11장에서 논의한 중요한 사실들을) 다루었다는 것도 언급할 필요가 있다. 정확히 똑같은 데이터는 아니었다. 프톨레마이오스부터 코페르니쿠스까지 1,400년 동안 새로운 천문학 관찰이 이루어지고 기존의 관찰 오류가 수정되고 (관찰 과정의 실수건 혹은 기록을 옮기는 과정의 실수건) 새로운 관찰 오류가 상당수 포함되었기 때문이다. 하지만 일반적으로 코페르니쿠스 시대에도 이용 가능한 경험적 데이터는 여전히 맨눈 관찰에 기초한 것이었고, 그 데이터는 프톨레마이오스가 처리한 데이터와 비슷했다.

덧붙여 코페르니쿠스도 프톨레마이오스와 마찬가지로 똑같은 철학적/개념적 핵심 사실들에 몰두했다는 점도 중요하다. 코페르니쿠스도 (동시대인 대부분이 그랬지만) 타당한 우주 모델은 반드시 완벽한 원운동 사실과 등속운동 사실을 존중해야 한다는 믿음이 확고했다.

코페르니쿠스와 그의 체계와 관련해 흔히들 오해하는 내용이 많다. 가장 두드러진 오해는 코페르니쿠스 체계가 프톨레마이오스 체계보다 훨씬 더 간단하다는 것이다. 흔히들 코페르니쿠스 체계가 프톨레마이오스 체계보다 예측과 설명이 더 뛰어나고, 지구가 태양 주위의 궤도를 따라 도는 것을 발견하거나 입증한 사람이 코페르니쿠스라고 생각한다. 모두 잘못된 생각이다.

코페르니쿠스 체계는 분명히 프톨레마이오스 체계만큼 복잡하고, 예측과 설명에서 프톨레마이오스 체계보다 더 (떨어지거나) 뛰어나지 않다. 1600년대 초 (주로 새롭게 발명된 망원경 덕분에) 새로운 데이터가 나올 때까지 이용 가능한 증거는 지구가 우주의 중심이라는 견해를 강력하게 지지했다. 코페르니쿠스 체계가 프톨레마이오스 체계보다 더 간단하고 예측과 설명에서도 더 뛰어나다고 주장하는 사람들은 케플러 체계와 혼동했을 가능성이 높다. 16장에서 볼 케플러 체계는 코페르니쿠스가 사후 70년이 지난 뒤에야 비로소 개발되었다.

이런 배경 지식을 염두에 두고, 코페르니쿠스 체계를 간단히 살펴보자.

코페르니쿠스 체계의 개요

프톨레마이오스 체계를 설명할 때와 마찬가지로 행성 하나에 집중해서 문제를 단순화해보자. 이번에도 화성을 예로 들어 〔도표 14-1〕부터 살펴보자. 참고로 도표에 예시한 원들의 크기는 일정한 비율에 맞춘 것이 아니라 구분하기 쉽도록 임의로 정한 것이다. 코페르니쿠스 체계에서는 화성이 A점 주위를 원을 그리며 이동한다(작은 원이 주전원이다). A점은 B점 주위를 원을 그리며 움직인다(이 원이 가상의 원이고, 중심을 벗어나면 이심원이다). B점도 움직이긴 하지만 C점을 기준으로 보면 고정된 위치에 머무른다. C점은 지구가 움직이는 이심원의 중심이다(그림이 복잡해지지 않도록 지구를 생략했지만, 지구를 그려 넣으면 C점이 지구 이심원의 중심이 된다). C점은 D점 주위를 원형으로 움직이고, D점은 태양 주위를 원형으로 움직인다. 코페르니쿠스 체계가 프톨레마이오스 체계만큼 복잡하다고 이야기한 것은 다 그럴 만한 이유가 있기 때문이다.

코페르니쿠스 체계도 프톨레마이오스 체계와 상당히 흡사하게 주전원과 가상의 원, 이심원이 복잡하게 겹친다. 하지만 이 도표에 동시심이 없다는 것이 눈에 띌 것이다. 사실 코페르니쿠스 체계는 동시심이 필요 없다. 그리고 코페르니쿠스 체계도 주전원을 이용하지만 이 주전원의 기능은 유연성을 제공하는 것이지, 프톨레마이오스 체계의 주전원처럼 역행운동을 설명하는 것이 아니다.

"코페르니쿠스에게 이처럼 복잡한 장치가 필요했던 이유가 무엇인가?"라고 묻는다면 그런 장치가 없으면 예측과 설명을 할 수 없기 때문이다. 즉 코페르니쿠스는 이처럼 복잡한 장치를 이용해 프톨레마이오스 체계와 마찬가지로 예측과 설명에 상당히 뛰어난 (프톨레마이오스 체계보다 더 뛰어나지는 않아도 그에 필적하는) 체계를 구축할 수 있었다. 이런 장치를 이용하지 않으면 코페르니쿠스는 이미 알려진 데이터와 일치하는 모델을 만들 수 없었다. 코페르니쿠스 체계도 프톨레마이오스 체계와 마찬가지로 복잡하지만, 모든 사항을 고려할 때 효과적이다. 관련 데이터를 놀랄 만큼 정확하게 예측하고 설명한다.

지금까지 화성의 운동만 이야기했지만 코페르니쿠스 체계에서 다른 외행성, 예를 들어 목성과 토성을 설명할 때도 [도표 14-1]에 예시한 것과 비슷한 장치가 필요했다. 지구와 달은 그에 비해 조금 더 간단한 장치로 설명할 수 있었지만, 내행성인 수성과 금성의 운동을 설명할 때는 화성을 설명할 때보다 더 복잡한 장치를 이용했다. 한마디로 코페르니쿠스 체계가 프톨레마이오스 체계만큼이나 복잡한 것이 분명하다.

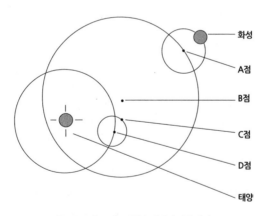

[도표 14-1] 코페르니쿠스 체계의 화성 처리

프톨레마이오스 체계와 코페르니쿠스 체계 비교

사실 존중

우리가 과학 이론에 바라는 것이 무엇이건, 과학 이론은 반드시 관련 데이터를 예측하고 설명할 수 있어야 한다. 경험적 데이터를 정확하게 설명한다는 측면에서는 프톨레마이오스 체계와 코페르니쿠스 체계가 기본적으로 다르지 않다. 둘 다 완벽하지는 않지만 상당히 정확하다. 이 두 가지 체계를 각각 사용해 지금부터 정확히 1년 뒤 화성이 밤하늘에 나타날 위치를 예측하거나, 향후 10년간 하지 날짜를 예측하거나, 그 어떤 다양한 천문학 사건을 예측할 경우 두 체계가 모두 사실과 거의 일치하는 예측을 제공할 것이다.

완벽한 원운동 사실과 등속운동 사실이라는 철학적/개념적 사실과 관련해서는 코페르니쿠스 체계가 조금 더 뛰어나다. 프톨레마이오스 체계와 코페르니쿠스 체계 모두 완벽한 원운동 사실을 존중해 행성 운동과 별 운동의 모델을 만들 때 오직 완벽한 원형만 사용했다. 그런데 앞 장에서 살펴본 대로 프톨레마이오스 체계는 등속운동 사실을 처리할 때 동시심이라는 다소 부자연스러운 장치를 사용했다. 그에 비해 코페르니쿠스는 동시심을 제거하고, 등속운동 사실을 간단히 처리했다. 이 두 가지 '사실'이 우리가 보기에는 상당히 생소해도 프톨레마이오스나 코페르니쿠스의 동시대 사람들은 대부분 이 두 가지 사실을 철석같이 믿었고, 이 사실들을 존중하는 것이 중요한 문제였다. 한편 코페르니쿠스는 동시심을 제거한 것이 자신의 이론이 더 나은 가장 큰 이유라고 자부했다.

프톨레마이오스 체계와 코페르니쿠스 체계는 경험적 사실을 예측하고 설명하는 점에서는 별 차이가 없다. 다만 철학적/개념적 사실과 관련해서는 코페르니쿠스 체계가 조금 더 간단하게 등속운동 사실을 처리했다.

복잡성

두 체계는 복잡성에서도 거의 차이가 없다. 가령 (주전원과 가상의 원, 이심원 등) 필요한 장치의 유형을 비롯해 사용한 장치들의 수량을 검토하면 코페르니쿠스 체계나 프톨레마이오스 체계 모두 복잡하다. 이런 체계의 복잡성을 정확히 계량할 수 없고 우리가 두 체계의 복잡성을 정확히 비교할 수는 없지만 다음과 같은 의견에는 모두 동의할 것이다. 두 체계가 모두 매우 복잡하고, 복잡성에 관한 한 둘 사이에 차이가 없다는 것이다.

역행운동과 한결 '자연스러운' 설명

프톨레마이오스가 행성이 가끔 '거꾸로' 움직이는 역행운동을 설명한 내용을 다시 생각해보자. 프톨레마이오스 체계에서는 행성마다 대주전원이 필요했고, 주로 행성의 역행운동을 설명하는 것이 대주전원의 목적이었다. 그에 비해 코페르니쿠스 체계는 역행운동을 사뭇 다르게 설명한다. 이번에도 화성을 예로 들겠지만 다른 행성의 역행운동도 비슷하게 설명할 수 있다.

코페르니쿠스 체계에서 지구는 태양을 기준으로 세 번째 행성이고, 화성은 네 번째 행성이다. 그리고 화성이 태양 주위를 한 번 공전하는 동안 지구는 거의 두 번 공전한다. 그 결과 대략 2년에 한 번씩 지구가 화성을 따라잡은 뒤 추월한다. 그래서 지구가 화성을 추월하는 동안 지구에서 보면 화성이 별을 배경으로 거꾸로 이동하는 것처럼 보인다. 〔도표 14-2〕

를 참고하면 쉽게 이해할 수 있다. 이 도표에 그린 직선도 지구에서 화성을 거쳐 별이 보이는 선이고, 별을 배경으로 화성이 나타날 위치가 표시되어 있다. 대체로 한 방향으로 움직이는 직선들은 화성이 평소 항성을 기준으로 동쪽으로 이동하는 것을 나타낸다. 화성은 1부터 3까지 평소처럼 동쪽으로 움직인 다음 4부터 6까지 서쪽으로 이동한 뒤 7부터 8까지 다시 평소처럼 동쪽으로 서서히 이동한다.

역행운동과 관련해 11장 마지막 부분에서 사소한 것처럼 보인다며 논의한 경험적 사실을 기억해보자. 화성과 목성, 토성이 모두 역행운동을 할 무렵에 가장 밝게 보인다는 사실이다. [도표 14-2]를 다시 보면 이런 현상이 기대되는 이유를 알 수 있다. 코페르니쿠스 체계에서는 지구가 화성을 따라잡고 추월할 때만 화성이 역행운동을 한다. 이때 지구와 화성

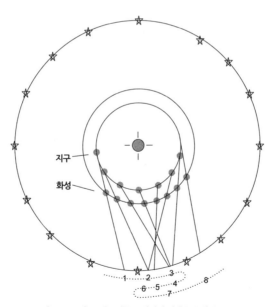

[도표 14-2] 코페르니쿠스 체계의 역행운동 설명

의 거리가 가장 가깝다는 것에 주목하면 화성이 이 시기에 가장 밝게 보일 것으로 예상할 수 있다. 목성과 토성도 마찬가지다. 목성과 토성도 지구와 가장 가까운 시기 즈음에 역행운동을 할 것이다. 따라서 코페르니쿠스 체계는 화성과 목성, 토성의 역행운동과 이 행성들이 가장 밝게 보이는 시기의 상관관계를 상당히 자연스럽게 설명한다.

한층 더 자연스러운 설명을 보자. 11장 마지막 부분에서 사소한 것처럼 보인다며 논의한 또 다른 경험적 증거도 생각해보자. 금성과 수성은 태양에서 절대 멀리 떨어져 보이지 않는다는 증거 말이다. 코페르니쿠스 체계에서 금성과 수성은 (지구와 태양 사이에 있는) 내행성이다. 따라서 금성과 수성이 태양 주위를 움직이며 어느 위치에 있든, 지구에서 보면 두 행성이 태양과 함께 같은 하늘 영역에서 보일 수밖에 없다.

코페르니쿠스 체계는 역행운동, 화성과 목성, 토성의 겉보기 밝기와 역행운동의 상관관계, 금성과 수성이 늘 태양과 가까이 있는 사실을 한결 자연스럽게 설명한다. 코페르니쿠스 체계의 장점이다.

실재론적 관점에서는 어떤 체계의 우주 모델이 더 신빙성이 있을까?

앞에서 도구주의와 실재론을 논의한 내용이 기억나는가? 도구주의는 이론을 대할 때 그 이론이 관련 데이터를 얼마나 잘 예측하고 설명하는지에 주목하는 태도다. 반면 실재론은 이론이 예측하고 설명할 뿐 아니라 실제 상황을 반영하거나 실제 상황의 모델을 보여주길 기대하는 태도다.

거의 모든 사람이 주전원 등 코페르니쿠스 체계와 프톨레마이오스 체계의 다양한 장치에 대해 도구주의적 태도를 보였다. 대부분 사람이 두 체계의 다양한 장치를 물리적 실재로 보지 않고 정확한 예측과 설명에 필요한 수학적 장치로 보았다. 따라서 주전원 등의 장치에 대해서는 대체로 실재론적 쟁점이 제기되지 않는다.

하지만 두 이론의 지구중심설과 태양중심설은 실재론적 쟁점과 아주 큰 연관이 있다. 따라서 이렇게 묻는 것이 타당할 것이다. 실재론적 입장에서는 어떤 우주 모델, 즉 지구중심설로 접근한 프톨레마이오스의 우주 모델과 태양중심설로 접근한 코페르니쿠스의 우주 모델 중 어느 것이 더 신빙성 있는 우주 모델인가?

이 질문과 관련해 그 당시 이용 가능한 데이터는 프톨레마이오스 체계를 강력하게 지지했다. 10장에서 이야기한 논증을 떠올려보자. 지구가 정지해 있고 우주의 중심에 있다는 결론을 지지한 논증들이다. 이 논증들은 (비록 미묘한 이유 때문에 결국 오해로 밝혀졌지만) 모두 강력한 논증이고, 따라서 당시 최고의 과학에 더 적합한 체계가 무엇이었냐는 질문에 대한 답은 분명하다. 프톨레마이오스 체계가 코페르니쿠스 체계보다 훨씬 더 적합했다.

프톨레마이오스 체계와 코페르니쿠스 체계는 예측과 설명, 복잡성에서 차이가 나지 않는다. 코페르니쿠스 체계는 동시심을 제거함으로써 등속운동 사실을 더 간단하게 처리했고, 역행운동, 행성의 밝기 차이와 역행운동 시기의 상관관계, 금성과 수성이 언제나 태양 근처에 있는 사실을 더 간단하게 설명했다. 하지만 이런 코페르니쿠스 체계의 장점들도 지구가 정지해 있음을 암시할 뿐만 아니라 프톨레마이오스 체계와 더 부합한 그 당시 사용 가능한 증거들에 비교하면 상대적으로 미미한 것이었다.

코페르니쿠스에게 동기를 부여한 것은 무엇일까?

이미 언급한 대로 코페르니쿠스 체계는 프톨레마이오스 체계와 상당히 비슷했다. 두 체계가 모두 주전원과 가상의 원, 이심원을 폭넓게 사용했고, (동시심을 제거하고 역행운동을 설명한 것 외에는) 거의 모든 면에서 코페르니쿠스 체계가 프톨레마이오스 체계보다 더 나은 것이 없었으며, (지구가 정지해 있다는 믿음과 지구가 움직인다는 믿음 중 어떤 믿음이 더 합리적인가 등의 문제처럼) 중요한 쟁점에서는 코페르니쿠스 체계가 오히려 프톨레마이오스 체계보다 훨씬 더 뒤처졌다.

이처럼 코페르니쿠스 체계가 겨우 몇 가지 사소한 장점만 지니고 당시 최고의 물리학과 양립하지 않는다는 중대한 단점을 지녔다면 코페르니쿠스에게 그런 체계를 개발하도록 동기를 부여한 것은 도대체 무엇일까? 코페르니쿠스는 자신의 천문 체계를 구축하는 데 삶의 대부분을 바쳤다. 만일 지구가 움직일 리 없다고 생각할 충분한 근거가 있었다면 코페르니쿠스가 그런 생각이 옳지 않을 수도 있다는 이론을 개발하는 데 그토록 긴 시간을 바친 이유가 무엇일까?

이 질문에 대해 지금 여기서 충분한 답변을 제시할 수는 없다. 하지만 이 질문을 통해 우리는 철학적/개념적 쟁점이 어떻게 코페르니쿠스 같은 과학자들의 연구에 동기를 부여했는지 탐구할 수 있다. 많은 학자는 신플라톤주의 성향과 완벽한 원형 등속운동의 철학적/개념적 믿음에 대한 신뢰가 코페르니쿠스에게 태양 중심 체계를 개발하도록 동기를 부여한 핵심 요인이었다고 주장한다. 이런 주장을 간략하게 살펴보자.

신플라톤주의

신플라톤주의는 한마디로 플라톤 철학의 '그리스도교' 버전이다. 기원전 400년 무렵에 생존한 플라톤은 간단히 말해 객관적이고 비물질적인 영원한 '형상'이 다양하게 존재한다고 믿었다. 이런 형상이 지식의 대상이었다. 즉 우리가 단순한 믿음이나 의견이 아니라 지식을 얻으면, 그 지식은 하나 이상의 형상에 대한 지식이다. 가령 우리가 피타고라스의 정리나 수학의 진리들을 알게 되면(직각삼각형 도형처럼), 이 세상에 있는 대상에 대한 지식을 습득하는 것이 아니라 객관적으로 존재하는 비물질적이고 영원한 형상에 대한 지식을 습득하는 것이다.

플라톤에 따르면 형상은 수학의 진리뿐 아니라 진리와 미의 형상처럼 '더 높은' 형상도 포함한다(이런 형상이 더 높은 형상인 이유는 파악하기가 더 어려울 뿐만 아니라 더 중요하기 때문이다). 그중 가장 높은 형상은 선Good의 형상이다. 선의 형상을 직접 거론한 적은 거의 없지만, 플라톤은 이 형상이 가장 높고 가장 중요한 형상이라고 분명히 밝혔다.

플라톤은 선의 형상을 직접 거론하지 않고 은유적으로 설명한다. 특히 플라톤은 언제나 태양을 은유로 들어 선을 설명한다. 가령 플라톤은 태양이 모든 생명의 근원이듯 선의 형상이 모든 진리와 지식의 근원이라고 이야기한다. 마찬가지로 동굴 비유에서도 플라톤은 동굴에서 벗어난 죄수가 마침내 태양을 올려다볼 수 있게 된다고 설명한다. 이 비유에 등장하는 죄수는 자신의 지적 여정을 마치고 (동굴로 상징되는) 무지에서 탈출해 마침내 가장 높은 진리, 즉 (태양으로 상징되는) 선의 형상을 이해하게 된 철학자를 의미한다. 요컨대, 동굴 비유에서도 태양이 언제나처럼 선의 은유다.

플라톤 사후 수백 년이 지나고, 신플라톤주의 운동으로 플라톤의 철학과 그리스도교가 통합되었다. 신플라톤주의에서 한 가지만 강조하면, 신플라톤주의자들은 플라톤의 선의 형상을 그리스도교의 신과 동일시했다. 플라톤이 선의 은유로 사용한 태양이 신을 상징하게 된 것이다.

신플라톤주의는 서구 역사의 여러 시기에 걸쳐 철학으로 등장했다가 사라졌다. 코페르니쿠스 시대에도 신플라톤주의는 생소한 철학이 아니었다. 코페르니쿠스와 신플라톤주의를 연관시킬 만한 확실한 증거는 없지만 코페르니쿠스도 학생 시절에 신플라톤주의 사상에 노출되었을 가능성이 높다. 실제 코페르니쿠스의 글 중에 신플라톤주의 성향이 분명히 드러나는 구절도 있다. 그런 구절과 학생 시절 신플라톤주의를 접했을 가능성에 근거해 코페르니쿠스가 신플라톤주의에서 큰 영향을 받았다고 주장하는 학자가 많다. 물론 그렇게 확신하지 않는 학자들도 있다. 하지만 만일 코페르니쿠스가 신플라톤주의의 영향을 받았다면 코페르니쿠스와 태양중심설의 연결이 분명해진다. 태양을 우주에 존재하는 신의 물질적 표상으로 보면 신의 표상이 존재하기 적절한 장소가 우주의 중심이 될 것이기 때문이다. 이런 설명에 따르면, 코페르니쿠스가 태양 중심 우주론을 추구한 주된 이유는 신플라톤주의에 크게 영향받은 철학적 믿음 때문이다.

등속 원형 운동에 대한 코페르니쿠스의 신뢰

대부분 천문학자가 별과 행성의 운동이 완벽한 원형이며 절대 빨라지지도 느려지지도 않고 등속이라는 믿음을 얼마나 깊이 신뢰했는지 여러 번 이야기했다. 그러한 신뢰는 주로 철학적/개념적 신뢰였다. (별이 원형으로 움직인다는 등의) 이런 믿음을 지지하는 경험적 증거는 그리 많지 않았지만, 이런 믿음을 신뢰하는 정도는 경험적 증거의 크기를 한참 넘어섰다.

프톨레마이오스는 동시심이라는 다소 부자연스러운 장치를 이용함으로써 등속운동 사실을 겨우 처리할 수 있었다. 화성 등 행성의 주전원은 동시심이라는 가상의 지점을 기준으로 등속으로 움직인다. 동시심과 화성 주전원의 중심을 연결한 선은 같은 시간 동안 같은 각도만큼 움직이고, 이런 의미에서 화성 주전원은 동시심을 기준으로 등속으로 운동한다. 하지만 화성 주전원이 지구를 기준으로 혹은 화성 주전원이 이동하는 원의 중심을 기준으로는 등속으로 움직이지 않는 것이 확실하다. 거의 모든 천문학자는 프톨레마이오스 체계가 경험적 데이터를 훌륭하게 설명할 수 있고 그런 측면에서 아주 유용하고 귀중한 모델이라는 사실을 고려해 동시심이라는 임시방편을 기꺼이 받아들였다.

하지만 코페르니쿠스는 생각이 달랐다. 등속운동론을 아주 깊이 신뢰한 코페르니쿠스는 동시심이라는 장치를 인정할 수 없었고, 그런 신뢰가 동시심이 필요 없는 체계를 개발하도록 코페르니쿠스에게 동기를 부여했다.

이런 설명에서 코페르니쿠스에게 자신의 이론을 개발하도록 동기를 부여한 것은 경험적 데이터가 아니라 철학적/개념적 '데이터'임이 분명히 드러난다. 사실 특별히 드문 사건이 아니다. 과학의 역사에서 (늘 그런 것은 아니지만) 철학적/개념적 신뢰가 과학자에게 새로운 이론을 개발하도록 동기를 부여한 일은 많다. 그런 점을 고려하면 코페르니쿠스는 절대 유별난 과학자가 아니었다.

마지막으로 강조하고 싶은 사항이 있다. 우리 모두의 사고방식에 깊이 각인되어 분명한 경험적 사실로 보이는 철학적/개념적 믿음이 많다는 것이다. 역사를 뒤돌아보면 완벽한 원운동 사실과 등속운동 사실처럼 본래 철학적/개념적 믿음인 사실을 찾아내기가 어렵지 않다. 그리고 그런 사실이 코페르니쿠스 같은 과학자에게 동기를 부여한 사례도 어렵지 않게 찾을 수 있다. 하지만 우리 자신의 철학적/개념적 신뢰 중에서 경험적 믿음으로 변장한 것을 가려내기는 무척 어렵다. 나중에 최근의 과학 사례를 다룰 때 우리 자신의 철학적/개념적 신뢰들을 구체적으로 살펴볼 것이다.

코페르니쿠스 이론의 수용

당시 모든 증거가 지구가 정지해 있음을 암시하는 상황에서 코페르니쿠스의 이론은 옳지 않은 이론으로 보일 수 있었다. 따라서 그의 이론이 즉시 기각되거나, 그의 이론을 배우거나 논의하는 사람이 분명히 많지 않았을 것이라는 생각이 들 수도 있다.

하지만 사실은 코페르니쿠스가 사망한 (즉, 코페르니쿠스 체계가 발표된) 다음부터 1500년대 말까지 많은 사람이 그의 이론을 읽고 논의하고 가르치고 활용했다. 코페르니쿠스 체계가 프톨레마이오스 이후 1,400년 만에 최초로 발표된 철저하고 정교한 천문 체계였다는 이유가 일부 작용했다. 그리고 보면 당시 사람들이 코페르니쿠스 체계에 깊은 인상을 받아 그를 '제2의 프톨레마이오스'라 부른 것도 당연했다.

코페르니쿠스 체계가 널리 알려진 또 다른 이유도 있다. 천체력이다. 천체력은 프톨레마이오스 체계 같은 천문 체계를 일차적으로 활용하는 방법이다. 예를 들어 내가 어떤 천문학 사건을 알고 싶어 한다고 가정하자. 그래서 야외 행사를 계획할 일이 있어서 태양이 지는 시간을 알아야 한다 치자. 현재 통용되는 최고의 천문학 이론을 활용해 해가 지는 시간을 계산해낼 수도 있겠지만, 대단히 힘든 작업이 될 것이다. 그 대신 훨씬 더 간편한 방법이 있다. 인터넷에 접속해 해가 지는 시간을 검색하면 된다.

인터넷에서 (혹은 현재 통용되는 책력 등 다른 출처에서) 확인하는 해넘이 시간 정보는 현재 통용되는 천문학 이론에서 나온 것이지만, 그런 데이터가 모인 것은 많은 사람의 덕분이다. 천체력도 비슷했다. 천체력은 당대 최고의 이론에서 나온 것이고 천문학 데이터가 필요한 사람은 천체력에서 정보를 얻었다. 물론 우리 역사의 대부분 시간 동안 당대 최고의 이론은 프톨레마이오스 이론이었다.

1500년대가 되자 새로운 천체력이 절실히 필요했다(기존 천체력은 1200년대에 제작되어 시대에 뒤떨어졌기 때문이다). 그때 한 천문학자가 코페르니쿠스 이론에 기초해 새로운 천체력을 완성했다. 코페르니쿠스 체계나 프톨레마이오스 체계나 모두 예측과 설명이라는 면에서 기본적으로 동등하므로 그 천문학자는 어떤 체계를 이용하건 똑같은 품질의 천체력을 완성했을 것이다. 하지만 그는 코페르니쿠스 체계를 이용해 천체력을 완성했고, 그 덕분에 코페르니쿠스 체계가 널리 알려지고 명성을 얻었다.

그에 따라 1500년대 후반 코페르니쿠스 체계가 널리 알려져, 많은 사람이 그의 체계를 배우고 유럽의 많은 대학이 그의 체계를 가르쳤다. 하지만 중요한 사실은 거의 모든 사람이 코페르니쿠스 체계에 대해 도구주의적 태도를 지켰다는 것이다. 즉 (일부 신플라톤주의자를 비롯해 코페르니쿠스 체계를 실재론적으로 받아들인 사람들도 없진 않았지만) 거의 모든 사람이 거의 예외 없이 코페르니쿠스 체계를 실용적인 장치로만 활용했을 뿐 코페르니쿠스 체계가 실제 우주의 모습을 반영한다고 생각하지는 않았다. 1500년대 말에는 프톨레마이오스 체계와 코페르니쿠스 체계가 평화롭게 공존했다(최소한 천문학자들 사이에서는 평화롭게 공존했다. 일부 종교 지도자들이 코페르니쿠스 체계를 강력하게 반대했지만, 경험적 이유가 아닌 종교적 이유 때문이었다). 대체로 천문학자들은 프톨레마이오스 체계에 대해서는 (혹은 최소한 프톨레마이오스 이론의 지구중심설에 대해서는) 실재론적 태도를 지켰고, 코페르니쿠스 체계에 대해서는 도구주의적 태도를 보였다. 코페르니쿠스 체계를 비록 우주의 실제 모습을 반영하지는 않지만 유용한 체계로 받아들였다.

지금까지 코페르니쿠스 체계를 간략히 설명하고, 프톨레마이오스 체계와 비교하고, 코페르니쿠스가 자신의 천문 체계를 개발한 동기를 검토했다. 그리고 1500년대 말 천문학자들이 비록 도구주의적 태도를 지키긴 했으나 코페르니쿠스 체계에 호응했다고 설명했다. 광범위한 내용을 아주 짧은 지면에서 다루다 보니 간략하게 설명할 수밖에 없었지만 최소한 코페르니쿠스 체계와 그에 관한 핵심 쟁점이 무엇인지는 충분히 감지했을 것이다.

코페르니쿠스 체계와 프톨레마이오스 체계가 비교적 평화롭게 공존하던 상황은 1600년대 초에 극적인 변화를 맞는다. 이 시기에 발명한 망원경 덕분에 최소한 역사 기록을 시작한 이래 최초로 새로운 천문학 데이터를 확인할 수 있었기 때문이다. 15장과 16장에서는 중요한 천문 체계 두 가지를 추가로 짧게 설명한 다음, 망원경 덕분에 등장하게 된 새로운 데이터를 살펴볼 것이다.

티코 체계

15장에서는 티코의 천문 체계를 간단히 설명한다. 티코 체계는 어떻게 보면 프톨레마이오스 체계와 코페르니쿠스 체계를 조금씩 섞은 것이다. 새로운 구성 요소를 사용하기보다는 주로 익숙한 구성 요소들을 재배치한 체계이므로 상당히 빠르게 설명할 수 있다. 기본적인 정보부터 이야기하자.

티코 브라헤Tycho Brahe(1546~1601)는 1500년대 후반 저명한 천문학자였다. 현재 티코 체계라고 불리는 대안적인 천문 체계 개발과 수십 년에 걸친 대단히 정확한 경험적 관찰이 그가 남긴 주요 업적이다. 티코의 천문 관측이 케플러 체계를 개발하는 데 결정적인 영향을 미쳤지만 케플러 체계는 다음 장에서 다루도록 하고, 티코의 천문 체계를 빠르게 살펴보자.

당시 대부분 천문학자와 마찬가지로 티코도 코페르니쿠스 체계를 잘 알고 있었다. 그리고 티코는 어떤 면에서는 코페르니쿠스 체계가 프톨레마이오스 체계보다 뛰어나다고 생각했다. 앞 장에서 이야기한 대로 코페르니쿠스 체계는 프톨레마이오스 체계보다 역행운동을 더 간단하고 어떤 면에서는 더 우아하게 설명했다.

　하지만 당시 천문학자 대부분이 그랬듯 티코도 정지한 지구를 암시하는 증거가 우세하다고 인정했고, 따라서 실재론적 관점에서 코페르니쿠스 체계가 올바른 우주 모델일 리 없다고 생각했다. 그래도 티코는 코페르니쿠스 체계의 장점을 대부분 수용하는 동시에 지구를 우주의 중심으로 삼은 체계를 개발했다.

　티코 체계에서 지구는 우주의 중심이며 항성천은 우주의 가장자리다. 달과 태양은 지구 주위를 돈다. 하지만 행성들은 태양 주위를 돈다. 지구가 우주의 중심에 정지해 있으며 달과 태양이 지구 주위를 돌지만 행성 운동의 중심은 태양이다. 주전원 등의 구성 요소들을 생략하고 단순화해서 티코 체계를 그리면 〔도표 15-1〕과 같은 모습이다. 지금까지 설명한 내

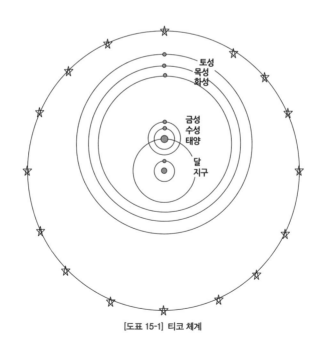

[도표 15-1] 티코 체계

용이나 도표에서 분명히 드러나진 않지만, 사실 티코 체계는 코페르니쿠스 체계와 수학적 동치다. 수학적으로 코페르니쿠스 체계를 티코 체계로 (정반대로 티코 체계를 코페르니쿠스 체계로) 변환할 수 있다. 따라서 티코 체계는 11장에서 논의한 경험적 데이터의 예측과 설명이라는 면에서 코페르니쿠스 체계와 동등하다. 코페르니쿠스 체계와 마찬가지로 티코 체계도 경험적 데이터를 완벽하진 않지만 훌륭하게 처리한다.

앞서 언급한 대로 티코 체계의 장점 중 하나는 코페르니쿠스 체계의 장점들을 지키는 동시에 지구를 우주의 중심에 둘 수 있다는 것이다. 우리가 보기에는 티코 체계가 왠지 이상해 보이지만, 프톨레마이오스 체계와 코페르니쿠스 체계의 가장 매력적인 특징을 통합한 체계다.

게다가 티코가 사망하고 얼마 지나지 않아서 새롭게 발명된 망원경이 최소한 일부 행성은 태양 주위를 돈다고 암시하는 새로운 증거를 제공했다. 그러자 티코 체계가 새롭게 발견된 증거에 부합하게 행성들이 태양 주위를 도는 동시에 10장에서 논의한 증거와 논증에 부합하게 지구가 정지해 있다고 볼 수 있는 대안이 되었다. 요컨대 티코 체계가 지구 중심 접근법과 태양 중심 접근법의 매력적인 특징들을 지킬 수 있는 절충안이 되었다.

간단히 덧붙이면, 티코 체계는 지금껏 사라지지 않았다. 티코 체계를 (정확히 표현하면, 주전원을 제거하고 타원형 궤도를 통합하는 등 약간 수정한 티코 체계를) 올바른 우주 모델로 옹호하는 책이 최근에도 네 권이나 출간되었다. 지금도 계속해서 지구가 우주의 중심이라고 믿는 사람이 적지 않다 (앞에서 언급한 책의 저자들을 포함해 이런 사람들은 대부분 특정 종교 경전을 글자 그대로 해석해 지구가 우주의 중심이라고 믿는다). 실제 지구중심설을 믿는 사람에게는 티코 체계가 최고의 대안이다.

　이것으로 티코 체계에 대한 간략한 설명을 마치자. 또 하나 중요한 체계인 케플러 체계를 설명한 다음 망원경의 발명으로 이용할 수 있게 된 새로운 증거들을 살펴보자.

16

케플러 체계

16장에서는 요하네스 케플러Johannes Kepler(1571~1630)가 개발한 체계를 탐구하고 그에게 동기를 부여한 요인들을 살펴본다. 앞으로 이야기하겠지만, 케플러는 기본적으로 '일을 제대로 해냈다.' 예측과 설명도 완전 정확하고 다른 체계들보다 훨씬 간단한 체계를 개발한 것이다. 게다가 케플러 체계는 실재론적 관점에서 볼 때도 달과 행성이 실제로 움직이는 모습을 설명하는 것으로 보인다. 사실 달과 행성의 운동에 관한 케플러의 견해는 기본적으로 현재 우리의 견해와 다르지 않다.

케플러는 흥미로운 인물이다. 그가 개발한 체계뿐 아니라 그에게 새로운 체계를 개발하도록 동기를 부여한 요인들도 살펴보겠지만, 코페르니쿠스와 마찬가지로 케플러에게 동기를 부여한 요인 중에도 과학적이라기보다는 오히려 철학적/개념적인 요인이 포함되었다. 본격적으로 검토하기에 앞서 먼저 배경 자료부터 살펴보자.

배경 지식

케플러는 코페르니쿠스 체계가 발표되고 수십 년이 지난 1571년에 태어났다. 망원경이 발명되어 태양중심설을 지지하는 새로운 경험적 증거들이 등장하기 수십 년 전이었다. 케플러는 20대 후반에 천문학자 겸 천체 관측자였던 티코 브라헤의 조수로 들어갔다. 케플러가 합류하고 채 2년도 지나기 전에 티코가 사망하는 바람에 두 사람의 협업 기간은 길지 않았다. 그러나 티코는 궁극적으로 케플러 체계를 개발하는 데 중대한 영향을 미쳤다. 티코가 케플러에게 미친 영향이 무엇인지 살펴보자.

티코 브라헤의 경험적 관찰

앞 장에서 이야기한 대로 티코가 남긴 주요한 업적은 티코 체계의 개발과 대단히 정확한 경험적 관찰이다. 앞 장에서 티코 체계를 간단히 살펴보았지만, 궁극적으로 케플러 체계를 개발하는 데 훨씬 더 중요하게 작용한 것은 티코의 천문 관측이다.

한마디로 티코는 당대에 가장 신중하고 정확하고 성실한 관측자였으며, 역사를 통틀어 최고의 육안 관측자다. 그는 20여 년에 걸쳐 태양과 달, 행성의 운동에 관해 대단히 정확한 (맨눈으로 관찰할 수 있는 한도 내에서) 데이터를 모았다. 특히 화성이 관찰되는 위치와 관련한 방대한 데이터를 축적했고, 그 데이터가 케플러 체계를 개발하는 데 결정적인 요인으로 작용했다.

티코와 케플러

티코가 사망한 뒤 케플러는 티코가 수집한 핵심 데이터를 입수했고, 주로 그 데이터를 활용한 덕분에 자신의 천문 체계를 구축할 수 있었다.

케플러 체계가 티코의 데이터에서 쉽고 간단하게 추론된 것은 아니다. 케플러는 자신의 천문 체계를 개발하기 위해 대단히 공을 들였고, 올바른 접근법을 파악하는 데만 수년이 걸렸다. 화성에 관한 데이터가 특히 중요했다. 케플러가 추론한 결과 프톨레마이오스 체계와 코페르니쿠스 체계, 티코 체계 등 다른 천문 체계들은 티코가 관찰한 화성의 위치를 완전하게 설명하지 못했기 때문이다. 케플러가 보기엔 제대로 설명하는 체계가 하나도 없었다.

케플러는 화성의 운동에 집중해 대안적인 접근법을 모색했다. 눈에 띄는 점은 그가 모색한 대안적인 접근법의 기초가 태양중심설이라는 것이다. 그가 태양중심설을 기본으로 삼은 여러 이유가 있지만, 대학 시절 코페르니쿠스 체계를 열렬히 지지한 교수의 영향도 일부 작용했다.

케플러가 초기에는 화성을 처리하는 데만 집중했기에 처음부터 케플러 '체계'로 부르기는 다소 무리가 있다. 하지만 결국 케플러는 화성을 시작으로 몇 년 안에 나머지 행성과 태양, 달도 성공적으로 처리하며 명실상부한 체계를 구축했다. 몇 년 내로 전체적인 설명이 완성된 상황을 고려해, 편의상 케플러 체계라고 부르기로 하자.

동시대 거의 모든 사람과 마찬가지로 케플러도 본래 완벽한 원운동 사실과 등속운동 사실을 믿었다. 그는 태양을 중심에 두고 모든 운동을 완벽한 원형 등속운동으로 보는 코페르니쿠스 체계를 조정하는 작업에 많은 시간을 투자했다. 케플러가 코페르니쿠스 체계를 개선한 것도 분명한 사실이다.

하지만 1600년대에 들어서자마자 케플러는 주로 티코의 데이터를 근거로 등속운동에 기초한 체계는 모두 화성이 관찰된 위치를 설명하지 못한다고 결론 내렸다. 그런 다음 그는 화성이 궤도의 구간마다 다른 속도로 움직이는 대안을 탐구하기 시작했다. 그리고 얼마 지나지 않아 케플러는 완벽한 원형 운동에만 기초한 그 어떤 체계도 화성이 관찰된 위치를 설명하지 못한다는 결론을 내리고 다양한 모양의 궤도를 탐구하기 시작했다.

여기서 주목할 점은 케플러가 완벽한 원운동 사실과 등속운동 사실이라는 두 가지 중요한 철학적/개념적 사실을 포기했다는 것이다. 케플러가 이전의 대다수 과학자들과 달리 어렵지 않게 등속 원형 운동을 포기하고 다른 형태의 운동을 모색할 수 있었던 요인은 나중에 이야기하기로 하고, 우선 케플러의 연구 과정을 계속 살펴보자.

마침내 케플러는 행성이 속도를 바꿔가며 태양 주위를 도는 타원형 궤도가 화성 데이터를 완벽하게 설명하는 것을 확인했다. 케플러는 1609년 화성이 타원형 궤도를 다양한 속도로 움직이는 모델을 발표했고, 곧바로 나머지 행성에도 같은 접근법을 적용했다. 이제 케플러의 접근법을 더 자세히 살펴보자.

케플러 체계

케플러가 이룩한 중요한 혁신(타원형 궤도와 다양한 속도)부터 자세히 살펴보자. 여러분도 알다시피 타원은 옆으로 긴 원이다. 타원의 특징을 수학적으로 정확하게 설명할 수도 있지만, 타원을 머릿속에 떠올리는 가장 쉬운

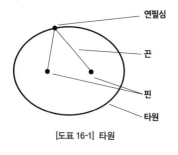

연필심

끈

핀

타원

[도표 16-1] 타원

방법은 핀 두 개로 종이 위에 끈을 고정
한다고 상상하는 방법이다. 그런 다음
연필로 끈을 팽팽히 당겨 연필심을 종
이에 댄 채 핀 주위로 한 바퀴 돌린다고
상상하자. 그러면 타원이 그려진다.

[도표 16-1]을 보면 이해가 될 것이
다. 핀이 박힌 두 지점이 타원의 초점이다. 앞서 언급한 대로 케플러의 첫
번째 혁신은 행성이 태양 주위를 타원형 궤도로 돌고, 태양이 타원의 초
점 하나가 된다고 생각한 것이다. 화성의 궤도를 예시한 [도표 16-2]를 보
자. 도표에 예시한 타원형 궤도는 설명하기 쉽게 과장해 그린 것이다.

행성이 태양 주위를 타원형으로 돌고 태양이 타원의 초점 하나가 된다
고 행성 궤도를 설명하는 것이 바로 케플러의 행성 운동 제1법칙이다. 케
플러가 이룩한 두 번째로 중요한 혁신은 행성이 태양 주위 궤도를 구간마
다 다른 속도로 움직인다고 생각한 것이다. 더 구체적으로 설명하면, 케플
러 체계에서 행성과 태양을 연결한 선은 같은 시간 동안 같은 면적을 쓸고
지나간다. 행성의 속도를 이렇게 설명하는 것이 케플러의 행성 운동 제2법
칙이고 이를 쉽게 예시한 것이 [도표 16-3]이다.

케플러의 제2법칙을 이해하기 위해 태양과 화성을 연결하는 선이 있다
고 가정하자. 1월 1일부터 1월 30일까지 30일 동안 이 선이 특정한 면적
을 (그림의 A 면적을) 쓸고 지나간다. 케플러의 제2법칙에 따르면 언제를 기
점으로 삼건 30일 동안 이 선이 쓸고 지나가는 면적은 같다. 예를 들어,
11월 1일부터 11월 30일까지 이 선은 특정한 면적을 (그림의 B 면적을) 쓸고
지나가고, 케플러의 제2법칙에 따르면 A 면적과 B 면적은 크기가 같다.

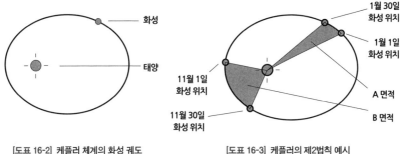

[도표 16-2] 케플러 체계의 화성 궤도　　　　　　　[도표 16-3] 케플러의 제2법칙 예시

일반적으로 행성과 태양을 연결한 선은 같은 시간 동안 같은 면적을 쓸고 지나간다.

　케플러의 제2법칙은 행성의 운동과 관련해 중요한 의미를 담고 있다. 화성 같은 행성이 궤도의 특정 지점에서 태양에 가깝게 접근하므로([도표 16-3]에서는 궤도의 왼쪽이 화성과 태양이 가장 근접한 지점이다), 행성이 (이 경우에는 화성이) 그 궤도 구간은 더 빠르게 이동하고, 태양에서 가장 먼 궤도 구간은 더 느리게 이동할 수밖에 없다. 다시 말해, 케플러의 제2법칙에 따르면 행성의 운동은 등속이 아니다. 오히려 행성이 궤도의 구간마다 다른 속도로 이동한다.

　타원형 궤도를 사용하고 행성이 다양한 속도로 움직이는 케플러 체계는 경험적 사실을 완벽하게 예측하고 설명할 수 있었다. 게다가 프톨레마이오스 체계나 코페르니쿠스 체계보다 훨씬 더 간단했다. 케플러 체계가 주전원이나 가상의 원, 이심원, 동시심 등을 사용하지 않았다는 것에 주목할 필요가 있다. 대신 케플러 체계는 각각의 행성마다 타원형 궤도가 하나씩 있는데 그걸로 충분했다.

　하지만 케플러 체계가 완벽한 원운동 사실과 등속운동 사실을 포기했다는 것도 주목해야 한다. 이 두 사실은 2,000년 넘는 세월 동안 핵심 믿음이었다. 따라서 케플러 체계는 경험적 데이터를 아주 훌륭하게 처리했지만 아리스토텔레스 세계관에 중대한 개념적 변화를 요구하게 된다.

케플러에게 동기를 부여한 것은 무엇일까?

지금까지 논의한 내용만 보면 케플러가 주로 경험적 사실을 처리할 이론을 개발하겠다는 욕구에서 동기를 부여받은 상당히 단순한 연구자였다는 인상이 들지도 모르겠다. 사실 케플러는 생각보다 훨씬 더 복잡한 인물이다. 앞에서 코페르니쿠스를 설명할 때와 마찬가지로 케플러 체계의 개발과 관련된 다양한 요인을 상세히 검토하지는 않겠지만, 케플러의 발견에 포함된 철학적/개념적 쟁점은 충분히 파악할 수 있다. 특히 케플러에게 일생에 걸쳐 동기를 부여한 요인을 집중적으로 살펴보려 한다. 바로 신의 뜻을 읽어내려는 케플러의 욕구다.

신의 뜻을 읽어내려는 케플러의 욕구

케플러는 신에게 확실한 계획, 말하자면 우주를 구성하는 청사진이 있다고 평생 확신했다. 그래서 케플러는 이 청사진을 발견하고, 신의 뜻을 읽어내고, 우주를 창조할 때 신이 실행한 계획을 밝히는 일에 열정적으로 매달렸다. 케플러의 이런 욕구는 다양한 방식으로 표출되었겠지만, 몇 가지 사례만 살펴보아도 충분히 알 수 있다.

케플러가 20대 후반에 티코의 조수로 들어갔다고 한 것이 기억나는가?

케플러가 티코와 함께 일하려고 한 이유가 무엇일까? 이 질문에 대한 답은 그 몇 년 전 케플러가 '발견'한 내용과 깊은 관련이 있다. 케플러가 발견한 내용을 보면 케플러가 상상한 신의 청사진이 무엇인지, 신의 뜻을 읽는다는 것이 어떤 의미인지 분명히 드러날 것이다.

케플러는 티코의 조수로 들어가기 약 4년 전에 첫 번째 중요한 책을 출간했고, 그 책에서 자신이 평생에 걸쳐 숙고할 중요한 발견을 발표했다. 케플러는 신이 왜 행성이 다섯 개나 일곱 개 등이 아니고 (수성과 금성, 지구, 화성, 목성, 토성) 정확히 여섯 개인 우주를 창조했을까, 신이 행성들 사이의 간격을 굳이 그렇게 띄운 이유가 무엇일까 같은 의문에 천착했다. 케플러는 이런 의문들에 대한 답이 있을 것으로 확신했다.

그는 몇 년 동안 이런 의문들에 대한 답을 모색했다. 수학의 다양한 비율과 함수를 적용하며 답을 찾았지만 그 어느 것에서도 만족할 만한 답을 얻지 못했다. 그러던 중 1590년대 중반에 케플러는 완벽한 입체를 파고들면 이런 질문에 답할 수 있다는 착상을 떠올렸다. 여기서 간단하게나마 완벽한 입체가 무엇인지 설명하고 넘어가야 할 것 같다. 조금 시간이 걸리겠지만 이해해주기 바란다. 설명을 듣고 나면 케플러라는 다소 특이한 인물에 대해 훨씬 더 많은 것을 파악할 수 있기 때문이다.

정육면체를 생각해보자. 완벽한 입체의 가장 확실한 예가 정육면체일 것이다. 정육면체는 모든 면이 일치하는 삼차원의 도형이다. 각각의 면이 정사각형이다. 정사각형 자체는 이차원의 도형이고, 정사각형도 모든 구성 요소가 (즉 모든 변이) 일치한다. 모든 변이 직선이고 그 길이가 일치한다. 일반적으로 완벽한 입체는 정육면체와 같은 특징을 지닌다. 완벽한 입체의 모든 면은 서로 일치하는 이차원의 도형이며, 이차원의 도형 자체도 서로

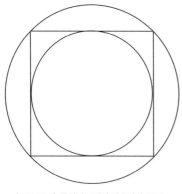

[도표 16-4] 중첩된 구체와 정육면체, 구체

일치하는 구성 요소, 즉 길이가 같은 직선으로 구성된다.

고대 그리스 시대부터 알려진 완벽한 입체는 오직 다섯 개뿐이다. ① 각각 정사각형인 여섯 개의 면으로 구성된 정육면체, ② 각각 정삼각형인 네 개의 면으로 구성된 정사면체, ③ 각각 정삼각형인 여덟 개의 면으로 구성된 정팔면체, ④ 각각 오각형인 열두 개의 면으로 구성된 정십이면체, ⑤ 각각 정삼각형인 스무 개의 면으로 구성된 정이십면체다.

이제 임의의 크기의 구체 안에 꼭 맞는 정육면체를 집어넣는다고 가정하자. 즉 각 꼭짓점이 구체의 옆면에 닿도록 정확한 크기의 정육면체를 집어넣자. 그 다음 그 정육면체 안에 다시 꼭 맞는 구체, 즉 정육면체의 각 면에 옆면이 정확히 닿는 크기의 구체를 집어넣는다고 상상해보자. 비록 삼차원의 도형을 상상하고 있지만, 이차원으로 그리면 [도표 16-4]와 같은 모양이다.

계속해서 다음과 같은 순서대로 입체와 구체를 집어넣는다고 상상하자. [도표 16-4]의 가장 안쪽에 있는 구체 안에 정확한 크기의 정사면체를 넣고, 그 안에 다시 구체를 넣고 다시 정십이면체와 구체, 정이십면체, 구체, 정팔면체를 순서대로 집어넣고 마지막으로 구체를 하나 더 집어넣자. 그러면 [도표 16-5]와 같은 구조가 완성된다([도표 16-5]는 실제 삼차원의 구조를 이차원으로 묘사한 것이지만, 구조를 이해하기는 쉬울 것이다).

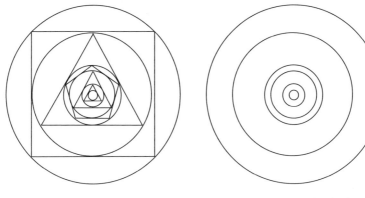

[도표 16-5] 케플러 구조   [도표 16-6] 입체를 모두 지운 케플러 구조

이 구조에 대해 마지막으로 몇 가지 더 설명할 테니 조금만 참아주기 바란다. 구체에 대한 설명이다. 우리가 맨 처음에 출발한 구체가 그 안에 들어갈 정육면체의 크기를 결정하고, 그 정육면체가 다시 그 안에 들어갈 구체의 크기를 결정하고 이런 관계가 계속 이어진다. 즉 최초의 구체가 다른 모든 구체의 크기를 결정하고, 마찬가지로 각 구체 사이의 실제 간격도 결정한다.

하지만 각 구체 사이의 실제 간격이 맨 처음 구체의 크기에 따라 결정된다 해도 구체들 사이의 상대적인 간격은 그렇지 않다. 다시 말해, 맨 처음 구체의 크기가 변해도 구체들 사이의 상대적인 간격은 변하지 않는다. 구체들만 그림을 그리면 더 쉽게 알 수 있을 것이다. [도표 16-5]에서 구체를 제외한 모든 도형을 지운 [도표 16-6]을 보면 구체들 사이의 간격이 분명히 보인다. 구체와 완벽한 입체로 이루어진 구조를 만들 때 맨 처음 시작한 구체의 크기와 상관없이, 구체들 사이의 상대적인 간격은 [도표 16-6]과 같다.

지금쯤 당연히 이런 의문이 들 것이다. 도대체 이것이 천문학과 무슨 상관이 있을까? 그 대답은 이것이다. 코페르니쿠스 체계는 (혹은 모든 태양 중심 체계는) 행성들 사이의 상대적인 간격을 계산해낼 수 있다. 그런데 행성들 사이의 상대적인 간격이 케플러 구조 속 구체들 사이의 상대적 간격과 상당히 비슷한 것으로 밝혀졌다.

흥미로운 사실이다. 나는 이런 사실이 태양계에서 묘하게 나타난 우연의 일치일 뿐이라고 거의 확신하지만, 케플러는 생각이 달랐다. 케플러에게는 이 사실이 신의 뜻을 읽어내는 획기적인 첫 번째 돌파구였다. [도표 16-5]의 구조가 신이 우주를 구성할 때 마음속에 품은 구조였다. 신이 바란 것은 구체와 완벽한 기하학적 입체의 관계를 반영한 이런 구조의 모델이었다. 신이 다섯이나 일곱 등이 아니라 여섯 행성이 있는 우주를 창조한 이유도 그 때문이었다. 행성 하나가 [도표 16-5] 구조의 구체 하나에 해당하는 것이다. 신이 우주를 창조할 때 행성들 사이의 간격을 그렇게 정한 것도 그 때문이었다. 행성들 사이의 간격이 케플러 구조 속 구체들의 간격을 반영하는 것이다. 그뿐 아니라 가장 바깥쪽에 있어 가장 두드러진 입체, 즉 정육면체의 꼭짓점마다 직선 세 개가 직각으로 뻗었는데, 이 세 직선은 신이 우주의 삼차원 공간을 반영한 것이다.

이것이 앞에서 언급한 케플러의 첫 번째 중요한 '발견'이었고, 사실 이것이 케플러가 티코의 조수로 들어간 주된 이유 중 하나였다. 당대 최고의 천체 관측자와 함께 일하며, 자신의 발견을 확인하려 한 것이다. 케플러는 이 발견을 자신의 첫 번째 중요한 책에서 발표했지만, 신의 뜻을 읽어내려는 욕구와 신이 그린 청사진의 핵심 요소는 구체가 중첩된 구조라는 확신에 평생 전념했다. 세월이 한참 흘러 삶이 끝날 즈음에도 케플러는 앞에서 설명한 접근법에 음악적 조화를 통합하고 확장해, 신이 우주를 구성할 때 기하학적 구조뿐만 아니라 음악적 구조까지 반영했다고 설명하곤 했다. 요컨대, 입체구조와 신의 뜻을 읽어내려는 욕구는 그저 케플러가 젊은 시절 한때 품었던 생각이 아니다. 나도 좋아하는 표현이지만 토머스 쿤Thomas Kuhn(1922~1996)의 말대로 케플러의 완벽한 입체구조는 "그저 젊은 시절의 엉뚱한 생각이 아니다. 만일 그랬다면 케플러는 절대 성장하지 못했다."〔쿤의《코페르니쿠스 혁명》(Kuhn 1957, 218쪽)〕

완벽한 입체구조가 케플러의 가장 유명한 발견, 즉 다양한 속도의 타원형 궤도 발견으로 직접 이어진 것은 아니다. 하지만 완벽한 입체구조에 평생 몰두한 케플러의 열정, 즉 신이 우주를 구성할 때 포함시킨 규칙성을 찾으려는 케플러의 열정은 우리가 케플러의 행성 운동 제1법칙과 제2법칙으로 부르는 중요한 발견으로 이어졌다. 케플러는 평생 그 규칙성을 찾는 일에 전념했다. 사실 케플러는 자신이 발견한 혹은 자신이 발견했다고 생각한 규칙성을 반영해 수십 가지 '법칙'을 발표했다. 현재 우리는 그 중 세 법칙을 (앞에서 설명한 제1법칙, 제2법칙과 더불어 행성과 태양의 거리와 행성의 공전주기에 관한 제3법칙을) 제외한 모든 법칙을 대체로 무시하지만, 케플러에게는 우주에 내재하는 규칙성을 발견하고 그에 따라 신의 뜻을 읽어내는 것이 자신이 연구하는 거의 전부였다.

과학은 참으로 오묘하다. 완전히 정확한 천문 체계를 구축하는 문제에 매달린 지 2,000여 년 만에 최초로 타원형 궤도와 다양한 속도의 올바른 그림을 그렸다는 측면에서 케플러는 일을 제대로 해냈다. 케플러는 평범한 사람이 아니었다. (앞에서 설명한 대로) 우리가 보기에 케플러의 접근법은 상당히 엉뚱하고 기발했다. 그리고 그런 기발함이 없었다면 케플러가 그만큼 성취하지 못했을 것이다.

14장에서 코페르니쿠스 체계를 논의할 때, 그 체계가 어떻게 수용되었는지 잠시 살펴보았다. 그리고 우리가 확인한 대로 대체로 거의 모든 천문학자가 이내 코페르니쿠스 체계를 받아들였고, 대부분 도구주의적 태도를 지키긴 했으나 상당히 많은 사람이 그 체계를 활용했다. 16장에서도 마지막으로 케플러 체계가 어떻게 수용되었는지 살펴보자.

케플러 체계가 수용된 과정은 코페르니쿠스 체계가 수용된 과정보다 조금 더 복잡하다. 수많은 천문학자가 케플러의 성공을 반복해서 검증하려 시도하면서도 여전히 완벽한 원형 등속운동을 고수한 것이 한 가지 이유다. 즉 천문학자들은 경험적 데이터를 기존 체계보다 훨씬 더 뛰어나게 설명하는 체계를 개발한 케플러의 성취를 인정했지만, 케플러의 연구에서 얻은 새로운 통찰을 활용함으로써 완벽한 원형 등속운동을 전제로 하는 기존 체계를 케플러 체계 못지않게 정확한 체계로 수정할 수 있다고 잘못 생각했다. 어찌 보면 천문학자들이 케플러의 성취를 인정하면서도 케플러의 방법을 완전히 수용하지는 않았다고 볼 수 있다.

케플러 체계가 수용된 과정이 복잡한 또 다른 이유는 체계가 발표된 시점 때문이다. 케플러는 자신의 천문 체계를 (최소한 화성 운동에 관한 연구를) 1609년에 발표했다. 그 당시 천문학 문제는 대체로 전문가, 즉 수학을 연구한 천문학자가 다룰 문제이지, 일반인들이 논의할 사항이 아니었다. 게다가 바로 그 이듬해에 갈릴레오가 망원경으로 발견한 내용을 발표했다. 갈릴레오의 발견은 다음 장에서 자세히 논의하겠지만, 그의 발견은 훨씬 더 많은 사람이 더 쉽게 이해할 수 있는 것이었다. 더군다나 아주 흥미로운 내용이어서, 갈릴레오의 발견이 케플러의 책을 무색하게 만들었다. 갈릴레오의 책이 케플러의 책보다 더 큰 인기를 끌었다.

마지막 이유가 중요하다. 갈릴레오가 망원경으로 발견한 내용을 발표한 직후, 가톨릭교회가 공식적으로 태양중심설을 반대하고 태양중심설과 연관된 모든 논의와 책을 금지했다. 앞에서 언급한 대로 케플러가 1609년에 발표한 화성 운동에 관한 책은 물론 케플러가 이후에 발표한 책들도 금서 목록에 (가톨릭 신자는 읽을 수 없는 출판물 목록에) 올랐다. 이런 상황이 전개되자, 지구중심설 대 태양중심설 논쟁에 관한 글을 쓰려고 계획한 사람들도 그런 주제를 다룬 책의 출판을 보류했다. 결국 케플러가 아주 중요한 발견을 발표한 시점은 대안적 체계와 관련한 논쟁과 논의의 문이 닫혀 있던 시기였다.

따라서 케플러의 견해가 수용된 과정을 분명히 파악하기는 어렵지만, 결국 경험적 데이터를 훨씬 더 정확하게 처리한 데다 간단한 케플러 체계의 장점이 (지구 중심 접근법보다 태양 중심 접근법을 지지하는) 망원경으로 얻은 갈릴레오의 새로운 증거와 결부되어 널리 인정된 것은 분명하다. 게다가 케플러는 삶의 마감을 앞둔 1620년대 말에 자신의 천문 체계를 토대로 그 어떤 경쟁 체계에서 만들어진 것보다 훨씬 더 뛰어난 천체력을 제작했다. 그 결과 1600년대 중반이 되자 천문학 문제를 다루는 사람은 모두 지구를 비롯한 행성들이 실제 태양 주위의 타원형 궤도를 다양한 속도로 움직인다고 생각했다. 등속의 완벽한 원형 운동이라는 철학적/개념적 '사실'이 마침내 1600년대 중반에 전혀 사실이 아니라고 인정된 것이다.

17

갈릴레오와 망원경의 증거

지구중심설에서 태양중심설로 전환하는 과정에서 중요한 역할을 한 또 다른 인물이 갈릴레오 갈릴레이Galileo Galilei(1564~1642)다. 갈릴레오는 천문학과 물리학, 수학에서 중요한 업적을 남겼지만, 지금 우리에게 중요한 것은 갈릴레오가 천문학에 미친 영향이다. 17장의 목표는 망원경으로 얻은 새로운 데이터를 이해하고, 그 데이터가 다양한 천문 체계를 옹호하는 사람들의 논쟁에 미친 영향을 파악하고, 갈릴레오의 발견이 수용된 과정을 탐구하는 것이다.

앞으로 이야기하겠지만, 갈릴레오는 망원경을 이용해 지구중심설 대 태양중심설 논쟁과 관련해 새로운 경험적 데이터를 최초로 제공했다. 하지만 이 새로운 증거가 문제를 해결한 것은 아니다. 갈릴레오는 새로운 증거가 태양중심설을 지지한다고 생각했지만, 마찬가지로 그 증거에 익숙한 다른 사람들은 그렇게 생각하지 않았다. 이번에도 배경 자료부터 살펴보자.

배경 정보

갈릴레오와 가톨릭교회

망원경은 1600년 직전에 발명되었고, 갈릴레오는 1609년부터 망원경을 이용해 천체를 관측했다. 갈릴레오는 최초로 망원경을 천체 관측에 이용한 사람 중 하나였고, 지구중심설 대 태양중심설 논쟁에 아주 큰 영향을 미친 흥미로운 데이터를 발견했다. 그는 자신이 발견한 내용을 1610년에 처음 발표했고, 다음 몇 년에 걸쳐 추가로 발견한 내용을 발표했다.

새로운 데이터 그리고 주로 그 데이터로 인해 촉발된 논란 때문에 결국 갈릴레오는 가톨릭교회와 그 유명한 분쟁에 휘말렸다. 이와 관련해 갈릴레오 시대의 종교 상황을 잠시 살펴보자.

지금까지 자세히 이야기한 적은 없지만, 여러분도 가톨릭교회가 지구중심설을 선호했다는 것은 익히 알 것이다. 지구가 정지해 있고 태양이 지구 주위를 돈다고 암시하는 성서 구절들이 (유일한 이유는 아니지만) 일부 이유로 작용했다. 따라서 갈릴레오와 가톨릭교회의 분쟁에는 성서를 해석하는 문제가 개입될 수밖에 없었을 것이다.

역사적으로 가톨릭교회는 새로운 과학적 견해를 대체로 상당히 너그럽게 받아들였다. 대부분 교회가 코페르니쿠스 체계를 반대하지 않았다. 물론 망원경이 새로운 증거를 제공할 때까지는 일반적으로 코페르니쿠스 체계에 대해 도구주의적 태도를 보였고, 코페르니쿠스 체계가 성서에 반한다고 생각하지 않았다. 여기서 우리가 주목할 내용은 교회가 일반적으로 새로운 과학적 견해를 반대하지 않았고, 새로운 발견에 따라 필요한 경우에는 기꺼이 성서를 재해석했다는 것이다.

하지만 갈릴레오 시대는 가톨릭교회가 상당히 민감한 상황이었다. 이전 세기에 종교개혁이 발생했고, 가톨릭교회도 이단적이라고 생각하는 견해가 확산되는 것을 막고자 적극적으로 개입하는 상황이었다. 따라서 갈릴레오가 망원경으로 얻은 증거를 발표한 시기는 가톨릭교회가 여느 때와 달리 너그럽지 못한 시절이었다.

갈릴레오가 독실한 가톨릭 신자였다는 사실도 분명히 언급할 필요가 있다. 갈릴레오는 교회를 위태롭게 할 마음이 전혀 없었고, 혹시 자신의 견해 중에 이단적인 내용이 있을 수도 있다는 우려를 가볍게 여기지도 않았다. 앞으로 이야기하겠지만, 성서 해석에 관한 갈릴레오의 의견 차이는 진심에서 우러난 것이고, 바로 그 의견 차이가 갈릴레오와 가톨릭교회의 분쟁에서 한몫을 차지했다.

망원경이 제공한 증거의 본질

각각 지구중심설과 태양중심설을 옹호하는 사람들의 논쟁과 관련해 우리가 유념할 점은 육안 관측으로 얻은 데이터로는 그 논쟁을 해결할 수 없다는 것이다. 지금까지 강조한 것처럼 육안 관측은 지구중심설을 강력하게 지지한다.

중요한 점은 망원경으로도 지구중심설과 태양중심설 중 무엇이 옳은지 직접 확인할 수 없다는 것이다. 잠시 이 내용을 설명하고 넘어가야 할 것 같다. 우리가 흔히 오해하는 것이기도 하지만, 이 내용을 파악하면 망원경이 제공한 증거의 본질을 이해하기가 더 쉬워지기 때문이다.

갈릴레오를 잠시 잊고 그로부터 400여 년이 지난 현재 상황을 보자. 지난 400년간 기술이 발전한 오늘날에도 지구가 태양 주위를 도는지 아니면

태양이 지구 주위를 도는지 직접 확인할 기
술이 없다. 지구가 태양 주위를 돈다는 가장
직접적인 증거는 마침내 1800년대에 최초로
기록된 연주시차다. 하지만 연주시차 증거도
우리가 3장에서 논의한 의미에 합당한 직접
적인 경험적 증거는 아니다.

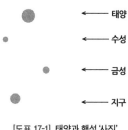

[도표 17-1] 태양과 행성 '사진'

우주에서 촬영한 사진도 지구가 과연 태양 주위를 도는지에 관한 문제
를 직접 해결하지 못한다. [도표 17-1]에 예시한 것처럼 태양과 수성, 금
성, 지구를 촬영한 사진이 있다고 가정하자. 참고로 이런 사진은 없다. 이
런 사진은 지축 아래나 위의 적절한 지점에서 촬영할 수 있겠지만, 사실
그 방향으로 우주선을 발사하지 않기 때문이다. 행성과 소행성 등 태양
계의 흥미로운 특징은 대략 지구의 적도를 지나는 평면에 있는 경우가 많
다. 그래서 우주선도 일반적으로 그 평면을 따라 발사하고, 지축 방향으
로는 발사하지 않는다. 여기서 중요한 사항은 만일 그런 사진이 있다 해
도 태양계의 중심이 지구인지 아니면 태양인지 알 수 없다는 것이다.

잘 이해가 되지 않으면 [도표 17-1]의 '사진'이 지구 중심 체계나 태양
중심 체계와 모두 똑같이 양립할 수 있다는 것에 주목하자. 이 사진은
[도표 17-2]에 예시한 태양중심설과 양립한다. 하지만 동시에 [도표 17-3]
에 예시한 지구중심설과도 양립한다.

요컨대, 우리가 이런 태양계 사진을 촬영한다 해도 그 사진은 태양이
중심인지 아니면 지구가 중심인지 증명하지 못한다. 만일 우리가 시간 경
과에 따라 태양과 행성들의 위치가 드러나도록 장시간에 걸쳐 영상을 촬
영한다 해도, 그 영상은 태양과 행성들의 상대적인 운동을 보여줄 뿐이

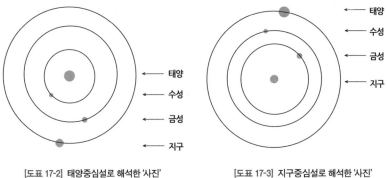

[도표 17-2] 태양중심설로 해석한 '사진'   [도표 17-3] 지구중심설로 해석한 '사진'

다. 태양과 행성들이 서로를 기준으로 어떻게 움직이는지만 보여줄 뿐이
다. 지구 중심의 티코 체계에서 태양과 행성들의 상대적인 운동은 태양
중심 체계에서 태양과 행성들의 상대적인 운동과 정확히 일치한다. 그런
영상을 촬영한다 해도 그 영상은 지구 중심의 티코 체계와 양립한다고
밝혀질 것이다(여기서 분명히 짚고 넘어갈 내용이 있다. 그런 영상과 양립하는 것
은 수정되고 '현대화된' 티코 체계이지, 주전원과 완벽한 원형 등속운동을 바탕으로
한 본래의 티코 체계는 아니다. 수정된 티코 체계는 〔도표 15-1〕에 예시한 모습과 비
슷하지만, 다양한 속도로 움직이는 행성에 타원형 궤도를 통합했다. 15장 끝에서 언
급한 대로 지구 중심 체계를 옹호하는 현대인들이 선호하는 체계가 바로 이렇게 수
정된 티코 체계다).

　설명이 다소 길어지지만 중요한 요지는 이것이다. 기술로 얻은 증거는
우리가 흔히 짐작하는 것만큼 직접적인 증거인 경우가 드물다. 이것이 우
리가 갈릴레오의 망원경 증거를 논의할 때 염두에 두어야 할 중요한 내용
이다.

　즉 갈릴레오가 망원경으로 얻은 증거는 대단히 흥미롭고 중요하지만,

태양 중심 체계를 옹호하는 사람과 지구 중심 체계를 옹호하는 사람의 논쟁을 직접 해결하지는 못한다. 하지만 갈릴레오의 망원경 증거는 그 논쟁에 분명히 영향을 미칠 다양한 간접증거를 제공한다. 이제 갈릴레오의 증거들을 살펴보자.

갈릴레오의 망원경 증거

갈릴레오는 망원경을 이용해 새롭게 수집한 다양한 관측 데이터를 발표했다. 지구중심설에 대해 비교적 사소한 문제를 제기한 데이터도 있고, 더 중대한 문제를 제기한 데이터도 있었다. 갈릴레오가 발표한 데이터들을 검토하며 그가 관측했다고 발표한 내용과 더불어 새로운 데이터가 태양중심설 대 지구중심설 논쟁에 어떤 영향을 미쳤는지 살펴보자.

달의 산맥

우리가 현재 크레이터crater라고 부르는 것과 산맥, 평원 등 달 표면의 지형을 망원경으로 처음 관측한 사람 중 하나가 갈릴레오다. 달의 지형은 맨눈으로도 어느 정도 관찰할 수 있고, 갈릴레오 이전에 달의 지형을 망원경으로 관찰하지 못한 사람들도 달에 산맥이 있을 것으로 추측했다. 하지만 망원경을 이용할 때만 달의 이런 지형을 자세히 파악할 수 있다.

달에 산맥과 같은 지형이 있다는 사실은 지구가 태양 주위를 돈다는 직접증거는 절대 아니지만, 지구중심설 대 태양중심설 논쟁에 영향을 미친다. 이 사실이 아리스토텔레스가 생각한 일반적인 우주의 그림을 훼손하기 때문이다. 아리스토텔레스 세계관을 다시 생각해보자. 아리스토텔레스 세계관에서는 하늘의 물체가 오직 에테르로 구성되었고, 이것이 일반적으로 천체의 운동에 관한 아리스토텔레스의 설명에 포함된 사실이었다. 따라서 달이 여러모로 지구와 비슷하게 커다란 암석질 물체로 보인다는 사실은 하늘의 물체가 오직 에테르로 구성되었다는 아리스토텔레스의 믿음이 옳지 않을 수도 있음을 분명히 보여주었다.

그러나 이 사실은 아리스토텔레스 세계관을 심각하게 위협할 만한 증거는 아니었다. 아리스토텔레스 세계관이 천체가 오직 에테르로 구성된다는 믿음을 포함하는 것은 사실이지만 이 특정한 믿음, 즉 이 그림 퍼즐 조각을 수정해도 전체적인 믿음 체계는 심각하게 변하지 않았을 것이다. 예를 들어, 달은 달 아래 영역과 달 위 영역의 경계이기 때문에 달이 달 아래 영역의 원소와 달 위 영역의 원소를 모두 지니고 있다고 생각해도 불합리한 상상은 아닐 것이다. 바꿔 말하면, 달에 관한 믿음은 아리스토텔레스 세계관의 핵심 믿음이 아니다. 하지만 달에 산맥과 같은 지형이 존재한다는 것은 망원경으로 얻은 새로운 증거에 직면해 아리스토텔레스 세계관이 수정될 수밖에 없음을 의미하는 것은 분명하다.

달에 존재하는 산맥은 아리스토텔레스 세계관에 틈이 있음을 보여줌으로써 지구중심설 대 태양중심설 논쟁에 큰 영향을 미쳤다. 하지만 또 한 가지 중요한 내용은 이 데이터가 태양중심설을 더 신빙성 있게 만들었다는 것이다. (10장에서 논의한) 정지한 지구를 지지하는 논증을 생각해보자. 이 논증의 기초는 지구를 계속 움직이게 할 만한 것이 없다는 생각이다. 지구는 우리 집 앞마당에 있는 커다란 바위처럼 암석으로 이루어진 커다란 물체이고, 뭔가가 계속 움직이게 하지 않는 한 정지해 있을 것이다. 아주 강력해 보이는 논증이다. 하지만 이제 망원경을 통해 보니, 달이 암석질의 커다란 물체처럼 보이고 계속 움직이는 것이 분명하다. 따라서 암석질의 커다란 달이 지구 주위를 계속해서 움직일 수 있다면, 암석질의 커다란 지구도 태양 주위를 계속해서 움직이는지 모를 일이다.

태양흑점

갈릴레오는 태양의 어두운 부분인 흑점을 망원경으로 처음 관측한 사람 중 하나이기도 하다. 망막이 훼손되기 때문에 태양을 망원경으로 직접 관찰할 수는 없다. 태양을 관찰하려면 망원경에 잡힌 이미지를 종이에 비춰 보아야 한다. 갈릴레오도 이 방법을 이용해 태양흑점을 관측했다. 관측 결과를 바탕으로 갈릴레오는 그 흑점이 태양 앞을 떠도는 작은 행성 같은 것의 모습이 아니라 태양 자체의 어두운 부분이라고 확신했다.

달의 산맥과 마찬가지로 흑점도 태양중심설이 옳다고 생각할 실질적인 근거를 제공하는 것은 아니다. 하지만 달 아래 영역과 달 위 영역의 경계인 달과 달리 태양은 분명히 달 위 영역에 있다. 따라서 갈릴레오의 확신처럼 태양에 흑점이 있다면, 달 위 영역이 아리스토텔레스 세계관의 믿음대로 변함없이 완벽한 영역이 아닐지도 모른다. 즉 이 데이터도 달의 산맥과 마찬가지로 아리스토텔레스 세계관에 또 다른 틈이 있음을 증명한다.

토성의 고리 혹은 토성의 '귀'

갈릴레오가 토성에서 발견한 증거도 달과 태양에서 발견한 증거와 비슷한 영향을 미쳤다. 토성의 옆구리가 손잡이나 귀가 달린 듯 튀어나온 것을 당시 처음으로 관찰한 사람이 갈릴레오다. 지금 우리는 갈릴레오가 관찰한 것이 토성의 고리라는 것을 알지만, 당시 갈릴레오가 사용한 망원경은 토성의 옆구리가 튀어나온 것이 아니라 토성에 고리가 있다는 것을 확인할 만큼 해상도가 좋지 않았다(그로부터 반세기가 지난 후에 비로소 토성의 튀어나온 부분이 고리 구조라는 제대로 된 가설이 등장했다).

이 데이터도 마찬가지로 아리스토텔레스 세계관에 또 다른 작은 틈이 있음을 보여준다. 천체는 에테르로 구성되고, 에테르는 자연적으로 완벽한 구체 모양이라는 내용을 고려하면, 에테르로 구성된 행성도 완벽한 구체일 수밖에 없기 때문이다. 갈릴레오의 관측은 달이나 태양과 함께 토성도 아리스토텔레스 세계관이 예상한 모습과 다르다는 것을 보여준다.

목성의 위성

갈릴레오가 망원경으로 관측할 수 있었던 모든 현상 중에서 가장 재미있을 법한 것은 목성의 위성이다. 갈릴레오는 망원경을 통해 목성 주위에 있는 작은 점광원 네 개를 관측했다. 그 점광원들은 시간이 지나며 위치가 변했고, 갈릴레오는 네 점광원이 목성 주위의 궤도를 도는 위성이라고 제대로 추론했다. 지금도 작은 망원경을 이용해 관찰할 수 있는 가장 재미있는 현상이 목성의 위성일 것이다(토성의 고리를 관찰하는 것만큼 재미있다).

갈릴레오는 메디치 가문을 기려 목성의 위성들에 '메디치가의 별들'이라는 이름을 붙였다. 자신의 경력을 관리하는 영리한 처세술이었다. 이탈리아에서 가장 막강한 메디치 가문의 비위를 맞춤으로써 갈릴레오는 메디치 궁정에 들어가길 희망했다. 그리고 얼마 지나지 않아 메디치 궁정의 최고 수학자 겸 철학자로 지명됨으로써 그의 바람이 이루어졌다(당시 '철학자'는 현재 우리가 생각하는 과학자에 더 가까운 의미였다).

갈릴레오는 아주 오랜 시간 동안 목성의 위성들을 자세히 관찰했고, 그것들이 실제 목성 주위를 도는 천체라고 확정했다. 이 증거도 아리스토텔레스 세계관과 잘 들어맞지 않았다. 생각해보자. 아리스토텔레스 세계관, 특히 프톨레마이오스 체계에서는 지구가 우주에서 일어나는 모든 회전운동의 유일한 중심이다. 달과 태양, 별, 행성 등 모든 천체가 우주의 중심, 즉 지구의 중심 주위를 원을 그리며 움직인다. 그리고 이런 내용이 다시 에테르 원소의 성질, 다시 말해 우주의 중심 주위를 완벽한 원형으로 움직이는 에테르의 본질적 성질과 연결되었다. 그런데 분명히 에테르로 구성되었을 텐데 우주의 중심 주위를 돌지 않는 천체, 즉 목성의 위성이 나타난 것이다.

한마디로 갈릴레오가 목성 주위의 궤도를 도는 천체를 발견한 것은 아리스토텔레스 세계관의 믿음과 달리 우주의 회전운동의 중심이 오직 하나가 아님을 결정적으로 증명하는 증거였다. 그리고 에테르의 성질과 관련해 아리스토텔레스 세계관에 상당히 잘못된 내용이 있음을 증명하는 증거였다.

여기서 지구중심설 대 태양중심설 논쟁과 관련해 목성의 위성에 함축된 의미를 짚고 넘어갈 필요가 있다. 지구중심설을 지지하는 사람들은 태양중심설에서는 달의 운동이 조금 부자연스럽다고 주장했다. 달이 지구 주위를 움직이고, 지구는 태양 주위를 움직이는 것이 왠지 어색하다는 주장이다. 그에 비해, 간단하게 단 하나의 중심이 있고 모든 천체가 그 중심 주위를 회전하는 지구중심설이 더 명쾌하다고 주장했다. 하지만 갈릴레오가 발견한 목성의 위성이 이러한 주장을 잠재웠다. 이제 지구중심설을 지지하는 사람도 목성을 보며 자체적으로 위성을 거느린 채 움직이는 천체가 최소한 하나는 있다는 사실을 받아들일 수밖에 없었기 때문이다.

금성의 위상

지구중심설 대 태양중심설 논쟁과 관련해 가장 극적인 영향을 미친 증거는 금성의 위상이다. 맨눈으로는 금성이 달과 마찬가지로 다양한 위상 변화 단계를 거친다는 사실을 관찰할 수 없다. 하지만 망원경을 이용하면 금성의 위상 변화를 확실히 관찰할 수 있고, 망원경을 이용해 금성의 위상을 최초로 관찰한 사람이 갈릴레오다. 그런데 금성은 모양이 다양하게 변할 뿐 아니라 위상에 따라 크기도 달라진다. 금성의 보름달 위상과, 4분의 3달 위상, 반달 위상, 4분의 1달 위상, 초승달 위상을 예시한 것이 〔도표 17-4〕다. 이 데이터의 중요성을 이해하려면 금성이 시기별로 모양이 달라지는 이유를 알아야 한다. 달의 위상이 변하는 이유와 기본적으로 같은 내용이니, 달의 위상 변화를 먼저 설명한 다음 금성으로 넘어가자.

달의 위상은 태양과 달, 지구의 상대적인 위치에 따라 나타나는 결과다. 언제건 달은 절반이 햇빛을 받아 빛나고, 나머지 절반은 어둡다. 그런데 지구가 햇빛이 비치는 달의 절반이 완전히 보이는 위치에 자리할 때

[도표 17-4] 금성의 위상

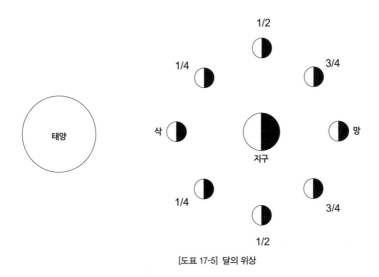

1/2

1/4

3/4

태양

삭

지구

망

1/4

3/4

1/2

[도표 17-5] 달의 위상

달이 보름달로 보인다. 지구에서 달의 밝은 면이 반만 보이면 반달이고, 달의 밝은 면이 조금만 보이면 초승달이다. [도표 17-5]에서 4분의 1, 4분의 3 등으로 표기한 것은 달이 대략 27일 주기로 지구 주위 궤도를 도는 중에 지구와 태양을 기준으로 달이 자리하는 다양한 위치와 모양을 나타낸다. [도표 17-5]에 예시한 태양과 지구, 달의 크기는 일정한 비율에 맞춘 것이 아니다. 가령 도표만 보면, 달이 종종 지구의 그림자 속으로 들어간다는 인상을 받을 수 있지만, 이차원으로 표현하고 지면의 크기에 맞춰 인위적으로 압축한 그림이기 때문이다. 사실 태양이 아주 크고 달과 지구의 거리가 아주 먼데다 달의 궤도가 '기울어져 있기' 때문에 달이 지구의 그림자에 가리는 일은 많지 않다(월식이 달이 지구 주위 궤도를 한 바퀴씩 돌 때마다 발생하지 않고 비교적 드물게 발생하는 이유가 그 때문이다).

달이 '망'으로 표기된 위치에 있으면, 즉 달의 밝은 부분이 지구와 마주 보면, 보름달로 보인다. 달이 '4분의 3'으로 표기된 위치에 있으면, 4분의

3달로 보인다. 그렇게 (반달인) 2분의 1달과 (초승달인) 4분의 1달을 거쳐, 달이 '삭'으로 표기된 위치에 이르면 밤하늘에서 달이 보이지 않는다.

만일 금성이 갈릴레오가 발견한 대로 다양한 위상 변화 과정을 거친다면 달과 마찬가지로 금성의 위상도 태양과 지구, 금성의 상대적인 위치에 따른 결과일 수밖에 없다. 여기서 우리가 유념할 점은 (코페르니쿠스 체계건 케플러 체계건) 태양 중심 체계에서 예측하는 금성의 위상과 지구 중심 체계인 프톨레마이오스 체계에서 예측하는 금성의 위상이 사뭇 다르다는 것이다. 태양중심설은 금성이 다양한 위상 변화 단계를 거친다고 예상한다. 그 반면, 프톨레마이오스 체계가 옳다면 금성은 기껏해야 초승달 모양으로만 보일 뿐 반달이나 4분의 3달, 보름달 모양으로는 변할 수 없다.

이러한 예측의 차이를 그림으로 설명하면 쉽게 이해할 수 있다. 먼저 〔도표 17-6〕에 예시한 대로 프톨레마이오스 체계에서 상상한 지구와 태양, 금성을 생각해보자. 여기서 중요한 사항이 11장 끝부분에서 논의한 경험적 사실이다. 금성은 절대 태양에서 멀리 떨어져 보이지 않는다는 사실이다. 즉 하늘에 태양이 뜬 모든 곳에서 보면 금성은 절대 태양에서 멀리 떨어져 있지 않다. 앞서 설명했지만 금성이 (연중 특정한 시기에는) 해가 진 직후나 (연중 또 다른 특정한 시기에는) 해가 솟기 직전에만 보이는 이유가 바로 이 때문이다. 밤이고 낮이고 그 나머지 시간에는 금성이 보이지 않는다. (밤에는) 해를 따라 지평선 아래로 내려가기 때문에 금성이 보이지 않고, 낮에는 태양 근처 하늘에 있어도 햇빛 때문에 금성이 보이지 않는다.

프톨레마이오스 체계에서는 이런 사실을 설명하는 방법이 오직 한 가지 뿐이다. 태양과 금성이 지구를 공전하는 데 걸리는 시간을 (더 정확히 말하면, 태양과 금성 주전원이 지구를 공전하는 데 걸리는 시간을) 똑같이 맞추는 방법이다. 즉 금성이 회전하는 주전원의 중심과 지구, 태양이 〔도표 17-6〕에 예시한 대로 항상 일직선으로 정렬할 수밖에 없다.

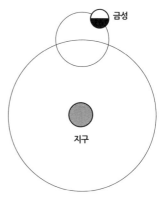

[도표 17-6] 프톨레마이오스 체계의
태양과 금성, 지구

하지만 이러한 설명에 따르면 금성의 밝은 부분이 언제나 지구를 등지게 된다. 따라서 달의 밝은 부분이 지구를 등질 때처럼 금성은 (기껏해야) 초승달 모양으로 보일 것이다. 즉 프톨레마이오스 체계에서는 금성의 밝은 부분이 기껏해야 아주 조금밖에 보이지 않는다. 보름달이나 4분의 3달 모양, 반달 모양의 금성은 절대 나타날 수 없다. 프톨레마이오스 체계에서는 금성의 위상이 변하도록 태양과 지구, 금성을 배치할 수 없기 때문이다.

그렇다면 갈릴레오가 발견한 금성의 위상은 프톨레마이오스 체계를 반확증하는 분명한 증거를 제공한다. 그에 반해 태양중심설은 금성의 다양한 위상 변화 과정을 예측할 것이므로, 금성의 위상이 태양중심설을 확증하는 증거를 제공한다.

태양중심설이 금성의 위상을 설명하는 내용을 살피기 전에 먼저 알아둘 것이 있다. 태양중심설은 금성이 언제나 태양과 가까운 하늘에 나타나는 사실을 금성이 내행성이라는 사실로 설명한다는 것이다. 즉 금성과 태양의 거리가 지구와 태양의 거리보다 짧다. 〔도표 17-7〕에 예시한 대로,

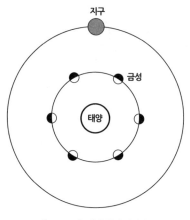

[도표 17-7] 태양 중심 체계의
태양과 금성, 지구

지구에서 볼 때 금성은 궤도 어느 지점에 있건 태양에서 아주 멀리 떨어지지 않는다. 게다가 태양중심설에서는 금성이 태양 주위 궤도를 도는 시간이 (225일로) 지구가 (365일에 걸쳐) 태양 주위를 도는 시간보다 짧으므로, 금성이 지구에서 가장 멀리 태양 뒤에 있을 때는 보름달 모양으로 보이고, 태양 옆에 있을 때는 반달 모양, 지구와 태양 사이에 들어오면 초승달 모양으로 보이거나 전혀 보이지 않는다. 요컨대 태양중심설은 금성이 다양한 위상 변화 단계를 거칠 것으로 예상할 수 있고, 갈릴레오의 발견은 태양중심설을 확증하는 증거를 제공한다.

태양중심설은 금성의 위상이 다양할 수밖에 없다고 정확히 예측할 뿐만 아니라 금성의 위상과 금성 크기의 상관관계도 자연스럽게 설명한다.

〔도표 17-4〕를 보면, 금성이 보름달 모양일 때 가장 작고, 초승달 모양일 때 가장 크다. 태양중심설에서 예상하는 그대로다. 금성은 태양 뒤에 있을 때만 보름달 (혹은 보름달에 가까운) 모양일 수 있으므로, 그때가 금성이 지구에서 가장 멀리 떨어지는 시기이고, 그때 금성이 가장 작을 것으로 예상할 수 있다. 마찬가지로 금성은 지구와 태양 사이에 있을 때만 초승달 모양일 수 있으므로, 그때가 지구와 가장 가까운 시기이고, 따라서 초승달 모양일 때 금성이 가장 클 것으로 예상할 수 있다.

금성의 위상이 프톨레마이오스 체계를 반확증하는 중요한 증거를 제공하지만, 우리가 주목할 점은 금성의 위상이 태양중심설 대 지구중심설 논쟁을 해결할 충분한 증거는 아니었다는 것이다. 15장에서 논의한 티코 체계를 생각해보자. 티코 체계는 달과 태양이 지구 주위를 도는 지구 중심 체계이지만 행성들은 태양 주위를 돈다. 따라서 티코 체계도 금성의 다양한 위상 변화를 예측할 수 있고, 보름달 모양일 때 금성이 가장 작고 초승달 모양일 때 금성이 가장 크다고 예측할 수 있다. 마찬가지로 프톨레마이오스 체계도 다른 모든 천체는 지구 주위를 돌지만 금성은 (어쩌면 화성까지) 태양 주위를 돌도록 수정할 수 있다. 이렇게 수정하면 프톨레마이오스 체계도 금성의 위상과 양립할 것이다.

요컨대 금성의 위상은 태양 중심 체계를 확증하는 증거를 제공하는 동시에 방금 설명한 대로 수정된 프톨레마이오스 체계나 티코 체계 등의 지구 중심 체계를 확증하는 증거도 그만큼 제공한다. 즉 금성의 위상은 비록 본래의 프톨레마이오스 체계에 반하는 증거를 제공하긴 하지만 태양 중심 접근법 대 지구 중심 접근법의 논쟁을 전혀 해결하지 못한다.

금성의 위상도 우리가 앞서 5장에서 논의한 이론의 미결정성을 분명히 보여주는 사례다. 금성의 위상을 발견한 것처럼 획기적인 새로운 증거도 (코페르니쿠스와 케플러의 이론을 비롯한) 태양 중심 접근법과 (티코 체계는 물론 앞에서 설명한 대로 수정된 프톨레마이오스 체계를 포함한) 지구 중심 접근법 모두와 완벽하게 양립하는 것으로 드러나기 때문이다. 과학에서는 이런 일이 드물지 않다. 새로운 증거는 물론 획기적일 만큼 새로운 증거도 둘 이상의 경쟁 이론과 양립하는 경우가 일반적이다. 다시 말해, 이용 가능한 증거는 대체로 어떤 한 이론이 옳다고 특정하지 않는다.

마지막으로 우리가 주목할 점은 금성의 위상이 태양중심설 대 지구중심설 논쟁을 해결하지는 못하지만, 중대한 변화를 요구한다는 것이다. 그 때까지 1,500년간 기본 체계였던 프톨레마이오스 체계를 다른 체계로 대체할 수밖에 없게 된 것이다. 태양중심설을 믿건 티코 체계를 따르건 수정된 프톨레마이오스 체계를 따르건, 우주의 구조에 관한 믿음을 크게 수정할 수밖에 없게 된 것이다.

별

마지막으로 간단히 이야기할 갈릴레오의 발견은 별이다. 갈릴레오는 망원경을 이용해 맨눈으로는 보이지 않는 별을 수없이 발견했다. 수없이 많은 별은 최소한 우주가 전에 추측하던 것보다 훨씬 더 크고, 어쩌면 우주가 무한하고 별도 무한히 많다는 가능성을 암시한다. 갈릴레오 자신은 이런 가능성을 주장하지 않았지만, 이후 수십 년 사이에 우주가 엄청나게 크고 어쩌면 무한하다는 생각이 자리 잡았다. 엄청나게 많은 별을 찾아낸 갈릴레오의 발견이 이 새로운 우주관과 들어맞았을 것이다.

갈릴레오 발견의 수용

망원경을 이용한 갈릴레오의 발견은 당연히 획기적인 새로운 발견으로 받아들여졌고, 그 덕분에 갈릴레오는 당시 가장 유명한 과학자가 되었다. 갈릴레오는 망원경으로 발견한 내용 대부분을 1610년에서 1613년 사이에 발표했다. 그때 발표한 내용과 이후 책들을 보면 갈릴레오가 이제 태양중심설이 올바른 우주 모델이 틀림없다고 생각한 것을 확인할 수 있다. 당시는 이미 70여 년 전부터 코페르니쿠스 체계를 활용하고 가르치기는 했지만 코페르니쿠스 체계에 대해 일반적으로 도구주의적 태도를 지키던 시절이었다. 그런데 갈릴레오가 태양중심설에 대해 실재론적 태도를 취하자고 암시한 것이다.

교회는 (즉 유럽의 가톨릭 지역에 막강한 영향력을 행사하던 가톨릭교회는) 코페르니쿠스 체계에 대해 도구주의적 태도를 지키는 한 태양 중심의 코페르니쿠스 체계를 전혀 문제 삼지 않았다. 하지만 교회가 태양중심설이 실제 우주가 구성된 방식일지 모른다는 생각을 중대한 문제로 삼기 시작했다.

갈릴레오는 1615년 말에 교회가 태양중심설에 부적합 판정을 내리는 것을 막고자 로마로 찾아갔다. 당시 갈릴레오는 망원경으로 발견한 증거만으로는 논쟁에서 상대방을 설득하기에 충분치 않다는 것을 깨닫고, 조수潮水(밀물과 썰물)에 기초해 태양중심설을 지지하는 또 다른 논증을 개발했다. 그는 이 새로운 논증을 1615년에 발표한 책에 실었다. 참고로, 조수에 관한 갈릴레오의 설명은 틀린 것으로 밝혀졌다. 그는 기본적으로 배의 움직임 때문에 갑판에 고인 물이 출렁이는 것과 마찬가지로 지구의 운동 때문에 바다가 출렁인다고 주장했다.

갈릴레오의 노력에도 불구하고 교회는 1616년 초에 태양중심설이 부적합하다고 공식 판정했다. 자세히 설명하면 태양이 우주의 중심에 정지해 있다는 견해는 "철학적으로 어리석고 터무니없으며, 공식적인 이단"[토머스 메이어Thomas Mayer 《갈릴레오의 재판The Trial of Galileo》(Mayer 2012, 91~92쪽)]이라고 판정했다. 그 견해는 과학적 경험적 사안으로 보면 거짓이고 ("철학적으로 어리석고 터무니없으며"), 종교적 사안으로 보면 성서와 직접 모순되므로 이단이라는 의미다. 축을 중심으로 회전하건 태양 주위를 돌건 아무튼 지구가 움직인다는 견해도 마찬가지로 어리석고 터무니없으며, 종교적 사안으로 볼 때 잘못이라고 판정했다(이 문맥에서 '잘못'은 성서와 직접 모순되는 것은 아니지만 논리적으로 성서를 직접 부인하는 견해, 즉 태양이 정지해 있다는 견해를 수반한다는 의미다).

이단으로 판정받았기에 태양중심설을 믿거나 옹호하는 행위는 금지되었다. 하지만 태양중심설을 교육하는 것까지 곧바로 금지하지는 않았다. 정확히 말해서 금지한 행위는 태양중심설의 실재를 가르치고 믿고 옹호하는 행위였다. 태양중심설을 '가설'로 가르치고 글을 쓰는 일은 가능했다. 다시 말해, 태양중심설을 우리가 말하는 도구주의적 태도로 다룰수는 있었다. 학교에서도 여전히 태양중심설과 관련해 코페르니쿠스가 1543년에 출간한 책으로 가르쳤다. 다만 코페르니쿠스가 태양중심설의 실재를 암시한 부분은 삭제하는 방식으로 수정된 책이었다.

이즈음 갈릴레오가 태양중심설에 대해 실재론적 태도를 지키고 실재론적 태도를 공공연히 옹호한 상황을 고려하면, 교회가 특별히 갈릴레오를 지목해 조치할 수도 있었다. 그러나 교회는 갈릴레오를 직접 조사하지 않기로 하고, 태양중심설이 부적합하다고 공식 판정하는 자리에서도 그의 이름이나 책을 거론하지 않았다. 하지만 교회의 이런 조치를 이끈 유력 인물인 로베르토 벨라르미노Robert Bellarmine 추기경이 개인적으로 갈릴레오를 소환했다. 그 면담에서 갈릴레오는 태양중심설을 가르치거나 옹호하지 말라는 분명하고 단호한 지시를 받았다. 1616년의 판정이 갈릴레오에게는 좋지 않은 소식이었지만, 사실 갈릴레오는 그보다 더 심한 일을 당할 수도 있었다.

반증 가능성 쟁점

태양 중심 체계의 실재를 반대한 교회의 판정을 어떻게 봐야 할까? 갈릴레오가 망원경으로 발견한 증거의 적합성을 고려할 때 그 증거를 대하는 교회의 태도를 어떻게 봐야 할까? 적합한 증거를 검토하는 일조차 거부한 사례일까? 교회는 아무리 설득력 있는 증거라도 자신의 견해에 반대되는 증거는 받아들일 의향이 없었고, 그래서 지구중심설을 반증 불가능하다고 생각했을까?

1616년 교회의 판정이 내려진 이후 몇 년 동안 벌어진 상황을 보면 이 질문에 '그렇다'고 답할 것이 거의 확실하다. 일단 교회가 태양중심설을 거짓이며 이단으로 선언하고, 태양 중심 체계의 실재를 가르치고 옹호하고 믿는 행위를 금지했으니 교회가 지구중심설은 반증 불가능하다는 태도를 지켰다고 보지 않을 수 없다. 하지만 판정을 내린 1616년 전에도 교회가 반증 불가능하다는 태도를 보였는지 아닌지를 검토하면 이 질문이 한결 흥미로워진다. 흔히 그렇듯 이 질문도 처음에 생각한 것보다 더 복잡한 것으로 드러난다. 앞서 언급한 대로 벨라르미노는 이 사안을 다룬 교회의 유력 인사 중 한 명이었다. 1616년 판정 이전 벨라르미노의 견해를 갈릴레오의 견해와 대조하며 구체적으로 살펴보자.

우선, 갈릴레오가 망원경으로 발견한 증거를 수용하는 데는 아무 문제가 없었다. 벨라르미노는 유능한 천문학자였고, 그를 비롯해 유명한 수학자 겸 천문학자였던 크리스토퍼 클라비우스Christopher Clavius 등 교회 천문학자들은 갈릴레오의 관측을 반복 검증하여 그 정확성을 확인했다. 교회 천문학자들은 갈릴레오의 발견을 인증했을 뿐만 아니라 높이 평가했다. 게다가 (앞서 강조한 대로 망원경으로 얻은 증거가 지구 중심의 티코 체계와 양립하지만) 망원경으로 얻은 증거가 지구중심설, 특히 프톨레마이오스 체계에 문제를 제기한다는 것이 일반적으로 일치된 의견이었다.

성서의 권위를 인정하는 데도 아무 문제가 없었다. 갈릴레오와 벨라르미노는 모두 성서가 절대 오류가 없다고, 즉 그리스도교 성경에 나오는 모든 내용이 정확하다고 인정했다. 성서의 몇몇 구절이 지구가 우주의 중심에 정지해 있음을 암시한다는 데에도 두 사람의 의견이 일치했다.

갈릴레오와 벨라르미노 사이의 주요 쟁점은 증거의 비중을 따지는 방식, 성서의 증거가 암시하는 내용과 망원경의 증거가 암시하는 내용을 이해하는 방식이었다. 벨라르미노의 견해는 1615년에 작성한 비교적 짧은 글에서 분명히 드러난다. 일반적으로 우리가 〈포스카리니에게 보낸 서신〉이라고 부르는 글이다. 갈릴레오는 1613년 〈카스텔리에게 보낸 서신〉에서 자신의 견해를 분명히 밝히고, 1615년에 작성한 일반적으로 〈크리스티나 공작 부인에게 보낸 서신〉이라고 불리는 장문의 글에서 자신의 의견을 더 철저하고 자세히 피력한다(크리스티나 공작 부인은 메디치 가문의 유력 인사였고, 갈릴레오는 메디치 가문과 계속 좋은 관계를 유지하려면 크리스티나를 비롯한 메디치 가족들에게 자신의 견해가 성서나 가톨릭 교리에 반하지 않음을 재확인시키는 일이 중요했다).

두 통의 편지에서 갈릴레오는 성서의 한 글자 한 글자가 모두 옳다는 믿음을 분명히 밝힌다. 하지만 그는 성경이 아주 오래전 발전이 덜 된 시대의 사람들과 배움이 짧거나 전혀 배우지 못한 사람들도 포함해 모두가 읽도록 쓰였으며, 그 결과 성경이 종종 그 참뜻을 결정하기 어렵게 쓰였다고 이야기한다. 그래서 갈릴레오는 경험적 과학적 사안을 우리가 수집할 수 있는 경험적, 과학적 증거에 근거해 다룬다면, 경험적 증거를 성서에 근거한 증거보다 훨씬 비중 있게 다뤄야 한다고 주장한다. 그리고 그러한 경험적 사안을 다룰 때는 성서에 의존해 최종 판단을 내려선 안 된다고 주장한다.

더욱이 갈릴레오는 태양이 지구 주위를 도는지 아니면 지구가 태양 주위를 도는지 등의 경험적 사안은 구원과 무관하다고 이야기한다. 경험적 사안과 관련해 어떻게 믿건 그 믿음은 구원을 받느냐 받지 못하느냐에 아무런 영향도 미치지 않는다고 주장한 것이다. 그리고 이 주장은 가장 합리적이고 경험적인 믿음이 무엇인지 결정할 때 성서 증거에 의존하지 않아야 할 또 다른 근거를 제공한다.

한 가지 더 추가하면, 갈릴레오는 만일 성서 구절에 근거해 경험적 사안을 최종 판결하고 나중에 그 판결이 경험적 증거에 의해 확실히 잘못된 판결로 밝혀지면 교회가 난처해질 것이라고 주장한다. 갈릴레오는 일반적인 원칙에 따라 교회가 경험적 사안을 성서 증거에 근거해 판정하면 안 된다고 주장한 것이다.

벨라르미노는 〈포스카리니에게 보낸 서신〉에서 갈릴레오와 다른 의견을 분명히 밝힌다. 우선 벨라르미노는 지구가 정지해 있고 태양이 지구 주위를 돈다고 암시하는 성서 구절이 복잡해 보이는 구절이 아니라고 지적한다. 그 구절의 해석을 둘러싸고 교회 전문가들의 의견이 나뉜 적도 없었다고 이야기한다. 해당 성서 구절은 태양이 지구 주위를 돈다고 아주 분명히 이야기한다는 것이 지금까지 관련된 모든 교회 전문가, 즉 신학과 성서 해석을 연구한 사람들의 일치된 의견이라고 지적한다. 따라서 갈릴레오의 주장과 달리 어려운 성서 해석이 연관된 상황이 아닌 것 같다고 주장한다.

더욱이 벨라르미노는 갈릴레오의 견해와 반대로 태양이 지구 주위를 돈다고 믿느냐 아니면 지구가 태양 주위를 돈다고 믿느냐에 따라 구원이 결정된다고 주장한다. 성경에 태양이 지구 주위를 돈다고 쓰여 있으므로 이 믿음을 거부하면 해당 성서 구절의 정확성도 거부할 수밖에 없으며, 해당 성서 구절의 정확성을 거부하는 행위는 하느님의 말씀을 거부하는 행위가 될 것이라고 설명한다. 그리고 이런 이유에서 지구중심설을 믿느냐 태양중심설을 믿느냐에 따라 구원이 결정된다고 주장한다.

마지막으로 벨라르미노는 편지에서 지구가 태양 주위를 돈다고 입증되면 교회도 그런 입증을 받아들일 수밖에 없다고 분명히 밝힌다. 하지만 그와 동시에 벨라르미노는 (아마도 움직이는 지구에 반하는 경험적 증거와 더불어 앞에서 언급한 성서적 근거에 따라) 그런 입증은 나오지 않을 것이며 가능하지도 않을 것이라는 생각을 내비친다. 그래도 벨라르미노는 최소한 그런 입증의 가능성을 검토하고, 만일 그런 입증이 이루어진다면 교회 지도자들이 성서를 끔찍하게 오해한 연유가 무엇인지 신중하게 검토해야 할 것이라고 언급한다.

갈릴레오와 벨라르미노는 많은 사안에서 의견이 일치했다. 두 사람 모두 망원경으로 얻은 데이터를 받아들였고 성서의 권위를 인정했다. 두 사람 모두 성서는 태양이 지구 주위를 돈다는 것을 암시한다는 것에 동의했고, 망원경으로 얻은 데이터는 그 반대를 암시한다는 것에도 동의했다.

하지만 갈릴레오와 벨라르미노는 다양한 증거의 비중을 정하는 방법에서 의견이 갈린다. 갈릴레오의 견해에 따르면, 구원과 연관된 사안을 다룰 때는 성서 증거가 으뜸이다. 하지만 구원과 연관이 없는 사안을 다룰 때는 경험적 증거의 비중이 더 커야 하고, 필요하다면 그 경험적 증거에 맞춰 성서를 재해석해야 한다. 우주의 중심이 지구인지 태양인지는 구원과 상관없는 사안이므로, 성서의 증거보다 망원경의 증거를 우선시해야 한다.

그에 반해 벨라르미노의 견해에 따르면, 그 사안에 대한 말씀이 성경에 나오므로 지구중심설을 받아들일지 아니면 태양중심설을 받아들일지는 구원과 연관된 사안이다. 그리고 정지한 지구와 움직이는 태양을 이야기한 성서 구절을 오해하고 있을 가능성이 낮으므로, 이 논쟁에서 성서 증거가 망원경의 증거보다 앞선다. 만일 여러분이 내 생각을 묻는다면, 나는 벨라르미노가 증거만 충분히 제시되면 지구중심설을 기꺼이 포기할 마음이 있었다고 생각한다. 하지만 벨라르미노가 가장 중시하는 증거는 갈릴레오가 가장 중시하는 증거와 달랐고, 벨라르미노가 선호하는 증거를 고려할 때 그는 그런 증거가 나올 가능성이 지극히 낮고 어쩌면 불가능하다고 생각한 것이 분명하다.

7장에서 반증 가능성의 쟁점을 탐구할 때 이야기한 것과 정확히 같은 상황이다. 그때 우리가 살펴본 대로, 반증 가능성에 관한 쟁점은 어떤 증거를 가장 중요하게 검토하느냐는 문제로 귀결되는 경우가 많다. 그리고 대개 이 문제는 다시 한 사람의 전체적인 견해에 관한 문제가 된다. 벨라르미노는 과학적 발견을 상당히 존중했지만, 그는 누구보다 중요한 교회 지도자였고, 그런 그에게는 성서 증거가 과학적 증거보다 중요했다. 반면 갈릴레오는 종교적 사안을 대단히 존중했지만, 그는 누구보다 중요한 과학자였고, 그런 그에게는 새로운 과학적 발견으로 수집한 증거가 종교적 증거보다 중요했다.

그렇다면 이제 우리는 벨라르미노가 지구중심설을 반증 불가능하다고 보았느냐 아니냐는 질문에 어떻게 대답해야 할까? 만일 벨라르미노가 오늘날, 과학이 경험적 증거에 대한 존중을 토대로 대단히 성공적이고 생산적인 400년을 보낸 지금 그런 견해를 옹호한다면, 그의 태도는 (7장에서 논의한) 스티브의 견해만큼 불합리하고 반증 불가능한 태도일 것이다. 하지만 1600년 초에는 갈릴레오가 옹호한 경험적 접근법이 지금처럼 성공하리라고 생각할 타당한 근거가 전혀 없었다. 따라서 나는 그 당시 벨라르미노가 지구중심설을 반증 불가능하다고 생각했느냐 아니냐는 질문에 간단히 그렇다, 아니다로 대답할 수 없다는 것이 유일하게 공정한 대답이라고 생각한다. 이런 사례들을 탐구하다 보면 처음에 보기보다 훨씬 더 복잡하다는 것을 알게 된다. 나는 이런 복잡성이 과학사와 과학철학을 흥미롭게 만드는 중요한 이유라고 생각한다.

앞서 언급한 대로 갈릴레오는 1616년 교회가 태양중심설의 실재에 반대하는 판정을 내릴 당시 비교적 큰 화를 입지 않았다. 하지만 얼마 뒤에는 그때처럼 운이 좋지 않았다. 갈릴레오는 1632년 초 지구중심설과 태양중심설에 대한 찬반 논증을 다룬 중요한 책《두 개의 주요 세계 체계에 관한 대화Dialogues Concerning the Two Chief World Systems》를 발표했다. 이미 설명한 대로 당시에는 일반적으로 태양중심설의 실재를 옹호하는 행위만 금지되었지, 태양중심설에 대한 단순한 논의는 금지되지 않았다.

이 책은 교회에서 좋은 평가를 받지 못했다. 교회는 이 책이 태양중심설을 논의하는 것을 넘어 태양중심설을 옹호한다고 생각했다. 이후에 전개된 종교재판을 포함해 상당히 복잡한 사건이므로, 여기서는 문제가 복잡해진 요인 몇 가지만 짧게 이야기하겠다. 이 책은 대화 형식으로 구성된 책이기에 갈릴레오는 다양한 견해를 옹호하는 사람은 자신이 아니라 대화를 나누는 등장인물들이라고 아주 기술적인 변론을 펼 수 있었다. 하지만 아무도 그의 변론을 믿지 않았다. 이 책은 태양중심설의 실재를 아주 분명하고 아주 강력하게 옹호한다.

그리고 (면담을 기록한 문서를 포함해) 앞서 설명한 대로 1616년에 벨라르미노를 만나 태양중심설을 믿거나 옹호하지 말라고 지시받은 상황을 고려하면, 갈릴레오가 선을 넘은 것은 의심의 여지가 없다. 그래도 이 책은 교회의 검열을 통과해 출간이 승인되었지만, 검열 과정에서도 (갈릴레오가 검열관을 속이고 1616년 벨라르미노와 면담한 내용을 알리지 않았다고 기소되는 등) 많은 복잡한 요인이 작용했다. 그 몇 년 전부터 갈릴레오가 많은 유력 인사의 심기를 건드린 사실도 영향을 미쳤다. 책에서 종종 갈릴레오는 다양한 사람에게 지극히 풍자적이고 비우호적인 태도를 보였고, 그 결과 유력 인사를 포함해 많은 사람이 그에게 반감을 품고 있었다.

게다가 갈릴레오는 가끔 정치적 감각이 떨어지는 모습까지 보였다. 예나 지금이나 늘 인정해야 할 다양한 정치 현실이 존재하는 법이다. 지금으로 따지면, 국립 과학재단에 보조금 신청서를 제출하며 그 신청을 판정할 위원들을 모욕하는 말로 신청서를 작성하는 것은 정치적으로 현명한 처신이 아닐 것이다. 갈릴레오로서는 교황의 심기를 불편하게 만드는 내용의 책을 출간하는 것이 정치적으로 현명한 처신은 아니었을 것이다.

하지만 그가 1632년에 발표한 이 책은 교황을 불쾌하게 만드는 것 같았다. 적어도 갈릴레오가 교황을 모욕했다고 부추기는 사람들이 있었고,

이런 요인이 상황을 어렵게 만든 것이 분명하다.

갈릴레오의 종교재판을 자세히 설명하려면 복잡하고 어떤 면에서는 논란의 소지가 있지만, 아무튼 교회가 그의 책을 금지하고, 갈릴레오는 이단으로 의심된다는 판정에 따라 금고형을 선고받고, 태양중심설이 오류임을 공식적으로 선언하라는 것이 최종 결론이었다. 갈릴레오는 나머지 생을 가택에 연금되어 지내다가 1642년에 사망했다. 하지만 그는 가택 연금 상태에서도 연구를 멈추지 않았고, 운동하는 물체의 역학에 관한 이전 연구를 다시 검토해 중요한 책을 완성했다.

교회의 반대를 고려해 당연히 갈릴레오와 같은 시대를 산 대다수는 태양중심설을 공공연히 지지하는 것을 꺼렸다. 하지만 결국에는 다양한 속도의 타원궤도를 이용한 체계가 다른 대안적 체계보다 훨씬 뛰어나게 데이터를 설명한다는 케플러의 발견과 케플러가 자신의 천문 체계에 기초해 그 어느 것보다 더 뛰어나게 만들어 1627년에 발표한 천체력, 망원경을 이용한 갈릴레오의 발견 등이 축적된 결과 이 사안에 관심을 두는 사람 대부분이 지구와 행성이 실제 태양 주위를 다양한 속도의 타원궤도로 돈다고 확신하게 될 것이다. 그리고 이런 확신이 다시 기존 세계관에 많은 문제를 제기할 것이다. 이제 그 문제들을 살펴보자.

18

아리스토텔레스 세계관이 직면한 문제

우리가 1600년대 전반기에 사는데 계속해서 새로운 발견이 등장하고 있다고 가정하자. 우리는 갈릴레오가 망원경으로 발견한 증거들도 잘 알고, 그 증거들이 전통적인 프톨레마이오스의 지구중심설에 중대한 문제를 제기한다는 것도 인정한다. 행성이 타원형 궤도의 구간에 따라 다양한 속도로 움직인다는 훨씬 더 간단한 케플러의 우주 모델도 알고 있으며, 케플러 체계가 예측과 설명에서 훨씬 더 뛰어나다는 것도 인정한다.

케플러가 자신의 천문 체계에 기초해 1620년대 후반에 발표한 천체력의 우수성도 인정한다. 이제 대체로 우리는 케플러의 태양중심설이 옳다고 확신하게 되었다(이러한 과정을 지켜본 사람 대부분이 적어도 1600년대 중반에는 케플러 체계가 옳다고 확신한 것으로 보인다). 요컨대, 우리가 이제 지구와 행성들이 태양 주위의 타원형 궤도를 따라 다양한 속도로 움직이며, 지구가 축을 중심으로 하루에 한 바퀴씩 회전한다고 확신하게 된 것이다. 이런 확신이 아리스토텔레스 세계관에 여러 가지 문제를 제기할 것이다. 이런 문제들을 간단히 살펴보는 것이 18장의 목표다.

물론 모든 사람이 태양 중심 접근법이 옳다고 확신한 것은 아니다. 지구 중심의 티코 체계도 망원경으로 얻은 모든 증거와 양립하기 때문이다. 원래 티코 체계에 케플러의 다양한 속도로 움직이는 행성과 타원형 궤도를 통합하면, 티코 체계도 케플러 체계와 거의 비슷하게 간단하고 마찬가지로 예측과 설명에 뛰어난 체계로 수정될 것이다. 결국 지구중심설이 여전히 하나의 선택지로 남아 있는 셈이다.

그렇지만 1600년대 중반 무렵이 되자 새로운 발견들을 계속 지켜본 사람 대다수가 태양중심설이 옳다고 확신한 것이 분명하다. 그리고 앞서 언급한 대로 아리스토텔레스 세계관에 난처한 문제들이 제기될 것이다. 이제 그 문제들을 간단히 살펴보자.

아리스토텔레스 세계관에 제기된 문제

축을 중심으로 회전하고 태양 주위를 도는 등 지구가 움직인다면 우리는 어떻게 지구 위에 서 있고, 무거운 물체는 왜 아래로 떨어질까? 아리스토텔레스 세계관에서는 무거운 물체가 자연적으로 우주의 중심을 향해 움직이는 성향을 지녔고, 우리가 지구 위에 서 있고 무거운 물체가 아래로 떨어지는 것이 그런 성향 때문이었다. 하지만 만일 지구가 우주의 중심이 아니라면 아리스토텔레스 그림 퍼즐의 이 퍼즐 조각은 그대로 남아 있을 수 없다.

게다가 지구를 움직이게 하는 것이 무엇이란 말인가? 아리스토텔레스 세계관에서는 운동하는 물체는 뭔가가 계속 움직이게 하지 않는 한 정지하는 성향이 있다. 이런 믿음은 우리의 일상 경험과 일치했다. 하지만 만일 지구가 움직인다면 이 그림 퍼즐 조각도 틀린 것이 분명하다.

비슷한 맥락에서 어떤 물체를 위로 똑바로 던질 때 그 물체가 다시 우리 손안에 떨어지는 이유는 무엇인가? 아리스토텔레스 세계관에서는 만일 지구가 움직이면 위로 던진 물체가 공중에 머무는 동안 우리는 그 물체 아래에서 벗어나야 한다는 믿음이 표준이었다. 따라서 위로 던진 물체의 운동도 이제 아리스토텔레스 그림 퍼즐에 맞지 않는 또 하나의 퍼즐 조각인 셈이다.

만일 지구가 하루에 한 바퀴씩 축을 중심으로 회전한다면, 우리가 지구의 자전에 따라 대략 시속 1,600km로 움직이는 것이 분명하다. 그리고 지구가 태양 주위를 돈다면, 지구는 태양 주위 궤도를 믿을 수 없을 만큼 빠른 속도로 움직이는 것이 틀림없다(현재 우리가 알고 있는 속도는 대략 시속 110,000km다). 아리스토텔레스 세계관의 상식에 따르면 우리는 그처럼 극적인 운동의 효과를 충분히 인식할 수 있을 것이다. 그런데 우리는 왜 움직이고 있다고 느끼지 못할까? 얼굴을 스치는 강한 바람도 없고, 그런 운동에 뒤따를 법한 그 흔한 진동이나 효과들을 느끼지 못하는 이유가 무얼까?

케플러 체계의 다양한 속도와 타원형 궤도는 또 어떤가? 아리스토텔레스 세계관에서는 행성을 비롯한 천체의 운동을 하늘을 완벽한 영역으로 보는 견해로 설명했다. 끊임없고 완벽한 원형 등속운동이 천체에 적절한 운동이었다. 다양한 속도의 타원형 궤도는 하늘이 완벽한 영역일 때 예상할 수 있는 천체의 운동이 아니다. 따라서 새로운 믿음은 하늘이 완벽한 영역이라는 아리스토텔레스 세계관의 믿음에 대한 중대한 도전이다.

마찬가지로 아리스토텔레스 그림 퍼즐에서 우주가 상당히 작고 아늑하다는 믿음을 표현한 부분도 이제 유효하지 않다. 만일 지구가 태양 주위를 돈다면 궤도의 한 지점부터 6개월 뒤에 도착한 지점까지 우주에서 우리의 위치가 엄청나게 변하기 때문이다(대략 300,000,000km의 거리를 이동한다). 지구가 태양 주위를 도는 동안 우리가 이동하는 엄청난 거리를 고려하면, 연주시차가 관찰되지 않는 이유를 설명하는 방법은 별들이 믿을 수 없을 만큼 엄청나게, 거의 상상할 수 없을 만큼 멀리 떨어져 있다고 설명하는 방법뿐이다. 그렇다면 우주가 믿을 수 없을 만큼 광대하고, 아마도 무한한 것이 틀림없다.

　우주가 크고 어쩌면 무한하다는 새로운 견해에 따라서 별들은 항성천에 박혀 있는 것이 아니라 광대한 우주의 바다에 흩어져 있다고 생각하게 되었다. 이 새로운 그림에서는 항성천이 필요 없다. 아리스토텔레스 세계관에서는 항성천이 우주의 가장자리이고, 항성천의 중심이 우주의 중심이었다. 그런데 항성천이 없다면 우주의 유일무이한 중심이 있다는 말도 아무 의미가 없다. 그리고 우주의 중심이 없다면(예를 들어 무거운 원소가), 우주의 중심을 향해 운동하거나 (불 원소가) 우주의 중심에서 벗어난다는 등 원소의 운동에 관한 아리스토텔레스의 설명이 효력을 잃는다. 더욱이 아리스토텔레스 우주관에서 가장 일반적인 내용, 즉 우주가 목적론적이고 본질론적이라는 견해도 의문시되었다.

　우리가 이미 살펴본 대로 천체 운동에 관한 설명, 즉 천체가 에테르 원소의 목표 지향적인 본질적 성질 때문에 등속의 원형으로 운동한다는 설명은 행성이 타원형 궤도를 다양한 속도로 움직인다는 견해를 수용한 결과 힘을 잃었다. 달 아래 영역 원소들이 내재된 목표 지향적 성질에 따라 자연적으로 움직인다는 설명도 마찬가지로 힘을 잃었다. 이런 상황이 오래전부터 우주를 목적론적이고 본질적이라고 생각한 견해가 오해임을 직접 증명한 것은 아니지만, 기본 원소의 운동에 관한 목적론적이고 본질론적인 설명이 효력을 잃음으로써 우주를 목적론적이고 본질론적으로 보는 견해 전체가 의문시된 것은 확실하다.

종교적 견해에 대해서도 비슷한 문제가 제기된다. 본래 아리스토텔레스의 설명은 분명히 종교적 문제와 연결되지 않았다. 하지만 중세에 특히 유럽에서 그리스도교 신학과 아리스토텔레스 우주관이 서로 긴밀히 연결된 결과, 아리스토텔레스 세계관의 문제가 전통적인 종교적 견해의 문제로 귀결되었다.

가령 우주가 상상하던 것보다 더 엄청나게 크고 어쩌면 무한하다는 새로운 견해가 거의 이해되지 않았다. 설마 신이 낭비되는 공간이 그토록 많은 우주를 창조했을까? 지구가 광대하고 대부분 텅 빈 공간을 먼지 입자처럼 떠돈다면 우주에서 인간의 역할은 무엇일까? 다시 말하지만, 아리스토텔레스와 프톨레마이오스의 지구 중심 모델은 종교적 이유에서 개발된 것이 아니다.

그럼에도 지구 중심 모델은 서구의 종교관과 잘 들어맞았다. 서구의 종교는 인간을 창조의 중심으로 보는 경향이 있었고, 이런 견해가 지구가 우주의 중심이라는 아리스토텔레스 세계관의 믿음과 잘 들어맞은 것이다. 신도 마찬가지다. 아리스토텔레스의 신은 천체의 끊임없는 운동을 설명하는 핵심이었다.

그런데 중세에 들어 천체의 끊임없는 운동을 설명하는 주체가 그리스도교의 하느님으로 바뀌었다. 즉 천체가 하느님의 완벽함을 모방하려는 욕구에서 움직인다고 설명한 것이다. 이처럼 그리스도교의 하느님이 우주의 작동을 과학적으로 이해하는 과정에 개입했다. 하지만 앞서 언급한 대로 천체가 하느님의 완벽함을 모방하려는 욕구에 따라 완벽한 원형과 등속으로 움직인다는 설명이 이제 타원형 궤도를 다양한 속도로 움직이는 행성과 어울리지 않게 되었다. 새로운 발견으로 인해 우주의 작동에 하느님을 개입시키는 과학적 설명에 대해 의문이 제기된 것이다.

1장에서 소개한 그림 퍼즐 비유를 다시 생각해보자. 그림 퍼즐의 중심이 되는 조각, 즉 핵심 믿음을 수정하면 그것과 서로 연결된 믿음들이 바뀔 수밖에 없다. 우리가 지금 이야기하는 것이 그 구체적 사례다. 앞에서 개략적으로 설명한 문제들이 제기된 원인은 지구가 태양 주위를 돈다고 인정한 데서 비롯된다.

따라서 아리스토텔레스 세계관의 핵심, 즉 지구가 우주의 중심에 정지해 있다는 믿음은 이제 받아들일 수 없는 믿음이 된다. 그러자 눈덩이가 커지듯 아리스토텔레스 체계의 온갖 믿음에 문제가 제기된다. 다시 말해 아리스토텔레스 세계관에 제기된 문제들은 그림 퍼즐의 가장자리 조각들만 바꾸면 해결되는 사소한 문제가 아니다. 아리스토텔레스 세계관을 어설프게 손보는 것, 즉 전체적인 그림을 유지하며 퍼즐 조각 몇 개만 새것으로 교체하는 것으로 끝날 문제가 아니다. 새로운 세계관이 필요하다. 그리고 새로운 세계관이 새로운 과학을 절실히 요구할 것이다. 어떤 종류의 새로운 과학이 필요했는지 간략하게 살펴보자.

새로운 과학의 필요성

앞서 강조한 대로 1600년대 초반의 새로운 발견들은 지구중심설이 옳은지 태양중심설이 옳은지를 훨씬 더 넘어서는 중요한 의미를 담고 있다. 2,000여 년을 지배한 아리스토텔레스 과학은 대부분 지구 중심 우주에 근거했다. 따라서 지구중심설의 종말은 아리스토텔레스 과학의 종말도 의미했다. 그런데 더 심각한 문제는 아리스토텔레스 과학을 대체할 과학이 아무것도 없었다는 것이다.

만일 지구가 태양 주위를 돈다면, 무거운 물체가 자연적으로 우주의 중심을 향하는 성향이 있고 지구의 중심이 우주의 중심이라는 아리스토텔레스의 설명은 이치에 맞지 않는다. 따라서 1600년대 초반에는 바위가 떨어지는 것처럼 단순한 현상도 이유를 설명할 수 없었다. 마찬가지로 지구가 태양 주위 궤도를 엄청난 속도로 움직이는데 우리는 정지해 있다고 느끼는 까닭도 설명할 수 없었다. 비슷한 맥락에서 공중으로 똑바로 던진 돌이 다시 제자리로 떨어지는 이유도 설명할 수 없었다. 케플러의 타원형 궤도를 설명할 방법도 없었고, 무엇보다 행성이 계속 움직이는 까닭을 설명할 길이 없었다.

이 밖에도 수없이 많은 기본 현상을 그럴듯하게 설명할 수 없었다. 필요한 설명을 제공할 새로운 과학이 필요했다. 무엇보다도 움직이는 지구와 양립하는 새로운 과학이 필요했다.

그렇다고 해서 아리스토텔레스 그림 퍼즐이 아리스토텔레스 당시부터 1600년대까지 전혀 변하지 않은 것은 아니다. 사실 그 2,000여 년 동안 아리스토텔레스 그림 퍼즐은 다양하게 수정되었다. 예를 들어 서구의 주요 종교들은 본래 아리스토텔레스 그림 퍼즐의 일부가 아니었지만, 중세에 서구의 종교적 견해들이 아리스토텔레스 그림 퍼즐에 추가되었다. 아리스토텔레스의 운동론도 수정되었고, 그런 변화가 1600년대에 관성의 법칙을 발견하는 데 도움을 주었다.

하지만 그런 변화에도 불구하고 세계관은 여전히 아리스토텔레스 세계관이었다. 타락하기 쉬운 지구는 여전히 우주의 중심이고, 달 너머 영역에 완벽한 하늘이 있고, 우주는 철저히 목적론적이고 본질론적이라고 생각했다. 우주는 비교적 작고 아늑하다고 여겨졌으며, 그런 우주는 당시 지배적인 종교관과 잘 들어맞았다.

1600년대 초반의 발견들이 우주에 관한 특정한 믿음 몇 가지만 변화시킨 것은 아니다. 우리가 사는 우주에 관한 전반적인 견해를 변화시켰다. 목적론적이고 본질론적이며 지구와 인간이 중심인 우주는 사라질 수밖에 없었고, 그와 더불어 우리가 사는 우주의 형태에 관한 전반적인 견해도 기각되었다. 아리스토텔레스 우주관을 대체한 새로운 우주관을 19장과 20장에서 자세히 살펴보자.

주의 사항

서문에서 이미 언급한 내용이지만, 주의 사항을 한 번 더 이야기하는 편이 좋을 것 같다. 우리는 지금 대단히 긴 시간에 걸쳐 여러 사람과 사건을 굵은 붓으로 그린 그림을 살펴보고 있다. 이렇게 굵은 붓으로 그린 그림을 보면, 사람과 사건의 영향과 연관성을 지나치게 단순화하고 오해할 위험이 늘 따른다.

예를 들어보자. 1600년대 여러 가지 발견으로 인해 아리스토텔레스 세계관이 효력을 잃었다고 조금 전에 설명했다. 움직이는 지구와 양립하는 새로운 과학이 절실히 필요했다는 이야기도 했다. 그리고 19장과 20장에서 뉴턴이 이처럼 절실히 필요했던 새로운 과학에 얼마나 큰 공헌을 했는지 살펴볼 것이다.

아리스토텔레스 과학이 효력을 잃은 것은 사실이다. 새로운 과학이 필요했던 것도 사실이다. 뉴턴이 새로운 과학의 핵심을 제공한 것도 사실이다. 하지만 뉴턴이 아리스토텔레스 과학의 종말로 생긴 빈자리를 직접 채우려고 의도적으로 노력했다는 것은 사실이 아니다. 아무리 좋게 보아도, 오해에 지나지 않는다. 굵은 붓으로 그린 그림을 보면 가령 뉴턴이 우리가 조금 전까지 논의한 문제들에서 직접 동기를 부여받고 그 문제들에 직접 대응했다는 인상을 받기 쉽다. 하지만 이런 식으로 생각하는 것은 오해다.

으레 그렇듯 실제 이야기는 훨씬 더 복잡하다. 우리 모두와 다름없이 뉴턴도 여러 가지 복잡한 요인에 동기를 부여받는 복잡한 개인이었다. 경쟁 이론을 옹호하는 동시대인들과의 경쟁 관계, 초기 연구의 수용 과정, 뭔가를 최초로 발견한 사람들과의 논쟁과 성격 차이, 심지어 어린 시절 어머니와의 관계도 분명히 뉴턴에게 영향을 주고 동기를 부여했다. 대체로 뉴턴이 연구를 발전시키는 과정에서 아주 많은 복잡한 요인이 중요한 역할을 한 것이다.

굵은 붓으로 그린 그림을 볼 때 그 이면에는 많은 복잡성이 숨어 있다. 서문에서 언급한 대로 나는 이 책처럼 전체적으로 접근하는 편이 실질적인 가치가 있다고 생각하지만, 선 굵은 그림 아래에 미묘한 내용이 많이 숨어 있음을 명심하라고 당부한다. 그리고 여러분이 이 책을 다 읽은 다음에 그런 복잡성을 더 깊이 탐구할 흥미를 느끼길 바란다.

주의 사항에 대한 짧은 설명도 마쳤으니, 이제 새로운 과학과 새로운 세계관의 발전 과정을 살펴보자.

과학 발전과
철학적/개념적 변화의 연관성

    1600년대는 엄청난 변화의 기운이 감도는 흥미진진한 시기였다. 몇 가지 예를 들면 과학과 철학, 종교, 정치 영역에서 변화의 기운이 감돌았다. 흔히 짐작하는 것과 달리 이런 영역들 사이에서 놀랄 만큼 많은 상호작용과 교류가 발생했다. 1600년대의 철학적/개념적 변화가 과학적 발견에 영향을 미쳤고, 거꾸로 과학적 발견이 철학적/개념적 변화에 영향을 미쳤다. 마찬가지로 종교적, 정치적, 과학적 변화가 모두 서로 영향을 주고받았다. 대체로 우리가 흔히 별개로 생각하는 영역들 사이에서 놀랄 만큼 많은 상호작용이 발생했다.

    이런 영역들이 어떻게 서로 영향을 주고받았는지 설명하는 것이 19장의 목표다. 지면이 한정되어 그 영향을 자세히 탐구할 수는 없지만, 최소한 별개로 보이는 영역들이 어떤 식으로 영향을 주고받았는지는 파악할 수 있을 것이다. 특히 쿠사의 니콜라우스$^{Nicholas de Cusa}$(1401~1464)와 조르다노 브루노$^{Giordano Bruno}$(1548~1600)의 종교적, 철학적 견해들이 1600년대의 발전에 어떤 영향을 미쳤는지 그리고 원자론에 관한 대체로 형이상학적인 견해가 어떤 역할을 했는지 집중적으로 살펴본다. 두 가지 사례에 불과하지만, 별개로 보이는 영역들이 어떻게 상호작용하고 교류했는지는 충분히 감지할 수 있을 것이다. 우주의 크기에 관한 내용부터 살펴보자.

우주의 크기

아리스토텔레스 세계관이 그린 우주는 비교적 작았다. 별들은 하나의 천구에 박혀 있고, 지구의 중심이 그 천구의 중심이라고 상상했다. 이른바 항성천이 우주의 가장 먼 가장자리라고 생각했다. 우리 조상들은 우주가 크다고 생각했지만, 지금처럼 믿을 수 없을 만큼 크다고 밝혀질 줄은 짐작도 못했다. 우리가 지금 생각하는 우주의 크기에 비하면 우리 조상들이 생각한 우주는 상대적으로 작았다.

이처럼 비교적 작은 우주 개념이 1600년대에 변한다. 다시 한 번 정리해보자. 갈릴레오가 망원경을 이용해 이전까지 몰랐던 무수히 많은 별을 관찰했다. 무수히 많은 별은 우주가 생각보다 더 클지도 모른다는 것을 의미한다. 더 직접적으로는 지구가 태양 주위를 돈다는 인식은 점점 더 확산하는데 별의 연주시차가 전혀 관찰되지 않기 때문에 우주가 분명히 상상할 수 없을 만큼 크다고 인정할 수밖에 없다.

1500년대 후반과 1600년대 초반에는 우주가 크고 어쩌면 무한하다는 생각을 받아들이기 어려웠다. 지금 우리도 우주의 크기를 도저히 가늠할 수 없으며, 우주의 크기를 공감하는 사람도 그리 많지 않은 것 같다. 과연 우주가 얼마나 큰지 감을 잡기 위해 먼저 우리 태양과 태양계부터 생각해보자. 먼저 우리 태양계의 모형을 만든다고 가정하자. 모형의 비율을 정하기 위해 지구가 (지름 30cm 정도의) 일반적인 지구본 크기라고 상상하자. 지구가 일반적인 지구본 크기라면, 태양의 크기는 10층 빌딩 정도이고, 지구본과 10층 건물의 거리는 대략 3km다. 이 비율대로 잠시 머릿속에 그림을 그려보자.

지구가 지구본 크기일 때, 태양은 대략 3km 떨어져 있다. 태양과 지구의 거리만 따졌을 뿐인데 벌써 상당히 먼 거리다. 오래전부터 태양계의 가장 바깥쪽에 있는 행성으로 생각한 (지금은 왜행성으로 치는) 명왕성은 이 비율에 맞추면 테니스공 정도의 크기이고, 평균 130km 정도 떨어져 있다. 최근 많은 왜행성이 추가로 발견되었고, 그중 하나인 세드나는 이 비율에 맞추면 테니스공보다 조금 더 작고 현재 320km 정도 떨어져 있다. 하지만 궤도가 아주 기이한 행성 혹은 왜행성인 세드나는 (현재 우리가 아는 한) 태양에서 가장 멀리 떨어진 지점을 향해 가고 있다. 우리가 지금 이야기하는 비율로 따지면, 수십 년 뒤 세드나는 3,200km 떨어진 지점에 도착할 것이다.

다시 한 번 머릿속에 그림을 그려보자. 태양은 10층 건물이고, 지구는 지름 30cm 정도의 지구본으로 3km 정도 떨어져 있으며, 우리 태양계의 모든 행성과 왜행성 중 가장 멀리 떨어진 세드나는 3,200km 떨어진 곳을 향한다. 이 비율에 정확히 맞춰 태양계 모형을 만들려면 미국 본토와 거의 맞먹는 공간이 필요하다. 우리 태양계가 이처럼 거대하다.

이제 태양이 우리 은하에 있는 수천억 개의 항성 중 하나에 불과하다는 사실을 생각해보자. 지구를 일반적인 지구본 크기로 축소한 비율대로 따지면, 가장 가까운 다음 항성은 800,000km 밖에 있다. 우주적 규모로 보면 이 항성이 바로 우리 옆집에 사는 이웃이다. 지구가 지구본 크기일 때, 우리 은하에서 바로 옆집이 800,000km 떨어져 있는 것이다. 한마디로 항성들은 거의 상상할 수 없을 만큼 넓은 간격을 두고 떨어져 있다.

더군다나 지금 우리가 이야기하는 것은 겨우 태양계가 포함된 우리 은하일 뿐이다. 우리 은하는 우주의 우리 영역에 있는 수천억 개의 항성으로 구성되어 있다. 참고로 가장 어두운 밤 최상의 관측 조건에서 우리가 볼 수 있는 항성은 극히 일부인 대략 3,000개 정도에 불과하고, 우리가 밤하늘에서 보는 항성은 모두 우리 은하에 있는 항성이다.

항성이 수천억 개인 우리 은하 하나의 엄청난 크기도 이해하기 어려운데, 우리 은하 자체가 우주에서 보이는 수천억 개 은하 중 하나에 불과하고, 그런 은하 하나하나가 수천억 개의 항성을 거느리고 있다. 이런 내용을 생각하면, 우주는 상상할 수 없을 만큼 광대한 장소다.

이제 여러분이 1600년대 초반 유럽에 살고 있다고 가정하자. 여러분은 하느님이 주로 인간을 위해 우주를 창조했다는 믿음을 배우며 자랐을 것이고, 우주가 비교적 작고 아늑하며 지구가 우주의 중심이라고 상당히 합리적으로 믿었을 것이다. 이처럼 편안한 그림에서는 우주도 이해할 만하게 보인다. 그런데 갑자기 거의 하룻밤 사이에 지구가 우주의 중심이 아니고 우주도 작고 아늑한 장소가 아니라 실제 상상을 초월할 정도로 크다고 믿을 만한 이유가 생겼다. 지구는 무한한 바다를 떠도는 한 점 먼지에 지나지 않는다. 이런 생각을 받아들이기가 얼마나 힘들었을지 충분히 이해할 수 있을 것이다.

주로 철학적인 근거에서 나온 주장이지만, 그 수세기 전부터 별이 무수히 많은 무한한 우주가 한없이 큰 하느님과 어울리는 유일한 우주라고 주장하는 철학자와 신학자들이 있었다. 그중 가장 유명한 인물이 쿠사의 니콜라우스와 조르다노 브루노 두 사람이다. 중요한 점은 두 사람 모두 과학자가 아니었다는 사실이다. 두 사람의 견해는 거의 전적으로 철학과 종교에 근거한 생각이었다.

우주가 무한하다는 두 사람의 견해는 살아생전에는 폭넓은 공감을 얻지 못했다(그 견해 때문에 브루노는 종교재판에서 유죄로 판결받고, 이단죄로 1600년에 산 채로 화형을 당했다). 하지만 1600년대 초반 들어 우주가 광대하고 어쩌면 무한하다는 생각이 점점 더 분명해졌고, 니콜라우스와 브루노의 견해가 무한한 우주 개념을 더 쉽게 받아들이는 데 일조했다. 무한히 큰 우주가 한없이 큰 하느님을 반영한다는 두 사람의 생각이 어렵고 새로운 개념을 쉽게 받아들이도록 힘을 보탠 것이다.

어떤 의미에서는 개념적 응급조치였다. 1600년대에 들어서자 우주가 전에 상상하던 것보다 훨씬 더 크다고 인정할 수밖에 없었지만 광대한 우주는 개념적으로 이해가 되지 않았고, 이 새로운 믿음을 우리가 우주를 개념화하는 방식에 들어맞게 할 방법이 필요했다. 그때 응급조치 역할을 한 것이 니콜라우스와 브루노의 견해다. 무한한 우주가 한없이 큰 하느님을 반영한다는 생각이 우주의 크기에 관한 새로운 견해를 개념적으로 이해하는 데 일조한 것이다.

두 사람의 견해는 광대한, 어쩌면 무한한 우주 개념을 이해하는 데 도움이 되는 것으로 그치지 않았다. 중요한 점은 두 사람의 견해가 원자론이라는 오래된 철학과 연결되었다는 것이다. 원자론은 (기원전 5세기) 고대 그리스의 철학자 레우키포스Leucippus와 데모크리토스Democritus까지 거슬러 올라가며, 에피쿠로스Epicurus와 루크레티우스Lucretius가 계승한 철학이다. 그 원자론이 1500년대 말부터 1600년대에 유럽에서 대중화되었다 (1600년대에는 원자론이라는 용어보다 '미립자론'이라는 용어를 더 자주 사용했다). 이 시기에 원자론이 부활한 이유는 많지만, 니콜라우스와 브루노라는 두 철학자의 대중적 인기가 원자론 부활에 한몫을 거들었다.

원자론에 따르면 실재는 궁극적으로 원자와 허공으로 구성된다. 원자론이 상상한 원자는 개별적인 작은 입자, 사실 더 나눌 수 없는 가장 작은 입자이고, 허공은 우리가 생각하는 진공과 흡사하게 완전히 텅 빈 공간이다. 일부 원자들은 서로 결합하고, 이렇게 결합한 원자들이 우리 주변에 보이는 물체를 형성한다. 나머지 원자들은 빈 공간을 (즉 허공을) 떠돈다. 허공을 떠도는 원자는 당구공과 비슷하게 움직인다. 직선으로 이동하다 다른 한 원자나 여러 개의 원자와 충돌하면 당구공들이 부딪칠 때처럼 서로 튕겨 나간다.

원자론은 경험적 믿음이라기보다는 형이상학적 믿음, 철학적/개념적 믿음이다. 원자들이 허공을 가르고 움직이는 모습을 관찰할 수도 없고, 실재가 궁극적으로 원자와 허공으로 구성되었다는 견해를 뒷받침하는 분명한 경험적 증거도 없기 때문이다. 원자론은 비록 철학적/개념적 견해에 가깝지만 당시 등장하던 사상과 잘 어울리는 견해였고, 새로운 과학 사상이 발전하는 데 상당히 유익한 견해였다.

관성의 법칙을 예로 들어보자. 관성의 법칙에 따르면 운동하는 물체는 외부의 힘이 작용하기 전까지 영원히 계속해서 똑바로 움직인다. 앞서도 설명했지만, 우리가 알고 있는 관성의 법칙을 최초로 명확하게 진술한 사람은 데카르트다. 데카르트가 원자론에 (혹은 미립자론에) 영향을 받은 것은 절대 우연의 일치가 아니다. 앞서 논의한 대로 관성의 법칙은 지극히 반직관적인 법칙이며, 1600년대 사람들은 이 법칙을 이해하기가 더 어려웠다. 하지만 원자론과 무한한 우주를 생각해보자. 공간을 가르며 움직이는 개별적인 원자를 떠올리고, 이 원자가 다른 원자와 절대 충돌하지 않는다고 가정하자. 원자론에 따르면 이 원자는 어떻게 움직일까? 영원히 일직선으로 움직일 것이다. 이 대답이 기본적으로 관성의 법칙이다. 즉 무한한 우주라는 개념을 머릿속에 담으면, 우주를 원자론의 맥락에 맞게 개념화하게 되고, 그러면 관성의 법칙을 훨씬 쉽게 이해할 수 있다. 무한한 우주 개념과 원자론 철학이 1600년대에 발견된 중요한 과학 원리, 즉 관성의 법칙이 등장하도록 길을 닦은 것이다.

그렇다고 관성의 법칙이 그저 무한한 우주와 원자론 철학을 수용한 덕분에 발견되었다는 말은 절대 아니다. 관성의 법칙은 우주를 개념화하는 새로운 방식과 실험적 연구들을 결합하고, 오랜 기간 수많은 사람이 각고의 노력을 기울인 끝에 발견되었다. 하지만 무한한 우주 개념을 받아들이게 된 상황과 마찬가지로 관성의 법칙이 발견되기까지 흔히 서로 나뉘어 별개로 보이는 영역들 사이에서 놀랄 만큼 많은 상호작용이 일어났다.

지금까지 설명한 것은 1600년대에 일어난 변화와 발전을 서술하는 복잡한 이야기 중 일부에 지나지 않는다. 우주가 광대하고 어쩌면 무한하다는 믿음을 수용했다는 것, 관성의 법칙을 인정했다는 것 등 주로 과학적 믿음에 관한 내용뿐이었다. 하지만 우리가 살펴본 대로 이런 새로운 과학적 믿음을 수용하고 인정한 것은 놀랄 만큼 많은 형이상학적 철학적/개념적 종교적 믿음과 연관되었다.

이 장 첫머리에서 강조한 대로 1600년대는 과학은 물론이고 철학과 개념, 종교, 정치 등의 영역에서 변화가 일어난 엄청난 시기였다. 1600년대에 이런 영역들이 복잡하고 대단히 흥미로운 상호작용을 주고받았지만, 그중에서 철학적/개념적 사상과 한결 간단한 과학적 사상이 서로 어떤 영향과 도움을 주고받았는지만 간단히 살펴보았다. 이런 상호작용을 더 깊이 탐구하고 싶은 사람은 주와 추천 도서에 소개한 자료나 책을 추가로 살펴보기 바란다.

새로운 과학 그리고
뉴턴 세계관

1600년대 새로운 과학의 발전은 수많은 연구자의 노력이 축적된 결과이지만, 백미는 뉴턴이 1687년에 발표한 《자연철학의 수학적 원리》다. 일반적으로 (라틴어 제목 Principia Mathematica Philosophiae Naturali를 줄여) 《프린키피아》로 불리는 이 책에서 뉴턴은 움직이는 지구와 양립하는 새로운 물리학을 소개하고, 우리가 현재 뉴턴 과학이라고 일컫는 것의 핵심을 제시했다. 더불어 이 책에는 우리가 아리스토텔레스 믿음의 그림 퍼즐을 대체할 새로운 믿음의 그림 퍼즐, 즉 뉴턴 세계관을 탐구할 때 요긴하게 사용할 수 있는 방법도 포함되어 있다.

20장의 목표는 뉴턴 과학과 새로운 (뉴턴) 세계관을 살펴보는 것이다. 뉴턴 과학부터 간략히 살펴보자.

새로운 과학

18장에서 논의한 대로 아리스토텔레스 세계관의 핵심은 움직이는 지구 개념과 어울릴 수 없었다. 지구가 태양 주위를 돈다는 견해를 수용하려면 완전히 새로운 과학이 필요했다. 그때 등장한 새로운 과학은 수십 년에 걸친 수많은 연구의 성과였다. 그리고 이미 언급한 대로 《프린키피아》가 새로운 과학의 대미를 장식했다. 그런 이유에서 뉴턴의 과학을 주로 살펴보겠지만, 그의 연구가 수많은 사람의 연구 덕분임을 잊지 말아야 한다. 여기서 자세히 설명하지는 않겠지만, 뉴턴이 미적분학을 개발할 당시 그와 별도로 같은 시기에 고트프리트 라이프니츠Gottfried Leibniz(1646~1716)가 미적분학을 개발했다는 점도 언급할 필요가 있다. 미적분학은 뉴턴 과학의 발전을 이끈 중요한 수학적 도구였고, 지금도 여전히 가장 널리 쓰이는 수학적 도구 중 하나다.

《프린키피아》는 최근에 출간된 영어 번역본으로도 600쪽에 달하는 대작이다. 하지만 뉴턴의 과학은 흔히 보편중력(만유인력) 법칙과 세 가지 운동 법칙으로 그 핵심을 요약하곤 한다. 분명히 뉴턴은 이 책에서 많은 내용을 논의했지만, 보편중력 법칙과 운동 법칙들을 뉴턴 과학의 핵심으로 보는 것도 일리가 있다. 이제 운동의 법칙들, 보편중력 법칙과 더불어 뉴턴 과학의 일반적인 쟁점을 살펴보자.

세 가지 운동 법칙

뉴턴은 용어를 정의하는 장으로 《프린키피아》를 시작해 책에 등장할 다양한 용어의 의미를 설명한다. 그리고 그다음 (10여 쪽에 불과한) 짧은 장에서 세 가지 운동 법칙을 소개한다.

제1운동 법칙이 우리가 흔히 관성의 법칙이라 말하는 것이다. 12장에서 논의했지만, 관성의 법칙을 현재 일반적으로 설명하는 방식으로 다시 한 번 정리해보자. 외부의 힘이 작용하지 않는 한 움직이는 물체는 일직선으로 계속 움직이고, 정지한 물체는 계속 정지해 있다. 뉴턴이 관성의 법칙을 설명한 표현은 조금 다르지만 뉴턴의 표현이나 요즘 표현이나 의미는 같다.

앞서 논의한 대로 관성의 법칙은 일상의 경험과 어긋나고, 1600년대에는 이해하기가 더 어려웠다. 1500년대부터 관성의 법칙의 전조라 할 수 있는 다양한 이론이 폭넓게 검토되었고, 1600년대 초에 갈릴레오가 움직이는 물체를 다양하게 탐구해 관성의 핵심을 완전하지는 않지만 거의 정확하게 파악했다. 1600년대 중반 들어 데카르트가 관성의 특성을 정확히 정리했고, 뉴턴이 데카르트가 정리한 관성의 특성을 상당 부분 참고해 제1운동 법칙을 기술했다.

제2운동 법칙을 살펴보자. 야구방망이로 야구공을 치는 장면을 떠올려보자. 야구방망이로 야구공을 세게 치면 칠수록 야구공은 더 빨리 그리고 더 멀리 날아간다. 다시 말해, 야구공의 운동 변화는 가해진 힘에 (즉 야구방망이로 야구공을 세게 치는 힘에) 비례한다. 물체의 운동 변화는 물체에 가해진 힘에 비례하고 그 힘이 가해진 일직선 방향으로 발생한다는 것이 제2운동 법칙이다. 이 법칙을 흔히 $F=ma$라는 방정식으로 정리하는데, 힘(F)은 질량(m)과 가속도(a)를 곱한 값과 같다는 말이다. 야구공을 예로 든 것처럼 물체의 가속도는 물체에 가해진 힘을 물체의 질량으로 나눈 값과 같다는 뜻이다.

제3운동 법칙은 모든 작용에 대해 크기는 같고 방향은 반대인 반작용이 늘 존재한다는 것이다. 이 법칙을 설명할 때 일반적으로 드는 예가 총의 반동이다. 한 방향으로 발사된 총알의 작용으로 크기는 같고 방향은 반대인 반작용, 즉 반대 방향으로 밀리는 총의 반동이 발생한다.

보편중력

뉴턴 과학의 핵심 요소인 세 가지 운동 법칙은 《프린키피아》에서 겨우 두 쪽에 걸쳐 소개된다. 또 하나의 핵심 요소인 보편중력의 개념은 설명이 조금 더 복잡하다. 우선은 뉴턴이 《프린키피아》에서 보편중력 개념을 얼마나 천천히 전개했는지만 살펴보고, 그가 보편중력 개념에 그토록 천천히 신중하게 접근한 이유는 이 장의 (결론 바로 전인) 마지막 부분에서 이야기하겠다. 현재 일반적으로 보편중력을 설명하는 방식부터 살펴보자.

일반적으로 보편중력은 두 물체 사이에 작용하는 서로 끌어당기는 힘으로 설명한다. 예를 들어 태양의 인력이 지구를 태양 쪽으로 끌어당기는 동시에 지구의 인력은 태양을 지구 쪽으로 끌어당긴다. 마찬가지로 책을 떨어트리면 지구의 중력이 책을 지구 쪽으로 끌어당기지만, 동시에 책의 인력이 지구를 책 쪽으로 끌어당긴다. 책의 인력은 실질적으로 지구에 아무런 영향을 미치지 못한다. 지구가 책보다 엄청나게 더 육중하기 때문이다. 지구와 태양도 마찬가지다. 태양이 지구에 미치는 영향에 비해 상대적으로 지구의 중력이 태양에 거의 영향을 미치지 못하는 이유도 태양이 지구보다 훨씬 더 육중하기 때문이다.

더 자세히 설명하면, 두 물체 사이에 작용하는 인력은 두 물체의 질량의 곱에 비례한다. 두 물체가 육중할수록 인력도 그만큼 더 커진다. 그리고 인력은 두 물체 사이 거리의 제곱에 반비례하므로 두 물체의 간격이 커질수록 두 물체 사이에 작용하는 인력의 세기는 급속히 줄어든다.

이것이 요즘 일반적으로 보편중력을 설명하는 방식이다. 그리고 사실 《프린키피아》에서도 보편중력의 특성을 이런 식으로 설명했다. 하지만 운동의 법칙들은 책의 초반부에서 간결하면서도 충분하게 설명한 것과 달리 중력의 특성은 서서히 드러난다.

뉴턴이 《프린키피아》에서 최초로 중력을 논의한 부분은 서론 바로 다음, 용어를 정의하는 장의 맨 처음 몇 쪽이다. 하지만 이 부분에서 뉴턴은 '중력'이라는 용어를 물체를 지구 쪽으로 끌어당기는 힘이라는 의미로만 사용할 뿐 분명히 보편중력이라는 의미로 사용하지 않는다. 한참 뒤에 (400쪽이나 지나서) 비로소 뉴턴은 지구의 중력이 적어도 달까지 힘을 미치는 것이 틀림없고, 지구의 중력 때문에 달이 궤도를 돈다고 주장한다. (목성의 위성처럼) 다른 행성의 위성이 계속해서 궤도를 돌게 하는 힘이 무엇이건 그 힘도 분명히 지구의 중력과 같은 특성을 띤다고 주장한다(즉 끌어당기는 힘은 물체들의 질량에 비례하고 물체들 사이 거리의 제곱에 반비례한다). 뉴턴은 행성들이 태양 주위 궤도를 계속 돌게 하는 힘이 무엇이건 그 힘도 지구의 중력과 같은 특성을 띠는 것이 틀림없다고 주장한다. 이 부분, 즉 《프린키피아》 제3권 정리 7에서 비로소 뉴턴이 중력 개념을 이렇게 일반화한다. "중력은 모든 물체에 보편적으로 존재한다."

바로 이때 보편중력이라는 획기적인 개념이 마침내 등장한다. 그리고 뉴턴은 《프린키피아》 끝부분에서 운동의 법칙들과 결부된 보편중력의 설명력을 인상적으로 보여준다. 《프린키피아》는 혁명적인 저작이다. (보편중력 법칙과 세 가지 운동 법칙 등) 몇 안 되는 구성 요소로 설명할 수 있는 현상의 범위가 정말 인상적일 만큼 넓다.

뉴턴 세계관

아리스토텔레스 세계관은 지구 중심 세계관이다. 지구가 우주의 중심에 있다는 믿음은 그림 퍼즐의 가장자리에 있는 믿음이 아니다. 그 믿음을 대체하면 그림 퍼즐 조각 대부분을 교체할 수밖에 없는 핵심 믿음이다. 그런데 뉴턴의 과학이 새로운 과학 퍼즐 조각을 많이 제공했다. 특히 뉴턴의 과학은 설명력이 지극히 뛰어나고 무엇보다도 움직이는 지구와 양립했다. 아리스토텔레스의 그림 퍼즐 조각은 과학 퍼즐 조각은 물론 철학적/개념적 퍼즐 조각까지 대부분이 새로운 과학과 맞지 않았다. 즉 뉴턴이 제공한 과학 퍼즐 조각에 들어맞는 여러 가지 새로운 철학적/개념적 퍼즐 조각이 필요했다.

아리스토텔레스 세계관에서 우주는 목적론적이고 본질론적이었다. 물체가 내재된 본질적 성질에 따라 움직였다. 하지만 뉴턴의 과학에서는 물체가 본질적 성질 때문에 움직이는 것이 아니다. 주로 외부 힘의 영향 때문에 움직인다. 우주가 목적과 의도로 충만하다는 아리스토텔레스 우주관은 전체적으로 새로운 과학과 들어맞지 않았다. 우주가 오히려 기계에 가깝게 보이기 시작했다. 기계 부품들이 서로 밀고 당기고, 다양한 부품이 서로 힘을 가해 움직이는 것과 마찬가지로 우주 속 물체도 다른 물체를 밀고 당겨 서로에게 가하는 힘 때문에 움직인다고 생각하기 시작했다.

기계는 새로운 세계관을 설명하는 주요한 비유 대상이 되었다. 외부 힘의 밀고 당김이 우주 속 물체의 운동을 이해하는 핵심이라는 이런 우주관은 아리스토텔레스 우주관과 거의 정반대되는 견해다. 아리스토텔레스 세계관의 과학과 밀접하게 연결된 목적론적이고 본질론적인 우주관이 새로운 과학과 밀접하게 연결된 기계론적인 우주관으로 대체되었다.

기계 비유에 따라 하느님에 대한 견해도 바뀌었다. 아리스토텔레스의 신은 절대 종교적인 신이 아니었다. 별과 행성이 계속 움직이는 원인을 설명하는 데 필요한 존재였다. 그런데 앞서 이야기한 대로 후세에 아리스토텔레스가 생각한 신의 개념이 그리스도교, 유대교, 이슬람이 생각한 하느님의 개념으로 대체되었다. 아리스토텔레스 세계관이 지배하던 시절에도 하느님의 세부적인 개념은 변했지만 아리스토텔레스가 생각한 신의 핵심 개념은 변하지 않았다. 하느님이 우주의 작동에 매 순간 필요한 구성 요소라는 개념은 변하지 않았다. 아리스토텔레스 세계관에서는 하느님 혹은 그 비슷한 존재가 과학적인 이유에서 천체 운동의 항구적인 원인으로 필요했다.

하지만 새로운 과학에서는 우주를 작동하는 그런 존재가 필요 없었다. 가령 행성의 운동은 (운동하는 물체는 계속 운동하므로 운동하는 행성도 계속 운동한다고 설명하는) 관성과 (행성이 일직선으로 날아가지 않고 태양 주위를 도는 이유를 설명하는) 중력의 결과로 설명할 수 있었다. 한마디로 새로운 과학에서는 우주를 작동하는 하느님이 필요 없었다.

종교적 믿음은 흔히 뿌리를 깊숙이 내리므로 대부분 사람은 종교적 믿음을 포기하지 않았다. 하지만 하느님의 개념은 크게 변했다. 하느님이 일종의 기술자, 시계공처럼 보이기 시작했다. 하느님이 우주를 설계하고 구성하고 작동시켰지만, 이전 세계관과 달리 우주가 일단 작동한 다음부터는 하느님의 항구적인 개입 없이 움직인다고 생각했다.

개인의 사회적 역할에 대한 일반적인 개념도 바뀌었다. 아리스토텔레스 세계관은 일종의 계층적인 관점을 내포했다. 물체마다 우주 속에 본연의 자리가 있는 것처럼 사람에게도 전체적인 순리에 맞는 본연의 자리가 있다고 보았다. 왕권신수설이 좋은 예다. 왕이 된 개인은 왕위에 오를 운명이고, 왕위는 순리에 맞는 그 사람의 자리라는 의미다. 흥미롭게도 왕권신수설을 마지막으로 주창한 왕 중 한 명이 영국의 군주 찰스 1세였다. 찰스 1세는 1640년대에 폐위되어 재판받고 처형될 때까지 왕권신수설을 주창했지만 설득력은 없었다. 1640년대 영국혁명에 뒤이어 미국의 독립혁명과 프랑스혁명 등 개인의 권리를 강조한 서구의 주요한 정치 혁명들이 아리스토텔레스 세계관을 기각한 이후에 발생한 것은 우연의 일치가 아닐 것이다.

일반적으로 아리스토텔레스 세계관에서 생각한 우주는 지구를 중심으로 작고 아늑했다. 우주는 자연적인 목적과 의도로 충만했고, 우주를 보는 관점은 목적론적이고 본질론적이었다. 그런 관점이 인간에게도 적용되었다. 물체마다 우주 속에 본연의 자리가 있는 것처럼 인간에게도 순리에 맞는 본연의 자리가 있었다. 그리고 하느님 혹은 하느님과 비슷한 존재가 우주를 매 순간 움직이는 데 필요했다.

새로운 세계관이 등장하며 이 모든 견해가 바뀌었다. 이제 우주는 광대하고 어쩌면 무한하며, 태양은 단지 우리 태양계의 행성들이 회전하는 중심이라고 생각했다. 우주를 기계 같다고 보았다. 물체의 운동을 설명하는 의도나 목적도 없었다. 물체의 운동은 아무런 의도도 없는 외부 힘의 결과였다. 우주를 움직이는 하느님이나 하느님 같은 존재도 필요 없었다.

우주는 시계가 똑딱거리며 움직이는 것과 흡사하게 매일매일 똑딱거리며 움직였다.

철학적 성찰: 뉴턴의 중력 개념에 대한 도구주의적 태도와 실재론적 태도

이 장을 마치기 전에 뉴턴이 생각한 중력의 아주 흥미로운 측면을 살펴보아야 할 것 같다. 우리가 지금까지 논의한 중요한 철학적 쟁점들과 연결되는 내용이며, 더욱이 앞서 언급한 대로 뉴턴이 《프린키피아》에서 중력 개념을 천천히 신중하게 접근하며 소개한 이유를 설명하는 데도 도움이 되는 내용이다.

중력은 어찌 보면 상당히 이상한 개념이다. 왜 그런지 잠시 예를 들어보자. 이 예는 이 책에서 나중에도 등장할 것이다. 내가 책상 위에 연필한 자루를 올려놓은 다음 여러분에게 그 연필을 움직여보라고 부탁한다치자. 단, 어떤 방법으로도 연필과 접촉해선 안 된다. 건드려도, 입으로 불어도, 다른 물건을 던져 맞혀도, 책상을 움직여도 안 된다.

절대 접촉하지 말고 연필을 움직여야 한다. 여러분은 거의 확실히 불가능한 일이라고 생각할 것이다. 내가 불가능한 일을 부탁하는 것 같다는 여러분의 느낌은 일반적인 신념에서 기인한다. 그 신념은 최소한 고대 그리스까지 거슬러 올라가는 것으로, 둘 사이에 모종의 접촉이나 교류가 없는 한 어떤 것은 (예컨대, 여러분은) 다른 것에 (즉 연필에) 영향을 미칠 수 없다는 신념이다. 이런 신념은 흔히 "'원격작용'은 있을 수 없다"는 말로 요약해서 표현되곤 한다.

이제 다시 중력 개념으로 돌아가자. 우리는 흔히 중력을 물체들 사이에 작용하는 끌어당기는 힘으로 이해한다. 대표적인 예를 들면, 지구의 중력이 연필을 끌어당기므로 내가 연필을 떨어트리면 연필이 바닥으로 떨어진다. 만일 "연필이 왜 떨어졌는가?"라고 물으면, 대체로 연필이 지구 중력의 영향을 받아서 떨어졌다고 대답할 것이다.

마찬가지로 중력이 실재하는 힘인지 아닌지 물으면, 즉 중력이 실제로 존재하느냐 존재하지 않느냐고 물으면, 대체로 "당연히 실재한다"고 대답한다. 사람들은 흔히 중력에 대해 실재론적 태도를 지키며, 중력을 실제 존재하는 힘으로 여기고, 중력이 대체로 우리 주변에서 관찰되는 일상적인 현상 상당수를 설명한다고 생각한다.

나는 우리 대부분이 중력에 대해 실재론적 태도를 지키는 까닭이 주로 아주 어려서부터 중력 개념을 배우며 자랐기 때문은 아닌지 의심이 든다. 그래서 최소한 실재론적 태도로 중력을 대할 때 중력에 아주 이상한 특징이 있다는 것을 눈치채지 못하는 것은 아닌지 의심이 든다. 어떤 이상한 특징이 있는지 살펴보자. 물체들 사이에 서로 끌어당기는 힘이 작용하는 다른 사례와 중력을 비교해보자. 예를 들어, 내가 연필 두 자루에 고무줄을 감은 뒤 연필들을 양쪽으로 잡아당겨 고무줄을 팽팽히 늘인다고 가정해보자. 이때 어찌 보면 연필 두 자루가 서로를 끌어당긴다고 볼 수 있다. 그리고 내가 잡고 있던 손을 놓으면 연필들은 서로를 향해 빠르게 움직일 것이다. 이 경우에는 끌어당기는 힘의 본질을 이해하기가 어렵지 않다. 연필들은 팽팽히 늘어난 고무줄로 연결되었고, 연필 두 자루 사이에 끌어당기는 힘이 발생한 원인이 바로 그 고무줄이다.

팽팽한 고무줄로 연결된 연필 두 자루의 예에서는 끌어당기는 힘의 본질을 쉽게 이해할 수 있다. 이제 연필을 떨어트리는 경우를 다시 생각해 보자. 이 경우에는 연필과 지구 사이에 분명히 아무런 연결도 없다. 지구와 연필을 묶는 고무줄도 없고, 끈도 없고, 아무것도 없다. 하지만 연필과 지구 사이에 그 어떤 연결도 없는 듯 보임에도 연필을 손에서 놓으면 지구로 떨어진다. 이렇게 보면, 중력이 과학처럼 보이지 않는다. 마술처럼 보인다.

요컨대, 중력에 대해 실재론적 태도를 취하면, 즉 중력을 실제 존재하는 힘으로 생각하면 중력의 효과가 다분히 신비한 원격작용처럼 보인다. 이처럼 눈에 보이지 않고 원격작용을 하는 힘을 흔히 '주술적인' 힘이라고 불렀고, 그런 힘과 연관된 듯 보이는 제안을 거부한 역사도 길다. 예를 들어, 1600년대 초 케플러는 조수가 달의 영향 때문이라는 의견을 제시했다(케플러의 의견은 결국 올바른 것으로 밝혀졌다). 하지만 갈릴레오를 포함해 많은 사람이 케플러가 주술적인 힘을 암시한다고 비난했다. 원격작용이나 그런 주술적인 힘은 절대 있을 수 없다는 견해, 최소한 고대 그리스까지 거슬러 올라가는 그 견해가 명백하다고 생각한 것이다.

뉴턴이 《프린키피아》를 처음 발표할 때도 꽤 많은 사람이 신비하게 원격작용을 하는 힘을 소개한다며 뉴턴을 비판했다. 상당히 영향력 있는 사람들도 비판에 가세했고, (미적분학을 동시에 개발했다고 앞서 언급한) 라이프니츠도 그중 한 사람이었다. 라이프니츠는 특히 뉴턴이 주술적인 힘을 과학에 끌어들였다고 비난했다. 그러한 비난은 바로 조금 전에 설명한 문제에 근거한 것이었다. 중력이 신비한 원격작용과 관련된 것처럼 보인다는 것이 문제였다.

이런 비판을 해결하는 한 가지 방법이 도구주의다. 즉 중력에 대해 도구주의적 태도를 지키는 것이다. 사실 뉴턴 자신도 중력에 대해 도구주의적 태도를 지킨다고 공언하곤 했다. 도구주의적 태도를 지킨다는 것이 무슨 의미일까? 연필을 떨어트리는 상황을 다시 생각해보자. 중력 방정식을 포함해 뉴턴의 방정식들을 사용하면 (연필의 가속도 등) 연필이 어떻게 떨어질지 뛰어난 예측을 할 수 있다.

도구주의적 태도를 지킨다는 것은 기본적으로 그런 방정식이 물체가 운동하는 방식을 탁월하게 설명하는 데 도움이 된다고 보지만, 그 물체가 그런 방식으로 운동하는 이유에 관해서는 불가지론을 고수하는 것이다. 다시 말해, 방정식 특히 중력 방정식을 사용해 뛰어난 예측을 제시할 수 있지만, 중력이 '실재하는' 힘이냐 아니냐는 문제에 대해서는 입을 다무는 것이다.

뉴턴은 중력을 실재론적으로 설명할 수 있다는 희망을 드러냈다.《프린키피아》에서 자신이 제시한 수학적 논의와 일치하고, 원격작용 없이 오직 기계적인 상호작용과 연관된 실재론적 설명이 등장할 수 있다는 희망을 밝혔다. 그러나 다음 두 세기 동안 (예를 들어, 물체가 근처에서 작용하는 중력장에 반응하므로 원격작용이 필요 없다고 생각하는 대안적 접근법처럼) 중력에 대해 조금씩 다른 논의들이 펼쳐졌지만, 문제가 전혀 없는 설명은 나오지 않았다. 적어도 실재론적인 관점에서 보면 모든 설명이 문제가 있었다. 뉴턴의 설명을 비롯해 모든 설명은 순수하게 도구주의적 태도를 지키는 한 아무 문제가 없었다. 결국 아인슈타인의 일반상대성이론이 원격작용과 연관 없이 중력을 설명할 것이다. 하지만 아인슈타인의 중력 설명은 우리 대부분이 자라며 배운 뉴턴의 중력 설명과 사뭇 다르다.

오래된 아리스토텔레스 세계관은 1600년대의 새로운 발견들과 맞지 않았다. 그렇다고 해서 하룻밤 사이에 세계관이 교체된 것은 아니지만, 결국 앞에서 설명한 새로운 관점이 등장했고, 이 새로운 관점을 이제부터 뉴턴 세계관이라고 부르자. 아리스토텔레스 세계관과 마찬가지로 뉴턴 세계관도 시간이 지나며 발전했지만, 우주를 기계 같다고 보는 핵심은 변하지 않았다.

　1600년대에 과학이 발전하는 과정에서 나타난 특징 중 하나가 케플러의 행성 운동 법칙이나 뉴턴의 운동 법칙 등 과학 법칙의 위상이 높아진 것이다. 과학 법칙의 위상이 높아지자 흥미로운 철학적 질문들이 제기되었다. 예를 들어 이런 질문이다. 과학 법칙이 무엇인가? 과학 법칙이라는 개념의 난해한 쟁점들을 21장에서 간단히 검토한 다음, 22장에서 뉴턴 세계관이 이후 두 세기 동안 어떻게 발전했는지 살펴보자.

철학적 간주곡
과학 법칙은 무엇인가?

1600년대 이후부터 과학에서 과학 법칙이라는 개념의 위상은 점점 더 높아졌다. 케플러의 행성 운동 법칙과 뉴턴의 운동 법칙, 보편중력의 원리에 관한 뉴턴의 설명은 이미 살펴보았고, 22장에서는 뉴턴 그림을 대체로 수용한 이후 수백 년간 등장한 법칙들을 살펴볼 것이다. 예를 들어 전기적 인력에 관한 법칙, 전기적 현상과 자기적 현상의 관계에 관한 법칙 등이다. 이 모든 법칙이 흔히 과학 법칙으로 간주된다. 이런 법칙들이 물리적 현상의 본질적 내용을 포착한 것으로 보였고, 1600년대 과학 변혁기 이후 이런 법칙을 찾아내고 특징짓는 것이 과학의 한 가지 중요한 임무였다.

그런데 과학 법칙이 무엇인가? 늘 그렇듯 이 질문도 일단 파고들기 시작하면 이내 아주 난해한 쟁점들로 이어진다. 그 복잡성을 보여주는 것이 21장의 목표다. 특히 지난 50여 년 동안 과학 법칙을 둘러싼 이런저런 문제를 처리하려고 노력한 결과 제안과 주장, 반대 주장, 반대 제안 등이 상당히 복잡하게 이어졌다. 한 가지 분명한 점은 박식하고 논리 정연한 사람들이 수십 년 동안 논쟁을 벌이며 다양한 주장을 펼쳤으나 과학 법칙이 무엇인지 혹은 과학 법칙을 특징짓는 최고의 방법이 무엇인지 통일된 의견은 아직 나오지 않았다는 것이다.

지면이 한정되어 논쟁의 세부적인 내용까지 살필 수는 없고, 논쟁을 더 자세히 검토하고 싶은 사람은 주와 추천 도서에 안내한 자료를 추가로 검토하기 바란다. 그래도 과학 법칙이라는 개념을 탐구할 때 이내 제기되는 난해한 쟁점들이 무엇인지 잠깐 살펴보는 것은 특별히 어려운 일이 아니다. 조금 더 신중히 표현하면, 그 난해한 쟁점의 느낌을 전달하는 것이 21장의 목표다.

과학 법칙

특히 지난 50여 년 동안 철학자들은 흔히 과학 법칙과 자연법칙을 구분했다. 과학 법칙과 자연법칙의 차이점을 설명한 글이 많지만, 그 차이점을 간단하게 특징짓는 한 가지 방법이 있다. 케플러의 행성 운동 법칙이나 뉴턴의 운동 법칙, 보편중력의 법칙처럼 우리가 흔히 생각하는 과학 법칙은 물체가 운동하는 방식의 근사치에 불과할 때가 많다는 것이다. 예를 들어 케플러의 제2법칙은 기껏해야 두 천체 체계, 즉 행성 하나와 태양만 존재하는 체계에서 그 행성의 궤도를 특징지을 뿐이다. 실제 모든 행성이 다른 행성의 중력 등 온갖 요인에 영향을 받는 우리 태양계에서 볼 때 케플러의 제2법칙은 한 행성의 궤도를 겨우 근사치에 가깝게 특징지을 뿐이다.

하지만 케플러의 행성 운동 법칙 같은 과학 법칙이 제시하는 근사치가 물체의 운동 방식과 아주 근접하기 때문에, 우리는 통상 과학 법칙이 근사치에 불과할지언정 어느 정도는 세상의 심오한 특성을 반영한다고 생각한다. 그리고 과학 법칙이 반영하는 심오한 특성이 자연법칙일 것으로 짐작한다. 대체로 우리는 자연법칙을 우주가 작동하는 방식의 원인이 되는 우주의 기본 특성으로 특징짓는 한편, 흔히 과학 법칙이 그런 자연법칙을 근사치로 반영한다고 생각한다.

이제 과학 법칙을 집중적으로 살펴보겠지만 과학 법칙이 반영한다고 짐작하는 세상의 기본 특성과 연관된 쟁점도 자주 등장할 것이다. 과학 법칙과 흔히 연결되는 두 가지 특징부터 살펴보자.

과학 법칙과 흔히 연결되는 특징

흔히 과학 법칙이 우주의 예외 없이 기본적인 측면을 반영한다고 생각한다. 즉 어떤 물체가 그저 우연히 움직인 방식이 아니라 반드시 그렇게 움직여야 하는 방식을 나타낸다고 생각한다. 우리가 자주 언급한 케플러의 행성 운동 제2법칙을 보자. 16장에서 처음 논의한 제2법칙은 흔히 '등적' 법칙이라 불린다. 행성과 태양을 이은 선이 같은 시간 동안 같은 면적을 쓸고 지나간다는 법칙이다([그림 16-3]을 다시 한 번 참고하기 바란다).

이미 언급한 대로 우리는 흔히 이 법칙이 우주의 예외 없는 기본 규칙을 반영한다 혹은 최소한 일부는 반영한다고 생각한다. 내가 굳이 "최소한 일부는 반영한다"는 표현을 쓴 이유가 있다. 엄밀히 말하면 이런 법칙은 기껏해야 이상적인 환경에서만, 가령 태양계에서 행성이 다른 천체의 인력 등 다른 힘의 영향을 받지 않을 때만 완전히 정확하게 들어맞을 수 있기 때문이다. 이상적인 환경과 관련한 문제는 잠시 뒤에 자세히 논의하기로 하자. 내가 지금 강조하고 싶은 요점은 우리가 대체로 이런 법칙이 예외 없는 규칙을 반영한다고 (혹은 최소한 근사치로 반영한다고) 생각한다는 것이다. 즉 우리는 행성이 늘 그렇게 움직이며 어쩌면 행성이 존재하는 한 과거에도 항상 그렇게 움직였고 미래에도 항상 그렇게 움직일 것으로 생각한다. 그런데 우리가 흔히 이렇게 생각하는 법칙은 우리가 관찰하는 대부분 규칙과 다르다. 예를 들어 우리 동네 식당은 대개 영업시간에 뜨거운 커피를 판매하는 것이 규칙이다. 하지만 이것은 예외 없는 규칙이 아니다. 가끔이긴 하지만 커피가 떨어질 때도 있기 때문이다. 마찬가지로 (적어도 북반구에서는) 6월 평균기온이 5월 평균기온보다 더 높은 것이 규칙이다. 하지만 이것도 예외 없는 규칙이 아니다. 자주는 아니지만 간혹 5월이 6월보다 더 더울 때가 있기 때문이다.

하지만 우리는 대체로 케플러의 제2법칙 같은 진술이 단지 행성이 가끔 움직이는 방식이 아니라 행성이 늘 움직이는 방식을 표현한다고 생각한다. 그리고 일반적으로 이것이 과학 법칙의 핵심적인 특징이라고 생각한다. 우선은 예외 없는 규칙을 반영하는 것을 과학 법칙의 핵심적인 특징으로 본다는 것까지만 이야기하자.

우리가 흔히 과학 법칙을 생각할 때 떠올리는 또 하나의 핵심 특징은 과학 법칙이 세상의 객관적 특성을 반영한다는 것이다. 이 책에서 가끔 객관적이라는 말이 등장했지만, 지금까지 자세히 논의한 적이 없으니, 잠시 살펴보자.

내가 이 책에서 객관적이라는 단어를 사용하는 중요한 기준은 인간과 무관한지 아닌지다. 자세히 설명하면, 우리는 흔히 어떤 것이 인간이 존재하지 않았더라도 존재했다고 생각할 때 그것이 객관적이라고 보며, 그러지 않으면 객관적이 아니라고 본다. 물론 이것이 '객관적'이라는 단어의 유일한 의미는 아니지만, 내가 이 책에서 사용하는 객관적이라는 단어의 의미다.

디저트로 인기가 높은 초콜릿 무스를 예로 들어보자. 초콜릿 무스는 프랑스에서 1700년대에 처음 개발된 후 전 세계로 퍼져나갔다. 초콜릿 무스는 분명히 인간의 발명품이다. 인간이 존재하지 않았다면, 정확히 말해서 프랑스인이 존재하지 않았다면 초콜릿 무스도 존재하지 않았을 것이다. 이런 의미에서 초콜릿 무스는 세상의 객관적인 특성이 아니다(이 책에서 내가 사용하는 의미로 '객관적'이지 않다는 말이다).

그 반면 우리는 대체로 목성이 객관적이라고 본다. 즉 대다수 사람이 설령 인간이 등장하거나 진화하지 않았더라도 목성은 여전히 존재했을 것으로 본다. 그래서 흔히 목성과 초콜릿 무스 사이엔 중요한 차이가 있다고 생각한다. 목성의 존재는 인간의 존재와 무관한 것 같지만 초콜릿 무스의 존재는 인간의 존재와 무관하지 않다고 생각한다(물론 '목성'이라는 이름은 객관적인 것이 아니다. 이 단어는 인간의 발명품이기 때문이다. 하지만 우리는 대체로 이 단어가 지칭하는 대상, 즉 목성이라고 일컫는 행성은 인간이 존재하지 않았더라도 존재했을 것으로 생각한다).

더욱이 우리는 조금 전에 설명한 대로 흔히 인간이 없는 상황에서도 목성은 지금처럼 태양 주위의 궤도를 돌았을 것으로 생각한다. 다시 케플러의 제2법칙과 연결하면 인간이 존재하지 않았더라도 목성이 케플러의 제2법칙에 따라 궤도를 돌았을 것으로 생각한다. 즉 우리는 흔히 케플러의 제2법칙이 세상의 객관적인 특성을 포착했다고 생각한다.

물론 '목성'이라는 단어와 마찬가지로 '케플러의 제2법칙'이라는 표현도 인간이 존재하지 않았다면 존재하지 않았을 것이다. 하지만 우리는 '목성'이라는 단어가 지칭하는 대상이 인간이 존재하지 않았더라도 존재했을 것으로 생각하는 것과 마찬가지로 설령 인간이 존재하지 않았더라도 '케플러의 제2법칙'이라는 표현에 포착된 규칙이 우주의 특성일 것으로 생각한다. 우리가 흔히 케플러의 제2법칙을 비롯한 과학 법칙들이 세상의 객관적 특성을 포착했다고 본다는 것은 바로 이런 의미다.

우리가 통상적으로 생각하는 과학 법칙의 특징은 이 밖에도 아주 많지만 전부 다 논의할 수는 없으니 지금까지 확인한 두 가지 특징에만 집중하자. 첫째, 우리는 흔히 과학 법칙이 예외 없는 규칙을 반영한다고 생각한다. 둘째, 우리는 흔히 과학 법칙이 우주의 객관적인 특성을 반영한다고 생각한다. 이 두 가지 특징을 탐구하면 이내 난해하고 아리송한 문제들이 등장한다.

예외 없는 규칙

우리가 흔히 추정하는 과학 법칙의 첫 번째 특징부터 살펴보자. 과학 법칙이 예외 없는 규칙을 반영한다는 생각이다. 우선 주목할 점은 예외 없는 규칙은 아주 많지만, 우리가 그런 규칙 대부분을 과학 법칙의 후보로 검토하지 않는다는 것이다. 두 가지 예를 들어보자. 먼저 지금까지 영어로 쓰인 모든 글은 100만 개 미만의 단어로 구성되었다. 따라서 이것이 영어 문장의 예외 없는 규칙이다. 하지만 우리는 "모든 영어 문장은 100만 개 미만의 단어로 구성된다"는 것을 절대 과학 법칙의 후보로 검토하지 않을 것이다. 두 번째 예로, 내가 기억하는 한 (타당한 이유는 없지만) 나는 바지를 입을 때 항상 왼쪽 다리를 먼저 집어넣는다. 내 기억이 틀림없다면 이것도 예외 없는 규칙이지만, 분명히 과학 법칙의 후보로 검토할 만한 것이 아니다. 예외 없는 규칙과 관련해 당장 떠올릴 수 있는 사례는 수없이 많지만 그 대부분이 우리가 과학 법칙의 후보로 검토하지 않는 것이다.

그렇다면 예외 없는 규칙을 포착하는 것이 과학 법칙의 중요한 조건이지만 정작 우리는 무수히 많은 예외 없는 규칙을 과학 법칙의 후보에서 제외한다고 볼 수 있다. 이때 간단하지만 난해한 질문이 등장한다. 과학 법칙의 바탕이 되는 예외 없는 규칙과 과학 법칙의 바탕이 되지 못하는 예외 없는 규칙의 차이점이 무엇인가?

비록 답변 자체가 여러 가지 어려운 문제를 제기하긴 하지만 이 질문에 대해 상당히 일반적인 답변이 있다. 흔히 반사실counterfact 혹은 반사실적 조건이라 부르는 것과 연관된 답변이다. 반사실적 조건이 이런 맥락에서만 사용되는 것은 아니다. 과학을 비롯해 다양한 맥락에서 사용된다. 반사실적 조건을 분명히 이해하는 것이 우리의 다음 과제다.

반사실적 조건

반사실적 조건은 일상적인 발언이나 사고에 흔히 등장한다. '반사실적 조건'이라는 용어를 지금 처음 접한다 해도 여러분은 반사실적 조건의 핵심 개념을 이미 거의 분명히 알고 있을 것이다.

이번에도 예를 들어 설명하자. 여러분이 이런 말을 한다 치자. "만일 시험공부를 더 열심히 했다면 성적이 더 좋았을 것이다." 혹은 "만일 어제 너무 늦게까지 밖에 있지 않았다면, 오늘 아침에 늦잠을 자지 않았을 것이다." 혹은 "만일 휴대폰 충전하는 것을 깜빡하지 않았다면, 지금쯤 배터리가 떨어지지 않았을 것이다." 아니면 "만일 매표소에 조금만 더 일찍 갔더라면, 매진되기 전에 표를 구했을 것이다."

모두 반사실적 조건이 포함된 예문이다. 예문 하나하나가 조건문, 즉 '만일 ~라면 ~이다'라는 문장임에 주목하자. 이것이 '반사실적 조건'이라는 표현에서 '조건'에 해당하는 부분이다.

그리고 예문 하나하나마다 "만일"로 시작하는 부분이 실제 발생하지 않은 것 그리고 여러분이 발생하지 않았다고 알고 있는 것을 반영한다는 점에 주목하자. 여러분은 실제 시험공부를 열심히 하지 않았고, 어젯밤에 돌아와야 할 시간에 맞춰 집에 돌아오지 않았다. 다른 예문도 마찬가지다. 각각의 예문에서 "만일"로 시작하는 부분은 참이 아닌 것, 즉 사실과 반대되는 것을 반영한다. 다시 말해, 모든 예문의 "만일"로 시작하는 부분은 반사실적인 내용을 반영하며, 이것이 '반사실적 조건'이라는 표현에서 '반사실적'에 해당하는 부분이다.

반사실적 조건은 일상생활이나 일상적인 사고에서 언어적으로 중요한 역할을 한다. 조건이 달랐다면 어떤 일이 벌어졌을지 우리 생각을 표현하기 때문이다. 사실과 반대로 만일 시험공부를 더 열심히 했다면 성적이 더 좋았을 것이다. 사실과 반대로 만일 휴대폰 충전하는 것을 깜빡하지 않았다면 지금쯤 배터리가 떨어지지 않았을 것이다. 이런 식의 표현은 아주 흔히 사용되고, 만일 상황이 사실과 다르게 펼쳐졌다면 어떤 일이 벌어졌을지 우리 생각을 표현할 수 있다는 측면에서 중요한 역할을 한다.

반사실적 조건은 우리가 흔히 과학 법칙의 후보로 검토하는 예외 없는 규칙과 과학 법칙의 후보에서 제외하는 예외 없는 규칙을 구분하는 단서로 자주 쓰인다. 반사실적 조건이 어떻게 이런 역할을 하는지 일반적인 설명을 살펴보자.

우리가 흔히 과학 법칙의 바탕이 되지 않는다고 생각하는 예외 없는 규칙의 사례들을 다시 생각해보자. 앞에서 언급한 대로, 영어로 쓰인 모든 글은 100만 개 미만의 단어로 구성된다는 사례나 내가 바지를 입을 때 항상 왼쪽 다리부터 집어넣는다는 사례 등이다. 이런 규칙들은 발생한 상황을 고려하면 정확하지만, 대단히 다양한 다른 상황에서는 참이 아닐 것이다. 만일 영어 단어를 문법적으로 정확하게 가장 많이 사용한 글을 쓰는 사람에게 큰 상금을 주는 대회가 열렸다면 100만 개가 넘는 단어를 사용해 글을 쓴 사람이 나왔을 것이다. 따라서 반사실적인 상황에서는 영어 문장의 규칙이 유지되지 못할 것이다.

마찬가지로 어떤 컴퓨터 프로그래머가 재미 삼아 긴 영어 문장을 구성하는 프로그램을 개발했다면, 이때도 아마 영어 문장의 규칙이 정확히 들어맞지 않을 것이다. 내가 바지를 입는 순서도 마찬가지다. 만일 내가 과거에 다리가 부러진 적이 있었다면, 그 일로 내 습관이 바뀌었을 것이고, 내가 바지를 입는 순서의 규칙도 예외 없는 규칙이 되지 못했을 것이다. 만일 누군가가 내게 습관을 바꾸면 큰돈을 주겠다고 제안하는 등의 무수한 반사실적 상황에서도 내가 바지를 입는 순서의 규칙이 예외 없는 규칙이 되지 못할 것이다. 한마디로 이런 규칙들은 다양한 대체 상황에서는 참이 아닐 것이다.

그 반면 케플러의 행성 운동 제2법칙의 바탕이 된 규칙은 그 어떤 반사실적 상황에서도 예외 없는 규칙으로 남는 것 같다. 가령 목성은 태양에 더 가깝건, 태양과 더 멀리 떨어지건, 더 육중하건, 덜 육중하건, 거대한 가스체 행성이건 암석 행성이건, 대단히 다양한 그 어떤 반사실적 상황에서도 여전히 케플러의 제2법칙에 따라 움직였을 것이다.

요컨대, 우리가 케플러의 행성 운동 제2법칙 같은 과학 법칙이 포착했다고 보는 예외 없는 규칙은 어떤 의미에서는 반사실적 상황에 저항력이 있는 경우가 많다. 그런 규칙들은 제아무리 상황이 바뀌어도 변함없이 참인 경우가 많다.

그래서 우리는 흔히 아주 다양한 반사실적 조건에서도 참인 규칙과 그렇지 않은 규칙의 차이를 과학 법칙의 후보가 되는 예외 없는 규칙과 그렇지 못한 규칙의 핵심적인 차이로 생각한다.

이렇게 반사실적 조건에 기대면 과연 법칙다운 규칙과 법칙답지 않은 단순히 우연한 규칙을 구분하는 문제가 해결될까? 유감스럽게도 절대 쉽사리 해결되지 않는다. 법칙다운 규칙과 법칙답지 않은 규칙을 구분하는 문제를 해결하려고 반사실적 조건에 호소하면 마찬가지로 난해한 쟁점들이 제기된다. 먼저 맥락 의존성과 관련된 쟁점, 그 다음으로는 우리가 흔히 세테리스 파리부스$^{ceteris\ paribus}$ 절이라고 일컫는 것과 관련된 쟁점이다. 이 두 쟁점을 간단히 살펴보자.

맥락 의존성

반사실적 조건에 호소하면 적어도 처음에는 우리가 과학 법칙의 바탕으로 보고 싶은 규칙과 그렇지 못한 규칙을 적절히 구분하는 문제가 상당히 해결되는 것처럼 보이지만, 늘 그렇듯 얼마 지나지 않아 더 파헤쳐야 할 난해한 쟁점들이 드러난다. 첫 번째가 반사실적 조건의 맥락 의존성과 연관된 쟁점이다.

앞에서 반사실적 조건의 기초적인 내용을 논의할 때 보류한 반사실적 조건의 중요한 특징이 있다. 반사실적 조건의 참과 거짓이 대부분 맥락에 따라 결정된다는 특징이다. "만일 휴대폰 충전하는 것을 깜빡하지 않았다면 지금쯤 배터리가 떨어지지 않았을 것이다"라는 문장을 다시 보자. 앞에서 우리는 암암리에 이 문장의 맥락이 거의 평범하다 추정하고 논의했다. 즉 여러분이 휴대폰을 충전하길 원한다고 추정했다. 이런 맥락에서는 우리가 흔히 이 반사실적 조건을 참으로 간주한다.

하지만 다른 맥락을 생각해보자. 내일 중요한 시험이 있고 그 시험이 끝날 때까지는 휴대폰을 충전하지 않겠다고 결심한 경우 여러분은 휴대폰을 충전하느라 시간을 낭비하고픈 마음이 없을 것이다. 이런 맥락이라면 "만일 휴대폰 충전하는 것을 깜빡하지 않았다면 지금쯤 배터리가 떨어지지 않았을 것이다"라는 문장의 반사실적 조건은 거짓이다. 이런 맥락에서는 아마 여러분이 휴대폰을 충전하지 않겠다는 결심을 기억하고 배터리가 떨어지게 내버려두었을 것이기 때문이다.

혹은 여러분이 친구와 다툰 뒤 한동안 그 친구와 연락을 끊고 싶은 마음이 들었고, 그래서 전화를 받지 못했다는 편리한 핑곗거리로 삼으려 휴대폰을 충전하지 않았을 수도 있다. 이 밖에도 수없이 많은 맥락을 생각할 수 있다. 이 반사실적 조건이 참이 되는 맥락도 무수히 많고, 거짓이 되는 맥락도 무수히 많다. 거의 모든 반사실적 조건이 마찬가지다.

한마디로 반사실적 조건의 참과 거짓은 지극히 맥락에 의존한다. 과학 법칙과 관련해 맥락 의존성이 제기하는 쟁점은 이것이다. 어떤 것의 참과 거짓이 맥락에 의존한다면 대체로 (어쩌면 항상) 그 참과 거짓이 당사자들의 지식과 이해관계에 따라 결정된다는 것이다.

이제 여러분도 무엇이 문제인지 어렴풋이 감지했을 것이다. 이 장 첫머리에서 논의한 내용인데, 우리가 일반적으로 생각하는 과학 법칙의 주요한 특징 중 하나가 기억나는가? 우리가 대체로 과학 법칙은 세상의 객관적 특성, 즉 인간과 무관한 특성을 반영한다고 생각한다는 내용 말이다. 이제 우리가 궁지에 몰린 것 같다.

과학 법칙이 무엇인지 특징지으려면 특히 과학 법칙의 후보가 되는 예외 없는 규칙과 단순한 우연에 불과한 예외 없는 규칙을 구분하려면 반사실적 조건에 호소해야 할 것 같은데, 반사실적 조건에 호소하면 맥락 의존성 문제가 따라온다. 즉 과학 법칙을 특징지을 때 반사실적 조건에 호소하고 반사실적 조건이 맥락 의존적이면, 반사실적 조건은 인간에 의존한다 (더 정확히 말해서, 반사실적 조건의 참과 거짓이 인간에 의해 결정된다). 따라서 반사실적 조건에 호소하는 것은 과학 법칙에서 보이는 객관성을 해친다.

세테리스 파리부스 절

과학 법칙이 예외 없는 규칙을 반영한다고 볼 때 기본적으로 제기되는 또 다른 쟁점이 있다. 케플러의 행성 운동 제2법칙을 다시 생각해보자. 행성이 실제 궤도를 어떻게 도는지 자세히 들여다보면 재미있는 점이 눈에 띈다. 케플러의 제2법칙이 행성 궤도의 예외 없는 규칙을 반영하지 않는다는 것이다.

기본적인 문제는 이미 설명했고 그 이유도 간단하다. 행성의 궤도에 영향을 미치는 요인이 많기 때문이다. 예를 들어 소행성과 혜성이 가끔 행성과 충돌하고, 그 충격이 행성의 궤도에 영향을 미친다. 1990년대에 특히 극적인 충돌 사건이 발생했다. 거대한 혜성이 목성과 충돌했다. 이 충돌로 목성이 완전히 새로운 궤도에 진입한 것은 아니지만, 충돌한 즈음에 목성이 케플러의 제2법칙대로 움직이지 않는 등 혜성 충돌이 목성의 궤도에 미친 영향이 고스란히 드러났다. 당시 충돌이 특히 극적인 일이긴 하지만 이보다 규모가 작은 충돌은 끊임없이 발생한다.

최근에도 다시 상당히 커다란 물체가 충돌하며 목성 대기에서 지구와 크기가 맞먹는 소용돌이가 발생해 목성의 궤도가 바뀌었다. 2011년 일본 해안에서 발생한 대지진도 마찬가지다. 이 지진으로 인해 강력한 쓰나미가 발생해 많은 사람이 목숨을 잃고, 일본 북부 후쿠시마 원전 원자로 여러 기의 노심이 녹아내렸다. 잘 알려지진 않았지만 당시 대지진은 지구의 자전에도 영향을 미쳤고 지구의 궤도도 (미미하긴 하지만) 영향을 받았다.

다소 극적인 사건들을 언급했지만 이보다 규모가 작은 사건은 늘 발생한다. 행성은 다른 행성의 중력과 혜성, 소행성 등 온갖 영향에 끊임없이 노출된다. 우리가 가끔 발사하는 우주선도 행성을 지나며 영향을 미친다. 규모는 작지만 이런 영향들 때문에 행성이 정확히 케플러의 제2법칙에서 묘사한 대로 궤도를 돌지 못하는 것이다.

이러한 일, 즉 이런저런 사건의 개입으로 법칙이 다르게 적용되는 일은 과학 법칙이 연관된 모든 상황에서 벌어질 것이다. 즉 곧이곧대로 엄밀히 지켜지는 과학 법칙은 없다.

이런 문제를 피하려고 일반적으로 사용하는 방법이 세테리스 파리부스 절이다. 세테리스 파리부스는 '다른 모든 조건이 변함이 없다면'이란 뜻이다. 예를 들면 이런 식으로 설명하는 것이다. 만일 목성이 행성이고, 세테리스 파리부스, 즉 다른 모든 조건이 변함이 없다면(소행성이나 혜성의 충격, 다른 행성의 영향 등이 없다면), 목성은 케플러의 행성 운동 제2법칙을 따를 것이다.

그런데 이렇게 설명하면 당연히 여러 가지 문제가 발생한다. 두 가지만 이야기하자. 여러분도 이미 짐작하겠지만 첫 번째 문제는 세테리스 파리부스 절과 앞에서 언급한 반사실적 조건의 관계다. 이 두 가지는 서로 연결되어 있다. 케플러의 제2법칙을 세테리스 파리부스 절과 연결해 해석하면 목성을 이렇게 설명하게 된다. 만일 목성에 다른 추가적인 힘이 작용하지 않는다면 목성이 케플러의 법칙에 따라 궤도를 돌 것이다. 하지만 우리는 사실 목성이 그런 추가적인 힘의 영향을 받는 것을 이미 알고 있다. 따라서 조금 전 진술은 그 자체로 반사실적 조건이고, 앞서 살펴본 반사실적 조건의 문제를 그대로 물려받을 것이다.

두 번째 문제는 가능한 세테리스 파리부스 절을 모두 명시할 방법이 없다는 것이다. 조건이 워낙 많기 때문이다. 앞에서 언급한 소행성 충돌이나 혜성 충돌, 지진, 지나가는 우주선 등 행성의 궤도에 영향을 미칠 수 있는 조건은 분명히 아주 많지만, 우리는 그 모든 조건을 명시할 수 없다. 우리가 할 수 있는 최선은 혜성이나 소행성, 지나가는 우주선 같은 영향을 열거한 다음 "이와 비슷한 다른 영향들"이라고 뭉뚱그리는 것이다. 하지만 비슷하다는 개념은 분명히 인간의 이해관계와 연결된 개념이다. 두 가지 대상이 서로 비슷한지 비슷하지 않은지는 판단하는 사람의 이해관계에 따라 결정적으로 달라진다. 따라서 우리는 다시 앞에서 언급한 문제에 봉착하게 된다. 과학 법칙을 특징지을 때 세테리스 파리부스 절에 호소해야 하고, 이때 필요한 비슷하다는 개념이 인간의 판단에 따라 달라진다면 이번에도 과학 법칙에 대한 설명에서 과학 법칙이 객관적이라는 개념이 사라질 것이다.

이 장 첫머리에서 이미 이야기했지만, 과학 법칙을 둘러싼 쟁점들은 특히 지난 50여 년간 광범위하게 펼쳐진 토론과 논쟁의 주제였다. 그 토론과 논쟁에서 다룬 쟁점 중 일부만 이 장에서 살펴보았다.

  이 장의 목표는 과학 법칙과 관련해 최근 수십 년간 논의된 내용을 모두 요약하는 것이 아니었다. 그보단 과학 법칙이 무엇이냐는 질문을 탐구하는 즉시 난해한 문제들이 등장한다는 것을 보여주는 것이 목표였고, 그 난해한 문제들의 맛을 여러분에게 보여주는 것이 내 바람이었다. 과학과 연관된 쟁점과 개념은 비교적 간단해 보여도 일단 파고들면 이내 난해하고 아리송한 문제들이 등장한다. 이것이 분명 예외 없는 규칙은 아니지만, 여러모로 볼 때 반복적 패턴인 것은 분명하다.

22

뉴턴 세계관의 발전

아리스토텔레스 세계관과 마찬가지로 뉴턴 세계관도 완전히 굳어진 일련의 믿음이 아니었다. 1600년대 이후 수백 년에 걸쳐 수정되고 새로운 내용이 추가되었다. 그럼에도 새로운 세계관의 핵심 요소들, 즉 1600년대에 다양한 과학자들이 수행한 연구에서 기원해 1600년대 후반 뉴턴의 《프린키피아》와 중요하게 연결된 핵심 요소들은 상당히 견고하게 지켜졌다. 뉴턴이 가장 큰 영향을 미친 분야는 물리학이지만 화학과 생물학, 지금으로 치면 전기역학 등 과학의 다른 분야들도 이후 수백 년간 커다란 변화를 겪으며 뉴턴의 연구와 거의 비슷한 형태를 갖추어갔다.

22장의 목표는 1700~1900년 무렵 과학 분야에서 발생한 변화를 살펴보는 것이다. 그리고 20세기에 진입 무렵까지 해결하지 못한 중요한 과학 문제 두 가지를 이 장이 끝나는 부분에서 간단히 살펴볼 것이다. 1700~1900년은 과학이 지극히 풍성하게 발전한 시기이므로 이 장에서 간단히 살펴볼 과학 발전은 그중 일부에 지나지 않는다. 그래도 여러분은 대체로 이 시기에 뉴턴 세계관이 얼마나 큰 기대를 모으며 발전했는지, 주요한 과학 분야들이 어떤 변화를 거쳐 뉴턴의 큰 우산 아래로 들어 갔는지 분위기를 느낄 수 있을 것이다. 어찌 보면 이 과학 분야들이 '뉴턴 화했다'고 볼 수 있다. 1700~1900년은 대단히 유망한 시기였다. 그 결과 1900년 무렵이 되자 세상에 관한 중요한 질문이 대부분 해결되고 뉴턴의 틀 속에서 해답을 찾은 것 같았다. 주요한 과학 분야들의 발전 과정부터 간략하게 살펴보자.

1700~1900년 주요한 과학 분야들의 발전

우리의 첫 번째 과제는 화학과 생물학 등 주요한 과학 분야들이 이 시 기에 어떻게 발전했는지 간단히 살펴보는 것이다. 그러면 다양한 과학 분 야가 뉴턴 세계관의 큰 틀 속에서 어떻게 변화하고 발전했는지 분명히 파 악할 수 있을 것이다. 근대 화학의 발전부터 살펴보자.

화학

일반적으로 인정하는 근대 화학의 출발점은 앙투안 라부아지에Antoine Lavoisier(1743~1794)가 연구 결과를 발표한 1700년대 말이다. 1600년대 이전 의 화학과 비교하면 1700년대 말을 근대 화학의 출발점으로 평가하는 까 닭을 알 수 있다.

현재 우리는 화학이라는 말을 들으면 대체로 정량적인 학문을 연상한 다. 여러분이 고등학교나 대학교에서 실험을 병행한 화학 수업을 들었다 면 분명히 화학의 정량적인 측면을 경험했을 것이다. 오늘날 실험실 연구는 일반적으로 무게와 부피, 온도 등을 세심하게 측정하는 작업을 포함하기 때문이다. 한마디로 오늘날 화학은 대체로 정량적인 학문이다.

다만 1600년대 이전에는 그렇지 않았다. 오늘날과 달리 화학을 대체로 정성적인 학문으로 간주했다. 색상의 변화 같은 주로 질적인 변화가 화학의 연구 대상이었다. 우리가 잘 아는 연금술사의 목표, 즉 납을 금으로 바꾸려는 작업을 연상하면 쉽게 이해할 수 있다. 성질로 보면 납과 금은 상당히 비슷하다. 둘 다 가단성(외부의 충격에 깨지지 않고 늘어나는 성질-옮긴이)이 크고 치밀한 금속이다. 사실 질적으로 납과 금의 가장 큰 차이는 색상이다. 납은 칙칙한 회색이지만 금은 반짝거리는 노란색이다.

납에 비교적 작은 질적 변화만 일으킬 수 있다면, 특히 금의 성질인 노란색을 납에 집어넣을 수 있다면 (최소한 당시 이론으로는) 금이 결과물로 나올 것이다. 불이 대체로 짙은 노란색이라는 사실에 주목하면 불에 포함된 원소들이 노란색과 관련되었다고 생각하는 것이 타당하다. 따라서 불을 이용해 노란색 성질을 납에 집어넣으면 납이 금으로 바뀔 수 있을 것이다.

연금술사의 작업과 이론을 대단히 단순화시킨 설명이지만 핵심은 성질에 중점을 두는 것이다. 현대적인 기준에서는 연금술사의 접근법이 아주 원시적인 화학 접근법으로 보일 것이다. 하지만 그 시대의 틀 안에서는 완전히 타당한 접근법이었다(뉴턴도 그 누구 못지않게 연금술 연구를 많이 진행했다). 우리 시대 최고의 과학도 지금부터 500년 뒤의 기준으로 바라보면 원시적으로 보일 것이다. 각자 그 시대의 지식을 활용해 최선을 다할 뿐이다.

정성적인 화학 접근법은 1700년대 말에 극적인 변화를 맞았다. 라부아지에는 저울을 중요한 실험 도구로 활용해 광범위한 화학 연구를 진행했다. 저울을 이용한 연구를 통해 라부아지에는 기존 이론보다 예측과 설명이 더 뛰어난 새로운 이론을 제시했고, 그의 정량적인 접근법이 화학에서 우위를 차지하기 시작했다.

1800년대 초반이 되자 화학자들이 여러 정량적 법칙을 명시했다. 이 시기 존 돌턴John Dalton(1766~1844)이 체계적으로 정리한 원자론도 그중 하나다. 돌턴의 원자론은 그야말로 뉴턴의 틀에 들어맞는 이론이었다. 돌턴은 기체의 운동을 입자들이 서로 밀어내는 힘의 영향 아래에서 상호작용한 결과로 이해하는 것이 최선이라 주장했다. 돌턴의 접근법이 뉴턴 접근법과 비슷하다는 점에 주목하자. 뉴턴은 행성의 운동을 행성이 힘의 영향을 받은 결과로 설명했다. 마찬가지로 돌턴도 기체의 운동을 기본적으로 물체와 그 물체에 작용한 힘의 문제로 설명했다.

이런 상호작용의 특징은 정량적 법칙으로 표현할 수 있었고(실제로 그렇게 되었고), 이런 법칙들은 결국 수학적으로 기술할 수 있었다. 이렇게 해서 화학이 물체는 힘의 영향을 받고 그 힘은 수학적으로 기술되는 독특한 뉴턴 접근법에 포함되었다. 화학 영역의 뉴턴 접근법이 마침내 1800년대를 거쳐 1900년대에 많은 성과를 이룬 결과 화학의 여러 분야가 물리학 분야로 바뀌었고, 이제 물리학과 화학은 서로 완전히 분리된 학문이 아니라 서로 다른 차원에서 세계를 탐구하는 학문이 되었다. 그리고 화학을 통해서든 물리학을 통해서든 탐구한 세계는 그야말로 뉴턴의 세계, 즉 물체는 힘의 영향을 받고 그 힘은 수학적 법칙으로 정확히 설명할 수 있는 세계로 인식되었다.

생물학

생물학도 이 시기에 근대적 형태를 갖추었다. 생물학은 조금 더 광범위한 주제이며, 아주 중요한 연구 결과가 나온 시기는 1500년대와 1600년대다. 하지만 생물학 현상이 뉴턴의 우주관과 무관하지 않다는 것이 분명히 드러난 시기는 1700년대와 1800년대.

생기론과 기계론의 쟁점을 살펴보면 뉴턴의 우주관과 생물학의 관계를 쉽게 이해할 수 있다. 생기론은 생물과 무생물은 다르므로 (뉴턴의 법칙처럼) 무생물에 적용되는 법칙이 반드시 생물에 적용되는 것은 아니라고 주장한다. 생기론은 직관적인 수준에서 이해하기가 어렵지 않다. 여러분의 팔과 바위를 한번 비교해보자. 겉으로 보기에도 팔과 바위는 아주 다르다. 일반적으로 생물은 무생물과 사뭇 달라 보인다. 따라서 무생물을 설명하는 법칙이 과연 생명을 설명할 수 있을지 없을지는 미지수다.

하지만 1700년대에 시작되어 1800년대와 1900년대까지 이어진 연구를 통해 생기론이 오해임이 밝혀졌다. 많은 영역에서 많은 연구자가 연구에 참여했다. 그중 몇 가지 사례만 간단히 살펴보겠지만, 생물학적 현상도 그 이외의 현상과 다르지 않다고 규명한 결과가 어떤 종류였는지는 충분히 파악할 수 있을 것이다.

첫째, 신경의 구조와 기능에 관한 발견들을 보자. 신경섬유를 절개하고 운동신경과 감각신경의 차이를 인식하는 등 신경을 연구한 역사는 적어도 기원전 500년까지 거슬러 올라간다. 사람들은 오래전부터 신경섬유가 생명에 필수적인 활력소 혹은 생기가 흐르는 관이나 통로라 생각했고, 신경섬유에 관한 이런 견해는 생기론과 잘 어울렸다. 하지만 1700년대 말에 루이지 갈바니Luigi Galvani(1737~1798)가 일련의 실험을 통해 전류가 개구리다리의 근육을 수축시킬 수 있음을 입증했다. 그리고 얼마 지나지 않아 알레산드로 볼타Alessandro Volta(1745~1827)가 갈바니의 연구를 계승 확대했다. 갈바니와 볼타의 (그 밖에도 많은 사람의) 연구 결과, 신경 전도가 전기 현상임이 규명되었다. 신경이 활력소나 생기가 흐르는 관이나 통로라는 이전의 견해와 완전히 다른 내용이었다.

1800년대까지 이어진 연구를 통해 신경과 연관된 전기적 활성의 물리적 화학적 근거를 제대로 파악할 수 있었다. 우리가 논의하는 내용과 관련해 요점은 이것이다. 본래 순전히 생물학적이라고 생각한 현상, 생기론과 잘 들어맞던 현상을 이제 기본적으로 생물학 외부에서 발견되는 것과 다르지 않은 물리적, 화학적 과정에서 비롯된 전기현상으로 이해하기 시작했다. 그래서 실제 이런 생물학의 영역이 물리적, 화학적 과정에 관해 뉴턴이 이해한 기계론적인 내용과 잘 들어맞았다.

두 번째 사례로 유기화학의 초창기를 생각해보자. 1800년대 초까지는 살아 있는 유기체만이 '유기'화합물을 생성할 수 있다는 것이 일반적인 견해였다. 더욱이 유기화학이 본래 생기론과 밀접하게 연결된 것이라고 생각했다. 생명에 필수적이라고 믿는 활력소나 생기가 일반적으로 유기화합물을 생성하는 데 필요하다고 보았기 때문이다. 이런 생각이 수년간 합리적인 견해로 인정받았으며, 살아 있는 유기체를 사용하는 방법 외에 다른 방법으로 유기화합물을 생성하는 데 성공한 사람이 없다는 사실이 이런 견해를 강력하게 뒷받침했다.

하지만 1828년 프리드리히 뵐러Friedrich Wohler(1800~1882)가 무기화합물에서 분명히 유기화합물인 요소를 생성하는 데 성공했다. 뒤이어 곧바로 화학자들이 무기화합물에서 다양한 유기화합물을 생성해냈고, 무기 화합물에서 생성되는 유기화합물의 구조도 점점 더 복잡해졌다. 1850년대 중반이 되자 이런 기술이 일상화되었고, 생물과 무생물을 엄격히 구분하는 생기론이 심각하게 흔들렸다.

마지막으로 살펴볼 사례는 주로 1800년대 초반부터 중반까지 이어진 진화론 연구다. 종의 다양성에서 볼 수 있는 것처럼 생명은 전반적으로 자연법칙에 따라 작동하는 자연적 과정의 결과로 보인다는 것이 최종적인 연구 결과였다. 다윈은 의도적으로 뉴턴 접근법의 틀 안에서 연구를 진행했다.

다윈은 뉴턴의 운동 법칙이 (움직이는 행성과 떨어지는 물체 등) 시간 경과에 따른 물체의 운동을 지배하듯 시간 경과에 따른 종의 변화를 지배하는 법칙을 찾고자 했다. 진화론의 발전 과정은 3부에서 자세히 논의하기로 하고, 우선은 간단히 뉴턴의 과학과 비교적 새로운 뉴턴 세계관이 다른 과학 분야에 얼마나 큰 영향을 미쳤는지 분명히 보여주는 사례가 다윈의 접근법이라고만 알고 넘어가자. 특정 과학이 연구하는 대상이 무엇이건 그것의 작동을 지배하는 법칙을 찾아 정확히 기술하려는 뉴턴의 접근법은 과학을 수행하는 적절한 방법으로 인정받았다.

몇 가지 사례만 살펴보았지만, 1700~1900년 무렵 생물학 분야에서 이루어진 주요한 발전을 분명히 보여주는 사례들이다. 중요한 점은 이 사례들이 생물학 현상과 비생물학 현상이 기본적으로 다르지 않다고 생각하게 된 과정을 보여준다는 것이다. 1900년대 초에도 여전히 생기론을 옹호하는 사람들이 일부 있었으나, 기계론이 옳다는 것이 분명한 대세였다. 유전학 등 20세기의 발견들이 논란을 완전히 잠재우고, 분자 수준의 사건에서 생명현상이 발생하는 과정을 충분히 설명했다. 대체로 20세기 초가 되자 생물학과 화학, 물리학이 서로 밀접하게 연결되었고, 세 학문이 비록 차원은 다르지만 똑같은 뉴턴 세계를 연구한다고 여겨졌다.

전자기이론

다양한 현상이 뉴턴의 틀 안에 포함되는 과정을 분명히 보여주는 사례를 하나만 더 살펴보자. 전기와 자기에 관한 현상은 늦어도 고대 그리스 시대부터 연구하기 시작했지만, 이런 현상에 대한 이해가 가장 극적으로 발전한 시기는 1700년대와 1800년대다.

벤저민 프랭클린Benjamin Franklin(1706~1790)이 번개가 전기현상임을 증명했고, 전기현상과 자기 현상의 여러 가지 흥미로운 연관성도 증명했다. 그 뒤 1700년대 말과 1800년대 초 샤를 쿨롱Charles Coulomb(1736~1806)과 마이클 패러데이Michael Faraday(1791~1867) 등 수많은 연구자 덕분에 전기와 자기를 훨씬 명확히 이해할 수 있었다. 쿨롱은 전기와 자기의 끌어당기는 힘과 밀어내는 힘을 지배하는 역제곱 법칙을 발견했다. 두 물체 사이에서 작용하는 전기적 혹은 자기적 인력과 척력의 크기가 두 물체 사이 거리의 제곱에 반비례한다는 법칙이다.

여기서 주목할 점은 쿨롱 법칙의 '역제곱' 특성이 뉴턴의 중력 설명에 나타나는 역제곱 특성과 비슷하다는 것이다. 뉴턴의 중력 설명에서 두 물체 사이에 작용하는 인력의 크기는 두 물체 사이 거리의 제곱에 반비례한다는 내용이 기억나는가? 쿨롱의 법칙도 마찬가지다. 이처럼 쿨롱의 법칙은 그야말로 뉴턴의 취지를 따른다. 더 일반적으로 이야기하면 전기적 현상과 자기적 현상에 대한 전반적인 접근법이 변했다. 적어도 고대 그리스까지 거슬러 올라가는 역사를 통틀어 전기적 현상과 자기적 현상은 대부분 정성적인 방식으로 설명했다. 하지만 이제 뉴턴 접근법의 취지를 충실히 따라 이런 현상들이 정확한 수학적 법칙의 지배를 받는다고 본 것이다.

1800년대 전반에 패러데이가 전기적 현상과 자기적 현상의 또 다른 연결성을 추가로 발견했다. 실질적인 측면에서 패러데이의 가장 중요한 발견은 자기장이 전류를 유도할 수 있다는 것이다. 이 발견이 지금도 전기 생산의 바탕이 되는 기본 원리다. 현재 우리가 매일 사용하는 전기의 상당량은 기본적으로 패러데이의 발견 덕분이다.

이것이 실질적 측면에서 가장 큰 영향을 미친 패러데이의 발견이겠지만, 이론적으로 중대한 영향을 미친 것은 전기와 자기, 빛이 똑같은 근원에서 나타나는 여러 가지 양상일지 모른다는 패러데이의 제안일 것이다 (패러데이의 이러한 발상도 역시 발표되자마자 실용적인 용도에 수없이 적용되었다). 전기와 자기, 빛이 어떻게 보면 기본적으로 똑같은 현상의 다양한 양상일 수 있다는 패러데이의 제안이 발전한 것이 1800년대 중반 제임스 클러크 맥스웰James Clerk Maxwell(1831~1879)이 발표한 전자기이론이다. 패러데이는 자신이 발견한 내용을 대부분 정성적인 방식으로 설명했지만, 맥스웰은 빛과 전기, 자기와 연관된 현상들을 통일하고 그 바탕을 이루는 기본적인 수학 방정식들을 찾아내려 했다. 흔히 맥스웰의 방정식으로 불리는 이 방정식들이 그 시대 가장 중요한 발견이라는 것이 대체로 일치된 평가다.

전기와 자기, 빛과 관련한 중요한 발전 몇 가지만 골라 아주 간략하게 살펴보았지만, 여기에서도 마찬가지로 다음과 같은 일반적인 양상이 드러난다. 이 시기에 이들 분야도 비범한 발전을 이루었고, 한때 별개로 인식되며 정성적으로 다뤄지던 현상들이 이제 뉴턴 접근법의 기본인 정량적이고 수학적인 방식으로 다뤄지며 서로 긴밀한 관계를 맺게 되는 양상이다.

총평

과학의 세 분야만 살펴보았지만, 1700~1900년에 다양한 과학 분야가 뉴턴 세계관의 우산 밑으로 합류한 과정을 파악할 수 있었을 것이다. 특히 이 200년은 과학의 광범위한 분야에서 인상적인 성취와 발견이 이루어진 시기였다. 대체로 1900년까지 다양한 과학 분야가 빠르게 발전했고, 뉴턴 접근법이 전반적으로 비범한 성공을 거두었다. 1900년 무렵이 되자 이제 대다수 사람들은 그들이 자연을 거의 완전히 이해했고 비교적 사소한 문제 몇 가지만 남았다고 생각하게 되었다. 이제 그 문제들을 살펴보자.

작은 구름

저명한 영국 물리학자 로드 켈빈Lord Kelvin이 1900년에 한 연설 중에서 세상 사람들이 자주 거론하는 표현이 있다. 현대 과학이라는 화창한 하늘에 단지 '작은 구름' 몇 개가 있을 뿐이라는 표현이다. 당시 켈빈은 두 가지 구름을 중요하게 언급했다. 첫 번째 구름은 마이컬슨–몰리의 실험 결과, 두 번째 구름은 흑체복사를 이해하는 문제다.

결국 마이컬슨–몰리의 실험 결과는 아인슈타인의 상대성이론이 개발된 이후에 이해할 수 있었고, 흑체복사에 관한 쟁점은 나중에 이야기할 다른 문제들과 더불어 양자론이 개발된 이후에 이해할 수 있었다. 상대성이론과 양자론은 현대물리학에서 가장 중요한 두 분야의 이론이고, 모두 뉴턴 세계관의 여러 측면과 뉴턴 과학에 중대한 영향을 미친 이론이다. 이런 정황에 비추어 보면, 켈빈이 언급한 구름은 결코 작은 구름이 아니었다. 이제 마이컬슨-몰리의 실험, 흑체복사와 연관된 쟁점과 더불어 마찬가지로 사소해 보인 다른 문제들도 살펴보자. 다음 장에서는 상대성이론과 양자론을 탐구하며 두 이론이 뉴턴 세계관에 미친 영향을 살펴볼 것이다.

마이컬슨-몰리의 실험

마이컬슨-몰리의 실험은 빛의 속도와 빛이 이동하는 매질에 관한 실험이다. 앨버트 마이컬슨Albert Michelson(1852~1931)과 에드워드 몰리Edward Morley(1838~1923)는 관련 실험을 수없이 진행했는데, 가장 중요한 실험은 1880년대 말에 진행한 실험이다. 이해를 돕기 위해 몇 가지 배경 지식부터 살펴보겠다.

물결의 움직임을 생각해보자. 물결은 그 파동이 통과하는 매질, 즉 물의 기계적인 상호작용에서 발생한 결과다. 기본적인 매질, 즉 물이 없으면 당연히 물결의 움직임도 없다.

음파도 마찬가지다. 음파도 그 파동이 통과하는 매질의 기계적인 상호작용에서 발생한 결과다. 음파의 기본적인 매질은 공기이지만, 음파는 그 밖에도 다양한 매질을 통과한다. 음파를 전달하려면 기본적인 매질이 필요하다. 기본적인 매질이 없으면 음파도 없다.

일반적인 뉴턴의 관점에 따르면 대체로 모든 파동은 기본적인 매질의 기계적인 상호작용이 필요하다. 따라서 (빛을 파동으로 볼 증거도 충분했으므로) 만일 빛이 파동이라면, 뉴턴의 관점에서 볼 때 빛의 운동에도 기본적인 매질이 필요할 것이다. 프리바 데샤넬A. Privat Deschanel이 《자연철학Natural Philosophy》에서 빛에 관해 서술하며 이 같은 상황을 명쾌하게 정리했다. 데샤넬의 《자연철학》은 1880년대 말에 출간된 물리학 표준 교과서다('과학'이라는 용어가 표준이 되기 전까지는 '자연철학'이 우리가 아는 과학을 의미하는 용어였다. 데샤넬이 《자연철학》을 출간한 시기는 공교롭게도 빛의 전달에 관한 뉴턴의 견해에 중대한 문제를 제기한 마이컬슨-몰리의 실험이 시작되기 직전이었다).

> 소리와 마찬가지로 빛도 진동이라고 생각된다. 하지만 소리와 달리 빛은 공기나 다른 부피가 큰 물질이 없어도 그 진동이 광원에서 지각자에게 전달된다. ······ 일반적인 물질보다 훨씬 더 미묘한 매질 ······ (즉) 소리가 전달되는 속도보다 엄청나게 더 빠른 속도로 빛의 진동을 전달할 수 있는 매질이 존재한다고 가정할 수밖에 없을 것 같다. ······ 이 가상의 매질이 에테르다[데샤넬의 《자연철학》(Deschanel 1885, 947쪽)].

에테르라는 명칭은 옛날 에테르, 즉 아리스토텔레스 세계관에서 달 위 영역에서 발견된다고 생각한 원소 에테르에서 유래한 것이다. 하지만 명칭만 같을 뿐, 아리스토텔레스의 에테르와 빛을 전달하는 기본적인 매질인 에테르 사이에는 유사성이 거의 없다.

빛의 전달에 관한 이런 견해가 뉴턴의 기계론적인 우주 그림과 얼마나 잘 들어맞는가. 소리나 물결 등의 다른 현상과 마찬가지로 빛도 기본적인 매질의 기계론적 상호작용이 필요하다고 생각했으니 말이다. 마이컬슨-몰리의 실험은 에테르의 존재를 입증하는 더 직접적인 증거를 찾기 위한

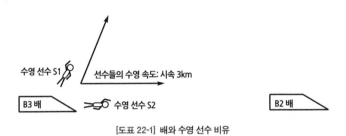

[도표 22-1] 배와 수영 선수 비유

실험이었다. 90도 두 방향으로 두 광선을 방사하고 (거울에 반사해) 돌려보내는 방법이었다. 만일 빛이 에테르와 같은 매체를 통해 이동한다면, 지구가 아마도 이 에테르를 헤치며 움직이는 것으로 추정된다는 사실을 고려할 때, 우리는 두 광선이 되돌아오는 시간이 근소하게 차이가 날 것으로 예상할 수 있다. 움직이는 배에서 수영 선수 두 명이 출발하는 상황과 비슷하다. 배와 수영 선수 비유를 예시한 [도표 22-1]을 보자. 배 세 척이 모두 시속 1km의 같은 속도로 물살을 헤치며 이동하고, B1 배와 B2 배가 모두 B3 배와 같은 간격을 두고 떨어져 있다고 가정하자. 수영 선수 두 명은 시속 3km의 같은 속도로 수영한다 치자. 수영 선수 S1은 맨 위에 있는 B1 배까지 헤엄쳐 간 뒤 출발점인 B3 배로 다시 돌아온다. 배들이 물살을 헤치고 움직이기 때문에 이 선수는 맨 위에 있는 배까지 사선으로 헤

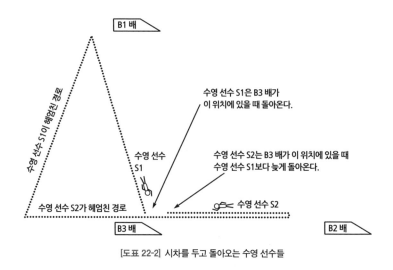

수영 선수 S1은 B3 배가
이 위치에 있을 때 돌아온다.

수영 선수 S2는 B3 배가 이 위치에 있을 때
수영 선수 S1보다 늦게 돌아온다.

수영 선수 S1이 헤엄친 경로

수영 선수
S1

수영 선수 S2가 헤엄친 경로

수영 선수 S2

B1 배

B3 배

B2 배

[도표 22-2] 시차를 두고 돌아오는 수영 선수들

엄쳐 간 뒤 다시 사선으로 헤엄쳐 출발한 배로 돌아와야 한다. 수영 선수
S2는 B3 배에서 출발해 앞에서 움직이는 B2 배까지 헤엄친 뒤 출발점인
B3 배로 돌아온다.

출발점인 B3 배를 기준으로 보면 두 선수가 왕복해서 헤엄치는 거리는
같다. 하지만 두 선수가 헤엄쳐 지나는 매질을(즉 물을) 기준으로 보면 두
사람이 헤엄치는 거리가 다르다. 물을 기준으로 따지면 수영 선수 S1이
헤엄치는 거리가 수영 선수 S2가 헤엄치는 거리보다 조금 더 짧다(혹시 관
심 있는 사람은 대수학과 피타고라스의 정리를 이용하면 두 선수가 헤엄치는 거리를
정확히 계산할 수 있다). 헤엄쳐 지나는 매질을 기준으로 따질 때 두 사람이
헤엄치는 거리가 다르므로 두 선수는 [도표 22-2]에서 예시된 대로 시차
를 두고 출발점인 B3 배로 돌아올 것이다.

마이컬슨–몰리 실험의 발상이 배와 수영 선수 비유와 대단히 유사하
다. 실험에서 마이컬슨과 몰리는 고정된 위치에서 두 광선을 방사하는데,

그 고정된 위치가 두 수영 선수가 출발하는 B3 배에 해당한다. 90도로 각도를 벌려서 방사한 두 광선은 수영 선수 S1, S2와 유사하다. 두 광선은 광원에서 같은 간격을 두고 설치한 두 거울에 반사되는데 이 거울들이 배 B1, B2와 비슷하다.

만일 빛의 전달에 관한 뉴턴의 기계론적인 견해가 옳다면, 즉 빛이 에테르라는 매질을 통해 전달된다면 광원과 거울들은 에테르를 헤치고 움직이는 것이 분명하다. 광원과 거울들이 지구에 붙어 있고, 태양 주위를 도는 지구가 에테르를 헤치고 움직일 것이기 때문이다. 따라서 에테르는 배와 수영 선수 비유의 물과 유사하다. 두 광선은 광원을 기준으로 보면 같은 거리를 이동하지만, 광원과 거울들이 에테르를 헤치고 움직이므로 두 광선이 에테르를 뚫고 이동하는 거리는 서로 다를 것이다(수영 선수 두 명이 헤엄쳐 지나는 매질을 기준으로 보면 이동하는 거리가 다른 것과 같은 이유다). 따라서 두 광선이 약간의 시차를 두고 광원으로 되돌아온다고 예상할 수 있다.

하지만 모두의 예상과 달리 두 광선은 항상 정확히 같은 시각에 돌아왔다. 대단히 놀라운 결과였고, 이런 경우에 으레 그렇듯 실험을 반복하며 결과를 검증했다. 하지만 결과는 늘 같았다. 두 광선이 항상 정확히 같은 시각에 돌아온 것이다.

이 실험은 4장에서 논의한 반확증 추론의 유형에 들어맞는 사례다. 만일 빛의 전달에 관한 뉴턴의 기계론적인 그림이 옳다면 두 광선이 시차를 두고 돌아와야 한다. 하지만 그렇지 않다. 고로 뭔가 잘못된 것이 있다.

뉴턴의 틀이 성공적이었다는 점을 고려하면, 이 실험 하나의 결과만 보고 과학자들이 뉴턴의 관점을 기각하는 것은 합리적인 결정이 아니었을 것이다. 하지만 뭔가 잘못된 것이 있었고, 켈빈의 언급처럼 마이컬슨-몰리의 실험 결과는 맑은 하늘에 몇 조각 걸린 작은 구름 중 하나로 보였다. 결국 빛과 관련한 이런 문제는 절대 사소한 문제가 아닌 것으로 밝혀졌고 아인슈타인의 상대성이론이 발표된 후에야 비로소 해결되었다. 앞으로 이야기하겠지만 상대성이론도 우리의 일반적인 우주관에 흥미로운 영향을 미치게 될 것이다. 작은 구름처럼 보였던 문제 몇 가지만 더 검토한 뒤 다음 장에서 상대성이론을 살펴보자.

흑체복사

흑체복사 문제를 간단히 살펴보자. 흑체는 자신에게 향하는 전자기복사를 모두 흡수하는 이상적인 물체를 가리키는 물리학 전문 용어다. 예를 들어, 전자기복사의 한 형태인 빛을 흑체에 비추면 흑체가 그 빛을 모두 흡수해 검은색으로 보인다(검은 물체로 보이기에 '흑체'라고 부른다). 일상생활에서는 이처럼 이상적인 물체를 볼 수 없지만, 물리학의 이상적인 흑체와 상당히 차이가 나더라도 흑체복사 문제를 이해하는 단서가 될 만한 검은 물체는 우리 주변에 흔하다.

전기 화로에 감긴 검은색 열선도 그중 하나다. 이런 물체는 자신에게 부딪치는 빛을 모두 흡수하므로 (대부분) 검은색으로 보인다. 게다가 이런 물체는 가열하면 복사를 방출한다. 전기 화로에 감긴 열선은 (충분히 가열되어 빨갛게 달아오르면) 열 형태와 빛 형태로 복사를 방출한다. 물론 우리는 이렇게 열선에서 방출되는 복사의 유형을 측정할 수 있다.

이상적인 흑체도 가열하면 복사를 방출할 것이다. 그리고 뉴턴의 그림이 1700년대와 1800년에 발전한 점을 고려하면, 가열된 흑체가 방출할 특정한 유형의 복사를 예상할 수 있었을 것이다. 실제로 가열된 흑체에서 방출될 것으로 예상하는 복사 유형을 뉴턴의 정량적 연구 전통에 따라 상당히 정확하게 예측하는 확실한 방정식이 있었다. 그리고 1800년대 말과 1900년대 초에 물리학자들이 가열된 흑체에서 방출될 것으로 예상한 유형대로 복사를 방출하는 장치들을 고안했다. 그런데 그런 장치에서 관찰된 복사 유형과 뉴턴의 그림에 기초해 예측한 복사 유형 사이에 중요한 차이가 있었다. 간단히 정리하면 이런 상황이었다. 복사의 긴 파장만 비교하면 관찰된 복사 유형과 예측한 유형이 거의 일치했다. 하지만 짧은 파장을 비교하면 관찰된 복사 유형과 예측한 유형이 전혀 달랐다(문제가 된 짧은 파장이 전자기 스펙트럼의 자외선 끝부분이었기에 흑체복사 문제를 '자외선 파탄'이라 부르기도 한다).

이 역시 마이컬슨—몰리 실험과 비슷한 반확증 증거 사례다. 뉴턴의 틀에 충실한 기존 복사설을 고려해 특정한 실험 결과를 예상했다. 하지만 흑체복사에서는 예상한 결과가 관찰되지 않는다. 고로 마이컬슨—몰리 실험과 마찬가지로 흑체복사의 경우에도 뉴턴의 그림이 뭔가 잘못된 것 같다.

이번에도 겨우 몇 가지 문제가 있다고 해서 그 외에는 성공적인 이론을 기각하지 않을 것이 분명하다. 그런 몇 가지 문제 외에는 상당히 성공적인 뉴턴의 틀을 기각하지 않을 것은 두말할 필요도 없다. 그래도 흑체복사 문제는 또 하나의 작은 구름으로 보였다.

흑체복사 문제는 양자론이 등장한 후에 비로소 해결될 것이다. 나중에 살펴보겠지만 양자론은 우리가 세상에 관해 추정하는 많은 내용에 큰 영향을 미친다. 특히 뉴턴 세계관의 중요한 부분에 큰 영향을 미친다. 따라서 마이컬슨—몰리 실험과 마찬가지로 흑체복사 문제도 그저 작은 구름이 아닌 것으로 드러날 것이다.

또 다른 문제들

켈빈이 언급한 작은 구름 중에서 가장 중요한 두 가지는 마이컬슨-몰리 실험의 결과와 흑체복사 문제였지만, 20세기 초에 난해한 문제들이 더 있었다. 간략하게 살펴보자.

20세기에 접어들자 물리학자들은 가열된 원소에서 방출되는 빛의 패턴이 예상과 다르다는 것을 깨달았다. 예를 들어, 나트륨 시료를 가열하면 노란빛으로 타오른다(집에서 사용하는 소금에 나트륨 성분이 함유되어 있으므로 소금을 조금 가열해보면 이런 결과를 확인할 수 있다). 여기까지는 문제가 없다. 물질마다 가열하면 독특한 빛을 낸다는 것은 이미 오래전부터 알려진 사실이다. 20세기 초 물리학자들이 깨달은 놀라운 사실은 가열된 나트륨에서 방출된 빛이 아주 독특한 빛의 파장으로만 구성되었다는 것이다(결국, 원소마다 방출하는 파장의 유형이 독특하다 밝혀졌고, 이런 사실이 새로운 물질의 구성 요소를 확인하거나 멀리 떨어진 별의 화학 성분을 확인하는 작업에서 대단히 유용하게 활용되었다). 가열된 원소마다 방출하는 파장의 유형이 대단히 독특하다는 것, 특히 그 빛이 독특한 파장으로만 구성된다는 것은 놀라운 사실이었다. 뉴턴의 관점에 기초한 예상대로라면 방출된 빛이 겨우 몇 가지 불연속적인 파장이 아니라 연속적인 파장으로 이루어져야 했기 때문이다.

이 역시 뉴턴의 그림을 반확증하는 증거이나, 당시에는 마찬가지로 비교적 사소한 문제로 여겨졌다. 하지만 이것도 양자론이 개발된 이후에 비로소 해결되었다.

같은 시기, 즉 1800년대 말과 1900년대 초에 이루어진 다양한 연구에서 기존 이론과 들어맞지 않는 결과들이 쏟아져 나왔다. 이런 결과들이 반드시 기존 이론에 직접적인 의문을 제기한 것은 아니지만 이런 결과들을 수용할 틀도 없었다. 어떤 연구 결과들이었는지 몇 가지 사례를 살펴보자.

1800년대 말과 1900년대 초에 상당히 저명한 인물들을 비롯해 많은 물리학자가 '음극선'을 연구했다. 지금 우리는 음극선이 기본적으로 전자들의 흐름이라는 사실을 알지만 당시에는 음극선을 연구한 물리학자들이 발표한 결과들이 상충되는 경우가 많았고, 이미 언급한 대로 전체적으로 이런 결과들을 수용할 틀이 없었다. 따라서 음극선 연구 결과가 기존의 일반적인 견해와 직접 충돌한 것은 아니지만, 조금은 당황스러운 결과였다.

비슷한 시기에 엑스선도 발견되었다. 현재 우리는 엑스선이 가시광선과 마찬가지로 전자기복사의 한 형태이지만 파장이 가시광선보다 훨씬 더 짧다는 것을 안다. 하지만 음극선과 마찬가지로 초창기 엑스선의 실험 결과도 아리송한 경우가 많았다. 하나만 예를 들면 엑스선이 입자가 틀림없다고 암시하는 실험 결과도 있었고, 엑스선은 입자일 리가 없고 틀림없이 파동이라고 암시하는 실험 결과도 있었다. 결국 당시에는 비록 엑스선의 특성이 많이 발견되었지만 엑스선의 정체를 제대로 이해하지 못했고, 음극선과 마찬가지로 엑스선도 전체적인 그림과 들어맞지 않았다.

한 가지 사례만 더 살펴보자. 이 시기에 방사능도 발견되었고, 특히 마리 퀴리Marie Curie(1867~1934)와 피에르 퀴리Pierre Curie(1859~1906) 부부가 중요한 방사성원소들을 발견했다(마리 퀴리는 과학 분야에서 노벨상을 최초로 수상한 여성인 동시에 최초로 노벨상을 두 번 받은 주인공이다). 이 방사성원소들의 특성도 당황스러웠다. 앞에서 언급한 사례와 마찬가지로 방사능도 당시 일반적으로 받아들이던 뉴턴의 견해와 직접 충돌한 것은 아니지만 방사능과 관련한 발견들은 뉴턴의 틀에 완전히 들어맞지는 않았다.

지금까지 20세기 초 물리학에서 연구가 활발하게 진행된 분야를 모두 논의한 것도 아니며 당황스러운 결과가 나온 분야를 모두 이야기한 것도 아니다. 하지만 전체적인 뉴턴의 관점과 직접 충돌하지는 않아도 쉽게 들어맞지 않은 결과들이 어떤 것이었는지 충분히 파악할 수 있었을 것이다.

1700~1900년은 놀랄 만큼 생산적인 시기였다. 특히 뉴턴을 필두로 1600년대에 활동한 과학자들이 제공한 틀이 대단히 발전적으로 채워진 시기였다. 모든 부분이 훌륭하게 들어맞는 것으로 보였고, 우주의 거의 모든 것을 설명하거나 최소한 곧 설명할 것 같은 뉴턴 우주관이 구축되었다.

바로 앞에서 우리는 1800년대 말에 가장 두드러진 두 가지 문제, 즉 마이컬슨–몰리의 실험 결과와 흑체복사 문제를 살펴보았다. 그 시기 또 다른 난해한 연구 결과들도 간단히 살펴보았다. 당시에는 마이컬슨–몰리의 실험 결과와 흑체복사 문제를 결국에는 전체적인 뉴턴의 틀 안에서 해결할 수 있을 것으로 기대했다. 앞에서 간단히 살펴본 또 다른 난해한 결과들도 마찬가지로 뉴턴의 틀 안에서 설명할 수 있을 것으로 기대했다.

하지만 이런 결과들이 뉴턴 세계관에 제기한 문제는 결코 사소한 문제가 아니었다. 이제부터는 20세기를 중심으로 최근의 과학 발전을 살펴본다. 그중 중요한 두 가지 발전, 즉 상대성이론과 양자론이 마이컬슨-몰리 실험의 묘한 결과와 흑체복사 문제를 마침내 해결할 것이다. 또 하나 중요한 발전인 진화론도 3부에서 살펴본다. 앞으로 이야기하겠지만, 이 모든 새로운 발전이 최소한 뉴턴 시대 이후부터 우리가 지녀온 견해에 중대한 영향을 미쳤다.

3부
21세기 세계관의 퍼즐 조각들

3부에서는 아인슈타인의 상대성이론과 양자론, 진화론을 살펴본다. 모두 우리 세계관의 중대한 변화를 요구하는 이론이다. 1600년대에 그랬던 것처럼 최근 발전에 비추어 보면 우리가 오랫동안 명확한 경험적 사실로 받아들인 믿음 중 일부가 잘못된 철학적/개념적 사실로 드러날 것이다. 2부에서 살펴본 대로 1600년대 새로운 발견들이 변화를 요구한 것과 마찬가지로 최근 발전도 지금 우리에게 세계관의 변화를 요구하고 있다.

23

특수상대성이론 이해하기
상대성원리와 광속 불변의 원리

앞 장에서 살펴본 대로 《프린키피아》가 발표된 이후 200여 년에 걸쳐 뉴턴 세계관은 아주 훌륭하게 발전했다. 1900년 무렵이 되자 뉴턴 그림과 들어맞지 않는 것은 사소해 보이는 몇 가지 문제뿐이었다. 그중 하나인 마이컬슨–몰리의 실험 결과는 1900년대 초 상대성이론이 개발되기 전까지 좀처럼 해결될 기미가 보이지 않았다. 23장의 목표는 특수상대성이론의 주요한 사항을 이해하는 것이다. 일반상대성이론은 24장에서 논의하자.

알베르트 아인슈타인Albert Einstein(1879~1955)이 1905년에 발표한 특수상대성이론은 이름 그대로 일반적인 이론이 아니다. 특별한 상황에서만 적용할 수 있는 이론이다. 아인슈타인이 1916년에 발표한 일반상대성이론도 이름 그대로다. 특별한 상황이 갖춰질 때만 적용할 수 있는 (훨씬 간단한) 특수상대성이론과 달리 상황에 제한을 받지 않는 완전히 일반적인 이론이다.

앞서 우리는 아리스토텔레스 세계관이 오해한 철학적/개념적 사실들,

특히 완벽한 원운동 사실과 등속운동 사실을 살펴보았다. 이 장에서는 우리가 오래전부터 명확한 경험적 사실로 받아들인 믿음 중에서 상대성 이론에 비추어 볼 때 잘못된 철학적/개념적 사실로 드러난 믿음들을 처음으로 탐구할 것이다. 그중 두 가지 믿음부터 살펴보자.

절대공간과 절대시간

이제부터 논의할 두 가지 중요한 철학적/개념적 사실은 흔히 '절대공간', '절대시간'이라고 일컫는 것과 관련이 있다. 공간과 시간에 대한 믿음은 대단히 상식적인 믿음이다. 우리 대부분이 이런 믿음을 공간과 시간에 관한 분명한 경험적 사실로 받아들인다. 먼저 절대공간이라는 개념과 관련한 몇 가지 문제를 이해하기 위해 간단한 예를 들어보자.

책상 위에 중간 크기의 물체가 있다고 가정하자. 단단한 금속 막대기가 좋겠다. 정밀한 자를 꺼내 금속 막대기의 크기를 측정하니 길이가 정확히 1m라 치자. 금속 막대기가 1m라는 사실은 분명히 우리가 확인할 수 있는 경험적 사실이다. 막대기가 실제로 1m라는 직접적이고 간단한 경험적 증거가 있기 때문이다. 여기까지는 아무 문제가 없다.

이제 그 막대기와 거의 똑같은 두 번째 금속 막대기를 책상 위에 올려놓고, 두 금속 막대기가 모두 1m로 길이가 같다는 것을 확인했다 가정하자. 그다음 내가 두 번째 금속 막대기를 끈으로 묶은 뒤 머리 위에서 빠르게 돌린다 치자. 끈으로 묶은 그 막대기를 내가 머리 위에서 최대한 빠르게 빙빙 돌리며 여러분에게 이렇게 묻는다. 내가 빙빙 돌리는 금속 막대기의 길이는 얼마인가?

여러분은 자연스럽게 그 막대기의 길이가 변함없이 1m라 대답하고 싶을 것이다. 지극히 합리적인 대답이다. 하지만 그 막대기가 책상 위에 있는 막대기와 마찬가지로 1m라는 여러분의 믿음은 간단한 경험적 사실이 아니라는 점을 주목해야 한다. 여러분이 내가 머리 위에서 돌리는 막대기의 길이를 직접 측정할 방법이 없기 때문이다. 따라서 여러분이 그 막대기의 길이가 1m라고 믿는 근거가 무엇이건, 그 믿음은 직접적인 경험적 증거에 기초한 믿음일 수 없다.

나는 여러분이 움직이는 막대기의 길이가 변함없이 1m라고 믿는 이유가 다음과 같은 두 가지 믿음 때문이 아닐까 생각한다. 첫째, 그 막대기의 길이가 1m라는 조금 전 직접적인 경험적 증거에 기초한 믿음과 둘째, 공간이 절대적이라는, 즉 공간이 운동의 결과로 축소하거나 확장하지 않는다는 (그래서 금속 막대기처럼 단단한 물체의 양쪽 끝 사이 거리는 혹시 그 물체가 운동한다 해도 줄어들거나 늘어나지 않는다는) 믿음이다.

두 번째 믿음, 즉 거리는 운동의 결과로 변하지 않는다는 것이 절대공간이라는 개념을 설명하는 한 가지 방법이다. 공간은 공간이라는 것이 핵심이다. 책상 앞에 앉아 있건, 임무를 받고 우주에 나가 지구 주위를 빠른 속도로 돌고 있건, 관점에 상관없이 1m는 1m라는 것이 핵심이다. 공간, 예를 들어 금속 막대기 양쪽 끝 사이 공간의 양이 단지 운동의 결과로 변하지 않는다는 개념, 이것이 내가 앞으로 절대공간을 언급할 때 염두에 둘 개념이다(공간과 시간에 대한 실체론적 관점과 관계론적 관점을 비교할 때는 '절대시간'과 더불어 '절대공간'을 조금 다른 의미로 사용한다. 실체론적 관점을 옹호하는 사람들과 관계론적 관점을 옹호하는 사람들의 논쟁을 본문에서는 다루지 않지만, 주와 추천 도서에서 두 가지 관점의 차이를 간략히 설명했다).

앞으로 이야기하겠지만, 상대성이론은 공간에 대한 상식적 믿음에 도전한다. 상대성이론을 논의하기 전에 절대시간을 살펴보자. 이번에도 예를 들어보겠다.

정확히 같은 시각에 태어난 일란성쌍둥이 존과 조가 있다고 가정하자. (제왕절개 수술로 태어날 수 있으므로 불가능한 것은 아니어도) 쌍둥이가 정확히 같은 시각에 태어나기는 어렵지만, 일단 이런 사실은 무시하고 존가 조가 정확히 같은 시각에 태어났다 가정하자. 여러분은 조를 한 번도 본 적이 없고, 내가 여러분에게 존과 조는 건강한 정상인이며, 존이 20세라고 알려준다 치자. 이제 내가 여러분에게 묻는다. "존과 조가 쌍둥이 형제이고 존이 20세라면, 조는 몇 살인가?"

이번에도 여러분은 자연스럽게 20세라고 대답하고 싶을 것이다. 지극히 합리적인 생각이지만, 여러분의 이 믿음도 오로지 직접적인 경험적 증거에 기초한 믿음이 아니다. 여러분은 조를 한 번도 본 적이 없고 그에 대한 직접적인 관찰 증거가 거의 없기 때문이다. 여러분이 조가 20세라 믿는 근거는 다음 두 가지가 아닐까 싶다. 첫째, 존과 조가 쌍둥이 형제이고 존이 20세라는 믿음과 둘째, 시간이 절대적이라는, 즉 흐르는 시간의 양이 어디서나 똑같다는 (그래서 존에게 20년이 흘렀으면 조에게도 분명히 20년이 흘렀다는) 믿음이다.

두 번째 믿음, 즉 흐르는 시간의 양은 어디서나 똑같다는 것이 절대시간이라는 개념을 설명하는 한 가지 방법이다. 시간은 시간이라는 것이 핵심이다. 흐르는 시간의 양은 절대적이며, 어디서나 누구에게나 똑같다는 것이 핵심이다.

상대성이론은 절대공간의 개념과 마찬가지로 절대시간의 개념에도 도전한다. 이런 배경지식을 염두에 두고 이제 특수상대성이론을 살펴보자. 그런 다음에 상대성이론이 우리의 공간 개념과 시간 개념에 미치는 영향을 밝혀보자.

특수상대성이론 개요

특수상대성이론은 특이한 측면이 있지만, 이론 자체는 특별히 어려운 것이 아니다. 일반상대성이론이 훨씬 더 어렵다. 특별히 단서를 달지 않는 한 23장에서 언급하는 상대성이론은 모두 특수상대성이론이다. 일반상대성이론은 다음 24장에서 살펴보자.

늘 그렇듯 먼저 그림을 그려보는 것이 좋겠다. 조는 땅 위에 서 있고 (조의 관점에서 볼 때) 사라는 조의 머리 위를 날고 있다고 가정하자(사라의 관점은 잠시 뒤에 살펴보자). 속도가 빠를 때 상대성의 결과가 아주 극적으로 드러나니 사라가 아주 빠른 속도인 (현재 기술로는 불가능한) 초속 18만 km로 날고 있다고 가정하자. 공간과 시간에 발생한 결과를 이해하기 쉽도록 사라와 조 옆에 각각 시계 두 개가 특정한 간격을 두고 떨어져 있다고 생각하자. 사라 옆에는 SC1과 SC2 두 개의 시계가 있다. 사라가 두 시계 사이의 거리를 측정하니 50km다. 이 간격을 '50(s)km'로 표기하자. (s)는 사라가 측정한 거리라는 표시다. 조 옆에도 JC1과 JC2 두 개의 시계가 있고, 조가 두 시계 사이의 간격을 측정하니 1,000km다. 이 상황을 정리한 것이 [도표 23-1]이다.

잠시 뒤에 이 도표를 이용해 특수상대성이론에 함축된 의미를 설명하겠지만, 먼저 그 토대가 된 기본 원리 두 가지부터 살펴보자. 첫 번째 원리는 광속 불변의 원리Principle of the Constancy of the Velocity of Light, PCVL다.

진공 상태에서 빛의 속도는 측정할 때마다 모두 똑같다.

예를 들어, 조와 사라가 진공 상태에서 빛의 속도를 측정한다면 모두 같은 결과가 나올 것이다. 진공 상태에서 빛의 속도는 대략 초속 3.0×10^8m, 즉 30만 km다. 광속은 일반적으로 'c'로 표기한다. 따라서 사라와 조가 광속 c를 측정하면, 모두 빛이 초속 30만 km로 이동한다는 측정값이 나올 것이다.

여기서 우리가 주목할 점이 있다. 만일 광속 불변의 원리가 옳다면 빛의 운동이 일반적인 물체의 운동과 사뭇 다르다는 것이다. 사라와 조가 빛의 속도가 아니라 움직이는 야구공의 속도를 측정한다고 가정하자. 〔도표 23-1〕에서 사라가 야구공을 발사한다 치자. 사라가 도표 오른쪽을 향해 앞으로 똑바로 야구공을 발사한다. 사라가 자신의 관점에서 초속 100km로 야구공을 발사한다 치자. 이때 사라가 야구공의 속도를 측정하면 초속 100km가 측정될 것이다.

하지만 조의 관점에서 보는 야구공의 속도는 공이 발사된 속도(초속 100km)와 사라가 움직이는 속도(초속 18만 km)를 합한 값이다. 따라서 조가 움직이는 야구공의 속도를 측정하면 초속 180,100km가 측정될 것이다.

하지만 만일 광속 불변의 원리가 옳다면, 빛은 야구공처럼 움직이지 않는다. 예를 들어, 사라가 조의 머리 위로 날아가는 동안 손전등을 켜고,

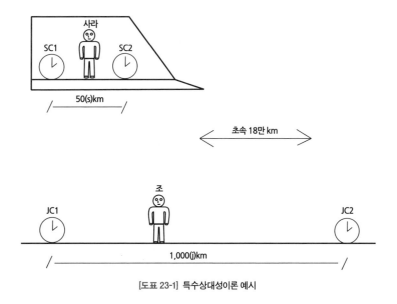

[도표 23-1] 특수상대성이론 예시

사라와 조가 광선의 맨 앞 끄트머리가 움직이는 속도를 측정한다면, 모두 정확히 같은 속도인 초속 30만 km가 측정될 것이다. 한마디로 광속 불변의 원리가 옳다면, 빛은 날아가는 야구공과 사뭇 다르게 움직인다.

다시 말하지만, 광속 불변의 원리는 특수상대성이론의 토대가 되는 기본 원리 중 하나다. 또 하나가 일반적으로 상대성원리라 부르는 것이다(상대성원리와 상대성이론을 혼동하지 않도록 주의하자). 상대성원리를 간략히 설명하면 다음과 같다.

누가 움직이고 누가 정지해 있는지 구분할 수 있는 특권을 지닌 관점이 없다.

[도표 23-1]의 상황을 예로 들면 조는 자신이 정지해 있고 사라가 움직인다고 생각할 완전한 권리가 있다. 하지만 만일 상대성원리가 옳다면(옳

다고 볼 근거도 충분하다) 사라도 마찬가지로 자신이 정지해 있고 조가 움직인다고 생각할 권리가 있다.

간략하게 설명한 상대성원리를 더 자세히 기술하면 다음과 같다.

> 서로 상대적으로 등속의 (즉 속도가 빨라지지도 느려지지도 않는) 일직선으로 움직이는 것만 제외하면 모두 똑같은 실험실 두 곳에 각각 관찰자가 한 명씩 있고, 그 두 실험실에서 똑같은 실험을 진행하면, 똑같은 실험 결과가 나올 것이다.

예를 들어 [도표 23-1]에서 사라와 조는 서로 상대적으로 등속의 일직선으로 움직인다. 만일 상대성원리가 옳다면 사라가 진행한 모든 실험 결과는 조의 실험 결과와 일치할 것이고, 조가 진행한 모든 실험 결과도 사라의 실험 결과와 일치할 것이다.

중요한 점은 만일 상대성원리가 옳다면, 서로 상대적으로 일정한 속도의 일직선으로 움직이는 두 실험실 사이에 실험적 차이가 없다는 것이다. 따라서 사라와 조는 둘 중 어느 사람이 '실제' 정지해 있고 어느 사람이 '실제'로 운동하고 있는지 구분할 경험적 근거가 있을 수 없다. 만일 상대성원리가 옳다면, 사라나 조 중에 실제 정지한 사람이 누구이고 실제 운동하고 있는 사람이 누구인지 구분할 경험적 근거가 전혀 없다. 이런 사실이 왜 중요한지 잠시 검토해보자.

아인슈타인은 1905년에 발표한 〈움직이는 물체의 전기역학에 관하여〉라는 논문에서 현재 우리가 흔히 일컫는 특수상대성이론을 처음으로 소개하며, 상대성원리와 광속 불변의 원리를 '공준(엄밀하게 증명될 수 없거나 아직 증명되지 않았지만 어떤 이론 체계를 전개하는 근본적인 전제가 되는 것 — 옮간이)'으로 제시했다. 아인슈타인은 기본적으로 이 두 가지 원리를 기본 전제로 삼아 (특수상대성이론이라는) 일관된 이론을 끌어냈다. 그런 다음 아인슈타인은 그 새로운 이론이 (앞 장에서 논의한) 맥스웰의 전자기이론을 운동하는 물체에 적용할 때 제기되는 난해한 쟁점들을 해결할 수 있음을 입증했다(논문 제목에서 새로운 상대성이론을 언급하지 않고 움직이는 물체의 전기역학을 강조한 이유가 바로 그 때문이다).

비록 아인슈타인이 논문에서 상대성원리와 광속 불변의 원리를 공준으로 취급했지만 이 두 가지 원리는 상당히 그럴듯한 원리다. (앞 장에서 논의한) 마이컬슨-몰리의 실험을 비롯해 빛의 속도는 그 어떤 환경에서도 같다는 결과가 나온 수많은 비슷한 실험이 광속 불변의 원리를 암시하기 때문이다. 사실 아인슈타인도 광속 불변의 원리를 소개할 때 이런 실험들을 언급했다(아인슈타인이 마이컬슨-몰리의 실험을 구체적으로 알고 있었는지는 확실하지 않지만, 다른 유사한 실험들에 대해 알고 있었던 것은 분명하다).

상대성원리도 마찬가지로 그럴듯한 원리다. [도표 23-1]의 조와 사라를 다시 예로 들어보자. 도표를 보면 조는 땅 위에 (아마도 지구의 표면 위에) 서 있고, 사라는 일종의 우주선을 타고 있는 것 같다. 여러분은 우선 조가 정지해 있고 사라가 움직인다고 말하고 싶을 것이다. 하지만 지표면에서 보는 관점을 먼저 앞세우는 것은 우리가 대부분 시간을 땅 위에서 보낸다는 사실에서 기인한 결과라는 점에 주목해야 한다. 따라서 우리가 자연적으로 지표면에서 보는 관점을 취하는 것은 이해할 수 있지만, 지표면에서 보는 관점이 절대 특별한 것은 아니다. 만일 우리가 화성 표면에서 대부분 시간을 보낸다면 자연히 화성 표면에서 보는 관점을 일반적인 관점으로 받아들일 것이다. 만일 우리가 달에서 태어나고 자랐다면 자연스럽게 달 표면에서 보는 관점을 일반적인 관점으로 받아들일 것이다. 만일 우리가 사라가 타고 있는 것 같은 우주선에서 생애 대부분 시간을 보낸다면 자연히 우주선에 보는 관점을 취할 것이다.

이런 관점 중에 특별한 관점이 없다는 것, 다시 말해 특권을 지닌 관점이 없다는 것이 상대성원리의 기본 취지다. 조가 실제 정지해 있고 사라가 실제 움직이고 있다고 말하거나 사라가 실제 정지해 있고 조가 실제 움직이고 있다고 말할 근거가 없는 것이다. 우리는 조의 관점에서는 사라가 운동하고 있고, 사라의 관점에서는 조가 운동하고 있다고 말할 수 있을 뿐이다. 아인슈타인의 논문에서 상대성원리나 광속 불변의 원리를 공준으로 취급하고 있지만 둘 다 그럴듯한 원리인 셈이다.

만일 우리가 상대성원리를 받아들이면 운동을 논의할 때 반드시 운동을 상대적인 운동, 즉 관점에 따라 상대적인 운동으로 이해해야 한다. 이것이 우리가 염두에 두어야 할 중요한 핵심이다. 사람이나 물체가 운동하고 있다고 이야기하는 것은 문제가 없지만 반드시 운동을 절대적인 운동이 아니라 상대적인 운동, 즉 특정한 관점에서 바라본 운동으로 이해해야 한다.

다시 정리하자. 특수상대성이론의 기초는 광속 불변의 원리와 상대성원리다. 광속 불변의 원리와 상대성원리는 그럴듯한 원리처럼 보인다. 하지만 광속 불변의 원리와 상대성원리를 받아들이면 운동하는 물체와 관련해 공간과 시간에 놀라운 일이 발생한다는 것을 받아들여야만 한다. 광속 불변의 원리와 상대성원리가 다음과 같은 내용을 수반하기 때문이다.

① 시간 지연: 움직이는 사람과 물체의 시간이 더 천천히 흐른다. 운동 중일 때는 시간이

$$\sqrt{1 - \left(\frac{v}{c}\right)^2}$$

비율로 더 천천히 흐른다. 이것이 로런츠 피츠제럴드^{Lorentz FitzGerald} 방정식이다(V는 움직이는 속도, C는 광속 – 옮긴이).

② 길이 수축: 움직이는 사람과 물체의 거리가 줄어든다. 운동 중일 때는 거리가

$$\sqrt{1 - \left(\frac{v}{c}\right)^2}$$

비율로 줄어든다. 방정식 ①, 즉 로런츠 피츠제럴드 방정식과 같다는 점에 주목하자.

③ 동시성의 상대성: 움직이는 관점에서 동시적인 사건들이 정지한 관점에서는 동시적인 사건들이 아니다. 〔도표 23-1〕의 사라의 관점에서 SC1 시계와 SC2 시계의 시간이 일치한다고 가정하면 조의 관점에서는 두 시계의 시간이 일치하지 않는다. SC1 시계가 SC2 시계보다

$$\frac{\left(\dfrac{lv}{\sqrt{1 - \left(\frac{v}{c}\right)^2}}\right)}{c^2}$$

비율만큼 빨리 간다.

이 방정식에서 l 은 두 시계 사이의 거리다. 이 방정식을 간단히 정리하면

$$\frac{l^* v}{c^2}$$

로 표기할 수 있고, 여기서 *l**은 움직이는 관점에서 본 두 시계 사이의 거리다. 앞으로 이 책에서는 이 간단한 방정식을 사용할 것이다. 아울러 시간과 관련해 빨리 가는 시계는 운동 방향을 기준으로 뒤쪽에 있는 시계라는 점에 유념하자.

①과 ②, ③은 광속 불변의 원리와 상대성원리에서 연역한 결과다. 고등학교 수준의 대수학만 이용하면 광속 불변의 원리와 상대성원리에서 ①과 ②, ③을 수학적으로 추론할 수 있다. 따라서 광속 불변의 원리와 상대성원리가 옳다면, 기본 수학이 틀리지 않는 한 ①과 ②, ③에 정리한 결과도 옳을 수밖에 없다.

①과 ②, ③의 적용법을 이해하려면 특정한 상황을 가정하는 편이 쉽다. 〔도표 23-1〕의 상황을 다시 생각해보자. 먼저 조의 관점에서 보이는 상황부터 살펴보자. 조의 관점에서는 사라가 운동 중이다. 다시 말하지만, 움직이는 사람과 물체의 시간이 더 천천히 흐른다. 따라서 조의 관점에서 보면, 사라의 시간이 ①에서 언급한 비율, 즉 로런츠 피츠제럴드 방정식의 비율에 따라 더 천천히 흐를 것이다. 예를 들면, 조의 시계가 15분이 흐를 때, 사라의 시계는 15분에

$$\sqrt{1 - \left(\frac{v}{c}\right)^2}$$

을 곱해서 나온 12분만 흐른다($15 \times \sqrt{1 - (\frac{v}{c})^2} = 15 \times \sqrt{1 - (\frac{180,000}{300,000})^2} = 15 \times 0.8 = 12$— 옮긴이). 이것은 사라의 시계에 문제가 있어서 발생한 결과도 아니고 조가 무슨 환각을 본 것도 아니다. 움직일 때 시간이 더 천천히 흐르기 때문이다. 조의 관점에서는 사라가 운동하고 있으므로 사라에게 흐른 시간의

양과 사라의 시계로 측정한 시간의 양이 조에게 흐른 시간과 조의 시계
로 측정한 시간의 양보다 적다.

마찬가지로 움직이는 사람과 물체의 거리도 줄어든다. 예를 들어, 사라
가 측정한 두 시계 사이의 거리는 50km이지만, 조의 관점에서는 두 시계
가 50km에

$$\sqrt{1 - \left(\frac{v}{c}\right)^2}$$

을 곱해서 나온 40km의 거리만큼만 떨어져 있다. 한마디로 조의 관점에
서는 사라의 거리가 줄어든다.

아직 자세히 이야기하지는 않았지만, 참고로 간단히 설명하면, 거리는
오직 움직이는 방향으로만 비율대로 줄어든다. 사라와 조의 경우에는 운
동 방향이 수평이다. 따라서 (조의 관점에서) 사라의 거리는 로런츠 피츠
제럴드 방정식의 비율에 따라 수평 방향으로 줄어든다. 수직 방향으로는
사라의 거리가 전혀 줄어들지 않는다. 따라서 이 경우, 조의 관점에서 볼
때 사라는 더 홀쭉해 보여도 키가 작아 보이지는 않는다. 혹시 궁금해하
는 사람이 있을지도 모르니 조금 자세히 설명하자. $\theta=0°$가 운동 방향을
나타내고 $\theta=90°$가 운동 방향에 대한 직각 방향을 나타낸다면, $0°$에서
$90°$ 사이의 각도 θ에서의 거리는

$$\frac{\sqrt{1 - (\frac{v}{c})^2}}{\sqrt{1 - \sin^2\theta\,(\frac{v}{c})^2}}$$

비율만큼 줄어든다. 여기서 우리가 주목할 점은 $\theta=0°$일 때 (즉 운동 방향
의 거리를 다룰 때) 이 방정식이 로런츠 피츠제럴드 방정식으로 축소된다

는 것이다(따라서 운동 방향의 거리를 다룰 때는 이 방정식으로 계산한 값과 로런 츠 피츠제럴드 방정식을 적용해 계산한 값이 같다). θ=90°일 때는 (즉 운동 방향에 대해 직각 방향의 거리를 다룰 때는) 이 방정식이 1로 정리된다. 따라서 운동 방향에 대해 직각 방향의 거리를 다룰 때는 공간 수축이 발생하지 않는다. 앞으로 우리는 운동 방향의 거리와 연관된 사례만을 검토할 예정이니 더 자세히 논의할 필요는 없을 것 같다.

끝으로 ③ 동시성의 상대성을 살펴보자. ③에서 설명한 대로 사라의 관점에서 동시적인 사건들은 조의 관점에서는 동시적인 사건들이 아니다. 예를 들어, 사라의 관점에서 사라의 시계 두 개의 시간이 일치한다고 가정할 때 조의 관점에서는 두 시계의 시간이 일치하지 않는다. ③에서 설명한 대로 SC1 시계가 SC2 시계보다

$$\frac{l^* v}{c^2} = 0.0001초$$

빨리 간다. 사라의 관점에서 사라의 두 시계는 정확히 같은 순간에 12시 정각을 가리킨다. 즉 사라가 볼 때 SC1 시계가 12시 정각을 가리키는 사건과 SC2 시계가 12시 정각을 가리키는 사건은 동시에 발생한 사건들이다. 하지만 조의 관점에서는 그렇지 않다. SC1 시계가 SC2 시계보다 0.0001초 빠르게 가므로 SC1 시계가 12시 정각을 가리킬 때 SC2 시계는 12시 정각 0.0001초 전을 가리킨다.

지금까지 조의 관점을 설명했다. 그런데 상대성원리가 기억나는가? 사라의 관점에서는 사라가 정지해 있고 조가 운동 중이다. 이제 사라의 관점에서 상황을 살펴보자. 사라의 관점에서는 조가 운동 중이므로 조의 시간이 로런츠 피츠제럴드 방정식의 비율만큼 더 천천히 흐른다. 예를 들어 사라에게 15분이 흐를 때 조에게는 12분만 흐른다. 마찬가지로 조가

운동 중이므로 거리도 줄어들고, 그 결과 조의 두 시계가 떨어진 거리는 겨우 800km다. 그리고 조의 관점에서 JC1 시계와 JC2 시계의 시간이 일치하지만, 사라의 관점에서는 두 시계의 시간이 일치하지 않는다. JC2 시계가 JC1 시계보다

$$\frac{l \cdot v}{c^2} = 0.002 초$$

빨리 간다. 따라서 앞에서 언급한 대로 만일 광속 불변의 원리와 상대성 원리가 옳다면 운동하는 물체에 이상한 일들이 벌어진다. 거리는 줄어들고, 시간은 더 천천히 흐르고, 어떤 관점에서 동시적인 사건들이 또 다른 관점에서는 동시적인 사건들이 아니게 된다.

불가피한 질문: 왜?

지금까지 운동이 거리와 시간, 동시성에 미치는 영향을 설명했다. 운동의 이런 놀라운 효과는 이미 수많은 실험으로 분명히 확인한, 의문의 여지가 없는 내용이다. 그렇다면 불가피하게 제기되는 질문이 있다. 왜 그럴까? 왜 운동하는 사람과 물체에 대해서는 거리가 줄어들고 시간이 더 천천히 흐를까? 왜 두 사건의 동시성이 그 사건들을 관찰하는 사람의 운동에 따라 달라질까? 앞에서 논의한 내용은 공간과 시간과 관련해 대부분 사람이 기본적으로 지닌 확고한 믿음과 상반된다. 앞에서 논의한 내용이 옳다면, 경험적으로 수없이 확인한 운동의 효과가 거의 의문의 여지가 없다면, 왜 운동은 길이와 시간에 이처럼 묘한 영향을 미칠까? 이 질문에 대한 가장 정확한 답변이 있지만, 불행히도 대부분 사람은 그 답변에 즉

각적으로 만족하지 못한다.

하지만 (적어도 내 생각으로는) 잠시 시간이 지나면 고개를 끄덕거릴 것이다. 왜 운동이 공간과 시간에 이런 영향을 미치느냐는 질문에 대한 가장 정확한 최고의 답변은 이것이다. 우리가 사는 우주가 그런 우주이기 때문이다. 우리 조상들은 자신들이 사는 우주가 늘 생각하던 모습과 다르다는 것을 알고 무척 놀랐다.

천체들이 완벽한 원형의 등속으로 회전하는 본질론적이고 목적론적인 우주가 아닌 것으로 밝혀졌기 때문이다. 우리도 마찬가지다. 우리가 사는 우주의 공간과 시간이 우리 대부분이 늘 생각하던 모습과 다르다는 것을 알고 우리도 무척 놀랐다. 우리 조상들은 자신들이 오랫동안 경험적 사실로 인정한 사실들이 잘못된 철학의 개념적 사실이었음을 알게 되었다. 마찬가지로 우리도 대부분이 오랫동안 명확한 경험적 사실로 인정한 시간과 공간에 대한 믿음의 상식적 측면들이 잘못된 철학의 개념적 사실들이었음을 알게 된 것이다.

특수상대성이론은 자기모순인가?

특수상대성이론에 분명히 뭔가 모순이 숨어 있다는 생각이 들 것이다. 예를 들면 이런 것이다. 조의 관점에서는 사라의 시간이 더 천천히 흐르므로 사라가 조보다 더 천천히 나이를 먹는다. 그리고 사라의 관점에서는 조가 더 천천히 나이를 먹는다. 직관적으로 보면 두 사람의 관점이 모두 옳을 수는 없다. 사라와 조가 쌍둥이 오누이라고 가정하면 조의 관점에서는 조가 쌍둥이 오빠이고, 사라의 관점에서는 사라가 쌍둥이 누나이 기 때문이다. 그런데 특수상대성이론에 따르면 두 사람의 관점이 모두 맞다. 어떻게 두 사람이 모두 손위가 될 수 있을까? 특수상대성이론에 뭔가 모순이 없다면 말이다.

이제 특수상대성이론에 모순이 없음을 여러분에게 확인시키는 것이 내 목표다. 내가 아는 한 가장 쉽게 설명하는 방법은 데이비드 머민David Mermin이 《특수상대성이론의 공간과 시간Space and Time in Special Relativity》(1968) 이라는 책에서 사용한 방법이다. 이제부터 머민이 사용한 방법을 주로 이용해서 특수상대성이론에 모순이 없음을 설명하겠다.

사라와 조의 시나리오를 다시 예로 들어보자. 이번에는 사라에게 시계 가 하나만 필요하니 두 번째 시계는 없다고 생각하자. 그리고 이해하기 쉽도록 시계가 모두 디지털시계라고 생각하자(따라서 이제부터는 시간을 12 시 정각 대신 '0.00'식으로 표기한다). 스냅사진 두 장을 제시하고, 간단히 스 냅사진 A, 스냅사진 B라고 이름 붙일 것이다. 우선 전제 조건으로 다음 과 같은 내용이 참이라고 가정하자.

① 조의 관점에서 볼 때 조의 두 시계는 1,000(j)km 떨어져 있다.
② 조의 관점에서 볼 때 조의 두 시계는 시간이 일치한다.
③ 이동 속도는 초속 18만 km다.
④ 스냅사진 A에서 사라의 시계 SC1과 조의 첫 번째 시계 JC1은 모두 0.00시를 가리킨다.

첫 번째 스냅사진 A는 사라의 시계 SC1이 조의 첫 번째 시계 JC1 바로 위에 있는 순간을 촬영한 사진이다. 앞에서 언급한 전제 조건을 고려해 스냅사진 A를 예시한 것이 〔도표 23-2〕다. 그리고 찰나의 시간이 흐른 뒤 사라의 시계는 조의 두 번째 시계 JC2 바로 위에 위치할 것이고, 〔도표 23-3〕이 그 순간을 촬영한 스냅사진 B를 예시한 그림이다.

이런 내용을 염두에 두고 조와 사라의 관점에서 보이는 상황을 정리하자.

조의 관점

(J1) 사라가 왼쪽에서 오른쪽으로 초속 18만 km로 움직인다.

(J2) 조의 시계 JC1과 JC2는 1,000km 떨어져 있다.

(J3) 조의 시계 JC1과 JC2는 동시적으로 작동한다.

(J4) 스냅사진 A에서 사라의 시계 SC1이 조의 시계 JC1 바로 위에 있을 때, 세 개의 시계 SC1과 JC1, JC2는 모두 0.00시를 가리킨다.

(J5) 찰나의 시간이 흐른 뒤 촬영한 스냅사진 B에서 사라의 시계 SC1은 조의 시계 JC2 바로 위에 있다. 스냅사진 A와 스냅사진 B를 촬영하는 사이에 사라는 초속 18만 km로 1,000km를 이동했고, 스냅사진 A를 촬영하고 스냅사진 B를 촬영할 때까지 $\frac{1,000}{180,000}$ = 0.005555초가 흘렀다. 따라서 스냅사진 B에서 사라의 시계 SC1이 조의 시계 JC2 바로 위에 위치할 때, JC2 시계는 0.005555시를 가리킨다. 그리고 JC1 시계와 JC2 시계가 동시에 작동하므로 JC1 시계도 0.005555시를 가리킨다.

(J6) 사라가 움직이므로 사라의 시간이 더 천천히 흐르고 사라의 시계도 더 천천히 간다. 스냅사진 A를 촬영하고 스냅사진 B를 촬영할 때까지 조에게는 0.005555초가 흘렀지만, 사라에게는 $0.005555 \times \sqrt{1-(\frac{v}{c})^2}$초, 즉 0.004444초만 흘렀다. 결국 스냅사진 B에서 사라의 시계 SC1은 0.004444시를 가리킨다.

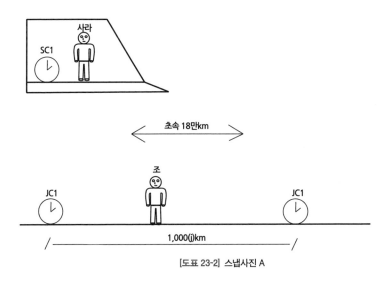

[도표 23-2] 스냅사진 A

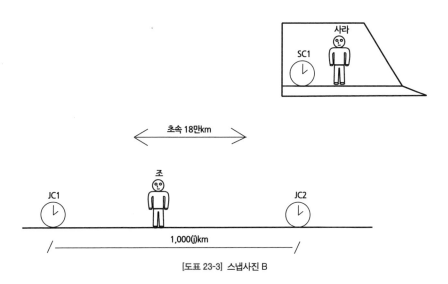

[도표 23-3] 스냅사진 B

이제 사라의 관점에서 보이는 상황을 정리하자.

사라의 관점

(S1) 조가 오른쪽에서 왼쪽으로 초속 18만 km로 움직인다.

(S2) 조의 시계 JC1과 JC2가 떨어진 거리는 $1,000 \times \sqrt{1-(\frac{v}{c})^2}$=800km다.

(S3) 조의 시계 JC1과 JC2는 동시적으로 작동하지 않는다. JC2 시계가 JC1 시계보다 $\frac{l^* v}{c^2}$=0.002000초 빨리 간다.

(S4) 스냅사진 A에서 조의 시계 JC1이 사라의 시계 SC1 바로 아래에 위치할 때, SC1과 JC1이 가리키는 시각은 모두 0.00시다. 하지만 이때 [(S3)에서 설명한 대로] 조의 두 시계가 동시적으로 작동하지 않으므로 JC2 시계는 0.002000시를 가리킨다.

(S5) 찰나의 시간이 흐른 뒤 촬영한 스냅사진 B에서 조의 시계 JC2는 사라의 시계 SC1 밑에 위치한다. 조는 초속 18만 km로 800km를 이동했고, $\frac{800}{180,000}$=0.004444초가 흘렀다. 따라서 스냅사진 B에서 조의 시계 JC2가 사라의 시계 SC1 바로 밑에 위치할 때, SC1 시계는 0.004444시를 가리킨다.

(S6) 조가 움직이므로 조의 시간이 더 천천히 흐르고 조의 시계도 더 천천히 간다. 스냅사진 A를 촬영하고 스냅사진 B를 촬영할 때까지 사라에게는 0.004444초가 흘렀지만, 조와 조의 시계에서는 $0.004444 \times \sqrt{1-(\frac{v}{c})^2}$=0.003555초만 흘렀다. 하지만 스냅사진 A에서 [(S4)에서 설명한 대로] 조의 시계 JC2가 가리키는 시각이 0.002000시라는 점을 기억하자. 스냅사진 A에서 JC2 시계가 0.002000시를 가리키고, 스냅사진 A를 촬영하고 스냅사진 B를 촬영할 때까지 조에게 0.003555초가 흘렀으므로 스냅사진 B에서 JC2 시계가 SC1 시계 바로 밑에 위치할 때, JC2 시계가 가리키는 시각은 0.002000+0.003555=0.005555초다.

조와 사라가 함께 확인한 모든 경험적 사실에서 주목할 점이 있다. 스냅사진 A에서 조와 사라의 시계는 서로 가까이 있다. 두 시계가 바로 옆에 있으므로 조와 사라는 그 시계들이 가리키는 시각을 함께 확인할 수 있다. 두 사람이 스냅사진 A에 찍힌 시계 SC1과 JC1을 모두 사진으로 찍는다고 상상하자. 두 사람의 사진이 똑같아 보일 것이다. 같은 공간과 같은 시간에서 촬영한 사진들이기 때문이다. 실제로 두 사람의 사진 모두에서 스냅사진 A에 찍힌 시계 SC1과 JC1이 0.00시를 가리킬 것이다.

스냅사진 B도 마찬가지다. 이 경우에도 시계 JC2와 SC1이 아주 가까이 있고 사라와 조는 각자 두 시계를 모두 촬영할 수 있다. 그리고 이번에도 두 사람의 사진이 완전히 똑같아 보일 것이다. 우주가 우리가 생각하는 것보다 훨씬 더 묘하지 않으면 말이다. 실제로 두 사람이 촬영한 사진에서 모두 시계 SC1은 0.004444시를 가리키고 JC2 시계는 0.005555시를 가리킬 것이다.

사라와 조가 이런 사실들을 함께 확인한 점에 대해서는 의견이 일치해도 실질적으로 발생한 일에 대해서는 의견이 일치하지 않을 것이다. 조의 관점에서는 스냅사진 A와 스냅사진 B를 촬영하는 사이에 0.005555초가 흘렀지만, 사라에게는 시간이 겨우 0.004444초가 흘렀다. 따라서 조의 관점에서는 조가 쌍둥이 오빠다. 하지만 사라의 관점에서는 스냅사진 A와 스냅사진 B를 촬영하는 사이에 0.004444초가 흘렀고, 조에게는 시간이 겨우 0.0035555초가 흘렀다. 따라서 사라의 관점에서는 사라가 쌍둥이 누나다.

즉 사라와 조가 모두 자신이 손위라고 주장할 수 있는 것이다. 그리고 각자의 관점에서는 모두 맞는 말이다.

멀리 있는 시계가 가리키는 시각에 대해 두 사람의 의견이 일치하지 않는 까닭은?

사라와 조의 의견이 일치하지 않는 부분을 살펴봐야 할 것 같다. 앞에서 설명한 대로 사라와 조는 (스냅사진 A와 스냅사진 B에서) 시계들을 함께 확인하는 상황에서는 시계들이 가리키는 시각에 대해 의견이 일치했다. 두 사람의 의견이 일치하지 않는 부분은 어디일까? 스냅사진 A에서는 멀리 있는 조의 시계 JC2가 가리키는 시각에 대해 사라와 존의 의견이 일치하지 않는다. 마찬가지로 스냅사진 B에서도 멀리 있는 조의 시계 JC1이 가리키는 시각에 대해 두 사람의 의견이 일치하지 않는다.

앞에서 우리는 사라와 조가 서로 가까이 있을 때 시계들을 사진 촬영하는 상황을 살펴보았다. 그리고 두 사람의 사진이 똑같아 보이는 것을 확인했다. 그런데 두 사람이 멀리 있는 시계도 원거리 촬영했다면 어떻게 되었을까? 스냅사진 A에서 조의 두 번째 시계 JC2가 가리키는 시각에 대해 두 사람의 의견이 일치하지 않는다는 점을 기억하자. 스냅사진 A에서 조는 JC2 시계가 0.000시를 가리킨다고 생각하지만, 사라는 JC2 시계가 0.002시를 가리킨다고 생각한다. 이제 스냅사진 A에서 사라와 조가 멀리 있는 조의 두 번째 시계 JC2를 원거리 촬영한다고 가정하자. 이만큼 멀리 떨어진 물체를 원거리 촬영하는 것은 기술적으로 어렵지만 불가능한 일은 아니다. 그런 사진을 촬영한다면 과연 사라의 관점과 조의 관점 사이의 모순이 드러날까?

이 질문에 대한 답은 이것이다. 모순이 드러나지 않을 것이다. 하지만 이런 상황을 이해하려면 먼저 빛과 원거리 사진과 관련한 몇 가지 사실을 유념해야 한다. 첫째, 빛의 속도가 빠르긴 하지만 한계가 있다는 사실이다. 즉 빛이 물체에서 출발해 우리 눈에 닿을 때까지 혹은 물체에서 출발해 카메라에 닿을 때까지 시간이 걸린다. 햇빛을 예로 들어 설명하자. 태양은 지구에서 대략 1억 5,000만 km 떨어져 있다. 초속 30만 km로 이동하는 빛이 태양을 출발해 지구에 닿기까지 대략 8분이 걸린다. 따라서 여러분이 태양을 볼 때 여러분의 눈에 들어오는 빛은 (즉 여러분에게 태양의 시각 이미지를 전달하는 빛은) 대략 8분 전에 태양을 출발한 빛이다. 여러분이 보는 태양은 그 순간의 태양의 모습이 아니다. 대략 8분 전 태양의 모습을 보는 셈이다.

별빛은 훨씬 더 극적이다. 우리가 맨눈으로 관찰할 수 있는 가장 먼 천체인 안드로메다은하는 지구에서 대략 250만 광년 떨어져 있다. 여러분이 안드로메다은하를 관찰할 때, 여러분이 보는 안드로메다은하의 모습은 현재가 아니라 250만 년 전의 모습이다. 여러분이 안드로메다은하를 촬영하면 250만 년 전 안드로메다은하의 모습을 촬영하는 셈이다.

즉, 스냅사진 A에서 사라와 조가 멀리 있는 조의 시계 JC2를 촬영한다면 두 사람은 사진에 찍히는 빛이 시계에서 출발해 카메라에 도착하기까지 시간이 걸린다는 사실을 참작해야만 한다. 두 사람이 이런 사실을 참작한다면 이런 상황이 발생한다.

우선 사라와 조가 JC2 시계를 촬영한다면, 두 사진에 찍힌 JC2 시계는 모두 같은 시각을 가리킬 것이다. 자세히 설명하면, 두 사진에 찍힌 JC2 시계가 모두 −0.003333시를 가리킬 것이다. '−' 표기를 놓치지 말자. 시계가 0.00시 0.003333초 전을 가리키는 것이다. 사라와 조가 빛이 JC2 시계를 출발해 카메라에 닿기까지 걸리는 시간을 참작하면, 다음과 같은 상황으로 이어진다.

조의 관점

조의 계산은 간단하다. 조의 관점에서 빛은 JC2 시계부터 카메라까지 1,000(j)km를 이동했다. 초속 30만 km로 이동하는 빛이 카메라에 닿기까지 0.003333초가 걸렸을 것이다. 조는 스냅사진 A에서 JC2 시계가 촬영될 때 −0.003333+0.003333=0.000시를 가리킨다고 (그로서는) 정확하게 연역한다. 그리고 조는 스냅사진 A에서 두 시계 모두 0.000시를 가리키고, 두 시계가 동시적으로 움직인다고 (그로서는) 정확하게 결론 내린다.

사라의 관점

사라의 계산은 조금 더 복잡하다. 하지만 기본적인 대수학만 이용하면 계산할 수 있다. 만일 여러분이 굳이 세부적인 계산 과정을 확인하고 싶지 않다면 나를 믿고 이 부분을 건너뛰어도 된다. 하지만 여러분이 세부적인 내용을 알고 싶다면, 사라의 추론 과정을 살펴보도록 하자.

사라의 관점에서 보면 조는 초속 18만 km로 사라를 향해 움직인다. 따라서 사라의 사진에 찍힌 JC2 시계의 빛은 JC1 시계와 JC2 시계의 간격인 800(s)km보다 훨씬 더 멀리 떨어져 있을 때 JC2 시계를 출발한 빛일 수밖에 없다. JC2를 출발해 사진에 찍히는 빛은 초속 30만 km로 사라를 향해 이동하는 반면, 조는 초속 18만 km로 사라를 향해 움직이기 때문이다. 따라서 스냅사진 A에서 빛과 조가 같은 시각에 사라에게 도착한다는 것은 사라의 사진에 찍힌 JC2 시계의 빛이 JC1 시계와 JC2 시계의 간격인 800(s) km보다 훨씬 더 멀리 떨어져 있을 때 JC2 시계를 출발했다는 것이다.

빛이 이동한 거리를 계산하기 위해 사라는 다음과 같이 추론한다. 빛이 이동한 거리를(즉 사라가 JC2 시계를 촬영한 사진에 찍힌 빛이 이동한 거리를)

d로 표기하고, 그 빛이 JC2 시계부터 카메라까지 초속 30만 km로 이동한 시간을 t로 표기하자. 사라는

$$t = \frac{d}{300,000}$$

를 알고 있다. 조가 JC2 시계보다 800(s)km 앞서 있다는 것과 조가 초속 18만 km로 움직이고 있다는 것을 염두에 두는 사라는 역시

$$t = \frac{d - 800}{180,000}$$

도 알고 있다. 이런 사실을 바탕으로 대수학을 조금만 활용하면 사라는 사진에 찍힌 빛이 2,000(s)km 떨어진 지점에서 JC2 시계를 떠났다고 연역할 수 있다. 빛이 초속 30만 km로 2,000(s)km를 이동한다면 0.00667(s)초가 걸린다. 그런데 JC2 시계는 움직이고 있으므로 시간이 더 천천히 흐른다. 0.00667(s)초가 흐를 때 JC2 시계에서는 0.005333(j)초만 흐를 것이다. 따라서 빛이 카메라에 도착했을 때(즉 스냅사진 A에서 조와 조의 첫 번째 시계가 사라의 바로 밑에 도착했을 때), JC2 시계에서는 0.005333(j)초가 흐른 것이다.

따라서 사라는 사진이 찍힌 순간 JC2 시계가 −0.003333＋0.005333 ＝0.00200시를 가리킨다고 (그로서는) 정확히 연역한다. 그리고 사라는 조의 두 시계가 동시적으로 작동하지 않는다고 (그로서는) 정확히 결론 내린다. 정확히 말해, 조의 두 번째 시계인 JC2가 첫 번째 시계인 JC1보다 0.00200초만큼 빨리 간다고 결론 내린다.

앞서 설명했듯 스냅사진 A에서 사라와 조는 각자 촬영한 JC2 시계가 −0.003333시를 가리킨다는 데는 의견이 일치한다. 하지만 이 데이터가 입증하는 내용에 대해서는 의견이 다르다. 조는 이 데이터가 자신의 두 시계가 가리키는 시각이 일치하며 자신이 쌍둥이 오빠임을 입증한다고 생각한다. 사라는 이 데이터가 조의 두 시계가 가리키는 시각이 일치

하지 않으며 자신이 쌍둥이 누나임을 입증한다고 생각한다. 이때 우리가 주목할 한 가지 경향이 등장한다. 사라와 조는 모든 직접적인 경험 데이터에 대해서는 의견이 일치하지만, 그 경험 데이터가 입증하는 내용에서는 두 사람의 의견이 일치하지 않는다. 경과 시간, 물체들 사이의 거리, 사건들의 동시성과 관련한 문제에서 의견이 갈린다.

정리하면, 특수상대성이론에는 모순이 없다. 직관에 반하는 것 같지만 우리가 살펴본 이런 상황에서 사라와 조는 각자가 (자신의 관점에서) 손위이며 두 사람의 관점이 모두 옳다.

시공간, 불변자, 상대성이론에 대한 기하학적 접근법

아인슈타인이 특수상대성이론을 발표한 직후, 일찍이 아인슈타인에게 수학을 가르친 헤르만 민코프스키Hermann Minkowski(1864~1909)가 이른바 시공간 간격이 특수상대성이론에서 불변의 특성이라고 인정했다. 시공간 간격을 이해하는 과정을 통해 우리는 상대성이론과 연관된 중요한 개념, 즉 시공간이라는 개념을 이해할 수 있으며, 가변의 특성과 불변의 특성이라는 개념도 이해할 수 있다. 더불어 상대성이론에 대해 흔히 취하는 대안적 접근법인 기하학적 접근법도 간단히 살펴볼 수 있다.

아인슈타인의 상대성이론에 따라 "모든 것이 상대적이다"라거나 혹은 이와 비슷한 취지의 말을 종종 듣곤 한다. 앞에서 살펴본 대로 길이와 시간, 동시성은 실제 움직이는 관점과 정지한 관점에 따라 달라지고, 따라서 이것들은 모두 관점에 따라 상대적인 특성이다. 그렇다고 해서 모든 특성이 상대적이라고 생각하면 오산이다.

이미 우리는 상대적이 아닌 특성을 한 가지 확인했다. 빛의 속도다. 광속 불변의 원리에 따르면 (진공 상태에서) 빛의 속도는 관점에 상관없이 언제나 같은 속도로 측정된다. 그리고 상대성이론에서도 빛의 속도는 상대적이지 않다. 상대성이론의 광속처럼 모든 관점에서 동일한 특성을 불변의 특성으로 간주한다.

그런데 이론에 따라 어떤 특성을 가변의 특성으로 처리하거나 불변의 특성으로 처리하는 경우가 많다. 예를 들어, 길이와 시간 (즉 두 사건 사이에 경과한 시간), 동시성은 (즉 두 사건이 동시에 발생했느냐 아니냐는) 뉴턴의 관점에서는 불변의 특성이지만, 우리가 이미 살펴본 대로 상대성이론에서는 불변의 특성이 아니다. 그 반면 빛의 속도는 상대성이론에서는 불변이지만 뉴턴의 관점에서는 불변이 아니다(앞 장에서 논의한 마이컬슨–몰리의 실험을 다시 생각해보자. 이 실험은 빛의 속도 차이를 검증하려는 실험이었다. 빛의 운동에 대한 일반적인 뉴턴의 관점을 고려해, 빛의 속도가 상황에 따라 달라질 것으로 예상한 것이다. 다시 말해, 뉴턴의 관점에 따라 빛의 속도를 가변의 특성으로 생각했다).

상대성이론에 따르면 경과한 시간의 양, 장소 사이의 거리가 관점에 따라 달라질 수 있지만, 민코프스키는 공간과 시간의 '결합'과 관련한 한 가지 특성은 모든 관점에서 동일하다고 인정했다. 그가 상대성이론에서 불변이라고 소개한 그 특성이 시공간 간격이다. 시공간 간격을 이해하려면 먼저 시공간이라는 개념부터 파악해야 한다. '시공간'과 '시공 연속체'가 왠지 신비한 실체를 가리키는 말처럼 들릴 수도 있지만, 기본 개념은 상당히 간단하다.

시공간 개념을 이해하기 위해 [도표 23-4]에 예시한 전형적인 2차원 직교 좌표계부터 살펴보자. 우리는 (늘 그런 것은 아니지만) 흔히 수평축과 수직

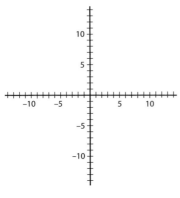

[도표 23-4] 전형적인 직교 좌표계

축이 공간 속의 위치를 나타낸다고 이해한다. 예를 들어 (0, 0) 지점이 축구장의 중심이라고 가정하자. 단위를 미터로 설정하면, (8, 11) 지점은 축구장 중심에서 한쪽 방향, 즉 양 사이드라인 중 한쪽으로 8m를 이동하고, 다른 방향, 즉 양쪽 골대 중 한쪽으로 11m를 이동한 지점을 나타낼 것이다.

이제 수평축이 공간 속의 위치를 나타낸다고 다시 가정하자. 수평축이 축구장에서 사이드라인 방향의 거리를 나타낸다고 가정하는 것이다. 하지만 수직축은 또 다른 공간 차원 대신 시간을 나타낸다고 가정하자. 이제 축구장 중심에 한 사람이 있고, 그 사람이 0초에 중심을 출발해 사이드라인 쪽으로 매초 2m씩 이동한다고 가정하자. 그러면 그 사람이 1초 간격으로 움직이는 공간과 시간의 위치를 (0, 0), (2, 1), (4, 2), (6, 3) 등으로 표기할 것이다. (0, 0)은 그 사람이 0초에 0 위치에 있다는 것을 나타내고, (2, 1)은 그 사람이 1초에 2 위치에 있다는 것을 나타낸다. (4, 2), (6, 3)도 마찬가지다.

이것이 기본적으로 시공간 개념의 전부다. 공간과 시간 속의 위치를 나타내는 방법이다. 방금 설명한 대로 시간과 더불어 공간 차원이 단 하나 있는 상황이 2차원 시공간이다. 시간과 더불어 공간 차원 세 개가 모두 있을 때 4차원 시공간이고, 4차원 시공간 속의 한 지점은 (x, y, z, t) 네 개의 값으로 표기된다. x와 y, z는 세 개의 공간 차원을 나타내고 t는 시간을 나타낸다.

시공간 개념을 파악했으니 이제 시공간 간격이라는 개념을 살펴보자. 〔도표 23-1〕의 사라와 조의 상황을 다시 보자. 우리는 조의 관점과 연결한 시공간 좌표계를 어렵지 않게 상상할 수 있다. 조의 첫 번째 시계의 중심이 이 시공간 좌표계에서 공간 요소의 원점이고, 조의 첫 번째 시계가 0.00시를 가리키는 순간의 시간이 0이라고 가정하자. 그렇다면 조의 첫 번째 시계가 0.00시를 가리키는 사건이 시공간 좌표 (0, 0, 0, 0)에서 발생했다고 할 수 있다. x축은 이동 방향, 좌표계의 공간 단위는 킬로미터로 설정하자. 만일 우리가 (조의 관점에서) 조의 두 시계가 동시적으로 작동한다고 가정하면, 조의 두 번째 시계가 0.00시를 가리키는 사건은 시공간 좌표 (1000, 0, 0, 0)에서 발생했다고 할 수 있다.

이제 이 두 사건의 시공간 간격, 즉 조의 첫 번째 시계가 0.00시를 가리킨 사건과 조의 두 번째 시계가 0.00시를 가리킨 사건 사이의 시공간 간격을 살펴보자. x축상의 공간 간격은 1000이고, y축과 z축상의 공간 간격은 0이며, 시간 간격은 0임을 알 수 있다. 두 사건 사이의 x축과 y축, z축상의 공간 간격을 $\triangle x$, $\triangle y$, $\triangle z$로 표기하고, 두 사건 사이의 시간 간격을 $\triangle t$로 표기하면, 두 사건 사이의 시공간 간격 s를 구하는 공식은 다음과 같다.

$$s^2 = c^2 \triangle t^2 - \triangle x^2 - \triangle y^2 - \triangle z^2$$

이 공식에 따라 계산한 두 사건의 시공간 간격은 다음과 같다.

$$\sqrt{c^2 0^2 - 1000^2 - 0^2 - 0^2}$$

(이 경우에는 결과가 -1의 제곱근을 포함한 값, 즉 허수로 나올 것이다. 허수는 자연수나 유리수만큼 널리 알려지진 않았지만, 특히 물리학의 여러 분야와 수학을 비롯해 다양한 영역에서 흔히 사용하는 유형의 수다.)

어떤 의미에서는 시공간 간격을 사건들 사이의 '거리'로 볼 수 있다. 다만 사건들이 공간 속에서 분리된 거리도 아니고, 시간 속에서 분리된 거리도 아니다. 공간과 시간을 모두 포함해 측정한 사건들 사이의 거리다.

앞서 언급한 대로 시공간 간격은 상대성이론에서 불변의 특성이다. 왜 그런지 사라를 예로 들어 설명하자. 앞에서 우리는 조의 관점과 연결해 시공간 좌표계를 명시할 수 있었다. 당연히 사라의 관점도 시공간 좌표계와 연결할 수 있다. (꼭 필요하진 않지만 설명이 복잡해지지 않도록) 편의상 사라의 좌표계의 원점이 조의 좌표계의 원점과 같다고 가정하자. 우리가 주목할 점은 조의 관점에서는 사라와 연결한 좌표계가 움직이는 좌표계라는 것이다. 이 좌표계가 움직이므로 우리가 앞에서 논의한 대로 시간과 거리, 동시성이 영향을 받을 것이다.

예를 들어, 조의 좌표계에서 조의 첫 번째 시계가 0.00시를 가리키는 사건과 조의 두 번째 시계가 0.00시를 가리키는 사건은 각각 좌표 $(0, 0, 0, 0)$와 $(1000, 0, 0, 0)$에서 발생했다. 하지만 사라의 좌표계에서는 이 사건들이 1,000km 떨어져서 발생하지도 않으며, 동시에 발생하지도 않을 것이다. 대체로 사건들이 사라의 좌표계에서 표시되는 시공간 좌표는 조의 좌표계에서 표시되는 좌표와 같지 않을 것이다.

하지만 정지한 시공간 좌표계의 좌표를 움직이는 시공간 좌표계의 좌표로 변환하는 간단한 방정식이 있다. 로런츠변환으로 알려진 방정식이다(본문에서는 이 방정식을 설명하지 않지만, 관심 있는 사람을 위해 주와 추천 도서에 방정식을 실었다. 이 장에서 늘 그런 것처럼 두 좌표계도 서로 상대적으로 등속의 직선으로 움직인다고 가정한다). 조의 좌표계에서 $(0, 0, 0, 0)$과 $(1000, 0, 0, 0)$ 좌표를 로런츠변환을 이용해 사라의 좌표계에 상응하는 좌표로 변환하면 각각 (0, 0, 0, 0)과 (1250, 0, 0, -0.0025)가 된다.

앞에서 설명한 공식을 활용해 사라의 좌표계에서 두 사건의 시공간 간격을 구하면 조의 좌표계에서 구한 값과 같은 결과가 나올 것이다. 서로 상대적으로 등속의 직선으로 운동하는 좌표계들에서는 사건들 사이의 시공간 간격이 대체로 동일하다. 즉 사건들 사이의 공간 간격과 시간 간격은 좌표계마다 다르지만 시공간 간격은 달라지지 않는다. 시공간 간격이 상대성이론에서 불변의 특성이라는 말은 이런 의미다.

지금까지 시공간 개념을 파악했고, 시공간과 연관해 더 중요한 불변의 특성 중 하나인 시공간 간격도 살펴보았다. 마지막으로 중요하게 언급할 사항이 있다. 이런 '기하학적' 접근법, 즉 관점을 서로 상대적으로 움직이는 4차원 시공간 좌표계로 보고 로런츠변환을 활용해 한 좌표계의 좌표를 다른 좌표계의 좌표로 변환하는 접근법이 상대성이론에 대해 흔히 취하는 접근법이라는 것이다. 상대성이론과 연관한 문제를 머릿속에 그릴 때 여러모로 편리한 방법이 이런 기하학적 접근법이다. 그리고 당연히 기하학적 접근법에서도 우리가 앞서 논의한 상대론적 효과, 즉 시간 지연, 공간 수축, 동시성의 상대성이 나타난다.

이 장에서 우리는 아인슈타인의 특수상대성이론을 살펴보았고, 이 이론이 공간과 시간, 동시성에 대한 우리의 상식적 믿음에 미치는 중대한 영향을 확인했다. 아인슈타인의 특수상대성이론을 통해 우리는 오랫동안 지녀온 믿음, 우리 대부분이 명확한 경험적 사실로 받아들인 믿음 중 일부가 잘못된 믿음이었음을 알게 되었다. 이렇게 상대성이론은 우리에게 오랫동안 지녀온 믿음 중 일부를 다시 생각하라고 요구한다. 다음 장에서는 일반상대성이론을 짧게 살펴보자. 일반상대성이론이 우리의 상식적 견해, 특히 중력의 본질에 관한 상식적 견해에 미치는 흥미로운 영향이 드러날 것이다.

일반상대성이론 이해하기
일반 공변성 원리와 등가원리

아인슈타인은 1907년부터 1916년까지 상당히 많은 시간과 노력을 들여 일반상대성이론을 개발했다. 이미 언급한 대로 일반상대성이론은 특수상대성이론보다 훨씬 더 복잡하다. 24장의 목표는 일반상대성이론의 주요 내용을 파악하고 여기에 함축된 의미를 살펴보는 것이다. 일반상대성이론의 토대가 된 기본 원리부터 살펴보자.

기본 원리

앞 장에서 우리는 특수상대성이론의 토대가 된 두 가지 기본 원리를 살펴보았다. 상대성원리와 광속 불변의 원리다. 일반상대성이론의 중요한 토대가 된 기본 원리도 두 가지다. 일반 공변성 원리와 등가원리다.

일반 공변성 원리는 물리학 법칙이 모든 기준틀에서 동일하다는 말로 흔히 요약된다. 이 원리를 가장 쉽게 이해하는 방법이 앞 장에서 논의한 상대성원리와 비교하는 방법이다. 상대성원리를 다시 설명하면, 두 실험실이 서로 상대적으로 등속의 직선으로 움직이는 것만 제외하고 모두 똑같은 경우 어떤 실험을 한 실험실에서 진행한 결과와 다른 실험실에서 진행한 결과가 동일하다는 것이다. 따라서 [도표 23-1]에서 사라와 조의 차이가 서로 상대적으로 등속의 직선으로 움직이는 것뿐이라면 두 사람이 같은 실험을 진행할 때 똑같은 실험 결과가 나올 것이다.

앞 장에서 특수상대성이론을 논의할 때 '관점'이라는 단어가 자주 등장했다. 예를 들어, 어떤 상황을 조의 관점에서 먼저 살펴본 다음에 사라의 관점에서 살펴보는 식이었다. 이런 관점을 흔히 기준틀이라고 하고, 사라의 기준틀과 조의 기준틀처럼 오직 등속의 직선으로 운동하는 기준틀을 관성 기준틀이라고 부른다. 관성 기준틀이라는 개념을 사용하면 상대성원리를 더 간결하게 표현할 수 있다. 모든 관성 기준틀에서 동일한 실험을 진행하면 동일한 결과가 나온다. 표현을 조금 바꾸면 모든 관성 기준틀에서 물리학 법칙은 동일하다. 사실 상대성원리를 이런 식으로 표현하는 경우가 많다.

이렇게 표현을 바꾸면 일반 공변성 원리가 일반화된 상대성원리임을 알 수 있다(현재 우리는 대체로 이 원리를 일반 공변성 원리라고 부르지만, 실제 아인슈타인은 '일반 상대성원리'라는 용어를 자주 사용했다). 기본적으로 상대성원리는 물리학 법칙이 모든 관성 기준틀에서 동일하다는 원리이지만, 일반 공변성 원리는 기준틀이 서로 상대적으로 어떻게 움직이건 물리학 법칙은 모든 기준틀에서 동일하다는 원리다. 일반상대성이론이 일반적인 이론이라는 의미가 바로 이것이다. 특수상대성이론은 특별한 상황에만, 특히 관성 기준틀을 다룰 때만 적용할 수 있는 반면, 일반상대성이론은 이런 제한 없이 모든 기준틀에 적용할 수 있다.

일반상대성이론의 또 다른 기본 원리는 등가원리다. 등가원리란 가속도의 효과와 중력의 효과를 구분할 수 없다는 것이다. 아인슈타인이 자주 거론한 다음과 같은 사례가 등가원리를 가장 쉽게 설명하는 방법이다.

여러분이 폐쇄된 엘리베이터 안에 갇혀서 밖이 전혀 보이지 않는다고 가정하자. 우선 이 엘리베이터가 (여러분 모르게) 지표면 위에 있어서 여러분이 지구 중력장의 효과를 느끼는 상황을 생각해보자. 여러분은 어떤 효과를 느낄까? 제일 먼저 여러분은 엘리베이터 바닥으로 '당겨지는' 느낌이 들 것이고, 물체를 떨어트리면 $9.8\,\text{m/s}^2$의 가속도로 엘리베이터 바닥을 향해 떨어질 것이다.

이제 여러분과 엘리베이터가 (여러분 모르게) 거의 텅 빈 우주 공간에 있지만 (따라서 그 어떤 중력장에도 실질적인 영향을 받지 않지만) 엘리베이터가 $9.8\,\text{m/s}^2$의 가속도로 '위'를 향해 (즉 엘리베이터 바닥에서 천장 쪽 직선 방향으로) 올라가는 상황을 생각해보자. 여러분은 이 가속도의 결과로 어떤 효과를 느낄까? 이번에도 여러분은 엘리베이터 바닥으로 '당겨지는' 느낌이 들 것이고, 물체를 떨어트리면 $9.8\,\text{m/s}^2$의 가속도로 엘리베이터 바닥을 향해 떨어질 것이다.

우리가 주목할 요점은 첫 번째 상황에서 발생하는 중력 효과와 두 번째 상황에서 생기는 가속도 효과를 구분할 수 없다는 것이다. 중력 효과와 가속도 효과의 이처럼 밀접한 관계는 이미 뉴턴 때부터 알려진 내용이다. 그렇지만 뉴턴 물리학은 중력 효과와 가속도 효과를 별개의 현상으로 취급하고, 기본적으로 이 둘의 밀접한 관계를 우연의 일치로 간주했다. 하지만 일반상대성이론의 등가원리에 따르면 이 두 가지 효과는 기본적으로 차이가 없고 서로 구분할 수 없다.

정리하면 특수상대성이론과 마찬가지로 일반상대성이론도 두 가지 중요한 기본 원리에 토대를 둔다. 이런 내용을 염두에 두고 일반상대성이론의 핵심 방정식을 간단히 검토한 다음, 일반상대성이론을 지지하는 확증 증거들을 살펴보자.

아인슈타인 중력장 방정식과 일반상대성이론의 예측

이미 언급한 대로 일반상대성이론의 중요한 토대는 일반 공변성 원리와 등가원리다. 앞 장에서 우리는 특수상대성이론도 마찬가지로 두 가지 기본 원리에 토대한 것을 살펴보았다. 특수상대성이론의 두 가지 기본 원리에 따라 수학적 '그림'을 그리면 길이와 시간, 동시성에 미치는 놀라운 영향이 드러나는 것도 확인했다. 이미 언급한 대로 특수상대성이론의 기본 원리들에 따라 수학적 그림을 그리는 작업은 그리 어려운 일이 아니다 (앞 장에서 논의할 때 길이와 시간, 동시성에 미치는 영향을 실제 기본 원리들에서 도출하지는 않았지만, 고등학교 수준의 대수학만 활용하면 충분히 도출할 수 있다고 이야기했다. 이 도출 과정이 사소한 작업은 아니지만, 그렇다고 특별히 어려운 작업도 아니다).

하지만 일반상대성이론은 상당히 다르다. 일반상대성이론의 두 가지 기본 원리를 말로 설명하기는 쉽지만, 기본 원리들을 제대로 반영해 수학 방정식을 세우는 작업은 상당히 어려운 일이었다. 아인슈타인이 방정식을 구축하기까지 수년이 걸렸다. 이전 결과를 나중에 철회하거나 대폭 수정하는 일이 많았다. 두 가지 기본 원리가 요구하는 수학적 설명을 구축하기까지 엄청난 연구가 필요했다. 일반상대성이론에 따른 수학 방정식은 특수상대성이론에 수반한 방정식과 달리 그 자체가 상당히 복잡하다.

아인슈타인은 1916년에 방정식들을 완성하고 같은 해 〈일반상대성이론의 기초〉라는 논문에 발표했다. 아인슈타인 중력장 방정식이라고 불리는 이 방정식들이 일반상대성이론의 수학적 핵심이다. 기본적으로 이 방정식들의 해解는 공간과 시간, 물질이 서로 주고받는 영향을 보여준다. 예를 들어 한 가지 해는 태양과 같은 천체의 존재가 공간과 시간에 어떤 영향을 미치는지 보여준다. 또 다른 해는 육중한 별이 붕괴해 이례적으로 밀도가 높은 잔해, 즉 블랙홀이 형성될 때 공간과 시간이 받는 영향을 보여준다(잠시 설명하면, 블랙홀은 오랫동안 실제 존재하는 천체가 아니라 이론적인 가능성에 불과하다고 여겨졌다. 하지만 20세기 후반에 이런 생각이 바뀌었다. 블랙홀이 전혀 드물지 않고 어쩌면 거의 모든 은하의 중심에 존재한다는 것이 현재 일반적인 견해다).

특수상대성이론과 마찬가지로 일반상대성이론이 예측하는 내용도 상당히 독특하다. 몇 가지 예측을 간단히 설명한 뒤 일반상대성이론의 또 다른 결과인 시공간 만곡을 조금 자세히 살펴보기로 하자.

수십 년 동안 수성 궤도의 특이점들이 관찰되었다고 8장 첫머리에서 이야기했다. 행성은 타원형 궤도를 따라 움직이고, 행성의 타원형 궤도는 뉴턴 과학의 예측과 일치한다. 이제 수성 궤도 중 태양과 가장 가까운 지점을 생각해보자. 궤도에서 태양과 가장 가까운 지점이 근일점이다. 1800년대 중반부터 말까지 수십 년 동안 관찰된 수성 궤도의 특이점은 수성이 궤도를 한 바퀴 돌 때마다 수성 근일점이 조금씩 이동하며 아주 천천히 태양 주위를 돈다는 것이다. 수성 근일점이 매년 이동하는 양은 지극히 미미해도 측정할 수 있다. 그런데 행성 운동에 대한 뉴턴의 설명으로는 수성 근일점이 매년 움직이는 양을 예측할 수 없었다. 하지만 아인슈타인은 1916년 논문에서 자신이 세운 방정식을 이용해 수성 근일점이 매년 움직이는 양을 예측했고, 아인슈타인의 일반상대성이론이 예측한 양이 실제 관찰된 양과 일치했다. 이것이 일반상대성이론을 지지하는 아주 간단한 확증 증거였다. 우리가 4장에서 논의한 바로 그런 확증 증거였다.

아인슈타인은 또한 1916년 논문에서 만일 일반상대성이론이 옳다면 강력한 중력장에서 출발한 빛의 파장이 스펙트럼의 붉은색 쪽으로 치우칠 것이라고 주장했다. 이것이 중력 적색편이(천체 따위의 광원이 내는 빛의 스펙트럼선이 파장이 긴 쪽으로 밀리는 현상으로, 파장이 표준적인 것보다 긴 쪽은 붉은색 쪽으로 치우쳐 보인다 - 옮긴이)의 효과다. 별은 중력장이 강력하므로 별을 떠난 빛에서 적색편이가 관찰되어야 한다는 것이다. 일반상대성이론이 예측한 적색편이는 검증하기가 쉽지 않지만, 성공한 실험에서 관찰된 적색편이가 일반상대성이론의 예측과 상당히 일치했고, 적색편이도 일반상대성이론을 지지하는 확증 증거가 되었다. 지구처럼 덜 육중한 천체에서 출발한 빛도 마찬가지다. 예측된 적색편이 효과는 상당히 미미했지만, 역시 측정되었다. 일반상대성이론이 예측한 내용 그대로였다.

앞 장에서 특수상대성이론을 논의하며 운동이 공간과 시간에 미치는 영향을 확인했다. 일반상대성이론에서도 운동은 공간과 시간에 비슷한 영향을 미친다. 더불어 중력도 (혹은 이와 동등하게 가속도 효과와 감속도 효과도) 공간과 시간에 영향을 미친다. 강력한 중력장이 존재할 때 혹은 이와 동등하게 가속되는 기준틀 안에서는 시간이 더 천천히 흐른다. 중요한 점은 특수상대성이론과 달리 일반상대성이론에서는 이런 영향이 대칭이 아니라는 것이다. 조는 지표면에 남아 있고, 사라는 빠른 속도로 우주탐사를 떠난다고 가정하자. 우주선은 한동안 가속한 뒤 목적지에 도착할 때 감속하고, 기수를 돌려 지구로 귀환할 때 다시 한동안 가속하고 지구에 가까워질 무렵 감속한다. 사라는 우주를 탐사하는 동안 가속도 효과와 감속도 효과를 경험하겠지만, 조는 이런 효과를 경험하지 못할 것이다. 이런 경우에 일반상대성이론은 조의 시간보다 사라의 시간이 더 천천히 흘렀을 것으로 예측하고, 사라나 조도 모두 이런 예측에 동의할 것이다.

현재 우리가 사용하는 시간 계측기가 지극히 정밀하므로 시간에 미치는 이런 영향을 어렵지 않게 검증할 수 있고, 일반상대성이론이 예측한 영향을 충분히 확인했다. 일반상대성이론에 따르면 높은 빌딩의 1층과 맨 꼭대기 층 사이의 아주 작은 중력 차이도 1층에서 시간이 흐르는 속도와 맨 꼭대기 층에서 시간이 흐르는 속도 사이에 작은 (아주 작은) 차이를 발생시켜야 한다. 이렇게 아주 미세한 시간 차이도 측정되었다. 일반상대성이론이 예측한 그대로다. 한마디로 일반상대성이론을 지지하는 확증 증거는 수없이 많다.

4장에서 언급한 대로 1919년 개기일식 중에 별빛의 굴절이 관찰되었다. 별빛의 굴절도 초기에 일반상대성이론을 지지한 유명한 확증 증거다. 별빛의 굴절은 일반상대성이론의 한결 흥미로운 측면으로 이어진다. 바로 시공간 만곡이다. 시공간 만곡은 조금 자세히 살펴볼 필요가 있다.

일반상대성이론이 예측한 시공간 만곡을 한 가지 예를 들어 설명하자. 이 예는 상대성이론과 거의 무관하지만 시공간 만곡을 설명하기에 편리하다. 막대자석 위에 종이 한 장을 올려놓는다고 가정하자. 이제 그 종이

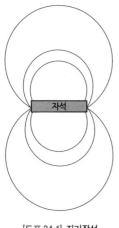

[도표 24-1] 자기장선

위에 철가루를 쏟은 다음 조금 흔들어보자. 그러면 철가루가 특정한 패턴으로 정렬하고, 이 패턴이 자석 주변의 자기장을 나타낸다. 자기장은 흔히 [도표 24-1]처럼 나타난다. 이런 도해에 그려진 선들이 역선力線이고, 이 역선은 자기장의 방향과 세기를 나타낸다. 가령 자기장이 더 세면 선들의 간격이 더 촘촘하고, 자기장이 더 약하면 선들의 간격이 더 벌어진다([도표 24-1]은 보기 쉽도록 역선들을 간단하게 예시한 도해다. 일반적으로 역선을 그릴 때는 선들을 더 자세히 표기하고 화살표로 해당 힘의 방향도 표시한다).

이제 이 도해에서 나타나는 중요한 특징에 주목하자. 역선은 공간 속에 존재하고 짐작건대 시간 속에도 존재하는 힘을 암시한다. 역선은 자석 근처 특정한 공간 영역에서 철가루가 일정한 자기력의 영향을 받고, 특정한 방식으로 공간과 시간을 헤치고 움직이는 경향이 있음을 암시한다. 공간과 시간이 일반적으로 이런 역선의 배경이 되는 것이다. 다른 말로 표현하면, 이런 역선이 공간과 시간 속에 존재하는 것으로 보인다.

이제 일반상대성이론을 논의할 때 도해로 자주 등장하는 [도표 24-2]를 보자. 언뜻 보면 이 도해의 역선이 [도표 24-1]의 역선과 비슷해 보이지만, 중요한 차이가 있다. [도표 24-2]의 역선은 공간과 시간 속의 역장力場을 나타내지 않는다. 이 역선은 시공간 자체의 만곡을 나타낸다(앞 장에서 설명했듯 시공간은 시간을 나타내는 차원과 통상적인 세 개의 공간 차원을 포함한 4차원 연속체다. [도표 24-2]는 일반적으로 4차원 시공간을 자른 2차원 '조각'을 나타낸다).

일반상대성이론에 따르면 육중한 물체가 있을 때 시공간 만곡이 발생한다. 〔도표 24-2〕의 역선이 태양 같은 물체가 있을 때 발생하는 시공간 만곡을 나타낸다. 이런 도표에서 만일 어떤 물체가 이 '조각'의 표면을 따라 이동한다면, 두 지점 사이의 가장 짧은 경로는 곡선일 것이다(이처럼 가장 짧은 경로를 가리키는 용어가 측지선이다). 빛은 가장 짧은 경로로 움직이기 마련이므로 태양처럼 거대한 물체 근처를 지나는 빛은 곡선으로 보이는 경로를 따를 것이다. 만일 일반상대성이론이 옳다면 태양처럼 육중한 물체는 시공간 만곡을 일으킬 것이고, 별빛이 태양 같은 물체 근처를 지날 때 굴절하는 모습이 관찰될 것이다.

아인슈타인은 1916년 논문에서 태양 근처를 지날 때 별빛의 굴절량을 예측했다. 4장에서 논의한 대로 1919년 개기일식 중 관찰된 별빛의 굴절은 아인슈타인의 예측과 상당 부분 일치했고, 이것 역시 일반상대성이론을 지지하는 중요한 확증 증거였다.

시공간 그리고 시공간 만곡과 관련해 아주 최근에 마지막으로 상대성이론을 실험적으로 확증한 사례를 살펴볼 필요가 있다. 아인슈타인을 비롯해 여러 사람이 인정한 바에 따르면 일반상대성이론은 처음부터 중력

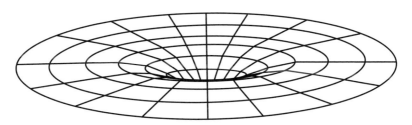

[도표 24-2] 전형적인 일반상대성이론의 역선

파의 존재를 예측했다. 중력파는 시공간 속의 물결이라고 할 수 있다. [도표 24-2]를 다시 보며 이 시공간 조각에 물결이 퍼져나간다고 상상하자. 중력파도 그렇게 퍼져나갈 것이다. 호수 수면에서는 돌멩이가 떨어진 지점에서부터 물결이 퍼져나가지만 중력파는 초신성, 즉 거대한 별이 일생을 마칠 즈음 방출하는 에너지처럼 엄청난 에너지가 방출되는 근원에서 퍼져나갈 것이다.

중력파가 우리의 시공간 영역을 통과하는 일이 절대 드물지 않겠지만, 지금까지는 중력파를 검출하기가 지극히 어려웠다. 호수의 물결은 돌멩이가 떨어진 지점에서 멀어질수록 크기가 점점 더 줄어든다. 중력파도 마찬가지다. 처음에는 상당히 큰 중력파가 발생할 것이다. 하지만 수백만 년 혹은 수십억 년에 걸쳐 엄청난 거리를 빛의 속도로 시공간을 뚫고 이동한 다음 지구에 도달한 즈음이면 중력파가 검출하기 어려울 만큼 줄어들 것이다.

2015년 말, 마침 아인슈타인이 일반상대성이론에 관한 논문을 발표한 지 100주년이 되는 해였다. 특별히 고안된 한 쌍의 검출기가 각각 우리의 시공간 영역을 통과하는 중력파를 포착했다. 당시 검출된 중력파는 10억 년 이전에 생성된 것으로, 10억 광년 이상 떨어진 곳에서 블랙홀 두 개가 충돌할 때 발생한 중력파다. 중력파를 입증하는 간접증거는 그 수십 년 전에 발견되었지만, 일반상대성이론이 예측한 중력파를 직접적으로 (그리고 극적으로) 확인한 것은 그때가 최초였다(중력파 검출은 그 자체로 중요한 성과지만, 최근에 종종 거론되는 '중력파 천문학'을 통해 심우주에 대한 정보를 모을 새로운 방법을 안내한다는 측면에서도 상당히 고무적인 성과다).

정리하자. 이미 설명한 대로 일반상대성이론은 여러 가지 독특한 예측을 많이 제시한다. 지금까지 확인한 관찰들이 그 예측과 일치했고, 전체적으로 볼 때 일반상대성이론은 충분히 확인된 이론이다.

철학적 성찰: 일반상대성이론과 중력

이 장을 마치기 전에 일반상대성이론과 밀접하게 연관된 쟁점을 하나만 더 살펴보자. 일반상대성이론의 중력 설명이다. 중력이 일반상대성이론과 연관이 있다는 말은 다소 절제된 표현이다. 흔히들 일반상대성이론을 주로 중력이론으로 이해하기 때문이다.

앞서 설명한 대로 빛은 가능한 한 가장 짧은 경로로 이동한다. 일반상대성이론에 따르면 물체도 어떤 힘의 영향을 받지 않을 때는 가장 짧은 경로로 이동한다. 즉 물체가 일반적으로 측지선을 따라 이동한다는 것이다. 일반상대성이론이 중력을 이해하는 방식과 뉴턴의 설명에 따라 중력을 이해하는 방식의 결정적인 차이가 바로 이 부분이다. 일반상대성이론에 따르면 행성 같은 물체는 끌어당기는 힘 때문에 움직이는 것이 아니다. 예를 들어, 화성이 타원형 궤도를 따라 태양 주위를 회전하는 이유는 화성과 태양이 서로 끌어당기는 힘, 즉 중력 때문이 아니다. 화성은 운동하는 다른 물체와 마찬가지로 일직선으로 움직인다.

하지만 휘어진 공간에서는 '일직선'이 측지선이다. 앞서 설명한 대로 일반상대성이론에 따르면 태양 같은 물체는 시공간 만곡을 발생시킨다. 그리고 일반상대성이론의 방정식에 따르면 이 만곡 때문에 화성이 이동하는 측지선이 태양 주위를 도는 타원처럼 보인다. 일반상대성이론에서는 화성과 태양 같은 물체들 사이에 끌어당기는 '힘'이 없다. 화성은 그저 일직선으로 움직이지만 시공간 만곡 때문에 그 '일직선'이 태양 주위를 도는 타원처럼 보일 뿐이다.

일반상대성이론이 중력을 다루는 방식이 사뭇 다르고, 뉴턴 과학이 중력을 다루는 방식과 반대되는 점을 주목해야 한다. 뉴턴 그림에서는 중력이 일반적으로 물체들 사이의 끌어당기는 힘이다. 20장 끝부분에서 논의한 대로 중력에 대해 실재론적 태도를 취하면 중력이 원격작용처럼 보인다. 그렇게 원격작용을 연상시키는 것이 난처했기에 뉴턴도 중력에 대해 도구주의적 태도를 지킨다고 자주 공언했다.

그렇게 뉴턴이 공언했는데도 뉴턴 세계관 속에서 성장한 사람은 대부분 중력에 대해 실재론적 태도를 보이는 경향이 있다. 앞서 언급한 사례를 다시 들면, 만일 내가 연필을 떨어트리고 "연필이 왜 떨어졌는가?"라고 물으면 대부분은 연필이 중력 때문에 떨어졌다고 대답할 것이다. 그리고 그 힘이 실재하느냐고 물으면 일반적으로 당연히 실재한다고 대답할 것이다. 다시 말해, 중력을 물체들 사이에 실제 존재하는 끌어당기는 힘으로 보는 사람이 대부분이다. 한마디로 뉴턴 세계관은 중력에 대해 대체로 실재론적 태도를 보인다.

하지만 일반상대성이론의 중력 설명에 따르면 흥미로운 결과가 발생한다. 앞서 언급한 대로 일반상대성이론은 충분히 확인된 이론이다. 따라서 우리가 일반상대성이론에 대해 실재론적 태도를 취하면, 뉴턴의 중력 개념에 대해서는 도구주의적 태도를 지킬 수밖에 없다. 즉 물체가 지구를 향해 떨어지거나 행성이 타원형 궤도를 따라 태양 주위를 도는 이유가 물체들 사이의 끌어당기는 힘이 아니라 시공간 만곡 때문이라면, 중력을 끌어당기는 힘이라고 이야기하는 것은 기껏해야 편리한 설명일 뿐 그야말로 올바른 설명은 아닐 것이다.

정리하면, 일반상대성이론은 충분히 확인된 이론이다. 특히 일반상대성이론은 (수성 근일점의 이동이나 별빛의 굴절 등에 관한) 예측과 설명에서 뉴턴 이론보다 더 뛰어나다. 뉴턴 이론도 여전히 아주 유용한 이론이지만, 알려진 데이터를 더 정확히 설명하는 이론이 무엇인지를 고려할 때 일반상대성이론이 더 뛰어난 것은 분명하다.

결과적으로 우리가 물리학 이론에 대해 실재론적 태도를 취하고 싶다면, 일반상대성이론에 대해서는 실재론적 태도를 지키고 뉴턴 이론에 대해서는 도구주의적 태도를 지킬 수밖에 없다(뉴턴 물리학은 여전히 유용하지만 엄밀히 말해서 올바른 그림은 아니기 때문이다). 하지만 이 경우 우리는 끌어당기는 힘이라는 중력 개념에 대해 도구주의적 태도를 지킬 수밖에 없다는 점을 유념해야 한다. 일반상대성이론에 따라 우리 대부분이 당연하게 여긴 태도를 (즉 중력을 끌어당기는 힘으로 보는 실재론적 개념을) 재평가할 수밖에 없다. 특수상대성이론과 마찬가지로 일반상대성이론도 우리에게 상식으로 간주하는 견해들을 재고하라고 요구하는 것이다.

23장과 24장에서 우리는 특수상대성이론과 일반상대성이론이, 우리 대부분이 오랫동안 견지해온 기본적이고 상식적인 믿음들에 대해 흥미로운 영향을 미치는 것을 확인했다. 길이와 시간 간격, 동시성에 관한 믿음과 더불어 중력의 본질에 관한 상식적 믿음에 영향을 미쳤다. 특히 중력과 관련해 일반상대성이론은 우리에게 중력이 끌어당기는 힘이라는 일반적인 개념에 대해 도구주의적 태도를 지키라고 강력히 요구한다.

1600년대 새로운 발견들이 일반적인 세계관에 변화를 요구했다. 마찬가지로 현재 새로운 발견들이 우리에게 세상에 관한 상식적인 믿음들을 재고하라고 요구하고 있다. 아인슈타인의 상대성이론이 뉴턴 세계관에 미친 영향은 마지막 장에서 다시 논의하기로 하고, 그 전에 먼저 20세기 물리학의 또 다른 중요한 분야를 살펴보자. 양자론이다.

철학적 간주곡
(일부) 과학 이론들은 공약 불가능한가?

   이 장의 목표는 공약 불가능성에 관한 쟁점을 살펴보고, 앞으로 이어질 탐구의 배경이 되는 쟁점을 충분히 파악하는 것이다. 공약 불가능성은 과학사와 과학철학 분야 외에서는 흔히 사용하는 용어가 아니다. 따라서 과학적 용어나 이론들이 공약 불가능하다는 것이 무엇을 의미하는지 파악하는 것이 우리의 첫 번째 과제다.

   우리가 지금까지 탐구한 쟁점들과 마찬가지로 공약 불가능성을 둘러싼 쟁점도 논란의 소지가 크다. 공약 불가능성에 관한 다양한 태도를 탐구하고 옹호한 책이 아주 많지만, 과학사와 과학철학에서 논란의 소지가 큰 여러 가지 주제와 마찬가지로 지금까지 일치된 의견은 나오지 않았다. 이 주제를 더 깊이 탐구하고 싶은 사람을 위해 주와 추천 도서에 추가로 참고할 자료를 실었다. 먼저 공약 불가능성에 포함된 일반적인 쟁점을 파악한 다음, 더 상세하고 복잡한 문제들을 살펴보자.

예비 고찰

현재 '공약 불가능성'이라는 용어가 어떻게 사용되는지 대충 짐작하기 위해 예전 뉴턴 물리학과 새로운 상대론적 물리학에서 모두 중요한 역할을 하는 '질량'이라는 용어를 살펴보자. 어떤 사람들은 뉴턴 물리학과 상대론적 물리학에서 질량이라는 용어는 개념적으로 서로 다른 환경에서 개념적으로 다른 역할을 하므로 상대론적 물리학의 틀 속에서 뉴턴 물리학의 질량이라는 용어의 의미를 정확히 파악하는 것이 불가능하다고 주장한다.

이런 주장이 옳다면, 즉 뉴턴 물리학에서 사용된 질량이라는 용어의 의미를 우리의 새로운 물리학의 용어와 개념을 이용해 적절하고 충분히 정확하게 번역할 방법이 전혀 없다면, 뉴턴 물리학에서 사용한 '질량'이 새로운 상대론적 물리학에서 사용한 '질량'과 공약 불가능하다고 할 수 있을 것이다. 그리고 이런 관점을 이론 자체로 확대하면 뉴턴 물리학과 상대론적 물리학이 공약 불가능하다고, 즉 예전 이론을 새로운 이론의 용어로 적절히 파악하고 정확히 표현하거나 이해할 방법이 없다고 할 수 있을 것이다.

서로 다른 과학 이론의 용어나 심지어 이론 전체가 공약 불가능하다고 생각하는 이유가 무엇일까? 이 질문에 대한 예비적인 답변을 제시한 다음, 공약 불가능성이 존재한다는 다양한 주장과 더불어 공약 불가능성을 둘러싼 복잡성을 구체적으로 살펴보자.

우리가 거의 일상적으로 사용하는 단순하고 간단한 개념부터 살펴보자. 무게라는 개념이다. 무게라는 용어가 아리스토텔레스 전통과 뉴턴 전통에서 어떻게 사용되었는지 생각해보자. 현대물리학 특히, 상대론적 물리학이 우리가 무게를 이해하는 방식에 영향을 미쳤지만, 우리가 지금도 실용적인 목적으로 사용하는 무게는 거의 대부분 기본적으로 뉴턴의 무게 개념이다. 따라서 이제부터는 뉴턴의 무게 개념을 현대적인 무게 개념이라고 부를 것이다.

늦어도 갈릴레오 이후부터는 물체의 낙하 속도가 물체의 무게에 비례하고 무게가 두 배로 증가하면 낙하하는 속도도 두 배로 빨라진다는 (심각한 오해인 듯한) 믿음으로 인해 아리스토텔레스가 대대적인 비난을 받았다. 물리학 교과서나 실험 지침서, 과학사 책 등에 수없이 등장하는 내용을 보면, 낙하하는 물체에 대한 아리스토텔레스의 견해가 오해임을 입증하는 실험이 다음과 같이 진행되었다. 먼저 두 물체의 무게를 측정해 한 물체가 다른 물체보다 두 배 더 무거운 것을 확인한다. 그런 다음 두 물체를 똑같은 높이에서 동시에 떨어트린다. 그러면 아리스토텔레스가 약간 틀린 것이 아니라 완전히 틀렸다는 것이 드러날 것이다.

아리스토텔레스는 '무게가 두 배면 낙하 속도도 두 배'라고 믿었고 이 믿음이 심각한 오해라고 생각하는 사람이 상당히 많다. 하지만 이 문제를 더 깊이 들여다보면 상황이 그렇게 단순하지 않다는 것을 곧 깨닫게 될 것이다. 아리스토텔레스 물리학의 무게 개념과 현대물리학의 무게 개념은 그 기능이 현저히 다르다는 것도 곧 알게 될 것이다.

앞에서 언급한 실험 순서에 따라 아리스토텔레스 시대에 흔히 사용한 천칭에 두 물체를 올리고, 한 물체가 다른 물체보다 두 배 더 무거운 것을 확인한다고 가정하자. 여기까지는 아무런 문제가 없다. 두 물체를 천칭에 올려 무게를 확인할 때 한 물체가 다른 물체보다 두 배 더 무거울 수 있다는 것에 대해서는 아리스토텔레스도 동의했을 것이다. 여기서 우리가 주의할 점이 있다. 곧 중요한 의미로 작용할 내용이다. 아리스토텔레스는 물체가 천칭에 미치는 영향이라는 측면에서 무게를 규정하지 않았다는 점이다(현대물리학도 이런 식으로 무게를 정의하지 않는다). 그러나 아리스토텔레스는 어떤 물체가 천칭에 미치는 영향이 그 물체의 무게와 관련된 무언가를 반영한다는 생각을 받아들였을 것이다.

이제 그다음 실험 순서로 넘어가, 두 물체를 천칭에서 내려 똑같은 높이에서 떨어트린다고 가정하자. 그러면 한 물체, 즉 두 배로 무겁다고 짐작되는 물체가 두 배 더 빠르게 낙하하지 않는다는 것을 거의 틀림없이 확인할 수 있다. 따라서 우리는 '무게가 두 배면 낙하 속도도 두 배'라는 아리스토텔레스의 믿음이 오해였다고 결론 내린다.

하지만 이 논증에는 중요한 전제가 있다. 여러분이 그 전제를 찾아낼 수 있는지 확인해보자. 여러분은 중요한 전제가 무엇이라고 생각하는가?

찾았는가? 이런 결론을 내리는 데 필요한 중요한 전제는 두 물체의 무게가 실험 내내 변하지 않는다는 것이다. 표현을 조금 바꾸면, 천칭으로 무게를 달아 한 물체가 다른 물체보다 두 배 더 무겁다는 것을 확인할 때와 두 물체가 낙하할 때 두 물체의 무게가 각각 천칭으로 측정한 무게와 같다는 전제가 필요한 것이다.

현대물리학에서는 이렇게 전제하는 데 아무 문제가 없다. 상대론적 물리학에 따르면 무게에 지극히 미미한 영향을 미치는 요인들이 있지만, 실험실에서 실험 과정을 거치는 내내 물체들의 무게가 변하지 않는다고 전제하는 것은 현대물리학에서는 실질적으로 아무 문제가 없다(참고로, 현대과학은 자유낙하 물체를 무게가 없는 것으로 여긴다고 생각하는 이들도 종종 있다.

하지만 대체로 잘못된 생각이다. 자유낙하 물체는 마치 무게가 없는 것처럼 작용한다고 생각하는 것이 옳다. 자유낙하 물체는 '겉보기 무게'가 없다는 것이 이런 생각을 담은 표현이다. 하지만 물체의 실질적인 무게는 현대물리학에서 규정하는 대로 천칭 위에 있을 때나 낙하할 때나 변함이 없다).

하지만 물체의 무게가 이런 실험 과정을 거치는 내내 동일하다는 의견에 아리스토텔레스가 동의할까? 이 질문에 대한 답은 분명하다. "아니다." 아리스토텔레스 과학 전통에서는 맥락이 대단히 중요하다. 물체가 천칭 위에 있는 맥락과 물체가 낙하하는 맥락은 전혀 다른 별개의 맥락이다. 아리스토텔레스의 관점에서는 맥락에 따라 물체의 무게가 변한다.

낙하하는 물체가 천칭에 영향을 미치는 방식과 물체가 천칭 위에 가만히 있을 때 천칭에 영향을 미치는 방식이 상당히 다르다는 사실을 생각해보자. 우리는 그 차이를 힘과 질량, 가속도 같은 뉴턴의 개념과 연관해 이해한다. 하지만 아리스토텔레스 전통에는 뉴턴 물리학의 이런 개념들과 비슷한 역할을 하는 개념이 없다. 우리와 달리 아리스토텔레스는 물체가 낙하하며 저울에 영향을 미치는 방식과 저울 위에 가만히 앉아서 영향을 미치는 방식의 차이가 맥락에 따라 물체의 무게가 달라지는 것을 반영한다고 이해했을 것이다.

지금까지 설명한 내용이 아리스토텔레스의 무게 개념과 현대적인 무게 개념이 공약 불가능하다는 결론을 입증하는 것은 아니다. 이와 관련해 앞으로 더 많은 내용을 탐구할 것이다. 하지만 무게와 관련한 사례만 잠시 살펴보았을 뿐인데도 벌써 일반적인 몇 가지 결론을 내릴 수 있다. 우선 우리 과학의 맥락에서는 적절하고 자연스러운 전제일지라도 그 전제를 다른 과학 전통과 관련된 맥락에 도입할 때는 반드시 주의해야 한다는 것이다. 그리고 그에 따른 당연한 결과겠지만, 어떤 용어나 개념에 대해 현대적으로 이해한 내용을 다른 과학 전통에서 그 용어나 개념을 사용하고 이해하는 방식에 도입하면 실수(중대한 실수)를 범할 수 있다는 것이다.

이런 우려를 비롯해 여러 가지 사항을 고려한 끝에 사람들이 서로 다른 과학 이론들의 최소한 일부 용어와 개념 그리고 어쩌면 그 전체적인 이론이 정말 공약 불가능하다고 결론 내린다. 이 점을 염두에 두고 공약 불가능성을 더 자세히 살펴보자.

공약 불가능성 탐구

공약 불가능성은 역사적으로 고대 그리스까지 거슬러 올라가는 개념이다. 고대 그리스의 수학자들은 공약 불가능성이라는 개념을 주로 두 길이를 '공통 척도로 측정'할 수 없다는 의미로 이해했다. 길이가 4m인 막대기와 6m인 막대기가 있다고 가정하자. 2m짜리 막대자가 있으면 이 두 막대기의 길이를 모두 균등하게 나눌 수 있을 것이다. 균등하게 나눌 수 있는 제3의 길이가 있다는 뜻에서 이 두 막대기는 공통 척도로 측정할 수 있고, 공통 척도로 측정할 수 있다는 의미에서 4m와 6m라는 길이는 공약 가능하다(이처럼 공약 가능성을 길이의 비율이라는 측면으로 규정할 수도 있다. 이 두 막대기의 경우 길이의 비는 3분의 2다. 두 길이의 비율을 유리수로 표현할 수 있을 때, 즉 a분의 b라는 꼴에서 a와 b가 정수일 때 두 길이가 공약 가능하다고 할 수 있다).

이와 대비되는 예를 하나 들어보자. 고대 그리스 수학이 발전하는 데 중요한 역할을 한 정사각형과 그 정사각형의 대각선을 생각해보자. 정사각형의 한 변의 길이가 1m라 치면, 피타고라스의 정리에 따라 이 정사각형의 대각선은 $\sqrt{2}$ 다. 1과 $\sqrt{2}$ 를 균등하게 나누는 길이나 막대자가 없음을 입증하는 것은 어려운 일이 아니다(고대 그리스 수학자들이 최초로 그 증거를 제시했다). 따라서 1과 $\sqrt{2}$ 라는 길이는 공약 불가능하다(참고로 설명하면, 1과 $\sqrt{2}$ 라는 길이가 공약 불가능하다는 증거가 정수와 유리수 외에 분명히 무리수도 있다는 중요한 발견으로 이어졌다. 수학의 역사에 흥미가 있는 사람은 주와 추천 도서에 실린 자료를 보면 더 자세한 내용을 파악할 수 있다).

19세기 말과 20세기 초에 수학적인 공약 불가능성 개념이 조금 더 은유적으로 쓰이기 시작했다. 예를 들어, 뒤앙(1861~1916, 피에르 뒤앙의 공헌은 5장에서 이미 살펴보았다)은 과학사나 과학철학과 관련한 부분에서 이 용어를 사용했다. 비수학적으로 사용된 공약 불가능성의 기본 개념은 여전히 공통 척도로 측정할 수 없다는 것이었지만, 이 개념이 점점 더 폭넓게 받아들여지며 '공통 규정 불가능성' 혹은 '공통 이해 불가능성'이라는 맥락에 점점 더 접근했다.

20세기 후반 들어 공약 불가능성이라는 개념의 역할이 점점 더 두드러지기 시작했다. 주로 토머스 쿤의 책 덕분이지만, 파울 파이어아벤트Paul Feyerabend(1924~1994)도 한몫 거들었다. 쿤과 파이어아벤트는 1960년대부터 죽을 때까지 공약 불가능성을 이해하는 다양한 방식과 공약 불가능성이 우리가 과학을 이해하는 데 영향을 미치는 다양한 방식을 심오하게 탐구했다. 우리가 논의할 범위를 벗어나므로 쿤과 파이어아벤트의 미묘한 견해를 자세히 설명할 수는 없지만, 서로 다른 과학 전통들을 검토할 때 공약 불가능성이 논란거리로 등장하는 모습은 살펴볼 수 있다.

아리스토텔레스 물리학과 뉴턴 물리학을 예로 들어 두 과학 전통의 특징들이 공약 불가능하다는 주장을 서로 다르면서도 겹쳐지는 세 부분으로 나누어 살펴보자.

용어의 공약 불가능성

흔히 용어의 공약 불가능성이라고 일컫는 것의 최소한 한 가지 측면은 이 장의 예비 고찰에서 이미 살펴보았다. 아리스토텔레스의 무게 개념을 뉴턴의 무게 개념과 연관해 이해하는 일이 종종 발생하지만, 그런 이해가 오해임을 살펴보았다. 아리스토텔레스의 무게 개념이 그 무엇이든 뉴턴의 무게 개념은 아니었다. 아리스토텔레스의 무게 개념을 동등하게 번역할 수 있는 간단한 뉴턴의 개념도 전혀 없는 것 같았다. 뉴턴의 무게 개념에서는 질량과 힘, 가속도 같은 뉴턴 물리학의 개념이 중요한 역할을 하지만, 아리스토텔레스 물리학에는 그에 상응하는 개념들이 없다는 것이 그 이유 중 하나였다.

하지만 서로 상응하는 개념이 없다는 사실만으로 용어를 한 과학 전통에서 다른 과학 전통으로 최소한 거칠게라도 번역할 가능성을 배제할 수는 없다. 예를 들어, 만일 아리스토텔레스가 무게를 물체가 천칭에 영향을 미치는 방식이라는 측면에서 규정했다면, 우리가 천칭에 미치는 영향을 힘과 질량, 가속도와 연관해 이해하는 점을 고려할 때 아리스토텔레스의 무게 개념을 현대적인 용어로 상당히 정확하게 기술할 수 있을 것이다.

하지만 이미 언급한 대로 아리스토텔레스는 무게를 이런 식으로 규정하지 않았다. 그리고 아리스토텔레스가 무게를 어떻게 이해했는지 실마리를 제공하는 구절들을 계속 검토하다 보면, 이내 용어의 공약 불가능성에 관한 중요한 문제에 봉착하게 된다. 흔히 어떤 과학 전통의 용어와 개념을 그 과학 전통의 또 다른 용어와 개념을 참고해 규정하거나 기술하는 문제다. 특히 쿤은 어떤 과학 전통의 용어는 일반적으로 그 과학 전통의 또 다른 용어와의 관계를 통해서만 이해할 수 있다고 주장했다. 그리고 그 또 다른 용어와 개념도 똑같은 문제에 봉착한다고 주장했다. 또 다른 용어와 개념도 대체로 서로 다른 전통의 용어와 개념으로 번역할 수 없는 문제에 봉착한다는 것이다.

쿤의 요점을 더 분명히 파악하기 위해 아리스토텔레스의 무게 개념을 예로 들어보자. 이제껏 확인한 아리스토텔레스의 저작에는 아리스토텔레스와 그 추종자들이 이해한 무게가 무엇인지 분명히 기술한 내용이나 정의가 하나도 없다. 그래도 아리스토텔레스가 이해한 무게가 무엇인지에 관해 논란의 여지가 없는 최소한 몇 가지 측면은 종합적으로 파악할 수 있다.

우선 아리스토텔레스가 무게를 일반적으로 '능력'이나 '가능성'으로 번역되는 디나미스dunamis라는 개념과 밀접하게 연결되었다고 본 것은 분명하다. 능력은 아리스토텔레스의 자연과학에서 가장 중요한 개념 중 하나지만, 불행히도 여러분이 짐작하다시피 능력이라는 아리스토텔레스 개념을 어떻게 이해할지 일치된 의견이 없다. 넓은 의미로 보면, 도토리를 구성한 물질의 종류와 그 물질의 배열이 적당한 환경에서 참나무 성목으로 성장할 내적이고 목표 지향적인 능력, 가능성을 도토리에 제공한다. 이것이 능력이라는 아리스토텔레스 개념의 일부 측면을 포착한 설명이다.

하지만 능력에 대한 아리스토텔레스의 이해와 그의 자연과학에서 능력이 맡은 역할은 방금 아주 간단하게 설명한 내용보다 더 미묘하고 파악하기 어렵다. 능력이라는 아리스토텔레스 개념의 한결 미묘한 측면들을 이해하는 방법과 관련해 특히 최근에 엄청나게 많은 책이 출간되고, 대단히 많은 논증이 제시되고, 아주 중요한 논쟁도 많이 펼쳐졌다. 하지만 일치된 의견으로 볼 만한 내용은 이제껏 아무것도 나오지 않았다.

여러분도 무엇이 문제인지 어렵지 않게 짐작할 것이다. 아리스토텔레스는 물체의 무게를 그 물체의 능력이라는 측면과 긴밀하게 연결된 것으로 보았다. 하지만 능력potency이라는 용어 자체가 현대적인 개념으로 쉽게 번역할 수 있는 용어가 아니다. 능력에 관한 아리스토텔레스의 이해는 활동이나 현실태, 형상, 운동 원인 등 아리스토텔레스의 중요한 개념들과 다시 긴밀하게 연결된다. 그리고 당연히 그런 아리스토텔레스의 개념들도 마찬가지로 비슷한 현대적 개념으로 간단히 번역할 수 없다.

쿤이 장황하게 주장한 내용을 이 책에 자주 등장하는 비유를 사용해 요약하면, 아리스토텔레스 과학처럼 어떤 과학 전통의 개념들은 서로 연결된 개념들의 거미줄 혹은 서로 연결된 개념적 그림 퍼즐 속에 존재한다고 보는 것이 최선이다. 따라서 공약 불가능성을 옹호하는 주장에 따르면 이런 개념들은 현대 과학처럼 서로 다른 개념적 거미줄의 틀 속에서 규정하거나 정확히 기술할 수 없다. 그 개념들이 존재한 개념적 환경의 맥락에서 그 개념들이 수행한 역할을 이해해야만 이런 개념들을 적절히 이해할 수 있다.

방법론의 공약 불가능성

앞에서 용어의 공약 불가능성을 논의했지만, 쿤을 비롯해 여러 사람이 서로 다른 과학 전통들은 용어보다 더 넓은 방법론에서도 흔히 공약 불가능하며, 방법론은 용어와 달리 한 전통에서 다른 전통으로 적절히 번역할 수 없는 정도로 그치지 않는다고 주장했다. 이들은 (예를 들어, 뉴턴 물리학이 아리스토텔레스 물리학을 대체하는 경우처럼) 특히 주요한 과학 전통이 다른 전통을 대체할 경우, 새로운 전통의 방법론이 예전 전통의 방법론과 완전히 다를 때가 많다고 주장했다.

방법론의 공약 불가능성을 주장하는 핵심은 서로 다른 과학 전통들이 대체로 적절한 과학 수행에 관한 기본적인 문제에서 의견이 다르다는 것이다. 과학이 핵심적으로 다뤄야 할 질문, 연구의 전제와 추정, 과학적 설명을 전개하는 적절한 방식에 대한 관점 등이 과학 전통마다 기본적으로 다르다는 것이다.

아리스토텔레스 전통과 뉴턴 전통이 운동과 관련한 문제에 접근한 방식을 통해 방법론의 공약 불가능성을 살펴보자. 1600년대 이전, 즉 뉴턴 과학이 등장하기 이전의 운동론을 다시 생각해보자. (12장에서 논의한) '1600년대 이전 운동 법칙'이다. 뭔가가 계속 움직이게 하지 않는 한 움직이는 물체는 멈추리라는 것이 아리스토텔레스 과학이 지배하던 시기에는 핵심적인 (그리고 당시에는 경험적으로 충분히 뒷받침된) 운동론이었을 것이다.

이 운동론에 따르면, 움직이는 모든 것은 반드시 운동 원인이 필요하다. 그리고 그 운동 원인은 운동을 개시할 뿐 아니라 운동이 지속하는 내내 계속 작용한다. 아리스토텔레스 전통의 운동론은 다음과 같은 기본 신조, 일종의 지도 원리로 요약할 수 있다. 움직이는 모든 것은 뭔가에 의해 움직여지고, 그 뭔가는 운동이 지속하는 내내 계속 작용한다.

이런 기본 신조에 따라 아리스토텔레스 전통의 핵심 질문, 핵심 연구 주제는 광범위한 운동의 원인을 찾아내는 것이었다. 예를 들어, (다른 저작들도 마찬가지지만)《동물의 운동에 관하여》에서 아리스토텔레스는 동물들에게 나타나는 아주 다양한 운동의 원인을 깊이 탐구한다. 아리스토텔레스의 운동 개념은 우리의 운동 개념보다 훨씬 더 광범위하다. 성장과 영양, 발생학적 발달, 모욕을 당하면 분노로 얼굴이 빨개지는 것, 감각 정보 입력에 따른 체내 변화 등이 모두 운동에 포함된다. 이런 모든 종류의 변화와 운동은 반드시 원인이 있으며, 그 원인은 운동을 개시하고 운동이 지속하는 내내 작용한다. 따라서 이런 운동 원인을 찾아내는 것이 아리스토텔레스와 아리스토텔레스 전통의 중요한 기본 질문이다.

《천체에 관하여》도 마찬가지다. 아리스토텔레스는 이 책에서 천체 운동을 영구적으로 지속하게 하는 원인을 깊이 탐구한다.《물리학》에서도 아리스토텔레스는 바위가 (자연적으로) 아래로 떨어지는 운동을 개시하고 지속하는 원인이나 발사체가 (강제로) 비행하는 운동을 개시하고 지속하는 원인 등 자연적 운동과 강제적 운동의 원인을 깊이 탐구한다. 이만하면 여러분도 내용을 충분히 파악했을 것이다. 앞에서 언급한 기본 신조에 따라 아리스토텔레스 전통에서는 엄청나게 다양한 운동을 개시하고 지속되는 원인을 찾는 것이 반복해서 등장하는 기본 질문이다.

이제 뉴턴 접근법을 수용한 이후 상황을 살펴보자. 뉴턴 과학의 기본 신조 중 하나는 관성의 법칙이다. 외부의 힘이 작용하지 않는 한 움직이는 물체는 계속 움직인다는 기본 원리를 수용하자, 아리스토텔레스 전통의 기본적인 핵심 질문 상당수가 일시에 자취를 감추었다. 새로운 과학의 관점에서는 모두 질문거리도 아니었기 때문이다.

구체적으로 화성 같은 천체의 운동을 살펴보자. 아리스토텔레스 전통에서는 화성이 끊임없이 운동하도록 매일 매 순간 작용하는 지속적인 운동 원인이 필요했다. 지속적이고 (최소한 아리스토텔레스가 보기에는) 영원한 운동 원인을 제공할 수 있는 것이 무엇이냐는 질문은 (12장에서 이 질문에 대한 아리스토텔레스의 답변을 논의하며 살펴본 대로) 지극히 난해한 질문이다. 이미 언급한 대로 아리스토텔레스는 이 질문을 탐구하며 상당히 많은 기록을 남겼다.

이제 뉴턴 전통에서 생각해보자. 뉴턴 전통에서는 움직이는 물체가 계속 운동하는 것이 자연적인 성향이다. 따라서 화성이 끊임없이 움직이도록 활동하는 운동 원인을 찾을 필요가 없다. 움직이는 물체는 그저 계속해서 운동하기 때문이다. 더 이상 설명이 필요치 않았다. 질문거리가 아니었다. 화성 운동의 원인에 관한 질문 등 엄청나게 다양한 운동의 원인에 관한 질문이 새로운 과학의 맥락 속에서 단숨에 사라진 것이다.

이와 유사하게 아리스토텔레스 전통의 중요한 핵심이 새로운 뉴턴 전통의 맥락 속에서 사라진 사례는 많지만 더 설명하지 않아도 여러분이 내용을 충분히 파악했을 것이다. 방법론의 공약 불가능성이 존재한다고 주장하는 사람들은 아리스토텔레스 물리학과 뉴턴 물리학 같은 전통들의 기본 신조에서 제기되는 핵심 질문들과 접근법이 완전히 다르므로 어떤 전통의 핵심 문제를 다른 전통의 맥락에서 적절히 포착하고 이해할 수 없다고 주장한다. 즉 두 전통의 기본 접근법과 기본 질문, 기본 방법론이 공약 불가능하다고 주장한다.

서로 다른 세계의 공약 불가능성

서로 다른 세계의 공약 불가능성은 일반적인 표현이 아니다. 이런 종류의 공약 불가능성에 대한 논의가 폭넓게 진행되었지만, 사실 그에 관한 표준적인 용어는 없다. 이런 (추정된) 공약 불가능성은 (쿤의 말처럼) 자세히 기술하기 어려운 것이 분명하고, 앞서 논의한 두 가지 공약 불가능성보다 덜 알려진 것도 분명하다. 따라서 이런 공약 불가능성을 주장하는 사람들이 염두에 둔 생각이 무엇인지 슬쩍 들여다보는 정도로만 살펴보자.

서로 다른 세계의 공약 불가능성은 아리스토텔레스 전통과 뉴턴 전통처럼 서로 다른 전통의 과학자들이 세계를 다르게 '본다'는 생각을 중심으로 삼는다. 서로 다른 세계의 공약 불가능성을 주장하는 사람들 혹은 최소한 이런 종류의 공약 불가능성을 한결 흥미롭게 (그리고 논란의 여지도 더 크게) 변형해 주장하는 사람들은 서로 다른 전통의 과학자들이 세계를 다르게 해석한다고 생각하지 않는다. 세상을 다르게 본다고 주장한다. 쿤의 표현을 빌리면, 서로 다른 전통의 과학자들은 "서로 다른 세계에서 활동한다."[쿤의 《과학혁명의 구조》(Kuhn 1962, 150쪽)]

1950년 무렵에 진행한 고전적인 실험 이후 자주 거론되는 예를 들어 쉽게 설명하자. 우리 대부분이 아주 어릴 때부터 일반적인 카드를 이용해 포커 등의 카드 게임을 한다. 일반적인 카드는 빨간색으로 된 하트와 다이아몬드 패, 검은색으로 된 클럽과 스페이드 패로 구성된다. 이런 카드 구성이 워낙 확고하게 자리 잡았기 때문에, 30밀리초(즉 $\frac{30}{1,000}$초) 정도로 아주 잠깐만 보여줘도 대부분 그 카드가 어떤 카드인지 정확히 구분할 수 있다.

하지만 일반적으로 빨간색인 하트와 다이아몬드 패를 검은색으로 인쇄하고 일반적으로 검은색인 클럽과 스페이드 패를 빨간색으로 바꿔서 인쇄한 다음 그 변칙적인 카드를 피실험자에게 몰래 보여주면 어떻게 될까? 피실험자는 변칙적인 카드를 정상적인 카드로 인식한다. 예를 들어,

검은색 다이아몬드 7 카드를 보여주면, 피실험자는 분명히 정상적인 (검은색) 스페이드 7 카드나 정상적인 (빨간색) 다이아몬드 7 카드로 인식한다. 이 실험은 우리가 자신이 예상하는 대로 본다는 것을 시사한다.

쿤을 비롯한 여러 사람이 이 실험 결과를 토대로 삼아, 같은 결과를 훨씬 더 넓은 '시각' 영역까지 적용할 수 있다고 주장한다. 흔한 예를 들어보자. 길이 1m의 줄에 작은 돌멩이를 매달고, 그 돌멩이가 앞뒤로 흔들리도록 나뭇가지에 묶는다고 가정하자. 이제 돌멩이가 자유롭게 흔들리도록 줄을 팽팽히 당긴 상태에서 돌멩이를 들었다가 놓아보자.

이 경우 서로 다른 세계의 공약 불가능성을 옹호하는 사람들은 이렇게 주장한다. 아리스토텔레스 전통의 과학자들은 내적이고 목표 지향적인 본성에 따라 우주의 자연적인 자리를 향해 움직이려 하지만 줄에 묶여 운동에 방해를 받는 자연적인 물체를 보는 한편, 뉴턴 전통의 과학자들은 추를 볼 것이다.

중요한 내용이니 다시 설명하면, 이들의 주장은 아리스토텔레스 전통의 과학자는 줄에 매달린 돌멩이를 이렇게 해석하고 뉴턴 전통의 과학자는 저렇게 해석한다는 것이 아니다. 아리스토텔레스 과학자와 뉴턴 과학자가 보는 것이 서로 다르다는 주장이다.

이들은 이런 시각이 줄에 묶인 돌멩이나 사과 등 개별적인 사례를 뛰어넘어 훨씬 더 넓게 적용된다고 주장한다. 만일 내가 아리스토텔레스 전통의 과학자로서 가을철에 뉴잉글랜드의 집에서 창밖으로 눈을 돌리면, 목표 지향적인 변화로 충만한 세계가 보일 것이며, 그런 변화는 나무와 다람쥐와 사슴들이 내적이고 본질론적이며 목적론적인 본성의 결과 자신들 내부에 존재하는 능력을 활성화하는 과정에서 비롯된 변화로 보일 것이다. 만일 내가 생물학을 전공한 뉴턴 전통의 과학자로서 창밖으로 눈을 돌리면, 서로 밀고 당기며 기계적으로 행동하는 세계가 보일 것이고, 그 행동은 정량적이고 물리적이고 화학적이고 생물학적이고 외적인 원리의 지배를 받고, 단풍은 나뭇잎이 정량적이고 생화학적인 원리의 지배를 받아 당연히 발생한 화학적 변화로 보일 것이다.

이처럼 범위를 더 넓혀 서로 다른 과학 전통의 과학자들이 서로 다른 세계에 산다는 공약 불가능성은 앞서 언급한 대로 다른 유형의 공약 불가능성보다 논란의 여지가 훨씬 더 크다. 서로 다른 세계의 공약 불가능성을 옹호하는 사람들은 심지어 많은 사람을 폭넓게 설득하는 논거는 나오기 힘들다고 주장한다. 우리가 세상의 부분을 바라볼 때 (가령 변칙적인 카드를 인식하는 경우처럼) 분명히 우리의 배경이 중요한 의미에서 강력한 영향을 미치곤 한다. 하지만 과연 이런 영향이 서로 다른 세계의 공약 불가능성을 옹호하는 사람들의 주장처럼 더 넓게 확장되느냐 아니냐는 논쟁의 소지가 훨씬 더 큰 문제다.

토론: 공약 불가능성과 과학 진보

공약 불가능성에 중요하게 함축되었을 법한 내용을 간단히 살펴보자. "공약 불가능성을 받아들이면, 과학의 진정한 진보라는 것은 중요한 의미가 전혀 없는 말이 아닐까?"라는 질문과 연관된 문제다. 이것이 공약 불가능성을 둘러싼 여러 가지 문제 중에서 가장 복잡하고 논쟁의 소지가 큰 문제일 것이다. 이 문제를 다룬 책이 상당히 많지만 아직 일치된 의견이 나오지 않았다.

　다음과 같이 주장하는 사람들이 있다. 공약 불가능성, 특히 용어의 공약 불가능성과 방법론의 공약 불가능성을 받아들이면 서로 다른 과학 이론들을 적절히 비교할 수 없다. 만일 뉴턴 물리학과 최근의 상대론적 물리학처럼 경쟁 이론들을 적절히 비교할 수 없다면, 어떤 이론이 다른 이론보다 더 뛰어나다고 판단할 일정하고 원칙적인 기준이 없다. 따라서 실제 뉴턴 물리학보다 상대론적 물리학을 우선하는 식으로 이론을 선택할 때 그 선택은 합리적 기준에 기초하지 않는다. 한마디로 공약 불가능성을 받아들이는 것은 이론 선택 과정이 합리적이지 않다는 의미를 수반한다.

　이런 주장과 밀접하게 연결되는 것이 과학 진보에 중요한 의미가 없다는 것이다. 앞 단락에서 이야기한 주장에 따르면, 가령 아리스토텔레스 물리학에서 뉴턴 물리학으로 혹은 뉴턴 물리학에서 상대론적 물리학으로 바뀌는 등의 이론 변화는 과학이 어떤 목표, 이상적인 과학 이론을 향해 진보하는 것이 아니다. 그보다는 한 전통을 다른 전통으로, 다른 질문에 집중하고 다른 방법론을 적용하는 새로운 전통으로 대체하는 것에 더 가까워 보인다. 한마디로 한 과학 전통에서 다른 과학 전통으로 옮겨가는 것은 중요한 의미를 지니는 진보가 아니다. 한 전통을 서로 비교할 수 없는 다른 전통으로 그저 대체하는 것이다.

　겉으로만 보면 분명히 공약 불가능성은 과학 진보설과 양립할 수 없는 것처럼 보인다. (내가 보기에는 과학 진보설도 논쟁의 소지가 크지만) 과학 진보설은 과학이 선형적으로 발전한다고 본다. 계속해서 뒤를 잇는 과학 전통들이 이상적인 과학을 향해 전진하고 수렴하며, '진리'에 접근하고 수렴한다는 것이다.

우리는 이미 1장과 2장에서 사실과 진리, 과학의 관계를 바라보는 상식에 오해가 있음을 확인했다. 그런데 만일 과학 전통들이 공약 불가능하다면, 이제 과학 진보라는 개념, 이상적인 이론을 향해 선형적으로 나아가는 진보라는 개념도 잘못된 것처럼 보인다. 아무리 좋게 보아도 문제가 있는 것 같다. 특히 방법론의 공약 불가능성에 따르면 아리스토텔레스 전통과 뉴턴 전통처럼 서로 다른 전통들은 사용하는 언어가 다른 것은 물론이고 서로 탐구하는 질문조차 다르다. 따라서 서로 다른 전통들이 어떤 목표를 향해 나아간다 해도 그 전통들이 향하는 목표가 똑같다고 보기 어렵다.

하지만 그렇다고 해서 공약 불가능성이 과학 진보의 모든 중요한 의미와 양립하지 않는다는 뜻은 아니다. 지금까지 논의한 공약 불가능성과 양립하는 과학 진보의 대안적 의미들을 일일이 거론할 수는 없고, 한 가지 의미만 간단히 살펴보자.

공약 불가능성과 관련해 논란의 여지가 없는 견해를 살펴보자. 공약 불가능하다고 해서 유의미한 비교 방법이 전혀 없는 것은 아니라는 견해다. 간단한 예를 들어보자. 앞 장에서 논의한 대로 정사각형의 변과 대각선은 분명히 수학적 의미에서 공약 불가능하다. 그래도 우리는 정사각형의 변과 대각선을 비교할 수 있다. 간단한 비교다. 정사각형의 한 변의 길이가 1m일 때, 그 대각선의 길이는 변의 길이보다 1.5배에 조금 못 미친다. 변과 대각선이 공약 불가능할 수는 있지만, 그렇다고 해서 비교할 수 없다는 뜻은 아니다.

마찬가지로 아리스토텔레스 전통과 뉴턴 전통이 공약 불가능하다 해도 우리는 이 두 전통을 중요하게 비교할 수 있다. 예를 들어, 도구주의적 관점에서 두 전통의 유용성을 따져본다 치자. 도구주의적 관점에서는 뉴턴 물리학이 아리스토텔레스 물리학보다 낫다고 해도 문제가 없을 것이다. 뉴턴 물리학을 이용한 덕분에 우리는 달에 사람을 보내고 화성에 탐사 로봇을 보낼 수 있었다. 국제 우주정거장이 궤도에 진입해 아주 오랜 시간 동안 궤도를 돌 수 있었던 것도 뉴턴 물리학 덕분이다.

그 밖에도 우리는 뉴턴 물리학 덕분에 아리스토텔레스 물리학에 기초해서는 할 수 없었던 수없이 많은 일을 이루어냈다. 마찬가지로 우리는 새로운 상대론적 물리학을 이용해 뉴턴 물리학에 기초해서는 할 수 없었던 수많은 일을 할 수 있다. GPS로 위치를 파악해 길을 안내하는 내비게이션도 그중 하나다. 요컨대, 도구주의에 기초한 실용적 관점으로 보면 진보가 공약 불가능성과 양립하는 것처럼 보인다. 따라서 공약 불가능성이 과학 진보설에 영향을 미치는 것은 사실이지만 공약 불가능성이 진보의 중요한 의미를 모두 배제하는 것은 아님을 알 수 있다.

방금 이야기한 실용적인 설명을 뛰어넘어 과학 진보에 더 깊고 더 중요한 개념들이 있느냐 없느냐는 앞으로도 논의할 문제다. 과학 진보를 둘러싼 쟁점은 공약 불가능성에 관한 쟁점만큼이나 복잡하고 논란의 소지가 큰 문제다. 여기서는 가장 간단하고 논란의 소지가 적은 진보 개념만 간략하게 살펴보았을 뿐이다. 이 문제를 더 깊이 탐구하고 싶은 사람은 주와 추천 도서에 소개한 자료를 참고하기 바란다.

공약 불가능성이라는 주제와 더불어 과학 진보에 관한 쟁점을 다룬 책은 수없이 많다. 이미 언급한 대로 공약 불가능성을 둘러싼 쟁점은 과학사와 과학철학의 그 어떤 쟁점만큼이나 복잡하고 논쟁의 소지가 크다. 여러분이 공약 불가능성의 기본과 잠재적 영향은 파악했을 것으로 생각하며, 지금까지 논의한 내용이 이런 주제를 계속해서 생산적으로 탐구하는 배경이 되었으면 하는 바람이다.

양자론 입문하기
경험적 사실과 양자론 수학

　특수상대성이론과 일반상대성이론은 공간과 시간의 본질, 중력의 본질에 관한 견해에 흥미로운 영향을 미친다. 26장에서는 현대물리학의 또 하나 중요한 분야인 양자론을 살펴본다. 양자론 분야의 최근 발견도 우리에게 중대한 영향을 미친다.

　양자론은 다루기 힘든 주제이므로 차근차근 조심스럽게 접근해야 한다. 그래서 ① '양자 실체'에 관한 경험적 사실, ② 양자론 자체, 즉 양자론의 수학적 핵심, ③ 양자론 해석과 관련한 문제, 이 세 가지의 중요한 차이를 먼저 설명할 계획이다. 이 세 가지 쟁점을 분명히 구분한 다음 ①과 ②만 이 장에서 탐구하고, ③은 다음 장에서 살펴보자.

사실, 이론, 해석

이미 언급한 대로 양자론을 비전문적으로 논의할 때는 최소한 다음 세

가지 쟁점을 구분해야 한다. ① 양자 사실, 즉 양자 실체에 관한 경험적 사실, ② 양자론 자체, 즉 양자론의 수학적 핵심, ③ 양자론 해석, 즉 양자 사실을 생성하고 양자론의 수학과 일치할 법한 실재에 관한 주로 철학적인 질문들이다. 하지만 안타깝게도 양자론을 비전문적이고 대중적으로 논의할 때 종종 이 세 가지가 뒤죽박죽 뒤섞인다. 예를 들어, 양자론이 서양 과학과 동양 철학이 똑같은 우주관으로 수렴하는 것을 입증한다는 주장이 심심찮게 들리지만, 잘못된 주장이다. 이런 수렴을 암시하는 양자론 해석들이 있지만 이론의 해석과 이론 자체는 반드시 구분해야 한다. 또 다른 예로 양자론이 우주가 다중 평행 우주로 끊임없이 분열하는 것을 입증한다는 주장도 종종 들린다. 하지만 양자론이 다중 평행 우주를 시사한다는 것도 해석일 뿐, 양자론 자체는 다중 평행 우주를 시사하지 않는다.

양자론을 둘러싼 쟁점들이 복잡한 것은 인정한다. 하지만 차근차근 조심스럽게 접근하면, 양자론과 관련 쟁점들을 충분히 그리고 정확하게 파악할 수 있다. 우선 앞에서 언급한 세 가지 쟁점의 차이를 간단히 살펴보자.

양자 사실

내가 말하는 양자 사실은 단순히 양자 실체에 관한 경험적 사실을 의미한다. 전자와 중성자, 양성자, 기타 아원자입자에 관한 실험과 빛 '알갱이'인 광자에 관한 실험, 방사성붕괴 중 방출되는 (알파입자와 베타입자 등의) 입자에 관한 실험 등의 결과가 모두 양자 사실에 포함된다.

양자 사실은 놀랍지만 논란의 여지가 없는 사실이다. 양자 사실이 무엇인지에 대해서는 이견이 없다. 다만 이런 사실을 어떻게 해석할지, 예를 들어 어떤 실재가 이처럼 특이한 사실을 생성하는지에 대해서는 의견이 분분하다. 하지만 이미 언급한 대로 해석의 문제와 양자 사실 자체에 대한 설명은 분명히 구분해야 한다.

먼저 여러분이 알아두어야 할 두 가지 사항이 있다. 첫째, 이 책에서는 양자 실체로 간주할 것이 무엇인지를 명확히 규정하지 않을 것이다. 의도적인 결정이다. 이미 언급한 전자와 양성자 등의 아원자입자와 광자, 방사성붕괴 중 방출되는 입자는 분명히 양자 실체다. 따라서 앞으로 논의할 양자 사실은 대부분 이런 실체들과 연관된 사실들이다. 여러분과 나, 책상, 의자 등 모든 물체도 이처럼 더 작은 실체들로 구성되었다. 하지만 보통 크기의 물체를 양자 실체로 보아야 할지 말아야 할지는 논쟁의 대상이다. 따라서 이 책에서는 조금 전에 이야기한 대로 논란의 여지가 없는 양자 실체들에 관한 양자 사실을 주로 다룰 것이다.

둘째, 광자나 전자, 방사성붕괴 중 방출되는 실체 등 양자 실체를 거론할 때 흔히 '입자'라는 단어를 사용한다. 사실 어떤 맥락에서는 양자 실체가 마치 입자처럼 행동한다. 하지만 또 다른 맥락에서는 양자 실체가 마치 파동처럼 행동한다. 현재까지 밝혀진 바에 따르면 양자 실체를 '입자'로 보는 것도 정확하지 않고 '파동'으로 보는 것도 정확하지 않다. 이 책에서는 관례대로 '입자'라는 단어를 사용하겠지만 실제로 양자 실체가 입자라는 의미는 아니다.

양자론 자체

1600년대 이후 많은 물리학 이론과 마찬가지로 양자론의 기초도 수학이다. 내가 말하는 '양자론 자체'는 주로 양자론의 핵심인 수학을 염두에 둔 표현이다. 양자론의 중요한 수학적 구성 요소는 1920년대 후반에 발견되었고, 다른 물리학 분야의 수학과 마찬가지로 양자론 수학도 널리 이용된다. 특히 양자론 수학은 앞에서 언급한 양자 사실들을 포함해 양자 실체와 관련한 현상을 예측하고 설명하는 데 이용된다.

끝으로 양자론 수학은 지금까지 대단히 큰 성공을 거두었다. 양자론 수학은 지난 80여 년간 거의 형태가 바뀌지 않았지만 예측이 빗나간 경우는 아직 없었다. 양자론이 예측과 설명에서 역사상 가장 성공한 이론인 것은 확실하다.

양자론 해석

양자론 해석은 기본적으로 실재의 본질을 둘러싼 철학적인 주제다. 자세히 설명하면, 양자 사실과 더불어 양자론 자체와 일치하는 실재에 관한 질문이 다양한 양자론 해석의 중심이다. 양자 사실이 모종의 '저기 어딘가에' 있는 실재의 결과라고 추정하고, 양자론 수학이 이런 사실을 성공적으로 예측하고 설명한다는 점을 고려하면, 수학이 어떤 면에서는 그 실재와 접촉한다고 생각하는 것도 불합리한 일이 아니다. 따라서 해석의 중심이 되는 질문은 이것이다. 알려진 양자 사실, 양자론 수학과 일치하며 양자 사실을 생성할 수 있는 실재는 어떤 실재인가?

이제 기본적인 양자 사실들과 양자론 수학을 자세히 살펴보자. 측정 문제를 중심으로 실재에 관한 다양한 쟁점과 여러 가지 양자론 해석은 다음 장에서 살펴보기로 하자. 양자 사실과 양자론 자체, 양자론 해석은 뒤엉키기 쉽고, 이렇게 뒤엉키면 양자론을 둘러싼 쟁점은 물론이고 양자론에 함축된 잠재적 의미까지 혼동하고 오해할 수 있다. (실제로 혼동하고 오해한다.) 한 번 더 강조하지만, 반드시 양자 사실과 양자론 자체, 양자론 해석을 명확히 구분하기 바란다.

양자 사실

전자와 광자 등 양자 실체와 관련한 실험들의 상당히 간단한 경험적 결과를 살펴보자. 이제부터 이야기할 실험들 혹은 이와 유사한 실험은 양자 사실의 묘한 점을 알리기 위해 흔히 거론되는 실험이다. 주로 전자와 광자에 관한 실험이다. 원자의 구성 요소인 전자는 전자총으로 쉽게 만들 수 있다. 전자총은 전자의 흐름을 생성하는 장치로 우리 주변에서 흔히 볼 수 있다. 예를 들어, 부피가 큰 구식 TV나 (평면이 아닌) 컴퓨터 모니터 뒤쪽에도 전자총이 달려 있고, 이 전자총으로 만든 전자들이 화면의 적당한 위치에 배열됨으로써 상이 맺히는 것이다. 빛 '알갱이'인 광자도 당연히 섬광등 등 수많은 방법을 통해 만들 수 있다.

우선 양자 사실, 즉 실험 결과에 대한 설명은 잠시 뒤로 미루고 조금 옆길로 벗어나 실재를 따져보자. 실재에 관한 해석의 문제를 잠시 살펴보면 앞으로 설명할 내용을 쉽게 이해할 수 있을 것이다. 실재를 간략히 논의한 다음 다시 돌아가 간단한 사실에 집중하자.

실재 문제

곧 이야기하겠지만, 양자 실체에 관한 실험을 하면 양자 실체가 파동이라는 견해와 거의 일치하는 결과가 나오기도 하고, 양자 실체가 입자라는 견해와 거의 일치하는 결과가 나오기도 한다. 다음과 같은 실재 질문을 따져보자. 전자와 광자 등은 실제로 입자인가 아니면 파동인가?

파동과 입자가 상당히 다르다는 사실부터 생각해보자. 입자부터 살펴보자. 야구공이 그 좋은 예다. 입자는 불연속적인 물체로 공간과 시간 속에서 상당히 분명한 위치를 차지한다. 입자들은 서로 튕기거나 더 작은 입자로 나뉘는 등 입자답게 전형적인 방식으로 상호작용한다.

반면에 파동은 불연속적인 물체가 아닌 현상으로 보는 편이 낫다. 일반적으로 파동은 공간과 시간 속의 비교적 작고 분명한 위치에 한정되기보다는 상당히 넓은 영역으로 퍼진다. 예를 들어, 해변의 파도는 특정한 위치에 머물지 않고 넓은 영역으로 퍼진다. 게다가 파동은 입자와 사뭇 다른 방식으로 상호작용한다. 두 파동이 상호작용해 더 큰 파동을 이루기도 하고, 두 파동이 기본적으로 서로 상쇄하는 방식으로 상호작용하기도 한다. 그런가 하면 두 파동이 아무런 변화도 일으키지 않고 서로 통과하는 방식으로 상호작용하기도 한다.

서로 다른 본질에 따라 입자와 파동은 실험 효과도 서로 무척 다르다. 따라서 전자가 입자인지 파동인지 결정하기가 비교적 쉽다는 생각이 들 수도 있다. 꾸준한 입자 흐름을 제공하는 장치를 생각해보자. 페인트볼 총이 좋겠다(페인트가 담긴 작은 총알을 발사해, 총알이 맞은 위치를 페인트로 표시하는 총이다). 이제 열린 작은 창문 두 개를 향해 페인트볼 총알을 꾸준히 이어지게 발사한다고 가정하자. 그리고 이렇게 묻는다 치자. "총알이 어떤 패턴으로 맞을까?" 대답은 간단하다. 총알 중 창문이 달린 벽에 맞는 총알이 많고, 창문을 통과한 총알은 창문 뒤 안쪽 벽에 차곡차곡 페인트 자국을 남길 것이다. 다시 말해, 우리는 창문 위치와 일치하는 안쪽

벽에 총알이 맞은 패턴이 나타난다고 예상할 것이다.

　이제 전자를 입자로 생각하고, 슬릿(파동 또는 빛의 일부만이 통과하게 만든 작은 틈 ─ 옮긴이)이 두 개 뚫린 벽을 향해 수많은 전자를 발사한다고 가정하자. 슬릿 뒤에는 감광지가 설치되었다 치자. 만일 전자가 입자라면 두 창문을 향해 페인트 볼 총알을 발사할 때처럼 많은 전자가 벽을 때리고, 슬릿을 통과한 전자들만 슬릿 뒤 감광지에 부딪힐 것이다. 전자는 감광지에 기록되므로, 이 경우 우리는 감광지 중 두 슬릿과 일치하는 부분에 수많은 개별 입자가 부딪힌 기록이 쌓인다고 예상할 것이다(감광지가 전자를 직접 기록하는 것은 아니다. 전자가 부딪힐 때 빛을 방출하는 형광판과 연결해야 감광지가 전자 검출기 같은 역할을 한다. 하지만 편의상 감광지가 전자를 직접 기록한다고 생각하자).

　이런 시나리오를 예시한 것이 〔도표 26-1〕이다. 여기서 우리가 유념할 점은 이 도표에 예시한 내용이 단순한 사실을 넘어선다는 것이다. 전자가 이런 감광지 같은 모종의 측정 장치와 상호작용하기 전에는 전자를 발

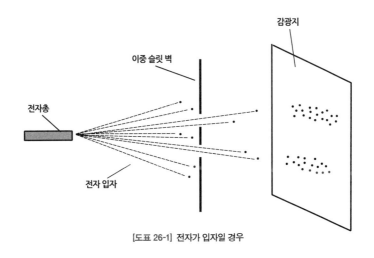

[도표 26-1] 전자가 입자일 경우

견하거나 관찰할 수 없으므로 전자총과 감광지 사이의 전자를 묘사하는 것은 절대 간단한 경험적 사실이 아니라 해석이다. 즉 이것은 만일 전자가 입자일 경우 추정되는 실재를 그린 그림이자 해석이다. 이 점을 염두에 두고 [도표 26-1]에 예시한 시나리오를 보자.

감광지에 전자가 기록된 패턴을 보자. 다시 말하지만 전자가 입자일 경우 예상되는 모양이다. 이렇게 차곡차곡 기록된 패턴을 '입자 효과'라고 부르자.

이번에는 전자를 파동으로 생각하고, 전자를 이중 슬릿 벽과 감광지가 설치된 똑같은 장치에 통과시킨다고 가정하자. 그러면 두 슬릿이 파동을 두 파동으로 나눌 것이다. 그리고 두 파동이 상호작용하고, 그 결과 두 파동의 상호작용으로 생성된 전형적인 간섭 패턴이 나타날 것이다. 이 경우 우리는 두 파동의 상호작용으로 감광지에 밝은 띠와 어두운 띠가 교대로 나타나고, 밝은 띠와 어두운 띠는 두 파동이 서로 보강한 영역과 서로 상쇄한 영역을 나타낸다고 예상할 것이다. 이런 간섭 패턴은 과거 1800년대 초반부터 연구될 만큼 잘 알려졌다.

따라서 만일 전자가 파동이라면 이중 슬릿 벽을 통과한 전자는 [도표 26-2]와 비슷한 효과를 보일 것이다. 다시 말하지만, 이런 파동은 직접 관찰할 수 없으므로 이 도표는 전자가 파동일 경우 추정되는 근본적인 실재를 해석한 것이다. 이 점을 염두에 두고 [도표 26-2]의 효과를 '파동 효과'라고 부르자.

요컨대, 만일 전자가 입자라면 입자 효과가 나타날 것이고, 만일 전자가 파동이라면 파동 효과라는 상당히 다른 유형의 결과가 나타날 것이다. 입자 효과와 파동 효과를 간단히 비교한 것이 [도표 26-3]이다.

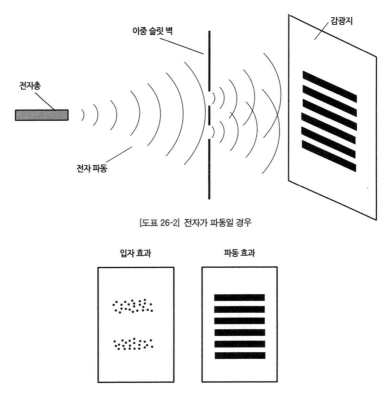

[도표 26-2] 전자가 파동일 경우

입자 효과   파동 효과

[도표 26-3] 입자 효과와 파동 효과

이제 전자에 관한 몇 가지 실험을 살펴보자. 잠시 옆길로 벗어나 해석과 실재 문제를 검토하는 작업은 이것으로 마치고, 이제부터는 사실만 이야기하자. 양자 실체와 관련한 실험 설정을 설명하고 그 결과를 살펴보자.

네 가지 실험

앞으로 이야기할 실험들은 양자 사실의 당황스러운 특징을 설명할 때 자주 사용되는 상당히 일반적인 사례다. 첫 번째 사례는 [도표 26-1]과 [도표 26-2]에 예시한 실험이다. 즉 전자총으로 이중 슬릿 벽에 전자를 발사하고, 감광지에 결과를 기록하는 실험이다.

이렇게 실험을 설정하면 분명히 파동 효과가 결과로 나타난다. 감광지에 밝은 띠와 어두운 띠가 교대로 나타나는 것이다. 파동 효과가 간단한 양자 사실이라는 의미를 다시 한 번 되새기자. 이처럼 기본적인 이중 슬릿 벽을 설정하면 그 결과 감광지에 밝은 띠와 어두운 띠가 교대로 나타난다는 것은 간단한 관찰 결과에 불과하다.

이제 1차 실험을 조금 수정해 2차 실험을 진행하자. 1차 실험과 같은 설정에다 두 슬릿에 각각 전자를 수동적으로 탐지하는 검출기만 추가하자. 위쪽 슬릿 뒤에 달린 전자 검출기 A는 위쪽 슬릿을 통과한 전자를 기록하고, 아래쪽 슬릿 뒤에 달린 두 번째 전자 검출기 B는 아래쪽 슬릿을 통과하는 전자를 탐지한다. 이런 실험 설정을 예시한 것이 〔도표 26-4〕다.

전자 검출기를 설치한 의도는 다음과 같다. 만일 전자가 파동이라면 그 파동이 두 슬릿을 동시에 통과할 것이고, 따라서 두 대의 검출기가 항상 동시에 검출 신호를 보내고 둘 중 하나만 검출 신호를 보내는 일은 절

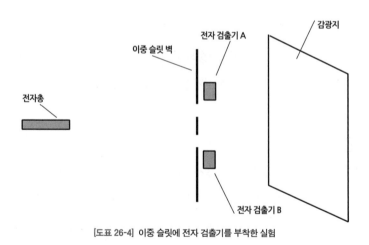

[도표 26-4] 이중 슬릿에 전자 검출기를 부착한 실험

대 없을 것이다. 그 반면, 만일 전자가 입자라면 각각의 전자는 두 슬릿 중 하나만 통과할 것이고, 따라서 한 번에 오직 한 검출기만 전자 검출 신호를 보낼 것이고 두 대가 동시에 검출 신호를 보내는 일은 발생하지 않을 것이다.

1차 실험 결과로 파동 효과가 나타났다는 사실을 기억하자. 전자 검출기가 부착된 것만 빼면 2차 실험도 1차 실험과 똑같다. 전자 검출기가 수동적이므로, 다시 말해 전자 검출기는 전자가 있는지 없는지만 감지할 뿐 전자와 상호작용하지 않으므로 우리는 우선 2차 실험 결과도 마찬가지로 파동 효과로 나타난다고 예상할 것이다. 하지만 2차 실험 결과는 분명히 입자 효과로 나타난다. 이런 결과에 부합하게 한 번에 오직 한 대의 전자 검출기만 검출 신호를 보낸다. 전자가 파동일 경우 예상되는 대로 두 대의 전자 검출기에서 동시에 전자가 검출되는 일은 절대 발생하지 않는다. 전자 검출기가 있으면 전자가 마치 입자처럼 행동하는 것으로 보인다.

한 걸음 더 나아가 전자 검출기에 스위치를 부착해 검출기를 전등처럼 마음대로 켜고 끌 수 있다고 가정하자. 그러면 전자 검출기의 스위치를 켜고 끄는 것으로 파동 효과와 입자 효과가 번갈아 나타나게 할 수 있을 것이다. 스위치를 끄면 파동 효과가 나타날 것이고, 스위치를 켜면 입자 효과가 나타날 것이다. 스위치만 돌리면 두 가지 효과가 우리가 원하는 만큼 자주 그리고 빠르게 즉각 바뀐다.

놀라운 결과다. 전자 검출기가 실험 결과에 그토록 큰 영향을 미친다고 상상하기 어렵기 때문이다. 다시 강조하지만, 이런 결과는 양자 실체 실험에 관한 사실일 뿐이다. 만일 1차 실험처럼 설정한 실험을 진행하면 파동 효과가 결과로 나타나고, 2차 실험처럼 전자 검출기를 추가하면 입자 효과가 결과로 나타난다. 앞에서 설명한 대로 전자 검출기를 켜고 끄기만 하면 파동 효과와 입자 효과가 번갈아 나타난다.

3차 실험에서는 전자총 대신 광자총을 사용하자. 광자총은 빛 '알갱이'를 생성하는 장치다. (기본적으로 일부분만 은박을 입힌 거울인) 빔 분리기와 (기본적으로 한 방향에서 투명하게 보이는 거울인) 빔 재결합기, 평범한 거울 두 장, 결과 기록용 감광지를 설치한다. 이번에도 광자 검출기 두 대를 설치하지만, 3차 실험은 검출기의 스위치를 끄고 진행한다. 3차 실험 설정을 예시한 것이 〔도표 26-5〕다.

3차 실험의 의도는 다음과 같다. 우선 광자가 파동이라고 가정하자. 광자총이 빔 분리기를 향해 파동을 발사하면, 빔 분리기가 파동을 두 개로 분리한다. 한 파동은 도표 오른쪽 위에 설치된 거울을 향해 직진하고, 또 한 파동은 도표 왼쪽 아래에 설치된 거울로 반사된다. 두 거울이 파동을

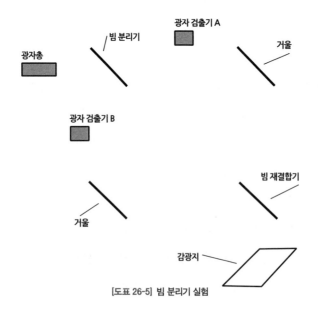

[도표 26-5] 빔 분리기 실험

반사하면, 빔 재결합기가 그 파동들을 다시 결합한 뒤 재결합된 파동을 감광지로 보낸다. 이 경우 파동이 두 개이므로 두 파동이 서로 간섭해 감광지 위에 파동 간섭 패턴, 즉 파동 효과가 나타날 것이다.

그 반면, 만일 광자가 입자라면, 각각의 광자는 오른쪽 위의 경로로 이동하거나 왼쪽 아래의 경로로 이동할 것이다. 이 경우에는 파동 간섭이 발생하지 않으며, 따라서 입자 효과가 나타날 것이다.

도표를 보면 광자 검출기가 설치되어 있지만, 3차 실험에서는 전원 스위치가 꺼진 상태이므로 광자 검출기는 아무 작용도 하지 않는다. 3차 실험을 진행하면, 광자가 마치 파동인 것처럼 실험 결과가 분명히 파동 효과로 나타난다.

이제 4차 실험이다. 광자 검출기의 전원 스위치를 켜는 것만 빼면 4차 실험도 3차 실험과 모든 설정이 동일하다. 이제 여러분도 광자 검출기를 켜면 이상한 일이 벌어진다고 충분히 짐작할 것이다. 이번에도 광자 검출기는 2차 실험의 전자 검출기처럼 수동적인 역할만 할 것이고, 만일 광자가 파동이라면 3차 실험이 시사하듯 두 광자 검출기가 동시에 검출 신호를 보낼 것이다. 3차 실험의 결과는 광자가 파동임을 시사하므로 파동이 광자 검출기 두 대에서 동시에 감지되어야 할 것이다.

하지만 광자 검출기는 한 번에 한 대씩만 검출 신호를 보낸다. 광자가 파동이 아니라 입자일 경우 예상할 만한 일이 벌어지는 것이다. 그리고 4차 실험의 설정이 3차 실험의 설정과 거의 똑같지만, 감광지에 기록된 4차 실험의 결과는 분명히 입자 효과로 나타난다.

그리고 2차 실험과 마찬가지로 광자 검출기에 전원 스위치를 부착하면, 그저 스위치를 켜고 끄는 것으로 파동 효과와 입자 효과가 번갈아 나타나도록 마음껏 조절할 수 있다. 이런 결과가 얼마나 묘한지 잠시 생각해보자. 3차 실험의 결과는 광자가 실제로 파동일 경우에만 나타날 수 있는 결과다. 그리고 4차 실험의 결과는 광자가 실제로 입자일 경우에만 나타날 수 있는 결과다.

지금까지 설명한 실험은 수많은 실험 중 겨우 네 가지에 불과하다. 하지만 이 네 가지 실험만으로도 양자 사실의 묘한 특징을 전달하기에 충분할 것이다. 끝으로 여러분이 유념해야 할 두 가지 사항만 짧게 전달하겠다.

첫째, 양자 실체에 관한 실험 결과를 예측할 때 사항이다. 양자 실체를 검출하거나 측정하면 검출되는 양자 실체는 입자처럼 보인다. 즉 검출되면 양자 실체가 마치 입자처럼 보인다. 하지만 검출하거나 측정하지 않으면 양자 실체가 마치 파동처럼 행동하는 모습을 보인다. 따라서 양자 실체에 관한 실험 결과를 예측할 때 첫 번째 검출이나 측정이 이루어진 시기를 확인하는 것이 중요하다. 1차 실험에서는 감광지가 첫 번째 측정 장치다. 측정 전에는 양자 실체가 마치 파동처럼 행동한다고 생각하라. 양자 실체가 슬릿을 통과한 다음에 검출되므로 파동 간섭 같은 현상이 발생할 것이고, 따라서 파동 효과의 전형적인 간섭 패턴이 나타난다고 예상할 수 있다. 한편 2차 실험에서는 파동 간섭이 발생하기 전에 검출기에서 첫 번째 측정이 이루어진다. 3차, 4차 실험도 마찬가지다. 첫 번째 측정이 이루어지는 시기를 확인해야 한다.

지금까지 내가 이야기한 요지를 오해하면 안 된다. 양자 실체가 검출되면 실제로 입자이고, 양자 실체가 검출되지 않으면 실제로 파동이라는 말이 아니다. 정확히 말하면, 나도 실제로 무슨 일이 벌어지는지 알 수 없으며, 이런 실험 결과를 예측할 때 대체로 유념할 사항을 여러분에게 전달할 뿐이다. 검출될 때는 양자 실체를 마치 입자처럼 생각하고, 검출되지 않을 때는 양자 실체를 마치 파동처럼 생각하라. 그러면 여러분이 앞에서 언급한 것 같은 실험 결과를 예측할 수 있을 것이다.

둘째, 첫 번째 사항과 연결되는 내용이지만, 양자 실체와 연관된 경우에는 측정 작업이나 검출 작업이 묘한 역할을 하는 듯 보인다는 점이다. 앞에서 설명한 실험에서도 전자 검출기와 광자 검출기는 전자나 광자의 존재를 측정하는 측정 장치인데, 이런 측정 장치가 파동 효과가 나타나거나 입자 효과가 나타나도록 영향을 미치는 것 같다. 정말 아리송한 일이다. 전자나 광자, 기타 양자 실체는 어떻게 근처에 검출기나 측정 장치가 있는지 없는지 '알' 수 있을까? 아울러 측정으로 간주할 수 있는 것은 정확히 무엇일까? 대단히 어려운 질문들이며, 이런 질문들을 포함한 것이 측정 문제다. 여기서는 측정 문제와 양자론에서 측정의 묘한 역할을 여러분에게 소개했을 뿐이고, 다음 장에서 측정 문제를 자세히 탐구하자.

양자론 수학

양자론 수학은 이런 입문서에서 자세하면서도 독자들이 정확히 이해하도록 설명하는 게 도무지 불가능할 만큼 어렵다. 여기서 양자론 수학을 상세히 설명하는 것은 불가능하지만, 양자론 수학이 도대체 어떻게 생겼는지 그 모습을 정확히 이해하도록 설명하는 것은 특별히 어려운 일이 아니다.

양자론 수학을 두 부분으로 나누어 설명할 계획이다. 두 부분으로 나누긴 하지만 서로 겹치는 내용이다. 먼저 양자론 수학의 개요를 아주 일반적이고 기술적으로 설명한다. 그런 다음에 역시 아주 일반적이고 기술적이지만 상당히 상세하게 설명할 것이다. 양자론 수학을 더 자세히 탐구하고 싶은 사람은 주와 추천 도서를 보면 상세한 내용을 파악할 수 있다.

양자론 수학의 기술적 개요

기본적으로 양자론은 입자 수학과 구분되는 일종의 '파동' 수학이다. 입자 수학과 파동 수학의 차이부터 설명해야 할 것 같다.

물리학에는 '입자' 수학과 '파동' 수학이 있다. 내가 말하는 입자 수학과 파동 수학은 불연속적인 물체(입자)와 연관된 상황에서 사용하는 수학의 종류와 파동과 연관된 상황에서 사용하는 수학의 종류를 구분한 것뿐이다. 예를 들어, 건물 지붕 위에서 볼링공을 떨어트리면 관련 물체는 (중력 등) 여러 가지 힘의 영향을 받을 불연속적인 물체(공)다. 이 경우에 적합한 수학이 입자 수학일 것이다.

(앞에서 핵심적인 차이들을 설명했듯) 파동은 입자와 다르므로 입자에 적합한 수학은 파동이 연관된 상황에서는 적합하지 않다. 파동을 처리하는 데 적합하다고 확인된 수학이 따로 있고, 물리학에서는 파동 수학을 입자 수학만큼 흔히 사용한다. 파동 수학을 이용하면 (파동이 운반하는 에너지의 양처럼) 어떤 계系에서 어떤 속성이 발견될지 예측할 수 있을 뿐만 아니라 (그 파동 마루의 미래 위치처럼) 그 계가 시간이 지나며 어떻게 전개될지 예측할 수 있다.

다시 말하지만 양자론은 파동 수학의 일종이다. 하지만 이미 언급한 대로 파동 수학은 특별한 것이 아니다. 파동 수학은 물리학에서 흔히 사용하며, 양자론은 물리학자들이 익히 알고 있는 수학을 그저 특정하게 변형한 것이다.

끝으로 흔한 질문 한 가지만 살펴보자. 그 전에 먼저 지금까지 이야기한 양자론 수학의 아주 일반적이고 기술적인 설명을 정리하자. 양자론 수학은 일종의 파동 수학이고, 양자론 수학을 이용하는 방식은 물리학에서 다른 수학을 이용하는 방식과 똑같다. 특히 어떤 계의 현재 상태와 관련해 양자론 수학을 이용하면 그 계에서 어떤 속성이 관측될지 예측할 수 있으며 그 계가 미래에 어떤 상태가 될지 예측할 수 있다.

양자론 수학이 익숙한 종류의 파동 수학이라면, 양자론이 아주 색다른 이론이라는 주장이 자주 들리는 이유는 무엇일까?

양자론에 관한 책들을 읽다 보면 왠지 양자론이 과거 물리학 이론들과 무척 다르다는 느낌이 들기 쉽다. 사실 어떻게 보면 그런 느낌이 드는 것도 타당하다. 양자론을 둘러싼 쟁점만 해도 고대 그리스 이후부터 우리가 세계에 관해 기본적으로 지녀온 추정들을 재고하라고 요구하기 때문이다. 하지만 양자론 수학이 익숙한 종류의 파동 수학인 점을 고려하면, 양자론이 다른 물리학 이론들과 다르다는 것은 어떤 의미일까?

사소하지만 간과할 수 없는 한 가지 차이는 양자론 수학이 대체로 확실한 예측보다는 확률적인 예측을 제공한다는 점이다. 예를 들어 양자론 수학을 이용해 전자의 위치를 예측한다 치면, 양자론 수학이 제시하는 것은 전자가 다양한 위치에서 발견될 확률이다. 그에 반해 지붕 위에서 볼링공을 떨어트릴 때는 수학이 확실한 예측을 제공할 것이다. 한마디로 다른 물리학 분야의 예측은 ("볼링공이 이 위치에서 발견될 것이다"처럼) 확실하지만, 양자론의 예측은 대체로 ("전자가 이 위치에서 발견될 확률이 이러이러하다"라는 식으로) 확률적이다.

하지만 양자론과 다른 물리학 분야의 이런 차이는 상당히 사소한 차이다. 내가 생각하는 큰 차이점은 수학의 해석이다. 해석 문제는 다음 장에서 다룰 주제이니 여기서는 간단하게 설명하고 넘어가겠다.

우리가 우선 주목할 점은 이것이다. 물리학에서 사용하는 수학은 기본적으로 수학일 뿐이다. 따라서 수학은 필연적이거나 내재적으로 세상과 연관된 것이 아니다. 흔히 간과하기 쉽지만, 양자론이 색다른 이론이라는 의미를 이해할 때 중요한 내용이다. 볼링공을 떨어트리는 상황을 다시 생각해보자. 낙하하는 공을 예측할 때 사용하는 수학에서는 그 수학의 상당 부분을 낙하하는 물체와 연관된 것으로 해석할 필요가 전혀 없다. 예측에 사용하는 방정식은 그저 방정식이고, 수학의 한 부분이며, 관련 수학의 규칙에 따라 합쳐지고 처리되는 상징들의 집합일 뿐이다.

그런데 사실 우리는 수학의 상당 부분을 (낙하하는 공과 연관시키는 등의) 특정한 방식으로 해석하며, 지금까지 그런 해석이 (예측에 유용한 경우처럼) 지극히 유용하고 유익했다. 게다가 우리는 낙하하는 물체와 관련한 수학의 상당 부분을 거의 똑같은 방식으로 해석하는 경향이 있다. 예를 들면, 방정식의 이 부분은 낙하하는 공을 나타내고 이 부분은 시간을 나타내며 또 이 부분은 공의 출발점을 나타낸다는 등에 관해서는 일반적으로 의견이 일치한다. 요컨대, 그 방정식이 공이 낙하하는 상황을 기술하는 혹은 '그림 그리는' 방식에서 일반적으로 의견이 일치한다.

낙하하는 공과 연관된 방정식 같은 경우 틀림없는 사실은 우리가 대체로 동의하는 해석이 심지어 우리가 해석하고 있다는 사실까지 감춘다는 것이다. 우리는 실제로 수학을 해석하지만, 모두 똑같은 방식으로 수학을 해석하며, 수백 년 동안 그렇게 해온 결과 수학을 이용해 세상을 예측하려면 그 수학을 세상과 연관해 해석해야 한다는 것을 인정하지 않는 경향이 있다. 기본적으로 우리가 수학을 세상과 연결하는 방식은 수학에 내재한 것이 아니라 수학을 해석하는 것이다.

낙하하는 공과 관련된 수학을 세상과 연관시키는 방식에서 일반적인 의견이 일치한다는 사실을 조금 전에 분명히 이야기했다("방정식의 이 부분은 낙하하는 공을 나타내고……."). 바로 여기서 양자론 수학의 큰 차이점이 발생한다. 양자론 수학을 세상과 연관시키는 방식에서는 일치된 의견이 없기 때문이다.

오해하지 않도록 신중하게 접근하자. 전자의 위치를 예측하는 데 양자론을 이용하는 경우를 생각해보자. 최소한 아주 일반적인 의미에서는 양자론 수학이 세상과 연관된다는 것에 거의 모든 사람이 동의한다. 예를 들어 전자 같은 사물이 있고, 전자는 우리가 전자의 위치를 기록하려고 사용하는 측정 장치라는 물체에 영향을 미치고, 양자론 수학 덕분에 전자와 연관된 상황에서 그 측정 장치가 어떻게 행동할지 우리가 예측할 수 있다는 것에는 거의 모든 사람의 의견이 일치한다. 이처럼 아주 일반적인 수준에서는 양자론 수학이 실제로 전자나 측정 장치 같은 사물과 '연관된다'는 것에 거의 모든 사람이 동의한다.

그런데 만일 이런 일반적인 수준을 넘어서려고 하면, 양자론 수학이 암시하는 실재의 '그림'이 대단히 기이한 그림처럼 보인다. 그림이 기이하다는 의미는 다음 장에서 자세히 살펴보기로 하고, 우선은 이렇게만 이야기하고 넘어가자. 그 그림이 기이하고, 종종 양자론이 아주 색다른 이론이라고 주장하는 근거가 바로 그 그림 때문이다.

다시 강조하지만, 양자론 수학은 절대 묘한 것이 아니다. 그 수학의 해석이 묘한 것이다. 이 책 앞부분에서 (8장에서 도구주의와 실재론을 논의하며) 언급한 요지를 여기서 다시 떠올리면 좋을 듯싶다. 그처럼 묘하게 해석할 필요가 전혀 없다는 것이다. 즉 어떤 이론, 이 경우 양자론에 대해 도구주의적 태도를 지키는 것은 일반적이고 부끄럽지 않은 일이다. 양자론에 대해 도구주의적 태도를 지키는 것은 이런 자세를 취하는 것을 의미한다. 양자론 수학이 있다. 그 수학을 대단히 유능하게 사용하는 전문가들이 있다. 그 수학을 이용하면 대단히 정확하고 신뢰성 있는 예측을 할 수 있다. 이 정도면 충분하지 않은가?

양자론 수학의 한결 상세한 기술적 개요

이미 언급한 대로 양자론 수학은 일종의 파동 수학이다. 파동과 파동 수학에 관한 몇 가지 사실부터 살펴보자.

첫째, 상당히 평범하지만 여러분이 분명히 생각하지 못했을 사실이다. 파동이 가족을 이룬다는 사실이다. 예를 들어, (기타나 밴조 등) 현악기에서 발생하는 파동들은 서로 유사하지만 (클라리넷이나 색소폰 등) 리드악기에서 발생하는 파동들과 다르고, 리드악기에서 발생하는 파동들도 서로 유사하지만 (큰북이나 봉고 등) 타악기에서 발생하는 파동들과 다르다. 여러분과 여러분 가족의 유사점이 나와 우리 가족의 유사점과 다르다는 사실과 비슷하다. 한마디로 파동을 가족 단위로 분류할 수 있는 것이다.

파동이 가족을 이루므로 당연히 파동에 적용하는 수학도 마찬가지로 가족으로 분류할 수 있다. [도표 26-6]이 파동 수학의 다양한 가족을 나타낸다고 생각하자.

[도표 26-6]의 왼쪽에 있는 가족 그림이 파동 가족을 나타낸다. 간단하게 가족 A, B, C, D 등으로 표기하자. 집안을 의미하는 여러분의 성과 비슷하다. 등호 표시 왼쪽에 있는 그림은 각 가족의 구성원을 의미한다. a1, a2, a3 등으로 표기하자. 여러분이나 부모님, 형제자매의 이름이 각각의 가족 구성원을 표시하는 것과 비슷하다.

파동이 가족을 이룬다는 평범한 사실과 대조적으로 상당히 놀라운 사실이 있다. 그 어떤 파동 가족이건 구성원들만 적절히 합치면 그 어떤 특정한 파동도 생성된다는 사실이다. 기타의 맨 윗줄을 튕길 때 발생하는 파동을 특정한 파동의 예로 생각하고, [도표 26-7]이 그 파동의 특징을 기술한 방정식 그림이라고 가정하자.

이제 [도표 26-6]에서 한 가족을 골라보자. 가족 A를 선택했다 치자. A 가족 중에도 서로 합치면 해당 파동이 생성될 구성원들이 있다. 다시 말해, A 가족의 구성원들을 적절히 합치면 기타의 맨 윗줄을 튕길 때 발생하는 특정한 파동이 생성된다. 이런 상황을 표기한 식이 [도표 26-8]이다.

중요한 점은 다른 가족의 구성원들을 적절히 합쳐도 똑같은 파동이 생성된다는 것이다. 즉 [도표 26-9]에 예시한 대로 C 가족에서 적절한 구성원들을 선택해 합치면 똑같은 파동 방정식이 생성된다.

일반적으로 그 어떤 파동 가족이건 구성원들만 적절히 합치면 그 어떤 파동도 만들 수 있다. 이미 언급했듯, 이는 상당히 놀라운 사실이며 지난 세기 광범위하게 연구되고 아주 유익하게 활용된 사실이다. 예를 들어 전자 기기로 음악을 재생할 수 있는 것도 파동의 이런 사실 덕분이다(한번 생각해보자. 기타나 드럼, 나팔 등과 거의 아무런 공통점 없는 작은 전자 기기에서 기

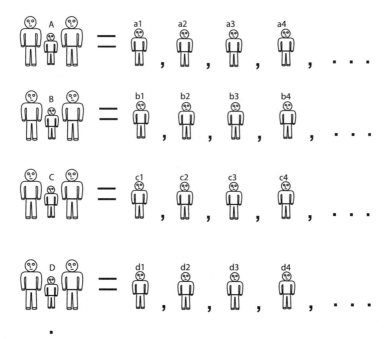

[도표 26-6] 파동 수학 가족

[도표 26-7] 파동 방정식 그림

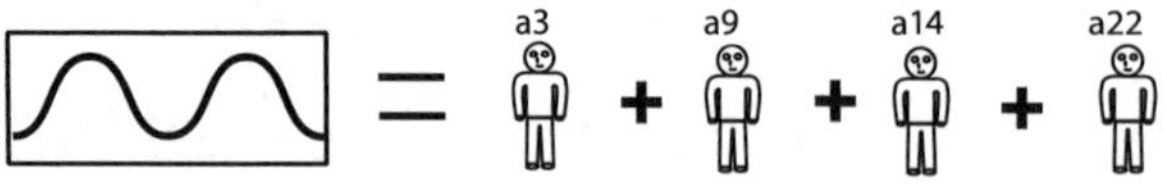

$$\boxed{\sim\!\!\sim} = \overset{a3}{\text{人}} + \overset{a9}{\text{人}} + \overset{a14}{\text{人}} + \overset{a22}{\text{人}}$$

[도표 26-8] 가족 구성원들을 합쳐 생성된 특정한 파동

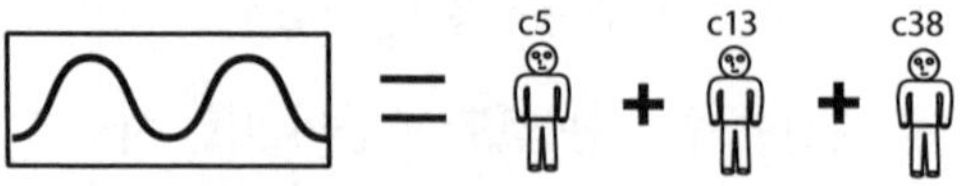

$$\boxed{\sim\!\!\sim} = \overset{c5}{\text{人}} + \overset{c13}{\text{人}} + \overset{c38}{\text{人}}$$

[도표 26-9] 다른 가족 구성원들을 합쳐 생성된 똑같은 파동

타나 드럼, 나팔 등의 소리가 거의 똑같이 재생되다니, 정말 놀랍지 않은가? 이런 일이 가능해진 것은 바로 앞에서 언급한 사실 덕분이다. 개략적으로 설명하면 이렇다. 여러분이 이어폰을 꽂고 음악을 듣는다 치면, 이어폰으로 생성된 파동들이 파동 가족을 형성하고, 앞에서 언급한 사실 덕분에 '이어폰' 파동 가족의 구성원들을 적절히 합치면 기타나 트럼펫, 사람의 음성 등 모든 소리의 파동이 생성된다).

기본적으로 (파동이 가족을 이룬다는) 평범한 사실과 (그 어떤 가족이건 구성원들만 적절히 합치면 그 어떤 파동도 생성 가능하다는) 놀라운 사실이 양자론 수학의 작동 방식을 제대로 이해하는 데 필요한 사실의 전부다. 이제 우리의 과제는 파동 수학에 관한 이런 사실들을 양자론과 연관시키는 방법을 파악하는 것이다.

파동 수학의 이런 사실들과 양자론의 관계를 말로 표현하는 것은 아주 간단하지만 그 관계를 자세히 설명하려면 조금 복잡하다. 핵심만 정리하면 다음과 같다.

① 양자계의 상태는 흔히 그 계의 파동함수라 불리는 특정한 파동 수학 하나로 표현된다.
② 양자계에 시행하는 측정은 유형별로 특정한 파동 가족과 연관되어 있다.
③ 양자계를 측정할 때는 서로 합쳐져 파동함수를 생성하는 (측정과 연관된) 파동 가족의 구성원들을 찾아야 측정 결과를 예측할 수 있다.

이제 첫 번째 핵심 ①의 의미부터 따져보자. 하나의 양자계, 예컨대 특정한 환경에 있는 특정한 전자를 생각해보자. 기타 줄에서 생성된 파동

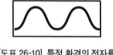

[도표 26-10] 특정 환경의 전자를
표시하는 파동함수

을 특정한 파동 수학 하나로 표시하는 것과 마찬가지로 특정한 환경에 있는 전자도 파동 수학 하나로 표시할 수 있다. 이 파동 수학 하나가 그 양자계의 파동함수다.

[도표 26-10]이 이 전자의 파동함수라고 가정하자. ①은 설명이 비교적 간단하다. 특정한 환경에 있는 전자 같은 양자계를 파동함수로 표시할 수 있다는 말이다.

②는 조금 더 복잡한 설명이지만 그래도 간단한 편이다. 파동 가족들이 있고, 파동과 연관된 수학도 가족을 이룬다고 앞에서 이야기했다. 양자론 수학에서는 그런 가족 하나하나가 특정한 유형의 측정과 연관되어 있다. 예를 들어 전자에 실시하는 측정 중 하나가 전자의 위치 측정이다. 파동 수학의 다양한 가족 중에서 위치 측정과 연관된 가족은 한 가족이다. 다른 가족은 전자의 운동량 측정과 연관되고, 또 다른 가족은 전자의 스핀 측정과 연관되는 식으로 전자에 다양한 측정을 시행할 수 있다. 요컨대 ②에서 설명한 대로 파동 수학의 가족 하나하나가 양자계에 시행 가능한 측정 하나하나와 연관되어 있다.

이런 내용을 그림으로 예시한 것이 [도표 26-11]이다. 도표에는 세 가지 유형의 측정만 표기했지만, 실제로 양자계에 시행할 수 있는 측정의 유형은 무한하다. 그리고 그런 측정 하나하나가 [도표 26-11]에 예시하고 ②에서 설명한 대로 특정한 파동 가족과 연결된다(도표에서는 기억하기 쉽도록 위치position와 운동량momentum, 스핀spin을 각각 P, M, S로 표기했지만, 물리학자들이 표준적으로 사용하는 약어는 아니다).

③이 가장 이해하기 어려울 것이다. 예를 들어 차근차근 설명하자. 특

정한 환경에 특정한 전자가 있고, 만일 우리가 그 전자의 위치를 측정한다면 어떤 일이 벌어질지 예측한다고 가정하자. 편의상 전자가 발견될 법한 위치는 두 군데뿐이라고 생각하자. ①에서 ([도표 26-12]처럼) 이 전자와

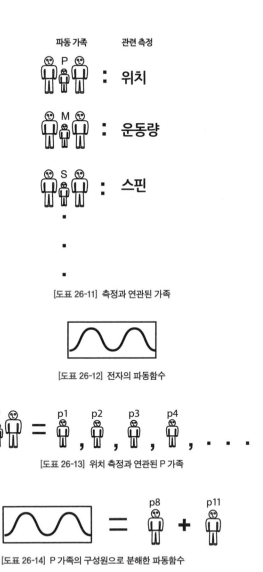

[도표 26-11] 측정과 연관된 가족

[도표 26-12] 전자의 파동함수

[도표 26-13] 위치 측정과 연관된 P 가족

[도표 26-14] P 가족의 구성원으로 분해한 파동함수

연관된 파동함수가 있다는 것도 알았고, ②에서 파동과 연관된 다양한 수학 가족 중 한 가족이 위치 측정과 연관된다는 것도 알았다. 그 가족이 ([도표 26-13]처럼) P 가족이라고 가정하자.

이제 앞에서 언급한 놀라운 사실을 다시 떠올리자. 어떤 파동 가족이건 적절한 구성원들만 합치면 어떤 파동함수도 생성된다는 사실이다. 따라서 P 가족의 구성원들도 적절히 합치면 이 전자의 파동함수가 생성될 것이다. 서로 합쳐져 이 전자의 파동함수를 생성할 P 가족의 적절한 구성원이 p8과 p11이라고 가정하고, 그림으로 예시한 것이 [도표 26-14]다.

이런 내용을 염두에 두고 ③ 설명을 보자. 다시 정리하면, 우리는 전자의 위치를 예측하려 하고, P 가족이 위치 측정과 연관이 있으며, P 가족의 구성원 p8과 p11이 합쳐지면 이 전자를 표현하는 파동함수가 만들어진다.

이 두 구성원 p8과 p11 덕분에 우리가 원하는 예측을 할 수 있다. 이 경우에는 전자가 발견될 만한 영역이 두 군데였다. p8을 간단한 표준 수학으로 처리하면 0과 1 사이의 숫자가 나오고, 이 숫자가 첫 번째 영역에서 전자가 발견될 확률을 나타낸다. 마찬가지로 p11도 간단한 수학으로 처리하면 0과 1 사이의 숫자가 나오고, 이 숫자가 두 번째 영역에서 전자가 발견될 확률을 나타낸다. 이런 식으로 p8과 p11을 이용해 전자의 위치를 예측하는 것이다.

(우리가 논의하는 내용을 이해하는 데 결정적으로 중요한 사항은 아니지만, 혹시 궁금한 사람이 있을지도 모르니 조금 전에 언급한 수학적 처리를 간략하게 설명하자. p8은 특정한 파동과 연관된 파동 수학이다. 파동마다 그와 연관된 진폭이 있으므로 p8도 연관된 진폭이 있을 것이다. 앞에서 언급한 수학적 처리는 p8의 진폭을 제

곱하는 과정이 포함된다. 관련 수학의 특성상, 진폭을 제곱한 값은 언제나 0과 1 사이의 숫자로 나오고, 이미 설명했듯, 그 숫자가 첫 번째 영역에서 전자가 발견될 확률을 나타낸다. p11도 마찬가지다. p11과 연관된 진폭을 제곱하고, 그 값으로 나온 숫자가 두 번째 영역에서 전자가 발견될 확률을 나타낸다.)

결국 ①과 ②, ③은 양자계에 시행하는 측정의 가능한 결과가 관찰될 확률을 예측하는데 양자론 수학을 이용하는 방식을 설명한 것이다. 요약하면 다음과 같다. ① 양자계의 상태는 그 계의 파동함수로 표시된다, ② 파동 가족은 측정 유형과 연관되어 있다, ③ 함께 합쳐져 파동함수가 되는 가족 구성원들 덕분에 그 파동 가족과 연관된 측정의 결과를 예측할 수 있다.

시간 경과에 따른 상태 전개

끝으로 시간 경과에 따른 상태 전개를 짧게 이야기하자. 지금까지 우리는 일정한 상태에 있는 양자계의 측정 결과만 논의했다. 하지만 앞서 언급한 대로 물리학은 일반적으로 특정한 시기에 시행한 측정 결과뿐만 아니라 미래에 시행할 측정 결과를 예측하는 데도 관심이 있다.

양자론에서는 어떤 계가 시간이 지나며 어떻게 전개될지 예측하는 것이 슈뢰딩거방정식이다. ①에서 양자계의 현재 상태는 그 계의 파동함수로 표시된다고 한 내용이 기억나는가? 간단히 설명하면, 슈뢰딩거방정식은 그 계의 현재 상태를 표시하는 파동함수에서 그 계의 미래 상태를 산출하는 방정식이다.

슈뢰딩거방정식은 다른 과학 분야의 방정식과 여러모로 비슷한 역할을 한다. 건물 지붕 위에서 공을 떨어트리는 경우를 생각해보자. 이 경우 뉴턴 물리학의 유명한 방정식들을 이용하면 현재의 측정 결과를 예측할 수 있을 뿐만 아니라 그 계가 시간이 지나면 어떻게 변할지도 예측할 수 있다. 뉴턴 물리학의 이 방정식들이 시간 경과에 따른 상태 전개를 규정하는 방식과 비슷하게 양자론에서는 슈뢰딩거방정식이 시간 경과에 따른 양자 상태의 전개를 규정한다.

이 장 첫머리에서 기본적인 양자 사실 몇 가지를 간단히 살펴보았다. 경험적 양자 사실이 무엇인지에 대해서는 의문의 여지가 없지만, 양자 사실은 어떤 의미에서는 묘한 사실이다. 하지만 그 기묘함은 실재론적 관점에서 비롯된 측면이 더 크다. 그 기묘함이 주로 우리가 그런 경험적 양자 사실을 생성할 수 있는 근본적 실재가 어떤 종류인지 상상하려고 할 때 등장하기 때문이다. 내가 처음에 강조한 대로, 실재 질문, 즉 해석 문제는 이 장에서 논의한 사안들과 반드시 구분해야 한다. 다음 장에서 실재 질문을 살펴보자.

마지막으로 한 가지만 이야기하자. 이 장에서 수학을 논의할 때 내가 가장 강조한 내용은 양자론 수학도 기본적으로 우리가 물리학에서 수백 년 동안 이용한 수학과 대단히 흡사한 역할을 한다는 것이다. 바로 앞에서 이야기한 대로, 양자론 수학을 이용하면 특정한 시기에 시행하는 측정 결과를 예측할 수 있고, 슈뢰딩거방정식을 거치면 미래에 양자계가 어떤 상태가 될지 예측할 수 있다.

하지만 슈뢰딩거방정식의 용도가 다른 과학 분야에서 사용되는 방정식의 용도와 중요하게 다른 차이가 하나 있다. 흔히 일컫는 투영 가설과 함께 사용되는 용도다(투영 가설도 다음 장에서 살펴볼 주제다). 하지만 그 차이점은 해석 질문, 실재 질문과 연관한 문제들의 맥락 속에서 살펴야 제대로 이해할 수 있다. 다음 장에서 그런 문제들을 차근차근 살펴보자.

양자론 해석 그리고 측정의 문제

27장에서는 양자론을 둘러싸고 서로 밀접하게 연관된 두 가지 쟁점을 탐구한다. 첫 번째로 살펴볼 쟁점은 측정 문제다. 측정 문제는 이전의 과학 이론들과 달리 양자론에서 제기되는 쟁점이며, 양자 실체와 연관한 실험과 현상에서 실제로 벌어지는 일에 관한 질문과 밀접하게 연결되므로 이 장에서 탐구하기 적당한 주제다. 더불어 측정 문제를 이해하면 다양하게 제시되는 양자론 해석을 둘러싼 어려움과 여러 가지 문제도 제대로 파악할 수 있다.

측정 문제

측정 문제를 기술하는 방식은 아주 다양하다. 전문적으로 설명할 수도 있고, 비전문적으로 설명할 수도 있다. 나는 비전문적인 방식으로 측정 문제에 접근할 계획이지만, 그래도 양자론에서 측정의 역할을 둘러싼 대단히 난해한 측면을 여러분에게 전달할 수 있을 것이다. 대체로 우리가 잘 모르는 측정의 특징부터 확인하는 편이 좋을 것 같다.

우선 용어부터 정리하고 넘어가자. 내가 앞으로 이 장에서 사용할 '양자론 표준 접근법'이란 용어는 앞 장에서 설명한 양자론 수학에 대한 일반적인 접근법을 염두에 둔 표현이다. 이 수학이 양자론에 관한 거의 모든 교과서와 (물리학 전공자를 대상으로 한) 대학 수준 강의에 등장하는 수학이며, 양자 실체와 연관된 계를 연구하는 물리학자들이 주로 사용하는 수학이다.

측정이 무엇인가?

특정한 측정 장치를 생각해보자. 흔히 베란다에 걸린 큼지막하고 둥근 실외 온도계를 떠올리자. 기온을 표시하는 숫자가 눈금판에 빙 둘러 적혀 있고, 바늘이 움직이며 숫자를 가리킨다.

이런 온도계가 우리가 생각하는 전형적인 측정 장치다. 온도계는 기온을 측정하는 장치다. 이 특정한 (정확히 표현하면 이런 식으로 제작된) 측정 장치의 작동 원리를 간단히 설명하면 이렇다. 덮개 안 중심 근처를 보면 종류가 다른 얇은 금속 두 개를 코일 형태로 감은 판(바이메탈 판)이 설치되어 있다. 두 종류의 금속은 따뜻해지거나 차가워질 때 팽창하고 수축하는 정도가 서로 다르고, 바로 그 때문에 기온이 올라가거나 내려갈 때 코일이 감기기도 하고 풀어지기도 한다. 코일 중앙에 바늘을 부착하면 코일의 변화에 따라 바늘도 움직인다. 알맞은 종류의 금속들을 선택해 올바른 길이와 너비, 초기 장력으로 코일을 만들고, 바늘의 초기 위치를 제대로 설정하면 기온에 따른 내부의 물리적 변화로 바늘이 움직이며 다양한 숫자를 가리키는 믿을 만한 장치가 완성된다.

이와 대조적으로 우리가 측정 장치로 보지 않는 물건을 생각해보자. 베란다 실외 온도계 옆에 있는 의자를 보자. 금속 재질로 만들어 앉는 자리와 등받이에 천을 댄 의자다.

온도계가 기온에 따라 물리적 변화를 겪는 것과 마찬가지로 이 의자도 기온에 따라 물리적 변화를 겪는다. 온도계 내부의 금속 코일이 기온에 따라 팽창하고 수축하듯 의자의 금속 재질도 팽창하고 수축한다. 그리고 코일의 변화가 바늘의 위치 등 또 다른 변화를 유발하듯 의자 금속 재질의 변화도 또 다른 변화를 유발한다. 앉는 자리와 등받이에 댄 천이 팽팽해지거나 느슨해지는 것이다.

온도계와 의자 사이에는 기본적인 물리적 차이가 없다. 측정 문제의 핵심을 이해하는 중요한 사항이다. 기본적으로 온도계나 의자나 모두 세상에 있는 사물이고, 환경의 특성에 반응하고 상호작용하며 물리적 변화를 겪는 물리적 객체다. 하지만 이 두 물체 사이에 기본적인 물리적 차이가 없다면 중요한 의문이 제기된다. 우리가 한 물체는 측정 장치로 보고 다른 물체는 측정 장치로 보지 않는 이유가 무엇인가?

그 차이가 우리에게 있다는 것이 솔직하고 정확하며 유일한 대답일 것이다. 사람마다 관심사가 다르다. 나는 아침에 실외 기온을 확인하는 일에 관심이 있다. 예를 들어, 그날 입을 적당한 옷을 고를 수 있기 때문이다. 따라서 우리가 온도계라고 부르는 장치의 물리적 변화는 내 관심사다. 그에 반해, 온도계 옆 금속 의자에 발생하는 물리적 변화에는 별 관심이 없다.

또 다른 유형의 측정 장치에도 같은 논리가 적용된다. 우리가 길이를 잴 때 사용하는 나무 자와 페인트를 섞을 때 사용하는 똑같은 나무 자가 있다 치자. 이 두 나무 자는 우리의 관심사 이외에는 기본적인 차이가 하나도 없다. 사실 우리 집에도 이런 나무 자가 두 개 있다. 하나는 몇 년째 길이를 재는 용도로 사용하고 다른 하나는 대부분 페인트를 젓는 용도로만 사용한다. 측정과 페인트 혼합이라는 용도는 다르지만 두 물체의 물리적 특성은 기본적으로 같다. 하지만 우리는 그중 하나를 측정 장치로 보고, 다른 하나는 페인트를 젓는 막대로 본다.

대체로 우리가 측정 장치로 보는 물체의 물리적 특성은 우리가 측정 장치로 보지 않는 물체의 물리적 특성과 기본적으로 다르지 않다. 따라서 우리가 측정 장치로 간주하는 물체와 측정 장치로 간주하지 않는 물체를 구분하는 원칙적인 방법, 인간의 관심과 무관한 객관적인 방법이란 존재하지 않는 것 같다. 곧 이야기하겠지만 과거에는 이것이 중요한 결과를 빚는 문제가 아니었다.

하지만 측정의 이런 측면, 즉 측정 장치와 비측정 장치를 구분할 객관적이고 독립적인 방법이 없으며 어떤 것이 측정 장치인지 아닌지가 우리에게 달려 있다는 것이 양자론 표준 접근법을 검토할 때 중요한 역할을 한다. 양자론에서 측정의 역할을 살피기 전에 먼저 다른 과학을 예로 들어, 뉴턴 과학에서 측정의 역할을 (혹은 역할 없음을) 살펴보는 편이 좋을 듯하다.

뉴턴 과학에서 측정의 역할

상당히 높은 건물 옥상에서 야구공을 떨어트린다 치자. 뉴턴 물리학 덕분에 우리는 일단 야구공을 떨어트리면 (바닥에 닿을 때까지) 대략 10㎧의 가속도가 붙는 것을 안다. 야구공이 낙하하는 속도가 10㎧ 정도씩 증가할 것이다. 따라서 만일 우리가 야구공을 손에서 놓는 순간부터 야구공이 바닥에 떨어질 때까지 중간 어느 시점에 야구공의 낙하 속도를 측정하고자 한다면 뉴턴 물리학이 예상 측정 결과를 알려줄 것이다. 마찬가지로 우리가 야구공을 손에서 놓는 시점부터 야구공이 바닥에 떨어지는 시점 중간에 야구공의 위치를 측정하려고 할 경우에도 뉴턴 물리학이 예상 측정 결과를 알려줄 것이다.

중요한 점은 이런 상황에서 측정이 아무 역할도 하지 않는다는 것이다. 이것도 양자론과 관련한 측정 문제를 이해하는 데 중요한 사항이다. 야구공이 낙하하는 어느 시점에 낙하 속도를 측정할 수도 있고, 측정하지 않을 수도 있다. 측정하건 말건 그 계의 전개는 변하지 않는다.

따라서 뉴턴 과학이나 기타 기초과학 분야에서는 측정이 특별히 문제나 논란을 일으키지 않는다. 이런 분야의 과학 이론에서는 측정이 우리가 관심을 두는 내용을 알려주지만, 어떤 계가 어떻게 전개되는지에 관한 과학적 설명을 변화시키거나 그것에 영향을 미치지는 않기 때문이다. 한마디로 이전의 과학과 양자론 외 현대 기초과학에서는 측정이 색다른 역할을 하지 않는다. 따라서 측정으로 제기되는 논란거리가 전혀 없다. 측정 문제가 발생하지 않는다. 하지만 여러분도 분명히 짐작하다시피 양자론 표준 접근법에서는 측정이 다른 역할을 한다. 이것이 이제 우리가 탐구할 주제다.

양자론에서 측정의 역할

26장 끝부분에서 이야기한 대로 양자론에서 시간 경과에 따른 상태의 전개를 규정하는 것이 슈뢰딩거의 방정식이다. 건물 옥상에서 야구공을

떨어트릴 때 뉴턴 방정식을 이
용해 그 계가 시간이 지나며 어
떻게 전개될지 예측하는 것과

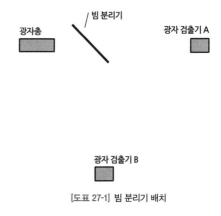

[도표 27-1] 빔 분리기 배치

마찬가지로 양자론에서는 슈뢰
딩거방정식을 이용해 양자계가
시간이 지나며 어떻게 전개될
지를 예측할 수 있다.

26장에서 설명한 실험과 비
슷한 실험 상황을 생각해보자. 광자를 하나씩 발사하는 광자총이 있다고
가정하자. 빔 분리기를 향해 광자들을 발사하면, 기본적으로 일부분만 은
박을 입힌 거울인 빔 분리기는 발사된 광자의 절반 정도는 반사하고 절반
정도는 통과시킬 것이다. 빔 분리기 뒤에는 광자 검출기 두 대를 설치하자.
편의상 검출기가 광자를 검출할 때마다 버저를 울린다고 가정하자. 이런
실험 상황을 예시한 것이 [도표 27-1]이다.

버튼을 누를 때마다 광자가 한 개씩 빔 분리기를 향해 발사된다고 가
정하면, 분명히 다음과 같은 내용이 관찰될 것이다. 버튼을 누를 때마다
광자 검출기 A나 B 중 한 대에서만 버저가 울리고, 검출기 두 대에서 동
시에 버저가 울리는 일은 절대 없다. 버튼을 누르고 광자를 검출하는 과
정을 여러 번 반복하면, 검출기 A의 버저가 울릴 때와 검출기 B의 버저가
울릴 때가 각각 50% 정도다.

양자론 표준 수학은 이런 실험 상황을 어떻게 표현하는지 자세히 살펴
보자. 버튼을 누른 직후 계의 상태는 (앞 장에서 상세히 설명한) 파동함수,
정확히 말하면, 빔 분리기를 향해 움직이는 파동을 나타내는 파동함수

로 표현된다.

광자가 빔 분리기에 도달한 직후에는 슈뢰딩거방정식이 광자가 이른바 중첩 상태에 있다고 표현한다. 광자가 중첩 상태에 있다고 표현된다는 것은 (적어도 이 경우에는) 광자가 서로 다른 두 가지 상태의 결합 속에 있다고 표현된다는 의미다. 이 경우에는 광자가 검출기 A를 향해 이동하는 파동으로 표현된 상태와 광자가 검출기 B를 향해 이동하는 파동으로 표현된 또 하나의 상태가 중첩된다.

양자론 표준 접근법에서는 모든 곳에 중첩이 있다. 일반적으로 설명하면, 빔 분리기가 설치된 경우처럼 둘 이상의 가능한 상태들이 만들어지는 물리적 상호작용이 발생할 때마다 슈뢰딩거방정식은 가능한 상태들의 중첩이 연관된 상황, 다시 말해 가능한 상태들의 결합이 연관된 상황으로 표현한다.

이런 내용을 염두에 두고, 충분한 시간이 지난 뒤 광자가 검출기에 도착했을 때 어떤 상황일지 생각해보자. 다시 이야기하면, 광자 검출기는 빔 분리기 같은 물리적 객체와 원칙적으로 다르지 않은 물리적 객체다. 따라서 광자가 광자 검출기와 상호작용하면 그것은 기본적으로 또 하나의 물리적 상호작용이다. 그리고 물리적 상호작용으로 서로 다른 두 개의 가능한 상태가 만들어지는 것 같지만, 이제 한 상태는 검출기 A의 버저 소리, 다른 한 상태는 검출기 B의 버저 소리로 구성된다.

사실 그냥 두면 슈뢰딩거방정식은 이 시점의 상황을 상태들의 중첩으로 표현하지만 이제는 중첩이 검출기 A의 버저 소리와 검출기 B의 버저 소리의 결합으로 구성된다.

여기서 뭔가 이상하다는 느낌이 들 것이다. 당연하다. 검출기 두 대에서 동시에 버저가 울리는 일은 절대 없다는 내용이 기억나는가? 검출기 A와 B 중 한 대에서만 버저가 울린다. 따라서 슈뢰딩거방정식이 단독으로 표현하는 상황은 우리가 관찰할 법한 상황과 완전히 다른 모습이다. 그렇다면 표준 접근법은 슈뢰딩거방정식이 표현하는 상황과 우리가 겪는 경험 사이의 모순을 어떻게 처리할까?

양자론 수학에 대한 표준 접근법은 앞 장에서 논의한 수학적 기본 요소들 외에 한 가지 요소, 즉 기본 가설 하나를 추가해 이 모순을 처리한다. 이 추가 요소가 흔히 투영 가설이라고 일컫는 것이다(붕괴 가설이라고 부르기도 한다).

투영 가설의 취지는 우리가 측정 결과를 관찰할 때 어떤 측정 결과든지 우리가 그것을 기본적으로 수학에 삽입한다는 것이다. 다시 말해, 우리가 측정 결과를 관찰할 때 슈뢰딩거방정식으로 표현된 계속 전개되는 중첩 상태가 종료되고, 우리가 관찰한 결과를 표현한 파동함수를 삽입하면(만일 그 계가 계속 전개될 계인 경우), 슈뢰딩거방정식이 다시 시작되고, 또 다른 측정이 이루어질 때까지 그 방정식에 따라 전개되는 계를 표현한다 (또 다른 측정이 이루어지면 같은 과정이 다시 되풀이된다).

여기서 잠깐 용어를 설명하고 넘어가자. 이런 시나리오를 수학적으로 표현할 때 이 시점, 즉 투영 가설을 사용하고 측정하고 중첩 상태가 종료되는 이 시점을 일반적으로 가리키는 용어가 '파동함수 붕괴' 혹은 '파동 묶음 축소'다. 파동함수 붕괴가 미시적 수준에서 실제로 발생하는 물리적 사건처럼 들릴 수도 있는 용어이며, 실제 그렇게 주장하는 사람들도 있다. 하지만 우리가 논의하는 내용과 연관해 당장은 이 용어를 도구주의적으로 받아들여 상황을 수학적으로 표현하는 편리한 방법으로 생각하는 편이 좋을 것 같다.

결국 양자론 수학에 대한 표준 접근법에서 측정이 하는 역할은 이전 과학이나 현재의 기타 기초과학에서 측정이 하는 역할과 다르다. 앞에서 설명한 대로 뉴턴 물리학에서는 측정이 색다른 역할을 하지 않는다. 우리가 낙하하는 야구공의 위치를 측정하건 말건 그 계에 아무런 변화도 발생하지 않고 그 계의 수학적 표현도 달라지지 않는다.

하지만 양자론 표준 접근법에서는 측정이 계를 변화시킨다(엄밀히 따지면 계를 나타내는 수학적 표현을 변화시킨다). 이처럼 측정이 하는 특이한 역할이 난해한 문제를 제기한다. 아무리 도구주의적으로 받아들인다 해도, (뉴턴 물리학에서는 측정이 계를 표현하는 방식에 영향을 미치지 않는 데 비해) 측정이 계를 나타내는 수학적 표현을 변화시킨다는 측면에서 측정의 역할이 색다르긴 하다.

하지만 만일 우리가 양자론의 표준 수학을 실재론적으로 받아들이면 대단히 묘한 상황이 벌어진다. 만일 우리가 표준 수학을 실재론적으로 받아들이면 측정이 세상의 모습을 변화시키기 때문이다. 우리가 측정하면 세상이 이런 모습이고, 우리가 측정하지 않으면 세상이 다른 모습이 된다. 요컨대, 양자론 표준 접근법에서 측정이 하는 역할은 그 이전 어떤 과학이나 기타 현대 과학 분야에서 측정이 하는 역할과 다르다. 그리고 이 때문에 난해한 문제가 발생한다.

그 난해한 문제들을 곧 살펴보겠지만 이와 긴밀하게 연결된 주제를 먼저 살펴보는 편이 좋을 것 같다. 양자론을 논의할 때 흔히 등장하는 주제다. 지금까지 이야기한 내용을 바탕으로, 중첩이라든지 중첩을 종료하는 측정의 영향 등 양자론의 기묘함이 주로 광자나 전자 등 미시적 수준의 실체에만 해당하고, 여러분이나 나, 집, 자동차 등 거시적 수준의 세상에는 해당하지 않는다고 생각할 수도 있다. 하지만 '슈뢰딩거의 고양이'를 살펴보면 상황이 그처럼 간단하지 않다는 것을 알게 된다. 슈뢰딩거의 고양이는 양자론을 논의할 때 거의 언제나 그 주변을 서성이는 유명한 고양이다. 우리가 제대로 파악해야 할 슈뢰딩거의 고양이는 양자론 역사에서 유명한 사례이며, 묘한 중첩 상태를 쉽게 설명하고 그런 기묘함이 반드시 미시적 세계로 제한되지 않음을 보여주는 사례다. 또 측정 문제에 관한 쟁점을 구체적으로 보여주며, 잠시 뒤에 살펴볼 양자론 해석의 주요 특징을 이해하는 데도 도움이 되는 사례다.

슈뢰딩거의 고양이

1920년대 후반 슈뢰딩거는 자신이 주도하여 개발한 수학적 접근법의 특이한 측면이 불편해졌다. 그는 양자 그림의 기묘함을 더 쉽게 보여주는 사고실험을 제안했다. '사고실험'은 말 그대로 실제 수행하는 실험이 아니라 머릿속으로 숙고하는 실험이다.

슈뢰딩거는 약한 방사성원과 함께 밀폐된 상자 속에 갇힌 고양이를 상상하라고 제안했다. 방사성원이 한 시간 동안 방사성 입자를 방출할 가능성은 50%다. 만일 방사성 입자가 방출되면, 방사성 입자를 감지한 검출기가 작동해 독약 병을 깨트리고, 독약 때문에 고양이가 죽게 된다.

물론 슈뢰딩거는 고양이를 학대할 의도가 아니었다. 실제로 수행할 목적이 아닌 사고실험이었다(여러분도 생각해보면 알겠지만, 실제로 수행해도 흥미로운 데이터가 나오지 않을 실험이다). 슈뢰딩거의 의도는 미시적 수준의 기묘함을 거시적 사건과 연결하고, 양자론 수학에 흔히 등장하는 중첩 상태

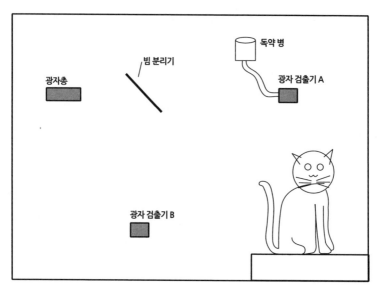

빔 분리기

독약 병

광자총

광자 검출기 A

광자 검출기 B

[도표 27-2] 슈뢰딩거의 고양이

의 기묘함을 구체적으로 보여주는 것이었다.

　슈뢰딩거의 고양이 사고실험을 이해하기 위해 [도표 27-1]에서 예시한 빔 분리기 배치 그림을 조금 수정하자. [도표 27-1]의 실험 장치들이 불투명한 상자 속에 설치되었다고 생각하고, 그 안에 고양이를 집어넣자. 광자 검출기 B는 그대로 두고, 검출기 A에 슈뢰딩거의 사고실험에 사용된 독약 병을 설치하자. 만일 광자 검출기 A가 광자를 감지하면 독약 병이 깨지고 고양이가 죽게 된다. 하지만 광자 검출기 B가 광자를 감지하면 아무 일도 일어나지 않는다. 이런 실험 상황을 예시한 것이 [도표 27-2]다.

　고양이를 비롯해 모든 실험 장비는 밀폐된 상자 속에 설치하여, 상자 안에서 무슨 일이 벌어지는지 아무것도 보이지 않고 아무 소리도 들리지 않는다. 하지만 광자총에서 광자를 발사하는 버튼은 상자 밖에 설치하고, 우리가 그 버튼을 쥐고 있다.

이런 실험 상황에서 우리가 버튼을 한 번 누른다고 가정하자. 시간 경과에 따른 상태 전개는 슈뢰딩거방정식으로 규정되고, 시간이 지나 광자가 빔 분리기에 도착하면 슈뢰딩거방정식이 그 상황을 중첩 상태 속에 있는 것으로 표현한다는 내용이 기억나는가? 슈뢰딩거방정식은 우선 이 상황을 상태들의 중첩으로 표현할 것이다. 한 상태는 검출기 A를 향해 이동하는 파동을 표현하고, 또 한 상태는 검출기 B를 향해 이동하는 파동을 표현한다. 찰나의 시간이 지난 뒤 광자가 검출기에 도착하면, 그 중첩이 검출기 A의 버저 작동을 표현한 상태와 검출기 B의 버저 작동을 표현한 상태로 구성될 것이다.

검출기 A가 광자를 감지하면 독약이 분출되고, 결과적으로 고양이는 죽는다. 그 반면, 검출기 B가 광자를 감지하면 고양이는 무사히 살아남는다. 따라서 슈뢰딩거방정식으로 표현된 중첩이 이제 고양이가 죽어 있는 상태와 고양이가 무사히 살아남은 상태, 두 가지 상태의 중첩으로 넘어간다. 다시 말해, 양자론 수학에 대한 표준 접근법은 우리가 상자를 열고 관찰하는 순간까지는 고양이가 죽은 상태와 살아남은 상태의 중첩 속에 존재한다고 표현한다.

이 사례는 〔도표 27-1〕과 관련해 논의한 광자의 중첩 상태와 원칙적으로 다르지 않다. 다만 앞서 언급한 대로 슈뢰딩거가 미시적 수준의 기묘함을 거시적 수준으로 옮겨놓은 것이다. 이 사례는 또한 양자론에서 사용되는 중첩 개념의 기묘함을 생생히 드러낼 뿐 아니라, 측정 문제를 비롯해 다양한 양자론 해석의 여러 가지 측면도 분명히 보여준다. 이제 측정 문제와 양자론 해석을 살펴보자.

측정 문제

지금까지 논의한 내용을 통해 양자론 표준 접근법에서 측정의 특이한 역할을 이해하고, 측정 장치와 비측정 장치를 구분하기 어렵다는 점을 이해했다면 측정 문제의 일반적인 내용은 파악한 셈이다. 이제 우리의 목표는 측정 문제를 구체적으로 살펴보고, 흔히 측정 문제를 제시하는 다양한 방식을 파악하는 것이다.

주관성 대 객관성

앞서 살펴본 대로 측정은 양자론 표준 수학 접근법에서 중요한 역할을 하며, 그 역할은 기타 기초과학에서 측정이 하는 역할과 다르다. 아무리 도구주의적인 관점으로 보아도, 표준 접근법에서 측정이 하는 역할은 조금 특이하다. 하지만 도구주의적 관점에서 볼 때 측정은 큰 문제가 아니다. 양자론 표준 접근법이 정확한 예측에 대단히 뛰어난 것은 분명하기 때문이다.

하지만 양자론 표준 접근법을 실재론적으로 해석하려고 하면 문제에 봉착한다. 정확히 말하면 문제가 보이는 길에 접어든다. 어떤 것을 측정으로 간주할지 말지, 어떤 것을 측정 장치로 인정할지 말지가 기본적으로 주관적이라는, 다시 말해 우리의 관심에 따라 결정된다는 내용이 기억나는가? 하지만 우리는 아주 오랫동안 물리학과 화학 등 기초과학을 객관적 세계, 우리에게서 독립한 세계, 우리의 관심과 무관하게 객관적으로 진행하는 세계에 대한 과학으로 생각했다. 그런데 양자론 표준 접근법에 따르면 이제 과학에서 (최소한 실재론적 관점에서는) 우리의 관심과 측정이 세계의 모습에 영향을 미치는 듯 보인다. 앞서 말한 대로 우리가 측정하면 세계가 이런 모습이고, 우리가 측정하지 않으면 세계가 다른 모습이 되는 것이다. 적어도 실재론적 관점으로 보면 뭔가 대단히 심각한 문제가 보인다.

물리학자 존 벨John Bell(1928~1990, 벨의 중요한 발견은 다음 장에서 자세히 살펴보자)은 〈'측정'에 반해Against 'Measurement'〉라고 안성맞춤으로 이름 붙인 논문에서 이 문제를 다음과 같이 표현했다. 여기서 벨이 말하는 '도약'은 우리가 앞에서 논의한 파동함수 붕괴를 의미한다(한 번 더 설명하면, 양자론 표준 접근법에서는 측정이 이루어질 때 파동함수 붕괴가 발생한다).

어떤 물리계가 '측정자' 역할을 할 수 있는 자격이 정확히 무엇인가? 세계의 파동함수는 수십억 년 동안 기다리다가 단세포생물이 출현할 때 도약했을까? 아니면 박사 학위를 받은…… 더 나은 자격을 갖춘 물리계가 등장할 때까지 조금 더 기다려야만 했을까?[벨의 〈'측정'에 반해〉(Bell 1990, 34쪽)]

벨이 다소 비꼬는 투로 이야기했지만 요지는 분명하다. 표준 접근법의 실재론적 해석은 측정이 없으면, 예를 들어 측정을 시행할 수 있는 생물체가 출현하기 전에는 세계가 명확한 상태로 존재하지 않았음을 암시한다고 꼬집은 것이다. 그리고 측정할 수 있는 생물체가 출현한 다음에야 비로소 명확한 특성을 갖춘 세계가 등장하며, 측정이나 관측이 이루어질 때 비로소 세계가 (혹은 세계의 부분들이) 명확해진다는 점을 지적한 것이다. 다시 말하지만, 이런 암시는 우리의 과학이 객관적인 세계, 우리 같은 생물체의 관측과 무관하게 존재하고 진행하는 객관적 세계의 과학이라는 보편적인 견해와 정반대되는 내용이다.

측정 맥락과 비측정 맥락

혼히 측정 문제를 제시하는 또 다른 방식은 측정 맥락과 비측정 맥락을 구분하는 원칙적 방법을 제공할 수 있느냐 없느냐다. 비측정 맥락에서는 슈뢰딩거방정식을 적용하지만, 측정 맥락에서는 슈뢰딩거방정식 적용을 중단하는 대신 붕괴 가설을 적용한다는 내용이 기억나는가? 따라서 양자론 표준 접근법에서는 측정 과정과 비측정 과정을 구분할 필요가 있다.

하지만 앞에서 강조한 대로 우리가 측정 장치로 보는 물체와 측정 장치로 보지 않는 물체 사이에 근본적인 물리적 차이가 없다. 마찬가지로 우리가 측정으로 보는 맥락과 측정으로 보지 않는 맥락 사이에도 근본적인 물리적 차이가 없다. 따라서 양자론 수학에 대한 표준 접근법은 측정 맥락과 비측정 맥락을 구분하는 데 의존하지만, 우리는 그 구분에 원칙적이고 객관적인 정당성을 제공하지 못한다.

계와 장비, 거시적 수준과 미시적 수준

측정 문제를 제시하는 또 다른 방식은 표준 접근법이 전제로 삼는 계와 장비의 구분을 강조하는 것이다. 다시 말해, 표준 접근법이 양자 실체와 연관된 계와 그 계를 측정할 때 사용하는 장비의 구분을 전제로 삼는다는 점을 강조하는 방식이다. 표준 접근법에서 계는 슈뢰딩거방정식에 따라 전개하는 것으로 표현되는 반면, 측정 장비는 슈뢰딩거방정식에 따라 전개하는 것으로 표현되지 않고 고전적인 뉴턴 방식으로 전개하는 것으로 간주된다.

다시 말해, 양자계와 연관한 측정에서 표준 접근법은 전자나 광자 등 양자 실체로 구성된 미시적 수준의 계와 바늘이나 디지털 판독 등으로 구성된 거시적 측정 장비를 구분할 것을 요구한다. 전자는 슈뢰딩거방정식에 따라 전개한다고 표현되지만 후자는 그렇지 않다.

하지만 이때도 앞에서 논의한 똑같은 문제가 제기된다. 계와 장비, 미시적 수준과 거시적 수준 사이에 근본적인 물리적 차이가 없다는 문제다. 표준 접근법이 요구하는 객관적이고 원칙적인 구분 방법이 없는 것 같다.

보편성

끝으로 보편성을 살펴보자. 보편성은 지금까지 설명한 내용과 밀접하게 연관된 문제다. 아인슈타인의 특수상대성이론을 논의할 때 보편적으로 적용할 수 있는 이론이 아니라 (오직 등속 직선운동만 관계된 상황처럼) 특별한 환경이 갖춰질 때만 적용 가능한 것이 특수상대성이론의 단점 중 하나라고 이야기했다. 그리고 아인슈타인이 이 한계를 극복하고 모든 상황에 적용할 수 있는 대단히 성공적인 이론, 즉 일반상대성이론을 개발하기까지 10년이 걸린 것도 확인했다.

마찬가지로 뉴턴 물리학이 아리스토텔레스 물리학에 비해 뛰어난 장점 중 하나가 보편적인 적용 가능성이다. 아리스토텔레스 물리학에서는 (원소들이 자연적인 자리를 향해 직선운동을 한다는) 달 아래 영역 원소들의 운동에 관한 설명이 (에테르 원소가 등속 원형으로 운동한다는) 달 위 영역 원소의 운동에 관한 설명과 달랐다. 그에 반해 뉴턴 물리학의 원리들은 보편적으로 적용할 수 있는 원리였다. 보편중력이란 이름이 붙은 이유도 우주 어느 곳에나 적용할 수 있는 바로 그 보편적인 적용 가능성 때문이다. 예나 지금이나 뉴턴 접근법이 아리스토텔레스 접근법보다 훨씬 더 뛰어난 큰 이유 중 하나가 뉴턴 물리학의 기본 원리들이 지닌 보편적인 적용 가능성 때문이다.

기본적인 이론의 원리는 보편적으로 적용할 수 있어야 한다는 생각이 우리가 기본 이론에 요구하는 조건이 되었다. 이제 여러분도 양자론 표준 접근법의 문제가 무엇인지 짐작할 것이다. 양자론의 핵심인 슈뢰딩거방정식은 보편적 원리로 사용되지 못한다. 특정한 맥락에서만 적용된다. 앞서 설명한 대로 비측정 맥락이나 미시적 수준 맥락, 계의 측정에 사용되는 장비와 대조적인 계와 연관한 맥락에서만 적용된다. 여기서 핵심은 양자론 표준 접근법에서 슈뢰딩거방정식이 뉴턴 이후 기초과학의 기본 원리들과 달리 보편적으로 적용되지 않는다는 점이다. 바꿔 말하면, 표준 접근법은 뉴턴 과학이 출현한 이후 우리 과학의 가장 기본적인 측면 중 하나, 즉 원리를 보편적으로 적용할 수 있어야 한다는 측면을 포기한 셈이다.

측정 문제의 결론

측정 문제는 양자론 표준 접근법에서 대단히 난해한 사항이다. 앞서 이야기한 대로 측정 문제를 보는 방식은 다양하다. 하지만 모두 핵심은 같다. 표준 접근법에서 측정이 하는 역할이 기타 기초과학에서 측정이 하는 역할과 다르며, 그 역할이 기초과학에 부적절하다는 것이다. 벨의 의견을 다시 인용하자.

다음과 같은 단어는 아무리 정당하고 불가피하게 적용해도, 물리적 정확성을 주창하는 진술에 적절치 않다. 계, 장비, 환경, 미시적, 거시적, 가역적, 불가역적, 관찰할 수 있는, 정보, 측정.[벨의 〈'측정'에 반해〉(Bell 1990, 34쪽)]

여기서 우리가 유념할 점은 벨이 도구주의적으로 받아들이는 표준 접근법을 비판하지는 않았다는 것이다. 벨 자신도 매일 양자론 표준 접근법에 의존해 연구하는 물리학자였으며, 본인이 밝힌 대로 이런 단어와 개념들은 양자 실체와 관련한 상황에서 양자론을 적용해 문제를 해결하고 예측할 때 필수적인 단어와 개념이다. 그리고 이미 언급한 대로 표준 접근법은 놀랄 만큼 예측이 성공적인 과학이다. 벨의 요지는 만일 우리가 기초과학을 실재론적으로 받아들이고 싶다면 기초과학의 진술에 이런 단어와 개념들을 포함하지 말아야 한다는 것이다.

앞서 이야기한 대로 양자론 표준 접근법에 대해 도구주의적 태도를 지키면 측정 문제가 제기되지 않는다. 하지만 실재론의 렌즈를 끼고 양자론을 검토하려고 하면 대체로 측정 문제가 주요한 관심사로 떠오른다. 사실, 양자론 해석을 다양한 범주로 구분하는 중요하고 직접적인 차이는 측정 문제를 다룰 때 취하는 전반적인 접근 방법에서 기인한다. 이제 일반적인 양자론 해석들을 살펴보자.

양자론 해석

양자론 해석에서 중요한 것은 알려진 사실의 근간이 되는 실재에 관한 견해다. 현재까지 제시된 모든 해석을 검토할 수는 없고, 가장 일반적인 해석 몇 가지만 살펴보자.

측정 문제에 관해 탐구한 내용을 바탕으로 양자론 해석을 크게 두 가지 범주로 분류하는 것이 편리하다. 이제부터 양자론 해석을 붕괴 해석과 비붕괴 해석으로 분류하자.

붕괴 해석은 붕괴 가설 (혹은 투영 가설) 등 양자론 수학에 대한 표준 접근법을 대체로 인정한다. 표준 접근법에서는 측정이 이루어질 때 파동함수 붕괴가 발생하고, 그 시점에서 슈뢰딩거방정식의 적용이 중단되고 그 대신 붕괴 가설이 적용된다. 따라서 붕괴 해석은 측정 맥락과 비측정 맥락을 반드시 구분해야 하며, 그에 따라 모든 붕괴 해석에 우리가 앞에서 논의한 측정 문제와 연관된 난해한 쟁점들이 내재한다.

그에 반해, 비붕괴 해석은 파동함수 붕괴가 중요한 역할을 한다는 생각을 거부하고, 붕괴 가설을 적용하는 것도 거부한다. 잠시 뒤에 살펴보겠지만 비붕괴 해석마다 다양한 방법으로 파동함수의 붕괴를 거부한다. 따라서 모든 비붕괴 해석은 측정 문제와 관련한 쟁점을 피하는 큰 장점이 있다. 하지만 그 때문에 치러야 하는 대가도 있다. 비붕괴 해석의 특징을 상당히 껄끄럽게 보는 사람이 많다.

붕괴 해석을 비롯해 비붕괴 해석까지 모든 유효한 양자론 해석에는 대부분 사람이 놀라는 상당히 기이한 특징이 있다. 이 장 끝부분에서 이야기하겠지만, 대체로 사람들이 가장 당황하지 않는 기이함이 무엇인지에 따라 양자론 해석의 선호도가 결정된다. 이 점에 유념해 가장 일반적인 붕괴 해석들을 살펴본 다음 비붕괴 해석 몇 가지를 살펴보자.

붕괴 해석

가장 흔한 붕괴 해석들은 일반적으로 일컫는 코펜하겐 해석 혹은 표준 해석의 변형이다. '코펜하겐 해석'이나 '표준 해석'은 모두 오해의 소지가 있는 명칭이다. 이 명칭에 걸맞은 해석이 하나도 없기 때문이다. 정확히 말하면 이런 해석 접근법을 지지하는 사람들은 한 가지 일반적인 문제에서만 의견이 일치할 뿐 다른 문제에 대해서는 심각한 의견 차이를 보이는 경향이 있다. 이들의 의견이 일치하는 일반적인 문제부터 살펴보자.

간단한 양자 실체 실험을 생각해보자. A와 B 두 칸으로 나뉜 작은 상자 속에 전자 하나가 들어 있고, 표준 수학에 따르면 우리가 그 전자의 위치를 측정할 경우 A 칸과 B 칸에서 전자가 발견될 확률이 각각 50%라고 가정하자.

측정을 시행하기에 앞서 표준 해석 혹은 코펜하겐 해석을 옹호하는 사람들에게 이 경우 실제로 어떤 일이 벌어지는지 묻는다 치자. 측정 전에 전자는 실제로 어디에 있을까? 혹은 이와 비슷하게 운동량이나 스핀 등 측정 전 전자의 또 다른 속성을 묻는다 치자.

표준 해석을 지지하는 사람들은 일반적으로 이런 질문들에 대한 답이 없다고 생각한다. 여기서 앞으로 설명할 내용의 의미를 이해하는 데 결정적으로 중요한 사항이 등장한다. 표준 해석에 따르면 우리가 측정 전에 양자 실체의 속성이 어떻다고 말할 수 없는 이유는 단지 우리가 그 속성이 무엇인지 모르기 때문이 아니다. 단순히 알지 못하는 우리의 무지 때문이 아니다. 코펜하겐 해석을 지지하는 사람들의 주장에 따르면 알려질 것이 하나도 없다. 측정 전에는 그런 속성들이 존재하지 않기 때문이다. 코펜하겐 해석에 따르면 측정하기 전에 존재하는 명확한 속성을 지닌 물체들로 구성된 심오하고 독립적인 실재가 없다.

대단히 반직관적인 견해이므로 자세한 설명이 필요할 것 같다. 내가 여러분에게 내 호주머니에 동전들이 있다고 말한다 치자. 여러분은 내 호주머니에 동전이 몇 개가 들어 있는지는 모르겠지만, 분명히 동전의 개수가 명확하다고 확신할 것이다. 두 개 아니면 세 개 혹은 여덟 개 등 실제 동전의 개수가 몇이건 여러분은 분명히 내 호주머니에 든 동전의 개수가 명확하고 독립적인 사실이라고 믿을 것이다.

이것이 일상적인 무지의 사례다. 여러분이 내 호주머니에 동전이 몇 개가 있다고 말할 수 없는 이유는 내 호주머니에 동전이 몇 개 들어 있는지 모르기 때문이다. 중요한 점은 이런 무지가 표준 해석과 무관하다는 것이다. 표준 해석에서는 알 것이 아무것도 없다. 전자는 측정 전에 명확한 위치나 명확한 스핀 등이 없기 때문이다.

표준 해석 지지자들이 실재의 존재를 부인하는 것은 아니다. 실재가 있고, 양자 실체가 있고, 전자가 '저기 어딘가에' 있다고 인정한다. 하지만 그 전자 그리고 양자 실체는 전반적으로 측정되기 전에는 명확한 속성을 지니지 않는다고 생각한다. 이들의 견해에 따르면 측정을 시행하는 과정이 측정된 특정한 속성을 명확하게 만든다.

정확히 말하면 양자 실체가 측정과 무관하게 몇 가지 속성을 지닌다는 것에 대해서는 표준 해석 지지자들을 비롯해 모든 사람의 의견이 일치한다. 질량을 비롯한 그런 속성이 '고정된 속성'이다. 하지만 표준 해석에서는 이런 몇 가지 고정 속성을 제외한 양자 실체의 나머지 속성은 측정 전에는 존재하지 않는다.

요컨대, 실재가 있지만, 측정 전에 명확한 속성을 지닌 양자 실체로 구성된 실재는 아니다. 양자론을 이렇게 해석하는 접근법에서는 측정이 중요한 역할을 한다. 이런 해석에서는 측정 행위가 그야말로 세계의 모습을 변화시킨다. 측정 전 세계의 모습과 측정 후 세계의 모습이 달라지는 것이다. 앞에서 언급한 요지를 다시 강조해서 말하면 이런 해석에서 변하는 것은 세계에 대한 우리의 지식이 아니다. 세계가 변한다.

표준 해석의 일반적인 설명에서 수많은 변형이 등장할 수 있다. 표준 해석에 따르면 양자 실체는 측정이 이루어질 때까지 속성을 지니지 않는다. 하지만 양자 실체가 무엇인가? 우리는 지금까지 전자나 광자, 방사성 붕괴 중 방출되는 입자 등을 양자 실체의 예로 사용했다. 이들이 양자 실체라는 데 모든 사람의 의견이 일치한다.

하지만 짐작건대 모든 물체가 다름 아닌 이 기본적인 실체로 구성되었다는 것을 생각해보자. 그리고 앞에서 측정 문제를 논의하며 설명한 대로 전자나 광자 등 미시적 수준의 실체와 여러분이나 나, 바위, 의자, 기타 모든 평범한 물체 등 거시적 수준의 실체를 구분할 원칙적이고 객관적인 방법이 없는 것 같다. 따라서 '양자 실체'라는 용어를 만물에 적용해야 한다고 주장할 근거가 충분하다. 어쨌든 우리가 유념할 점은 양자 실체로 간주할 것이 무엇이냐는 질문에 대한 답은 간단치 않고 논란의 소지가 크며, 이 질문에 대한 답이 하나가 아니라는 것이다.

측정 과정과 비측정 과정을 구분할 객관적이고 원칙적인 방법도 없어 보인다. 따라서 "무엇을 측정으로 간주할 것인가?"라는 질문도 마찬가지로 간단한 질문이 아니다. 요컨대 무엇을 양자 실체로 간주할 것인가, 무엇을 측정으로 간주할 것인가, 이 두 질문에 대해 논란의 소지가 없는 단 하나의 대답은 불가능하다. 그리고 이 두 질문에 답하는 방식에 따라 표준 해석이 다양하게 변형된다.

측정이 이루어질 때 '파동함수 붕괴'가 발생하고 그 결과 물체가 측정 전까지 분명하지 않았던 명확한 특성을 획득한다는 것에서는 모든 변형 해석의 의견이 일치한다. 이렇게 볼 때 실재가 측정에 달려 있다는 생각이 모든 변형 해석에 포함된다고 할 수 있다. 그에 따라 나는 이런 변형에 '측정 의존 실재'란 용어를 붙이고, 온건파, 중도파, 급진파로 구분하려 한다. 이제 코펜하겐 해석의 변형들을 살펴보자.

온건파 측정 의존 실재

온건파 변형 해석에서는 '양자 실체'가 전자나 중성자, 양성자, 기타 다양한 아원자입자, 광자, 방사성붕괴 중 방출되는 입자 등 가장 기본적인 소립자만 가리킨다. 즉 우주의 가장 기본적인 '재료'만 양자 실체이고, 측정이 이루어질 때까지 명확한 속성을 지니지 않는 것도 소립자 수준뿐이다.

앞에서 이야기한 요지를 다시 정리하자. 다른 변형도 마찬가지지만 온건파 변형 해석을 지지하는 사람들은 측정 전에 존재하는 것은 아무것도 없으며 측정으로 실재가 갑자기 존재하게 된다고 주장하지 않는다. 이들은 측정과 무관한 실재가 있지만, 우주의 가장 기본적인 구성 요소의 범위 내에서는 대체로 불명확한 실재라고 생각한다. 호주머니 속 동전을 예로 들면 이렇게 이야기하는 식이다. 그렇다. 내 호주머니에 동전들이 있다. 하지만 동전의 개수도 명확하지 않고, 동전의 형태나 크기도 명확하지 않다. 즉 동전으로 구성된 실재가 있지만 명확한 속성이 없는 실재다.

동전 비유를 양자 수준에 적용해 설명하면 온건파 변형 해석을 지지하는 사람들의 주장은 이렇다. 전자와 광자 등으로 구성된 실재가 있지만, 그 실재는 대체로 불명확한 실재다. 전자의 위치는 이곳도 아니고 저곳도 아니며, 전자의 스핀은 이것도 아니고 저것도 아니다. 측정이 이루어질 때까지는 그런 속성들이 없다. 이런 양자 실체는 오직 측정으로만 명확한 속성들을 획득한다.

이 변형 해석은 무엇을 측정 장비로 간주하느냐는 질문에 폭넓게 대답한다. 슈뢰딩거 고양이 시나리오를 예로 들면, 광자 검출기, 고양이의 청각 체계, 우리가 상자 속을 들여다보는 것, 검출기와 고양이를 관찰하는 것이 모두 측정 장치에 포함된다.

슈뢰딩거 고양이 시나리오에서 우리가 주목할 점은 측정이 처음으로 이루어지는 시점이다. 이 변형 해석에서는 광자가 검출기에 도착할 때 측정이 처음으로 이루어진다. 이 시점에서 파동함수 붕괴가 발생하고, 중첩 상태가 종료되는 것도 바로 이 시점이다. 이 변형 해석에서는 중첩이 거시적 수준으로 진입하기 전에 종료되고, 따라서 양자 실체가 중첩으로 존재하는 기묘함이 미시적 수준으로 제한된다.

정리하면, 온건파 측정 의존 실재 해석에서는 전자나 광자, 방사성 붕괴 중 방출되는 입자 등의 소립자만이 중첩 상태로 존재할 수 있다. 그리고 거의 모든 종류의 측정이 파동함수 붕괴를 일으킨다. 이런 해석에서도 양자의 기묘함이 여전히 많지만, 그 기묘함은 미시적 수준으로 제한된다.

중도파 측정 의존 실재

온건파 변형 해석에서는 소립자만이 양자 실체였다. 하지만 모든 것이 그런 소립자로 구성되었을 것이다. 예를 들어, 책상 위에 있는 커피 잔도 기본적으로 이런 소립자 실체로 구성되었다. 따라서 만일 커피 잔이 양자 실체로만 구성되었다면, 비록 기본 입자보다 더 크고 복잡하긴 하지만 커피 잔도 마찬가지로 양자 실체로 볼 수 있다는 주장도 타당하다.

만일 우리가 무엇을 양자 실체로 볼 것이냐는 질문에 이처럼 폭넓은 의미로 대답하면, 즉 모든 물체를 양자 실체로 간주하면 최소한 온건파 측정 의존 실재 해석에서 발생하는 문제 일부는 해결된다. 미시적 수준과 거시적 수준 사이에 원칙적인 구분이 있다고 주장할 필요가 없기 때문이다.

중도파 측정 의존 실재 해석에서는 거의 모든 물체가 원칙적으로 중첩 상태 속에 존재한다. 이 해석에서는 양자의 기묘함이 거시적 수준까지 번지는 것이다. 하지만 온건파 변형 해석과 마찬가지로 중도파 변형 해석도 측정의 범위를 넓게 잡는다. 따라서 거의 모든 물체가 원칙적으로 중첩 상태로 존재할 수 있지만, 대체로 우리나 다른 생물들이 경험하기 전에 측정이 그런 중첩을 붕괴시킨다. 슈뢰딩거 고양이 시나리오를 구체적인 사례로 들면, 중도파 변형 해석에서는 광자 검출기와 고양이 등도 양자 실체이며 따라서 중첩 상태로 존재할 수 있다. 하지만 측정의 범위를 넓게 잡기 때문에 광자 검출기가 고양이가 살아 있는 상태와 고양이가 죽은 상태의 중첩이 발생하기 전에 충분히 파동함수를 붕괴시킬 수 있다.

급진파 측정 의존 실재(의식 의존 실재)

앞서 설명한 중도파 변형 해석에 따라 양자 실체의 범위를 넓게 보자. 즉 모든 것이 양자 실체다. 하지만 측정의 범위는 좁히자. 자세히 말해 인간의 의식과 관련된 것만 진정한 측정으로 간주한다 치자. 그렇다면 슈뢰딩거 고양이 시나리오에서 우리가 상자를 열어 광자 검출기와 고양이를 볼 때 비로소 최초의 측정이 이루어진다.

이것이 훨씬 더 급진적인 변형 해석이다. 인간의 관찰이 개입될 때까지 파동함수가 붕괴하지 않기 때문이다. 따라서 관찰되지 않은 상황은 중첩 상태 속에 존재한다. 고양이도 죽은 상태와 살아남은 상태의 중첩 속에 존재할 수 있다. 한마디로 인간이 관찰하지 않으면 세계가 명확한 상태로 구성되지 않는다. 관찰되지 않은 물체는 그 어떤 특정한 자리에 명확히 위치하지 않는 것이다.

세계를 이처럼 급진적으로 보는 사람들은 도대체 무슨 이유 때문일까? 이 질문에 대한 답은 이 장 첫 부분에서 논의한 내용, 즉 측정 문제와 긴밀하게 연결되어 있다. 슈뢰딩거 고양이 시나리오를 다시 보자. 앞서 설명한 대로 우리가 측정 장치로 간주하는 것에서 발생하는 물리적 과정은 기타 물리적 과정과 다른 종류로 보이지 않는다. 따라서 그런 과정이 어떻게 파동함수 붕괴를 일으키는지 파악하기가 쉽지 않다. 아주 중요한 사항이지만 만일 우리가 인간의 의식을 기타 물리적 과정과 종류가 다른 과정으로 본다면, 광자 방출부터 우리가 상자를 열고 그 안에 든 것을 관찰하기까지 모든 일련의 사건에서 유일하게 종류가 다른 사건은 인간 의식에 의한 관찰이다. 따라서 적어도 급진파 변형 해석을 지지하는 사람들에게는 인간의 의식에 의한 관찰이 파동함수를 붕괴시키는 자연적인 지점이 된다.

비붕괴 해석

표준 해석 혹은 코펜하겐 해석의 변형들을 비롯해 붕괴 해석을 변형한 모든 해석에서 중요하게 떠오르는 것은 측정 문제다. 표준 해석을 지지하는 사람들은 측정할 때 파동함수 붕괴가 발생한다고 생각한다. 따라서 이런 해석들은 측정 문제를 둘러싼 쟁점을 피할 수 없다. 측정 과정과 비측정 과정을 구분할 원칙적인 방법이 없는 것 같은 문제, 측정에 포함된

주관성 문제, 미시적 수준과 거시적 수준을 구분하기 어려운 문제 등을 피할 수 없는 것이다.

이제 우리가 살펴볼 해석들은 파동함수 붕괴가 중요한 역할을 한다는 생각을 거부한다. 그래서 나는 이런 해석을 비붕괴 해석으로 분류한다. 더불어 이런 해석은 측정이 색다른 역할을 한다는 생각도 거부한다. 따라서 이런 해석은 측정 문제를 피하는 장점이 있다(사실 이런 대안적 해석을 개발하게 된 주된 동기가 측정 문제에 대한 고민이다).

비붕괴 해석마다 측정 문제를 피하는 방법이 다양하다. 하지만 앞서 귀띔한 대로 비붕괴 해석들이 측정 문제의 기묘함에서 벗어나는 방법은 종류가 다른 기묘함을 그림에 도입하는 것이다. 앞으로 이야기하겠지만, 해석마다 도입하는 기묘함의 유형이 다르다. 이제 지금까지 제시된 주요한 비붕괴 해석들을 살펴보자.

아인슈타인의 실재론

우선 강조할 점은 아인슈타인의 해석, 적어도 그에게는 아주 중요했던 이 해석의 핵심 요소들이 이제 새롭게 발견된 양자 사실들과 양립하지 않는다는 것이다(새롭게 발견된 양자 사실들은 다음 장에서 살펴보자). 따라서 아인슈타인의 해석은 이제 유효한 선택지가 아니지만 충분히 살펴볼 가치는 있다. 아인슈타인의 견해가 양자론 해석에 관한 초기 논쟁에서 역사적인 역할을 했다는 이유도 있지만, 그의 견해가 거의 모든 사람이 채택할 만한 상식적인 견해에 가깝고, 이런 상식적인 견해가 이제 유효하지 않은 까닭도 확인할 수 있기 때문이다.

아인슈타인의 해석은 숨은 변수 해석이라고 할 수 있다. 일반적으로 숨은 변수 해석은 앞 장에서 설명한 수학이 기껏해야 불완전하다고 주장한다. 아인슈타인의 표현을 빌리면 "실재 요소"가 배제된 수학이다. 이런 해석에 따르면, 양자론의 표준 수학을 '숨은 변수'로 보완할 필요가 있다. 다시 말해, 추가 요소를 보충함으로써 기존 수학에서 불완전하다고 인지된 측면을 채워야 한다. 숨은 변수 해석의 두 가지 주요한 변형을 살펴보자. 아인슈타인의 변형 해석부터 시작하자.

아인슈타인이 주로 반박한 대상은 표준 해석 혹은 코펜하겐 해석을 지지하는 사람들이다. 표준 해석에서는 양자 실체가 어떤 속성을 지닌 것으로 측정되기 전까지 명확한 속성을 지니지 않는다. 그리고 표준 해석에 따르면, 그 이유는 우리가 그 속성이 무엇인지 모르기 때문이 아니라 양자 실체가 그런 속성을 지니지 않기 때문이다. 아인슈타인은 양자 실체의 속성이 측정되기 전에 반드시 양자 실체가 명확한 속성을 지녀야 한다고 생각했다. 아인슈타인은 실재는 반드시 명확한 실재여야 하며, 우리가 측정하건 말건 상관없이 양자 실체를 비롯한 물체들이 명확한 속성을 지녀야 한다고 확신했다. 따라서 아인슈타인은 실재론적 관점에서 중첩 상태나 파동함수 붕괴는 있을 수 없다고 생각했다.

동전 비유를 다시 들면, 내 호주머니에 동전이 몇 개 들었는지 모른다 해도 동전의 개수가 명확하다는 것이 상식이다. 마찬가지로 아인슈타인은 어떤 측정이 이루어지기 전부터 양자 실체가 중첩 속성이 아니라 명확한 속성을 반드시 지니는 것이 상식이라고 주장했다.

하지만 양자론 표준 수학은 양자 실체가 측정이 일어나기 전에 속성을 지닌다고 표현하지 않는다. 양자론 수학이 불완전할 수밖에 없다는 아인슈타인의 주장이 바로 이런 의미였다. 측정 전에 명확한 속성을 지닌 양자 실체처럼 양자론이 포착하지 못하는 실재 요소들이 있다는 것이다. 따라서 아인슈타인은 양자론과 똑같은 기능을 하지만 기존 양자론에 누락된 '숨은 변수'를 포함해 실재 요소들을 반영한 새로운 이론으로 양자론을 대체해야 한다고 생각했다. 아인슈타인이 특별한 보완 방안을 제시한 것은 아니지만, 양자론을 보완해야 한다고 확신했다.

아인슈타인의 견해는 다음 장에서 이 견해에 문제를 제기하는 새로운 사실들을 검토할 때 더 자세히 살펴보기로 하고, 우선은 이렇게 정리하고 넘어가자. 아인슈타인의 해석은 상식적 해석이며 이 해석의 핵심 요소들은 이제 알려진 사실들과 양립하지 않는다. 따라서 아인슈타인의 해석, 더불어 우주의 작동 원리에 관한 상식에 부합한 해석은 이제 유효하지 않다.

봄의 실재론

1940년대 말부터 1950년대에 데이비드 봄David Bohm(1917~1992)이 양자론 수학의 수정안을 발표했다. 우리가 두 번째로 살펴볼 숨은 변수 해석을 구성하는 것이 바로 봄의 수학과 그 수학의 해석이다. 1920년대 후반에 이미 물리학자 루이 드 브로이Louis de Broglie(1892~1987)가 비슷한 제안을 제시했기에 이런 해석을 '브로이-봄 접근법'으로 부르기도 한다. 이 접근법의 핵심부터 간단히 살펴보자.

우선 봄의 수학과 양자론 표준 수학이 제시하는 예측이 똑같은 것 같다. 따라서 이 두 가지 접근법 사이에 경험적으로 검증할 수 있을 만한 차이가 없어 보인다. 하지만 양자론 수학에 대한 표준 접근법과 달리 봄의 수학에서는 그 중심에 자리한 기본 가설이 붕괴 가설을 포함하지 않는다. 즉 봄의 수학은 측정 과정에서 특별한 역할을 하는 가설을 포함하지 않는다. 봄의 접근법에서는 측정이 양자론의 표준 수학에서처럼 특별한 역할을 하지 않는다. 따라서 봄의 접근법에서는 우리가 살펴본 측정 문제와 연관한 쟁점이 제기되지 않는다.

일반적으로 봄의 해석에 따라 그린 근본적 실재의 '그림'은 양자론의 표준 코펜하겐 해석이 제시하는 그림과 상당히 다르다. 앞에서 우리가 논의한 내용을 떠올리면, 표준 해석에서 양자 실체는 측정 전에 위치 등 명확한 속성을 지니지 않는다. 그에 반해 봄은 양자 실체를 입자로 보고 각각의 양자 실체가 언제나 정확하고 명확한 위치에 있으며 흔히 일컫는 ('향도 파동'이라 불리기도 하는) '유도 파동'의 영향을 받는다고 생각한다. 봄의 견해에 따르면 양자 실체는 측정과 무관하게 명확한 위치가 있고, 우리가 전자의 위치를 모르는 것은 그 전자가 측정 전에 명확한 위치가 없기 때문이 아니다. 우리가 전자의 위치를 모르는 것은 기본적으로 내 호주머니에 든 동전의 개수를 모르는 것과 같은 종류의 무지 때문이다.

슈뢰딩거 고양이 사고실험을 예로 들면, 광자의 위치는 측정 전부터 명확하므로 (우리가 상자를 열 때까지는 알 수 없지만) 광자를 감지한 검출기가 A인지 B인지는 이미 발생한 사실이다. 봄의 해석에 따르면 고양이가 살아 있는 상태와 죽은 상태의 중첩은 없다. 고양이가 살았는지 죽었는지 우리가 모를 뿐이다.

지금쯤 이런 의문이 들 것이다. 만일 봄 해석의 예측력이 일반적인 양자론 접근법의 예측력과 똑같고, 봄의 견해에 따를 때 우리가 근본적 실재를 우리 대부분에게 더 편안한 그런 종류의 명확한 실재로 볼 수 있다면, 봄의 견해가 표준 견해가 되지 못한 이유는 무엇일까? 다시 말해 봄의 접근법, 즉 봄의 해석이 소수 의견인 까닭은 무엇일까? 왜 봄의 견해는 다수 의견으로 인정되지 않았을까?

봄의 해석과 연관한 문제들은 복잡한 논쟁의 대상이며, 이런 의문들도 간단히 해결할 수 있는 문제가 아니지만, 내 나름대로 일반적인 (그리고 부분적인) 두 가지 대답을 제시하겠다. 첫째, 봄의 수학이 기존 수학보다 낫다고 할 수 없다. 즉 봄의 수학과 양자론 표준 수학이 제시하는 예측이 똑같은 것 같다. 그런데 양자론의 표준 수학은 봄이 수정안을 제안하기 이미 몇 년 전에 소개되었다. 물리학자들이 기존 수학을 익숙하게 사용하는 상황에서 봄이 대안적인 수학을 제안한 것이다. 하지만 봄의 수학이 새로운 예측을 제공하지 못하므로 그의 수학이 이미 사용 중인 수학보다 낫다고 할 수 없다. 따라서 실용적인 관점에서 볼 때, 기존 수학을 봄의 새로운 접근법으로 대체해야만 할 이유가 없다. 그리고 봄의 양자론 해석이 봄의 양자론 수학과 긴밀하게 연결되었기 때문에 봄의 수학에 대한 의욕 상실이 봄의 해석에 대한 의욕 상실로 이어진 것 같다.

둘째, 봄의 수학이 표준 수학과 똑같은 예측을 제시하지만, 봄의 수학이 표준 해석보다 논란의 소지가 적은 해석에 적합하다고 할 수 없다. 간단히 말해서, 이런 문제가 있다. 양자 실체가 언제나 명확한 위치가 있는 입자라는 견해와 유도 파동 등 봄의 접근법의 핵심 특징들을 실재론적으로 받아들일 수밖에 없다는 문제다. 만일 이런 특징들이 실재를 표현한다고 인정하지 않으면 봄의 접근법을 선호할 아무런 이유가 없기 때문이다. 다시 말해, 양자론에 대해 도구주의적 태도를 지키는 사람이라면 물리학자 대부분이 사용하는 표준 수학을 선택하는 편이 나을 것이기 때문이다.

하지만 봄의 접근법을 실재론적으로 받아들이면, 봄의 이론이 아인슈타인의 상대성이론과 수월하게 들어맞을지 분명치 않다. 우선 봄의 유도 파장은 (흔히 초광속 영향이라 일컫는) 빛보다 더 빠른 영향을 요구하지만, 봄 접근법의 초광속 영향은 아인슈타인의 상대성이론과 상충한다는 것이 공통된 인식이다.

더욱이 봄의 접근법이 요구하는 확고한 동시성 개념도 아인슈타인의 상대성이론과 양립하지 못한다. 봄은 모든 입자가 언제나 명확한 위치를 지녀야 한다고 주장하지만, 앞서 논의한 대로 아인슈타인의 상대성이론에서는 물체가 언제 어디에 위치하는지를 묻는 질문에 답할 유일한 정답은 없다. 각자의 기준계에 따라 다르기 때문이다. 따라서 봄 접근법의 동시성은 23장에서 논의한 동시성의 상대성과 상충하는 것으로 보인다.

많은 사람이 봄 접근법은 상대성이론과 충돌한다고 생각하며, 봄의 해석과 아인슈타인의 상대성이론 중 하나를 고르라면 상대성이론을 택할 게 분명하다. 하지만 봄의 해석과 상대성이론의 갈등이 다른 해석들과 상대성이론의 갈등보다 더 심각하냐 아니냐는 또 다른 문제이고 어려운 문제다. 봄 접근법을 지지하는 사람들은 아인슈타인의 상대성이론과 문제없이 들어맞는 양자론 해석이나 변형은 없다고 주장한다. 맞는 말이다. 예를 들어, 우리가 다음 장에서 살펴볼 내용이지만 최근에 발견한 양자 사실들은 초광속 영향을 고려하지 않는 모든 해석을 기각한다. 봄의 접근법을 지지하는 사람들은 이렇게 새로 발견된 사실들에 비추어 볼 때 봄의 해석이 요구한 초광속 영향은 다른 해석들이 요구한 영향보다 더 큰 문제가 되지 않는다고 주장한다.

이런 논쟁에는 아주 복잡한 쟁점들이 포함되어 있으며, 봄의 해석과 상대성이론의 갈등이 정말 문제가 되는지는 아직 풀리지 않은 상태다. 더 정확히 말하면, 봄의 접근법과 상대성이론의 갈등이 다른 해석들과 상대성이론의 갈등보다 더 심각하냐 아니냐는 아직 풀리지 않은 상태다. 하지만 다른 해석들보다 봄의 해석이 아인슈타인의 상대성이론과 어울리기 더 어렵다는 것이 일반적인 인식이며, 이것이 봄의 해석이 더 큰 지지를 받지 못한 큰 이유 중 하나라고 해도 틀린 말은 아니다.

다세계 해석

비붕괴 해석으로 잘 알려진 아인슈타인의 실재론과 봄의 실재론은 숨은 변수 이론으로 분류된다. 또 하나 유명한 다세계 해석은 비붕괴 해석이지만 숨은 변수 해석은 아니다. 봄의 해석이나 아인슈타인의 해석과 마찬가지로 다세계 해석도 파동함수 붕괴라는 개념을 거부하지만, 거부하는 방법이 아인슈타인이나 봄의 방법과 다르다. 다세계 해석은 특정한 실험 상황을 가정하고 설명할 때 이해하기가 가장 쉽다.

[도표 27-1]의 빔 분리기 배치 상황을 다시 떠올리고, 버튼을 한 번 눌렀다고 가정하자. 양자론의 표준 수학은 광자가 빔 분리기를 통과한 다음 광자 검출기에 도착하기 전까지 중첩 상태 속에 존재한다고 표현한다. 즉 한 상태는 검출기 A를 향해 이동하는 파동으로 광자를 표현하고, 또 한 상태는 검출기 B를 향해 이동하는 파동으로 광자를 표현한다.

이제 찰나의 시간이 지나 광자가 검출기에 도착하고 검출기 A에서 버저 소리가 들린다고 가정하자. 검출기 A가 광자를 감지한 것이다. 모든 붕괴 해석에 따르면 검출기에서 버저 소리가 들리는 바로 그 순간 이미 파동함수 붕괴가 발생한다. 모든 붕괴 해석에 따르면 검출기에서 버저 소리가 들릴 때 이미 중첩 상태는 단 하나의 상태로 붕괴한다. 이 경우에는 광자가 검출기 A에 도착한 상태로 붕괴한 것이다.

다세계 해석은 이런 시나리오를 어떻게 설명할까? 다세계 해석에 따르면 파동함수는 절대 붕괴하지 않는다. 오히려 시간이 지날수록 상황이 슈뢰딩거방정식에 따라 계속 전개된다. 슈뢰딩거방정식을 실재론적으로 받아들이는 다세계 해석은 상황이 점점 더 복잡한 중첩 상태로 전개된다고 설명한다.

슈뢰딩거 고양이 시나리오도 비슷하게 설명한다. 광자 검출기도 고양이의 청각 체계도 파동함수를 붕괴시키지 않으며, 여러분이나 내가 상자 속을 들여다보아도 파동함수가 붕괴하지 않는다. 다세계 해석에는 파동함수 붕괴가 없다.

그렇다면 분명히 이런 의문이 들 것이다. 만일 파동함수가 붕괴하지 않고 방금 설명한 대로 중첩 상태가 계속 이어진다면 우리가 그런 중첩 상태를 관찰하지 못하는 이유는 무엇인가? [도표 27-1]에 예시한 사례에서 검출기 A만 광자를 감지한 것으로 관찰되는 이유가 무엇인가? 슈뢰딩거 고양이 시나리오에서 고양이가 살아 있는 상태와 고양이가 죽은 상태의 중첩이 관찰되지 않는 이유가 무엇인가?

여러분과 내가 이런 중첩 상태를 구성한 상태 중 하나의 일부라는 것이 그 대답이다. 중첩된 상태 중 한 상태 속에 여러분과 내가 살고 있기 때문이다. 여러분과 내가 우연히 검출기 A가 광자를 감지한 상태 속에서 살고, 슈뢰딩거 고양이 시나리오에서 고양이가 죽은 상태 속에 사는 것이다(상태 속에 산다기보다 그 일부라는 것이 더 정확한 표현일 것이다). 하지만 파동함수의 붕괴가 발생하지 않았으므로 (그리고 절대 발생하지 않으므로) 다른 상태들도 존재한다. 여러분과 나, 검출기, 고양이 등의 대응물이 다른 상태들 속에 사는 것이다(딱히 들어맞는 표현이 없고, '대응물'이 가장 근사한 단어다). 그래서 우리가 검출기 A의 버저 소리를 들을 때 우리의 대응물은 검출기 B의 버저 소리를 듣고, 우리가 죽은 고양이를 볼 때 우리의 대응물은 아주 행복하게 살아 있는 고양이를 바라본다.

한마디로 인위적이고 신비한 파동함수 붕괴는 없다. 전체 우주를 표현하는 파동함수, 즉 여러분과 나 그리고 우리의 모든 대응물을 비롯해 만물을 표현하는 파동함수가 슈뢰딩거방정식에 따라 전개된다. 이 파동함수는 무수히 많은 상태의 중첩으로 구성된 우주를 표현하며, 상태의 숫자는 계속해서 증가한다. 상상할 수 없을 만큼 엄청나게 많은 상태 중 딱 하나가 바로 여러분과 내가 사는 상태다. 하지만 넓게 보면 여러분과 내가 사는 상태는 특별한 것이 전혀 없다. 전체적으로 중첩된 다른 상태보다 더 '실재적'이지도 않고 덜 '실재적'이지도 않다.

다세계 해석에 부합하는 그림을 그린다면 계속해서 가지를 치는 나무 그림이다. 가지 하나하나가 엄청나게 큰 중첩 상태에 포함된 상태 하나하나를 표현한다. 양자 실체가 중첩 상태로 이어지는 상황에 진입할 때마다 새로운 가지가 돋는다. 그리고 이런 일이 아주 빈번하게 발생하므로 이 나무에서 맹렬한 속도로 새로운 가지가 돋는다.

양자론 해석 총평

앞서 강조한 대로 양자론 해석은 알려진 양자 사실들과 반드시 양립해야 한다. 그리고 양자론 표준 수학이나 (봄의 해석처럼) 양자론 표준 수학에 대한 대안적 접근법 중 하나와 양립할 것이다. 하지만 우리가 이미 확인한 대로 양자 사실 자체가 상당히 특이하고, 표준 수학은 상식적인 실재의 '그림'에 적합하지 않다. 양자론 해석이 모두 상식에 반하는 경향을 띠는 것이 주로 이런 이유 때문이다. 유일한 예외는 아인슈타인의 해석이지만 이미 언급한 대로 이제 아인슈타인의 해석은 가능한 선택지가 아니다.

여기서 짚고 넘어갈 사항이 있다. 해석 문제와 관련해 도구주의적 태도가 일반적인 접근법이라는 점이다. 양자론에 대해 순전히 도구주의적 태도를 지키면 해석 문제에 휘말리지 않는다. 도구주의적 관점에서 보면 양자론은 편리한 예측 도구다. 프톨레마이오스의 주전원이 예측에 편리한 수학적 도구로 간주된 것이나 마찬가지다. 하지만 양자론의 근본적 실재에 대해 질문하면 도구주의자는 불가지론적 태도를 보일 것이다. 그렇다고 양자론에 대해 도구주의적 태도를 지키는 것이 절대 부끄러운 일은 아니다. 사실 도구주의적 태도가 현직 물리학자들이 적어도 연구하는 동안 취할 가장 실용적인 태도라고 생각할 근거도 충분하다.

하지만 우리처럼 현직 물리학자가 아닌 사람들 그리고 심지어 연구실을 나선 물리학자들도 고대 그리스 이후 서구 사상의 큰 부분을 차지한 이 질문을 피할 수는 없다. 우리는 지금 어떤 우주에 살고 있는가? 이 질문에 대한 우리의 답은 지금까지 늘 우리 최고의 과학에서 큰 영향을 받았다. 그리고 양자론이 인류 역사에서 가장 중요하고 성공적인 이론 중 하나인 것은 틀림없다. 따라서 양자론이 우리가 사는 우주에 관한 견해에 영향을 미친다고 보는 것도 타당하다. 하지만 유효한 양자론 해석이 그리는 우주 그림이 우리가 늘 추정하는 우주 그림과 상당히 다른 것도 틀림없다.

표준 해석의 변형 해석과 봄의 해석, 다세계 해석에는 모두 매력적인 측면도 있고 그리 매력적이지 않은 측면도 있다. 각각의 해석이 지닌 장

단점을 정리하는 것도 나쁘지 않을 것 같다.

우리가 확인한 대로 표준 해석은 상당히 '최소주의적'이라는 장점이 있다. 표준 해석은 앞 장에서 설명한 표준 수학을 액면 그대로 믿으며 아주 밀접한 관계를 유지한다. 예를 들어, 표준 수학이 특정한 상황의 전자는 명확한 위치를 지니지 않는다고 하면 표준 해석은 그대로 인정한다. 우리는 세상이 늘 확실한 특징을 지닌 명확한 실체로 구성되지 않았다는 것을 받아들이기만 하면 된다.

하지만 표준 해석을 지지하는 사람들은 파동함수 붕괴라는 개념도 받아들인다. 측정이 이루어질 때 파동함수 붕괴가 발생한다고 짐작하지만, 표준 해석을 지지하는 사람들은 측정 문제를 둘러싼 난해한 질문들에 적절히 답변하지 못한다. 측정하는 동안 세상에서 무슨 일이 벌어지는가? 측정 과정도 우리가 측정 과정으로 보지 않는 과정과 다르지 않은 물리적 과정일 뿐인데 측정 과정과 비측정 과정 사이에 어떻게 실질적인 차이가 발생할 수 있는가? 그리고 만물이 양자 실체로 구성된다면 측정 장치가 측정하는 양자계와 측정 장치 사이에 어떻게 실질적인 차이가 발생할 수 있는가? 미시적 수준의 세계와 거시적 수준의 세계 사이에 어떻게 실질적인 차이가 발생할 수 있는가? 이 모든 질문이 측정 문제의 변형이고, 더 정확히 말하면 측정 문제를 바라보는 다양한 관점이다. 파동함수 붕괴는 표준 해석을 지지하는 사람들에게 난해한 질문을 제기하고 이 접근법을 지지하는 사람들은 그런 질문에 적절히 대답하지 못한다.

반면 봄의 해석은 측정 문제에서 벗어나는 큰 장점이 있다. 봄의 해석에서는 파동함수 붕괴가 없고, 따라서 이 해석을 지지하는 사람들은 앞에서 언급한 난해한 질문에 시달리지 않는다. 봄의 해석에서는 측정 장치가 측정하는 양자계와 측정 장치 사이에 근본적인 차이가 없고, 신비한 파동함수 붕괴도 없고, 측정 문제도 없다.

하지만 봄의 해석은 아인슈타인의 상대성이론과 수월하게 들어맞지 않고, 특히 상대성이론과의 갈등이 다른 해석들보다 더 크다는 것이 일반적인 평가이다. 아인슈타인의 상대성이론이 현대물리학의 핵심 분야이므로 이런 평가가 심각한 단점일 수 있다. 즉 봄의 해석은 장점도 있지만 짊어진 짐이 상당히 크다.

다세계 해석도 마찬가지로 측정 문제에서 벗어나는 큰 장점이 있다. 다세계 해석에도 파동함수 붕괴가 없고, 따라서 붕괴에 수반한 어려운 질문들이 제기되지 않는다. 더욱이 이 해석은 그야말로 최소주의적인 해석이다. (투영 가설 혹은 붕괴 가설은 제외하지만) 앞 장에서 설명한 수학이 제시한 그림을 액면 그대로 받아들인다. 만일 양자론 수학이 양자 실체와 관련한 계가 중첩 상태 속에 존재한다고 표현하면, 다세계 해석도 그렇게 받아들인다. 여러분과 나 그리고 우리 주변의 모든 물체는 존재하는 만물의 엄청나게 복잡한 중첩 상태 중 한 상태의 일부일 뿐이다. 양자론 수학이 이렇게 암시하고, 다세계 해석을 지지하는 사람들은 이런 암시를 액면 그대로 받아들인다.

하지만 다세계 해석이 지닌 장점은 어쩌면 이 해석이 가장 반직관적인 해석이라는 단점을 수반한다. 다세계 해석이 그리는 실재처럼 특이한 실재를 상상하기가 쉽지 않기 때문이다. 여러분과 나, 우리 주변에서 보이는 거의 모든 것의 상상할 수 없을 만큼 많은 대응물로 구성된 그런 특이한 실재를 상상하기는 어렵다. 실재가 우리 주변에서 보일 법한 단 하나 명확한 세상으로 구성된 것이 아니라 엄청나게 많은 중첩 상태로 구성되었으며, 우리가 주변에서 보는 상태는 그 엄청나게 많은 중첩 상태 중 하나일 뿐이라고 상상하기도 역시 쉽지 않다. 한마디로 다른 해석들과 마찬가지로 다세계 해석도 장단점을 모두 지니고 있다.

이제 양자론에 대한 도구주의적 태도가 일반적인 이유를 이해하기가 더 쉬울 것 같다. 앞에서 논의한 이론들을 잠시 생각해보자. 아리스토텔레스 이후 서구 역사의 대부분 시간 동안 천문학 데이터를 설명하는 최고의 이론이 프톨레마이오스의 이론이었다. 하지만 우리가 확인한 대로 프톨레마이오스의 이론은 주전원이 필요하다. 그리고 행성들이 실제로 그처럼 작은 원을 따라 운동한다고 상상하기가 쉽지 않다. 실재론적 태도로 주전원을 받아들이기가 어려운 것이다. 결국, 행성들이 실제 프톨레마이오스 체계에서 설명한 대로 운동한다고 보기 어려우므로 천문학자들은 일반적으로 프톨레마이오스의 주전원에 대해 도구주의적 태도를 지켰다.

행성 운동에 관한 케플러의 견해, 즉 행성이 타원궤도를 따라 다양한 속도로 움직인다는 견해를 받아들이면서 우리는 행성 운동에 관해 (예나 지금이나) 실재론적으로 받아들이기 쉬운 그림을 그렸다. 하지만 케플러의 행성 운동론은 행성이 움직이는 모습을 알려줄 뿐 행성이 그렇게 움직이는 이유를 완전하게 설명하지 못한다. 뉴턴 물리학은 행성의 운동을 설명하는 것 같았다. 관성의 법칙과 보편중력의 법칙에서 타원형 궤도를 예상할 수 있었기 때문이다.

하지만 20장 끝부분에서 살펴본 대로, 실재론적으로 받아들이면 뉴턴의 중력 개념이 신비한 원격작용과 연루되는 것 같았다. 그리고 그처럼 신비한 '주술적' 힘이 실재한다고 상상하기 어려웠다. 뉴턴도 주로 이런 이유에서 중력에 대해 도구주의적 태도를 지킨다고 공언했다.

마찬가지로 지금 우리가 논의하는 양자론도 상식적인 실재의 그림에 적합하지 않다. 따라서 양자론에 대한 도구주의적 태도가 일반적이라는 사실은 오래전부터 이어진 추세, 문제없는 실재론적 해석에 적합하지 않은 이론에 대해 도구주의적 태도를 지키는 추세의 최신 사례에 불과한지도 모른다.

하지만 우리가 어떤 우주에 살고 있는지 관심이 있고, 그래서 실재 질문을 숙고하려면 모든 유효한 양자론 해석에 그리 매력적이지 못한 측면이 있다는 것을 염두에 두어야 한다. 이미 언급했지만 어떤 해석이 옳은지는 고사하고 어떤 해석이 더 나은지에 대해서도 일치된 의견이 없다. 어떤 묘한 풍미를 좋아하느냐는 대체로 미학적인 질문에 따라 사람마다 선호하는 해석은 달라진다. 더 정확히 말하면 가장 거슬리지 않는 묘한 풍미가 무엇이냐에 따라 사람마다 선호하는 해석이 결정된다.

앞 장에서 살펴본 대로 양자 사실은 놀라운 사실이지만, 양자 사실이 무엇인지에 대한 논란은 없다. 그리고 양자론 수학은 물리학에서 전혀 낯설지 않은 파동 수학의 변형이다.

가장 특이하고 논란의 소지가 크며 난해한 쟁점들은 실재 질문과 연관된 문제다. 특히 두드러지는 것이 측정 문제 그리고 해석과 관련한 문제들이다. (이제 유효하지 않다고 밝힌 아인슈타인의 해석 외에) 통상적인 해석들이 그린 실재의 그림은 모두 우리가 지난 2,500여 년 동안 흔히 그린 그림과 다르다.

다음 장에서는 실재 질문에 추가로 영향을 미치는 최근의 경험적 결과를 살펴본다. 이 결과가 어떤 해석들이 유효한 선택지인지 분명히 밝혀줄 것이다. 이 새로운 결과가 묘한 상황을 개선하는 것은 아니지만 묘한 곳이 어딘지 확인시켜줄 것이다.

양자론과 국소성
EPR, 벨의 정리, 아스페 실험

26장과 27장에서 양자 사실과 양자론 수학의 개요, 측정 문제와 양자론 해석을 살펴보았다. 최근 새롭게 등장한 양자 사실들이 해석 질문에 중대한 영향을 미치고 있다. 28장의 목표는 우리의 실재론에 중대한 영향을 미친다고 흔히들 주장하는 최근의 양자론 관련 실험들을 파악하고 이러한 주장의 영향을 분석하는 것이다. 특히 최근의 실험들이 '국소적인' 실재관은 틀림없이 잘못되었음을 입증한다는 주장을 자세히 살펴볼 것이다. 이번에도 기본적인 내용부터 살펴보자.

배경 정보

앞에서도 강조했지만 양자 사실과 양자론 자체, 양자론 해석을 분명히 구분할 필요가 있다. 이 장에서 우리가 집중할 것은 양자론 해석에 중대한 영향을 미친다고 흔히들 주장하는 최근 실험들이다. 이 실험들은 양자 사실로 분류된다. 다시 말해, 우리가 다룰 실험과 그 실험 결과는 새로운 양자 사실일 뿐 그 이상도 그 이하도 아니다. 그 반면, 흔히 주장하는 그 실험의 영향은 양자론 해석과 연관된 실재 질문에 포함된다. 다시 강조하지만, 양자 사실이 해석 질문에 중요한 이유는 양자 사실에 따라 해석 질문에 대한 우리의 답이 결정되기 때문이다. 특히 실재가 어떤 모습이건 그 실재는 알려진 사실을 생성할 수 있는 실재여야만 한다.

최근의 양자 사실들이 '국소적인' 실재관을 기각한다는 주장이 있다. 즉 최근의 양자 사실들은 비국소적인 실재만이 생성할 수 있는 사실들이라고 주장하는 것이다. 적절한 때가 되면 '국소성'과 '국소적인' 실재관의 의미를 자세히 검토하겠지만, 먼저 이 새로운 양자 사실들을 되도록 이해하기 쉽게 설명하고 넘어가자.

이 새로운 사실들을 가장 쉽게 설명하는 방법은 'EPR/벨/아스페 3부작'이다. 내가 말하는 EPR/벨/아스페 3부작은 1935년 아인슈타인과 보리스 포돌스키Boris Podolsky, 네이선 로젠Nathan Rosen이 논문에서 제시한 EPR 사고실험, 일반적으로 '벨의 정리' 혹은 '벨의 부등식'이라 불리는 1964년 존 벨의 증명, 1970년대 중반에 시작되어 1980년대 초반 중요한 실험들로 이어진 알랭 아스페Alain Aspect 실험이다.

앞으로 이야기할 EPR과 벨, 아스페 관련 내용은 조금 단순화한 설명이다. 예컨대 이 책을 읽다 보면 EPR과 벨, 아스페가 모두 광자의 간단한 편광 속성에만 관심이 있었다는 생각이 들 수도 있지만, 실제 내용은 조금 더 복잡하다. 벨의 정리도 실험을 위한 설계처럼 보이겠지만, 사실 벨의 정리는 실험 설계라기보다는 수학적 증명이다. 광자의 편광과 관련한 문제와 관련 실험은 단순화해서 설명할 것이다. 여러분이 아주 쉽게 이해하도록 내용을 조금 단순화했지만, EPR과 벨의 정리, 아스페 실험의 핵심 개념을 왜곡하는 일은 없을 것이다. EPR 사고실험부터 살펴보자.

EPR 사고실험

이제부터 주로 이야기할 것은 광자의 '편광'이다. 편광에 대한 지식은 필요 없다. 편광이 '실제' 무엇인지 누구도 알지 못하므로 괜찮다. 여러분은 (대충 설명하면 주황색이 호박의 한 속성인 것처럼) 편광이 광자의 한 속성이며 편광 검출기로 검출할 수 있다는 정도만 알면 충분하다.

편광 검출기가 광자가 '상향' 편광인지 '하향' 편광인지 기록할 수 있고, 각각의 광자는 상향 편광으로 측정될 확률이 50%이고 하향 편광으로 측정될 확률도 50%라고 가정하자.

이제 특별한 한 쌍의 광자, 즉 쌍둥이 상태에 있는 한 쌍의 광자를 발생시킨다 치자. 광자들이 쌍둥이 상태에 있다는 말은 두 광자의 편광을 측정할 경우 두 광자의 편광이 늘 똑같게 측정된다는 의미다. 다시 말해, 두 광자가 모두 상향 편광으로 측정되거나 모두 하향 편광으로 측정된다 (더 자세히 설명하면, 똑같이 구성된 편광 검출기들을 사용할 경우 검출기 두 대가 모두 상향을 가리키거나 하향을 가리킬 것이다. 이제부터는 두 광자를 측정하는 데 사용되는 편광 검출기들이 똑같이 구성되었다고 생각하자).

여기서 유념할 점은 광자들이 쌍둥이 상태에 있다는 말이 이런 측정 결과를 의미할 뿐 그 이상도 그 이하도 아니라는 것이다. 즉 측정되지 않을 때 이 두 광자의 '실제' 모습을 의미하거나 암시하지 않는다는 것이다.

광자들이 쌍둥이 상태에 있다는 말은 다음과 같은 양자 사실만 기술할 뿐이다. 이런 한 쌍의 광자를 발생시키고 편광 측정을 시행하면, 편광 검출기에 기록된 두 광자의 편광이 모두 상향이든지 하향이다. 다시 말하지만 광자들이 쌍둥이 상태에 있다는 말의 의미는 이것이 전부다. 이런 사실에 유념해, 측정되지 않을 때 두 광자에게 '실제' 어떤 일이 벌어지는지 상상하려는 유혹에 빠지지 않길 바란다.

이제 쌍둥이 상태의 광자 두 개를 분리해 각각 반대 방향으로 편광 검출기를 향해 발사한다고 가정하자. 편광 검출기 두 대를 A와 B로 구분하고, 광자 광원과 검출기 B의 거리가 광자 광원과 검출기 A의 거리보다 조금 더 멀다고 가정하자. 이런 실험 설정을 예시한 그림이 [도표 28-1]이다.

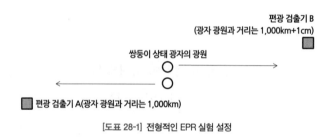

편광 검출기 B
(광자 광원과 거리는 1,000km+1cm)

쌍둥이 상태 광자의 광원

편광 검출기 A(광자 광원과 거리는 1,000km)

[도표 28-1] 전형적인 EPR 실험 설정

이제 검출기 A를 향해 빠르게 이동하는 광자에 집중하자. 광자가 검출기 A에 도착하면 검출기가 상향 편광을 가리킨다고 가정하자. 이때 우리는 찰나의 시간이 지난 뒤 다른 광자가 검출기 B에 도착하고, 이 검출기도 상향 편광을 가리킬 것을 알고 있다(두 광자가 쌍둥이 상태여서 측정할 때마다 두 광자의 편광이 모두 똑같이 측정될 것을 알기 때문이다). 그리고 사실 찰나의 시간이 지난 뒤 검출기 B는 실제로 상향 편광을 가리킨다.

지금까지 이야기한 내용이 EPR 사고실험의 전체 시나리오다. 특별히 놀랍거나 특이한 내용이 전혀 없다. 이게 뭐 그리 대단할까? 아인슈타인과 포돌스키, 로젠은 도대체 무엇 때문에 이런 시나리오를 구상했을까?

아인슈타인과 포돌스키, 로젠이 이런 실험을 구상한 의도는 양자론이 불완전하다는 것, 즉 양자론에 포함되지 않은 (EPR 논문의 표현대로) '실재 요소'가 있음을 확신시키는 것이었다. 세 사람의 주장은 다음과 같다.

① 두 광자는 편광이 측정되기 전에 명확한 편광 속성을 지닌 것이 틀림없다.
② 하지만 양자론은 어느 광자도 편광이 측정되기 전에 명확한 편광 속성을 지닌다고 표현하지 않는다.

즉 EPR은 양자론이 실재 요소, 다시 말해 검출되기 전 광자의 편광 속성을 표현하지 못하므로 불완전한 실재 이론이라고 주장했다. 주장 ②는 맞다. 사실 이것이 양자론의 특징이기 때문이다. 양자론의 표준 수학은 측정 전에는 각각의 광자가 명확한 편광 속성을 지닌다고 표현하지 않고, 광자들이 상향 편광과 하향 편광이 중첩된 상태에 있다고 표현할 것이다.

주장 ②가 맞으므로 만일 EPR이 주장 ①도 옳다고 증명하면, 양자론이 불완전한 이론이라는 결론을 지지하는 강력한 논거를 확보하게 된다. 이제 EPR이 주장 ①이 옳다고 믿는 근거를 자세히 살펴보자. 복잡하게 느껴질 수도 있는 내용이지만, 차근차근 따라오면 분명히 이해할 수 있을 것이다.

주장 ①의 논거

주장 ①의 논거를 이해하려면 먼저 국소성 가정이 무엇인지 알아야 한다. 수많은 기본 가정이 그렇듯 국소성 가정도 말로 설명하기가 상당히 어렵다. 용어를 정의하기 전에 국소성 가정을 쉽게 설명하는 예를 들어보자.

앞에 나온 예를 다시 생각해보자. 내가 책상 위에 볼펜을 한 자루 올려놓은 뒤 여러분에게 볼펜을 움직여보라고 부탁한다고 가정하자. 단, 볼펜을 건드리거나 입김으로 불거나 책상을 흔들거나 다른 사람에게 돈을 주며 대신 볼펜을 움직이라거나 혹시 여러분이 지니고 있을지 모르는 '초자연적인 정신력'을 사용하면 안 된다. 한마디로 (물리적이건 다른 것이건) 절대 그 어떤 접촉도 하지 않고 볼펜을 움직여야 한다. 여러분은 내가 불가능한 일을 부탁한다고 생각할 것이다. 하지만 여러분이 불가능하다고 생각하는 이유가 무엇일까? 두 사물 사이에 (물리적 접촉이나 연락, 적어도 모종의 연결 같은) 어떤 접촉이 없는 한, 한 사물이 (이 경우에는 여러분이) 다른 사물에 (즉 볼펜에) 영향을 미치거나 효과를 일으키지 못한다고 생각하기 때문일 것이다.

또 다른 예를 들어보자. 매일 아침 사라와 조를 시켜 도넛을 사 온다고 가정하자. 사라는 마을 북쪽에 있는 도넛 킹 가게로 보내고, 조는 반대쪽으로 조금 떨어져 마을 남쪽에 있는 도넛 킹 가게로 보낸다. 두 사람을 동시에 출발시키고, 두 사람이 각자 정해진 가게로 가는지 확인할 사람도 함께 보낸다. 그런데 사라가 크림 도넛을 고르는 날은 조도 크림 도넛을 고르고, 사라가 초콜릿 도넛을 고르는 날은 조도 초콜릿 도넛을 고른다. 사라가 어떤 도넛을 고르건 조도 똑같은 도넛을 고르는 것이다. 며칠이 지나건 몇 주가 지나건 몇 달이 지나건 변함이 없다. 이런 경우 우리는 직관적으로 사라와 조 사이에 분명히 모종의 연결이나 연락이 있다고 생각할 것이다. 흔히 우리는 둘 사이에 모종의 연결이나 연락이 없는 한 한 장소에서 발생한 일, 즉 사라가 북쪽 가게에서 도넛을 고른 일이 다른 장소에서 발생한 일, 즉 조가 남쪽 가게에서 도넛을 고른 일에 영향을 미칠 수 없다고 생각할 것이다. 바로 이 문장에 표현된 것이 국소성 가정이다.

> 두 장소 사이에 모종의 연결이나 연락이 없는 한 한 장소에서 발생한 일은 다른 장소에서 발생한 일에 영향을 미칠 수 없다.

'모종의 연결이나 연락'의 정확한 의미, 한 사물이 다른 사물에 미치는 '영향'의 의미를 이해하는 방식은 아주 다양하다. 그래서 국소성 가정을 오해하고 잘못된 의사소통을 하는 경우가 대단히 많다. '모종의 연결이나 연락'과 '영향'이라는 개념을 이해하는 다양한 방법, 국소성 가정을 더 자세히 이해하는 다양한 방법은 잠시 뒤에 살펴보기로 하자. 국소성 가정을 이 정도만 알고 있어도 EPR 논거를 이해하기에는 충분하다.

국소성 가정을 적용하면 EPR의 주장 ①의 논거를 쉽게 정리할 수 있다. 국소성 가정에 따르면 검출기 A에서 측정한 광자의 편광은 검출기 B에서 측정한 광자의 편광에 영향을 미칠 수 없다. 이유는 간단하다. 검출기 두 대가 아주 멀리 떨어져 있고, 따라서 그 어떤 신호나 연락이나 영향이 검출기 A에서 B까지 이동할 시간이 없기 때문이다. 적어도 영향이 빛보다 빠르게 이동하지 않는 한 그런 영향이 발생할 수 없고, (아인슈타인의 상대성이론에 따르면) 빛보다 빠르게 이동하는 영향은 없으므로 검출기 A에서 발생한 일이 검출기 B에서 발생한 일에 영향을 미칠 수 없다고 생각할 타당한 근거가 있는 것 같다. 따라서 검출기 A에서 측정한 광자 편광과 검출기 B에서 측정한 광자 편광의 완벽한 상관관계는 오직 두 광자가 검출되기 전에 이미 명확한 편광 속성을 지닐 때만 설명할 수 있다. 다시 말해, 국소성 가정이 옳다면 주장 ①도 옳은 것이다.

EPR 논거를 이렇게 정리할 수 있다. 국소성 가정이 오류이거나 양자론이 불완전한 이론이다. 그런데 (EPR의 주장에 따르면) 제정신을 지닌 사람이라면 국소성 가정을 기각하지 않을 것이다. 따라서 (EPR의 결론은) 양자론이 분명히 불완전한 이론이다.

벨의 정리

EPR 사고실험은 실제로 시행해도 별 의미가 없다. 광자들이 검출되기 전에 편광 속성을 지니는지 아닌지가 핵심이지만, 실험을 실행해도 광자들이 검출될 당시의 편광 속성만 알 수 있을 뿐 검출 전의 속성은 알 수 없기 때문이다.

1964년 존 벨이 실제로 실험을 시행해 흥미로운 결과가 나타나도록 EPR 시나리오를 수정할 방법이 없을지 고민했다. 그리고 실제로 실험을 흥미롭게 수정할 방법을 찾아냈다. 그 결과가 바로 벨의 정리 혹은 벨의 부등식이다. 벨이 얻은 결과는 글자 그대로 수학적 증명이다. 하지만 벨의 정리를 실험 설정으로 생각할 때 이해하기가 더 쉬우니, 이 책에서도 실험 설정 방식으로 설명하겠다.

벨 자신도 데이비드 머민, 닉 허버트Nick Herberet와 더불어 벨의 정리를 비수학적으로 훌륭하게 설명했다. 앞으로 이야기할 음료 자판기 비유는 내가 임의로 선택한 것이지만 그 핵심은 세 사람의 설명에서 가장 좋은 부분을 따온 것이다. 복잡해도 몇 분만 참고 견디면, 여러분이 벨의 정리를 어렵지 않게 추론할 수 있을 것이다.

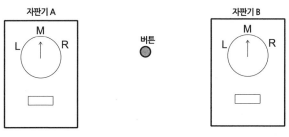

[도표 28-2] 음료 자판기 비유

자판기 비유부터 출발하자. 〔도표 28-2〕를 보면, 거의 똑같은 자판기 두 대가 있다. A와 B로 구분하자. 가운데에 설치된 버튼을 한 번 누를 때마다 각각의 자판기에서 캔에 든 탄산음료가 하나씩 나온다. 버튼을 한 번 누를 때마다 각각의 자판기에서 다이어트 콜라나 세븐업이 나온다고 가정하자. 다이어트 콜라는 D로 표기하고, 세븐업은 (흔히 부르는 별명인) 언콜라Uncola를 적용해 U라고 표기하자. 각각의 자판기에는 L(좌)과 M(중간), R(우)이 표기된 다이얼이 달려 있다.

그리고 두 대의 자판기 사이에 뚜렷한 연결이나 연락은 보이지 않는다고 가정하자. 즉 자판기 A와 자판기 B 사이에는 전기선이나 무선 연결 장치 등 일체의 연결이 없다. 이 점에 유념해 다음 네 가지 시나리오를 살펴보자.

시나리오 1 : 자판기 A의 다이얼은 M을 가리키고, 자판기 B의 다이얼도 M을 가리킨다. 버튼을 수백 번 누르며 관찰하면 버튼을 누를 때마다 두 자판기에서 똑같은 음료가 나온다고 가정하자. 즉 자판기 A에서 다이어트 콜라가 나오면 자판기 B에서도 다이어트 콜라가 나오고, A에서 (언콜라) 세븐업이 나오면 B에서도 세븐업이 나온다. 더군다나 두 자판기에서는 다이어트 콜라와 세븐업이 무작위로 섞여 나온다. 다시 말해 두 자판기에서 항상 똑같은 음료가 나오지만, 그중 50%는 다이어트 콜라고 나머지 50%는 세븐업이다.

자판기 A의 다이얼이 M에 위치할 때 A:M으로 표기하고, 마찬가지로 자판기 B의 다이얼이 M에 맞춰진 것도 B:M으로 표기하자. 음료의 종류를 D와 U로 표기해, 각 자판기에서 음료가 나온 결과를 기록하자(예를 들어, A:M DUDDUDUUUD는 버튼을 열 번 누를 때 다이얼이 M에 맞춰진 자판기 A에서 음료가 나온 결과). 그러면 시나리오 1은 이렇게 요약할 수 있다.

A:M DUDDUDUUUDUDDUUDUDDUDUUUDUDD……
B:M DUDDUDUUUDUDDUUDUDDUDUUUDUDD……
요약:똑같은 결과

시나리오 2:자판기 A의 다이얼을 L로 돌리고 자판기 B의 다이얼은 계속 M에 맞춰 놓는다. 다이얼을 이렇게 맞추고 버튼을 여러 번 누르면 두 자판기에서 대체로 똑같은 음료가 나오지만, 가끔 다른 음료가 나온다고 가정하자. 정확히 말하면, 다이얼을 이렇게 맞출 때 두 자판기에서 음료가 나오는 결과는 25%의 차이를 보인다. 요약하면 이렇다.

A : L DDUDUUDUDDUUDUDUUDUDDDUDUUDU……

B : M DUUDUDDUDDUUDUUDUDUDUDUDDUUU……

요약 : 25% 차이

시나리오 3 : 이번에는 자판기 A의 다이얼을 다시 M에 맞추고, 자판기 B의 다이얼을 R로 돌린다. 이번에도 버튼을 여러 번 누르면 두 자판기에서 대체로 똑같은 음료가 나오고 25%만 다른 음료가 나온다. 요약하면 이렇다.

A : M UUDUDDUDUUDDDUDUUUDUDUUDDUDD……

B : R UDDUDUUDDUDUDUDDUUUUDUDDDUDD……

요약 : 25% 차이

시나리오 4 : 자판기 A의 다이얼을 (시나리오 2처럼) L에 맞추고, 자판기 B의 다이얼은 (시나리오 3처럼) R에 맞춘다. 결과를 생략하고 시나리오 4를 요약하면 이렇다.

A : L ???

B : R ???

요약 : ???

자판기 A와 B의 다이얼을 이렇게 조정할 때, 다음과 같은 내용이 참이라면 어떤 결과가 나올지 예상해보자.

ⓐ 두 자판기 사이에 아무런 연결이나 연락이 없다.

ⓑ 국소성 가정은 옳다.

만일 ⓐ와 ⓑ가 옳다면, 시나리오 2의 25% 차이는 분명히 자판기 A의 다이얼을 돌림으로써 자판기 A에만 변화가 발생한 결과다. 시나리오 3의 25% 차이도 역시 자판기 B의 다이얼을 돌림으로써 분명히 자판기 B에만 변화가 발생한 결과다. 즉 두 자판기 사이에 연락이나 연결이 없다면, 자판기 A 다이얼의 위치 변화는 자판기 A의 결과에만 영향을 미치고, 자판기 B 다이얼의 위치 변화는 자판기 B의 결과에만 영향을 미친다.

따라서 자판기 A의 다이얼을 돌리면 자판기 A의 결과에서 25% 차이가 발생하고, 자판기 B의 다이얼을 돌리면 자판기 B의 결과에서 25% 차이가 발생한다면 중요한 질문은 이것이다. 시나리오 4처럼 두 자판기의 다이얼 위치를 모두 바꾸면 결과에서 발생할 최대 차이는 얼마일까?

이 질문의 의미를 파악하고 답을 생각해보자. 만일 여러분이 답을 안다면, 이미 기본적으로 벨의 정리를 편안하게 추론한 셈이다. 정답은 이것이다. ⓐ와 ⓑ가 옳다면 시나리오 4의 최대 차이는 50%다. 즉 자판기 A 다이얼을 돌리면 자판기 A의 결과에서 25% 차이가 발생하고 자판기 B의 결과에는 영향을 미치지 않으며, 자판기 B의 다이얼을 돌리면 자판기 B의 결과에서 25% 차이가 발생하고 자판기 A의 결과에 영향을 미치지 않는다면 두 자판기의 다이얼을 모두 돌릴 때 발생하는 차이는 기껏해야 총 50%다. 이런 시나리오에서 최대 차이가 50%라는 이 추론이 기본적인 벨의 정리다.

물론 벨은 자판기에서 음료가 나오는 결과에 관심이 없었고, 사실 자판기 상황은 비유에 불과할 뿐이다. 자판기 상황이 양자론과 어떻게 연결되는지 이해하려면 자판기 비유를 양자론과 연결해야 한다.

버튼을 누를 때마다 자판기에서 탄산음료가 나오는 대신 〔도표 28-1〕에 예시한 EPR 시나리오와 똑같이 쌍둥이 상태의 광자 한 쌍이 나온다고 가정하자. 그리고 자판기 대신 〔도표 28-1〕과 마찬가지로 광자 검출기 A와 B를 설치한다고 생각하자. 하지만 〔도표 28-1〕의 기본적인 EPR 시나리오와 달리 이 두 대의 광자 검출기에는 자판기처럼 L과 M, R이 표기된 다이얼이 달려 있다. 이렇게 수정한 EPR 시나리오를 예시한 그림이 〔도표 28-3〕이다.

사실 광자 검출기는 〔도표 28-3〕에 예시한 대로 L, M, R에 상응하게 설정을 바꿀 수 있다. 이제 자판기 시나리오와 똑같은 실험을 시행한다고 가정하자. 광자 검출기 두 대의 다이얼을 모두 M에 맞추고 버튼을 계속 누르면 버튼을 누를 때마다 쌍둥이 상태의 광자 한 쌍이 생성된 다음 각각의 검출기를 향해 발사된다. 앞에서 설명한 대로 광자들이 쌍둥이 상태이므로 검출기 두 대가 똑같다면 두 광자는 모두 상향 편광이나 하향 편광으로 측정될 것이다. 다시 말해, 두 검출기를 똑같이 설정했다면 두 광자가 모두 똑같은 편광 속성을 지닌다고 검출될 것이다. 따라서 검출기 두 대의 다이얼이 모두 M에 맞춰진 이 시나리오에서 하향 편광과 상향 편광을 D와 U로 표기하면, 실험 결과는 앞에서 살펴본 시나리오 1의 결과와 똑같을 것이다. 다시 말해, 두 검출기의 결과가 똑같을 것이다.

이것이 단지 양자 사실, 즉 양자 실험의 결과라는 점에 유념해야 한다. 검출기 두 대의 다이얼을 M에 맞추고 쌍둥이 광자 한 쌍을 발사하면, 검출기들이 모든 한 쌍의 광자를 모두 상향 편광이거나 하향 편광으로 검

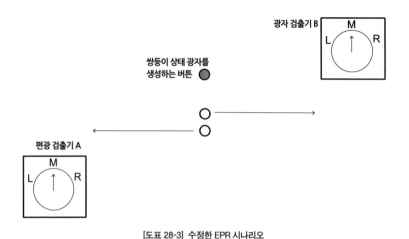

광자 검출기 B

쌍둥이 상태 광자를
생성하는 버튼 ⬤

편광 검출기 A

[도표 28-3] 수정한 EPR 시나리오

출할 것이다. 게다가 이런 결과는 양자론의 예측과 정확히 일치한다.

이제 시나리오 2처럼 광자 검출기의 설정을 바꾸자. 이제 두 검출기의 다이얼 위치가 같지 않으므로 우리는 각각 한 쌍의 광자에서 똑같은 검출 결과가 나올 것으로 예상할 수 없다. 그리고 실험한 사실을 확인하면, 이 시나리오의 결과가 시나리오 2에서 요약한 결과와 정확히 일치한다. 이것도 역시 양자 사실이고, 마찬가지로 양자론의 예측과 정확히 일치한다.

마찬가지로 광자 검출기의 설정을 시나리오 3처럼 바꾸면 그 결과도 시나리오 3에서 요약한 결과와 일치한다. 이것도 역시 양자 사실이고, 양자론의 예측과 일치한다.

여기까지는 문제가 없다. 특이한 내용이 전혀 없다. 이제 광자 검출기의 설정을 시나리오 4처럼 바꾸자. 검출기 A의 다이얼은 L로 돌리고, 검출기 B의 다이얼은 R로 돌린 후 어떤 결과가 나올지 예상해보자. 자판기 비유에서 사용한 표기법을 똑같이 사용해 네 가지 시나리오를 요약하면 다음과 같다.

시나리오 1

A : M DUDDUDUUUDUDDUUDUDDUDUUUDUDD……

B : M DUDDUDUUUDUDDUUDUDDUDUUUDUDD……

요약 : 똑같은 결과

시나리오 2

A : L DDUDUUDUDDUUDUDUUDUDDDUDUUDU……

B : M DUUDUDDUDDUUDUUDUDUDUDUDDUUU……

요약 : 25% 차이

시나리오 3

A : M UUDUDDUDUUDDDUDUUUDUDUUDDUDD……

B : R UDDUDUUDDUDUDUDDUUUUDUDDDUDD……

요약 : 25% 차이

시나리오 4

A : L ???

B : R ???

요약 : ???

이제 자판기 때와 똑같이 물어보자. 만일 국소성 가정이 옳고, 광자 검출기 두 대 사이에 아무 연락이나 연결이 없다면, 광자 검출기 두 대의 결과에서 발생할 최대 차이는 얼마일까? 이번에도 (기본적으로 벨의 정리인) 답은 같다. 두 검출기의 결과에서 발생할 수 있는 최대 차이는 50%일 것이다.

여기가 바로 결정적인 대목이다. 양자론은 50%라는 수치에 동의하지 않는다. 검출기들을 시나리오 4처럼 설정할 경우 양자론은 두 검출기의 결과에서 거의 75%의 차이가 발생한다고 예측한다.

다시 말해, 벨은 양자론에 기초한 예측과 국소성 가정에 기초한 예측이 일치하지 않음을 발견했다. 자판기 비유로 간단히 설명한 추론에 따르면, 만일 국소성 가정이 옳다면 광자 검출기들을 시나리오 4처럼 설정할 때 두 검출기의 결과에서 발생할 수 있는 차이는 기껏해야 50%다. 하지만 양자론 수학에 기초한 예측은 거의 75%의 차이를 제시한다.

한마디로 벨은 양자론과 국소성 가정이 서로 양립하지 않음을 증명했다. 둘 다 옳을 수는 없다는 것이다.

아스페 실험

자판기 비유를 들어 설명한 대로 벨의 정리는 기본적으로 실험 설정이다. 앞에서 설명한 내용만 보면 비교적 간단한 실험처럼 보이지만 사실 기술적으로 상당히 어려운 실험이며, 벨이 1964년 이 같은 결과를 발표할 당시에는 실제로 실험을 시행할 방법이 없었다. 그 뒤 수십 년 동안 수많은 물리학자가 벨이 제시한 유형의 실험을 실제로 시행하기 위해 매달렸다. 그중 최고의 실험들이 1970년대 말부터 1980년 초반 파리대학의 알랭 아스페 연구실에서 시행한 실험이다(궁금해하는 사람이 있을지 몰라 설명하면, 이렇게 설정한 실험을 실제 시행할 때 가장 큰 어려움은 두 광자 검출기가 연결되거나 연락할 모든 가능성을 확실히 차단하는 것이다).

결과만 요약 설명하면, 아스페는 실험을 통해 국소성 가정과 양자론의 대결에서 양자론이 승리했음을 증명했다. 즉 아스페 실험의 결과는 국소성 가정이 틀렸음을 강력하게 시사한다. 1970년대와 1980년대에 진행한 아스페 실험 이후에도 수없이 많은 연구실에서 수없이 많은 실험 장비를 사용해 똑같은 결과를 반복해서 검증했다. 지금도 이런 실험들이 계속 진행되고 있다(내가 이 책을 쓰는 순간에도 벨이 제시한 유형의 아주 흥미로운 실험이 수없이 진행되고 있다. 주와 추천 도서에서 그 내용을 간단히 소개했다).

벨의 정리와 아스페 실험 결과는 실재의 본질에 관한 견해에 중대한 영향을 미친다. 아스페 실험 결과는 양자 사실이며, 훌륭한 실재관은 반드시 사실을 존중해야 한다. 그리고 양자 사실에 따르면 국소성 가정을 기각할 수밖에 없을 것 같다.

하지만 조심해야 한다. 앞에서 논의할 때 국소성 가정을 다소 느슨하게 설명하고 넘어간 것이 기억나는가? 이제 국소성 가정을 자세히 살펴보며 벨/아스페 실험 결과의 영향을 구체적으로 검토하는 것이 다음 주제다.

국소성과 비국소성, 유령 같은 원격작용

이 장의 목표는 두 가지였다. 첫째, 우리의 실재관에 중대한 영향을 미친다고 흔히 주장하는 최근의 실험들을 설명하고 둘째, 특히 이 실험들이 '국소적인' 실재관은 틀림없이 잘못되었음을 입증한다는 주장과 관련해 그렇게 추정된 영향을 분석하는 것이다. 첫 번째 목표는 달성했으니 이제 두 번째 목표를 향할 때다. 앞에서 언급한 국소성 가정의 대략적인 설명부터 살펴보자.

> 두 장소 사이에 모종의 연결이나 연락이 없는 한, 한 장소에서 발생한 일은 다른 장소에서 발생한 일에 영향을 미칠 수 없다.

이미 언급한 대로 '모종의 연결이나 연락', '영향'이라는 개념을 이해하는 방식은 아주 다양하다. 이 개념들을 정확히 파악하는 것이 첫 번째 과제다.

빛의 속도를 일종의 보편적 제한 속도라고 믿을 근거는 충분하다. 따라서 우리는 두 사건이 연결될 가능성을 광속으로 제한할 수 있다. 즉 두 사건이 연결되려면 두 사건의 시간 간격이 최소한 두 사건 사이를 빛이 이동할 때 걸리는 시간만큼은 되어야 한다. 예를 들어, 내가 내 전화기로 아내에게 전화를 거는 사건과 몇 초 뒤 아내의 전화기에서 벨이 울리는 사건 사이에는 연결이 있을 수 있다(실제로 연결이 있다). 이 두 사건의 시간 간격은 내가 있는 장소에서 아내가 있는 장소까지 빛이 이동할 때 걸리는 시간의 양보다 크다. 따라서 이 두 사건 사이에는 연결 가능성이 있다. 물론 이 두 사건은 실제로 연결되고, 어떻게 연결되는지는 여러분도 익히 알고 있을 것이다.

한편, 빛이 태양에서 지구까지 이동하려면 대략 8분이 걸린다. 따라서 (태양 표면의 폭발처럼) 태양에서 발생한 사건과 (무선통신 교란처럼) 지구에서 발생한 사건이 최소한 8분의 시간 간격을 두고 발생하지 않는 한 이 두 사건 사이에는 연결이 없다고 할 수 있다.

이런 개념을 사용해 '모종의 연결이나 연락'을 제한할 수 있다. 이제부터 별도로 언급하지 않는 한 앞으로 등장하는 '연결'이라는 단어는 연결 가능성을 의미하며, 두 사건의 시간 간격이 두 사건 사이를 빛이 이동하는 데 걸리는 시간의 양과 같거나 그보다 더 클 때만 두 사건 사이에 연결 가능성이 있다. 만일 두 사건 사이에 이런 연결 가능성이 없다면, 두 번째 사건을 '동떨어진' 사건 혹은 '동떨어진 장소'의 사건이라고 표현할 것이다.

이제 국소성 가정이 더 정교해진다. 광속을 강조하게 된 계기는 아인슈타인의 상대성이론이며, 아인슈타인이 가장 우려했던 영향이 광속보다 빠른 영향이었던 것 같다(아인슈타인은 이런 영향을 "유령 같은 원격작용"이라고 부르기도 했다). 정교한 국소성 가정을 아인슈타인 국소성이라고 부르자.

한 장소의 사건은 동떨어진 장소의 사건에 영향을 미칠 수 없다.

아스페가 실험한 사건들은 실제 '동떨어진' 사건들이었다. 다시 말해, (빛보다 빠른 연결이 없는 한) 두 사건 사이에 연결이 있을 수 없었다. 두 사건 사이의 연결을 없애는 작업이 아스페 실험 설정에서 기술적으로 가장 어려운 부분이었다. 아스페는 광자가 검출기에 도착하기 직전 광자 검출기의 위치를 빠르고 무작위적으로 (최소한 무작위에 가깝게) 바꾸는 것과 같은 효과를 내는 실험 배치로 문제를 해결했다. 한마디로 아스페는 검출기들의 위치를 빠르게 바꿔 (신호가 빛보다 빠르게 이동하지 않는 한) 두 검출기가 서로 신호를 주고받을 시간이 없도록 실험을 진행했다.

그런데 이 실험에서 한 검출기에서 발생한 일이 다른 검출기에서 발생한 일에 모종의 영향을 미친다. 한 검출기의 (다이얼 위치 변경) 사건이 동떨어진 검출기의 사건에 (즉 동떨어진 검출기의 결과가 다이얼 위치를 변경한 검출기의 결과와 일치할 확률에) 영향을 미친다. 따라서 벨/아스페 실험은 아인슈타인 국소성이 오류임을 입증한다. 요컨대, 아스페 실험의 결과와 이후 계속 반복 검증한 결과에 따르면, 한 장소의 사건이 동떨어진 장소의 사건에 영향을 미칠 수 있다는 것은 의심할 여지가 없다.

앞서 언급한 대로 국소성 가정과 아인슈타인 국소성에 사용된 '영향'은 아주 명확한 개념이 아니다. 아스페 실험에서 암시한 '영향'에 관해 우리가 설명할 수 있는 것은 무엇이고 설명할 수 없는 것은 무엇인지가 마지막으로 (중요하게) 살펴볼 주제다.

'영향'이라는 단어는 흔히 인과적 영향의 의미, 즉 한 사건이 다른 사건의 원인이 된다는 의미로 사용된다. 아인슈타인 국소성을 인과적 영향의 측면에서 이해하고, 이 국소성을 인과적 국소성이라 부르자.

한 장소의 사건은 동떨어진 장소의 사건에 인과적인 영향을 미칠 수 없다.

벨/아스페 실험은 인과적 국소성이 오류임을 입증하는가? 어려운 질문이다. 인과관계라는 개념 자체에 큰 어려움이 있다. 일반적으로 우리가 인과관계를 이야기할 때 염두에 두는 것은 잘못 날아간 야구공이 유리창을 깨트리고, 깨진 유리 조각 때문에 자동차 타이어가 펑크 나고, 손가락으로 키보드에 충격을 주어 키가 눌리고, 눌린 키가 전기신호를 키보드에서 컴퓨터로 전달하는 등의 상황이다.

하지만 이렇게 일상적인 인과적 영향은 벨/아스페 실험에서 드러난 영향과 중요한 차이가 있다. 특히 두드러진 차이는 일상적인 원인이 아인슈타인 국소성을 따른다는 것이다. 다시 말해, 일상적인 인과관계의 사례 중에는 빛보다 빠른 영향을 포함하는 사례가 없다. 그런데 벨/아스페 실험에서 드러난 것은 종류가 다른 영향, 아인슈타인 국소성을 따르지 않는 영향이므로 인과관계와 관련한 문제를 일상적인 사례에 기대어 설명하는 것은 너무 제한적이다. 인과관계를 더 일반적인 시각으로 바라보는 편이 좋을 것이다.

다행히 인과관계는 특히 20세기 초 이후 과학철학과 관련한 분야에서 가장 폭넓게 연구된 개념 중 하나다. 인과관계를 해석하는 다양한 제안이 세부적인 사항에서는 상당히 큰 의견 차이를 보이지만, 최소한 인과관계를 이해하는 일반적인 틀에서는 대체로 의견이 일치한다. 즉 해당 사건들 사이에 밀접한 상관관계가 있고 더욱이 그 상관관계를 공통 원인으로 설명할 수 없을 때 일반적으로 한 사건의 영향을 인과적 영향으로 인정한다(두 사건의 상관관계를 '공통 원인'으로 설명할 수 있다는 것은 한 사건이 다른 사건의 원인이 아니라, 두 사건이 모두 또 다른 하나 이상의 공통 원인에 따른 결과라는 의미다. 예를 들어, 0℃ 이하를 가리키는 우리 집 실외 온도계와 꽁꽁 언 근처 연못의 물은 밀접한 상관관계가 있다. 하지만 하나가 다른 하나의 원인이 아니라 둘 다 별도의 공통 원인, 즉 무척 추운 날씨에서 비롯된 결과다).

벨/아스페 실험 결과가 이 기준에 맞는 것 같다. 즉 한 검출기의 설정과 다른 검출기의 측정값 사이에 밀접한 상관관계가 있는 것이 확실하고, 아스페 실험이나 그 이후 수없이 추가 진행된 벨/아스페 유형의 실험들에서 그 상관관계를 공통 원인의 결과로 설명할 가능성이 점점 더 낮아졌다(주와 추천 도서에서 최근의 실험들을 간단히 설명했다). 요컨대, 일반적으로 인과관계를 이해하는 틀에서 보면 아스페 실험과 이후 진행 중인 벨/아스페 유형 실험들의 결과가 빛보다 빠른 인과관계를 시사하는 것 같다. 다시 말해, 아인슈타인 국소성과 마찬가지로 인과적 국소성도 틀린 것으로 보인다.

마지막으로 또 하나 일반적이고 중요한 유형의 영향을 살펴보자. 바로 우리가 정보를 보낼 때 사용하는 영향이다. 우리는 이런 영향을 일상에서 흔히 사용한다. 문자메시지를 보내거나 전화를 걸어 다른 사람과 대화하고, 모스부호로 신호를 보내고, 컴퓨터 키보드를 두드릴 때 모두 이런 종류의 영향을 사용한다. 따라서 마지막으로 자세히 살펴볼 국소성을 정보 국소성이라고 불러도 좋을 것 같다.

한 장소의 사건을 이용해 동떨어진 장소로 정보를 보낼 수 없다.

벨/아스페 실험은 정보 국소성이 오류임을 입증하는가? 다시 말해, 동떨어진 장소에서 발생하는 사건들 사이의 영향을 이용해 정보를 보낼 수 있는가? 예를 들어, 지구에 검출기 한 대를 설치하고 화성에 검출기 한 대를 설치할 때, 벨/아스페 실험 상황을 활용해 두 장소 사이에 즉각적으로 정보를 전달할 수 있는가?

벨/아스페 실험은 검출기 두 대를 상당히 가깝게 설치해야 한다는 조건을 걸지 않는다. 따라서 지구에 검출기를 설치하고 화성에 (혹은 수백만 광년 떨어진 은하에) 검출기를 설치해도 원칙적으로 같은 결과가 나올 것이다. 한 검출기에서 발생하는 일이 동떨어진 검출기에서 발생하는 일에 즉

각적으로 영향을 미칠 것이다. 그렇다면 이 영향을 이용해 동떨어진 장소로 정보를 즉각 보냄으로써 정보 국소성을 깨트릴 수 있지 않을까 하는 생각이 들 수도 있다.

하지만 의외로 불가능한 일인 것 같다. 벨/아스페 실험 설정을 이용해 두 장소 사이에 정보를 전달할 방법이 없는 것 같기 때문이다. 왜 그런지 구체적인 예를 들어 살펴보자.

예를 들어, 여러분이 오클라호마주 털사시에 설치한 검출기 A 옆에 있고, 나는 250만 광년 떨어진 안드로메다은하에 설치한 검출기 B 옆에 있다고 가정하자. 내 검출기의 다이얼은 R에 맞춰져 있다. 앞에서 살펴본 시나리오 3과 4를 다시 보면 여러분의 검출기 다이얼이 M에 맞춰져 있을 때 내 검출기의 측정값이 여러분 검출기의 측정값과 다를 확률이 겨우 25%임을 알 수 있다. 하지만 여러분이 검출기의 다이얼을 L 위치로 돌리면, 내 검출기의 측정값과 여러분 검출기의 측정값이 다를 확률이 75%로 치솟는다. 요컨대, 여러분이 검출기 다이얼의 위치를 M과 L로 바꿈으로써 여러분과 내 검출기의 측정값이 일치하거나 달라질 확률에 중대하고 즉각적인 영향을 미치는 것이다. 여러분이 내 검출기에서 발생하는 일에 이처럼 큰 영향을 미칠 수 있다면 그 영향을 이용해 내게 즉각적으로 정보를 전달하고, 정보 국소성이 오류임을 입증할 수 있다는 생각이 들 것이다.

하지만 문제가 있다. 여러분이 내게 메시지를 보내려면 내 수신기에 D나 U가 기록되도록 영향을 미칠 수 있어야만 한다. 여러분이 내가 D나 U를 수신할 가능성에 영향을 미칠 수 있다 해도 그것만으로는 여러분이 내게 메시지를 보내기에 충분치 않다. 여러분은 내가 D나 U 중 하나를 수신하도록 다이얼을 조작할 수 있어야만 내게 메시지를 보낼 수 있다.

문제는 여러분이 이런 영향을 미칠 수 없다는 것이다. 이 실험 설정에서 여러분 검출기의 측정값은 물론 내 검출기의 측정값도 D와 U가 무작위로 50:50으로 뒤섞인다는 내용이 기억나는가? 여러분은 여러분 검출기에서 D나 U가 나올 확률에 영향을 미칠 수 없고, 내 검출기에서 D나 U가 나올 확률에도 영향을 미칠 수 없다(50:50 확률은 변하지 않는다). 여러분이 내 검출기에 즉각적으로 영향을 미치지만, 그 영향은 내 검출기의 측정값이 여러분 검출기의 측정값과 일치할 가능성을 변화시키는 것에 그친다. 이런 영향으로는 메시지를 전달할 수 없다.

일반적으로 벨/아스페 실험 설정을 이용해 동떨어진 장소로 정보를 보낼 방법은 없는 것 같다. 처음 생각과 달리 벨/아스페 실험은 정보 국소성을 오류로 볼 근거를 제공하지 않는 것이다.

20세기 내내 일반적으로 인정된 바에 따르면, 상대성이론은 그 어떤 종류건 빛보다 빠른 영향을 모두 배제한다. 이런 측면에서 보면 벨/아스페 실험 결과가 상대성이론과 모순되는 것 같았다. 벨/아스페 실험 결과가 발표되자 연구자들은 상대성이론이 배제하는 것이 정확히 무엇인지 더 자세히 분석하기 시작했다. 그리고 엄밀한 의미에서 상대성이론은 정보 전달에 사용될 수 있는 빛보다 빠른 영향만 배제한다고 밝혀졌다. 결국 정보 국소성에 위배되지 않는다는 사실 덕분에 벨/아스페 실험 결과가 상대성이론과 모순되지 않는다고 인정되었다.

엄밀히 따지면, 벨/아스페 실험 결과가 상대성이론과 모순되지 않는다는 사실은 아인슈타인에게 별 의미가 없었다. 유령 같은 원격작용을 이야기할 때 아인슈타인이 염두에 둔 것은 빛보다 빠른 모든 종류의 영향이었다. 적어도 고대 그리스 이후 우리 대부분과 마찬가지로 아인슈타인은 우리가 원격작용이 허용되지 않는 세계에 살고 있다고 확신했다. 즉 우리가 사는 세계는 모든 종류의 국소성을 따른다고 확신했다. 그런데 알고 보니 우리 생각이 잘못된 것이었다.

정리하면, 벨/아스페 실험은 아인슈타인 국소성이 오류임을 확실히 증명한다. 즉 벨/아스페 실험은 동떨어진 장소의 사건들 사이에 모종의 영향이 있을 수 있음을 보여준다. 더불어 서로 동떨어진 사건들 사이에 즉각적이고 인과적인 영향도 있을 수 있다고 시사하는 듯하다. 하지만 모종의 영향이 관련되어 있다 해도 벨/아스페 실험 결과가 그 영향을 이용해 동떨어진 장소 사이에 정보를 전달할 수 있다고 생각할 근거까지 제공하는 것 같지는 않다.

그렇다면 이제 남은 질문은 그 영향이 어떤 영향이냐는 질문이다. 드디어 우리가 이 질문에 분명히 답할 수 있게 되었다. "어떤 영향인가?" 이 질문에 대한 답은 이것이다. 오리무중이다.

진화론 이해하기 ①
진화의 발견과 통찰의 여정

앞서 살펴본 대로 최근의 발전, 특히 상대성이론과 양자론의 발전은 우리가 사는 우주에 관해 오래전부터 지녀온 기본적 추정들의 상당 부분을 재고하라고 요구한다. 29장과 30장에서는 진화론과 연관한 (1800년대 중반부터 현재까지) 비교적 최근의 성과를 탐구한다. 앞서 논의한 발견들과 마찬가지로 진화론도 우리에게 오랜 상식적 견해를 재고하라고 강력히 요구한다.

29장은 크게 두 부분으로 나뉜다. 첫 부분의 목표는 진화론의 기본을 이해하는 것이다. 1800년대 중반 다윈과 윌리스의 발견, 진화에 관한 최근의 발견, 진화를 바라보는 가장 흔한 오해 한 가지를 검토한다. 두 번째 부분에서는 주로 다윈과 윌리스가 각자 진화론의 핵심 통찰에 이르게 된 역사적 여정을 뒤쫓는다.

진화론의 기본

다원과 월리스의 발견: 자연선택에 의한 진화

찰스 다윈Charles Darwin(1809~1882)과 알프레드 러셀 월리스Alfred Russel Wallace(1823~1913)는 이른바 자연선택에 의한 진화를 최초로 명확하고 완전하게 정리하고 (특히 다윈이) 지지했다. 앞으로 이야기하겠지만, 다윈과 월리스는 진화를 이해하기까지 긴 여정을 거쳤고, 그 당시 상식적으로 널리 퍼진 기본 추정들, 주로 예전 아리스토텔레스 견해에 기초한 추정들을 극복해야만 했다.

일반적으로 진화는 시간이 지나며 개체군에서 발생하는 변화를 의미한다. 다윈과 월리스 시대에는 일반적으로 어떤 종의 구성원들이 일련의 기본적이고 명확한 불변의 특성을 공유하며, 새로운 종은 출현하지 않는다고 생각했다. 하지만 결국 다윈과 월리스는 각자 이 두 가지 일반적인 견해가 모두 오해라고 확신하게 되었다. 두 사람에게 남은 의문은 개체군에 근본적인 변화를 일으키고 더 나아가 새로운 종을 출현시킬 만한 자연적 기제가 무엇이냐는 것이었다. 그리고 두 사람이 각자 찾아낸 그 자연적 기제가 다윈이 말한 자연선택이다. 다윈과 월리스가 자연선택을 발견하기까지 힘든 여정을 거쳤지만, 알고 보면 자연선택에 의한 진화는 상당히 간단하게 정리할 수 있다. (다윈과 월리스가 사용한 표현과 달리) 현대적인 용어로 정리하면, 두 사람이 발견한 진화 과정의 핵심 요소는 다음과 같다.

① 유전적 변이
② 차별적 적응

이 두 가지 핵심 요소부터 살펴보자. 유전적 변이의 기본 개념은 간단하다. 한 개체군의 구성원마다 차이가 있고, 그 차이가 한 세대에서 다음 세대로 유전된다는 것이다. 인간을 예로 들면 우리 각자가 상당히 다르고, 눈동자 색이나 머리카락 색 등 무수히 많은 차이가 유전된다. 한 세대에서 다음 세대로 전해지는 것이다.

두 번째 핵심 요소인 차별적 적응은 개체군의 모든 구성원이 똑같이 자신의 환경에서 살아남아 자신의 특성을 물려주기에 적합한 것은 아니라는 의미다. 일반적인 생물 개체군을 생각해보자. 특정 지역에 서식하는 특정한 사슴 개체군이 있다 치자. 이런 개체군은 흔히 먹을 것이나 적합한 짝짓기 상대 등 중요한 자원이 부족한 환경에서 서식할 것이다. 그 환경에는 질병이나 사고, 포식자 등 개체군의 안녕과 생존을 위협하는 요소들도 포함되어 있을 것이다.

이 개체군의 구성원마다 유전적 특성이 차이가 나고, 그 유전적 특성이 그런 환경에서 한 유기체가 생존하고 번식하는 데 큰 힘이 되는 특성이라면 새로 발생한 질병에 대해 내성이 더 큰 구성원도 있을 것이고, 소화기관 내 미생물 생태계가 달라서 식량 자원이 특히 부족한 혹독한 겨울에도 살아남을 가능성이 더 높은 구성원도 있을 것이다. 이때 이 개체군에서 차별적 적응이 나타난다고 표현한다. 요컨대, 개체군의 모든 구성원은 똑같이 자신의 환경에서 살아남아 번식하기에 적합한 것이 아니다.

다윈과 월리스는 ①과 ②가 존재하고, 차별적 적응을 가르는 특성이 (늘 그런 것은 아니어도 일반적으로) 유전되는 특성이라면, 다윈이 말한 자연선택이 발생한다는 것을 깨달았다. 다윈이 자연선택이라는 용어를 사용한 것은 인공선택과 유사점을 강조하려는 의도였다. 인공선택은 동물이

나 식물을 기르는 사람이 자신이 원하는 특징을 지닌 유기체들끼리 교배한 결과 그런 특징이 후대로 갈수록 점점 더 일반적으로 나타나는 과정을 가리킨다.

다윈과 월리스는 자연적인 선택 기제를 통해 이와 유사한 과정이 발생한다는 것을 인식했다. 바로 자연선택이다. (최초로 깨닫기는 쉽지 않지만) 자연선택의 기본 개념도 간단하다. 개체군의 구성원 사이에 차이가 있고 그 차이가 유전되며, 그 유전적 특징이 유기체의 생존과 번식으로 귀결될 가능성이 높은 환경이라면, 그런 특징을 지닌 유기체가 다음 세대에게 그 특징을 물려줄 가능성이 높다. 이런 식으로 시간이 지나며 개체군 내에서 변화가 일어난다. 어떤 특징이 자연적으로 선택되고, 그런 특징이 후대로 갈수록 점점 더 널리 퍼질 것이다. 한마디로 전적으로 자연적인 기제를 통해 진화적 변화가 발생할 것이다.

그리고 다윈과 월리스는 한 개체군 내에서 이런 자연선택 과정이 충분히 오랜 시간 동안 지속하면, 개체군 내의 변화가 커지고 결과적으로 새로운 종으로 보아도 좋을 만큼 본래 개체군과 아주 다른 개체군이 나타날 수 있음도 깨달았다. 다윈이 획기적인 책의 제목을 《자연선택에 의한 종의 기원에 관하여》로 정한 이유가 바로 이 때문이다.

다윈과 월리스 이후의 진화론

다윈과 월리스 시대 이후 진화론이 발전해온 역사는 상당히 복잡하다. 완두콩의 유전적 요인에 관한 그레고어 멘델Gregor Mendel(1822~1884)의 유명한 실험, 유전의 '기본 단위'인 유전자 확인, 염색체 발견과 염색체가 유전에 관여한다는 사실 확인, 뒤이어 염색체에 담긴 DNA 발견과 DNA의 분자구조 발견, DNA가 단백질의 유전암호를 지정하는 기제 발견, 최근 들어 인간의 유전자 구조를 비롯해 아주 다양한 유기체의 완전한 분자 단위 유전자 구조를 빠르게 확인하는 능력 등 지난 150여 년은 진화론이 놀랄 만큼 발전한 성공적인 시기였다.

다윈과 월리스 시대 이후에 이루어진 진화론적 발견을 이 장에서 모두 다룰 수는 없고 두 가지 관련 사항만 살펴보자. 첫 번째는 흔히 '근대적 종합'이라고 부르는 것과 관련한 내용이다. 1800년대 후반과 1900년 초반, 진화론의 핵심 쟁점을 두고 엄청난 의견 충돌과 논쟁이 벌어졌지만, 진화론과 연관된 생물학 분야들은 대체로 서로 독립적으로 연구를 진행했다.

그러다가 20세기 후반 들어 대단히 광범위한 결과와 데이터가 종합되기 시작했다. 자연환경 속의 개체군을 조사하는 현장 연구부터 시작해 초파리 같은 모델 생물과 관련한 통제된 연구실 실험, 진화에 관한 수학적 결과, 최근 아주 놀랍게 네안데르탈인의 DNA를 발견한 (멸종 인류와 관련 종을 연구하는) 고인류학의 연구까지 수없이 다양한 영역의 연구 결과와 데이터가 종합되었다.

현재 일반적으로 일컫는 근대적 종합 덕분에 진화론이 아주 다양한 생물학 연구 분야를 포괄하는 통합체가 되었다. 집단유전학의 핵심 인물인 테오도시우스 도브잔스키Theodosius Dobzhansky(1900~1975)가 1973년 논문 제목으로 사용한 이후 자주 인용되는 표현을 빌리면 "생물학의 모든 것이 오직 진화론의 빛에 비추어 볼 때만 의미를 띤다." 다소 과장되긴 했지만 도브잔스키의 표현은 현재 생물학 분야들이 진화론을 중심으로 통합된 모습을 멋지게 요약한 말이다.

이제 두 번째 사항을 살펴보자. 다윈과 월리스는 각자 자연선택을 진화적 변화 이면에 숨은 기제로 발견했다. 하지만 그 이후 진화적 변화에 기여하는 몇 가지 요인들이 추가로 발견되었다.

이 추가적 요인들은 최근 들어 더 상세해진 진화의 정의와 연관해 설명하는 편이 이해하기 쉽다. 앞서 언급한 대로 우리는 오랫동안 진화가 시간이 지나며 개체군 내에서 나타나는 변화를 가리키고, 그 변화는 대체로 개체군의 외적인 특성으로 나타난다고 이해했다. 하지만 번식에서 유전자의 역할, 특히 유기체의 유전적 특성이 전달되는 과정에서 유전자의 역할을 파악한 지금은 일반적으로 진화가 개체군의 유전자 구성에 나타나는 변화를 가리킨다고 이해한다. 더 자세히 말하면, 일반적으로 진화를 시간이 지나며 개체군에서 나타나는 대립유전자 빈도의 변화로 이해한다.

이런 진화 정의의 핵심 개념은 간단하다. 대립유전자는 특정 유전자의 변이체다. 예를 들어, 인간의 혈액형을 가르는 단일 유전자는 몇 가지 변이체가 있으며, 이 변이체들이 그 단일 유전자의 대립유전자다(따라서 부모에게 물려받은 변이체에 따라 여러분의 혈액형이 결정된다). 한 개체군 내에서 시간이 지나며 특정한 유전자 변이체, 즉 대립유전자의 발현 빈도가 더 커지거나 줄어들면 시간 경과에 따른 변화, 즉 진화가 발생한 것이다. 우리는 개체군의 유전자 구성 변화에 집중해 이야기하자.

진화, 즉 시간이 지나며 개체군의 유전자 구성 변화에 영향을 미치는 지극히 중요한 요인으로 널리 인정되는 것이 다윈과 월리스가 발견한 자연선택 과정이다. 하지만 현재 일반적으로 진화에 영향을 미친다고 인정되는 몇 가지 추가 요인이 있다. 유전자 유동과 유전적 돌연변이, 유전적 부동遺傳的 浮動이다. 이 추가 요인들을 살펴보자.

(유전자 이주라고 부르기도 하는) 유전자 유동을 예를 들어 쉽게 설명하

자. 최근 증거가 강력히 시사하는 바에 따르면 그리 멀지 않는 과거인 5~10만 년 전쯤 현생인류(호모사피엔스)의 개체군과 (3~4만 년 전쯤 멸종한 별도 종인) 네안데르탈인의 개체군이 같은 지역에 살며, 종간교배가 일어났다. 그 과정에서 네안데르탈인의 유전자 변이체가 현생인류의 (유전자 구성인) 게놈 속에 정착했고, 현생인류의 유전자 변이체도 네안데르탈인의 게놈 속에 정착했다. 비유적으로 표현해서 유전자와 대립유전자가 한 개체군에서 다른 개체군으로 흘러간 것이다. 바로 이런 과정이 유전자 유동이다.

유전자 유동이 발생하는 시나리오는 다양하다. 예를 들어, 동물을 이주시키는 서로 다른 개체군이 종종 같은 장소에서 동물에게 먹이를 먹이며 휴식을 취한다. 그때 그 개체군들 사이에 상호 교배가 일어나고, 그 결과 한 개체군 속으로 전에 없던 유형의 유전자가 흘러 들어갈 수 있다. 유전자 유동은 식물에서도 발생한다. 예를 들어, 한 식물 개체군이 멀리서 바람에 실려 온 꽃가루를 통해 유전자 변이체를 수용하기도 한다. 대체로 이런 과정, 즉 새로운 유전자 변이체가 한 개체군 안으로 이동함으로써 그 개체군의 유전적 구성이 변화하는 과정을 가리키는 말이 유전자 유동이다. 그리고 앞서 언급한 대로 유전자 유동이 현재 일반적으로 진화적 변화의 이면에 숨은 중요한 추가 요인으로 인정된다.

유전적 돌연변이도 마찬가지로 새롭게 인정된 진화의 또 다른 요인이다. 번식에서 DNA가 하는 역할이 파악되고 DNA의 분자구조가 확립되자, DNA 분자구조에서 발생하는 변화, 즉 돌연변이가 확인되었다. 돌연변이 중에는 내적인 과정에서 기인한 것들도 있다. 예를 들어, DNA 복제는 번식의 중요한 요인이며, 가끔 복제 과정에서 약간 흠이 있는 복제가 발생한다. DNA 분자구조에서 돌연변이가 발생하는 것이다. 혹은 주변 환경의 화학물질이나 방사선 등 외부 요인의 결과로 DNA 일부가 변하기도 한다. 유기체에 눈에 띄는 영향을 미치지 않는 중립적인 돌연변이가 많지만, 환경에서 유기체가 생존하고 번식할 가능성을 증가시킨다는 의미에서 유익한 돌연변이도 있고, 해로운 돌연변이도 있다. 이처럼 유전적 돌연변이도 흔히 자연선택과 결합해 시간이 지나며 개체군의 유전적 구성에 변화를 일으킬 수 있다.

마지막으로 살펴볼 요인인 유전적 부동은 비유를 들어 설명하는 편이 가장 쉽다. 유전자 복제 과정과 관계없는 비유이지만 유전적 부동의 핵심 개념이 담겨 있다. 색을 칠한 공 100개가 든 용기가 있다고 가정하자. 파란 공과 빨간 공, 초록 공의 비율은 각각 60%와 30%, 10%다. 용기에서 무작위로 공 20개를 꺼낸다 치자. 무작위로 추출하므로 어떤 색상의 공이 나오는 빈도가 본래 용기에 담긴 그 색상 공의 비율과 정확히 일치하지 않을 것이고, 우리는 그 색상 공이 나오는 빈도가 본래 용기에서 그 색상 공이 보이는 빈도와 어긋날 것으로 예상할 수 있다.

이런 무작위 부동이 수세대를 거치면 상당히 중대한 변화를 일으킬 수 있다. 예를 들어, 조금 전에 이야기한 색상 공 시나리오가 수세대에 걸쳐 일어난다고 가정하고 간단히 컴퓨터로 시뮬레이션하면, [도표 29-1]에 정리한 결과가 나온다. (첫 세대인) 1대는 본래 색상 공 100개로 구성된 개체군에서 파란 공과 빨간 공, 초록 공의 빈도가 각각 60%와 30%, 10%임을 나타낸다. 2대는 본래 있던 100개 중 20개의 공을 무작위로 추출한 빈도를 나타낸다. 3대는 2대에서 확인된 빈도대로 다시 파란 공과 빨간 공, 초록 공 100개를 용기에 넣고, 그 용기에서 다시 공 20개를 무작위로 추

	파란 공(%)	빨간 공(%)	초록 공(%)
0대	60	30	10
1대	65	25	10
2대	60	25	15
3대	65	5	30
4대	80	0	20
5대	80	0	20

[도표 29-1] 유전적 부동 시뮬레이션 결과

출했을 때, 색상별로 공이 추출된 빈도를 나타낸다. 이런 과정으로 4대, 5대, 6대에 걸쳐 컴퓨터로 시뮬레이션한 결과가 [도표 29-1]의 자료다.

얼마나 극적인 부동인가. 겨우 다섯 세대를 거쳤을 뿐인데 60%와 30%, 10%의 빈도가 각각 80%와 0%, 20%로 변했다. 다시 강조하지만 이런 빈도의 부동은 전적으로 무작위 과정에서 비롯된다. 빨간 공은 3대에서 4대로 넘어갈 때 특히 운이 나빴고, 5대에 이르자 개체군에서 완전히 사라져버렸다. 이 빨간 공이 유전자 변이체, 즉 대립유전자라면, 그 대립유전자가 개체군에서 완전히 사라진 것이다. 그리고 혹시 유전자 유동으로 재도입되지 않는 한 그 대립유전자가 개체군에서 영원히 사라진 것이다.

유전자 복제 과정은 색상 공을 뽑는 간단한 시나리오보다 더 복잡하지만, 추출되는 표본이 대립유전자라는 것만 다를 뿐 똑같은 표본 추출 과정을 포함한다. 색상 공은 부동의 결과로 시간이 지나며 (즉 후대로 가면서) 추출되는 색상 공의 빈도가 변하지만, 생물 개체군은 부동의 결과로 시간이 지나며 개체군 내에서 발현되는 대립유전자 빈도가 변할 것이다. 다시 말해, 부동의 결과로 그 개체군에서 진화가 일어날 것이다.

유전적 부동에 관한 논의를 마치기 전에 몇 가지 추가로 설명할 내용이 있다. 첫째, 개체군의 크기와 상대적인 표본의 크기가 예상되는 부동의 크기에 큰 영향을 미친다. 개체군이 더 클수록, 그리고 표본의 크기가 더 클수록 예상되는 부동의 크기는 더 작아진다. 반대로 개체군이 더 작을수록, 그리고 표본의 크기가 더 작을수록 극적인 부동이 발생할 가능성이 더 높아진다. 색상 공 시나리오에서는 표본 크기가 20%였다(총 100개의 공 중에서 20개를 표본 추출했다). 비교적 작은 크기였다. 우리가 확인한 다소 극적인 부동은 작은 표본 크기에 따른 당연한 결과였다. 하지만 개체군에 (다양한 대립유전자인) 유전자 변이체들이 있고 (생물 개체군에서 표본 크기가 100%인 경우도 실질적으로 없지만) 표본 크기가 100%가 아닌 한 유전적 부동은 발생한다. 그리고 앞서 언급한 대로 현재 유전적 부동이 진화의 중요한 기제로 알려져 있다.

둘째, 유전적 부동에 기인한 개체군의 변화 정도를 판단하기가 (실질적으로 불가능할 만큼) 어렵다. 시간이 지나며 유전적 부동에 기인한 개체군의 변화와 자연선택에 기인한 변화를 구분하기가 (실질적으로 불가능할 만큼) 어렵기 때문이다. 따라서 자연선택과 유전적 부동이 모두 진화에서 중요한 역할을 한다는 인식이 널리 퍼져 있지만, 각각의 역할 비중에 대해서는 의견이 분분하다.

셋째, 유전적 부동에는 두 가지 하위 유형이 있다. 병목 효과와 창시자 효과다. 둘 다 기본적으로 표본 크기가 지극히 작거나 최소한 일시적일 때 발생한다. 병목 효과의 예로 들 수 있는 것이 자연재해로 인해 특정 개체군의 구성원이 거의 모두 죽는 시나리오다. 자연재해의 결과 대단히 크기가 작은 표본이 만들어진 것이다. 앞에서 설명한 대로 대단히 작은 표본에서 극적인 부동이 발생할 것이고, 후속 세대에서 나타나는 특성의 빈도가 (더 자세히 말하면, 대립유전자 빈도가) 본래 개체군에서 나타난 빈도와 상당히 달라질 것이다.

창시자 효과의 예로 개체군의 구성원 소수가 다른 장소로 이주해 본래 개체군과 상호 교배가 끊긴 상황을 생각해보자. 이번에도 지극히 작은 표본이다. 이 경우에는 작은 표본이 만들어진 이유가 병목 효과가 생기는 이유와 다르지만, 병목 효과가 나타날 때와 마찬가지로 후속 세대에서 나타나는 대립유전자 빈도가 본래 개체군에서 나타난 빈도와 상당히 달라질 가능성이 있다.

다윈과 월리스가 발견한 자연선택에 의한 진화는 지극히 중요한 발견이었다. 앞서 언급했듯 지난 150여 년은 진화론 관련 분야에서 놀라운 연구와 발견이 이어진 성공적인 시기였다. 조금 전에 설명한 추가적인 진화 기제와 유전의 분자적 기초, 우리의 진화적 과거 등에 관해 엄청나게 많은 내용이 밝혀졌다. 상대성이론이나 양자론과 마찬가지로 이러한 발견들도 우리가 오랫동안 지녀온 견해에 중대한 영향을 미친다. 그 영향들은 다음 장에서 검토하기로 하고 진화론에 관한 흔한 오해 한 가지와 다윈과 월리스가 자연선택을 발견한 역사적 여정을 간단히 살펴보자.

주의 사항

진화와 관련한 오해는 아주 많다. 대부분이 진화론의 기본을 이해하지 못해서 생긴 오해다. 그런데 앞에서 설명한 진화의 핵심 사항을 비롯해 진화의 기본적인 내용을 대부분 이해한 사람들조차 흔히 오해하는 내용이 하나 있다. 그 오해가 무엇인지 잠시 살펴보자.

이런 질문이 심심찮게 들린다. 진화론이 옳다면 다른 동물들은 인간이 지닌 그런 특성을 진화시키지 못한 이유가 무엇인가? 예를 들어 다른 종은 큰 뇌와 정교한 언어, 복잡한 도구, 높은 지능 등을 개발하지 못한 이유가 무엇인가? 대체로 어떤 질문이나 접근법을 이해할 때는 전제 조건을 파악하는 것이 중요하다. 이 질문들의 경우에도 전제 조건을 파악해야만 질문의 의미를 이해할 수 있다. 그 전제 조건은 지능이나 언어, 도구 사용 등의 특성이 본디 더 나은 특성, 즉 진화론이 옳다면 진화 과정에서 당연히 선택할 만한 특성이라는 것이다. 즉 진화론이 옳다면 유기체가 당연히 그런 특성을 선택하는 방향으로 진화해야 한다고 전제하는 것이다. 이런 (잘못된) 진화관은 기본적으로 진화가 유기체를 특정 방향, 특히 본디 '더 나은' 혹은 본디 '더 나쁜' 혹은 본디 '더 발전한' 특성을 획득하는 방향으로 몰아가는 과정이라고 생각한다.

진화는 그런 것이 아니다. 자연선택에 따른 특성은 그것이 무엇이건 유기체가 각각의 환경에서 생존하고 번식하는 데 도움이 된 특성이다. 이런 맥락에서 보면, 본디 '더 나은' 혹은 '더 나쁜' 특성이 없고, 본디 더 발전하거나 덜 발전한 특성도 없으며, 어떤 종을 진정한 의미에서 '더 높은' 혹은 '더 낮은' 종으로 만드는 특성도 없다. 해당 개체군이 속한 환경에서 그 개체군에 유리하게 작용한 특성만 있을 뿐이다.

우리 현생인류로 따지면 직립보행이나 큰 뇌, 불을 다루는 능력, 정교한 도구 사용 등이 그런 특성이다. 하지만 이런 특성이 생존을 보장하지는 않는다. 지난 200만 년간 인간 종이 얼마나 많았는지 생각해보면 쉽게 알 수 있다(얼마나 세밀하게 구분하느냐에 따라 다르지만, 대략 여섯에서 열다섯 이상의 인간 종이 있었다). 우리와 친척인 종들도 일반적으로 우리와 같은 특성을 공유했지만, 모두 멸종했다. 우리와 일반적인 특성을 공유한 종의 압도적 다수가 살아남지 못했다.

진화는 선호하는 방향으로 나아가는 과정이 아니다. 앞에서 사용한 용어를 빌려 표현하면, 개체군의 진화적 변화는 목적론적이고 목표 지향적인 과정이 아니다. 기본적으로 진화는 목표가 없는 기계론적 과정이다. 앞서 언급한 대로 진화를 목적론적이고 목표 지향적인 과정으로 오해하는 경우가 대단히 많다. 어제만 해도 높이 평가받는 출판물에서 이런 제목이 눈에 띄었다. "셰르파Sherpa는 고지에서 살고 일하도록 진화했다." 그렇지 않다. 셰르파 개체군은 살아남기 위해 특성을 개발한 것이 아니다. 특정한 특성을 소유한 일부 구성원이 살아남은 (그리고 번식한) 것이다. 그리고 그 특성이 그 개체군에 더 널리 퍼진 것이다.

대학 시절 유전학을 강의한 생물학 교수 한 분이 다음과 같은 말을 구호처럼 부르짖었다. 개체군은 생존하려고 적응하는 것이 아니라, 적응하기 때문에 생존하는 것이라고 말이다. 솔직히 고백하면, 그 당시 나는 이 말의 의미를 완전히 이해하지 못했다. 나중에 목적론적 과정과 기계론적 과정의 차이, 우주의 작동 원리에 관한 목적론적 견해와 기계론적 견해의 차이를 더 정확히 인식하고 이해한 다음에야 비로소 그 교수님의 요지를 이해할 수 있었다. 진화는 목표 지향적인 목적론적 과정이 아니라, 자연적인 기계론적 과정이라는 뜻이었다.

다윈과 월리스가 자연선택을 발견한 여정

잘 알려진 대로 자연선택에 의한 진화의 핵심, 즉 우리가 일반적으로 일컫는 유전적 변이와 차별적 적응의 결합을 최초로 발견한 사람은 다윈과 월리스다. 이 두 사람이 자연선택에 의한 진화의 이면에 숨은 핵심 요소를 어떻게 인식하게 되었는지 살펴보자.

이제부터는 역사가 중심이다. 앞부분에서 설명한 진화론의 기본에만 관심이 있는 사람은 이 장의 나머지 부분을 건너뛰어 다음 장으로 넘어가도 된다. 하지만 다윈과 월리스의 발견은 아주 중요한 사항이므로 어떻게 그런 발견이 이루어졌는지 최소한 윤곽만이라도 파악할 필요가 있다는 생각이 든다. 더불어 다윈과 월리스의 발견은 우리가 앞에서 논의한 추세, 즉 새롭고 중요한 발견이 그 시대의 일반적인 추정을 극복하라고 요구하는 추세를 보여주는 또 다른 사례가 될 것이다.

다윈 견해의 발전

1830년대 초, 다윈은 영국 군함 비글호를 타고 장기간(5년간)에 걸쳐 세계를 항해하자는 제안을 받아들였다. 여행을 출발할 무렵 젊은 다윈은 당시 아주 일반적인 믿음을 지니고 있었다. 특히 중요한 믿음은 ① 신이 (다윈의 경우, 그리스도교의 하느님이) 모든 종을 창조했고 ② 종마다 고유한 기본 특성이 있으며 ③ 종은 불변이며, 즉 종은 시간이 지나도 기본 특성이 변하지 않고 ④ 새로운 종은 출현하지 않는다는 믿음이었다.

여기서 우리가 주목할 점은 첫 번째를 제외한 모든 믿음이 주로 아리스토텔레스 전통에 근거했다는 것이다. 아리스토텔레스 전통에서는 자연의 물체가 내적이고 본질적인 일련의 고유한 특성을 띤다고 보았으며, 이런 견해가 생물 종에도 적용되었다. 그리고 앞에서 살펴본 대로 1600년대 후반과 1700년대 초반 뉴턴 물리학이 채택된 이후 다양한 과학 분야가 '뉴턴화'했다. 아리스토텔레스 접근법을 버리고 뉴턴 접근법으로 더 가까이 다가선 것이다. 생물학도 결국에는 이 방향으로 나아갔지만 그 속도가 더뎠다. 사실 진화론이 발전한 다음에 비로소 생물학이 아리스토텔레스 접근법에서 뉴턴 접근법으로 전환하게 되었다. 따라서 다윈과 월리스 시대에는 종과 관련해 아리스토텔레스에 기초한 믿음이 여전히 굳건하게 자리를 잡고 있었다. 잠시 뒤에 이야기하겠지만, 종과 관련해 아리스토텔레스에 기초한 견해를 극복한 것이 다윈과 월리스에게 중요한 돌파구가 되었다.

비글호 이야기로 다시 돌아가자. 항해하는 동안 다윈은 광범위한 관찰 결과와 정보를 기록하고 방대한 표본과 화석을 수집했다. 그 표본과 관찰 결과를 바탕으로 마침내 다윈은 유기체에서 나타나는 특성이 엄청나게 다양하다는 사실을 깨달았다. 종 내부도 마찬가지였다. 즉 종이 같아도 구성원에 따라 놀랄 만큼 다양한 변이가 나타났다. 이런 인식 덕분에 다윈이 종의 구성원들이 일련의 기본 특성을 공유한다는 일반적인 견해에서 벗어났음을 짐작할 수 있다.

다윈은 영국에 돌아오자마자 자료를 정리하기 시작했다. 이후(대략 1830년대 후반이 끝날 때까지) 5년간 매달린 작업에서 다윈은 종이 '변환'한다는 생각에 천착하기 시작했다. 이때 다윈이 정리한 기록을 보면, 그가 새로운 종이 출현할 수 있고 실제 출현한다고 확신한 사실을 확인할 수 있다. 요컨대 다윈이 앞에서 언급한 핵심 추정을 의심하기 시작한 것이다. 즉 종마다 기본 특성을 띠며, 그 특성은 불변이고, 새로운 종은 출현할 수 없다는 생각을 거부하기 시작한 것이다.

하지만 다윈에게는 중요한 의문이 남아 있었다. 어떻게? 어떻게 한 종의 구성원 사이에서 다양한 변이가 나타날 수 있을까? 어떻게 새로운 종이 출현할 수 있을까? 다윈은 1830년대에 읽은 책에서 통찰을 얻었다. 당대에 널리 알려진 책인 토머스 맬서스Thomas Malthus(1766~1834)의 《인구론

Essay on the Principle of Population》이다. 맬서스는 인간을 비롯해 동물과 식물이 환경이 감당할 수준을 넘어 번식하는 경향이 있다고 이야기했다. 특정한 사회정책 도입을 주장하는 등 맬서스의 관심사는 달랐지만, 다윈은 자신이 집중하는 문제를 해결할 단서를 맬서스의 책에서 발견했다.

생물이 환경이 감당할 만한 수준을 넘어선 정도까지 번식한다는 사실에서 다윈은 '생존경쟁'을 끌어냈다. 모든 유기체가 각자의 환경에서 살아남을 수 있는 것은 아니라는 말이다. 다윈은 비글호 항해 중 파악한 변이가 유기체의 생존 가능성에 영향을 미친다면, 다양하게 변이한 개체들의 생존율과 번식률이 달라지는 결과가 발생할 것을 깨달았다.

사용한 용어는 우리와 다르지만, 다윈은 개체군 내의 유전적 변이가 차별적 적응과 연결된 결과 (즉 다양한 변이가 유기체의 생존 확률, 크게 보면 다윈이 말한 '생존경쟁'에 영향을 미친 결과) 개체군이 시간이 지나며 변할 것을 깨달았다. 그리고 생존경쟁과 연결된 유전적 변이에서 기인한 변화가 충분한 시간을 두고 서서히 쌓이면 마침내 유기체에서 중대한 변화가 발생해 새로운 종으로 분류될 만한 유기체 개체군이 출현할 것도 이내 깨달았다.

앞서 설명한 대로 다윈은 훗날 이런 과정을 자연선택이라고 불렀다. 다시 말하지만 자연선택이란 용어의 기본 개념은 간단하다. 사육자는 바람직한 특성을 띤 동물들을 교배함으로써 인위적인 선택을 하고, 그 결과 후대 개체군이 선대 개체군과 상당히 크게 달라질 수 있다. 이와 유사하게 자연에는 자연선택 과정이 있다. 하지만 사육자의 인공선택은 동물의 일정한 특성이 후대에 확실히 나타나도록 하려는 목표 지향적인 과정이지만, 자연에서 발견되는 선택 과정은 자연스러운 과정을 거쳐 일정한 특성이 후대 개체군에서 더 자주 나타나게 되는 기제다. 인공선택은 사육자가 시행하는 종류의 선택을 가리키는 적절한 용어이고, 자연선택은 유전적 변이와 차별적 적응이 결합한 자연스러운 과정에서 이루어진 선택을 가리키는 적절한 용어다.

정리하면, 1840년 무렵 다윈은 생물 개체군에서 중대한 변화가 발생하는 까닭과 새로운 종이 출현할 수 있는 까닭을 설명하는 자연적이고 비종교적이며 기계론적인 과정을 찾아냈다. 다윈은 자신이 지극히 중요한 발상을 떠올렸다고 확신했다.

하지만 다윈은 자신의 중요한 발상을 발표하지 않았다. 평소에 서로 믿고 지내던 친구 몇 사람하고만 이야기를 나누었을 뿐이다. 1844년에 200쪽이 조금 못 되는 (그의 기준으로는) 짧은 원고를 완성해, 자신의 견해를 뒷받침하는 논거와 증거를 제시하며 핵심 개념들을 설명했다. 하지만 다윈은 최소한 살아생전에는 그 원고를 출간할 마음이 없었다. 다윈은 아내 앞으로 쓴 쪽지를 덧붙여 그 원고를 안전한 곳에 숨겨두었다. 혹시라도 예기치 않게 자신이 사망하면 원고를 출간해달라고 부탁하는 쪽지였다.

자연선택에 의한 진화의 배경에 깔린 핵심 요소를 처음 인식한 뒤 20년 세월이 흐른 뒤에야 비로소 다윈의 견해가 책으로 발표되었다. 그 사이 1840년대 후반부터 1850년대 대부분 시간 동안 다윈은 부단히 연구했다(다윈은 죽는 순간까지 늘 이런저런 연구에 몰두했다). 그 연구 대부분이 결국에는 중요한 공헌을 했는데, 특히 진화에 관한 최종 원고를 뒷받침하는 풍부한 경험적 데이터를 제공했다.

자신의 위대한 발상을 발표할 마음을 품게 되었을 때, 다윈은 진화에 관한 방대한 분량의 데이터를 제시할 수 있었다. 그리고 자신의 견해를 뒷받침하는 풍부한 데이터 덕분에 다윈이 독보적인 존재가 되었다. 월리스를 필두로 여러 사람이 각자 유전적 변이와 차별적 적응이라 부를 만한 중요한 개념들을 떠올렸겠지만, 다윈은 견해와 더불어 그 견해를 지지하는 데이터를 모두 제시했다.

월리스 견해의 발전

1840년대 후반 다윈이 이런저런 다양한 연구에 몰두할 무렵 월리스는 여러모로 다윈의 비글호 항해를 연상시키는 항해의 첫 번째 닻을 올렸다. 하지만 다윈과 월리스는 확연히 달랐다. 다윈과 달리 월리스는 부유한 명망가 출신이 아니었다. 대학에 들어갈 연줄도 없었고, 더군다나 대학 등록금을 낼 형편도 아니었다. 다윈과 달리 월리스는 주로 표본을 수집한 뒤 영국에 돌아와 부유한 수집가에게 표본을 팔아넘기며 근근이 생계를 꾸렸다.

엎친 데 덮친 격으로 월리스에게는 불행까지 뒤따랐다. 예컨대, 월리스가 4년간 항해하며 관찰 결과를 기록하고 표본 등을 모아 영국으로 돌아오던 중 배에 불이 나는 바람에 (미리 영국으로 실어 보낸 물량을 제외한) 표본 대부분과 방대한 데이터를 기록한 자료 대부분이 배와 함께 바다에 가라앉았다.

그래도 월리스는 포기하지 않았다. 다윈과 마찬가지로 월리스는 항해하는 동안 일반적인 관점에서 하나의 핵심적인 기본 특성으로 통일되어야 할 유기체를 비롯해 여러 가지 유기체에서 나타나는 엄청나게 다양한 변이에 매혹되었다. 그리고 다윈이 그랬던 것처럼 월리스도 유기체 개체군이 시간이 지나며 큰 변화를 겪고 새로운 종이 출현할 수도 있다는 생각을 하기 시작했다.

물론 다윈과 마찬가지로 월리스도 당시에는 그런 변화가 어떻게 발생하는지, 새로운 종이 어떻게 출현하는지 이해하지 못했다. 하지만 새로운 종이 출현한다고 확신한 월리스는 1855년 짧은 논문으로 자신의 견해를 발표했다. 다윈이 그랬던 것과 마찬가지로 월리스도 논문을 발표할 당시 손에 쥔 것은 퍼즐 한 조각뿐이었다. 유전적 변이가 중요하다는 인식뿐이었다.

월리스의 말에 따르면, 1858년 초 또 다른 항해 도중 말라리아로 몸져누웠을 때 두 번째 핵심 요소가 떠올랐다고 한다. 월리스는 말라리아에 걸렸을 때 자신이 이미 주목한 변이와 결합한 (기본적으로 차별적 적응인) '생존경쟁'이 시간 경과에 따른 개체군의 변화를 자연스럽게 설명한다는 생각이 갑자기 떠올랐다. 그리고 다윈과 마찬가지로 월리스도 이 기제로 새로운 종의 출현을 설명할 수 있음을 깨달았다.

월리스는 말라리아에서 회복하자마자 (대략 20쪽 정도의) 짧은 논문으로 핵심 개념들을 정리했다. 그리고 역사의 놀라운 반전이 일어난다. 월리스가 그 논문을 다윈에게 보낸 것이다. 내가 '놀라운 반전'이라고 표현한 이유는 월리스가 다윈도 자신과 비슷한 생각을 하고 있다는 사실을 전혀 몰랐기 때문이다. 월리스는 다윈이 20여 년 동안 확신하고 있다는 것은 고사하고 그런 견해에 공감할지조차 알지 못하는 상황이었다.

월리스가 다윈에게 논문을 보낸 이유는 다윈의 연줄 때문이었던 것 같다. 이미 설명한 대로 다윈은 월리스와 전혀 다른 사회계층에 속해 있었다. 영국 과학계의 유력 인사들과 아주 가까운 사이였다. 월리스는 그런 사람들과 접촉할 방법이 없었다. 그래서 월리스는 저명한 과학자들에게 대신 전해달라고 부탁하는 편지와 함께 다윈에게 자신의 논문을 보냈다.

월리스의 논문을 받아 본 다윈은 그야말로 경악했다. 논문 제목부터 심

상치 않았다. 〈변종이 원형에서 무한히 멀어져가는 경향에 관하여〉. 이 짧은 논문에서 월리스는 자연선택에 의한 진화의 두 가지 핵심 요소를 훌륭하게 특징지었다. 유전적 변이와 관련해 월리스는 개체군에서 조상과 무한히 다른 변종이 나타날 수 있다고 주장했다. 더군다나 우리가 차별적 적응이라 부르는 두 번째 핵심 요소와 관련해서는 월리스가 사용한 표현이 다윈이 사용한 표현과 똑같았다. "생존경쟁". 한마디로 논문에 드러난 월리스의 핵심 개념과 그보다 먼저 작성했으나 아직 발표하지 않은 글에 드러난 다윈의 핵심 개념이 사실상 구분하기 어려울 만큼 비슷했다.

다윈에게는 대단히 곤란한 상황이었다. 분명히 월리스보다 먼저 핵심 개념을 떠올린 다윈은 출간할 준비가 전혀 되어 있지 않았지만, 월리스는 되도록 일찍 논문을 출간할 의도가 확실했기 때문이다. 다윈의 친구들은 다윈의 1844년 원고와 새롭게 작성한 요약본과 함께 월리스의 논문을 1858년 말 런던의 린네 학회에서 공동 발표하도록 주선함으로써 난처한 상황이 거의 해결되었고, 거의 모든 사람이 만족했다. 1858년 논문 발표가 진화론의 핵심 개념을 소개한 첫 공식 발표였다.

하지만 1858년에 발표한 월리스와 다윈의 핵심 개념은 큰 영향을 미치지 못했고, 별다른 반응도 얻지 못했다. 그 직후 다윈은 핵심 개념을 확장해서 발표하고 옹호하는 작업에 착수했다. 그 결과물이 《종의 기원》이다.

다윈의 《종의 기원》

조금 전에 이야기한 대로 다윈은 1858년 자신과 월리스의 이론을 발표한 직후 출간용 원고를 집필하는 작업에 착수했고, 결국 엄청난 파급력을 끼칠 책을 완성했다. 이제 《종의 기원》을 간단히 살펴보자.

다윈은 그 10여 년 전부터 틈나는 대로 자신의 핵심 개념을 자세하고 학문적이며 더없이 철저하게 설명하고, 자신의 견해를 뒷받침하기 위해 수십 년간 연구하며 모은 경험적 데이터를 상세하게 제시하는 원고를 집필하고 있었다. 다윈 스스로 "빅북Big Book"이라 부른 그 원고는 이미 빽빽한 글씨로 수백 쪽을 넘어갔지만 완성될 기미가 보이지 않았다. 다윈은 현명하게도 생각을 바꿔, 더 많은 독자가 볼 수 있도록 자신의 견해를 조금 더 간단하게 설명하는 원고를 새로 집필하기 시작했다. 1859년 말에 완성하여 출간한 이 원고의 제목이 (보통 《종의 기원》이라고 줄여서 부르는) 《자연선택에 의한 종의 기원》이다.

월리스가 1858년 20쪽짜리 논문을 작성한 것처럼 어떤 이론을 분명히 기술하는 일과 설득력 있는 논거를 제시하며 그 이론을 옹호하는 일은 전혀 다른 작업이다. 내가 볼 때 《종의 기원》은 앞에서 다룬 뉴턴의 《프린키피아》 못지않게 중요한 책이다. 뉴턴은 《프린키피아》에서 자신의 핵심 개념을 지지하는 증거를 서서히 쌓아 올려 책의 끝부분에서 그 새로운 개념의 설명력을 인상적으로 제시했다. 다윈의 《종의 기원》도 마찬가지다. 다윈은 마지막 장에서 자신의 책을 "긴 논증"이라고 표현한다. 그리고 뉴턴과 마찬가지로 다윈은 그 긴 논증에서 핵심 개념을 서서히 조심스럽게 제시한다. 《종의 기원》의 누적 효과도 《프린키피아》와 흡사해서 책이 끝날 무렵에 새로운 개념의 설명력이 인상적으로 드러난다.

《종의 기원》을 구성하는 총 열네 장 중 앞에서 설명한 핵심 요소를 다룬 장은 처음 네 장이다. 다윈은 첫 장 '사육재배 상태에서 발생하는 변이'에서 논란의 여지가 거의 없는 주제인 인공선택, 즉 선택적인 교배로 가축의 특성을 의도적으로 배양하는 과정을 집중적으로 다룬다. 1장에서 다원은 잘 알려진 예를 들어가며 가축에서 발견되는 놀랍도록 다양한 변이를 제시하고, 인공선택으로 거의 무한한 변이가 가능하다고 강조한다.

2장 '자연상태의 변이'에서는 야생동식물의 개체군에서도 놀랍도록 다양한 유전적 변이가 나타난다는 사실을 규명하는 데 집중한다. 2장에서도 다윈은 수십 년에 걸친 방대한 관찰과 기록을 제시하며 야생에서 발견되는 변이의 정도를 규명한다.

3장 '생존경쟁'에서 다윈이 집중적으로 다룬 것은 우리가 말하는 차별적 적응이다. 3장에서도 설득력 있는 추론과 증거 제시가 이어진다. 세 장에 걸쳐 다윈은 설득력 있는 추론과 증거를 제시하며 일반적인 개체군에서 다양한 유전적 변이와 차별적 적응이 모두 발견된다고 주장한다.

이 장 첫머리에서 언급한 대로, 유전적 변이와 차별적 적응이 함께 작동하는 상황이 되면 반드시 시간이 지나며 개체군에서 변화가 발생한다. 다윈은 4장 '자연선택'에서 이런 주장을 확고히 한다. 다윈은 주로 1장에서 설명한 인공선택과 자연선택의 유사성을 분명히 밝히는 방법으로 주장을 편다. 즉 인공선택으로 가축 개체군에서 다양한 변화가 발생하는 것과 마찬가지로 자연선택에 따라 야생의 생물 개체군에서도 다양한 변화가 발생할 것을 예상해야 한다는 것이다. 그리고 이번에도 역시 자신의 경험과 데이터를 제시하며 다윈은 자연선택에 따른 변화가 야생에서 보이는 유기체들의 관계를 무엇보다 잘 설명한다고 주장한다.

정리하면, 다윈은 4장 끝부분에서 자연선택이 틀림없이 발생하고 그 효과는 인공선택의 효과와 비슷하다는, 즉 조상과 거의 무한히 다른 유기체가 출현할 수 있다는 주장을 설득력 있게 제시한다. 책의 나머지 부분은 반론, 지구의 나이와 더불어 현재 발견되는 다양한 유기체가 출현할 만큼 작은 변화들이 충분히 축적될 지질학적 시간이 있었느냐 없었느냐는 문제, 화석 기록의 불완전성에 관한 문제 등 다양한 주제를 다룬다.

이미 언급한 대로 월리스와 다윈의 핵심 개념은 당시 확고하게 자리 잡은 믿음과 상반되었다. 과학계는 그토록 오랫동안 확고하게 자리 잡은 견해가 오해임을 설득력 있게 주장하는 《종의 기원》 같은 책이 필요했다. 그리고 그런 책을 쓸 수 있는 사람은 다양한 경험을 하며 광범위한 데이터를 모은 다윈뿐이었다.

《종의 기원》 수용

《종의 기원》은 이례적인 판매량을 기록했다. 다윈 평생 6판까지 개정 출간되었고, 각 판이 쇄를 거듭해 인쇄되었다. 게다가 영어 이외의 수많은 언어로도 번역 출간되며, 순식간에 아주 유명한 책이 되었다.

하지만 1800년대 후반을 거쳐 20세기 첫 10년 동안에도 다윈의 핵심 개념은 겨우 일부만 수용되었다. 진화가 발생한다는, 즉 유기체 개체군이 시간이 지나며 변화하고 새로운 종이 출현한다는 다윈의 견해는 일반적으로 수용되었다. 종은 불변이고 새로운 종은 등장하지 않는다는 다윈 이전부터 당시까지 이어진 일반적인 믿음을 고려하면 그 자체로 대단한 성과였다.

놀라운 것은 자연선택이 진화가 발생하는 기제라는 다윈과 월리스의 견해가 1800년대 후반 동안 대체로 거부되었다는 사실이다. 자연선택이 진화의 핵심 기제라는 다윈과 월리스의 견해는 옳은 것으로 밝혀졌지만, 1800년대 후반에 일반적으로 자연선택을 진화의 주요한 기제로 인정하지 않은 이유를 이 장에서 세세히 설명할 수는 없다. 유전 수단에 대한 이해 부족과 (대강 설명하면, 유기체가 살면서 획득한 형질이 유전될 수 있다는) 장 바티스트 라마르크Jean-Baptiste Lamarck 진화론의 영향 등 여러 가지 이유가 있었다고만 이야기하고 넘어가자. 더 자세한 내용을 알고 싶은 사람은 주와 추천 도서에 소개한 자료를 참고하기 바란다.

결국, 유전형질이 후대에 섞여 들어가지 않고 (훗날 유전자로 불리게 된) 모종의 유전 '단위'를 거쳐 유전됨을 강력히 시사하는 멘델의 완두콩 교배 실험을 필두로 다양한 발견이 이어졌다. 일반적인 생각과 달리 멘델이 발견한 유전단위가 자연선택이 진화의 핵심 기제라는 다윈과 월리스의 견해와 양립함을 입증한 1930년의 중요한 증명(로널드 피셔Ronald Aylmer Fisher가 1930년에 발표한 책 《자연선택의 유전적 이론The Genetical Theory of Natural Selection》 — 옮긴이), 1950년대에 발견한 DNA 구조, 뒤이어 유전에서 DNA의 역할을 확인한 것 등이 다윈과 월리스가 처음부터 옳았음을 입증했다. 그 결과 오늘날 일반적으로 자연선택이 진화의 핵심 요인이며, 엄청난 시간에 걸쳐 이루어진 자연선택 과정이 현재 아주 다양한 종이 등장한 원인이라고 인정하게 되었다.

지난 150여 년 동안에 인간의 기원과 전반적인 생명의 기원에 대해 정말 많은 것을 알게 되었다고 해도 과언이 아니다. 경이로운 시기였다. 이장에서 우리는 진화론의 기본과 다윈과 월리스가 자연선택의 역할을 인식하게 된 경위 등 비교적 간단하고 논란의 소지가 적은 주제들을 주로 살펴보았다. 잘 알다시피 진화론은 까다롭고 논란의 소지가 큰 쟁점도 제기한다. 주로 철학적이고 개념적인 성격이 짙은 쟁점이다. 다음 장에서 그 난해한 쟁점들을 살펴보자.

진화론 이해하기 ②
종교, 도덕과 윤리, 경험적 연구에 미친 영향

앞 장에서 우리는 비교적 논란의 소지가 적은 주제에 집중했다. 진화론의 기본과 다윈과 월리스가 자연선택을 발견하게 된 경위를 주로 살펴보았다. 다윈과 월리스 이후 150여 년에 걸쳐 진화론의 전반적인 내용이 대단히 널리 인정된 결과, 인간을 비롯해 현재 지구상의 모든 생명체가 기나긴 진화 과정을 거쳤다는 사실에 심각하게 이의를 제기하는 사람이 없다. 그런데 이런 인식이 영향을 미치는, 부드럽게 말해서 조금 민감한 주제들이 있다. 그중 하나가 종교이고 또 하나가 윤리다.

진화가 잠재적으로 영향을 미치는 범위가 워낙 넓고 수많은 주제가 연관되기 때문에 여기서 전부 다 설명하는 것은 현실적으로 불가능하다. 그래서 크게 세 부분으로 나누어 살펴보려고 한다. 첫 번째 부분은 진화가 종교적 견해에 미치는 영향에 집중하고, 두 번째 부분은 진화가 도덕과 윤리에 미치는 영향에 집중한다. 그리고 세 번째 부분에서는 가장 기본적인 인간 행동의 잠재적 기원을 밝히고 혹시 진화적 이점이 있는지를 검토한 경험적 연구를 소개한다.

이 장에서 이 세 부분은 독립적으로 구성되었다. 다시 말해 어느 한 부분의 내용이 다른 부분을 이해하는 전제 조건이 되지 않는다. 따라서 세 부분을 모두 살펴보는 것이 좋지만 각자 관심이 가는 부분만 읽어도 된다. 먼저 진화에 대한 이해가 일반적인 종교적 견해에 미치는 영향부터 살펴보자.

종교에 미치는 영향

진화에는 과연 신에 대한 종교적 믿음이 들어갈 자리가 있을까? 이것이 특히 최근에 아주 주목받는 질문이다. 한편에서는 많은 학자가 이렇게 주장한다. 조물주 하느님이 매일 우주의 작동에 개입해 영향을 미친다는 전통적인 개념과 인간이 전반적인 목적을 지닌 우주에서 특별한 자리를 차지한다는 개념이 일반 과학, 특히 진화론에 의해 거의 확실히 틀린 것까지는 아니어도 최소한 불필요한 것으로 입증되었다고 말이다.

그런가 하면 어떤 학자들은 이렇게 주장한다. 다윈의 진화론과 자연과학을 전면적으로 받아들이는 사람도 신은 우주에서 벌어지는 일에 유의미하게 개입하고 인간은 목적을 지닌 우주에서 최소한 어떤 의미로는 특별하다는 믿음을 지킬 수 있다고 말이다. 이제 우리의 목표는 양 진영의 주장을 살펴보는 것이다. 이 논쟁의 핵심에 자리한 질문은 이것이다. 진화론을 진지하게 받아들이면 과연 신에 대한 서구의 전통적 견해가 들어설 자리가 남아 있을까?

데닛, 도킨스, 와인버그 등: "아니다."

물리학과 생물학, 과학철학 등 다양한 분야의 저명한 학자 중 이 질문에 분명히 "아니다"라고 대답하는 사람이 많다. 대표적인 인물이 대니얼 데닛Daniel Dennett과 리처드 도킨스Richard Dawkins, 에드워드 윌슨Edward Osborne Wilson, 스티븐 와인버그Stephen Weinberg 등이다.

이런 학자들이 보기에는 우리 최고의 경험적 이론, 특히 진화론에는 신에 대한 서양의 일반적인 견해가 들어설 여지가 없다. 예컨대, 조물주 하느님이라는 개념을 생각해보자. 조물주 하느님은 생명 그중에서도 특히 인간 생명의 발전에 집중한 세밀한 청사진을 그려 우주를 계획하고, 그 계획을 실행했다. 우주와 우주 속 생명을 계획한 청사진은 우리가 발견한 생명의 진화적 기원과 정면으로 배치된다. 따라서 조물주 하느님이 청사진을 그려 생명의 발전과 우주를 계획했다는 믿음은 현대 과학, 특히 진화론과 양립할 수 없다.

세밀한 청사진대로 실행하는 대신 하느님이 종의 발전에서 최소주의적인 역할만 맡았다는 생각도 받아들이기 어려울 것이다. 하느님이 아주 이따금 자연적인 진화 과정에 개입한다고 인정하면 생명 발전에 중요하게 관여한 하느님과 진화를 모두 전면 수용할 수 있다는 주장이 심심치 않게 들린다. 하느님이 가끔 개입해 진화 과정을 특정 방향, 예컨대 인간의 발전이 보장된 방향으로 추진한다는 주장이다.

많은 학자는 이런 견해에 문제가 있다고 지적하며, 진화를 전면 수용하려면 진화의 핵심 개념을 완전히 수용해야 한다고 주장한다. 진화의 핵심 개념은 자연선택이고, 자연선택의 핵심은 '자연'이다. 따라서 진화를 전면 수용하려면 진화를 자연적 과정으로 인정해야 한다. 초자연적 힘이나 초자연적 영향은 허용되지 않는다고 인정해야만 한다. 만일 하느님이 개입해 이 과정을 수정한다고 인정하면, 그 과정은 이제 자연선택이 아니다. 초자연적 선택이 되는 것이다.

더 일반적으로 이야기해보자. 가령 기도에 응답하는 식으로 하느님이 일상적인 사건의 경과에 개입해 영향을 미친다는 일반적인 개념은 자연과학이 자연적 과정이라는 견해와 양립하지 못한다. 1600년대 이후 과학이 충분히 입증한 바에 따르면 우주는 자연법칙에 따라 전개되며, 이미 언급한 대로 지난 150여 년간 발전한 진화론은 생명도 자연법칙에 따라 전개되었음을 입증한다. 따라서 현대 과학의 설명, 생명에 관한 현대 진화론의 설명을 전면적으로 받아들이면 일상적인 사건의 경과에 개입해 영향을 미치는 하느님이 들어설 자리가 남지 않는다. 기원전 600년경 태동한 이후부터 자연과학은 세계가 자연법칙을 따른다는 개념을 중심으로 삼았다. 따라서 초자연적 영향을 인정하는 것은 자연과학의 가장 중요한 특징과 양립할 수 없고, 자연선택에 의한 진화의 가장 중요한 특징과도 양립할 수 없다.

앞서 이야기한 내용에 따르면 당연히 진화론적 설명은 인간이 뭔가 흥미로운 의미에서 특별하다는 견해와도 양립할 수 없다. 진화론적 설명에 따르면 인간은 현재 존재하는 무수한 종 중 하나일 뿐이며, 앞 장에서 논의한 대로 인간 혹은 인간의 특성이 각질 몇 조각 위에서 오랜 시간 동안 생존하는 집먼지진드기의 특성보다 더 '높거나' 더 낫거나 더 특별하다고 볼 중요한 의미가 없다. 요컨대, 진화론적 설명을 받아들이려면 인간이 뭔가 흥미로운 의미에서 특별하다는, 전통적인 서구 종교의 일반적인 믿음을 포기해야 한다.

정리하면, 우리가 지금 거론하는 학자들은 한동안 발전해온 그림의 마지막 중요한 조각을 진화론이 제공한다고 주장한다. 진화론이 마지막까지 남아 초자연적 설명을 요구하던 현상에 대해 자연적 설명을 제공한다고, 즉 진화론이 생물에서 발견되는 복잡성을 설명하는 완전히 자연적인 기제를 제공한다고 주장한다. 이런 주장에 따르면, 이제 과학 정보에 입각하고 지적으로 정직한 세계관에는 대체로 신이 하느님에 관한 서구의 견해와 연결된 핵심 특성을 갖추었다는 믿음이 들어설 자리가 없고, 우주가 광범위하고 웅대한 목적을 지닌다는 믿음도 들어설 자리가 없다.

이런 학자들은 우리가 지금 고민하는 질문, 즉 우주의 기원에 관한 질문과 우주의 사건이 전개되는 방식에 관한 질문, 생명의 발전에 관한 질문 등이 경험적인 질문이라고 강조한다. 경험적인 질문이므로 우리는 경험적 증거와 최고의 지지를 받는 경험적 이론에 근거해 가장 합리적인 판단을 내려야 하며, 만일 경험적 증거와 최고의 경험적 이론이 지금처럼 서구 종교의 일반적인 하느님이 있을 리 없다고 시사하면, 그런 것이니 인정하고 넘어가야 한다고 강조한다.

호트, 과정 철학, 과정 신학

우리가 앞에서 살펴본 추론은 상당히 설득력이 있어 보인다. 하지만 일반 자연과학과 특히 진화론을 지적으로 정직하게 전면 수용해도 최소한 어떤 의미에서는 서구 종교 대부분이 상상하는 중요한 특성을 지닌 신을 믿을 수 있다고 주장하는 학자들도 있다. 최근 들어 이런 입장을 누구보다 철저하게 밝힌 학자들의 견해를 살펴보자.

존 호트John Haught는 진화론을 깊이 이해하고 진화론적 설명이 일반적으로 옳다고 기꺼이 인정하는 현대 신학자다. 호트는 지금까지 우리가 논의한 내용 중 상당 부분에도 동의할 것이다. 가령 호트는 자연과학과 자연선택의 핵심이 '자연'이라는 데 동의할 것이다. 그는 자연과학과 자연선택의 핵심인 자연을 전면적으로 받아들이려면 현대 과학, 특히 진화론에는 진화 과정에 개입하거나 우주의 자연적인 작동에 직접 관여하는 하느님이 들어설 자리가 없다는 것을 인정해야 한다고 주장한다.

호트는 또한 현대 과학, 특히 진화론에는 우주가 청사진처럼 세밀한 계획에 따라 발전한다는 믿음이 들어설 자리가 없다는 데 동의한다. 그는 서구 종교가 전통적으로 인간을 특별하게 여긴 것처럼 인간을 특별하게 볼 수 없다는 데도 동의한다. 인간을 의도적인 진화 과정의 산물로 볼 수 없다고 인정하는 것이다.

요컨대 호트는 분명히 현대 과학, 특히 진화론이 종교적 견해에 중대한 영향을 미치고, 그런 영향이 지난 수세기 동안 하느님을 이해한 방식에 중대한 변화를 요구한다고 생각한다. 하지만 그는 진화론의 진지한 수용에 따른 변화를 바람직한 변화로 받아들인다. 호트는 진화에 함축된 의미를 신중히 고찰하면 이전에 서구 사회에 존재하던 것보다 더 나은 하느님 개념에 도달한다고 주장하며, "다윈이 신학에 준 선물"로 평가한다. 호트의 견해는 은근하고 미묘해서, 이제부터 이야기할 내용은 호트의 일부 견해를 개략적으로 설명하는 것에 불과하다.

우선, 호트는 조물주 하느님이 먼 옛날에 세밀한 청사진을 작성해 완결된 (거의 완결된) 우주를 창조했다는 일반적인 개념을 마땅히 포기해야 한다고 주장한다. 호트의 추론을 이해하기 위해 비유를 들어보자. 나는 우리 집 뒷마당에 작은 연못을 만들 생각이다. 자연석을 쌓고 가운데에 멋진 분수도 설치할 생각이다. 설계도를 구해 며칠 혹은 몇 주간 재료들을 조립하면 연못이 완성된다. 연못이 완성된 다음에는 어떻게 할까? 우리 부부는 처음에는 무척 즐거워하겠지만, 해가 바뀌며 참신함이 사라질수록 즐거움도 점점 시들해질 것이다. 연못에 금붕어나 그 비슷한 물고기를 키우며 가끔 필요에 따라 보충할 수도 있다. 하지만 대체로 이런 식의 창조, 즉 시작한 지 얼마 지나지 않아 실질적으로 완성되는 창조는 일단 창조가 끝난 다음에는 할 일이 그리 많지 않다.

전형적인 서구 종교를 믿는 사람들에게는 이런 창조가 일반적인 것 같다. 최근 여론조사에 따르면, 지난 1만 년 이내에 하느님이 우주 창조를 시작해 마무리했고, 창조 과정이 처음부터 기본적으로 완결되었다고 믿는 미국 시민이 절반에 가깝다. 최초의 창조 행위 다음에는 세상에서 어떤 일이 벌어지느냐고 물으면, 일반적으로 세상은 개인이 예컨대, 자신의 구원 자격을 증명하는 시험장이라고 대답한다.

호트가 딱히 이렇게 표현하는 것은 아니지만, 하느님이 창조를 시작하자마자 완결된 우주를 만들고 그 이후 시간은 세상을 시험장으로 운영한다는 개념을 지루하다고 보는 것 같은 느낌이 든다. 분명히 아주 흥미로운 하느님 개념이나 창조 개념은 아니다. 하느님이 처음에 우주를 창조하고 마무리해서 수백 년이 지나도록 똑같은 일만 일어나고, 사람은 태어나고 시험받고 시험을 통과하거나 탈락하고, 그렇게 똑같은 과정이 계속해서 되풀이된다. 이런 하느님이나 창조, 세상의 전체적인 목적이 흥미로운 개념은 아니다. 내 생각으로는 호트가 다윈이 신학에 선물을 주었다고 말할 때 이런 내용을 일부 염두에 둔 것 같다. 호트는 다윈이 신학자들에게 강력하게 요구하는 것이 하느님과 창조, 우주의 목적에 관한 큰 의문들을 재고하는 것이라고 주장한다.

호트는 사뭇 다른 하느님과 창조 과정을 머릿속에 그리고 있다. 그는 이처럼 다르게 이해한 하느님과 창조 과정이 현대 과학과 양립할 뿐 아니라 더 흥미로우며 서구 종교의 저변에 깔린 핵심 원칙과 더 잘 어울린다고 주장한다. 호트의 신학적 견해는 철학자 알프레도 노스 화이트헤드 Alfred North Whitehead(1861~1947)와 과학자 겸 신학자인 피에르 테야르 드 샤르댕Pierre Tielhard de Chardin(1881~1955)의 견해와 연관되어 있다. 화이트헤드와 드 샤르댕의 견해를 잠시 살펴보자.

20세기 초 논리학과 수학의 중요한 기초 연구를 진행한 화이트헤드는 과정 철학과 아주 긴밀히 연결되어 있다. 간단히 설명하면 과정 철학에서는 과정이 객체보다 더 기본적이다. 과정 철학은 객체가 실재의 기본적인 구성 요소이고 사건과 변화 등의 과정은 기본적인 객체들의 상호작용에서 발생한다는 생각을 뒤집는다. 즉 과정 철학에서는 과정이 기본이고, 객체는 과정과 사건에서 발생한다.

물론 이런 설명은 과정 철학의 한 가지 측면을 아주 기본적으로 요약한 내용에 불과하다. 하지만 세상과 세상 속 객체를 오직 계속 진행되는 사건과 변화, 과정, 세상 속 객체가 발생하는 관계라는 측면에서만 이해할 수 있다는 과정 철학의 관점은 충분히 파악할 수 있다. 세상과 세상속 객체가 정적인 실체가 아니라 끊임없이 발전하는 과정인 것이다.

화이트헤드가 과정 철학과 긴밀히 연결되었다면 드 샤르댕은 과정 신학과 밀접하게 연결되어 있다. 과정 신학자마다 세부적인 사항에서는 의견이 갈리지만, 일반적으로 의견이 일치되는 사항이 있다. 독립적 주체인 하느님이 과거에 세상을 창조했고 이제는 창조와 분리되었다는 낡은 개념을 과정 철학과 더 잘 어울리는 개념으로 대치해야 한다는 것이다. 새로운 개념에서는 하느님이 세상과 분리된 존재가 아니다. 끊임없이 변화하고 계속 발전하고 진행하며 세상의 근간이 되는 과정의 한 부분이다. 하느님이 세상에 계속 참여한다. 단, 세상에서 전개되는 사건에 강제 개입한다는 의미의 참여가 아니라 자연법칙에 따라 끊임없이 전개되는 과정에 관여한다는 의미의 참여다.

이런 설명도 과정 신학의 한 측면을 아주 피상적으로 요약한 내용에 불과하다. 하지만 과정 신학자들이 하느님을 보는 관점이 서구 종교의 전통적인 관점과 상당히 다르다는 것은 충분히 파악할 수 있다. 호트는 계속 진행되는 창조 과정에서 새로운 유기체와 새로운 종이 끊임없이 진화하므로, 진화론이 과정 신학과 잘 들어맞을 뿐만 아니라 과정 신학을 고양한다고 주장한다.

그리고 호트의 주장에 따르면, 진화는 질서와 무작위가 적절히 균형을 이룬 우주에서만 발생한다. 질서가 과하게 넘치면 지구상 생명의 진화적 발전에 필요한 우연한 사건이 발생할 여지가 사라지고, 반대로 우주에 우연과 무작위가 과하게 넘치면 진화적 과거처럼 생명이 발전하는 데 필요한 규칙성이 사라질 것이다. (우주가 태동할 당시 조건도 그랬겠지만) 우주에서 발견되는 질서와 무작위의 균형을 고려하면 우주가 폭넓게 전개되었다고 예상할 수 있다. 정밀하게 예정된 방향이 아니라 최소한 대략적으로 일정한 방향, 복잡하고 지적인 생명체들의 궁극적인 발전이 포함된 방향으로 전개되었다고 예상할 수 있다. 그것이 반드시 (또는 혹시라도) 인간 생명체 혹은 현재 살아 있게 된 특정한 종은 아니다. 하지만 호트는 우주의 초기 조건을 고려할 때 우주 어딘가에서 생명체가 발전했고, 다양하게 등장했을 법한 생명체 중에 우주를 이해하고 제대로 인식하는 모종의 지적 생명체가 포함되었을 것이라고 주장한다.

즉 호트의 신학에서는 우주가 하느님에 의해 창조되어 우리 집 뒷마당의 연못과 분수처럼 완벽한 계획에 따라 창조 직후 거의 완벽하게 완결된 것이 아니다. 우주가 특별한 청사진 같은 계획에 따라 전개되도록 창조된 것도 아니다. 우주가 하느님의 계획에 따라 하루하루 작동하는 것이 아니며, 하느님이 우주의 하루하루 작동에 개입하는 것도 아니다. 그보다는 진화 과정을 비롯해 계속 진행되는 예측할 수 없는 과정이 우주를 구성하며, 매 순간 우주가 달라지고 매 순간 계속 진행되는 창조 과정을 의미한다. 호트의 표현을 빌리면 우주가 이른바 미래를 향해 끊임없이 다가선다. 그리고 호트는 은유적으로 표현, 우주가 끊임없이 다가서는 미래가 하느님이라고 주장한다.

이렇게 이해하면 하느님이 무질서와 질서의 균형에서 발생하는 지속적인 창조 과정과 우주에 깊이 관여한다. 이때 우주는 모종의 '무의미한 방랑'을 하는 것이 아니다. 오히려 우주는 목적을 지닌 채 대략 일정한 방향으로 전개되고, 진화론의 핵심 원칙을 비롯한 자연법칙을 철저히 따르며 전개된다.

지금까지 설명한 내용은 호트의 일부 견해를 요약한 것에 지나지 않는다. 이러한 견해는 분명히 경험과학과 (앞으로 자세히 이야기할) 경험적 증거를 뛰어넘는다. 하지만 호트는 이것이 진화론을 전면 수용하고 현대 일반 자연과학에 함축된 의미를 전면 수용하는 견해라고 주장한다. 그리고 이런 견해의 틀 속에도 우주에 참여하는 하느님이 들어설 자리가 여전히 남아 있다고 주장한다. 그의 견해에 따르면, 발생하는 일에 개입하는 것이 아니라 우주의 근간인 과정의 한 부분이 되는 하느님이 들어설 자리가 남아 있다. 그리고 인간은 어떤 의미에서 특별하다. 우주가 인간을 위해 만들어졌다거나 인간이 의도적인 진화 과정의 결과라는 의미가 아니다. 우주가 태동할 당시 초기 조건과 무작위와 질서의 적절한 균형을 고려할 때 지적인 존재들이 발생했을 것이고, 우리가 최소한 그때 발생한 지적 존재 중 하나라는 의미에서 특별하다는 것이다.

토론

진화론에 함축된 의미와 더 일반적으로 자연과학에 함축된 의미를 전적으로 받아들인 다음에도 모종의 신이 우주의 작동에 흥미로운 방식으로 관여하고 인간은 어딘가 특별하고 우주는 어떤 전체적인 목적을 지닌다고 믿을 수 있을까? 이것이 지금까지 우리가 집중한 질문이다. 앞에서 살펴본 저명한 학자들의 주장에 따르면, 이 질문에 대한 답은 "아니다"다. 그에 반해 호트는 이 질문에 "그렇다"라고 대답한다.

이들의 의견 차이를 어떻게 이해해야 할까? 내 생각으로는 이런 의견 차이가 대부분 경험적 증거를 얼마나 중시하느냐는 생각의 차이에서 기인하는 것 같다. 경험적 증거가 유일한 최종 결론일까? "아니다"라고 대답하는 첫 번째 진영의 학자들은 우주에 대한 믿음이 경험적인 믿음이며 그런 믿음의 유일한, 적어도 주요한 증거는 반드시 경험적 증거여야 한다고 주장한다. 그리고 경험적 증거는 전통적인 하느님이 들어설 여지를 그다지 남기지 않는다고 주장한다.

두 번째 진영의 호트도 경험적 증거가 아주 중요하다고 동의한다. 하지만 호트는 우주에 대한 어떤 믿음, 예컨대 우주의 특징에 "궁극적 설명"

을 제공하는 믿음은 자연과학의 영역을 벗어난 사안이며, 신학의 정당한 기능이지, 그저 간단한 경험적 증거로 해결될 사안이 아니라는 견해를 분명히 밝힌다.

중요한 점은 양 진영이 경험적 증거에 대해서는 논쟁을 벌이지 않는다는 것이다. 경험적 증거에 대해서는 양쪽의 의견이 대체로 일치한다. 이들의 의견 차이는 경험적 증거를 얼마나 중시할 것이냐는 기본 신념의 차이에서 기인한다. 첫 번째 진영의 학자들은 우주의 본질에 관한 믿음을 다룰 때 경험적 증거가 으뜸이라고 주장할 것이다. 경험적 증거를 벗어나면 더 파고들 필요가 없다고 주장할 것이다. 그 반면 호트는 경험적 증거를 벗어나면 탐구도 멈춰야 한다는 의견을 받아들이지 않을 것이다.

이런 상황이 왠지 익숙한 느낌이 들지 않는가? 17장에서 논의한 갈릴레오와 벨라르미노의 의견 차이가 기억날 것이다. 두 사람은 태양이 지구 주위를 도는지 아니면 지구가 태양 주위를 도는지 검토할 때 으뜸인 증거가 무엇인지를 둘러싸고 의견이 갈렸다. 만일 어떤 사람이 갈릴레오처럼 우주에 관한 믿음을 구축할 때 경험적 증거를 압도적으로 우선시해야 한다는 신념을 본인 믿음 체계의 핵심으로 삼는다면, 그 사람은 다윈의 진화론적 그림과 전통적인 하느님 혹은 심지어 호트가 구상하는 비전통적인 하느님을 모두 일관되게 받아들이지 못할 것이다.

하지만 다른 믿음 체계를 지닌 사람이라면 진화론적 그림과 호트가 구상하는 하느님을 모두 일관되게 받아들일 수 있을 것이다. 즉 그림 퍼즐의 핵심 조각이 호트의 핵심 조각과 거의 비슷한 사람은 다윈의 진화론적 설명과 전반적인 자연과학을 전면 수용하는 동시에 서구 종교의 전통적인 하느님과 분명히 차이가 나지만 그래도 우주에 관여하는 (더 정확히 말해서 우주의 일부인) 하느님을 믿을 수 있을 것이다.

끝으로 분명히 짚고 넘어갈 점은 어쩌면 양 진영의 의견 차이가 적어도 합리적인 논거로는 해결할 수 없다는 것이다. 늦어도 고대 그리스 시대부터 고민하기 시작한 아주 오래된 문제가 그 중심에 자리하고 있기 때문이다. 바로 '기준의 문제'다. 이 문제는 주와 추천 도서에서 자세히 설명했지만 간단히 정리하겠다. 양 진영이 믿음의 가치를 평가하는 데 사용할 기준에서 의견이 일치하지 않을 때 기준의 문제가 제기된다. 한 진영은 경험적 증거가 올바른 믿음에 이르는 유일한 (혹은 최소한 압도적으로 주요한) 기준이라고 보고, 다른 진영은 그렇게 보지 않는다. 그리고 양 진영이 적절한 믿음에 이르는 방법 같은 기본적인 문제에서 의견 차이를 보이면, 다시 말해 믿음의 가치를 평가하는 기준에서 의견이 갈리면 대체로 어느 한쪽이 다른 한쪽을 최소한 합리적 논거로 설득할 가능성이 그리 높지 않다.

도덕과 윤리

진화에 대한 이해가 도덕관과 윤리관에 미치는 영향을 다룬 책은 아주 많다. 그 많은 견해를 모두 살펴볼 수는 없고, 진화와 도덕에 관한 일반적인 주장 두 가지를 중심으로 최근 학자들이 진화에 대한 이해에서 기인한다고 주장하는 중대한 영향들을 살펴보자.

일부 학자들은 진화에 대한 이해로 말미암아 윤리와 도덕의 핵심 측면들이 중요한 의미에서 환상임을 인정할 수밖에 없다고 주장한다. 낙태처럼 특히 논란의 소지가 큰 주제를 도덕적으로 판단할 때 느끼는 객관성을 생각해보자. 낙태를 반대하는 사람들은 낙태가 정말 잘못된, 객관적인 잘못으로 생각한다. 낙태 반대 의사를 표명할 때 보면 이들이 특정한 아이스크림 맛을 선호하는 것과 같은 주관적인 선호를 표명하는 것으로 그치지 않는다는 느낌이 든다. 자신들의 주장이 객관적으로 옳다고 생각한다는 느낌이 든다.

강간이나 잔혹한 살인, 아동 학대에 대한 깊은 분노처럼 심각한 도덕 감정을 느낄 때 우리가 모두 이런 객관성을 느낀다고 해도 과언이 아닐 것이다. 그런 행동이 정말 잘못되었다고 느낀다. 이런 객관성은 강력하고 널리 퍼진다. 이 객관성을 어떻게 이해해야 할까? 특히 우리의 도덕 감정이 존재하는 이유가 세상의 객관적인 특성을 반영하기 때문이 아니라 주로 무언가 진화적 이점을 제공하기 때문이라는 것이 점점 더 분명해지는 듯한 상황에서 과연 객관성을 어떻게 이해해야 할까?

마이클 루즈Michael Ruse와 에드워드 윌슨을 필두로 많은 학자는 우리가 도덕적 판단에서 느끼는 객관성이 진화 역사에서 결정적이며, 특히 도덕이 지금까지 진화적 임무를 수행하는 데 결정적이었다고 주장한다. 그리고 도덕이 계속해서 임무를 수행하려면 객관성이 필요할 것이라고 주장한다.

이런 주장의 취지는 도덕적 판단이 우리와 타인의 행동을 형성하는 데 중요한 역할을 하며, 도덕적 판단이 이런 역할을 하려면 객관성이 필요하다는 것이다. 우리가 주관적이라고 보는 판단에는 객관적인 판단이 지닌 비중과 행동을 형성하는 능력이 없다는 것이다. 주관적인 아이스크림 선호를 예로 들어보자. 특정한 맛의 아이스크림을 선택하는 여러분의 행동에 내가 동의하지 않을 수 있다. 하지만 그것이 주관적인 선호라고 해서 내가 여러분의 행동을 변화시키는 데 관심이 없다는 의미는 아니다. 오히려 나나 다른 사람들은 도덕적으로 불쾌하다고 판단한 여러분의 행동을 변화시키는 데 아주 큰 관심이 있으며, 우리가 여러분의 그런 행동을 바꾸려 드는 결정적인 동기가 바로 우리 판단에서 보이는 객관성이다. 도덕적 판단에서 보이는 객관성이 예나 지금이나 도덕이 자신에게 맡겨진 진화적 역할을 이행하는 데 결정적이라는 것이 바로 이런 의미다.

하지만 도덕 감정의 진화론적 기원을 이해한 우리는 이제 객관성이 환상임을 알 수 있다. 강렬한 도덕 감정이 반영하는 것은 객관적으로 실재하는 것이 아니다. 객관적으로 실재하는 듯 보이는 것이다. 따라서 우리가 느끼는 객관성은 환상이다. 하지만 중요한 환상이다. 그리고 여타 환상과 달리, 환상이라고 지적받아도 사라지지 않는다.

비유를 들어 쉽게 설명해보자. 현상으로 나타난 색, 예컨대 우리가 느끼는 새빨간 색은 말하자면 물체의 객관적인 특징이 아니다. 우리의 특정한 시각 체계가 진화한 방식과 우리의 시각 체계가 망막에 부딪히는 빛의 특성에 반응하는 방식의 결과에 따라 물체가 빨갛게 보인다. 이런 유형의 시각 체계를 지닌 우리 같은 생물이 등장하지 않았다면, 빨강은 없을 것이다. 따라서 빨강은 우리 시각 체계가 특정한 빛의 특성에 반응하는 방식의 주관적인 특징이지 세상의 객관적인 특징이 아니다.

우리는 현대 과학을 통해 우리가 느끼는 빨강이 객관적인 특징이 아니라 주관적인 특징이며, 우리의 진화 역사에 뿌리를 둔 특징임을 알 수 있다. 하지만 빨강 같은 색에 객관성이 없다는 것을 완전히 이해한 뒤에도 우리는 계속해서 특정한 물체를 빨갛다고 보며, 그럴 수밖에 없다. 우리가 그렇게 만들어졌기 때문이다.

루즈를 비롯한 학자들의 주장에 따르면, 도덕도 마찬가지로 우리를 구성한 일부다. 우리가 잘 익은 사과 같은 특정한 물체를 빨갛다고 보지 않을 수 없는 것과 마찬가지로 특정한 행동을 도덕적으로 잘못된 행동으로 보지 않을 수 없으며, 객관적이고 도덕적으로 잘못된 행동이라고 느끼지 않을 수 없다. 우리는 이처럼 도덕적 판단에 수반하는 객관성의 환상적 본질을 통찰하더라도 도덕적으로 다르게 행동하지 않는다. 하지만 이러한 통찰은 우리의 도덕성에 대한 중요한 통찰이다.

이런 학자들의 견해를 제대로 파악할 때 놓치지 말아야 할 중요한 사항이 하나 더 있다. 흔히 간과하기 쉬운 내용이지만, 이런 학자들이 도덕은 결코 실재가 아니라고 주장하지 않는다는 것이다. 우리의 도덕과 빨강은 중요한 의미에서 실재한다. 빨강이 없다는 것과 도덕이 없다는 것은 객관적이다. 다시 말해, 빨강과 도덕은 인간에서 독립해 존재하는 세상의 특징을 반영하지 않는다. 오히려 빨강과 도덕은 인간에게 달린 주관적 특징이며, 대체로 인간의 진화 역사에서 비롯된 것이다. 만일 인간이 (혹은 비슷한 유기체가) 존재하지 않았다면, 빨강도 도덕도 존재하지 않았을 것이다. 하지만 인간은 존재하고, 고유한 진화적 과거를 거쳤고, 고유한 시각 체계와 도덕심을 지니고 있다. 따라서 독립적으로 존재하는 객관적인 세상의 특징은 아닐지언정 빨강과 도덕은 실재한다. (객관적인) 실재는 아니지만 실재하는 셈이다.

진화가 우리의 도덕관이나 윤리관에 또 다른 영향을 미친다는 주장을 살펴보자. 윤리학에 역사가 오래된 광범위한 분야가 있다. 무엇이 윤리적으로 올바른 행동인지 아닌지에 주안점을 두는 분야다. 바로 규범윤리학이다.

규범윤리학 분야에서 수세기 동안 일반적으로 인정해온 바에 따르면, 단순한 '현상' 주장에서 '당위' 주장을 연역할 수 없다. '현상' 주장에서 '당위' 주장을 연역하는 것이 바로 자연주의적 오류다. 간단히 말해서, 단순한 '현상' 진술, 즉 단지 기술적인 사실 진술만으로는 당연히 어떻게 행동해야 한다는 결론을 정당화할 수 없다는 것이다.

도덕 감정의 진화적 기원에 관한 의견이나 전체적인 진화론적 고찰은 분명히 기술적인 진술로 보인다. 다시 말해 '현상' 주장이다. 윤리적 견해와 관련한 객관성의 진화적 기원을 다시 예로 들어보자. 우리가 도덕적으로 판단할 때 느끼는 객관성이 객관성의 진화적 역할에 뿌리를 두고 있다는 것은 기술적인 주장이며 '현상' 주장이다.

하지만 진화론적 주장이 기술적인 '현상' 주장일 경우, 자연주의적 오류를 고려하면 얼핏 진화론적 고찰이 규범윤리학에 관한 견해에 영향을 미칠 가능성이 없어 보일 것이다.

루즈 등의 학자들은 생각이 다르다. 이들은 자연주의적 오류가 오류라는 데 의견이 일치하며, 진화론적 주장이 '현상' 주장이라는 데는 동의하지만, 그래도 진화론적 고찰이 우리의 규범 윤리관에 큰 영향을 미친다고 주장한다.

핵심은 이렇다. 규범윤리학은 '현상' 주장에서 '당위' 주장을 연역할 때 자연주의적 오류가 발생한다고 한다. 하지만 루즈의 주장에 따르면 진화론적 고찰은 규범적 윤리 주장을 연역하는 방법을 제시하는 것이 아니라, 규범적 윤리 주장을 설명하는 것이다. 예를 들어, 진화론적 고찰은 우리가 고유한 규범적 윤리 성향을 지니는 이유가 무엇인지, 그런 윤리적 성향이 예전에 그리고 어쩌면 지금도 우리에게 제공하는 이점이 무엇인지, 윤리적 성향에서 객관성이 느껴지는 이유가 무엇인지 등을 설명할 수 있다. 이런 설명 외에는 규범적 윤리 문제에 관해 더 설명할 것이 없고, 더 할 일도 없다.

이런 견해를 이해하기 쉽도록 규범윤리학의 전통적인 관점과 대조해보자. 규범윤리학에 대한 일반적인 접근법은 특정한 규범 윤리론을 옹호하는 것이다. 예컨대 공리주의 같은 것이다. 공리주의는 '최대 다수의 최대 행복'을 기본 원칙으로 삼는 규범 윤리론이다. 즉 최대 다수의 최대 행복을 극대화하는 행동만 해야 한다는 견해다(사실 내가 여기서 설명하는 내용은 요지를 쉽게 전달하려고 특정한 공리주의를 단순화한 내용이다). 만일 여러분이 중요한 장기를 어떤 환자에게 이식할지 결정할 때처럼 특수한 상황에 있고, 훌륭한 공리주의자라면 최대 다수의 최대 행복을 가져올 선택이 무엇인지 따지고, 반드시 그런 선택을 해야만 한다.

공리주의의 추론 방식을 보면 기본적인 공리주의 원칙을 이용해 특정한 상황에서 무엇이 도덕적으로 올바른 행동인지 연역한다. 이것이 전형적인 규범 윤리론의 추론 방식이다. 하지만 루즈를 비롯한 여러 학자의 주장에 따르면, 윤리적 성향의 진화적 기원을 이해하면 이런 규범적 윤리 개념을 포기해야 한다. 도덕 감정의 진화적 기원을 인정한 다음에는 도덕 감정을 그 어떤 궁극적이고 객관적인 원칙으로 정당화할 수 있다고 볼 수 없다. 즉 진화론적 고찰은 도덕적으로 올바른 행동을 연역할 기본적이고 규범적인 도덕 원칙이 없음을 우리에게 보여준다. 이처럼 진화론의 발전은 규범윤리학에 중대한 영향을 미친다. 우리에게 규범적 윤리의 역할에 관한 기본 개념을 완전히 바꾸라고 강력하게 요구한다.

바꿔 말하면, 도덕 감정과 윤리 감정의 진화적 기원을 이해한다는 것은 규범윤리학의 종말을 의미한다. 더 자세히 설명해, 전통적으로 이해되던 규범윤리학 분야의 종말을 의미한다.

지금까지 진화에 대한 이해가 도덕과 윤리의 기본 개념에 영향을 미치는 사례들을 살펴보았다. 겨우 몇 가지 사례에 불과하지만, 진화에 대한 이해가 우리에게 도덕과 윤리에 대한 이해를 바꾸라고 얼마나 강력하게 요구하는지 충분히 파악했을 것이다.

경험적 연구

지금까지 논의한 주제는 주로 이론적인 내용이었다. 이제부터는 경험적 연구에 집중하자. 협력과 이타심, 용서, 처벌, 신뢰 등 인간 행동에서 중요한 개념들의 본질과 기원을 이해하는 데 영향을 미치는 최근 연구를 살펴보는 것이 목표다. 더불어 또 하나 중요한 목표는 진화의 잠재적 영향을 순전히 이론적으로만 논의할 필요가 없다는 사실을 확인하는 것이다. 많은 연구자가 지금까지 진화의 잠재적 영향을 보여주는 경험적 증거들을 제시했고, 지금도 계속 제시하고 있다.

앞으로 이야기할 연구는 대부분 최근 사례이며 지금도 훨씬 더 많은 연구가 진행되고 있다. 이번에도 그중 몇 가지 연구만 검토하며 경험적 연구가 우리의 진화적 유산에 관한 문제를 어떻게 설명하는지 살펴보자. 우리가 아주 잘 아는 반복적 죄수의 딜레마부터 시작하자.

반복적 죄수의 딜레마

다윈 시대부터 제기된 의문이 있다. 기본적으로 자기 본위의 이기적 행동으로 치닫는 듯한 진화 과정에서 어떻게 협력 행동, 특히 (다른 사람의 이익을 위해 자신을 위험에 빠트리는) 이타적 행동이 발생할 수 있느냐는 의문이다. 물론 진화론적 관점에서 볼 때 문제가 되지 않는 이타심들도 있다. 혈연 이타심을 살펴보자. 새는 근처 둥지에 있는 새끼들에게서 포식자를 멀리 떼어놓으려고 스스로 위험에 뛰어든다. 생물의 성공적인 번식과 직결되는 이런 행동은 자기 이익과 강력하게 관련된다. 상호 이타심도 마찬가지다. 이 경우 다른 사람에게 이익이 되는 행동을 함으로써 그에 상응하는 대가가 돌아올 것을 합리적으로 예상할 수 있다. 이런 이타심도 역시 강력한 자기중심 요소다.

하지만 혈연 이타심이나 상호 이타심 측면에서 설명할 수 없을 것 같은 이타적 행동 사례가 아주 많고 관련 기록도 충분하다. 진화론적 관점에서 볼 때 문제가 되는 것이 바로 이런 이타적 행동이다. 1970년대 말 연구자 로버트 액설로드**Robert Axelrod**가 협력적이고 이타적인 행동의 진화에 관심을 두고, 반복적 죄수의 딜레마를 중심으로 경험적 연구를 시작해 이 문제를 탐구했다.

반복적 죄수의 딜레마를 이해하려면 '고전적' 혹은 '단발성' 죄수의 딜레마부터 알아야 한다. A와 B 두 행위자에게 상호작용할 기회가 있다고 가정하자. 단발성 상호작용이므로 두 사람 모두 상대방과 단 한 번만 상호작용할 수 있다. 각자 개인적인 자기 이익을 최대화하기 위해 행동할 것이고, 각자 상대방의 의도를 모르는 채 상호작용에 협력할지 말지를 결정해야 한다. A와 B가 상호작용에서 각각 받는 보상을 (0, 0)으로 표기하자.[예를 들어 (13, 0)은 상호작용으로 A는 13점을 받고 B는 0점을 받는 것을 의미한다.] 이때 예상되는 보상 행렬을 정리한 것이 [도표 30-1]이다.

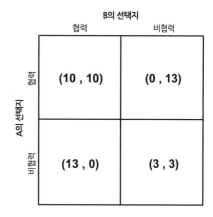

만일 A가 B를 무시하고 자기 이익을 극대화하는 행동을 취한다면, A는 다음과 같이 추론할 것이다. 나는 B가 협력할지

[도표 30-1] 죄수의 딜레마 보상 행렬

말지 알지 못한다. 만일 B가 협력할 때 나도 협력하면 10점을 받고, 내가 협력하지 않으면 13점을 받는다. 10점보다 13점이 크므로 이 시나리오에서는 내가 협력하지 않는 편이 더 유리하다. 그 반면, 만일 B가 협력하지 않을 때 내가 협력하면 나는 0점을 받고, 나도 협력하지 않으면 3점을 받는다. 0점보다 3점이 크므로 이 시나리오에서도 내가 협력하지 않는 편이 더 유리하다. 따라서 B가 협력하건 말건 나는 협력하지 않을 때 내 개인적인 이익이 더 커진다.

물론 B도 A와 똑같이 추론할 것이다. 결과적으로 A와 B가 이기적으로 행동해 모두 협력하지 않으면 (3, 3)의 보상을 받을 것이다[공동 이익으로 따지면 (3, 3)의 보상이 최악의 결과다. 두 사람이 각자 자기 이익을 최대화한 행동을 취할 때 최악의 공동 이익 시나리오로 이어지는 것이 죄수의 딜레마 보상 행렬의 특징이다].

이제 반복적 죄수의 딜레마를 살펴보자. 이 경우에도 보상 행렬은 고전적 죄수의 딜레마 보상 행렬과 같다. 하지만 행위자는 두 명 이상이다(행위자가 수백 명, 수천 명이 될 수도 있다). 각각의 행위자는 상대방과 여러 차례(수백 번, 수천 번) 상호작용할 수 있고, 두 행위자가 상호작용할 때 각자 과거의 모든 상호작용 결과를 알고 있다.

행위자 각자의 목표는 고전적인 사례와 똑같다. 즉 모든 상호작용이 끝날 때까지 가장 많은 점수를 쌓아 올려 자기 이익을 증대시키는 것이 목표다. 하지만 단순한 고전적 죄수의 딜레마와 달리, 반복적 죄수의 딜레마에서는 최고의 전략이 분명히 드러나지 않는다. 따라서 최고의 전략이 무엇인지 알아내기 위해 1970년대 말 액설로드는 많은 동료 연구자와 지인에게 도움을 요청했다. 액설로드는 한 사람 한 사람에게 반복적 죄수의 딜레마에서 최대 점수를 획득할 것으로 생각되는 최고의 전략을 요약해 컴퓨터 프로그램을 작성해달라고 부탁했다. 그런 다음 액설로드는 컴퓨터로 시뮬레이션한 대규모 반복적 죄수의 딜레마 경기에서 이 전략들을 서로 경쟁시켰다. 전략에는 어떤 제한도 없었다. 간단하건 복잡하건, 협력적이건 비협력적이건, 우호적이건 적대적이건, 각자 원하는 대로 전략을 수립할 수 있었다.

놀라운 경기 결과가 나왔다. "착하면 손해 본다"는 옛말처럼 '우호적'이고 협력적인 프로그램의 보상이 적대적이고 비협력적인 프로그램의 보상보다 더 적을 것으로 예상한 사람이 대부분이었다. 하지만 결과는 전혀 달랐다. 대단히 협력적인 프로그램이 경기에서 우승했을 뿐만 아니라, 전체적으로 우호적이고 협력적인 프로그램의 보상이 비협력적인 프로그램의 보상보다 더 컸다.

1차 경기에서 우승하고 계속해서 좋은 성과를 낸 협력적 프로그램이 팃포탯Tit for Tat이다. 팃포탯은 다른 프로그램과 처음으로 상호작용할 때는 늘 협력한다. 그리고 같은 프로그램과 나중에 다시 상호작용할 때 팃포탯은 그 프로그램이 이전 상호작용에서 했던 행동을 그대로 따라 한다. 즉 팃포탯은 이전에 협력적이었던 프로그램과 언제나 협력하며, 다른 프로그램과 협력 관계를 절대 먼저 끊지 않는다.

다른 프로그램과 협력 관계를 먼저 끊지 않는 이런 프로그램이 착한 프로그램이다. 액설로드의 연구 이후 수없이 시뮬레이션한 반복적 죄수의 딜레마 시나리오에서 협력적인 착한 프로그램이 비협력적이고 착하지 않은 프로그램보다 압도적으로 많은 보상을 받는다.

착하건 착하지 않건 모든 프로그램은 기본적으로 중요한 의미에서 자신의 이익을 최대화하기 위해 노력한다. 결국 모든 프로그램의 목표는 경기에서 승리하는 것이다. 하지만 액설로드를 비롯한 많은 사람의 연구 결과에 따르면, 최소한 반복적 죄수의 딜레마 시나리오에서는 협력적이고 착한 행동이 비협력적이고 착하지 않은 행동보다 자기 이익을 최대화하는 데 훨씬 더 뛰어나다.

액설로드의 연구 이후 반복적 죄수의 딜레마에 관한 추가 연구를 통해 최소한 반복적 죄수의 딜레마 시나리오에서 자기 이익을 증진하는 데 중요한 추가 요소들이 드러났다(지금도 계속 드러나고 있다). 그중 하나가 보복의 역할이다. 팃포탯은 자신에게 늘 협력적인 프로그램과 언제나 협력한다. 하지만 다른 프로그램이 협력하지 않으면 팃포탯은 보복한다. 그것도 즉각적으로. 팃포탯은 다음 상호작용 때 그 프로그램과 협력하지 않는 것으로 보복한다.

반복적 죄수의 딜레마 시나리오에서 보복이 프로그램이 성공하는 데 중요한 역할을 한다는 것이 분명히 드러났다. 이를 입증하는 좋은 사례가 60여 개 프로그램이 참가한 (그리고 다시 팃포탯이 우승한) 액설로드의 2차 경기다. 이 경기에서 1위부터 15위를 차지한 프로그램 중 14개가 협력적인 착한 프로그램이었다. 나머지 (8위를 차지한) 한 프로그램은 팃포탯과 비슷한 전략을 구사했지만, 어느 순간이 되면 자신에게 늘 협력적인 프로그램과 협력하지 않는 것이 달랐다. 기본적으로 이 프로그램은 보복을 당하지 않고 빠져나갈 수 있는지 시험 중이었다. 만일 다른 프로그램이 즉각적으로 보복하면, 이 프로그램은 협력적인 팃포탯 전략으로 돌아갔다. 하지만 즉각 보복을 받지 않으면 협력하지 않는 빈도를 늘리며, 기본적으로 너무 착한 프로그램, 즉 다른 프로그램이 협력하지 않을 때 보복을 주저하는 프로그램을 이용했다.

이런 연구들을 통해 분명히 밝혀진 또 다른 중요한 요소가 용서다. 점점 더 많은 시뮬레이션을 돌리고 분석한 결과, 프로그램들이 보복의 순환에 빠지는 것이 명확히 드러났다. 그 악순환에서 벗어나는 한 가지 전략이 모종의 '용서' 정책을 프로그램에 도입하는 것이다. 다른 프로그램이 협력하지 않더라도 용서하고 협력한 다음 결과를 지켜보는 전략이다. 만일 다른 프로그램이 협력으로 돌아서면, 그 두 프로그램은 보복의 악순환에서 벗어나 서로에게 유리한 협력의 선순환으로 돌아간다.

지금까지 소개한 것은 반복적 죄수의 딜레마와 관련해 지난 50여 년간 진행된 연구의 극히 일부에 불과하다. 다윈 시대 이후 많은 사람이 협력적인 행동의 진화적 이점을 다양하게 추측했다. 하지만 추측과 경험적 데이터는 별개다. 반복적 죄수의 딜레마 시나리오는 분명히 단순하고 인위적인 시나리오다. 하지만 반복적 죄수의 딜레마와 관련한 연구는 협력적인 행동뿐만 아니라 용서나 보복 등 다른 주제에 대해서도 흥미로운 빛, 경험적 근거가 충분한 빛을 비추었다. 그리고 기본적으로 자기 이익에 몰두하는 진화 과정에서 협력적 행동이 발생할 수 있었던 경위를 넌지시 설명한다.

최후통첩 게임

협력적이고 이타적인 행동에 관한 추가 데이터를 모으기 위해 최근 널리 사용하는 시나리오가 최후통첩 게임이다. 일반적인 최후통첩 게임의 시나리오를 간단히 살펴본 다음, 최후통첩 게임 연구의 기본적인 결과들을 정리하자.

여러분과 내가 최후통첩 게임 연구에 참여한다고 가정하자. 상황은 아주 간단하다. 총 10달러의 돈을 받은 여러분이 '제안자'다. 여러분이 할 일은 그 10달러를 여러분과 내 몫으로 나누어 제안하는 것이다. 여러분은 1달러 단위로 돈을 나누어 내게 1달러를 줄 수도 있고 10달러 전부를 줄 수도 있다. '응답자'인 내가 할 일은 여러분의 제안을 수락하거나 거절하는 것이다. 내가 제안을 수락하면 여러분이 제안한 대로 우리 둘이 돈을 나누어 갖지만, 내가 제안을 거절하면 우리 둘 다 돈을 한 푼도 받지 못한다. 최후통첩 게임 시나리오에서 가능한 보상 행렬을 정리한 표가 〔도표 30-2〕다.

보상 행렬을 보면 순전히 이기적으로 행동하는 두 행위자에게 합리적인 행동 방식이 무엇인지 분명히 드러난다. 가능한 모든 보상 시나리오에서 내가 여러분의 제안을 수락할 때 얻는 이익이 제안을 거부할 때 얻은 이익보다 더 크다. 따라서 내가 순전히 자기 이익을 위해 행동한다면, 금액에 상관없이 여러분의 제안을 수락해야 할 것이다. 한편 여러분도 아무

응답자의 선택지	제안자의 선택지 응답자에게 제안하는 금액									
	$1	$2	$3	$4	$5	$6	$7	$8	$9	$10
제안 수락	(1,9)	(2,8)	(3,7)	(4,6)	(5,5)	(6,4)	(7,3)	(8,2)	(9,1)	(10,0)
제안 거절	(0,0)	(0,0)	(0,0)	(0,0)	(0,0)	(0,0)	(0,0)	(0,0)	(0,0)	(0,0)

[도표 30-2] 최후통첩 게임 보상 행렬

리 적은 금액이라도 내가 여러분의 제안을 수락하는 것이 내 이익을 위한 합리적인 행동임을 알고 있다. 따라서 여러분이 이기적으로 행동하고 나도 이기적으로 행동할 것으로 믿는다면, 여러분은 가능한 최소의 금액, 즉 1달러를 내게 주겠다고 제안해야 할 것이다. 그것이 여러분이 가장 큰 이익을 얻는 시나리오이기 때문이다.

하지만 이 상황에서 만일 여러분이 내 마음에 들지 않는 너무 적은 금액을 제안한다면, 나에게는 그 제안을 거절함으로써 여러분도 한 푼도 받지 못하도록 처벌하는 선택지가 있다. 중요한 점은 내가 내 이익을 희생함으로써만 여러분을 처벌할 수 있다는 것이다. 즉 내가 여러분을 처벌하려면 내 보상을 포기해야만 하는 것이다.

이런 연구에서는 일반적으로 상호작용이 익명으로 이루어진다. 다시 말해, 여러분과 나는 얼굴을 마주하고 상호작용하지 않는다. 여러분은 나를 모르고, 나도 여러분을 모른다. 따라서 내가 여러분을 처벌해도 그것이 나에게 이익으로 돌아온다고 기대할 수 없다. 나는 다른 사람들에게 이익이 된다는 기대를 안고 여러분을 처벌할 것이다. 내가 처벌함으로써 여러분이 연구에 참여한 다른 사람들에게 더 많은 금액을 제안할 가능성이 높아지기 때문이다. 하지만 나는 내 이익을 기대할 수 없다. 한마디로 이런 시나리오에서 내가 여러분을 처벌하는 것은 일종의 이타적 행동이다. 기껏해야 다른 사람들에게 이익이 돌아갈 뿐 나 자신은 손해를 보기 때문이다. 물에 빠진 아이를 위해 목숨 걸고 거친 강물에 뛰어드는 행동만큼 대단치 않은 보잘것없는 이타적 행동이지만, 분명히 일종의 이타적 행동이다.

이런 연구에서 공통으로 확인되는 결과는 절대 이기적인 행동이 아니다. 이기적으로 행동하는 피실험자가 늘 일정 비율을 차지하지만 (거의 25% 정도로) 언제나 소수다. 제안자들이 가장 많이 제시하는 금액은 대략 50%다. 즉 대부분 제안자가 거의 동등하게 돈을 나눈다. 50% 이상의 금액을 주겠다고 제안하는 사람도 전혀 드물지 않다.

너무 낮은 금액을 제시하는 제안자를 처벌하는 형태의 이타적 행동도 일반적인 행동으로 드러난다. 실제로 30% 이하를 주겠다는 제안은 대체로 거절을 당한다.

최후통첩 게임 연구는 아주 다양한 피실험자를 대상으로 진행되었다. 전 세계 대학생은 물론 동인도네시아제도의 작은 포경 집단과 탄자니아의 수렵 집단, 유목 민족, 칠레와 아르헨티나 남부의 토착 문화 등 광범위한 문화의 구성원이 최후통첩 게임 연구에 참여했다.

연구 결과는 확고하다. 어떤 나라 어떤 문화권을 대상으로 연구를 진행하건, 행위자들이 주로 이기적으로 행동한다는 견해를 바탕으로 예측한 결과는 좀처럼 확인되지 않는다. 너무 낮은 금액을 제시하는 제안자를 처벌하는 형태의 이타적 행동도 전 문화권과 전 세계에 걸쳐 일반적으로 나타난다.

전 문화권과 전 세계에 걸쳐 확인된다는 사실은 이런 행동이 그저 문화적 유산의 결과가 아님을 암시한다. 문화에 상관없이 일관되게 나타난다는 사실은 이런 행동이 더 뿌리 깊은 성향에서 기인함을 암시한다. 그리고 이렇게 깊이 뿌리 내린 성향은 진화적 과거의 결과임이 거의 확실하다.

최후통첩 게임의 결과는 여러 가지 추가적인 의문을 제기한다. 최후통첩 게임에서 발견된 유형의 이타적 처벌이 예나 지금이나 진화적으로 유리한 이유를 연구를 통해 설명할 수 있을까? 이런 행동이 유리한 조건과 유리하지 않은 조건을 설명할 만한 데이터를 모을 수 있을까? 이런 행동이 진화적으로 유리한 조건을 찾아낸다면, 인간의 진화적 과거에 그런 조건이 존재했을 가능성이 있는가? 최후통첩 게임은 설계가 워낙 단순해서 이런 의문을 설명하지 못한다. 하지만 이제부터 살펴볼 또 다른 연구들이 이런 의문을 설명할 데이터를 제공한다.

협력과 이타심에 관한 추가 설명

최후통첩 게임 같은 연구에서 드러난 결과에 따르면, 협력적인 행동이 일반적이지만 일정 비율의 피실험자들은 이기적으로 행동하는 경향을 보인다. 시나리오가 한결 복잡한 추가 연구들에서는 이처럼 이기적인 행동을 다른 사람들의 행동으로 수정할 수 있는지 없는지 확인했다. 연구 결과는 수정할 수 있다는 것이며, 이타적 행동이 중요한 역할을 하는 것으로 드러났다.

이런 연구에서는 대체로 네 명 이상의 집단들이 상호작용에 가담하며, 행위자들이 협력적일수록 전체적인 집단의 이익이 더 커진다. 행위자들이 똑같이 협력적이면 보상도 똑같이 나눈다. 하지만 특정 행위자만 이기적으로 행동하고 그 집단의 나머지 구성원들은 협력적으로 행동하면, 이기적으로 행동한 행위자가 협력적인 행위자들보다 더 큰 몫의 보상을 받는다. 그리고 한 행위자가 이기적으로 행동하는 다른 행위자를 처벌할 수 있지만, 처벌하는 행위자는 심각한 손해를 보게 된다.

마찬가지로 이런 연구에서도 가장 일반적으로 나타나는 것은 협력적인 행동이다. 하지만 이기적으로 행동하는 소수의 행위자도 일관되게 나타난다. 이기적인 행위자가 포함된 집단에서 일반적으로 벌어지는 일은 나머지 행위자 중 한 사람이 처벌 행동을 하고, 이 처벌의 결과 이기적인 행위자가 대체로 이기적인 행동을 멈춘다. 그리고 완전히 협력적인 행동으로 복귀한 결과 집단이 얻는 전체적인 보상도 증가한다. 하지만 우리가 유념할 점은 처벌하는 행위자는 희생을 치른다는 것이다. 이 행위자가 처벌 행동을 하지 않으면 본인이 더 큰 보상을 받는다는 점에 주목해야 한다.

이 처벌 행동은 일종의 이타적 행동이다. 처벌 행동을 한 개인은 손해를 보지만 집단에 이익이 되기 때문이다. 몇몇 시나리오에서 확인한 바에 따르면, 행위자들이 이타적으로 행동하는 전략이 전체적으로 집단에 유리하다. 하지만 이런 이타적 행동이 반드시 진화적으로 안정된 전략은 아니다. (일반적으로 컴퓨터 시뮬레이션한 결과) 어떤 맥락에서는 이렇게 이타적으로 행동하는 행위자가 번식에 성공하지 못해 이타적인 성향이 개체군에 남지 못했다. 하지만 중요한 점은 다른 맥락에서는 이런 이타적 성향이 진화적으로 안정된 전략임이 입증되었다는 것이다.

이런 종류의 협력적이고 이타적인 행동이 성공하는 조건과 성공하지 못하는 조건에 관한 연구들이 추가로 진행되었다. 이런 연구에서 암시한 결과에 따르면, 현생인류가 처음 등장할 때의 조건이 협력적이고 이타적인 행동이 성공할 조건이었을 가능성이 높다(지금은 멸종했지만, 최초의 인류는 대략 200만 년 전에 등장했다. 현재 가장 정확한 증거에 따르면, 현생인류인 호모사피엔스는 대략 20~30만 년 전에 출현했다). 이런 행동이 성공할 조건은 집단의 크기가 작고 (초기 인류는 비교적 작은 공동체를 구성했을 것이 거의 확실하다), 집단을 들고 나는 이주율도 비교적 낮고(이것도 초기 인류의 예상 조건과 같다), 다른 집단과 심각한 경쟁을 벌일 가능성이 높다(초기 인류 집단 간의 경쟁과 갈등의 수준이 어느 정도였는지는 분명치 않지만, 당연히 집단 간의 경쟁과 갈등이 자주 발생했을 것이다). 요컨대, 현생인류가 처음 출현했을 때 예상되는 조건이 이런 이타적 행동이 성공할 수 있는 조건이었다고 생각하는 것이 타당하다.

이런 연구 결과들은 예비적인 결과다. 하지만 앞서 언급한 대로 이런 결과들은 협력과 이타심, 용서, 처벌(이제부터 자세히 다룰), 신뢰 등 인간 행동에 관한 중요한 문제를 경험적으로 연구할 방법과 그런 연구를 통해 이런 행동의 진화적 이점과 기원을 설명할 방법을 훌륭하게 보여준다.

신뢰 게임

끝으로 한 가지 연구 분야만 추가로 간단히 살펴보자. 이 연구 분야도 인간의 상호작용을 다루지만, 내가 여기서 주로 관심을 두는 내용은 우리가 지금까지 논의한 진화론의 영향에 관한 연구를 생화학 수준 등 상당히 다른 수준에서 진행할 수 있다는 것이다.

신뢰는 다양한 인간 상호작용의 기본 요소다. 예를 들어, 여러분과 나는 서로에 대한 신뢰 수준에 따라 완전히 다르게 행동할 것이다. 식량이나 재화 등 자원을 서로 나눌 것인지, 위험한 상황에서 서로를 도울 것인지 등이 신뢰 수준에 따라 결정된다. 우리가 서로 신뢰할 때 서로를 대하는 행동은 서로 신뢰하지 않을 때 보이는 행동과 완전히 다를 것이다.

최근 연구자들이 신뢰 행동에 미치는 생화학적 영향을 연구하기 시작했다. 책에 자주 등장하는 신뢰 게임에 관한 연구를 살펴보자. 여러분과 내가 신뢰 게임을 한다고 가정하자. 게임을 시작할 때 여러분과 나는 각자 12달러를 받았다. 나는 '증여자'이고, 여러분은 '공유자'다. 내 역할은 내가 받은 돈 일부를 여러분에게 증여하는 것이다(한 푼도 주지 않을 수도 있다). 여러분에게 한 푼도 주지 않거나 4달러, 8달러, 12달러를 줄 수 있다고 가정하자.

내가 여러분에게 얼마를 주건 실험 진행자는 내가 주는 돈의 두 배를 여러분에게 추가로 지급한다. 예를 들어, 내가 여러분에게 내 돈 4달러를 주면, 실험자가 그 돈의 두 배인 8달러를 더 준다. 여러분의 돈은 처음에 받은 12달러에 내가 주는 4달러와 실험자가 추가로 지급하는 8달러를 더해 총 24달러로 늘어난다. 만일 내가 여러분에게 내 돈 12달러를 전부 주면, 실험자가 24달러를 추가로 지급해서, 여러분의 돈은 처음에 받은 12달러에 36달러를 더해 총 48달러로 늘어난다.

결국 내가 여러분에게 0달러, 4달러, 8달러, 12달러를 주는 경우 여러분의 총 자금은 각각 12달러, 24달러, 36달러, 48달러가 된다. 이때 여러분의 자금을 나와 공유할 것인지, 공유한다면 돈을 어떻게 나눌 것인지는 전적으로 여러분에게 달려 있다. 여러분은 내게 한 푼도 주지 않을 수도 있고 가진 돈 전부를 줄 수도 있다. 여기서 중요한 점은 최후통첩 게임과 달리 나에게는 여러분의 제안을 거절할 선택권이 없다는 것이다. 나는 처음에 내 돈 일부를 여러분에게 준 다음부터는 상황에 어떤 영향도 미치지 못한다. 총 자금을 우리가 어떻게 나눠 가질지는 전적으로 여러분

$0	$4	$8	$12
(12,12)	(24,8)	(36,4)	(48,0)
(11,13)	(23,9)	(35,5)	(47,1)
(10,14)	(22,10)	(34,6)	(46,2)
⋮	⋮	⋮	⋮
(2,22)	(2,30)	(2,38)	(2,46)
(1,23)	(1,31)	(1,39)	(1,47)
(0,24)	(0,32)	(0,40)	(0,48)

[도표 30-3] 신뢰 게임 보상 행렬

의 결정에 달려 있다.

이 게임의 보상 시나리오를 정리한 보상 행렬이 [도표 30-3]이다. 내가 여러분에게 증여할 금액에 따라 네 칸으로 나누고, 각각의 칸에 내가 여러분에게 증여한 금액에 따라 우리가 보상을 나눌 가능한 방법을 예시했다.

꽤 복잡한 게임이다. 만일 내가 순전히 이기적으로 행동하고 여러분도 이기적으로 행동할 것으로 생각한다면, 나는 여러분에게 한 푼도 주지 않을 것이다. 이유는 간단하다. 만일 내가 여러분이 순전히 이기적으로 행동할 것으로 믿는다면 내가 얼마를 주건 여러분이 그 돈을 혼자 독차지한다고 믿을 것이기 때문이다. 따라서 나는 여러분에게 한 푼도 주지 않고 내 돈을 지키는 편이 더 낫다.

반면에 만일 내가 여러분이 순전히 이기적으로 행동하지 않을 것이라 믿으면, 내 돈 일부를 여러분에게 증여하며 여러분이 실험자에게 추가로 받은 수익금 일부를 내게 나누어 줄 것이라고 믿을 것이다. 요컨대, 이 게임의 결과는 행위자들이 이기적으로 행동하느냐 협력적으로 행동하느냐에 따라, 행위자가 상대방이 어떻게 행동할 것이라 믿느냐에 따라, 증여자가 공유자를 얼마나 신뢰하고 그에 따라 공유자가 돈을 (만일 나눈다면) 얼마나 나누어 줄 것으로 희망하느냐에 따라 크게 달라진다.

앞서 우리가 논의한 실험들의 결과를 고려하면, 신뢰하지 않는 방식으로 행동해 공유자에게 한 푼도 주지 않는 증여자가 별로 없고, 마찬가지로 순전히 이기적으로 행동해 한 푼도 돌려주지 않는 (혹은 아주 적은 금액을 돌려주는) 공유자도 거의 없는 결과가 전혀 놀랍지 않을 것이다. 이런 결과만 놓고 보면 인간의 행동에 관해 앞에서 우리가 논의한 데이터와 다르지 않은 데이터일 뿐이다.

하지만 이 연구를 진행한 실험자들의 주요 관심사는 신뢰의 생물학적 기초와 연관된 요인이었다. 인간이 아닌 피실험자를 대상으로 진행한 연구에서는 옥시토신이 사회적 행동에 영향을 미치는 것으로 드러났다(광범위하게 연구되는 옥시토신은 모든 포유류에서 발견되는 분자이며, 신경전달물질과 호르몬 두 가지의 역할을 할 수 있다). 과연 옥시토신이 신뢰 게임에 참여한 사람들의 신뢰 수준에 영향을 미치는지 확인하는 것이 연구의 취지였다(옥시토신을 최근 뉴스에 자주 등장하는 중독성 진통제인 옥시코돈이나 그 비슷한 마약성 진통제와 혼동하지 않도록 주의하기 바란다).

연구 결과는 놀라웠다. 옥시토신이 신뢰감을 크게 높인다는 결과가 나왔다. 게임을 시작하기 전, 대략 절반의 증여자에게 옥시토신을 투여하고, 나머지 증여자에게는 플라세보(위약－옮긴이)를 투여했다. 옥시토신을 투여받은 증여자들은 신뢰 수준이 치솟았고, 이들이 상대방에게 증여하겠다고 제안한 금액이 극적으로 증가했다. 연구자들은 옥시토신 외에 신뢰 수준에 영향을 미치는 다른 요인은 없는지 신중히 검토했지만 다른 요인은 발견되지 않았다. 즉 이 연구 결과는 옥시토신이 전적으로 혹은 거의 전적으로 피실험자의 신뢰 수준에 영향을 미친다는 것을 강력히 시사한다.

지금까지 이야기한 경험적 연구들은 비슷한 연구의 극히 일부 사례에 불과하다. 이런 연구들은 협력과 이타심, 용서, 처벌, 신뢰 등 가장 기본적인 인간 행동과 연결된 개념을 경험적으로 다양한 수준에서 연구할 수 있음을 보여준다. 현재는 예비적인 연구에 머물러 있지만, 시간이 갈수록 점점 더 많은 경험적 연구를 통해 많은 인간 행동의 저변에 깔린 진화론적 요소가 점점 더 드러날 것이다.

1600년대의 발견은 우리 조상들에게 오랫동안 확고한 경험적 사실로 간주한 핵심 믿음들을 재고하라고 요구했다. 하지만 적어도 내가 보기에는 최근의 발견이 우리의 핵심 믿음에 제기하는 도전이 훨씬 더 극적이다. 앞에서 우리는 상대성이론과 양자론 같은 발견을 검토했고, 29장과 30장에서는 진화론을 집중적으로 살펴보았다. 상대성이론이나 양자론과 마찬가지로 진화론도 우리에게 아주 오랫동안 지켜온 기본적인 견해를 재고하길 강력히 요구한다고 해도 지나친 말이 아닐 것이다. 이제 이전의 견해로 다시 돌아갈 수 없는 것이 확실해 보인다. 어떤 새로운 견해가 등장할지 짐작하기에는 여전히 시기상조이지만, 1600년대 초 우리 조상들과 마찬가지로 우리가 전반적인 세계관의 중대한 변화가 분명히 요구되는 시점에 서 있는 것은 확실하다.

이 장을 마치기 전에 진화에 관한 한 가지 의견만 추가하자. 일반적으로 진화론적 설명 때문에 우주, 특히 우주 속의 우리 위치에 관한 견해가 암울해지고 흥미가 떨어질 수밖에 없다고 생각하는 것 같다. 하지만 진화론적 설명을 부정적인 시각으로 바라볼 필요는 전혀 없다. 나는 진화론이 우리에게 요구하는 것은 세상의 커다란 구조 속에서 우리의 위치를 사뭇 다르게 보라는 것이지, 더 나쁘게 보라는 것은 아니라고 생각한다.

예를 들어, 내 개인적인 생각이지만, 나는 우리가 현재 지구상에 존재한다고 추산되는 1,000만 종 중 하나에 불과하다는 생각과 우리가 이미 멸종한 종은 물론 현재 살아 있는 식물과 동물 하나하나와 연관되어 있다는 생각을 좋아한다. 나는 지금까지 아주 운이 좋아서 전 세계 여러 곳에서 살았고, 그보다 더 많은 곳을 방문했다. 어디를 가든 새롭게 보이는 식물군과 동물군이 모두 큰 가족의 일원인 것이 좋았다. 지구상의 모든 유기체, 식물 하나하나 동물 하나하나가 모두 우리의 친척이라고 생각하면 경이롭지 않은가. 이런 생각을 부정적으로 바라볼 이유가 전혀 없다는 생각이 든다.

다윈도 이런 느낌이었던 것 같다. 다윈은 1844년 자신의 견해를 정리한 미출간 원고와 1859년에 발표한 《종의 기원》을 다음과 같은 문장으로 끝낸다. 자주 인용되는 이 문장은 표현도 아름답다.

> 여러 힘을 지닌 생명이 본래 하나나 몇 가지 형태에 깃들고, 이 행성이 정해진 중력 법칙에 따라 회전하는 동안 그토록 단순한 최초 형태에서 아주 아름답고 아주 놀라운 형태가 전개되었고, 지금도 전개되고 있다는, 이 생명관에는 장엄함이 있다.[다윈의 《종의 기원》(Darwin 1964, 490쪽)]

진화에 관한 발견은 우리에게 중대한 변화를 요구한다. 하지만 다윈의 말대로 이 생명관에는 장엄함이 있다.

결론
예측 불가능한 세계와 마주하기

드디어 마지막 장이다. 지금까지 논의한 내용을 전체적으로 살펴보고, 앞에서 탐구한 발견들에 함축된 의미를 숙고하며, 우리의 세계관에 어떤 변화가 요구될지 추측해보자.

개요

맨 처음 우리는 아리스토텔레스 세계관을 탐구했다. 아리스토텔레스 세계관은 그림 퍼즐처럼 서로 연결된 믿음 체계였다. 퍼즐 조각들이 서로 잘 들어맞았다. 우주도 이해할 수 있었다. 우주의 구조와 우주 속의 우리 위치, 만물이 고유하게 행동하는 방식과 이유 등 중요한 의문들이 모두 이 그림 퍼즐 속에서 충분히 풀리는 느낌이었다.

세계에 관한 의문 하나하나가 해결되었고, 우주가 어떤 모습인지, 즉 우리가 사는 우주가 어떤 우주인지도 이해했다. 우주는 목적론적이고 본질론적이며, 목적이 있는 우주는 본질적이고 내재적이며 자연적인 목표를 향해 움직이는 물체로 충만했다. 그 그림이 워낙 완전하고 아주 분명하고 정확해서 아리스토텔레스 본인이 세계가 거의 완전히 이해되고 이제 작은 틈 몇 개를 채우며 하나하나 꼼꼼히 마무리하는 일만 남았다고 말한다는 생각이 들 정도였다. 그렇게 아리스토텔레스가 표명한 의견이 현재까지 모든 시대에 걸쳐 거듭 되풀이되었다.

아리스토텔레스 세계관에서 일반적으로 등장한 비유, 즉 우리가 사는 우주를 폭넓게 그리는 일반적인 방법은 우주를 유기체처럼 생각하는 방법이었다. 유기체가 피를 순환시키는 심장과 음식물을 처리하는 소화기관 등 목표를 달성하기 위해 기능하는 기관들로 구성된 것과 마찬가지로 우주도 자연적인 기능과 목적을 지닌 부분들로 구성되었다고 생각했다.

9장부터 22장까지는 아리스토텔레스 세계관에서 뉴턴 세계관으로 전환한 과정을 살펴보았다. 아리스토텔레스 세계관을 구성한 믿음의 그림 퍼즐은 1600년대 새로운 발견의 빛 속에서 온전히 유지되지 못했다. 완벽한 원운동 사실과 등속운동 사실 등 상당히 간단한 경험적 사실로 보였던 아리스토텔레스 세계관의 일부 믿음이 잘못된 철학적/개념적 사실로 밝혀졌다. 지구가 우주의 중심이라는 등 경험적 관찰과 확실한 추론으로 충분히 뒷받침된 또 다른 믿음들도 잘못된 것으로 드러났다.

아리스토텔레스 그림 퍼즐에서 기각된 퍼즐 조각은 단지 이렇게 주변적인 조각 한두 개가 아니었다. 그림 퍼즐의 핵심 조각들도 기각될 수밖에 없었고, 그에 따라 그림 퍼즐 전체가 기각되었다. 아리스토텔레스 세계관이 대체로 잘못되었다고 밝혀진 것이다. 다시 말해, 아리스토텔레스 그림 퍼즐의 개별적인 믿음들만 틀렸다고 밝혀진 것이 아니다. 아리스토텔레스 그림 퍼즐 전체가 잘못된 그림 퍼즐로 밝혀진 것이다. 우주가 결코 아리스토텔레스 세계관에서 이해한 모습이 아니었다. 우주는 결코 유기체 같지 않았다.

아리스토텔레스 그림 퍼즐은 새로운 발견들과 양립하는 새로운 그림 퍼즐로 대치되었다. 새로운 그림 퍼즐, 즉 뉴턴 세계관은 제대로 작동하는 것 같았다. 모든 퍼즐 조각이 잘 들어맞았다. 우주도 이해할 수 있었다. 우주의 구조와 물체의 운동 등 우리가 중요하게 여기는 의문 하나하나에 대해 다시 답이 제시되었다.

이번에도 우주에 관한 의문 하나하나가 해결되었고, 우리가 사는 우주가 어떤 우주인지도 충분히 파악했다. 우리는 기계론적인 우주에 살고 있었고, 우주 속 물체가 운동하는 원인은 주로 그 물체에 작용하는 외부적 힘 때문이었다. 우리는 그 힘을 이해할 수 있었고, 그 힘의 특징을 정밀한 수학 법칙으로 기술할 수 있었다.

그리고 이번에도 훌륭한 비유를 들어 우리가 어떤 우주에 사는지 설명했다. 이제 우주가 기계와 같다고 믿게 되었다. 우주가 기계 부품처럼 상호작용하는 물체들로 구성되었다고 생각했다. 기계 부품이 다른 부품과 밀고 당기며 상호작용하는 것처럼 우주의 물체들도 기계론적이고 기계적인 방식으로 상호작용한다고 생각했다. 그리고 이 기계적인 세계관에는 상호작용이 국소적 상호작용이라는, 즉 한 물체는 모종의 연결이 있는 물체에만 영향을 미친다는 개념이 내포되어 있었다. 각 부분은 우리가 이해했다고 생각한 방식대로 함께 작동했고, 아리스토텔레스처럼 우리도 세계를 거의 완전히 이해했다고 생각했다.

그리고 일반적으로 세상의 커다란 구조 속에서 우리의 위치를 이해했다. 우리는 이제 우주의 물리적 중심이 아니었지만, 또 다른 의미에서 여전히 창조의 중심이었다. 일반적으로 생명은 신성한 영향의 산물이라고 생각했다. 살아 있는 유기체에서 분명히 드러나는 계획을 달리 어떻게 설명하겠는가? 이런 견해에 따라 자연스럽게 인간을 생명의 정점으로, 특별한 존재로 생각했다.

한동안 아무 문제도 없었다. 그런데 최근 새로운 발견들이 등장하며 우리는 우주와 관련한 중대한 의미가 상대성이론과 양자론에 함축되었으며 마찬가지로 진화론도 우주 속의 우리 위치와 우리 자신에 관한 견해에 중대한 영향을 미침을 알게 되었다. 이 새로운 발견들은 예전 뉴턴 그림 퍼즐의 주변적인 믿음 일부만 바꾸길 요구할까? 아니면 1600년대 새로운 발견들이 등장한 때와 마찬가지로 이 새로운 발견들이 우리에게 뉴턴 그림 퍼즐의 핵심 조각들도 기각하길 강력히 요구할까? 이제 이 의문을 살펴보자.

상대성이론에 대한 성찰

언뜻 보면 상대성이론은 상당히 중요한 의미를 함축하고 있는 것 같다. 공간과 시간이 관찰자에 따라 달라질 수 있다는 것처럼 상대성이론에 함축된 의미들은 공간과 시간에 대한 우리의 확고한 직관과 배치된다. 우리는 일반적으로 공간과 시간이 절대적이라고, 간단히 말해서 공간과 시간이 그 어디에서든 그 누구에게든 똑같다고 확신하는 경향이 있다.

공간과 시간이 절대적이라는 견해는 뉴턴의 《프린키피아》에 분명히 명시된 것이다. 하지만 사실 이런 견해는 뉴턴 전으로 거슬러 올라간다. 공간과 시간이 절대적이라는 믿음은 최소한 고대 그리스 시대부터 암암리에 전해진 믿음이다. 한마디로 절대공간과 절대시간은 아주 오래전부터 암암리에 떠돌다가 뉴턴의 틀 속에서 분명히 드러났다.

하지만 뉴턴의 그림 퍼즐에서 절대공간과 절대시간이 핵심 믿음에 가까운지 주변 믿음에 가까운지 생각해보자. 우리 대부분과 마찬가지로 뉴턴도 절대공간과 절대시간을 확고하게 믿는 경향이 있었던 것은 거의 의심의 여지가 없다. 그런데 우리가 1장에서 논의한 내용을 기억해보면, 핵심 믿음과 주변 믿음을 구분하는 것은 믿음에 대한 확신의 깊이가 아니다. 어떤 믿음, 즉 그림 퍼즐의 어떤 조각을 다른 조각으로 대체할 때 전체적인 그림 퍼즐이 크게 바뀌느냐 바뀌지 않느냐에 따라 핵심 믿음과 주변 믿음이 나뉜다.

이렇게 보면, 절대공간과 절대시간에 대한 믿음은 확고한 믿음이지만 핵심 믿음은 아니다. 뉴턴의 틀에서 이런 믿음을 교체해도 전체적인 뉴턴의 그림 퍼즐은 크게 변하지 않는다. 물론 이 믿음을 교체하면 다른 믿음도 교체해야 한다. 하지만 절대공간과 절대시간에 대한 믿음을 상대적 공간과 상대적 시간에 대한 믿음으로 대체한다고 해서 앞에서 언급한 기계론적인 뉴턴 세계관을 전체적으로 교체할 필요는 없다. 우리는 여전히 우주가 기계론적으로 그리고 정확한 법칙으로 설명 가능한 방식으로 상호작용하는 물체들로 구성되었다고 생각할 수 있다. 사건의 위치와 시간에 대한 이해는 바뀔 수밖에 없지만, 그 외에는 뉴턴의 그림 퍼즐을 전체적으로 거의 온전하게 유지할 수 있다. 요컨대, 공간과 시간이 절대적이지 않다는 사실은 놀라운 발견, 내가 보기에는 아주 놀라운 발견이지만 이

사실은 기계론적인 뉴턴의 그림 퍼즐과 전체적으로 양립한다.

상대성이론의 사뭇 다른(즉 일반적으로 뉴턴 세계관과 연결된 설명과 크게 다른) 중력 설명과 시공간 만곡도 마찬가지다. 시공간 자체가 물질의 존재에 영향을 받아 휘어질 수 있다는 것은 놀라운 발견이다. 상대론적인 중력 설명에 비추어 보면 우리 대부분이 당연하게 받아들이는 중력 설명, 즉 중력이 끌어당기는 힘이라는 실재론적 개념에 대해 기껏해야 도구주의적 태도를 지킬 수밖에 없다는 것도 놀라운 발견이다.

이런 발견들도 상당히 놀랍긴 하지만 뉴턴 그림 퍼즐의 핵심 조각을 기각하라고 요구하지는 않는다. 다시 말해, 시공간 만곡과 상대론적인 중력 설명을 받아들여도 기계론적인 뉴턴의 그림 퍼즐을 전체적으로 크게 바꿀 필요가 없다.

상대성이론에 중대한 의미가 함축되지 않았다는 말이 아니다. 앞서 논의한 의미들이 전체적인 뉴턴 그림 퍼즐의 핵심 조각을 기각하라고 요구하는 것은 아니나, 그렇다고 아주 사소한 의미도 아니다(특정한 아이스크림을 선호하는 것처럼 그 의미가 아주 사소한 것은 아니다). 하지만 상대성이론이 우리에게 바꾸라고 요구하는 믿음이 구체적으로 무엇이냐는 문제를 잠시 제쳐놓고 보면 아주 분명해 보이는 문제에서 우리가 얼마나 크게 틀릴 수 있는지를 극적으로 보여주는 것이 상대성이론에 함축된 더 중요한 의미, 즉 상대성이론의 진정한 취지라는 생각이 든다. 즉 철학적/개념적 사실이 명백한 경험적 사실로 변장하기가 아주 쉽다는 것이다. 예를 들어, 내가 아는 모든 사람이 상대성이론을 알기 전까지는 공간과 시간이 누구에게나 똑같다는 것을 명백한 경험적 사실로 받아들였다. 모든 사람에게 시간은 다른 속도로 흐르지 않는다, 누군가 혹은 무언가가 움직이고 있다는 이유만으로 사람이 기적적으로 더 천천히 늙지 않는다고 알고 있었다. 그것이 분명한 사실이었다. 그리고 모든 사람이 누군가 혹은 무언가가 움직이고 있다는 이유만으로 공간이 추운 곳에 놓아둔 풍선처럼 수축하지 않는다고 알고 있었다. 이 모든 것이 너무나도 명백한 경험적 사실인 것 같았다. 하지만 이 모든 것이 명백하지 않을 뿐 아니라 틀린 것으로 밝혀졌다.

완벽한 원운동 사실과 등속운동 사실에 대한 우리 조상들의 믿음과 절대공간과 절대시간에 대한 우리의 믿음을 비교해보자. 우리 조상들은 천체의 완벽한 원형 등속운동을 명백한 경험적 사실로 받아들였다. 조금이라도 상식이 있는 사람이면 누구나 인정할 만큼 명백한 사실로 받아들였다. 이것이 명백한 경험적 사실인 것 같았다. 세계관이 사뭇 다른 우리 관점에서 보면, 어떻게 완벽한 원운동 사실과 등속운동 사실 같은 믿음에 충실할 수 있었는지 이해가 되지 않는다. 완벽한 원운동 사실과 등속운동 사실을 처음 접하는 사람은 대부분 "도대체 왜 그런 것을 믿었을까?"라는 취지의 반응을 보인다.

하지만 우리 후손들을 생각해보자. 때가 되면 우리 후손들도 우리의 믿음을 돌아보며 똑같은 반응을 보일 것이다. 우리 손자나 증손자가 우리를 돌아보며, 어떻게 공간과 시간이 누구에게나 똑같다는 이상한 내용을 믿었냐는 듯 고개를 갸웃거릴 것이다.

한마디로 우리가 절대공간과 절대시간을 경험적 사실로 오해하는 것이나 우리 조상들이 등속운동과 완벽한 원운동을 경험적 사실로 오해한 것이나 서로 다르지 않다. 명백한 경험적 사실로 보였지만 결국 잘못된 철학적/개념적 사실로 밝혀지기는 마찬가지다. 그리고 이것이 내가 보기에는 상대성이론에 함축된 가장 중요한 의미다.

상대성이론은 그토록 상식적이고 그토록 명백하게 옳다고 보였던 믿음이 얼마나 잘못된 믿음으로 밝혀질 수 있는지를 분명히 보여준다. 그리고 우리가 명백하고 부인할 수 없어 보이는 사실들을 얼마나 확신할지 조금 더 조심하게 만든다. 즉 상대성이론은 우리 세계관의 주요한 측면을 바꾸라고 요구하는 것이 아니라 세계의 그림을 확신하는 정도를 재고하도록 우리를 이끄는 것이다.

양자론에 대한 성찰

상대성이론에 비하면 양자론과 관련한 새로운 발견, 특히 벨의 정리와 아스페 실험에 함축된 의미는 일반적인 뉴턴 그림의 중대한 변경을 요구하는 것 같다. 뉴턴 세계관에서는 우주의 진행이 기계적인 사건의 연속이다. 기계라는 개념의 핵심은 부품들이 밀고 당기는 상호작용이다. 기어와 기어가 맞물려 돌아가고 한 도르래가 다른 도르래를 돌리지만 늘 피댓줄 같은 모종의 연결이 필요하다. 일반적으로 한 부품은 어떤 방식으로든 연결된 부품에만 영향을 미치는 것이다. 우주의 진행도 이와 다르지 않다. 모종의 밀고 당기는 상호작용을 하는 우주에 우리가 살고 있다고 확신했다. 물체와 사건도 역시 기계적인 방식으로 다른 물체와 사건에 영향을 미치고, 상호작용은 모종의 연결이 있는 물체와 사건들에만 영향을 미치는 국소적 상호작용이다.

그런데 이런 뉴턴 우주관의 핵심 특징을 아스페 실험에서 발견한 새로운 양자 사실에 비춰 보면 그것이 온전히 유지될 수 없는 것으로 보인다.

어떻게 그런 일이 일어날 수 있는지 알 수 없지만, 우리가 사는 우주에서 사건들이, 더군다나 상당히 멀리 떨어지고 모종의 연결이나 연락이 없어 보이는 사건들이 즉각적이고 비국소적인 영향을 주고받는 일이 발생하기 때문이다. 어떻게 우주가 이럴 수 있는지 아는 사람은 아무도 없다. 단지 지금 우주가 이렇다는 것만 알 뿐이다.

동떨어진 사건들이 주고받는 종류의 즉각적인 영향, 아스페 실험에서 입증한 종류의 영향을 벨 유형의 영향이라고 쉽게 정리하자. 가령 아스페 실험이나 이와 유사한 실험에서 확인한 것처럼 지금까지 입증된 벨 유형의 영향은 미시적 수준으로 간주할 만한 실체에서 확인되었을 뿐, 우리가 일상에서 자주 볼 만한 평범한 물체에서는 확인되지 않았다. 즉 광자나 전자 등과 같은 실체에서는 즉각적인 영향이 확인되었지만 탁자나 나무, 바위 등과 같은 보통 크기의 물체들 사이에서 벨 유형의 영향이 발생함을 입증하는 실험은 없었다. 그렇다면 즉각적이고 비기계적인 영향은 미시적 수준의 실체에서만 발생한다고 제한할 수 있을까? 만일 그렇다면 우리는 미시적 수준의 실체는 뉴턴의 기계적인 방식대로 행동한다는 견해를 기각하더라도 거시적 수준의 실체는 뉴턴의 기계적인 방식대로 행동한다는 견해를 계속 지킬 수 있을까?

지금은 이 질문에 명확하게 대답할 수 없다. 시기상조다. 하지만 나는 앞으로 이 질문에 대한 답이 "아니다"가 될 것이라는 생각이 든다. 아스페 실험 이후 물리학자들이 훨씬 더 멀리 떨어진, 훨씬 더 큰 실체들 사이에서 발생하는 벨 유형의 영향을 입증하는 데 성공했다. 예를 들어, 골프공 크기 정도로 뭉쳐 서로 떨어트린 원자 덩어리들 사이에서 벨 유형의 영향을 확인했다. 또 다른 실험에서는 실험실 끝에서 끝 정도가 아니라

160km 이상 떨어진 물체들 사이에서도 벨 유형의 영향을 확인했다. 내가 이 책을 쓸 당시 타당성을 평가 중인 벨 유형의 실험 계획이 있었다. 지구의 실험실과 국제우주정거장에 검출기를 설치한 다음 벨 유형의 영향이 발생하는지 확인하는 실험이었다. 요컨대, 얽힌 물체를 대상으로 간격을 달리하며 온갖 곳에서 진행되는 벨 유형의 실험들이 벨 유형의 영향을 재확인하고 있다. 점점 더 크고 점점 더 멀리 떨어진 실체들 사이에서 이런 영향이 점점 더 많이 확인된다는 사실은 우리가 비기계적인 벨 유형의 영향을 미시적 수준으로만 한정할 수 없다고 생각할 이유 중 하나다.

또 다른 이유는 우리가 지난 역사에서 배운 교훈이다. 새로운 발견을 이용할 새롭고 신기한 방법을 찾아내는 과학자들의 독창성을 과소평가하지 말아야 한다는 교훈이다. 과거 기본적이고 새로운 발견들이 그 전까지 상상도 하지 못한 이론적, 기술적, 개념적 변화로 이어졌다. 우리가 저 깊은 곳에서 벨 유형의 영향을 허용하는 우주에 살고 있다는 발견이 나는 기본적이고 중요한 새로운 발견처럼 경이롭다. 눈덩이 같은 발견이다. 지금은 비록 아주 작지만, 나는 이 눈덩이가 점점 더 커져서 당장은 거의 윤곽도 잡히지 않는 이론적, 기술적, 개념적 변화로 또다시 이어질 것으로 생각한다.

내 생각이 옳다면, 지금 우리는 여러모로 1600년대 초와 비슷한 시기에 살고 있다. 갈릴레오와 망원경이 찾아낸 발견 등 당시 새로운 발견들이 결국 우리가 사는 우주에 대한 완전히 새로운 사고방식으로 이어졌다. 오늘날 벨 유형의 영향은 최소한 우주가 완전히 기계적인 우주라는 뉴턴의 견해를 포기하라고 우리에게 강력히 요구한다. 나는 이것이 빙산의 일각에 불과하다고 생각한다. 그리고 1600년대 발견들과 마찬가지로 이 발견이 우리가 사는 우주에 대한 상당히 다른 견해로 이어지지 않을까 생각한다.

진화론에 대한 성찰

상대성이론과 양자론은 우리가 사는 우주에 영향을 미치지만, 진화론은 주로 그 우주 속의 우리 위치에 영향을 미친다. 나는 우리가 반드시 받아들여야 한다고 생각하지만, 만일 우리가 우주 속 우리 위치에 관한 경험적 증거를 받아들이고자 하면 진화론의 발견에 따라 우리는 인간이 특별하다는 오랜 견해를 버려야 한다. 우리가 초자연적 과정이 아닌 자연적 과정의 결과이며, 생명의 정점이 아니라 진화론적 관점에서 현재 동등하게 존재하는 1,000만여 종 중 하나임을 인정해야 한다.

1600년대 우리 조상들이 우리가 더는 우주의 물리적 중심이 아니라는 발견을 감당했듯, 우리는 그 어떤 의미에서도 우주의 중심이 아니라는 발견을 감당해야만 할 것이다. 이러한 인식이 무엇보다 먼저 요구하는 것은 종교적 견해의 재고다. 경험적 발견이 종교적 견해의 재고를 요구하는 것은 이번이 처음은 아니다. 20장에서 살펴본 대로 뉴턴의 천체 운동 설명은 천체 운동에 관한 초자연적 설명의 필요성을 제거했다. 그리고 이것이 다시 신성한 존재의 역할에 관한 (특히 천체 운동을 설명하는 역할에 관한) 이전의 개념을 재고하라는 요구로 이어졌다. 하지만 20장에서 이야기한 대로 종교적 믿음은 확고하게 자리 잡는 경향이 있다.

1600년대 발견들이 하느님의 개념을 재고하라고 강력히 요구했지만,

그 발견들이 분명히 종교적 믿음의 기각으로 이어지지는 않았다. 앞으로 도 그럴 것이다. 나는 진화에 함축된 의미에 대한 인식 증가가 최소한 전통적인 종교적 믿음 상당 부분의 재고로 이어지길 희망하지만, 1600년대와 마찬가지로 이것이 전통적인 종교적 믿음의 완전한 기각으로 이어질 것 같지는 않다.

기본적 윤리 개념도 마찬가지다. 30장에서 논의한 대로 윤리적 성향의 진화적 기원을 점점 더 이해할수록 중요한 윤리적 개념들을 재고하게 될 것이다. 한마디로 인간의 진화적 기원에 대한 이해는 우주 속의 우리 위치를 재고하라고 요구하며, 우리에게 종교와 윤리에 관한 전통적 견해를 재고하라고 요구할 것이 거의 확실하다. 정확히 어떤 변화가 전개될지 예측하기는 아직 이르지만 1600년대에 발생한 것과 같은 변화가 다가오는 것은 거의 확실하다. 내가 여러 번 언급한 대로 우리는 지금 흥미진진한 시대에 살고 있다.

하지만 새로운 전망을 암울하게 받아들일 이유는 없다. 다윈의 말처럼, 그리고 내가 30장에서 이야기한 대로 이런 생명관에는 장엄함이 있다. 우리 조상들은 당시 경험적 발견들과 양립하는 새롭고 훌륭한 철학적/개념적 견해를 구축했다. 우리도 그렇게 될 것이다.

비유

흥미로운 이야기 하나만 더 하고 끝내려 한다. 이미 언급했듯 세계관은 흔히 탁월한 비유나 유추를 수반한다. 아리스토텔레스 세계관에서는 우주가 여러 기관이 자연적인 목적과 의도를 달성하기 위해 함께 기능하는 유기체와 비슷했다. 뉴턴 세계관에서는 우주가 기계 부품들이 상호작용하는 것과 흡사하게 여러 부분이 다른 부분과 서로 밀고 당기며 상호작용하는 기계와 비슷했다.

이런 비유는 분명히 유용하고 호소력이 있다. 우주의 전체적인 모습을 편리하고 간단하게 정리할 수 있기 때문이다. 최근의 발견들은 한 가지 아주 흥미로운 특징이 있다. 지금까지 우리가 경험한 것과 전혀 다른 우주를 암시한다는 특징이다. 아스페 실험에서 입증한 비국소적 영향은 우리에게 전혀 익숙하지 않은 우주를 암시한다. 그 어떤 연결도 없는 사건들의 즉각적인 영향을 허용하는 우주는 결코 우리에게 익숙한 우주가 아니다.

바로 이런 이유로 우리는 최근의 발견들이 암시하는 우주를 편리한 비유로 요약할 수 없다. 우리가 지금 이런 우주, 전혀 익숙하지 않은 우주에 살고 있을지도 모른다. 우리 시대가 (최소한 기록된) 역사상 처음으로 우주를 비유할 수 없는 시대일지도 모른다. 우리가 사는 세계를 두 번 다시 편리한 비유로 요약할 수 없는 시대에 접어들었는지도 모른다.

그렇지만 편리한 비유로 요약할 수 없다 해도 일반적인 우주관은 등장할 것이다. 그리고 정확히 어떤 우주관이 등장할지 예측하기 어렵지만, 우리의 자녀와 손자들은 우리와 상당히 다른 우주관을 개발할 것이다. 그리고 우리가 이 책 3부에서 논의한 발견들은 물론 현재 그리고 가까운 미래에 이루어질 발전이 이러한 우주관을 형성하는 데 작용할 것이다. 다시 말하지만, 우리는 흥미진진한 시대에 살고 있다. 눈을 크게 뜨고 계속 지켜보자.

감사의 글

이 책을 판을 거듭해 출간하기까지 수많은 분이 공헌했다. 모든 분의 공헌이 하나같이 중요했다. 책을 출간할 때마다 명백한 실수를 지적하거나 논점을 명확히 하라는 제안을 주는 등 수없이 많은 익명의 독자가 귀중한 피드백을 보내주었다. 개인적으로 알지는 못하지만 모든 익명의 독자에게 감사하다는 인사를 드리고 싶다.

이 책을 처음 기획할 때부터 여러 차례 원고를 수정하며 3판을 완성하기까지 과학철학을 함께 공부한 학생들이 어떤 생각이 유효한지 아닌지, 어떤 설명이 명확한지 아닌지 훌륭한 피드백을 제공했다. 일일이 이름을 거론할 수는 없지만, 도움을 준 모든 학생에게 고맙다는 인사를 전한다.

마찬가지로 수년간 다양한 주제를 함께 논의하고 원고를 검토하며 내가 생각을 분명하게 정리하고 종종 수정하도록 깨우침을 준 동료들에게도 감사의 인사를 전한다.

2016년 봄에는 특별한 학생들과 함께 인지과학과 심리철학에 관한 소규모 세미나를 진행할 수 있어서 영광이었다. 그 세미나에서 현재 과학과 과학사, 과학철학의 여러 문제를 함께 고민한 학생들 덕분에 과학사와 과학철학에 관한 다양한 견해를 확장하고 가다듬을 수 있었다. 댄 불리와 크리스 카르딜로, 알렉스 클린턴, 크리스 페이즈카스, 에이든 그릴리시, 톰 그린우드, 테스 맥마흔, 엘리엇 네스키, 저스틴 페이튼, 칼리 슐레겔, 앤드루 슈미트, 존 사이먼에게 감사한다.

오슬로대학의 찰스 에스, 노스캐롤라이나대학 채플힐 캠퍼스의 마크 랭의 공헌에 다시 한 번 감사한다. 이 두 사람이 2판과 3판에 대부분 포함된 1판의 초고 전체를 검토해, 상세하고 유용한 의견과 제안을 보내주었다(몇 가지 당황스러운 실수도 바로잡아주었다).

2009년에 진화에 관한 활기찬 세미나를 주선한 뉴욕대학 인류기원연구센터의 토드 디소텔과 샤라 베일리, 세미나에 재정적 도움을 준 교수 자원 네트워크Faculty Resource Network에도 감사한다. 진화와 관련해서는 리처드 곤에게 고맙다는 인사를 전한다. 그의 의견 덕분에 이전 판에서 진화 관련 자료를 제시한 방식을 다시 검토할 수 있었다.

불행히 유명을 달리한 헬렌 랭에게도 감사 인사를 전한다. 랭과 나눈 대화가 아리스토텔레스 물리학과 일반 자연철학의 다양한 측면을 분명히 정리하는 데 특히 귀중한 도움이 되었다. 3판 원고를 훌륭하게 교열한 자일스 플리트니에게도 감사한다. 끝으로 이 책을 최초로 편집한 제프 딘에게 다시 한 번 감사의 인사를 전하고 싶다. 원고를 구성하고 책으로 발표할 수 있었던 것은 모두 그의 귀중한 피드백 덕분이다.

함께 읽으면 좋은 원전

이 책에는 원전과 함께 보면 도움이 되는 내용이 많다. 함께 읽으면 좋은 원전이 아주 많지만, 내가 보기에 길이가 적당한 원전을 선정했다. 아래에 추천한 원전은 모두 온라인에서 간편하게 열람할 수 있으며, 공공 영역(public domain)에 속하므로 저작권 문제도 발생하지 않는 자료들이다.

- 데카르트의 《성찰(Meditations)》 1부와 2부
- 데이비드 흄의 《인간의 이해력에 관한 탐구(Enquiry)》 제4장 2부
- 아리스토텔레스의 《천체에 관하여(On the Heavens)》 2권 14장
- 코페르니쿠스의 《천구의 회전에 관하여(On the Revolutions of the Heavenly Spheres)》 중 안드레아스 오시안더(Andreas Osiander)의 서문
- 〈니콜라스 쉰베르크(Nicholas Schönberg) 주교가 코페르니쿠스에게 보낸 서신〉(코페르니쿠스의 《천구의 회전에 관하여(On the Revolutions)》에 포함됨)
- 갈릴레오의 〈카스텔리(Castelli)에게 보낸 서신〉
- 로베르토 벨라르미노(Robert Bellarmine)의 〈포스카리니(Foscarini)에게 보낸 서신〉
- 갈릴레오의 〈크리스티나(Christina) 공작 부인에게 보낸 서신〉
- 〈갈릴레오 종교재판 기소문(The Inquisition's Indictment of Galileo)〉
- 〈갈릴레오 종교재판 판결문(The Inquisition's Sentencing of Galileo)〉
- 갈릴레오의 〈파기 선서(Abjuration)〉
- 아인슈타인의 〈움직이는 물체의 전기역학에 대하여(On the Electrodynamics of Moving Bodies)〉
- 아인슈타인과 보리스 포돌스키(Boris Podolsky), 네이선 로젠(Nathan Rosen)의 〈물리적 실재에 대한 양자역학적 기술은 완전하다고 할 수 있을까?(Can Quantum-Mechanical Description of Physical Reality Be Considered Complete?)〉
- 존 스튜어트 벨(John Stewart Bell)의 〈아인슈타인 포돌스키 로젠의 역설에 관하여(On the Einstein Podolsky Rosen Paradox)〉

주와 추천 도서

장별 주와 추천 도서를 소개하기에 앞서, 전반적인 내용을 다룬 책과 원전을 소개하고자 한다. 여러분이 관심 가는 주제를 더 깊이 탐구할 때 출발점으로 삼기 좋은 자료들이다.

과학사

전반적인 과학사를 탐구하기 좋은 책은 스테판 메이슨(Stephen F. Mason)의 《A History of the Sciences》다. 단행본이지만 고대 바빌로니아와 이집트 시대부터 20세기까지의 과학을 아주 자세히 정리했다. 데이비드 린드버그(David C. Lindberg)의 《The Beginnings of Western Science: The European Scientific Tradition in Philosophical, Religious, and Institutional Context, 600 B.C. to A.D. 1450》은 고대와 중세의 과학을 자세히 다루고, 토머스 쿤(Thomas S. Kuhn)의 《코페르니쿠스 혁명(The Copernican Revolution: Planetary Astronomy in the Development of Western Thought)》은 1500년대와 1600년대 변혁을 탐구한 고전이다. 버나드 코헨(Bernard I. Cohen)의 《The Birth of a New Physics》는 1500년대와 1600년대 변혁을 일반적이고 상당히 이해하기 쉽게 설명했다. 최근의 과학 발전과 관련해서는 헬게 크라흐(Helge Kragh)의 《Quantum Generations: A History of Physics in the Twentieth Century》가 1800년대 말부터 현재까지 물리학의 역사를 치밀하고 훌륭하게 정리했다. 루이스 피어슨과 수잔 피어슨(Lewis Pyenson & Susan Sheets-Pyenson)의 《Servants of Nature: A History of Scientific Institutions, Enterprises, and Sensibilities》는 과학 기업의 조금 색다르지만 중요한 역사를 들려준다.

과학사의 여성

여러분도 눈치챘겠지만, 이 책에서는 22장에서 간단히 다룬 마리 퀴리를 제외하면 여성의 역할을 다룬 이야기가 거의 등장하지 않는다. 과학사에서 여성의 역할이 전혀 없어서 그런 것은 절대 아니다. 하지만 역사를 통틀어 대부분 사회가 이 책에서 집중한 과학, 특히 물리학과 천문학에서 여성이 두드러진 역할을 하도록 권장하지 않은 것은 분명하다. 그렇지만 이런 과학 분야에서 중요한 역할을 한 여성이 전혀 없었던 것은 아니다. 1600년대 이후 천문학 연구는 방대한 양의 (지루하기는 두말할 필요 없이) 섬세한 관찰과 수학적 계산을 요구했고, 여성들이 이런 관찰과 계산의 상당 부분을 감당했다. 예를 들어, 티코 브라헤의 천문 관측에 중요한 도움을 준 인물도 여동생 소피 브라헤(Sophia Brahe)였다. 과학사와 과학철학에서 여성의 역할도 여러분이 흥미를 느낄 만한 분야다. 그 첫걸음으로 추천하는 책은 마거릿 알릭(Margaret Alic)의 《Hypatia's Heritage: A History of Women in Science from Antiquity Through the Nineteenth Century》다. http://www.eiu.edu/wism/about_biographies.php에도 많은 여성 과학자의 전기가 실려 있고, 관련 자료를 찾을 수 있는 사이트가 소개되어 있다.

물리학과 천문학의 철학적 쟁점

이 책에서 논의한 내용과 연관해 특히 천문학이나 물리학의 쟁점과 역사적 사례에 관심이 있는 사람에게는 제임스 커싱(James T. Cushing)의 《물리학의 역사와 철학(Philosophical Concepts in Physics: The Historical Relation Between Philosophy and Scientific Theories)》을 추천한다. 커싱은 오랫동안 철학적 쟁점에 몰두하긴 했지만 물리학자였다. 이 책은 물리학의 수많은 발견을 상세히 다루며, 그런 발견에 포함된 철학적 쟁점을 탐구한다. 피터 코소(Peter Kosso)의 《Appearance and Reality: An Introduction to the Philosophy of Physics》도 물리학의 철학적 쟁점을 흥미롭고 알기 쉽게 설명한 책이다. 마크 랭(Marc Lange)의 《An Introduction to the Philosophy of Physics: Locality, Fields, Energy, and Mass》도 현대 물리학의 맥락에서 제기되는 중요한 철학적 쟁점을 알기 쉽게, 하지만 더 자세히 다루었다. 천문학과 관련한 쟁점을 더 깊이 탐구하고 싶은 사람에게는 쿤의 《코페르니쿠스 혁명》을 추천한다.

물리학과 천문학 외의 분야

(29장에서 논의한 진화론의 역사적 발전을 제외하고) 이 책에서 다룬 역사적 사례와 앞에서 추천한 자료는 대부분 물리학과 천문학에 관한 것이지만, 당연히 물리학과 천문학이 과학의 전부는 아니다. 당연히 과학철학이 물리학과 천문학에 국한하는 것도 아니다. 천문학이나 물리학이 아닌 생물학에(특히 면역학에) 집중해 과학철학을 흥미롭게 설명한 입문서로 로버트 클레(Robet Klee)의 《Introduction to the Philosophy of Science》를 추천한다. 데이비드 헐과 마이클 루세(David Hull & Michael Ruse)의 《The Philosophy of Biology》는 생물학의 철학에서 여러 가지 주제별로 논문을 모은 선집으로, 생물학의 철학을 탐구할 때 좋은 출발점이 되는 책이다. 바르후 브로디와 리처드 그랜디(Baruch Brody, Richard Grandy)의 《Readings in the Philosophy of Science》 4부도 생물학의 철학에 관한 여러 가지 기본 내용을 소개한다. 진화론과 밀접하게 연결된 철학적 쟁점에 관심이 있는 사람은 마이클 루스(Michael Ruse)의 《Taking Darwin Seriously》를 읽어보기 바란다.

최근에 화학의 역사와 철학이 과학사와 과학철학의 넓은 우산 아래 확고한 자리를 잡았다. 이 분야에서 탐구하는 주제가 무엇인지 파악할 때 유용한 참고 자료가 학술지 〈HYLE: International Journal for Philosophy of Chemistry〉다. www.hyle.org에서 이 학술지를 열람할 수 있다.

최근에 확실히 자리 잡은 또 다른 분야가 과학철학의 페미니즘 문제다. 과학철학에 대한 페미니즘적 접근법은 광범위한 영역을 아우른다. 일반적인 방법론과 인식론의 쟁점은 물론 (페미니즘 고고학을 다룬 책에서 발견할 수 있는 것처럼) 특정 분야의 한결 구체적인 쟁점까지 다룬다. 클레의 《Scientific Inquiry: Readings in the Philosophy of Science》 5장에서 과학철학의 페미니즘 쟁점에 관한 기본 내용을 소개했다. 산드라 하딩(Sandra Harding)의 《The Science Question in Feminism》도 출발점으로 삼기 좋은 책으로, 논란의 소지가 전혀 없는 쟁점부터 논란의 소지가 아주 큰 쟁점까지 망라했다. 따라서 과학사와 과학철학에 대한 페미니즘적 접근법과 관련한 문제를 폭넓게 파악할 수 있다.

다양한 연구

스탠퍼드 철학 백과사전(Stanford Encyclopedia of Philosophy, SEP)인 https://plato.stanford.edu에 접속하면 훌륭한 자료를 온라인으로 검색할 수 있다. 과학사와 과학철학의 수많은 주제를 비롯해 철학적 주제를 다룬 방대한 논문이 실려 있다. 일반적으로 SEP에 실린 논문에 소개된 참고문헌을 참조하면, 관심이 가는 주제를 더 깊이 탐구할 자료를 추가로 확인할 수 있다.

조지 게일(George Gale)의 《Theory of Science: An Introduction to the History, Logic, and Philosophy of Science》는 과학사의 수많은 사례를 다룬 훌륭한 과학철학 입문서다. 존 로지(John Losee)의 《과학철학의 역사(A Historical Introduction to the Philosophy of Science)》도 역사적 사례

에 집중한 좋은 입문서다. 범위가 다소 넓어 딱히 분류하기는 어렵지만, 로날드 파인(Ronald Pine)의 《Science and the Human Prospect》도 추천한다. 아쉽게도 이 책은 현재 절판이지만, 다행히 www2. hawaii.edu/~pine/book1-2.html에서 온라인 열람이 가능하다.

오언 깅거리치(Owen Gingerich)의 《The Eye of Heaven : Ptolemy, Copernicus, Kepler》는 과학사와 과학철학의 훨씬 더 구체적이고 상세한 연구 사례를 설명한다. 데이비드 린드버그(David Lindberg)의 《Science in the Middle Ages》와 마셜 클라게트(Marshall Clagett)의 《Critical Problems in the History of Science》도 훨씬 더 전문적인 문제를 다룬 논문들을 모았지만, 비전문가들도 이해하기 어렵지 않다.

이상으로 일반적인 자료 추천을 마치고, 각 장에 대한 구체적인 주석과 추천 도서를 소개한다.

＊ 추천 도서는 '저자(발행 연도)'로 표기한다. 예를 들어, Aristotle(1966)으로 표기한 것은 참고 자료
   에 표기된 Aristotle (1966) *Aristotle's Metaphysics*, translated by H. Apostle, Indiana University
   Press, Bloomington을 의미한다.(옮긴이)

1부. 세계관의 탄생: 과학사와 과학철학의 충돌점들

1부에서 논의한 일반적인 쟁점을 다룬 입문서와 (대체로 과학철학자들의 논문을 모아 주제별로 구성하고 편집자가 머리글을 붙이는 식의) 선집은 아주 많다. Klee(1997)와 Gale(1979), Losee(1972), Brody and Grandy(1971), Curd and Cover(1998), Klee(1997), Klemke, Hollinger, and Kline(1988) 등이 대표적이다.

1. 세계관이란?

세계관이라는 개념은 1962년에 발표된 《과학혁명의 구조》에서 토머스 쿤이 제시한 여러 가지 개념과 관련이 있다. 그중 하나가 '패러다임'이라는 개념이다. 간단히 설명하면 패러다임은 (관련 과학자들이) 공유한 믿음과 문제 접근법의 집합이다(어떻게 보면 패러다임은 공유된 세계관의 부분집합이다). 쿤의 견해에 따르면, 기존 과학 패러다임이 새로운 패러다임으로 교체되고, 기존 세계관이 다른 세계관으로 교체될 때 가끔 '패러다임 전환'이 발생한다. 우리가 2부에서 탐구한 아리스토텔레스 세계관에서 뉴턴 세계관으로 전환이 패러다임 전환 사례다. 쿤은 패러다임 전환이 아주 드물게 발생한다고 주장하며, 패러다임 전환이란 용어를 너무 폭넓게 사용하지 말라고 경고했다. 하지만 쿤의 경고에도 불구하고 패러다임 전환이라는 개념이 최근 광범위하고 빈번하게 사용되고 있다. 《과학혁명의 구조》를 위시한 쿤의 책들이 최근 몇십 년간 과학사와 과학철학에서 아주 큰 영향력을 행사했다. 관련 쟁점을 더 깊이 탐구하고 싶은 사람에게 쿤의 《과학혁명의 구조》를 추천한다.

세계관이라는 개념, 특히 그림 퍼즐 비유는 Quine(1964)에서 소개한 '믿음의 거미줄'이라는 개념과도 비슷하다. 콰인은 거미줄에 비유해 핵심 믿음을 거미줄 가운데 부분으로 묘사했다. 거미줄 가운데 부분의 변화가 거미줄 전체의 변화를 요구하는 것과 마찬가지로 핵심 믿음의 변화가 믿음 집합 전체의 변화를 요구한다는 의미였다. 반면에 거미줄 바깥 부분을 바꿔도 거미줄의 가운데 부분은 크게 변하지 않는다. 주변부 믿음을 바꿔도 전체적인 믿음 집합이 바뀌지 않는 것과 같다. 앞에서 추천한 선집 대부분이 콰인의 논문을 게재해 그의 견해를 소개한다. 콰인의 견해는 이 책 5장에서도 자세히 다루었다.

본문에서 언급한 대로 아리스토텔레스의 견해는 복잡하고, 더군다나 그의 책은 이해하기가 쉽지 않다. 비교적 최근 조 삭스(Joe Sachs)가 번역한 Aristotle(1995, 2001, 2002)가 이전 번역본들보다 더 쉽게 읽히고, 번역자의 주석도 첨부되었다. 원전과 가장 가까운 책은 어포슬(Apostle)이 번역한

Aristotle(1966, 1969, 1991)이지만, 이해하기가 무척 어렵다. 가장 많이 읽히는 책은 멕케온(Richard McKeon)이 번역한 Aristotle(1973)이다. 아리스토텔레스의 저작은 http://classics.mit.edu/Browse/ browse-Aristotle.html. 등의 사이트에서도 열람할 수 있다. 아리스토텔레스 개괄서로는 Robinson(1995)를 추천한다. Barnes(1995)는 아리스토텔레스의 견해들을 깊이 있게 논의한 논문들을 모았다. Lloyd(1970, 1973)은 아리스토텔레스 이전부터 그 이후의 그리스 과학을 요약 설명했다. Lang(1998)은 아리스토텔레스 물리학과 아리스토텔레스 자연철학을 훌륭하게 정리했다.

2. '진리'를 대하는 시선

대체로 현역 과학자, 특히 물리학자들은 (어느 정도는 타당한 생각이지만) 진리를 과학적 주제라기 보다 철학적 주제로 간주하며, 진리에 대한 논의를 주저한다. (현대물리학의 선구자 중 한 사람인) 스티븐 와인버그는 예외적으로 "나 같은 과학자들은 인간을 객관적 진리에 점점 더 가깝게 접근시키는 것이 과학의 임무라고 생각한다[New York Times Review of Books, 45(15), 1998]"고 당당히 주장한다. Weinberg(1992)를 보면, 물리학을 둘러싼 광범위한 쟁점들에 관한 와인버그의 견해를 확인할 수 있다. 현대 물리학의 현황을 상당히 쉽게 정리한 책이다.

진리론의 철학적 설명과 관련해서는 Kirkham(1992)가 진리론 문제를 가장 최근에 포괄적으로 다룬 책이다. 진리론을 탐구하는 사람들에게 더할 나위 없이 좋은 책이다. 이 장에서 논의한 데카르트와 관련해서는 Descartes(1960)이 비교적 최근에 번역된 《성찰(Meditations)》이다. Feldman(1986)은 《성찰》을 적용해 다양한 철학적 문제를 흥미롭게 탐구한 입문서다.

3. 경험적 사실과 철학적/개념적 사실

이 장에서 논의한 쟁점들은 '관찰의 이론 의존성'과 밀접하게 연결되어 있다. 관찰의 이론 의존성은 대체로 간단해 보이는 경험적 관찰도 다양한 이론과 뒤얽힌다는 것이다. 예를 들어, 책상 옆 콘센트에 흐르는 전류의 전압을 전압계를 사용해 측정할 때, 실제 우리가 관찰하는 것은 바늘이 가리키는 눈금이다. 우리가 이를 통해 전압이 110볼트라고 추론하려면, 전기의 본질과 전류가 전압계 같은 측정 기계와 상호작용하는 방식, 전압계의 작동 방식 등에 관한 이론을 받아들여야 한다. Kuhn(1962)에서 논란의 소지가 크다고 소개한 문제에 이런 관찰과 이론의 상호작용도 포함되었다. 앞에서 언급한 대로 쿤의 주요 논제를 충분히 파악하는 것이 과학사와 과학철학의 문제를 탐구할 때 도움이 된다.

4. 확증/반확증 증거, 확증/반확증 추론

앞에서 소개한 입문서와 선집 대부분이 추론, 특히 확증 추론과 반확증 추론에 관한 쟁점을 다룬다. Brody and Grandy(1971), Curd and Cover(1998), Gale(1979), Klee(1997), Klee(1999), Klemke, Hollinger, and Kline(1988) 등이다. 특정한 확증/반확증 추론 사례를 깊이 탐구하고 싶은 사람은 Laymon(1984)를 보기 바란다. 1919년 개기일식 중 관찰된 별빛의 굴절을 흥미롭게 다룬 이 논문은 관찰과 이론이 얼마나 밀접하게 엮이는지, 이론이 예측한 관측이 실제로 관찰되었는지 아닌지 결정하기가 얼마나 어려운지를 자세히 설명한다.

5. 콰인-뒤앙 명제와 과학적 방법

콰인-뒤앙 명제와 관련해 중요한 자료는 Duhem(1954, 본래 출간연도는 1906)과 Quine(1964, 1969, 1980)이다. Klee(1997)도 콰인-뒤앙 명제와 관련한 쟁점들을 논의했고, Curd and Cover(1998), Klee(1999)도 그에 관한 논문들을 실었다.

아리스토텔레스의 과학 접근법을 훌륭하게 요약한 책은 Robinson(1995)이고, 데카르트에 관한 최고의 원전은 Descartes(1960)이며, Descartes(1931)에서 데카르트의 더 많은 저작을 확인할 수 있다. 앞서 언급한 대로 데카르트 접근법을 알기 쉽게 설명한 입문서는 Feldman(1986)이다. Popper(1992)는 포퍼가 과학에 대한 견해를 밝힌 고전이고, Curd and Cover(1998), Klee(1999), Klemke, Hollinger, and Kline(1988)에서 포퍼와 일반적인 과학 접근법에 관한 더 많은 자료를 확인할 수 있다.

6. 철학적 간주곡: 귀납법의 문제와 수수께끼

흄의 귀납법 문제가 등장한 원전은 Hume(1992, 첫 출간연도는 1739) 1권 3부다. (물론 이 책에서 공통으로 다루는 주제는 귀납법에 관한 문제다.) 헴펠의 까마귀 역설은 본래 1945년에 출간된 후 1965년에 재출간된 《Studies in the Logic of Confirmation》에서, 귀납법의 '새로운' 수수께끼[즉 형용사 초란색(grue)]에 관한 굿맨의 견해는 Goodman(1972, 1983)에서 확인할 수 있다. 하인라인의 소설 《윱》에 나오는 예는 Heinlein(1990)을 참조했다. Brody and Grandy(1971)과 Curd and Cover(1998)은 헴펠과 굿맨의 논의를 포함해 귀납법에 관한 문제를 폭넓게 다룬다.

7. 반증 가능성: '틀릴 수 있음' 인정하기

7장 첫머리에 밝힌 대로, 반증 가능성을 둘러싼 문제들은 대단히 복잡해 이 주제를 계속 탐구하는 가장 좋은 방법은 이런 쟁점과 연관된 과학사의 사례를 살펴보는 것이다. 17장에서 자세히 논의한 갈릴레오와 교회의 갈등이 바로 그런 사례다. 갈릴레오 사례를 (특히) 자세히 다룬 책은 Fantoli(1996)과 Biagioli(1993), Machamer(1998), Santillana(1955), Sobel(2000)이다. 이 장에서 논의한 여러 가지 쟁점과 관련해 살펴볼 또 다른 사례는 1980년대의 창조과학 재판이고, Curd and Cover(1998)이 창조과학 재판 사례를 탐구하는 좋은 출발점이다. 저온 핵융합 논란도 이 장에서 논의한 쟁점들과 관련해(특히 자신들의 이론을 반증 불가능한 것으로 보는 쪽은 상대편이라고 주장하는 양 진영의 방식과 관련해) 현재 진행 중인 사례다. 저온 핵융합 문제를 쉽게 설명한 책은 Park(2001)이다. www.lenr-canr.org에서 현재 저온 핵융합을 지지하는 관점을 확인할 수 있다. 현재 지구 중심 우주관을 지지하는 사람들도 이 장에서 논의한 주제를 분명히 보여주는 또 다른 사례다. 이들의 관점은 www.geocentricity.com에서 확인할 수 있다.

8. 과학 이론을 대하는 두 가지 태도: 도구주의와 실재론

Brody and Grandy(1971)과 Curd and Cover(1998), Klemke, Hollinger, and Kline(1988) 등 앞에서 추천한 선집들이 대부분 설명의 문제를 비롯해 이 장에서 중요하게 논의한 쟁점들을 다룬다. 이런 문제를 더 자세히 탐구하고 싶은 사람에게는 Salmon(1998)을 추천한다.

도구주의와 실재론과 관련해 현재 과학철학의 일부 영역에서 논란이 뜨거운 것은 실재론 대 반실재론 논쟁이다. 실재론 대 반실재론의 구분과 논란은 실재론 대 도구주의의 쟁점과 비슷하지만 정확히 똑같지는 않다. 실재론 대 반실재론 논쟁의 중심은 지난 몇 년간 수없이 바뀌었지만, 간단히 설명하면, 실재론자는 과학 이론이(적어도 성숙한 이론이) 제시하는 설명은 실제 상황을 반영하며 실체가 이런 이론의 핵심이라고 주장한다. 그 반면 반실재론자는 최고의 이론이 제아무리 편리하고 유용하다 해도 그런 이론이 실제 상황을 반영한다고 생각하거나 그런 이론이 암시하는 실체가 실제로 존재한다고 생각할 근거가 없다고 주장한다. Jones(1991)이 이런 논란과 관련한 여러 가지 쟁점을 쉽게 설명한 입문서다. (Jones의 논문은 입문자를 위한 논문은 아니지만, 내가 보기에는 쉽게 이해할 수 있고 흥미로운 입문서다.) Klee(1997)도 중요한 쟁점들을 쉽게 설명한 입문서이며, Fench, Uehling, and Wettstein(1988)과 Leplin(1984)도 실재론 대 반실재론 논쟁에 관한 논문을 모은 훌륭한 선집이다.

2부. 아리스토텔레스 세계관에서 뉴턴 세계관으로

Lindberg(1992), Cohen(1985), Mason(1962)가 2부에서 다룬 전반적인 쟁점들과 관련한 과학 발전의 개요를 설명한다. Burtt(1954)와 Dijksterhuis(1961), Kuhn(1957), Matthews(1989), Toulmin and Goodfield(1961, 1962)는 과학 발전과 철학 발전의 상호작용을 설명한다.

9. 아리스토텔레스 세계관 속 우주

Cohen(1985)는 우주의 물리적 구조 등 아리스토텔레스 우주관을 이해하기 쉽게 설명하는 입문서다. Dijksterhuis(1961)과 Dreyer(1953), Kuhn(1957), Lindberg(1992), Toulmin and Goodfield(1961)은 우주에 관한 개념적 믿음과 우주의 물리적 구조에 대한 견해를 훨씬 더 자세히 다룬다. 특히 중세 시대 서구 과학사와 관련해 더 구체적인 쟁점을 탐구하고 싶은 사람에게는 Lindberg(1992)를 추천한다.

10. 우주 중심에 정지한 둥근 지구?

《알마게스트》의 최근 번역본은 Ptolemy(1998)이다. 이 장에서 인용한 내용은 《알마게스트》 서문이 실린 Munitz(1957)에서 발췌했다. Munitz의 책에는 아리스토텔레스가 《천체에 관하여》에서 우주의 중심에 정지해 있는 둥근 지구를 지지한 논거도 포함되어 있으며, 바빌로니아 초기부터 20세기에 이르기까지 우주관에 관한 훌륭한 인용문들이 모여 있다.

프톨레마이오스를 비롯해 고대인들이 태양과 달, 별, 행성이 뜨는 시간이 (최소한 동에서 서쪽으로) 관찰하는 장소에 따라 다르다는 것을 어떻게 알았느냐고 묻는 사람이 많다. 예를 들어 설명하자. 2015년 가을 나와 내 누이는 그 며칠 전에 발생한 특히 멋진 개기월식에 관해 이야기를 나누었다. 내가 사는 곳에서 서쪽으로 5,000km쯤 떨어져 사는 누이는 달이 지평선에 낮게 걸린 현지 시각 오후 7시 30분부터 (달이 지구 그림자에 완전히 가리는) 개기식이 시작되었다고 이야기했다. 내가 개기식을 관찰할 때는 달이 상당히 하늘 높이 뜬 현지 시각 오후 10시 30분부터였다. 이 사례에서 우리는 지구의 동쪽에서 서쪽으로 위치한 장소에 따라 개기월식이 시작되는 시간뿐 아니라 달이 뜨는 시간도 다르다는 것을 추론할 수 있다. 그리고 두 장소에서 달이 태양과 별, 행성을 기준으로 같은 하늘 영역에 위치한다고 보고되므로 우리는 태양과 별, 행성이 뜨는 시간도 마찬가지로 동쪽에서 서쪽으로 장소에 따라 다르다고 추론할 수 있다. 고대인들도 전 세계 다양한 곳에서 일식 같은 사건이 발생한 시각을 다르게 기록한 자료를 통해 우리와 똑같이 추론했을 것이다.

11. 천체에 대한 경험적 사실 / 12. 천체에 대한 철학적/개념적 사실

11장과 12장에서 논의한 내용을 더 깊이 탐구한 책은 Dreyer(1953)과 Kuhn(1957)이다. 이 주제를 더 일반적으로 다룬 자료는 Cohen(1985)와 Pine(1989)다.

13. 프톨레마이오스 체계 / 14. 코페르니쿠스 체계 / 15. 티코 체계 / 16. 케플러 체계

13장부터 16장까지 논의한 내용과 관련한 원전은 대부분 새롭게 번역된 책이 있다. 프톨레마이오스의 《알마게스트》는 번역자가 새로 번역하고 주석을 붙인 Ptolemy(1998)이 있고, 코페르니쿠스의 저작 《천구의 회전에 관하여》도 마찬가지로 새로 번역해 주석을 붙인 Copernicus(1995)가 있다. Kepler(1995)도 케플러의 주요 저작을 새롭게 번역한 책이다.

이 네 체계를 일반적으로 설명한 최고의 2차 자료는 Dreyer(1953)과 Kuhn(1957)이다. 중요한 학자들의 훨씬 더 구체적이고 상세한 논문을 모은 Gingerich(1993)은 과학사의 더 상세한 연구 사례들을 보여준다.

15장 말미에서 언급한 대로 티코 체계는(더 정확히 말해, 다양한 속도로 회전하는 행성과 타원형 궤도를 통합하는 식으로 수정된 티코 체계는) 여전히(주로 종교적인 이유에서) 지구가 우주의 중심이라고 주장하는 사람들이 선호하는 체계다. www.geocentricity.com에서 현재 티코 체계를 옹호하는 사람들에 관한 자료를 추가로 확인할 수 있다. 지구중심설을 옹호하는 사람들의 글은 특히 세계관 경쟁이나 반증 가능성, 증거, 확증 추론과 반확증 추론에 관한 쟁점 등 1부에서 논의한 많은 쟁점을 보여주는 흥미로운 사례다.

(스마트폰이나 컴퓨터 등) 전자 기기에서 (컴퓨터로 만든 태양계 모델인) 디지털 오러리를 싼값에 이용할 수 있다. 디지털 오러리는 태양계를 시뮬레이션할 수 있는 유용한 도구이므로, 여러분도 자주 사용하는 전자 기기에 설치하길 추천한다. 이런 도구를 이용해 지구를 행성 운동의 중심으로 삼아 시뮬레이션하면 이 책에서 설명한 현대판 티코 체계 모델을 확인할 수 있다.

17. 갈릴레오와 망원경의 증거

갈릴레오의 원전은 상당히 이해하기 쉽고, 망원경을 이용한 연구 결과를 비롯해 지구중심설 대 태양중심설 문제에 관한 견해를 피력한 갈릴레오의 주요 저작들은 Galileo(1957)과 Galileo(2001)에서 확인할 수 있다. Fantoli(1996)은 특히 교회와 관련된 문제를 중심으로 갈릴레오를 상세하고 지극히 구체적으로 연구한 자료로, 갈릴레오를 연구할 때 적극적으로 추천하는 책이다. Santillana(1955)는 갈릴레오의 연구를 더 일반적으로 설명하면서 갈릴레오와 교회의 문제에 집중한다. Machamer(1998)은 갈릴레오 연구의 여러 가지 측면을 더 깊게 연구한 논문들을 모은 선집이며, 이 책을 통해 갈릴레오를 더 상세하게 연구할 수 있다. Biagioli(1993)과 Sobel(2000)은 조금 다른 방향에서 갈릴레오의 삶과 연구에 상당히 흥미롭게 접근한다. Biagioli(1993)은 (본문에서 이야기한 대로 메디치 궁정의 일원이었던) 갈릴레오의 연구에서 궁정 정치의 역할에 집중하고, Sobel(2000)은 갈릴레오와 딸의 관계에 집중해, 딸이 갈릴레오에게 보낸 편지를 중심으로 조금 다른 시각에서 갈릴레오의 삶과 연구, 딸을 바라본다. 1615~1616년 종교재판소가 지구중심설 대 태양중심설 문제를 조사한 내용과 이후 갈릴레오의 종교재판에 관심이 있는 사람에게는 중요한 원전 자료들을 편리하게 모은 Mayer(2012)를 추천한다.

끝으로 이전 판(2판)에서 성경의 신뢰성에 관한 갈릴레오의 견해를 설명할 때 미처 모르고 지나쳤던 모순을 지적해준 그렉 웰티(Greg Welty)에게 감사의 인사를 전한다.

18. 아리스토텔레스 세계관이 직면한 문제

1600년대 초반 아리스토텔레스 세계관이 직면한 문제를 일반적으로 설명한 책은 Cohen(1985)와 Kuhn(1957)이다. Dijksterhuis(1961)과 Mason(1962)는 당시 상황을 더 자세히 설명한다.

19. 과학 발전과 철학적/개념적 변화의 연관성

Kuhn(1957)은 이 장에서 다룬 많은 주제를 탐구하며, Mason(1962)는 주로 과학사에 집중하긴 하지만 이 장에 등장한 광범위한 쟁점들을 자세히 논의한다. Dijksterhuis(1961)과 Toulmin and Goodfield(1961)도 이 장에서 다룬 많은 주제를 더 자세히 논의한 자료로 추천한다.

20. 새로운 과학 그리고 뉴턴 세계관

뉴턴의 《프린키피아》를 적극적으로 추천하며, Newton(1999)가 아주 자세한 주석이 달린 새로운 번역본이다. Cohen(1985)는 새로운 과학과 세계관의 발전을 일반적으로 설명하고, Dijksterhuis(1961)과 Mason(1962)는 더 자세하게 설명한다. 뉴턴의 중력 개념에 대한 도구주의적 태도와 실재론적 태도를 더 자세히 설명하라고 제안한 찰스 에스(Charles Ess)에게 감사 인사를 전한다.

21. 철학적 간주곡: 과학 법칙은 무엇인가?

예나 지금이나 과학 법칙의 쟁점에 관한 고전은 Hempel and Oppenheim(1948)이다. Armstrong (1983)과 Carroll(1994)는 이 문제를 철저히 파고들고, Lange(2000)은 표준적인 견해를 훌륭하게 요약하며 대안적 설명도 제시한다. Cartwright(1983)은 Gierre(1999)와 마찬가지로 과학 법칙에 대한 일반적인 태도와 관련해 조금 다르지만 흥미로운 관점을 제시한다. 반사실적 조건의 쟁점에 관한 초기 논의 자료는 Goodman(1983)과 Quine(1964), Lewis(1973)을 추천한다. 세테리스 파리부스 절에 관해서는 Earman, Glymour, and Mitchell(2003)과 Lange(2002a)를 추천한다.

22. 뉴턴 세계관의 발전

Mason(1962)는 1700~1900년의 과학 발전을 설명하고, Kragh(1999)는 1800년대 말 물리학의 상황을 다룬다. Cushing(1998)도 이 장에서 다룬 많은 주제를 논의하며, 과학적 문제와 철학적 문제의 상호작용을 집중적으로 탐구한다. Everitt(1975)는 맥스웰의 공헌을 자세히 설명한다.

3부. 21세기 세계관의 퍼즐 조각들

3부의 내용과 관련해 비교적 최근에 발표된 Kragh(1999)가 20세기 물리학의 역사를 다루며 1800년대 말부터 1900년대까지 물리학의 상황을 탐구한다. Mason(1962)도 조금 짧긴 하지만 생물학과 물리학을 중심으로 과학의 발전을 다룬다. Cushing(1998)은 사례 연구를 통해 철학과 물리학의 상호작용을 쉽게 설명한다.

23. 특수상대성이론 이해하기: 상대성원리와 광속 불변의 원리

특수상대성이론의 원전은 Einstein(1905)이고, Einstein(1920)은 특수상대성이론을 쉽게 설명한다. Mermin(1968)은 기본적인 대수학의 범위를 넘지 않는 선에서 특수상대성이론을 빈틈없이 정확하게 설명한다. 최근에 나온 개정판 Mermin(2005)도 추천한다. D'Abro(1950)도 특수상대성이론을 설명한 좋은 책이고, Kosso(1998)은 특수상대성이론을 일반적으로 개관하며 철학적 영향에 집중한다.

'절대공간'과 '절대시간'은 내가 이 장에서 사용한 것과 다르게 사용되는 경우가 많다. 뉴턴과 라이프니츠 시대부터 오늘날까지 이어지는 논란이 있다. 공간은 (짐작건대) 그 공간 안에 존재하는 물체와 별도로 존재하는 실체인가 아닌가? 다시 말해, 공간은 물체에서 독립해 존재하는 실체인가? 아니면 공간을 구성하는 것은 물체들 사이의 관계 그 이상도 그 이하도 아닌가? 전자가 실체론적 우주관이고 후자가 관계론적 우주관이다.

일반적으로 비유하면, 실체론은 공간이 용기이고 물체가 그 용기 안에 존재한다고 주장한다. 중요한 점은 실체론적 우주관에서 용기, 즉 공간이 그 용기 안의 물체로부터 독립적으로 존재하며, 물체로부터 독립적인 성질을 지닌다는 것이다. 관계론적 우주관은 공간을 '용기'로 보는 견해를 거부하고, 공간을 구성하는 것은 물체들 사이의 관계에 지나지 않는다고 주장한다. 실체론적 우주관을 이야기할 때 가끔 '절대공간'이라는 용어가 사용된다. 이것이 '절대공간'이란 용어를 내가 이 장에서 사용하는 것과 다르게 사용하는 사례다. 시간에 대해서도 비슷한 의문이 제기된다. 시간은 물체와 사건으로부터 독립적으로 존재하는 것인가? 아니면 시간은 물체와 사건들 사이의 관계에 불과한가?

본문에서 로런츠 변환 방정식을 언급할 때 방정식을 자세히 설명하지 않았다. 궁금해하는 사람들을 위해 설명하자. x, y, z와 t가 정지한 좌표계의 공간 차원과 시간 차원을 나타내고, x', y', z'와 t'는 v 속도로 x 방향으로 움직이는(즉 늘 그렇듯 첫 번째 좌표계를 기준으로 등속의 직선으로 움직이는) 좌표계의 공간 차원과 시간 차원을 나타낸다고 가정하고, γ을 다음과 같이 규정하자.

$$\gamma = \frac{1}{\sqrt{1 - (\frac{v}{c})^2}}$$

이때 로런츠 변환 방정식은 다음과 같다.

$$t' = \gamma(t - \frac{vx}{c^2})$$
$$x' = \gamma(x - vt)$$
$$y' = y$$
$$z' = z$$

조의 시공간 좌표계와 사라의 시공간 좌표계를 논의하며 좌표를 한 좌표계에서 다른 좌표계로 변환할 때 사용한 것이 이 변환식이다.

24. 일반상대성이론 이해하기: 일반 공변성 원리와 등가원리

일반상대성이론의 원전은 Einstein(1916)이고, Einstein(1920)은 일반상대성이론을 쉽게 설명한다. D'Abro(1950)도 일반상대성이론을 논의한 좋은 자료다.

본문에서 밝힌 대로 [도표 24-2]와 같은 도형은 4차원 시공간을 2차원으로 자른 '조각'이다. 본문에서는 논의에 꼭 필요한 내용이 아니어서 생략했지만, 이런 도해에서 2차원 조각이 3차원 공간으로 '함몰되고', 이 때문에 이런 도해를 흔히 함몰 도해(Embedding Diagram)라 부른다. 이전 판에서 측지선을 설명한 내용 중 중대한 실수를 지적해준 익명의 독자에게 감사의 인사를 전한다.

25. 철학적 간주곡: (일부) 과학 이론들은 공약 불가능한가?

본문에서 언급한 대로 지난 50여 년 동안 쿤과 파이어아벤트가 공약 불가능성이란 개념과 밀접한 관계를 맺었다. Kuhn(1962)는 공약 불가능성에 관한 쿤의 초기 견해가 잘 드러나고, 과학사와 과학철학에서 아주 유명한 책이므로 자세히 살펴볼 필요가 있다. 이 책은 쿤이 공약 불가능성과 과학 진보 등에 관한 견해를 다듬은 후기를 붙여 1970년에 재출간되었다. Conant and Haugeland(2000)은 쿤의 논문을 비롯해 Kuhn(1962)에서 제기된 주제들을 다룬 논문을 모은 선집이다.

Feyerabend(1962)는 공약 불가능성에 관한 파이어아벤트의 초기 견해를 비롯해 그와 관련된 다양한 주제에 관한 견해가 드러나는 책이다. 공약 불가능성에 관한 파이어아벤트의 견해는 다양한 과학 사이에 확고한 통일 개념이 있다는 데 반대하는 주장이나 과학자들이 공유하는 기본적인 방법론이 있다는 견해에 반대하는 주장 등 공약 불가능성 외의 주제에 집중한 맥락에서 흔히 제시된다. 공약 불가능성을 다룬 파이어아벤트의 책 중에서 Feyerabend(1962) 외에 내가 추천하는 책은 Feyerabend(1965, 1975, 1981)이다.

본문에서 언급한 대로 1800년대 말부터 1900년대 초 공약 불가능성이란 개념을 수학적으로 엄격하게 규정된 사용 범위를 넘어 적용하기 시작한 인물 중 하나가 뒤앙이다. Duhem(1954, 첫 출간은 1904)에서 뒤앙의 견해를 확인할 수 있다.

본래 고대 그리스 수학자들이 사용한 공약 불가능성 개념과 무리수 발견에 공헌한 공약 불가능성 개념의 역할에 관심이 있는 사람에게는 Kline(1972)를 추천한다. 고대 바빌로니아와 이집트 문명부터 현대에 이르기까지 수학적 사고의 발전 과정을 추적한 세 권짜리 책이다. Boyer(1968)도 수학의 역사를 탐구한 (단행본) 책이며, Klein(1968)은 고대 그리스 수학의 발전을 탐구했다.

이 장에서 언급한 변칙적 카드 실험 사례는 Bruner and Postman(1949)에서 인용했다.

26. 양자론 입문하기: 경험적 사실과 양자론 수학

양자 사실과 양자론 자체, 양자론 해석의 명확한 구분을 강조한 것은 주로 Herbert(1985)를 참고했다. 흔히 막막하고 고르지 못한 양자론 책을 읽을 때 이 구분을 염두에 두면 큰 도움이 될 것이다. 이 장에서 이야기한 양자 사실은 양자 사실과 연관한 기묘함을 설명할 때 널리 쓰이는 표준적인 사례다. 이와 비슷한 실험들을 다룬 책이 Pine(1989)이다.

Herbert(1985)를 보면 이 장에서 이야기한 것과 비슷한 '기술적인' 양자론 수학 개요를 확인할 수 있다. 양자론 수학을 상세하게 설명한 최고의 책이 무엇인지는 보는 사람마다 수학적 배경에 따라 다르지만, 내가 좋아하는 책은 Hughes(1989)와 Baggott(1992), Baggott(2004)다.

본문에서 약속한 대로 양자론 수학을 더 자세히 정리하자. ⓐ 양자계의 (순수한) 상태는 힐베르트공간의 벡터로 표시된다. ⓑ 양자계에 시행할 수 있는 측정마다 힐베르트공간의 특정 연산자와 관련되어 있다. ⓒ 그 연산자와 (즉 측정과 연관된 연산자와) 관련된 고윳값을 구해야 양자계의 측정 결과를 예측할 수 있다.

ⓐ를 이해하기 위해 수학 시간에 배운 2차원 직교 좌표계를 떠올리고, (0, 0) 지점에서 임의의 지점, 예컨대 (11, 7) 지점까지 직선을 긋는다고 가정하자. 이런 직선이 벡터이고, 이런 직선의 집합이 실수의 2차원 공간 위에 있는 벡터공간이다. 벡터공간은 세 개, 네 개 등의 (무한대) 차원을 포함할 수 있다. 벡터공간은 실수 외의 수도 포함할 수 있으며, 양자론 수학에서 특히 중요한 몇몇 벡터공간은 복소수를 포함한다(복소수는 a+bi 형태의 수로, a와 b는 실수이고, i는 −1의 제곱근과 같은 허수다).

이제 힐베르트공간을 비유를 들어 설명하자. 실수의 2차원 공간 위에 있는 일련의 벡터공간을 생각해보자. 이 중에는 여러 가지 기준에 부합하는 벡터공간들이 있을 것이다. 한 쌍의 짝수로 명시되는 벡터들로만 구성된 벡터공간도 있고, 양수로 명시되는 벡터들로만 구성된 벡터공간도 있고, 특정한 수학적 연산이 적용되는 벡터들로만 구성된 벡터공간도 있을 것이다. 힐베르트공간은 명확하고 분명한 기준에 부합하고, 특정한 유형의 수학적 연산들이 가능한 벡터공간이다. 구체적인 기준은 여기서 논의할 범위를 벗어나니 설명하지 않겠지만, 이것으로도 최소한 힐베르트공간이 무엇인지 전체적으로는 파악하기에 충분할 것이다.

힐베르트공간의 연산자는 벡터에 작용해 한 벡터를 다른 벡터로 변형시키는 함수다. 고윳값의 개념을 이해하기 위해 실수의 2차원 공간 위에 있는 일련의 벡터공간을 다시 생각해보자. 특정한 연산자 O와 특정한 벡터 v가 있다. Ov의 결과로 벡터의 길이가 두 배 길어진다고 가정하고, 이를 2v로 표기하자. 그런데 O는 간단한 배증 연산자가 아닐 수 있다. 즉 모든 벡터의 길이를 두 배로 확대하지는 않는다. 하지만 O가 작용할 때 처럼 원래 길이가 두 배로 늘어나는 벡터들이 있을 수 있다. 이 특정한 벡터의 경우 Ov = 2v다. 이때 v가 O의 고유벡터이고, 2가 그에 상응하는 고윳값이다. 마찬가지로 Ov = 3v이면 v가 O의 고유벡터이고, 3이 그에 상응하는 고윳값이다. 고유벡터가 없고 따라서 그에 상응하는 고윳값이 없는 연산자들도 있다. 힐베르트공간은 한결 복잡한 벡터공간이고, 이런 공간에 대한 고유벡터와 고윳값의 개념은 머릿속에 그리기가 한결 어렵다. 하지만 2차원 직교 좌표계 공간 위에 있는 간단한 벡터공간의 비유를 통해 비슷하게 짐작할 수 있다.

연산자는 한 벡터를 다른 벡터로 변환하는 함수라고 했다. 그리고 ⓑ에서 양자계에 시행 가능한 측정은 힐베르트공간의 특정한 연산자와 관련이 있다고 했다. 이를 바탕으로 ⓒ를 정리하면, 측정과 연관된 연산자는 (늘 그런 것은 아니지만) 대부분 고유벡터와 그에 상응하는 고윳값을 갖는다. 고윳값은 연산자와 연관된 측정의 가능한 결과를 나타낸다. 즉 투영 연산자라고 불리는 특정한 연산자, 양자계의 상태를 나타내는 벡터, 고윳값에서 0과 1 사이의 가능성을 산출하는 것이다. 그리고 이 가능성이 그 고윳값과 연관된 특정한 측정 결과가 관찰될 가능성을 나타낸다.

27. 양자론 해석 그리고 측정의 문제

측정 문제를 비롯해 양자론 해석을 다룬 책은 대단히 많지만 책의 질이 상당히 고르지 않다. 내가 보기에 품질이 나은 책을 몇 권 추천하고자 한다. 본문에서 언급한 대로 측정 문제와 해석에 관한 내용을 그 누구보다 철저하고 분명히 설명한 사람은 물리학자 John Bell이다. Bell(1988)《Speakable and Unspeakable in Quantum Mechanics》가 이와 관련한 글을 모은 훌륭한 선집이다. Herbert(1985)도 일반 독자를 위해 물리학자가 쓴 책으로, Herbert는 자신이 선호하는 해석이 따로 있지만, 이 책에서 여러 가지 해석을 공평하게 소개했다. Baggott(1992)도 양자론과 양자론 해석에 관한 문제를 논의한 책이다. "A Guide for Students of Chemistry and Physics"라는 부제가 붙어 있지만, Baggott의 책은 물리학이나 화학 전공자가 아니어도 양자론과 양자론 해석을 탐구할 때 지침으로 삼을 만큼 좋은 책이다. 많은 내용을 수정하고 확장한 Baggott(2004)도 추천한다. Lange(2002b)도 마지막 장에서 측정 문제와 양자론 해석을 논의한 부분이 훌륭하다. 이전 판의 봄(Bohm)의 해석을 설명하는 부분에서 저지른 큰 실수를 지적해준 마크 랭(Marc Lange)에게 감사의 인사를 전한다.

본문에서는 붕괴 해석과 비붕괴 해석으로 크게 구분했다. 본문에서 이야기한 붕괴 해석과 붕괴 이론을 혼동하지 않도록 주의하기 바란다. '붕괴 이론'은 양자론 수학을 봄의 접근법과 달리 숨은 변수를 거치지 않는 수학으로 수정하려는 비교적 최근의 연구 과제를 가리키는 표현이다. 즉 붕괴 이론은 양자론 표준 수학의 해석이 아니라, 수정된 수학적 틀을 마련하려는 시도다. 두드러진 점은 봄의 접근법과 달리 붕괴 이론이 어떤 경우에는 표준 접근법의 예측과 다른 예측을 제시한다는 것이다. 하지만 현재 실질적인 이유로 붕괴 이론의 예측은 시험할 수 없는 것으로 보인다.

28. 양자론과 국소성: EPR, 벨의 정리, 아스페 실험

Herbert(1985)가 이 장에서 다룬 주제를 전반적으로 훌륭하게 설명했고, 본문에서 밝힌 대로 벨의 정리를 설명할 때 Herbert의 설명을 상당 부분 참조했다. Baggott(1992, 2004)도 이런 주제를 한결 자세히 훌륭하게 탐구했다. 국소성과 관련해서는 Maudlin(1994)가 상당히 복잡한 관련 문제를 상세하고 세심하게 분석했으니, 국소성과 비국소성 관련 문제를 더 깊이 탐구하고 싶은 사람에게 적극적으로 추천한다.

1980년대 초 아스페 실험 이후 벨 유형의 영향을 검증하는 실험이 아주 많아졌다(이런 실험을 흔히 벨 시험 혹은 벨 실험이라 부르기도 한다). 대체로 이런 실험은 본래 아스페 실험에 사용된 실험 환경의 범위를 넘어선다. 예를 들어, 본래 아스페 실험에서는 검출기들의 간격이 대략 10m였지만, 최근에 진행한 실험들에서는 검출기들의 간격이 크게 늘어 100km를 넘기도 한다. 현재 검토 중인 실험 제안은 지구의 실험실에 검출기를 설치하고 국제우주정거장에 검출기를 설치하는 실험이다(두 검출기 사이의 간격이 대략 400km다). 최근 중국은 오직 양자론 관련 실험에만 사용할 인공위성을 쏘아 올렸다. 1,000km가 넘는 간격을 두고 벨 유형의 영향을 실험할 계획이다.

벨 실험의 또 다른 범주는 이른바 루프홀(loopholes)을 메우는 것이다. 이런 맥락에서 루프홀은 기본적으로 이 책에 자주 등장한 종류의 보조 가설이다. 이미 언급한 대로 지금까지 벨 실험은 실재가 틀림없이 비국소적임을 강력히 암시했다. 하지만 이런 실험에서 중요한 점은 검출기의 설정이 무작위적이어야 한다는 것이고, 따라서 국소성을 지키기 위해 검출기의 설정이 정말 무작위적인지 아닌지 의문을 제기할 수 있다. 예를 들어, 무작위성 생성에 사용된 장치들의 과거 어떤 공통점이 정말 무작위적이 아닌 설정으로 귀결되었다고 의문을 제기할 수 있다. 이 루프홀을 메우기 위해 최근 한 물리학 연구팀이 점점 더 먼 광원을 이용해 무작위성을 생성하며 일련의 벨 실험을 진행하고 있다.

이 연구팀이 가장 최근에 진행한 실험에서는 수백 광년 떨어진 별들에서 온 빛을 토대로 무작위한 설정을 생성했다(실험에 대한 설명은 https://phys.org/news/2017-02-physicists-loophole-bell-inequality-year-old.html에서 확인할 수 있다). 이 별들은 지난 600년간 공통된 과거를 공유하지 않았으므로 만일 과거에 이 별들이 진정 무작위한 광원이 되지 못할 무언가가 있다면 그것은 600년 이전에 발생한 것이 틀림없다.

앞으로는 수십억 광년 떨어진 퀘이사를 무작위한 광원으로 삼아 일련의 실험을 진행할 계획이고, 만일 예상대로 이전 벨 실험과 같은 결과가 나온다면, 진정한 무작위성을 막는 공통 원인은 수십억 년 전에 발생한 것이 분명할 것이다. 그리고 이런 결과는 지극히 믿기 어려울 것이라는 게 일반적인 의견이다. 요컨대 이런 실험들이 계속해서 루프홀을 메우고 있다. 다시 말해, 루프홀 같은 가설에 의지해 국소성을 지키려는 시도가 상당히 타당하지 않음을 입증한다.

29. 진화론 이해하기 ①: 진화의 발견과 통찰의 여정

비교적 최근에 다윈의 삶과 연구를 충실히 탐구한 전기 Desmond and Moore(1991)을 적극적으로 추천한다. Quammen(2006)은 훨씬 더 짧지만 많은 정보를 읽기 쉽게 정리했다. Darwin(1964)는 다윈의 중요한 저작《종의 기원》1판을 그대로 옮겼다.

다윈과 월리스의 핵심 개념 중 최소한 제한적으로는 그 이전부터 암시된 개념들이 있다. 예컨대, 다윈의 조부인 에라스무스 다윈(Erasmus Darwin)이 (모호하긴 하지만) 자연선택의 핵심 요소들과 비슷한 개념을 암시했고, 패트릭 매튜스(Patrick Matthews)라는 선박용 목재 생산자는 다윈과 월리스가 진화에 관한 연구를 발표하기 30년 전에 이미 자연선택 이면의 기본 개념과 비슷한 법칙들을 분명히 밝혔다.

하지만 다윈의 조부는 자신의 견해를 주로 과학 출판물이 아닌 시에 담아 발표했다. 매튜스는 책에서 해군에 사용될 최고의 목재 공급원을 다루면서 그런 법칙들을 언급했고, 이런 맥락을 벗어나서는 (적어도 다윈과 월리스의 중요한 저작이 발표되기 전까지는) 핵심 개념들을 홍보하거나 옹호한 적이 없다. 요컨대, 다윈과 월리스가 비록 핵심 개념들을 단연 최초로 개발한 사람은 아니어도 적어도 핵심 개념들을 분명히 밝히고 옹호한 최초의 인물로 중요하게 평가받을 자격이 있다. 그리고 본문에서 그 이유를 설명했지만, 이런 평가의 큰 부분이 다윈의 몫이다.

Mayr(1982)는 진화론을 비롯해 최근 수세기에 걸친 생물학의 발전을 광범위하고 자세하게 탐구했다. Provine(1971)도 추천한다. 생물학의 발전을 더 간략하게 정리한 자료로는 Mason(1962)와 Silver(1998)을 추천한다. Wilson(1969)와 Greene(1969)는 다윈과 월리스가 중요한 저작을 집필할 무렵의 생물학 발전을 폭넓은 맥락에서 자세히 탐구했다.

Fisher(1999)는 집단유전학의 궁극적인 발전을 다룬 중요한 책이고, Williams(1966)과 Hartl(1981)은 집단유전학 분야를 자세히 설명한다. Mayr(1982)의 관련 장에서도 집단유전학에 관한 추가 정보를 확인할 수 있다.

Watson and Crick(1953)은 DNA 구조의 발견을 알린 고전적 논문으로 읽어볼 가치가 있다. Olby(1974)는 DNA의 발견을 아주 상세하게 설명한다. 이 시기는 또한 이 분야에서 여성의 중요한 공헌을 기꺼이 인정하지 않는 등 과학 수행과 관련한 광범위한 문제를 탐구하는 시기다. 예컨대, 제임스 왓슨(James Watson)과 프랜시스 크릭(Francis Crick)은 자신들이 DNA 구조를 발견하는 데 결정적으로 공헌한 로절린드 프랭클린(Rosalind Franklin)의 연구를 인정하지 않았다. Fox Keller(1983)과 Sayre(1975)는 이 주제를 탐구하는 좋은 출발점이다.

제한효소와 이후 DNA 조작 도구의 발견 등으로 가능해진 연구 영역들도 대단히 중요하다. Abzhanov 외 (2006)과 Bergman and Siegal(2003), Mecklenburg(2010)이 그 좋은 예다.

이 장에서 언급한 다윈의 노트에 기록된 라틴어 번역과 관련해 함께 논의하고 도움을 준 동료 짐 롱

(Jim Long)에게 감사 인사를 전한다. 다윈의 필체가 워낙 읽기 어려워서 절대 만만치 않은 작업이었다.

30. 진화론 이해하기 ②: 종교, 도덕과 윤리, 경험적 연구에 미친 영향

진화와 현대 일반 과학은 전통적인 신이 자리할 여지를 거의 혹은 전혀 남기지 않는다고 주장하는 사람들의 견해와 관련해 Dennett(1995, 2006)과 Dawkins(2006)을 추천한다. 이보다 범위는 좁아도 후속 저작의 전조가 된 Dawkins(1976)과 Weinberg(1992)도 흥미로운 책이다. 본문에서 언급하지는 않았지만, 서로 다른 주장을 펼치는 저명한 두 학자의 책이 Harris(2004, 2007)과 Hitchens(2007)다. 호트의 견해는 Haught(2008a, 2008b)를 중심으로 Haught(2001)도 참고하기 바란다. 종교와 진화의 화해를 위한 접근법과 관련해서는 Mooney(1996)과 Miller(1999)를 추천한다. 본문에서 다룬 내용과는 거리가 멀지만 Miller(2008)도 진화와 종교를 흥미롭게 다루고 있다.

도덕과 윤리에 관해서는 Ruse(1998)과 Wilson(1978)에 두 사람의 견해가 잘 정리되어 있다. Ruse(2009)는 도덕과 윤리를 비롯해 관련 쟁점에 관한 논문을 모았다. 반복적 죄수의 딜레마와 관련한 초기 연구는 Axelrod(1980a, 1980b, 1984)를 추천한다. 최후통첩 게임과 신뢰 게임 등에 관한 연구 자료는 Gintis 외(2004)와 Kosfeld 외(2005), Bohnet and Zeckhauser(2004)에서 확인할 수 있다. 이타심과 이타적 행동과 관련한 다양한 문제를 설명한 책으로는 Sober and Wilson(1998)을 추천한다.

자연주의적 오류에 관해서는 1903년에 처음 출간된 Moore(1962)가 고전이지만, 이 장에서는 1739년에 처음 출간된 Hume(1992)의 설명을 참조했다. 흔히 이야기하는 '자연주의적 오류'의 또 다른 설명, 주로 조지 무어(George E. Moore)에 초점을 맞춘 설명은 규범적 윤리 주장의 자연주의적 토대를 마련하려는 모든 시도가 잘못되었다는 주장이다. 이런 주장을 지지하며 무어가 언급한 것이 현재 흔히 '열린 질문 논거'라고 일컫는 것이다. 열린 질문 논거를 정리하면 이렇다. 도덕적으로 선한 것과 어떤 자연적 특성이 동일하다는 주장을 고려할 때, 그 자연적 특성을 지닌 것이 선하냐 아니냐는 질문이 타당할 것이다. 다시 말해, 그 특성을 지닌 것을 고려할 때 그것이 선하냐 아니냐는 여전히 열린 질문이고, 만일 이것이 여전히 열린 질문이라면, 선은 그 자연적 특성을 지니는 것에 있지 않다.

본문에서 언급한 '기준 문제'는 믿음의 정당화에 관한 문제이고, 서로 다른 집단이 믿음의 가치 평가에 사용할 적절한 기준에서 의견이 불일치할 때 제기된다. 기준 문제는 고대 그리스 시대부터 인식한 문제다. 그 고전적인 사례가 1500년대에 시작된 종교개혁이다. 마르틴 루터(Martin Luther) 등의 종교개혁 지도자를 추종하는 세력과 가톨릭교회의 전통적인 접근법을 옹호하는 세력은 어떤 종교적 견해가 옳은지 그른지 판정할 올바른 기준에서 의견이 일치하지 않았다. 믿음의 가치를 평가할 적절한 기준에서 이처럼 심각한 의견 불일치가 발생하면, 정말 양측이 분쟁을 합리적으로 해결할 가능성이 거의 없다. 분쟁을 합리적으로 해결할 방법에 관한 양측의 공통된 이해가 없기 때문이다.

우리가 주목할 점은 의견이 일치하지 않는 상황은 대부분 기준 문제가 연관된 상황이 아니라는 것이다. 예를 들어, 여러분과 나 사이에 자동차 사고가 발생했다고 가정하면 사고 책임이 누구에게 있는지에 대해서는 의견이 일치하지 않는다. 사고 책임에 대해서는 의견이 일치하지 않지만 분쟁을 해결한 적절한 기준에 대해서는 대체로 의견이 일치할 것이다. 가령 법률이 적절한 기준이라는 데 의견이 일치하고, 사법 체계를 통해 분쟁을 해결할 것이다.

본문에서 언급한 상황을 생각해보자. 한쪽은 믿음을 가치 평가할 때 경험적 증거가 유일한(최소한 지금까지는 주요한) 기준이라고 생각하고, 다른 한쪽은 경험적 증거를 넘어서는 기준이 적절하다고 생각한다. 이것이 고전적인 기준 문제 상황이고, 합리적 논의로 해결될 것 같지 않다.

31. 결론: 예측 불가능한 세계와 마주하기

과학에서 비유와 유추가 하는 역할에 관심 있는 사람은 Hesse(1966)을 출발점으로 삼는 것이 좋다.

이 장은 우리가 지금까지 논의한 주제들과 미래가 어떻게 펼쳐질지 개관한 장이므로 이 밖에는 특별히 설명하거나 원전이나 추가 자료를 추천할 내용이 많지 않다. 대신 내가 이미 여러 번 언급한 말로 마무리하고자 한다. 이 책이 여러분이 이런 주제들을 더 깊이 탐구할 수 있는 튼튼한 토대가 되길 바란다. 대단히 흥미진진한 분야다. 여러분의 신나는 탐구 여행을 기원한다.

참고 문헌

Abzhanov A., Kuo W., Hartmann C., Grant B., Grant P., and Tabin C. (2006) "The Calmodulin Pathway and Evolution of Elongated Beak Morphology in Darwin's Finches", *Nature* 442, 563-567.

Alic, M. (1986) *Hypatia's Heritage: A History of Women in Science from Antiquity Through the Nineteenth Century*, Beacon Press, Boston.

Aristotle (1966) *Aristotle's Metaphysics*, translated by H. Apostle, Indiana University Press, Bloomington.

Aristotle (1969) *Aristotle's Physics*, translated by H. Apostle, Indiana University Press, Bloomington.

Aristotle (1973) *Introduction to Aristotle*, second edition, translated by R. McKeon, University of Chicago Press, Chicago.

Aristotle (1991) *Aristotle: Selected Works*, third edition, translated by H. Apostle and L. Gerson, The Peripatetic Press, Grinnell, IA.

Armstrong, D. (1983) *What is a Law of Nature*, Cambridge University Press, Cambridge.

Axelrod, R. (1980a) "Effective Choice in the Prisoner's Dilemma", *Journal of Conflict Resolution* 24 (1), 3-25.

Axelrod, R. (1980b) "More Effective Choice in the Prisoner's Dilemma", *Journal of Conflict Resolution* 24 (3), 379-403.

Axelrod, R. (1984) *The Evolution of Cooperation*, Basic Books, New York.

Baggott, J. (1992) *The Meaning of Quantum Theory: A Guide for Students of Chemistry and Physics*, Oxford University Press, Oxford.

Baggott, J. (2004) *Beyond Measure: Modern Physics, Philosophy and the Meaning of Quantum Theory*, Oxford University Press, Oxford.

Barnes, J. (ed.) (1995) *The Cambridge Companion to Aristotle*, Cambridge University Press, Cambridge.

Bell, J. S. (1964) "On the Einstein Podolsky Rosen paradox", *Physics* 1, 195-200.

Bell, J. S. (1988) *Speakable and Unspeakable in Quantum Mechanics: Collected Papers on Quantum Philosophy*, Cambridge University Press, Cambridge.

Bell, J. S. (1990) "Against 'Measurement'", *Physics World* 3, 32-40.

Bergman, A., and Siegal, M. L. (2003) "Evolutionary Capacitance as a General Feature of Complex Gene Networks", *Nature* 424, 549-552.

Biagioli, M. (1993) *Galileo, Courtier*, University of Chicago Press, Chicago.

Bohnet, I., and Zeckhauser, R. (2004) "Trust, Risk and Betrayal", *Journal of Economic Behavior and Organization* 55, 467-484.

Boyer, C. (1968) *A History of Mathematics*, Princeton University Press, Princeton.

Brody, B., and Grandy, R. (eds.) (1971) *Readings in the Philosophy of Science*, Prentice Hall, Englewood Cliffs, NJ.

Bruner, J. S., and Postman, L. (1949) "On the Perception of Incongruity: A Paradigm", *Journal of Personality* 18, 206-223.

Burtt, E. (1954) *The Metaphysical Foundations of Modern Science*, Doubleday, New York.

Carroll, J. (1994) *Laws of Nature*, Cambridge University Press, Cambridge.

Cartwright, N. (1983) *How the Laws of Physics Lie*, Oxford University Press, Oxford.

Clagett, M. (ed.) (1969) *Critical Problems in the History of Science*, University of Wisconsin Press, Madison.

Cohen, I. (1985) *The Birth of a New Physics*, W. W. Norton, New York.

Conant, J., and Haugeland, J. (eds.) (2000) *The Road Since Structure*, University of Chicago Press, Chicago.

Copernicus, N. (1995) *On the Revolution of Heavenly Spheres*, translated by C. Wallis, Prometheus Books, Buffalo, NY.

Curd, M., and Cover, J. (eds.) (1998) *Philosophy of Science: The Central Issues*, W. W. Norton, New York.

Cushing, J. (1998) *Philosophical Concepts in Physics: The Historical Relation between Philosophy and Scientific Theories*, Cambridge University Press, Cambridge.

D'Abro, A. (1950) *The Evolution of Scientific Thought*, Dover Publications, New York.

Darwin, C. (1964) *On the Origin of Species by Means of Natural Selection*, Harvard University Press, Cambridge, MA.

Dawkins, R. (1976) *The Selfish Gene*, Oxford University Press, New York.

Dawkins, R. (2006) *The God Delusion*, Houghton Mifflin Co., Boston.

Dennett, D. (1995) *Darwin's Dangerous Idea: Evolution and the Meanings of Life*, Simon and Schuster, New York.

Dennett, D. (2006) *Breaking the Spell: Religion as a Natural Phenomenon*, Penguin Books, New York.

Descartes, R. (1931) *The Philosophical Works of Descartes*, volume 1, translated by E. Haldane and G. Ross, Cambridge University Press, Cambridge.

Descartes, R. (1960) *Meditations on First Philosophy*, translated by L. LaFleur, Prentice Hall, Englewood Cliffs, NJ.

Deschanel, P. (1885) *Elementary Treatise on Natural Philosophy*, eighth edition, translated by J. Everett, Blackie and Son, London.

Desmond, A., and Moore, J. (1991) *Darwin: The Life of a Tormented Evolutionist*, W. W. Norton, New York.

Dijksterhuis, E. (1961) *The Mechanization of the World Picture*, translated by C. Dikshoorn, Oxford University Press, London.

Dreyer, J. (1953) *A History of Astronomy from Thales to Kepler*, Dover Publications, New York.

Duhem, P. (1954) *The Aim and Structure of Physical Theory*, translated by P. Wiener, Princeton University Press, Princeton, originally published in 1906.

Earman, J., Glymour, C., and Mitchell, S. (eds.) (2003), *Ceteris Paribus Laws*, Springer Publishing, Berlin.

Einstein, A. (1905) "On the Electrodynamics of Moving Bodies", *Annalen der Physik* 17.

Einstein, A. (1916) "The Foundation of the General Theory of Relativity", *Annalen der Physik* 49.

Einstein, A. (1920) *Relativity: The Special and General Theory*, Henry Holt, New York.

Einstein, A., Podolsky, B., and Rosen, N. (1935) "Can Quantum-Mechanical Description of Physical Reality be Considered Complete?", *Physical Review* 47, 777-780.

Everitt, C. (1975) *James Clerk Maxwell: Physicist and Natural Philosopher*, Charles Scribner's Sons, New York.

Fantoli, A. (1996) *Galileo: For Copernicanism and for the Church*, translated by G. Coyne, University of Notre Dame Press, Notre Dame, IN.

Feldman, F. (1986) *A Cartesian Introduction to Philosophy*, McGraw-Hill, New York.

Feyerabend, P. (1962) "Explanation, Reduction and Empiricism", in H. Feigl and G. Maxwell (eds) *Scientific Explanation, Space, and Time* (Minnesota Studies in the Philosophy of Science, volume 3), Minneapolis:

University of Minneapolis Press, 28-97.

Feyerabend, P. (1965) "On the 'Meaning' of Scientific Terms", *Journal of Philosophy* 62, 266-274.

Feyerabend, P. (1975) *Against Method. Outline of an Anarchistic Theory of Knowledge*, New Left Books, London.

Feyerabend, P. (1981) *Realism, Rationalism and Scientific Method* (Philosophical Papers, volume 1), Cambridge: Cambridge University Press.

Fisher, R. A. (1999) *The Genetical Theory of Natural Selection*, Oxford University Press, Oxford.

Fox Keller, E. (1983) *A Feeling for the Organism: The Life and Work Of Barbara McClintock*, Freeman Publishers, San Francisco.

French, P., Uehling, T., and Wettstein, H. (1988) *Realism and Antirealism* (Midwest Studies in Philosophy, volume 12), University of Minnesota Press, Minneapolis.

Gale, G. (1979) *Theory of Science: An Introduction to the History*, Logic, and Philosophy of Science, McGraw-Hill, New York.

Galileo (1957) *Discoveries and Opinions of Galileo: Including the Starry Messenger*, translated by S. Drake, Anchor Books, New York.

Galileo (2001), *Dialogue Concerning the Two Chief World Systems*, translated by S. Drake, Modern Library, New York.

Gierre, R. (1999) *Science without Laws*, University of Chicago Press, Chicago.

Gintis, H., Bowles, S., Boyd, R., and Fehr, E. (2004) "Explaining Altruistic Behavior in Humans", *Evolution and Human Behavior* 24, 153-172.

Gingerich, O. (1993) *The Eye of Heaven: Ptolemy, Copernicus, Kepler*, Springer Verlag, Heidelberg.

Goodman, N. (1972) *Problems and Projects*, Bobbs-Merrill Co., Indianapolis.

Goodman, N. (1983) *Fact, Fiction, and Forecast*, Harvard University Press, Cambridge, MA.

Greene, J. (1969) "Biology and Social Theory in the Nineteenth Century: Auguste Comte and Herbert Spencer", in M. Claggett (ed.) *Critical Problems in the History of Science*, University of Wisconsin Press, Madison.

Harding, S. (1986) *The Science Question in Feminism*, Cornell University Press, Ithaca, NY.

Harris, S. (2004) *The End of Faith: Religion, Terror, and the Future of Reason*, W. W. Norton, New York.

Harris, S. (2007) *Letter to a Christian Nation*, Knopf, New York.

Hartl, D. (1981) *A Primer of Population Genetics*, Sinauer Associates, Sunderland, MA.

Haught, J. (2001) *Responses to 101 Questions on God and Evolution*, Paulist Press, New York.

Haught, J. (2008a) *God After Darwin: A Theology of Evolution*, Westview Press, Boulder, CO.

Haught, J. (2008b) *God and the New Atheism: A Critical Response to Dawkins*, Harris, and Hitchens, Westminster John Knox Press, Louisville, KY.

Hempel, C., and Oppenheim, P. (1948) "Studies in the Logic of Explanation", *Philosophy of Science* 15, 135-175.

Hempel, G. (1965) *Aspects of Scientific Explanation*, Macmillan Publishing, New York.

Heinlein, R. (1990) *Job: A Comedy of Justice*, Ballantine Books, New York.

Herbert, N. (1985) *Quantum Reality: Beyond the New Physics*, Doubleday, New York.

Hesse, M. (1966) *Models and Analogies in Science*, University of Notre Dame Press, Notre Dame, IN.

Hitchens, C. (2007) *God is Not Great: How Religion Poisons Everything*, Hachette Book Group, New York.

Hughes, R. (1989) *The Structure and Interpretation of Quantum Mechanics*, Harvard University Press,

Cambridge, MA.

Hull, D., and Ruse, M. (eds.) (1998) *The Philosophy of Biology*, Oxford University Press, Oxford.

Hume, D. (1992) *Treatise of Human Nature*, Prometheus Books, Buffalo, NY, originally published in 1739.

Jones, R. (1991) "Realism about What?", *Philosophy of Science* 58, 185-202.

Kepler, J. (1995) *Epitome of Copernican Astronomy and Harmonies of the World*, translated by C. Wallis, Prometheus Books, Buffalo, NY.

Kirkham, R. (1992) *Theories of Truth*, MIT Press, Cambridge, MA.

Klee, R. (1997) *Introduction to the Philosophy of Science*, Oxford University Press, Oxford.

Klee, R. (1999) *Scientific Inquiry: Readings in the Philosophy of Science*, Oxford University Press, Oxford.

Klein, J. (1968) *Greek Mathematical Thought and the Origin of Algebra*, Dover Publications, New York.

Klemke, E., Hollinger, R., and Kline, A. (eds.) (1988) *Introductory Readings in the Philosophy of Science*, Prometheus Books, Buffalo, NY.

Kline, M. (1972) *Mathematical Thought from Ancient to Modern Times*, Oxford University Press, Oxford.

Kosfeld, M., Heinrichs, M., Zak, P., Fischbacher, U., and Fehr, E. (2005) "Oxytocin Increases Trust in Humans", *Nature* 435, 673-676.

Kosso, P. (1998) *Appearance and Reality: An Introduction to the Philosophy of Physics*, Oxford University Press, New York.

Kragh, H. (1999) *Quantum Generations: A History of Physics in the Twentieth Century*, Princeton University Press, Princeton.

Kuhn, T. (1957) *The Copernican Revolution: Planetary Astronomy in the Development of Western Thought*, Harvard University Press, Cambridge, MA.

Kuhn, T. (1962) *The Structure of Scientific Revolutions*, University of Chicago Press, Chicago.

Lang, H. (1998) *The Order of Nature in Aristotle's Physics*, Cambridge University Press, Cambridge.

Lange, M. (2000) *Natural Laws in Scientific Practice*, Oxford University Press, New York.

Lange, M. (2002a), "Who's Afraid of Ceteris-Paribus Laws? Or: How I Learned to Stop Worrying and Love Them", *Erkenntnis* 57, 407-423.

Lange, M. (2002b) *An Introduction to the Philosophy of Physics: Locality, Fields, Energy, and Mass*, Blackwell, Oxford.

Laymon, R. (1984) "The Path from Data to Theory", in J. Leplin (ed.), *Scientific Realism*, University of California Press, Berkeley, 108-123.

Leplin, J. (ed.) (1984) *Scientific Realism*, University of California Press, Berkeley.

Lewis, D. (1973) *Counterfactuals*, Harvard University Press, Cambridge, MA.

Lindberg, D. (ed.) (1978) *Science in the Middle Ages*, University of Chicago Press, Chicago.

Lindberg, D. (1992) *The Beginnings of Western Science: The European Scientific Tradition in Philosophical, Religious, and Institutional Context, 600 BC to AD 1450*, University of Chicago Press, Chicago.

Lloyd, G. (1970) *Early Greek Science: Thales to Aristotle*, W. W. Norton, New York.

Lloyd, G. (1973) *Greek Science After Aristotle*, W. W. Norton, New York.

Losse, J. (1972) *A Historical Introduction to the Philosophy of Science*, Oxford University Press, Oxford.

Machamer, P. (ed.) (1998) *The Cambridge Companion to Galileo*, Cambridge University Press, Cambridge.

Malthus, T. (1798) *An Essay on the Principle of Population*, Joseph Johnson, London.

Mason, S. (1962) *A History of the Sciences*, Macmillan Publishing, New York.

Matthews, M. (ed.) (1989) *The Scientific Background to Modern Philosophy*, Hackett, Indianapolis.

Maudlin, T. (1994) *Quantum Non-Locality and Relativity*, Blackwell, Oxford.

Mayer, T. (ed.) (2012) *The Trial of Galileo*, University of Toronto Press, North York, Ontario.

Mayr, E. (1982) *The Growth of Biological Thought*, Harvard University Press, Cambridge, MA.

Mecklenburg, K. (2010) "Retinophilin is a Light-Regulated Phosphoprotein Required to Suppress Photoreceptor Dark Noise in Drosophila", *The Journal of Neuroscience* 30 (4), 1238-1249.

Mermin, D. (1968) *Space and Time in Special Relativity*, McGraw-Hill, New York.

Mermin, D. (2005) *It's About Time: Understanding Einstein's Relativity*, Princeton University Press, Princeton.

Miller, K. (1999) *Finding Darwin's God: A Scientist's Search for Common Ground Between God and Evolution*, Harper Press, New York.

Miller, K. (2008) *Only a Theory: Evolution and the Battle for America's Soul*, Viking Press, New York.

Mooney, C. (1996) *Theology and Scientific Knowledge*, University of Notre Dame Press, Notre Dame, IN.

Moore, G. E. (1962) *Principia Ethica*, Cambridge University Press, Cambridge, MA, originally published in 1903.

Munitz, M. (ed.) (1957) *Theories of the Universe: From Babylonian Myth to Modern Science*, Free Press, New York.

Newton, I. (1999) *The Principia: Mathematical Principles of Natural Philosophy*, translated by B. I. Cohen and A. Whitman, University of California Press, Berkeley.

Olby, R. (1974) *The Path to the Double Helix*, University of Washington Press, Seattle.

Park, R. (2001) *Voodoo Science: The Road from Foolishness to Fraud*, Oxford University Press, Oxford.

Pine, R. (1989) *Science and the Human Prospect*, Wadsworth, Belmont, CA.

Popper, K. (1992) *Conjectures and Refutations: The Growth of Scientific Knowledge*, Routledge, London.

Provine, W. (1971) *Origins of Theoretical Population Genetics*, University of Chicago Press, Chicago.

Ptolemy, C. (1998) *Ptolemy's Almagest, translated by G. Toomer*, Princeton University Press, Princeton.

Pyenson, L., and Sheets-Pyenson, S. (1999) *Servants of Nature: A History of Scientific Institutions, Enterprises, and Sensibilities*, W. W. Norton, New York.

Quammen, D. (2006) *The Reluctant Mr. Darwin: An Intimate Portrait of Charles Darwin and the Making of His Theory of Evolution*, W. W. Norton, New York.

Quine, W. (1964) *Word and Object*, MIT Press, Cambridge, MA.

Quine, W. (1969) *Ontological Relativity and Other Essays*, Columbia University Press, New York.

Quine, W. (1980) *From a Logical Point of View*, second edition, Harvard University Press, Cambridge, MA.

Robinson, T. (1995) *Aristotle in Outline*, Hackett, Indianapolis.

Ruse, M. (1998) *Taking Darwin Seriously*, Prometheus Books, Amherst, NY.

Ruse, M. (ed.) (2009) *Philosophy After Darwin*, Princeton University Press, Princeton.

Sachs, J. (1995) *Aristotle's Physics*, Rutgers University Press, New Brunswick, NJ.

Sachs, J. (2001) *Aristotle's On the Soul and On Memory and Recollection*, Green Lion Press, Sante Fe, NM.

Sachs, J. (2002) *Aristotle's Metaphysics*, Green Lion Press, Sante Fe, NM.

Salmon, W. (1998) *Causality and Explanation*, Oxford University Press, New York.

Santillana, G. (1955) *The Crime of Galileo*, University of Chicago Press, Chicago.

Sayre, A. (1975) *Rosalind Franklin and DNA*, W. W. Norton, New York.

Silver, B. (1998) *The Ascent of Science*, Oxford University Press, New York.

Sobel, D. (2000) *Galileo's Daughter*, Penguin Books, New York.

Sober, E., and Wilson, D. S. (1998) *Unto Others: The Evolution and Psychology of Unselfish Behavior*, Harvard University Press, Cambridge, MA.

Toulmin, S., and Goodfield, J. (1961) *The Fabric of the Heavens: The Development of Astronomy and Dynamics*, Harper and Row, New York.

Toulmin, S., and Goodfield, J. (1962) *The Architecture of Matter*, Harper and Row, New York.

Watson J. D., and Crick F. H. (1953). "Molecular Structure of Nucleic Acids: A Structure for Deoxyribose Nucleic Acid." *Nature* 171, 737-738.

Weinberg, S. (1992) *Dreams of a Final Theory*, Pantheon Books, New York.

Whitehead, A. N. (1978) *Process and Reality*, Free Press, New York.

Williams, G. (1966) *Adaptation and Natural Selection*, Princeton University Press, Princeton.

Wilson, E. O. (1978) *On Human Nature*, Harvard University Press, Cambridge, MA.

Wilson, J. W. (1969) "Biology Attains Maturity in the Nineteenth Century", in M. Claggett (ed.) *Critical Problems in the History of Science*, University of Wisconsin Press, Madison.

찾아보기

당신 지식의 한계, 세계관
과학적 생각의 탄생, 경쟁, 충돌의 역사

초판 1쇄 발행 2020년 7월 10일
　　 2쇄 발행 2020년 9월 30일

지은이 리처드 드위트 ┃ 옮긴이 김희주
펴낸이 오세인 ┃ 펴낸곳 세종서적(주)

주간 정소연 ┃ 편집 강현호 ┃ 교정교열 김자영
표지 디자인 this-cover.com ┃ 디자인 HEEYA
마케팅 임세현 ┃ 경영지원 홍성우
인쇄 천광인쇄 ┃ 종이 화인페이퍼

출판등록　1992년 3월 4일 제4-172호
주소　　　서울시 광진구 천호대로132길 15, 세종 SMS 빌딩 3층
전화　　　마케팅 (02)778-4179, 편집 (02)775-7011 ┃ 팩스 (02)776-4013
홈페이지　www.sejongbooks.co.kr ┃ 블로그 sejongbook.blog.me
페이스북　www.facebook.com/sejongbooks ┃ 원고 모집 sejong.edit@gmail.com

ISBN 978-89-8407-796-6 03400

이 도서의 국립중앙도서관 출판시도서목록(CIP)은 서지정보유통지원시스템
홈페이지(http://seoji.nl.go.kr)와 국가자료공동목록시스템(http://www.nl.go.kr/kolisnet)에서
이용하실 수 있습니다.(CIP제어번호: CIP2020025183)